普通高等教育·力学系列教材

U0269561

振动力学

——线性振动

李银山■编著

人民交通出版社股份有限公司
北京

内 容 提 要

《振动力学》套书根据教育部高等院校工科本科"振动力学"课程教学基本(多学时)要求编写,是作者继《理论力学》《材料力学》出版后,将力学和计算机技术结合起来的又一部新型教材,书中提出了一种解决强非线性振动问题的快速解析法——谐波能量平衡法。

《振动力学》套书由《振动力学——线性振动》和《振动力学——非线性振动》组成,共计28章;基本上涵盖了经典振动力学涉及的所有问题——线性振动、弱非线性振动、强非线性振动、不动点、分岔、混沌和振动的应用;内容完整、结构紧凑、叙述严谨、逻辑性强;配备了手算和电算(Maple软件)两类例题,带有启发性的思考题和A、B、C三类习题。

《振动力学——线性振动》内容主要包括单自由度系统的自由振动、单自由度系统在简谐激励下的振动、单自由度系统在一般激励下的振动、两自由度系统的振动、多自由度系统的振动、固有振动特性的近似计算方法、振动分析中的数值积分法;弦、杆、轴的振动,梁的弯曲振动,刚架和膜的振动、板的横向振动;一维连续-时间系统的奇点与分岔、一维离散-时间系统的不动点与分岔、二维连续-时间系统的奇点与分岔等,共计15章。

本套书适用于理工科本科生"振动力学"课程教学,以及研究生和工程技术人员振动力学专题的学习、研究。

为便于教师讲授本书,本书配备了多媒体电子教案和振动与控制动画的二维码。

图书在版编目(CIP)数据

振动力学:线性振动/李银山编著. —北京:人民交通出版社股份有限公司,2022.6

ISBN 978-7-114-18041-5

Ⅰ.①振… Ⅱ.①李… Ⅲ.①工程振动学—高等学校—教材 Ⅳ.①TB123

中国版本图书馆CIP数据核字(2022)第107794号

普通高等教育·力学系列教材

Zhendong Lixue——Xianxing Zhendong

书　　名:**振动力学——线性振动**
著 作 者:李银山
责任编辑:卢俊丽
责任印制:刘高彤
出版发行:人民交通出版社股份有限公司
地　　址:(100011)北京市朝阳区安定门外外馆斜街3号
网　　址:http://www.ccpress.com.cn
销售电话:(010)59757973
总 经 销:人民交通出版社股份有限公司发行部
经　　销:各地新华书店
印　　刷:北京虎彩文化传播有限公司
开　　本:787×1092　1/16
印　　张:28
字　　数:681千
版　　次:2022年6月　第1版
印　　次:2022年11月　第2次印刷
书　　号:ISBN 978-7-114-18041-5
定　　价:79.00元

序

随着科学和工程技术的飞速发展,以及多个学科的交叉和新型计算方法的出现,振动问题已成为各个工程领域内经常提出而又要不断解决的重要课题。计算机的广泛使用和动态问题的仿真或真实的测试水平在快速提高,我国已进入新时代,为研究解决好实际振动问题,必须夯实工程基础和广泛的理论基础。

本套书从力学概念、定律、定理、原理和方程出发,对确定性振动这一大类动态问题进行从线性到非线性不同研究方法的建模;从简单到复杂由浅入深的建模;从质点、质点系、刚体、弹性体的杆、梁和板(壳)的工程中振动力学问题进行建模;普遍进行定性推导、定量计算和应用讨论,所以内容十分丰富。

本套书与已有的著作相比,有以下几个特点:

(1)全面、细致的推导与论述,每章有例题、思考题和习题,重在基础夯实和能力培养。

(2)紧跟时代发展,每章均有Maple(或MATLAB)语言编程,将计算机用于公式推导和数值解法。

(3)本套书为新型教材,书中有二维码,扫描后可观看若干关于振动力学问题的微视频。

(4)书中有新概念和新方法,如零刚度、分岔、混沌等以反映现代科研成果,多处有作者发表的50余篇论文的结论和见解,使读者了解学科的新发展。

由这些特点可见,本书除了可作为对应专业的教材外,还能对理工科相应专业技术人员起到丰富基础、充实基本功、提高解决实际问题能力的作用。

浙江大学航空航天学院

庄表中 教授

2021年5月12日

前　　言

《振动力学》套书是根据教育部高等院校工科本科“振动力学”课程教学基本要求(多学时)、教育部工科“力学”课程教学指导委员会面向21世纪工科“力学”课程教学改革要求编写的。本套书是将振动力学和计算机技术结合起来的新型教材,由《振动力学——线性振动》和《振动力学——非线性振动》组成。

随着科学技术日新月异的发展,作为专业基础学科的振动力学,其体系和内容也必须相应地进行调整。从这个愿望出发,作者在撰写本套书时力图在已有振动力学教材的基础上,从以下几个方面作进一步的改进:

(1)振动力学分为线性振动和非线性振动两部分,本套书将线性振动和非线性振动并重,阐述共振产生的原因并进行特性分析。全书由易到难、内容完整、结构紧凑、叙述严谨、逻辑性强。

(2)以定性分析和定量分析为两条主线贯穿全书,定性分析和定量分析并重。以高等数学、理论力学和材料力学为基础,由简单到复杂,先线性振动后非线性振动,重点介绍最具振动力学课程特点的基础内容。

(3)《振动力学——线性振动》主要讲解线性振动,包括单自由度系统、多自由度系统和连续体系统的振动,共3篇15章。从多种不同角度讲解基本概念、基本公式和基本方法,既有严格证明,又有形象直观的几何解释和物理解释。

(4)《振动力学——非线性振动》主要讲解非线性振动,包括弱非线性振动、强非线性振动、分岔和混沌,共3篇13章。

(5) 定性分析以连续-时间动力系统和离散-时间动力系统为两条主线,从低维到高维分6章阐述不动点(奇点)与分岔的关系,介绍传统振动的不动点定性分析与现代科技发展起来的分岔和混沌两者的有机结合。

(6)定量分析以解析解方法和数值解方法为两条主线,解析解方法与数值解方法并重,讲解振动力学最基本的概念,介绍最常用的快速、准确和有效的求解方法,以满足教学与解决工程问题的需要。

(7)线性振动定量分析主要包括求解固有振动特性的近似计算方法和振动分析中的数值积分法两部分。固有振动特性的近似计算方法介绍了瑞利法、里兹法、矩阵迭代法、子空间迭代法等4种方法。

(8)非线性振动分为弱非线性振动和强非线性振动两部分:弱非线性振动定量分析方法主要介绍了L-P法、多尺度法、KBM法、平均法4种经典有效的摄动法;强非线性振动定量分析方法主要介绍了改进的摄动法、能量法、同伦分析方法、谐波-能量平衡法4种现代发展起来的方法。

(9)初始条件、边界条件与振动的基本方程——常微分方程组是同等重要的。近代研究表明,混沌的出现依赖于初始条件变化的敏感性和参数变化的敏感性。作者把常微分方程组和初始条件同时考虑,采用谐波平衡与能量平衡相结合,提出了谐波-能量平衡法。

(10)随着科学技术的发展,求解强非线性振动问题的解析解在工程中越来越重要,本套书介绍了近30年发展起来的求解强非线性振动解析解的新方法。通过振动力学教学,学生能尽早了解振动力学方面的前沿发展:强非线性振动、分岔和混沌。这对于培养学生科学研究和解决工程实际问题是非常重要的。

(11)子曰:“学而不思则罔,思而不学则殆。”一些振动力学教科书所给出的思考题,可以分为两大类。一类主要是复习性的,例如,“振动力学的任务是什么?”“振动力学的研究对象是什么?”等等。另一类思考题则不仅是复习,而且带有一定的思考性。收录本书的思考题,基本上属于后一类。有的思考题虽然归入某一章,但由于振动力学知识的连贯性,可能需要全面思考。

(12)子曰:“学而时习之,不亦说乎?”本套书希望构建成为教、学、习、用四维一体的现代化、立体化教材。本套书例题分为常规的手算例题和计算机电算例题,以供教师“教”和学生“学”选用。收录本套书的习题分为三类,A类习题比较简单,供学生写课后作业,期中或期末考试练习选用;B类习题有一定难度,供考研和参加力学竞赛的学生练习选用;C类习题与工程实际结合比较紧密,供学生写小论文和工程技术人员学习时参考应用。

作为面向21世纪的创新教材,本套书尝试为振动力学建立一种具有现代计算方法的强大功能,但又不失去传统解析解方法之精确性的新体系。

在编写本套书过程中,太原理工大学王晓君参加编写了第2、3章,山东理工大学刘灿昌参加编写了第16、17章,王晓君和刘灿昌制作了PPT课件并解答了部分习题,河北工业大学李银山编写了全部章节,并统稿。

我的研究生罗利军、董青田、曹俊灵、潘文波、吴艳艳、官云龙、韦炳威、霍树浩、谢晨等做了很多工作,在此一并致谢。

我非常感谢儿子李树杰编写完成了书中的Maple程序和插图。我深深地感谢夫人杨秀兰女士帮助我录入了全部书稿。

感谢河北工业大学校长韩旭教授以及胡宁教授、马国伟教授给予的支持和鼓励,感谢国家重点研发计划智能机器人重点专项(2017YFB1301300)基金资助。

感谢我的导师天津大学陈予恕院士、太原理工大学校长杨桂通教授、太原科技大学徐克晋教授和陆军工程大学张识教授,以及清华大学徐秉业教授多年来在转子动力学、非线性动力学和塑性动力学领域的指导和帮助。

感谢浙江大学庄表中教授热情为本书作序,无私地为本书提供了振动与控制视频动画30余个,读者扫描二维码就可以观看。天津大学吴志强教授、河北工业大学李欣业教授对书稿进行了极为认真、细致的审阅,提出了许多宝贵的改进意见,在此致以衷心的感谢!

限于作者水平,错误与不妥之处望读者不吝指正。

李银山

2021年1月于天津

本教材配套资源索引

资源编号	资源名称	对应本书内容
1-1	自由振动模型——弹簧-质量系统	第1章
2-1	阻尼的效应一——自行车的铃	第2章
2-2	阻尼的效应二——两个橡胶球	
3-1	门的阻尼控制器	第3章
3-2	钢琴架的阻尼控制器	
4-1	橡胶隔振垫对两个装水瓶的影响一	第4章
4-2	橡胶隔振垫对两个装水瓶的影响二	
5-1	对隔震楼进行地震模拟响应测试	第5章
6-1	冲击按摩器	第6章
6-2	智能按摩器	
6-3	按摩洗脚盆	
7-1	剃须刀转速的测试	第7章
7-2	压缩机转速的测试	
8-1	空调压缩机减震原理	第8章
8-2	压缩机的转速测试	
8-3	振动压缩机加工	
9-1	发动机曲轴上的扭转减震器	第9章
9-2	扭转减震器的测试	
10-1	油烟机振动和噪声的频谱分析	第10章
10-2	油烟机转速的测试	
11-1	弦的振动:大钢琴	第11章
11-2	弦的振动:吉他	
12-1	横梁的动力消振器模型一	第12章
12-2	横梁的动力消振器模型二	
13-1	剪切振动:目前中国最大隔震支座剪切试验机	第13章
13-2	剪切振动:直径0.6m隔震支座	
13-3	剪切振动:剪切减震器	
14-1	直径0.5m隔震支座的测试	第14章
14-2	直径1m隔震支座的测试	
14-3	直径6m隔震支座的测试	

续上表

资源编号	资源名称	对应本书内容
15-1	螺旋弹簧减震器的测试一	第 15 章
15-2	螺旋弹簧减震器的测试二	
15-3	动态分析测试系统	

资源使用方法：请先使用微信扫描下方的数字资源码，完成绑定后，可通过移动端（手机、PAD 等）或电脑端观看。

观看方法：进入“交通教育”微信公众号，点击下方菜单“用户服务—开始学习”，选择已绑定的教材进行观看。

如有相关问题，请拨打技术服务电话：010-67364344。

微信扫码
获取配套学习资源
3A8D21A89B62683E
032555
技术支持：010-67364344

主要符号表

a	振幅
a_0, a_n	傅立叶系数
A	振幅,面积
b	截面宽度,1/2 的翼弦长
b_n	傅立叶系数
B	弹簧静变形,激励振幅
c	黏性阻尼系数,杆波速参数
c_c	临界阻尼系数,等于 $2\sqrt{mk}$
c_{eq}	等效黏性阻尼系数
c_{ij}	阻尼影响系数
$\boldsymbol{C}$	阻尼矩阵,$\boldsymbol{C}=[c_{ij}]$
$\boldsymbol{C}_p$	模态阻尼矩阵
d	直径
D	板的抗弯刚度,等于$\frac{Eh^3}{12(1-\nu^2)}$
$\boldsymbol{D}$	动力矩阵,$\boldsymbol{D}=\boldsymbol{\Delta M}=\boldsymbol{K}^{-1}\boldsymbol{M}$
E	弹性模量,总机械能
EI	抗弯刚度
f	频率,自由度数
f_S	梁的剪切刚度因数
$\boldsymbol{f}(\boldsymbol{\lambda})$	特征值矩阵
$\boldsymbol{f}^*(\boldsymbol{\lambda})$	特征值矩阵$\boldsymbol{f}(\boldsymbol{\lambda})$的伴随矩阵
F	集中荷载
F_d	阻尼力
F_I	惯性力
F_N	正压力
F_S	弹性恢复力,剪力
F_{cr}	临界载荷
$\boldsymbol{F}(t)$	力向量
$\boldsymbol{F}^e$	杆单元端点力幅值向量
$\overline{\boldsymbol{F}}^e$	局部坐标中的杆单元端点力幅值向量
$\overline{\boldsymbol{F}}$	杆单元端点力
g	重力加速度,等于 9.81 m/s^2
G	切变模量
h	截面高度,膜、板的厚度
$h(t)$	脉冲响应函数
$H(\Omega)$	复频率响应函数,动柔度
$H(s)$	传递函数,广义导纳
$\boldsymbol{H}$	逆动力矩阵,等于 $\boldsymbol{D}^{-1}$
i	复数单位,$\mathrm{i}=\sqrt{-1}$
I	截面惯性矩
I_p	圆截面极惯性矩
I_0	脉冲力
$\boldsymbol{I}$	单位矩阵
J	转动惯量
k	弹簧刚度系数
k_{eq}	等效弹簧刚度系数
k_N	抗拉压刚度系数,等于 EA/l
k_S	抗剪切刚度系数,等于 $\kappa GA/l$
k_T	抗扭刚度系数,等于 GI_p/l
k_M	抗弯刚度系数,等于 EI/l
k_{ij}	刚度影响系数
$\boldsymbol{k}^e$	单元刚度矩阵
$\overline{\boldsymbol{k}}^e$	局部坐标中的单元刚度矩阵
$\boldsymbol{K}$	刚度矩阵,$\boldsymbol{K}=[k_{ij}]$
$\overline{\boldsymbol{K}}$	主刚度矩阵
l	长度
L	拉格朗日函数,$L=T-V$
$\mathscr{L}[F(t)]$	拉普拉斯变换
$\mathscr{L}^{-1}[X(s)]$	拉普拉斯逆变换
m	质量
$\overline{m}$	每单位长度质量,$\overline{m}=\rho A$

m_{ij}	质量影响系数
$\boldsymbol{m}^e$	杆单元质量矩阵
$\boldsymbol{m}^e$	局部坐标中的杆单元质量矩阵
$\boldsymbol{m}_c^e$	单元一致质量矩阵
$\boldsymbol{m}_l^e$	单元集中质量矩阵
M	力矩,弯矩,马赫数,集中质量
M_{eq}	等效质量
$\boldsymbol{M}$	质量矩阵,$\boldsymbol{M}=[m_{ij}]$
$\overline{\boldsymbol{M}}$	主质量矩阵
n	常量,$n=\dfrac{c}{2m}$
$N(x)$	形函数
p	流体压强
$\boldsymbol{p}$	主坐标列阵 $=\{p_1 \quad p_2 \quad \cdots \quad p_n\}^{\mathrm{T}}$
$q(x)$, $q(x,t)$, $q(x,y,t)$	荷载分布集度
q	流量,空气的动压力
q_i	第 i 个广义坐标
$\boldsymbol{q}$	广义坐标列阵,$\boldsymbol{q}=\{q_1 \quad q_2 \quad \cdots \quad q_n\}^{\mathrm{T}}$
$\boldsymbol{q}_0$	初始位移列阵,$\boldsymbol{q}_0=\{q_{10} \quad q_{20} \quad \cdots \quad q_{n0}\}^{\mathrm{T}}$
$\dot{\boldsymbol{q}}_0$	初始速度列阵,$\dot{\boldsymbol{q}}_0=\{\dot{q}_{10} \quad \dot{q}_{20} \quad \cdots \quad \dot{q}_{n0}\}^{\mathrm{T}}$
Q	品质因数
$\boldsymbol{Q}_1$	一阶滤型矩阵
r	圆半径
R	瑞利商
R_d	变形(或位移)反应系数
s	量纲一的激励角频率,$s=\Omega/\omega_n$
s	拉普拉斯变换辅助变量,$s=\sigma+i\omega$
S	哈密顿作用量
t	时间
T	振动周期,动能,扭矩
T_n	无阻尼固有周期
T_n	第 n 阶无阻尼固有周期
T_d	有阻尼固有周期
T_p	荷载周期
$\boldsymbol{T}$	坐标之间的单元转换矩阵
u	x 方向的位移或变形
$\boldsymbol{u}$	模态向量,$\boldsymbol{u}=\{u_1 \quad u_2 \quad \cdots \quad u_n\}^{\mathrm{T}}$
$\boldsymbol{u}_e$	节点坐标矩阵
$\boldsymbol{U}$	模态矩阵,$\boldsymbol{U}=[\boldsymbol{u}_1 \quad \boldsymbol{u}_2 \quad \cdots \quad \boldsymbol{u}_n]$
$\boldsymbol{U}_N$	正则模态矩阵,$\boldsymbol{U}_N=[\boldsymbol{u}_1 \quad \boldsymbol{u}_2 \quad \cdots \quad \boldsymbol{u}_n]$
v	y 方向位移,挠度,速度
V	势能,速度
V_c	临界速度
w	z 方向位移,挠度
W	板中心轴的挠度
x	线位移
$\dot{x}$	速度
$\ddot{x}$	加速度
x^*	平衡点
$\boldsymbol{x}(t)$	位移向量
$\dot{\boldsymbol{x}}(t)$	速度向量
$\ddot{\boldsymbol{x}}(t)$	加速度向量
$Z_x(\Omega)$	位移阻抗,位移导纳,动刚度
$Z_{\dot{x}}(\Omega)$	速度阻抗,速度导纳
$Z_{\ddot{x}}(\Omega)$	加速度阻抗,加速度导纳
$Z(s)$	广义阻抗
α	分岔参数
α_s	梁的剪切强度因数
β	振幅放大因子,$\beta=A/B$
γ	切应变
δ_{ij}	柔度影响系数
δ_{st}	弹簧静伸长
$\delta(t)$	脉冲函数
δW	虚功
$\Delta\Omega$	带宽
$\boldsymbol{\Delta}$	柔度矩阵 $\boldsymbol{\Delta}=[\delta_{ij}]$,结构整体的结点位移幅值向量
$\boldsymbol{\Delta}^e$	杆单元端点位移幅值向量

$\overline{\boldsymbol{\Delta}}^e$	局部坐标中的杆单元端点位移幅值向量
ε	正应变
$\varepsilon(t)$	阶跃函数
ζ	阻尼比,$\zeta = c/c_c$
η	减缩因数,隔振因数
$\boldsymbol{\eta}$	正则坐标列阵,$\boldsymbol{\eta} = \{\eta_1 \quad \eta_2 \quad \cdots \quad \eta_n\}^T$
θ	弯曲转角
κ	铁摩辛柯剪切因数 $\kappa = 1/f_S$
λ	时间连续动力系统特征值
λ_j	第 j 本征值
$\boldsymbol{\Lambda}$	对数减缩率
μ	时间离散动力系统特征值,乘子
$\boldsymbol{\mu}$	正则模态向量,$\boldsymbol{\mu} = \{\mu_1 \quad \mu_2 \quad \cdots \quad \mu_n\}^T$
ν	泊松比
ρ	质量密度,回转半径
ρ_a	空气密度
σ	正应力
τ	切应力
φ	初相角,相位差,扭转角
φ_0	初相角
$\phi_j(x)$	第 j 阶模态函数
$\boldsymbol{\phi}^{(i)}$	第 i 阶模态
$\boldsymbol{\phi}_N^{(i)}$	第 i 阶简正模态
ω	角频率(rad/s),圆频率
ω_c	临界颤振角频率(rad/s)
ω_n	固有角频率
ω_{n*}	等效固有角频率
ω_d	阻尼振动固有角频率
ω_i	第 i 阶固有角频率
$\widetilde{\omega}$	固有角频率的近似值
$\overline{\boldsymbol{\omega}}_n$	固有角频率主对角矩阵
Ω	激励角频率
Ω_m	共振角频率
∇^4	拉普拉斯算子

目　　录

第 2 篇　多自由度系统的振动

第 3 篇　连续系统的振动

劝学

唐　颜真卿(709—784)

三更灯火五更鸡,正是男儿读书时。

黑发不知勤学早,白首方悔读书迟。

第1章　绪　　论

1.1　振动力学教学内容的改革与发展

我们生活的世界存在着周而复始的振荡现象。大海的波涛起伏、钟摆的摆动、心脏的跳动、经济发展的高涨和萧条等都是形形色色的振荡现象。古人关于日月、四季轮回交替的记载是对振荡现象的早期认识,如"精健日月,星辰度理,阴阳五行,周而复始。"(《汉书·礼乐志》)**振动**是具有振荡性质的机械运动,就是物体在平衡位置附近的微小或有限的往复运动。能产生振动的机械系统称为**振动系统**。

将一个物体投掷出去,物体就沿着抛物线飞向前方直至落地。因为不存在能将物体往回拉的作用力,所以这种运动不可能具有往复性。如果将物体与弹簧相连,它的运动就会使弹簧变形,产生与运动方向相反的拉力,迫使它回到原来的平衡位置。这时物体的运动才可能在平衡位置附近具有振荡性。这种迫使物体回归平衡位置的作用力称为**恢复力**。就一切机械系统而言,恢复力是运动具有往复性必须具备的因素。

振动力学是工科专业本科生必修的专业基础课程,是一门体系完整的独立学科。随着科学技术日新月异的发展,作为专业基础学科的振动力学,其体系和内容也必须相应地进行调整。从这个愿望出发,本书力图在以下几个方面做一些改进:

(1)振动力学涉及传统的线性振动和现代的非线性振动,本书上册主要介绍线性振动,下册主要介绍非线性振动。

(2)振动理论的精确解法与数值近似解法在工程中同样重要。本书解析法与数值法并重。

(3)由于非线性振动微分方程解具有不唯一性和多样性,振动力学涉及定量分析与定性分析。本书定量分析与定性分析并重。

(4)离散-时间动力系统和连续-时间动力系统的定性分析同样重要。本书对离散-时间动力系统定性分析和连续-时间动力系统定性分析按维数由低到高,循序渐进进行介绍。

(5)非线性振动的定量分析计算涉及弱非线性和强非线性,本书既介绍以摄动法为主的传统弱非线性振动解法,又增加了以同伦分析方法为代表的近代发展起来的强非线性振动解法。

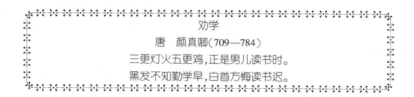

随着科学技术的发展,人类步入信息时代,计算机技术无论从硬件还是软件上都在日新

月异地发展,信息化、数字化、网络化和智能化渗透在很多学科当中,也为很多学科提供了新的发展机遇。个人计算机的空前普及,计算机语言的更新换代,计算技术的不断发展,使面向计算机的振动力学不再满足于线性化的分析,而是开始尝试系统地建立面向计算机的多自由度问题,为它们建立起计算机分析求解的精确模型,对它们做精确的符号运算和数值分析计算,而不受求解问题规模的限制。

混沌理论是自相对论和量子力学问世以来,对人类整个知识体系的又一次巨大冲击。作为非周期的有序性,混沌无处不在:既存在于广袤无垠的宇宙中,又存在于结构精细的人脑中。因此,混沌动力学的发展必将引起人们自然观的彻底改变。面对这一重大的科学变革,我们每一个力学教师都应该认真考虑,如何将混沌动力学这一现代数学的主题引入力学课程的教学,以使新一代的科学工作者适应这一变革,这是一件极为重要且有意义的事情。本书尝试引入不动点、分岔、混沌内容,使之由易到难贯穿振动力学始终。

作为面向21世纪的新型教材,本书想尝试为振动力学建立一种具有现代计算方法的强大功能,但又不失去传统解析方法之精确性的新体系。

1.2 面向能力培养的振动力学

振动力学是研究振动现象的普遍性原理和各种特殊类型振动的一门学科。

约翰·冯·诺伊曼(John von Neumann,美国)指出,科学不只是为了解释一些现象,更不只是为了说明一些事情。科学的主要任务是建立数学模型。它是数学的结构,加上了确定的语言说明,用以描述观察到的现象。这样的数学模型将是唯一精确的。这才是科学的任务。

振动力学教学要始终以数学建模思想为核心。什么是数学建模呢?如果一定要下一个定义的话,可以说它是一种科学的思考方法,是对现实的现象通过心智活动构造出能抓住其重要且有用的特征的表示,常常是形象化的或符号的表示。从科学、工程、经济、管理等角度看数学建模就是用力学的模型和数学的语言与方法,通过抽象、简化,建立能近似刻画并"解决"实际问题的一种强有力的数学、力学工具。

数、力、理、化、天、地、生各门学科尽管研究的内容不同,但一言以蔽之,其研究方法都是数学建模。其步骤为"象、数、理"三个要点。

1.2.1 建立振动问题的数学模型

"象",自然现象之象也。自然现象是复杂的,实际问题是千变万化的。在对事物观察和试验的基础上,经过抽象简化建立力学模型。**振动力学模型是惯性元件、阻尼元件和弹簧元件**。在基本规律的基础上,经过逻辑推理和数学演绎,建立数学模型。**振动力学的数学模型是常微分方程组和偏微分方程组**。象就是把实际问题简化为振动力学模型(惯性元件、阻尼元件和弹簧元件),再建立数学模型(常微分方程组或偏微分方程组)的过程。

1)建立力学模型(假设的合理性)

要研究机械系统的振动,就应当确定与所研究问题有关的系统元件和外界因素。比如,汽车由于颠簸将产生垂直方向的振动。组成汽车的大量元件都或多或少地影响它的性能。然而,汽车的车身及其他元件的变形比汽车相对于道路的运动要小得多,弹簧和轮胎的柔性比车身的柔性要大得多。因此,根据工程分析的要求,我们可以用一个简化的力学模型来描述它。或者说,为了确定汽车由于颠簸而产生的振动,可以建立一个理想的力学系统,它对外界作用的响应,从工程分析的要求来衡量,将和实际系统接近。应当指出,一个力学模型对某种分析是适合的,并不表示对其他的分析也适合,如果要提高分析的精度,可能需要更高近似程度的力学模型。图 1.2.1 和图 1.2.2 是分析汽车由于颠簸产生振动的两个力学模型。

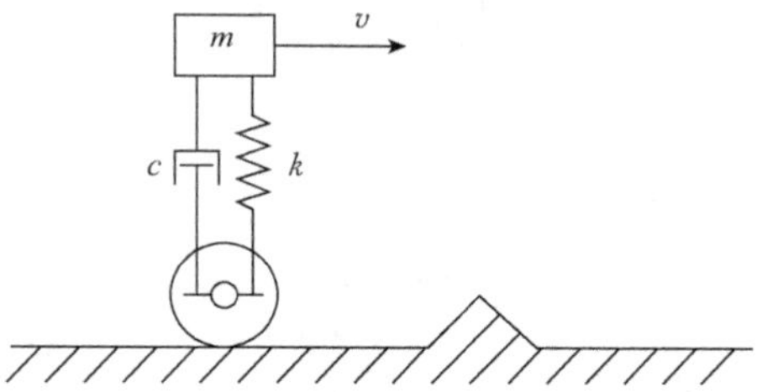

图 1.2.1　汽车由于颠簸产生振动的简单力学模型

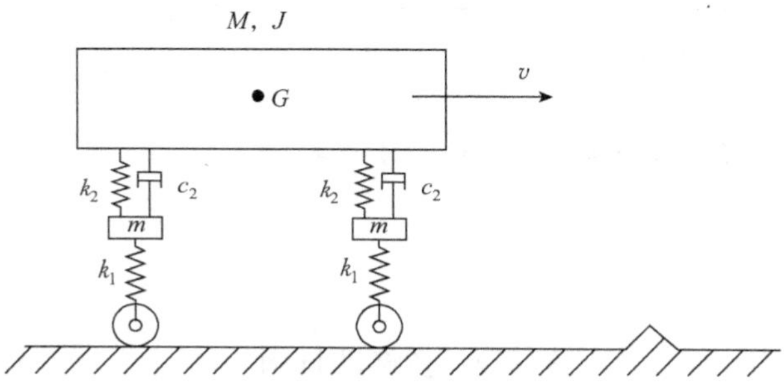

图 1.2.2　汽车振动的力学模型(二)

不幸的是,怎样才能得到一个确切描述实际系统的力学模型还没有形成一般的规则。这通常取决于研究者的经验和才智。

2)推导控制方程——建立数学模型(建模的创造性)

有了所研究系统的力学模型,就可应用某些物理定律对力学模型进行分析,以导出一个或几个描述系统特性的方程。通常,振动问题的数学模型表现为微分方程的形式。

表 1.2.1 列出了达朗贝尔原理、虚位移原理、拉格朗日方程和哈密尔顿原理的主要数学建模公式。

分析力学方法　　表 1.2.1

原理	条件	方程形式	守恒形式
达朗贝尔原理	引入惯性力 $\boldsymbol{F}_i^{\mathrm{I}} = -m\boldsymbol{a}_i$	$\boldsymbol{F}_i + \boldsymbol{F}_i^{\mathrm{N}} + \boldsymbol{F}_i^{\mathrm{I}} = \boldsymbol{0}$ $(i = 1, 2, \cdots, n)$	动平衡
虚位移原理	理想、双面约束的一般系统	$\sum_{i=1}^{n} \boldsymbol{F}_i \cdot \delta \boldsymbol{r}_i = 0$ $(t_0 \leq t \leq t_1)$	静平衡
	理想、双面约束的完整系统	$Q_j = 0 \quad (j = 1, 2, \cdots, f)$	
	理想、双面、完整约束的有势系统	$\dfrac{\partial V}{\partial q_j} = 0 \quad (j = 1, 2, \cdots, f)$	

续上表

<table>
<tr><th>原理</th><th>条件</th><th>方程形式</th><th colspan="2">守恒形式</th></tr>
<tr><td rowspan="2">拉格朗日方程</td><td>理想、双面约束的完整系统</td><td>$\frac{\mathrm{d}}{\mathrm{d}t}\left(\frac{\partial T}{\partial \dot{q}_j}\right)-\frac{\partial T}{\partial q_j}=Q_j$
$(j=1,2,\cdots,f)$</td><td rowspan="2">广义动量守恒
$p_k=C_k$,
或$\frac{\partial L}{\partial \dot{q}_k}=C_k$,
或$\frac{\partial T}{\partial \dot{q}_k}=C_k$</td><td rowspan="2">广义能量守恒
$T_2-T_0+V=h$</td></tr>
<tr><td>理想、双面、完整约束的有势系统</td><td>$\frac{\mathrm{d}}{\mathrm{d}t}\left(\frac{\partial L}{\partial \dot{q}_j}\right)-\frac{\partial L}{\partial q_j}=Q_j$
$(j=1,2,\cdots,f)$</td></tr>
<tr><td rowspan="2">哈密尔顿原理</td><td>理想、双面约束的完整系统</td><td>$\delta\int_{t_0}^{t}(T-V)\mathrm{d}t+$
$\int_{t_0}^{t}\delta W\mathrm{d}t=0$</td><td colspan="2" rowspan="2">哈密尔顿系统守恒与拉格朗日系统守恒等价</td></tr>
<tr><td>理想、双面、完整约束的有势系统</td><td>$\delta\int_{t_0}^{t}L(\boldsymbol{q},\dot{\boldsymbol{q}},t)\mathrm{d}t=0$</td></tr>
</table>

利用哈密尔顿原理解题的步骤如下：

(1)研究对象。

研究对象是系统。确定自由度数，选择广义坐标。

(2)运动分析。

运动分析求出系统的动能。

(3)受力分析。

系统受力为主动力。求出系统的势能、拉格朗日函数和广义力。

(4)列出方程。

利用哈密尔顿原理，列出系统动力学微分方程。

(5)分析结果。

①分析系统是否存在初积分；

②将系统在平衡点附近线性化进行定性分析；

③将系统微分方程标准化进行数值仿真求解。

1.2.2 求控制微分方程的解(结果的正确性)

"数"，是力学的数理表达，是对"象"的定量研究，在现代主要是利用电子计算机对数学模型(常微分方程组和偏微分方程组)求解。当然也离不开各种数学新方法和专业知识。现代自然科学和技术的发展，正在改变着传统的学科划分和科学研究的方法。"数、力、理、化、天、地、生"这些曾经以纵向发展为主的基础学科，与日新月异的新技术相结合，使用数值、解析和图形并举的电子计算方法，推出了横跨多种学科门类的新兴领域。计算科学特别是图形技术的长足进步，使得人们得以理解和模拟许多过去无从下手研究的复杂现象。从随机与结构共存的湍流现象，到自然界中图样花纹的选择与生长，以及生物形态的发生过程，都开始展现其内在规律。

要了解系统所发生运动的特点和规律，就要对数学模型进行求解，以得到描述系统运动的数学表达式。通常，这种数学表达式是位移表达式，表示为时间的函数。表达式表明了系统运动与系统性质和外界作用的关系。

1.2.3　结果分析(共振的规律)

“理”是指力学的原理、道理。“理”,狭义地讲,指牛顿定律、变分原理等基本定律;广义地讲,包括数学定理、物理原理、自然规律,甚至包括某一实际问题的规律总结。对求得的解进行分析判断、总结规律,这是运用数学模型描述事物特征或运动规律的重要环节。“理”就是对数学模型(微分方程)的求解结果进行分析判断、总结规律的过程。

振动力学是力学系列课程中的重要组成部分,是最重要的力学课程之一。力学中最基本和最基础的理论知识大都在基础力学部分建立起来了。学习振动力学时,主要是学习如何将基础力学中的理论知识充分利用起来,灵活、合理、巧妙、综合地应用于由振动三要素组成的复杂结构和机构的分析中去。

新时代的振动力学课程内容体系,不仅要从各门单一课程的内容上考虑如何改革和更新,更应该统观振动力学的整个内容体系和知识结构,研究如何更加有效地培养振动力学中所最需要的能力。以能力培养为主导,将能力培养贯穿始终,相应地,在课程的内容设置和模块划分上也应尽可能地建立配套体系。

为了建立面向能力培养的内容体系,必须认真研究振动力学中各种能力的体现与要求,找出最根本、最重要,也是最需要重点训练的能力,即要抓大放小。从整体上讲,振动力学中有三个方面的能力要重点培养,即“象”(经典方法分析能力)、“数”(计算机分析能力)和“理”(定性分析能力)。

振动力学主要的任务是分析共振产生的原因和规律,为工程应用服务。根据方程解提供的规律和系统的工作要求及结构特点,我们就可做出设计或改进的决断,以获得问题的最佳解决方案。

1.3　振动的分类

根据研究侧重点的不同,可从不同的角度对振动进行分类。

1.3.1　按对系统的激励的控制方式分类

(1)自由振动:系统受初始激励后不再受外界激励的振动。

(2)受迫振动:系统在外界控制的激励作用下的振动。

(3)自激振动:系统在自身控制的激励作用下的振动。

(4)参数振动:系统自身参数变化激发的振动。

外激励很小的受迫振动可视为自由振动。通常分析受迫振动特性时,首先去掉激励分析自由振动。

1.3.2　按对系统确定性方式分类

(1)确定振动:由确定性的激励和确定性的方程产生确定性响应的振动。

(2)随机振动:由随机参数的方程或输入随机变量的激励产生随机性响应的振动。

(3)混沌振动:由确定性的激励和确定性的非线性方程产生内在随机性响应的振动。

在较短时间间隔内研究周期很长的振动,便与混沌振动难以区分。

本书主要研究确定振动和混沌振动,随机振动请参考其他相关教材。

1.3.3 按系统的自由度性质分类

(1)单自由度系统的振动:由一个质量元件、一个弹簧元件和一个阻尼元件构成的最简单的振动系统的振动。

(2)多自由度系统的振动:由彼此分离的有限个质量元件、弹簧元件和阻尼元件构成的振动系统的振动。自由度为有限个,数学描述为常微分方程。

(3)连续系统的振动:由弦、杆、轴、梁、板、壳等弹性元件组成的振动系统的振动。有无限多个自由度,数学描述为偏微分方程。

连续系统可将分布参量近似地凝缩为有限个集中参量,简化为离散系统。

1.3.4 按系统方程的类型分类

(1)线性振动:质量不变,弹性力和阻尼力运动参数呈线性关系的振动。数学描述为线性微分方程。

(2)非线性振动:不能简化为线性系统的振动。数学描述为非线性微分方程。非线性振动又可以分为弱非线性振动和强非线性振动。

微幅振动的非线性系统可近似作为线性系统处理。通常对非线性系统进行定性分析时,首先求出非线性系统的不动点,在不动点附近线性化,对线性系统进行定性分析。

1.3.5 按系统参数的类型分类

(1)定常振动:系统特性不随时间改变的振动。数学描述为常系数微分方程。

(2)参变振动:系统特性参数随时间变化的振动。数学描述为变系数微分方程。

对于相同的振动问题,在不同条件下或为不同的目的,可以采用不同的振动模型。模型的建立及分析模型所得的结论,必须通过科学试验或生产实践的检验。只有那些符合或大体符合客观实际的模型和结论,才是正确的或基本正确的。

1.4 振动力学发展简史

振动力学从概念产生到发展为一门科学理论经历了漫长的时间,包括世界著名科学家在内的无数学者和工程师为此做出了卓越贡献。

远古时期的人已有利用振动发声的各种乐器。中国对振动和周期的记载,最早见于《易经》和《道德经》。《易经》认为:自然界万物是周而复始有规律变化、运动的。六十四卦就是万事万物阴阳交替周期变化的规律。《易经》中写道:“是故易有太极,是生两仪,两仪生四象,四象生八卦,八卦定吉凶,吉凶生大业。”现代科学证实存在倍周期分岔通向混沌的道路。《道德经》认为:归根曰静。《道德经》实际上是用静的观点来认识、理解万事万物阴阳交替周期变化的规律。老子(李耳,字聃,前571—前471,中国)在《道德经》中写道:“道生一,一生二,二生三,三生万物。”现代科学证实周期三必有混沌,即存在周期三,就存在无穷多个周期。

1.4.1 线性振动发展简史

毕达哥拉斯(Pythagoras,约前580—前500,古希腊)通过实验观察得到弦线振动发出的声音与弦线的长度、直径和张力的关系,证明用三条弦发出某一个乐音以及它的第五度音和第八度音时,这三条弦的长度之比为6:4:3。管仲(前723—前645,中国)写的《管子·地员》中根据弦线振动与长度的关系提出最早的音律学原理——“三分损益律”。三分损一(2/3)所发之音较原音高五度,三分益一(4/3)所发之音较原音低四度。庄周(前369—前286,中国)的《庄子·杂篇·渔父》记载:“同类相从,同声相应,固天之理也。”《庄子·杂篇·徐无鬼》中“为之调瑟,废一于堂,废一于室,鼓宫宫动,鼓角角动,音律同矣。夫或改调一弦,于五音无当也,鼓之,二十五弦皆动”,最早记载了共振现象。

(1)地震仪。张衡(78—139,中国)发明了世界上的首台地震仪。该地震仪由纯铜铸成,直径为8尺(1尺等于0.237m),其形状像一个酒樽。其内部机构是由环绕着指向8个方向的8个控制杆组成的倒摆。口含铜球的8条龙排列在地震仪的外部。在每条龙的下方是一只向上张着嘴的蟾蜍。任何方向的强烈地震都会使那个方向的单摆倾斜,从而触发龙头上的控制杆,使龙头的嘴打开,将铜球吐出,铜球掉在蟾蜍的嘴里,并发出铿锵的声音。据此监测人员就能知道地震发生的时间和地点。

(2)振动模型的建立。伽利略(G. Galilei,1564—1642,意大利)对振动问题进行了开创性的研究。他发现了单摆的等时性,并利用他提出的自由落体公式计算了单摆的周期。数学家梅森(M. Mersenne,1588—1648,法国)在实验基础上系统地总结了弦线振动的频率特性,出版了《谐声通论》,被称为“声学之父”。

牛顿、库仑和胡克分别为振动力学的发展奠定了物理基础。牛顿(Sir Isaac Newton,1643—1727,英国)在《自然哲学的数学原理》一书中,叙述了万有引力定律、运动三大定律。牛顿引入了质量,提出了加速度与力的线性正比关系。库仑(C. Coulomb,1736—1806,法国)研究了摩擦力,提出了著名的库仑定律,指出动摩擦力与速度方向相反。库仑引入了阻尼系数,提出了速度与力呈线性正比关系。胡克(R. Hooke,1635—1703,英国)提出了线弹性定律,即著名的郑玄-胡克定律,引入了弹簧刚度,提出了位移与力呈线性正比关系。

(3)弦线的振动。达朗贝尔(J. le. R. d' Alembert,1717—1783)用偏微分方程描述弦线振动而得到波动方程并求出行波解。丹尼尔·伯努利(D. Bernoulli,1700—1782)用无穷多个模态叠加的方法得到弦线振动的驻波解。拉格朗日(J. L. Lagrange,1736—1813)从驻波解推得行波解。傅立叶(J. B. J. Fourier,1768—1830)提出周期函数的傅立叶级数展开理论,完成了严格的数学证明。

(4)梁的振动。欧拉于1744年、丹尼尔·伯努利于1751年分别研究了梁的横向振动,导出了自由、铰支和固定端梁的角频率方程和模态函数。瑞利(J. W. S. Rayleigh,1842—1919)研究了截面转动对梁横向振动的影响。铁摩辛柯(S. P. Timoshenko,1878—1971)研究了剪切变形对梁横向振动的影响。

(5)板的振动。1787年,克拉德尼发表了不同边界条件下玻璃和金属板振动波节线的实验结果。纳维(C. L. Navier,1785—1836)建立了板的弯曲振动理论并研究了三维弹性体的振动。1850年,基尔霍夫(G. R. Kirchhoff,1824—1887)引入了符合实际的板变形假说,并给出圆板的自由振动解,比较完整地解释了克拉德尼的实验结果。

(6)固有角频率的近似计算。1873年瑞利基于系统的能量分析定义了瑞利商,给出了确定系统基频的近似方法,即瑞利法,这是一种关于多自由度系统基频的上限估算法;1894年邓克利(S. Dunkerley)分析旋转轴振动时提出一种估算多圆盘轴横向振动基频的简单实用方法,即邓克利法,这是计算振动系统基频下限的一个经验公式;1950年汤姆森(W. Thomson)将前人计算轴系和梁角频率的实用方法表述为矩阵形式,最终形成传递矩阵法。

(7)有限单元法。广泛应用于工程振动问题计算的有限单元法源于库朗(R. Courant)1943年的工作,他基于最小能原理,采用三角形单元组成分区近似函数讨论柱体的扭转。1956年,特纳(M. J. Turner)等在研究航空工程的相关计算时,将处理杆件结构的方法应用于连续体力学问题,形成有限单元法。冯康在1964年也提出有限单元法的思想,称之为基于变分原理的有限差分法。

(8)连续分段独立一体化积分法。求振动问题的近似解的一个有效方法是称为斯托道拉-维安涅罗(Stodola-Vianello)法的逐次渐进法。1905年,斯托道拉(A. Stodola)首先指出这个方法可用于求解振动问题。1926年,柯赫(J. J. Koch)在数学上证明了这个方法的收敛性。在工程振动问题中,结构的固有角频率计算是至关重要的。如何才能快速、准确地计算结构的最大静位移是计算固有角频率的关键。2012年,李银山等提出的连续分段独立一体化积分法,仅用四次积分就可以快速地得到梁和刚架结构的最大静位移表达式。这种方法,不用列平衡方程求约束力,不用截面法求弯矩,不用力法和位移法选择静定基和超静定基,对于静定结构和超静定结构同样适用。2016年,李银山等发展了逐次渐进法,改进为渐进积分法求解梁和刚架固有角频率。

1.4.2 非线性振动发展简史

惠更斯(C. Huygens,1629—1695)注意到单摆大幅摆动对等时性的偏离,并发现了两只频率接近的时钟的同步现象,是对非线性振动现象的最早记载。非线性振动分析包括定性理论、定量分析方法和实验研究。

1)定性理论的发展

(1)奇点的分类。庞加莱(J. H. Poincaré,1854—1912,法国)开辟了振动问题研究的一个全新方向,即**定性理论**。庞加莱讨论了二阶系统奇点的分类,引入了极限环概念并建立了极限环的判据,定义了奇点和极限环的指数,研究了分岔问题。

(2)解的稳定性。定性理论的一个特殊而重要的方面是稳定性理论,最早的研究结果是1788年拉格朗日建立的保守系统平衡位置的稳定性判据。李雅普诺夫(1857—1918,俄罗斯)给出了稳定性的严格定义,并提出了处理稳定性问题的直接法(线性化特征值法)和间接法(构造李雅普诺夫函数法)两种方法。

(3)极限环。安德罗诺夫(A. A. Andronov,1901—1952,俄罗斯)把天体力学问题中导出的极限环数学概念与范德波尔(Van Der Pol)揭示的自激振动的物理现象从本质上联系起来,从而开辟了常微分定性理论在非线性振动中的一个重要应用领域。他(1927)指出在无线电技术中提出的范德波尔振荡器中的自激振动可以用庞加莱的极限环理论进行数学分析,并提出"自振"这一名词来代表自然界和工程技术中广泛出现的这类自己激发的振荡现象。安德罗诺夫的研究为非线性振动理论的建立做了奠基性工作。在他的引导下,组成一个从事非线性振动理论以及各种应用研究的学派。这种应用涉及力学、自动调节理论、无线电技术、天体物理等各个学科中的振动现象。

(4)混沌。J. Ford 教授认为,20 世纪科学将被永远铭记的只有三件事,那就是相对论、量子力学和混沌学。混沌学的出现是 20 世纪的第三次科学革命。

1993—2000 年,郝柏林主编了"非线性科学丛书",上海科技教育出版社出版(共 30 本)。

2002 年至今,胡海岩主编了"非线性动力学丛书",科学出版社出版。

(5)C-L 方法——用分岔方法研究非线性振动。包戈留包夫(Bogoliubov,俄罗斯)和米特罗波尔斯基(Mitropolsky,俄罗斯)、奈弗(Nayfey)和穆克(Mook,美国)分别应用平均法和多尺度法研究了具有参数激励的 Mathieu-Duffing 系统:

$$\ddot{x} + (1 + 2\varepsilon\cos 2t)x + \mu x + 2\delta\dot{x} + ax^3 = 0 \tag{1.4.1}$$

其结果都是以响应曲线的形式表示的,但是,他们得出的结果是拓扑不等价的。人们自然会问:

①非线性 Mathieu 方程响应的正确的拓扑结构是什么?

②若他们的两个结果都正确的话,对一般的非线性特性是否还具有其他新的响应形式?

③对所有的响应曲线,哪些是典型的或是普遍的?

另外,非线性参数激励系统在工程技术领域有广泛的应用背景。为了回答以上问题,从 20 世纪 80 年代起,陈予恕领导的研究小组在定义了周期函数空间后,对一般形式的非线性 Mathieu 方程应用对称性理论、LS 方法,求得分岔方程后,再利用奇异性理论,建立了被国际上命名的 C-L 方法(Chen-Langford,1988)。

2)定量分析方法的发展

定量分析方法的研究包括弱非线性振动与强非线性振动两个方面。

(1)弱非线性振动研究。

在定量近似求解非线性振动方面,数学家、力学家、物理学家泊松(S. D. Poisson,1781—1840,法国)在 1830 年研究单摆振动时提出了摄动法的基本思想。当 $\varepsilon=0$ 时,系统有角频率为 ω 的周期振动,这种带有 ε 的小项是对周期运动的一种摄动,将解按小参数 ε 的幂级数展开,可求出满足一定误差要求的近似解,这种方法称为**摄动法**。摄动法种类繁多,主要有 L-P 摄动法、平均法、渐近法和多尺度法,分别介绍如下:

①L-P 摄动法。为了消除近似解中的长期项,1882 年,林兹泰德(A. Lindstedt)等人除将解展开成小参数 ε 的幂级数外,还把角频率按小参数 ε 展开,即引进一个新的自变量 $\tau=\omega t$,ω 是 ε 的幂级数(此法相当于对出现长期项的自变量进行坐标变换);1892 年,庞加莱根据行星运动建立了摄动法的数学基础,形成了 Lindstedt-Poincaré(L-P)摄动法。李雅普诺夫引入了"本征时间"变换 $\tau=\frac{2\pi}{T+\alpha}t$,使解对新本征时间来说周期为 2π;克雷洛夫(N. M. Krylov,俄罗斯)采用了将解和角频率的平方按小参数展开的方法,使计算得到较大的简化;马尔金等系统地发展了小参数法,使其适应分析各种非线性振动系统的需要。

②平均法和渐近法。范德波尔在 1926 年研究电子管非线性振荡问题时首先引入缓变系数法,即认为振幅和相位是时间 t 的缓变函数,该法只能求第一次近似解,它是建立在直

观的基础上的。克雷洛夫、包戈留包夫从20世纪30年代起对此进行了系统的研究,提出了平均法和渐近法。首先将振动方程化成标准形式,然后根据克雷洛夫-包戈留包夫变换(K-B变换),可得到解的基波振幅和相位的导数都是$O(\varepsilon)$量级的不显含t的函数,因此可用一个周期内的平均值代替该函数的近似值,故称之为**平均法**。他们于1947年提出了一种求任意阶近似解的**渐近法**(三级数法),包戈留包夫、米特罗波尔斯基于1958年对这个方法做了严格证明。同时,米特罗波尔斯基于1955年将该法推广,使之能求具有缓变参数的非线性系统的非定常解。这个方法在文献中称为克雷洛夫-包戈留包夫-米特罗波尔斯基法,简称KBM法。KBM法可以说是参量变值法中最基本的渐近算法,其他平均算法都是由它演化来的。沙马林柯进一步发展了KBM法,从理论上全面地解决了多自由度系统多频振动问题。

③多尺度法。斯特罗克(P. A. Sturrock)于1957年在研究等离子体非线性效应时,用两个不同尺度描述系统的解,从而提出多尺度法。20世纪60年代,奈弗(A. H. Nayfeh)将各阶近似解设为$t,\varepsilon t,\varepsilon^2 t,\cdots$多个自变量(或多个时间尺度)的函数,建立了多尺度法。多尺度法的明显优点是不仅能计算稳态响应,而且能计算非稳态响应;也可以分析稳态响应的稳定性,描绘非自治系统的全局运动行为。多尺度法可以灵活地引入多个时间尺度或多个变量,因而求解过程可以不受固定程式的约束。

(2)强非线性振动研究。

角频率是描述周期振动的最主要因素,采用通常的摄动法能解决一系列弱非线性振动问题,但不能求解强非线性振动问题。从20世纪80年代至今,在定量分析研究方面,国内外的学者致力于发展强非线性系统的定量分析方法,提出了很多新的分析方法,概括起来,可以分为以下几大类:

第Ⅰ类:改进的摄动法。

这种方法是在原来的摄动法基础上做进一步的改进,以适应较强的非线性应用范围。

①参数变换法。Jones(1978)提出一个参数变换,Burton(1982,1984)提出时间变换法,Cheung等(1991)提出了改进的L-P法。

②椭圆函数法。Chen等(1996,1997)提出了椭圆函数摄动法、椭圆函数L-P法,Belhaq等(2000a,b)提出了椭圆函数多尺度法、椭圆函数HB法,Cveticanin(2001)提出了椭圆函数K-B法等。

③广义谐波函数法。Xu Zhao(徐兆)等采用广义谐波函数先后推广了四种传统的摄动法。例如,提出新的渐近法推广KBM法(徐兆,1985),提出非线性时间变换法(徐兆,1992)推广L-P法,提出广义谐波函数法平均法(Xu和Cheung,1994)推广平均法,提出非线性多尺度法(Xu和Cheung,1995)推广多尺度法。

④其他方法。推广的KBM法(戴世强、庄峰青,1986)、频闪法(李骊,1990)、三变量迭代法(霍麟春等,1992)、摄动-增量法(Chan等,1996)、直接变分法(He,2004,2006)等。张琪昌等(2009)将待定固有频率法与规范性方法相结合,研究强非线性振动问题的求解。

第Ⅱ类:能量法。

在科学与工程技术问题中,有许多属于非线性系统。如何寻求该系统的周期解,在理论和应用方面均有重要意义。对于弱非线性系统,已有许多成熟的处理办法。但对于强非线性系统,迄今仍缺少全面、有效的分析方法。基于周期解在一个周期内其平均能量应该守恒这一力学概念，李骊等(1997)提出了计算强非线性系统周期解的**能量法**，并应用该法对单自由度强非线性自治系统、单自由度强非线性非自治系统、多自由度强非线性自治系统及多自由度强非线性非自治系统的周期解进行了系统研究。在定性方面，推证了一系列关于周期解存在与稳定的基本定理，并据此得出了周期解存在与稳定的一些必要与充分条件；在定量方面，则导出了相应周期解的轨线以及时间历程的近似解析表达式。计算实例表明，应用能量法所得到的结果，定性上是正确的，定量上也有较好的精度。

第Ⅲ类：同伦分析方法。

摄动法的解依赖于小参数，具有明显的局限性。近 30 年来，国内外数学力学研究者发展了一种求解强非线性问题崭新的方法——**同伦分析方法**。廖世俊等(1992)研究的同伦分析方法已被成功应用于各种类型的常微分方程和偏微分方程。在强非线性振动的定量求解方面，廖世俊等利用同伦分析方法、李银山等利用改进的同伦分析方法已经取得了一些进展。

第Ⅳ类：谐波-能量平衡法。

李银山于 2005 年提出了求解强非线性振动问题的**谐波-能量平衡法**。谐波-能量平衡法的基本思想是把非线性微分方程组的解，用等效的线性微分方程组的解来解析逼近。首先采用谐波平衡，得到以振幅、角频率为未知数的不完备非线性代数方程组(方程数小于未知数)；然后利用能量守恒原理，增加关于初始条件、振幅、角频率之间协调的补充方程，从而构成关于振幅、角频率为未知数的完备非线性代数方程组；最后对这个非线性代数方程组进行求解，就可以得到近似解析解。

李银山将阿诺德舌[头](Arnol’d tongue)的结构做了推广，给出了强非线性强迫振动解的完整结构，提出了求解强非线性振动的谐波-能量平衡法，得到了强非线性强迫振动的$\frac{1}{2}$亚谐解、$\frac{1}{3}$亚谐解和$\frac{1}{2}\oplus\frac{1}{4}$亚谐解，以及$\frac{2}{1}$超谐解和$\frac{2}{1}\oplus\frac{3}{1}$超谐解。

非线性振动问题是近代力学、物理学、工程技术科学等许多领域的重要研究课题，非线性分析是现代基础科学研究的主要方向之一。随着科学技术的发展，非线性振动的研究也必将朝着理论深度、应用广度和交叉学科发展。

3）用机械模型进行非线性振动和混沌实验研究

在固体力学中，混沌现象的机械模型实验研究是非常重要的方面。自然界比任何理论都丰富。实验观察不仅是为了证实现存理论的正确性，还应突破原有框架，揭示新的现象和规律。下面简单介绍机械模型中混沌实验的几个例子。

(1)磁弹耦合悬臂梁屈曲后的振动实验。

1979 年，Moon 和 Holmes 研究了铁磁梁在两块磁铁间进行强迫振动的情况，悬臂梁是厚度为 0.23mm、宽度为 9.5mm、长度为 18.8cm 的钢条；每块磁铁直径为 2.54cm，磁场标准为 0.18T。简化的无量纲一阶模态的运动方程为

$$\ddot{x} + \delta\dot{x} - x + x^3 = F\cos\Omega t \tag{1.4.2}$$

通过实验发现，对于固定的阻尼 δ 和干扰频率 Ω，以干扰振幅 F 为控制参数，屈曲梁在小幅激励下运动是周期性的，但对于大幅运动，梁将从一个平衡点跳跃到另一个平衡点。这

次实验首次证实了机械模型结构中奇怪吸引子的存在。Moon 用该装置进一步研究了该类混沌运动的特征。

(2)具有非线性边界条件梁的混沌振动实验。

1983 年,Shaw 等研究了具有非线性边界条件梁的混沌振动实验,悬臂梁仍然是厚度为 0.23mm、宽度为 9.5mm、长度为 18.8cm 的钢条;在悬臂梁的自由端受到挡块的限制。这种情况相当于机器或机构中的间隙或零件出现松脱。Shaw 等对此情况做了反复研究。若不考虑碰撞效应,则悬臂梁在不接触挡块时只有振型的不同,前者振型是悬臂梁振型,后者是一端插入另一端铰支的振型。于是反映到分离变量后的常微分方程中就是一分段线性系统。简化的无量纲一阶模态的运动方程为

$$\ddot{x} + \delta\dot{x} + H(x) = F\cos\Omega t \tag{1.4.3}$$

其中:

$$H(x) = \begin{cases} x & x < x_0 \\ \tilde{\omega}^2 x + (1 - \tilde{\omega}^2)x_0 & x \geqslant x_0 \end{cases} \tag{1.4.4}$$

Shaw 用该装置进一步研究了该类混沌运动的特征。

分段线性系统在实际工程中用得很多,1980 年,Bykhovsky 用于振实土壤;1983 年,Ysfanski与 Beresnevich 用于抗震工程;1984 年,Thompson 与 Elvey 用于船舶工程。

1983 年,Shaw 与 Holmes 证明了非对称性恢复力的分段线性系统具有混沌运动。

1988 年,Kisliakov 与 Popov 证明了对称性恢复力的分段线性系统具有混沌运动。

(3)参激屈曲梁的混沌运动实验研究。

1997 年,季进臣、陈予恕等人对一端固定一端滑动承受轴向简谐载荷的屈曲梁的非线性响应进行了混沌实验研究。梁尺寸为 535mm×31mm×1.5mm,无量纲一阶模态的运动方程为

$$\ddot{x} + \mu_0\dot{x} + \mu_1\dot{x}^3 + x + \alpha_1 x^2 + \alpha_2 x^3 + gx\cos\Omega t + g\cos\Omega t = 0 \tag{1.4.5}$$

1990 年,陈予恕、叶敏和詹凯君采用受纵向激励的梁的结构模型来模拟一类非线性 Mathieu 方程 1/2 亚谐共振,他们对 1/2 亚谐分岔特性进行了实验研究,得出了在整个参数平面上具有不同拓扑结构的分岔图。陈予恕、王德石和叶敏仍采用上述装置进行了混沌实验的研究。

图 1.4.1 圆板混沌振动实验装置

(4)圆板振子超谐分岔和混沌运动的实验研究。

在固体力学领域内对分岔和混沌问题的实验和理论研究大都限于梁。对板(或壳体)混沌问题的实验研究报道极少。李银山、杨桂通等(1999)设计了非线性圆板混沌振动实验装置,如图 1.4.1 所示。材料为 Q235 圆钢板,厚度 $h = 0.23$mm,半径 $a = 300$mm,弹性模量 $E = 200$GPa,泊松比 $\nu = 0.3$,密度 $\rho = 7700\text{kg/m}^3$,单位面积的质量 $\overline{m} = 1.771\text{kg/m}^2$,弯曲刚度 $D = 0.22283$N·m,弯曲波速度 $c_p = 5.341 \times 10^3$ m/s,线性(固有)角频率 $\omega_0 =$

40.71rad/s，频率$f_0=6.48\text{Hz}$，阻尼系数$\mu=0.017$，圆板中心附加质量块$M=163.8\text{g}$。基础作简谐振动，周边夹紧圆板的非线性振动，其控制方程是非线性偏微分方程组，在轴对称单模态近似下，可以简化为硬化刚度型的 Duffing 方程：

$$\ddot{x}+\delta\dot{x}+x+x^3=F\cos\Omega t \tag{1.4.6}$$

对轴对称圆板在简谐载荷作用下的非线性动力学行为进行较为系统的实验研究、理论分析和数值计算，实验发现了混沌、对称破缺和恢复、调幅调相现象、突变（或跳跃）现象及超谐分岔等复杂动力学行为，得到如下结论：对称破缺现象是由于对称动力系统解的结构频率成分出现了偶阶超谐解、偶阶亚谐解、偶阶超亚谐解和偶阶亚超谐解四种情况之一。而混沌出现之前必然出现以上四种情况之一，所以对称破缺现象发生是混沌的前兆。

日本学者 Ueda（1980）研究了零线性刚度型 Duffing 方程：

$$\ddot{x}+\delta\dot{x}+x^3=F\cos\Omega t \tag{1.4.7}$$

采用频闪采样法得到了奇怪吸引子。

刘曾荣、李继彬对渐软恢复力型 Duffing 方程

$$\ddot{x}+\delta\dot{x}+x-x^3=F\cos\Omega t \tag{1.4.8}$$

利用 Melnikov 函数方法进行了解析分析，得到了产生混沌的临界条件。

李银山等（1999）详细研究了硬弹簧型[式（1.4.6）]、软弹簧型[式（1.4.8）]、零线性型[式（1.4.7）]和负线性型[式（1.4.2）]四种典型 Duffing 方程，得到了亚谐解析解、超谐解析解，倍周期分岔通向混沌道路和对称破缺现象的数值仿真结果。

1.5 振动元件三要素

1.5.1 振动的基本元素

构成机械振动系统的基本元素有惯性、恢复性和阻尼。惯性就是能使物体当前运动持续下去的性质。恢复性就是能使物体位置恢复到平衡状态的性质。阻尼就是阻碍物体运动的性质。从能量的角度看，惯性是保持动能的元素，恢复性是贮存势能的元素，阻尼是使能量散逸的元素。

当物体沿 x 轴作直线运动时，惯性可用质量来表示。根据达朗贝尔原理，物体上作用的惯性力 F_1，其作用方向与加速度方向相反。物体由此而产生的加速度和物体质量 m 有下列关系

$$F_1=m\frac{\mathrm{d}^2x}{\mathrm{d}t^2} \tag{1.5.1}$$

质量的单位为 kg。质量是反映物体惯性的基本物理参数。平动惯性质量用图 1.5.1a）所示的符号表示。

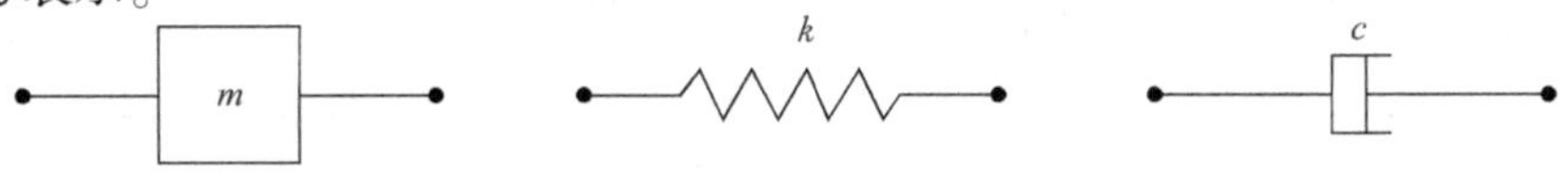

a) 质量　　b) 弹簧　　c) 阻尼器

图 1.5.1　振动系统物理模型的三个基本元件

典型的恢复性元件是弹簧，该恢复性元件所产生的恢复力 F_s 是该元件位移 x 的函数，即

$$F_s = F_s(x) \tag{1.5.2}$$

其作用方向与位移 x 的方向相反。根据郑玄-胡克定律，当 $F_s(x)$ 为线性函数，即 F_s 与位移 x 成正比时，有

$$F_s = kx \tag{1.5.3}$$

比例常数 k 称为弹簧常数或弹簧的刚度系数，单位为 N/m。弹簧常数或刚度系数是反映物体恢复性的基本物理参数。线性弹簧用图 1.5.1b）所示的符号表示。

阻尼力 F_d 反映阻尼有强弱，通常是速度 $\dot{x}$ 的函数，阻尼力方向与速度方向相反。根据库仑定律，当阻尼力 F_d 与速度 $\dot{x}$ 成正比时，阻尼力可表示为

$$F_d = c\dot{x} \tag{1.5.4}$$

这种阻尼称为黏性阻尼或线性阻尼，比例常数 c 称为黏性阻尼系数，单位为 N·s/m。黏性阻尼元件可用图 1.5.1c）所示的符号表示。阻尼系数是反映阻尼的基本物理参数。

质量、弹簧和阻尼器是构成机械振动系统物理模型的三个基本元件。质量、弹簧常数和阻尼系数是表示振动系统特性的基本物理参数。

例题 1.5.1 证明在微幅振动情况下，弹簧常数 k 是恢复力 $F_s(x)$ 曲线在原点处的斜率。

解：设 $F_s(x)$ 为非线性光滑曲线。取平衡点为原点，在原点的邻域将 $F_s(x)$ 展成 Taylor 级数，可得下式

$$F_s(x) = F_s(0) + \left(\frac{dF_s}{dx}\right)_{x=0} x + \left(\frac{d^2F_s}{dx^2}\right)_{x=0} \frac{x^2}{2!} + \cdots$$

由于在 $x=0$ 处，$F_s(0)=0$。在微小位移下，x 二次幂以上的各项可忽略不计，故得

$$F_s(x) = \left(\frac{dF_s}{dx}\right)_{x=0} x = kx$$

$$k = \left(\frac{dF_s}{dx}\right)_{x=0}$$

命题得到证明。

1.5.2 实际问题简化为振动模型三要素

1）惯性元件

弹簧、梁和构件振动的等效质量如表 1.5.1 所示。

弹簧、梁和构件振动的等效质量 表 1.5.1

序号	力学模型	文字描述	公式表示
1	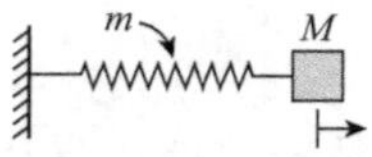	质量为 m 的弹簧末端连接一个质量 M	$m_{eq} = M + \frac{m}{3}$
2	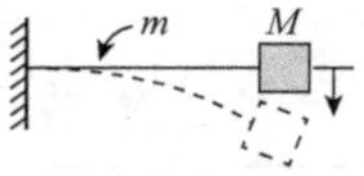	质量为 m 的悬臂梁在自由端具有一个集中质量 M	$m_{eq} = M + 0.23m$
3	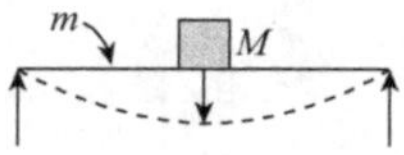	质量为 m 的简支梁在跨度中点具有一个集中质量 M	$m_{eq} = M + 0.5m$

续上表

序号	力学模型	文字描述	公式表示
4		平动质量与转动质量耦合的情况	$m_{eq} = m + \frac{J_0}{R^2}$ $J_{eq} = J_0 + mR^2$
5	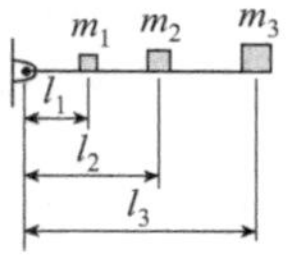	铰支杆上的若干集中质量	$m_{eq} = m_1 + \left(\frac{l_2}{l_1}\right)^2 m_2 + \left(\frac{l_3}{l_1}\right)^2 m_3$

2）弹性元件

梁和构件振动的等效弹簧刚度如表1.5.2所示。

等 效 弹 簧　　表1.5.2

序号	力学模型	文字描述	公式表示
1		受轴向载荷作用的杆（l为杆的长度，A为杆的横截面面积）	$k_{eq} = \frac{EA}{l}$
2	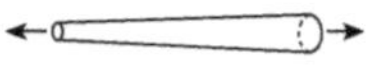	受轴向载荷作用的变截面杆（D和d分别为两个端面的直径）	$k_{eq} = \frac{\pi EDd}{4l}$
3		轴向载荷作用下的螺旋弹簧（d为簧丝直径，D为簧圈的平均直径，n为有效圈数）	$k_{eq} = \frac{Gd^4}{8nD^3}$
4		载荷作用在跨度中点的两端固定梁	$k_{eq} = \frac{192EI}{l^3}$
5	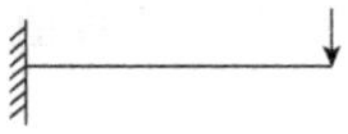	载荷作用在自由端的悬臂梁	$k_{eq} = \frac{3EI}{l^3}$
6	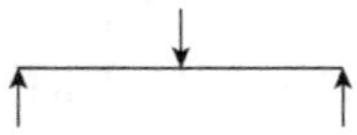	载荷作用在跨度中点的简支梁	$k_{eq} = \frac{48EA}{l^3}$
7	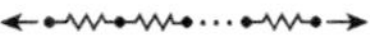	串联弹簧	$\frac{1}{k_{eq}} = \frac{1}{k_1} + \frac{1}{k_2} + \cdots + \frac{1}{k_n}$
8		并联弹簧	$k_{eq} = k_1 + k_2 + \cdots + k_n$
9	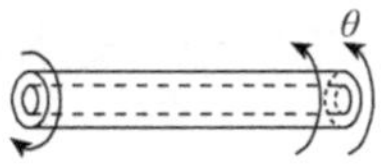	发生扭转变形的空心轴（l为长度，D为外径，d为内径）	$k_{eq} = \frac{\pi G}{32l}(D^4 - d^4)$

3）阻尼元件

等效黏性阻尼器如表1.5.3所示。

等效黏性阻尼器　　表 1.5.3

序号	力学模型	文字描述	公式表示
1	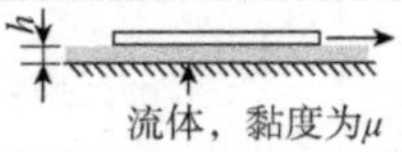	两个平行表面间有相对运动（A 为较小板的面积）	$c_{eq}=\frac{\mu A}{h}$
2	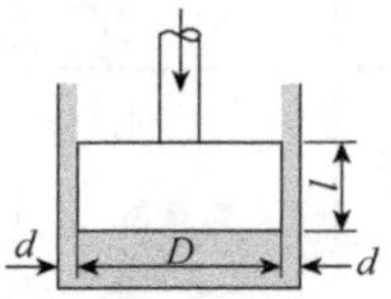	缓冲器（活塞在缸体中作轴向运动）	$c_{eq}=\frac{3\pi\mu D^3 l}{4d^3}\left(1+\frac{2d}{D}\right)$
3	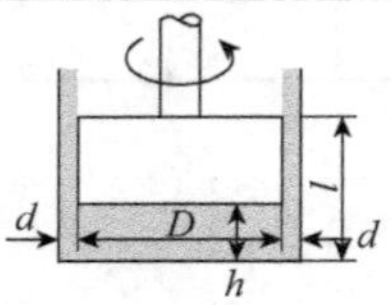	扭转阻尼器	$c_{eq}=\frac{\pi\mu D^2(l-h)}{2d}+\frac{\pi\mu D^3}{32h}$
4	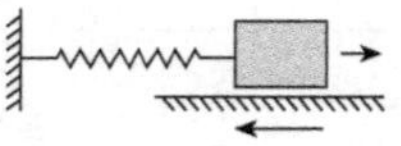	干摩擦（库仑阻尼）（fF_N 为摩擦力，ω 为角频率，X 为振幅）	$c_{eq}=\frac{4fF_N}{\pi\omega X}$

1.6　振动的运动学概念

机械振动是一种特殊形式的运动。在这种运动过程中，机械振动系统将围绕其平衡位置作往复运动。从运动学的观点看，机械振动是研究机械系统的某些物理量（比如位移、速度和加速度）在某一数值近旁随时间 t 变化的规律。这种规律如果是确定的，则可以用函数关系式

$$x=x(t) \tag{1.6.1}$$

来描述其运动。如果运动的函数值，对于相差常数 T 的不同时间有相同的数值，则可以用周期函数

$$x(t)=x(t+nT)\quad n=1,2,\cdots \tag{1.6.2}$$

来表示，则这一运动是周期运动。方程中的最小值 T，即运动往复一次所需时间间隔，叫作振动的周期。周期的倒数，即

$$f=\frac{1}{T} \tag{1.6.3}$$

定义为振动的频率，单位为 Hz。

还有一类振动，如机械系统受到冲击而产生的振动，旋转机械在起动过程中产生的振动，它们没有一定的周期，是**非周期运动**。至于车辆在行走过程中的振动，一般不能用确定的时间函数来表达，因此我们不可能预测某一时刻振动物理量的确定值。这种振动称为**随机振动**，它要用概率统计的方法去研究。

1.6.1　简谐振动

简谐振动是最简单的振动，也是最简单的周期运动。

物体作简谐振动时,位移 x 和时间 t 的关系可用三角函数表示为

$$x = A\cos\left(\frac{2\pi}{T}t - \varphi\right) = A\sin\left(\frac{2\pi}{T}t + \psi\right) \tag{1.6.4}$$

式中,A 是运动的最大位移,称为**振幅**;T 是从某一时刻的运动状态开始再回到该状态时所经历的时间,称为**周期**;φ 和 ψ 决定了开始振动时($t=0$)点的位置,称为**初相角**,有 $\psi = \frac{\pi}{2} - \varphi$。

角速度 ω 称为简谐振动的角频率或圆频率,单位为 rad/s,可表示为

$$\omega = \frac{2\pi}{T} \tag{1.6.5}$$

它与频率 f 有关系式如下:

$$\omega = 2\pi f \tag{1.6.6}$$

简谐振动的速度和加速度就是位移表达式关于时间 t 的一阶和二阶导数,即

$$\dot{x} = A\omega\cos(\omega t + \psi) = A\omega\sin\left(\omega t + \psi + \frac{\pi}{2}\right) \tag{1.6.7a}$$

$$\ddot{x} = -A\omega^2\sin(\omega t + \psi) = A\omega^2\sin(\omega t + \psi + \pi) \tag{1.6.7b}$$

可见,若位移为简谐函数,则其速度和加速度也是简谐函数,且具有相同的频率。只不过在相位上,速度和加速度分别超前位移 90°和 180°。我们也可以从

$$\ddot{x} = -\omega^2 x \tag{1.6.8}$$

看出,简谐振动加速度的大小与位移成正比,而其方向与位移相反,始终指向平衡位置。这是简谐振动的重要特征。

1.6.2 周期振动

在实际问题中,有许多周期振动的例子。我们知道,任何周期函数,只要满足:

(1)函数在一个周期内连续或只有有限个间断点,且间断点上函数左、右极限存在;

(2)在一个周期内,只有有限个极大值和极小值。

则都可展开为 Fourier(傅立叶)级数的形式。

假定 $x(t)$ 是满足上述条件、周期为 T 的周期振动函数,则可展开成 Fourier 级数的形式。此时,有

$$x(t) = \frac{a_0}{2} + \sum_{n=1}^{\infty}(a_n\cos n\omega t + b_n\sin n\omega t) \tag{1.6.9}$$

式中,$\omega = 2\pi/T$,为基角频。$a_0, a_1, a_2, \cdots$ 和 $b_1, b_2, \cdots$ 都是待定的常数,由下列关系式求得

$$a_0 = \frac{2}{T}\int_0^T x(t)\,\mathrm{d}t \tag{1.6.10a}$$

$$a_n = \frac{2}{T}\int_0^T x(t)\cos n\omega t\,\mathrm{d}t \tag{1.6.10b}$$

$$b_n = \frac{2}{T}\int_0^T x(t)\sin n\omega t\,\mathrm{d}t \quad n = 1,2,3,\cdots \tag{1.6.10c}$$

方程式(1.6.9)又可表示为

$$x(t) = \frac{a_0}{2} + \sum_{n=1}^{\infty}A_n\sin(n\omega t + \psi_n) \tag{1.6.11}$$

其中

$$A_n = \sqrt{a_n^2 + b_n^2}, \tan\psi_n = \frac{a_n}{b_n} \tag{1.6.12}$$

1.6.3 简谐振动的合成

1)同方向振动的合成

(1)两个同频率振动的合成。

有两个同频率的简谐振动

$$x_1 = A_1\sin(\omega t + \psi_1), x_2 = A_2\sin(\omega t + \psi_2) \tag{1.6.13}$$

它们的合成运动也是该频率的简谐振动,即

$$x = A\sin(\omega t + \psi) \tag{1.6.14}$$

式中

$$A = \sqrt{(A_1\cos\psi_1 + A_2\cos\psi_2)^2 + (A_1\sin\psi_1 + A_2\sin\psi_2)^2} \tag{1.6.15a}$$

$$\tan\psi = \frac{A_1\sin\psi_1 + A_2\sin\psi_2}{A_1\cos\psi_1 + A_2\cos\psi_2} \tag{1.6.15b}$$

(2)两个不同频率振动的合成。

有两个不同频率的简谐振动

$$x_1 = A_1\sin\omega_1 t, x_2 = A_2\sin\omega_2 t \tag{1.6.16}$$

①若 $\omega_1 < \omega_2$,则合成运动为

$$x = A_1\sin\omega_1 t + A_2\sin\omega_2 t \tag{1.6.17}$$

其图形如图 1.6.1 所示。

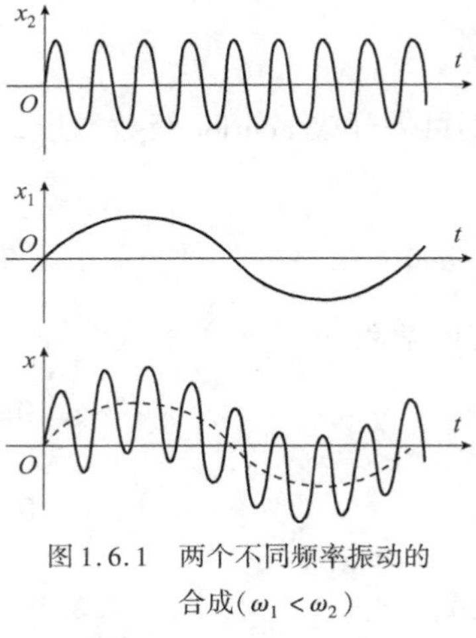

图 1.6.1 两个不同频率振动的合成($\omega_1 < \omega_2$)

由图 1.6.1 可见,合成运动的性质就好像高频振动的轴线被低频振动调制。

②若 $\omega_1 \approx \omega_2$,讨论两种特殊情况:

a. 当 $A_1 = A_2 = A$ 时,令

$$\omega = \frac{1}{2}(\omega_1 + \omega_2), \Delta\omega = \omega_2 - \omega_1 \tag{1.6.18}$$

则合成运动可近似地表示为

$$x = 2A\cos\frac{\Delta\omega}{2}t\sin\omega t \tag{1.6.19}$$

显然,合成运动的振幅以 $2A\cos\frac{\Delta\omega}{2}t$ 变化,也就是出现了"拍"的现象,拍频为 $\Delta\omega$。

b. 当 $A_2 \ll A_1$ 时,令 $m = A_2/A_1$,称为调幅系数。合成运动可表示为

$$x = A_1\sin\omega_1 t + m\frac{A_1}{2}\sin(\omega_1 - \Delta\omega)t + m\frac{A_1}{2}\sin(\omega_1 + \Delta\omega)t \tag{1.6.20}$$

即合成运动有三个角频率分量:载波角频率 ω_1,两个边角频,即$(\omega_1 - \Delta\omega)$和$(\omega_1 + \Delta\omega)$。

2)两垂直方向振动的合成

(1)同频率振动的合成。

如果沿 x 方向和沿 y 方向的运动分别为

$$x = A\sin\omega t, y = B\sin(\omega t + \varphi) \tag{1.6.21}$$

合成运动的轨迹可用椭圆方程

$$\frac{x^2}{A^2} + \frac{y^2}{B^2} - \frac{2xy}{AB}\cos\varphi - \sin^2\varphi = 0 \tag{1.6.22}$$

来表示。图1.6.2表示了不同相角 φ 的合成运动轨迹图。

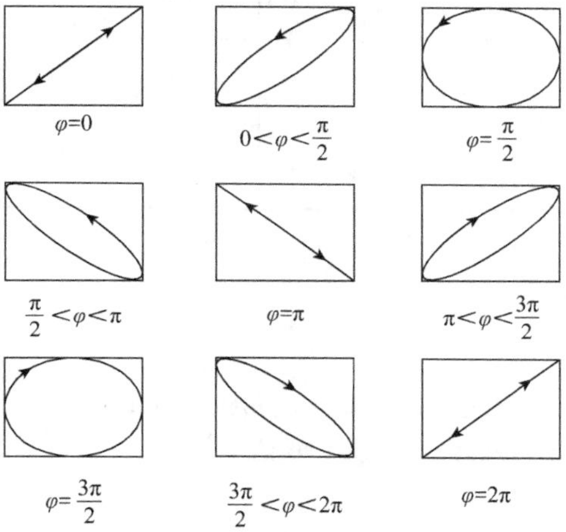

图1.6.2 同频率不同相角合成的Lissajous图形

(2)不同频率振动的合成。

对于两个角频率不等的简谐运动

$$x = A\sin\omega_1 t, y = B\sin(\omega_2 t + \psi) \tag{1.6.23}$$

它们的合成运动也能在矩形中画出各种曲线。若两个角频率存在下列关系

$$n\omega_1 = m\omega_2 \quad n,m = 1,2,3,\cdots \tag{1.6.24}$$

则可得表1.6.1的合成运动图形。

图1.6.2和表1.6.1中的图形叫作Lissajous图形。

不同频率合成的Lissajous图形 表1.6.1

$\omega_1:\omega_2$	1:1	1:2	2:3	3:4	4:5	5:6
$\psi=0$		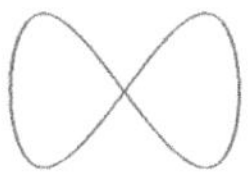	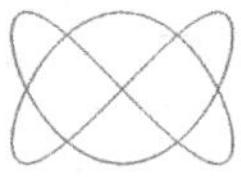	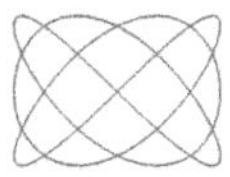	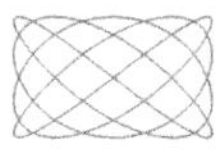	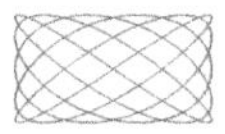

续上表

$\omega_1:\omega_2$	1:1	1:2	2:3	3:4	4:5	5:6
$\psi=\pi/4$	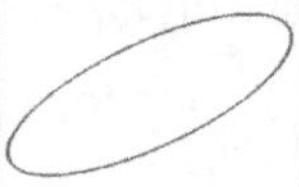	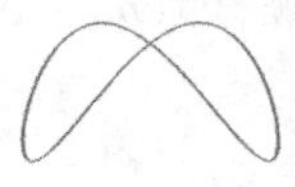	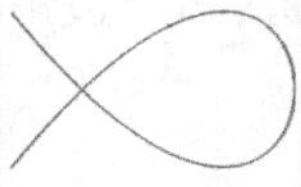	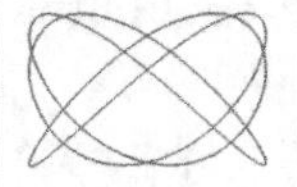	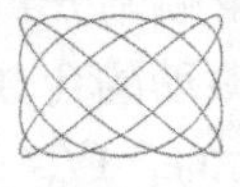	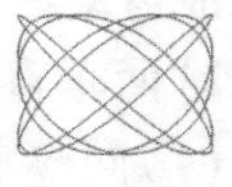
$\psi=\pi/2$	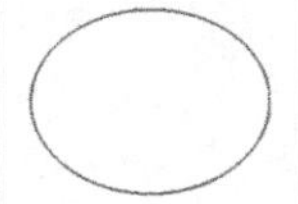	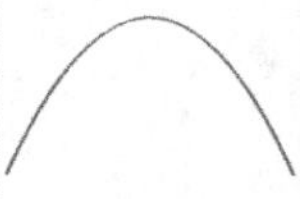	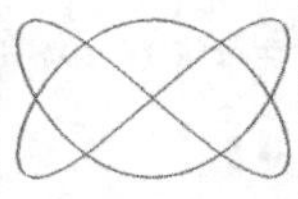	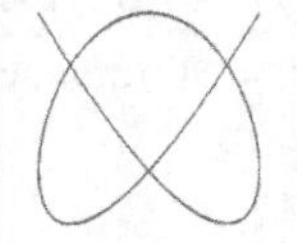	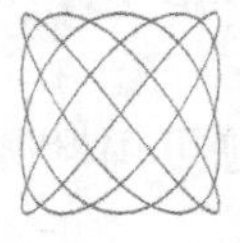	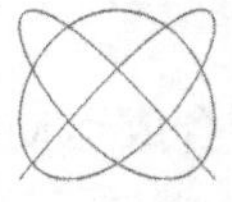
$\psi=3\pi/4$		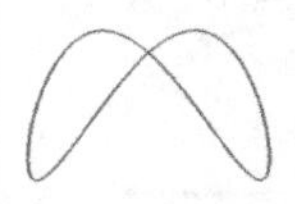	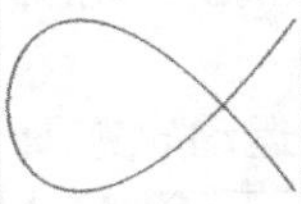	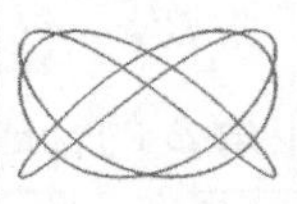	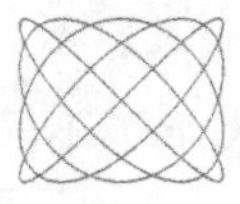	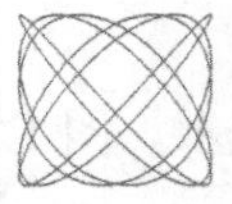
$\psi=\pi$		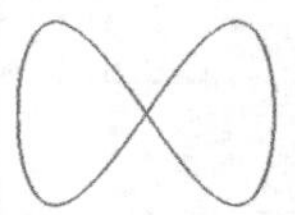	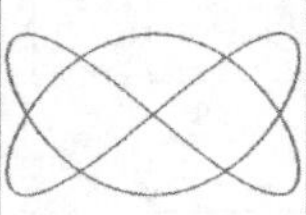	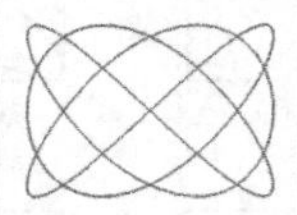	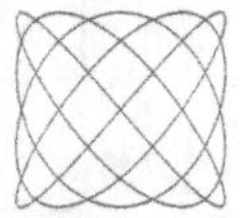	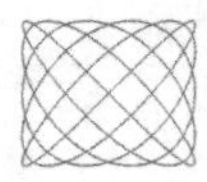

1.7 Maple 编程示例

编程题 1.7.1 拍振的图形表示。

一个质量块的运动包含两个谐波成分 $x_1(t)=X\cos\omega t$ 和 $x_2(t)=X\cos(\omega+\delta)t$，其中 $X=1\text{cm}$，$\omega=20\text{rad/s}$，$\delta=1\text{rad/s}$。用 Maple 画出这个质量块的合成运动并确定拍频。

解：1）建模

质量块的合成运动为

$$x(t)=x_1(t)+x_2(t)=X\cos\omega t+X\cos(\omega+\delta)t$$
$$=2X\cos\frac{\delta t}{2}\cos\left(\omega+\frac{\delta}{2}\right)t \tag{1.7.1}$$

不难看出，质量块的运动存在拍振现象，拍频为

$$\omega_b=(\omega+\delta)-\omega=\delta=1\text{rad/s}$$

式(1.7.1)用 Maple 程序绘出的图形如图 1.7.1 所示。

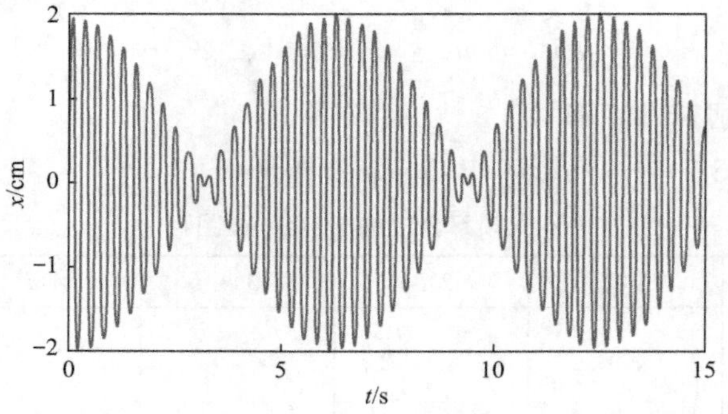

图 1.7.1 拍振现象

2) Maple 程序

```
> ##############################################
> restart:                                              #清零
> with(plots):                                          #加载绘图库
> x1:=A*cos(omega*t):                                   #谐波一 x1(t)
> x2:=A*cos((omega+delta)*t):                           #谐波二 x2(t)
> x:=x1+x2:                                             #合成运动 x(t)
> yztj:=A=1,omega=20,delta=1:                           #已知条件
> x:=subs(yztj,x):                                      #x(t)赋值
> plot({x},t=1..15,numpoints=500,
>      tickmarks=[3,4],thickness=2);                    #拍振绘图
> ##############################################
```

1.8 思考题

思考题 1.1 简答题

1. 分别说出振动的两个优缺点。
2. 构成振动系统的三要素是什么?
3. 确定性振动、随机振动和混沌振动的区别是什么? 分别举例说明。
4. 列举说明根据其谐波表示周期函数的三种不同方法。
5. 什么是拍振?

思考题 1.2 判断题

1. 叠加原理适用于线性和非线性系统。 (　　)
2. 受初始扰动后,线性系统自由振动的角频率称为固有角频率。 (　　)
3. 任意一个周期函数都可以展开为傅立叶级数。 (　　)
4. 简谐运动是周期运动。 (　　)
5. 几个不同位置质量的等效质量可以用动能等效得到。 (　　)

思考题 1.3 填空题

1. 在________时系统会承受相当大的振动。
2. 没有________损失的振动为非衰减振动。
3. 振动系统包括弹簧、阻尼器和________。
4. 如果运动间隔相同时间后不断重复,则称为________振动。
5. 如果加速度与位移成正比且方向指向中心位置,则运动被称为________。

思考题 1.4 选择题

1. 吉伯斯(Gibbs)现象是指对________进行傅立叶级数展开时的异常现象。
   A. 简谐函数　　B. 周期函数　　C. 随机函数
2. 周期函数的各种频率成分对应的振幅和相角的图形表示称为________。
   A. 频谱图　　B. 频率图　　C. 谐波图
3. 如果一个系统在流体介质中振动,则阻尼是________。
   A. 黏性的　　B. 库仑的　　C. 固体的
4. 刚度系数分别为 k_1、k_2,两并联弹簧的等效刚度系数是________;两串联弹簧的等效刚度系数是________。

A. k_1+k_2　　B. $\frac{k_1k_2}{k_1+k_2}$　　C. $\frac{1}{k_1}+\frac{1}{k_2}$

5. 在端部作用集中质量的悬臂梁的刚度系数是________。

A. $\frac{3EI}{l^3}$　　B. $\frac{l^3}{3EI}$　　C. $\frac{Wl^3}{3EI}$

思考题 1.5　连线题

1. 柴油发动机的不平衡	A. 可以导致透平机和飞机发动机的失效
2. 机床的振动	B. 导致切削金属时人体的不适应
3. 叶片和圆盘的振动	C. 可引起机车车轮脱离轨道
4. 风致振动	D. 可引起桥梁的破坏
5. 振动的传递	E. 可导致颤振

1.9　习题

A 类习题

习题 1.1　如图 1.9.1 所示，弹簧 AB 一端固定在 A 点。使弹簧伸长 1m，需要在 B 端施加 19.6N 的静止载荷。某瞬时，在未伸长弹簧的 B 端系上质量为 0.1kg 的砝码 G，并无初速释放。不计弹簧质量，砝码运动的参考坐标轴原点取在静平衡位置，坐标轴方向铅垂向下。试求砝码运动的方程，以及振动的振幅和周期。

习题 1.2　如图 1.9.2 所示，当质量 $m=2\text{t}$ 的重物以匀速 $v=5\text{m/s}$ 下降时，吊索嵌入滑轮的夹子内，致使吊重物的缆索上端被突然卡住。不计吊索质量，求此后重物振动时吊索的最大张力。吊索的刚度系数 $k=4\times10^6\text{N/m}$。

图 1.9.1　习题 1.1

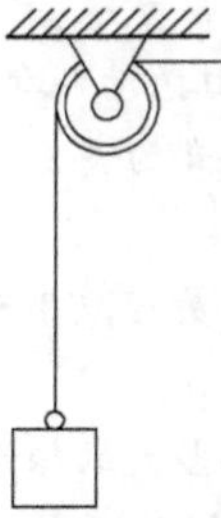

图 1.9.2　习题 1.2

习题 1.3　设在习题 1.2 的重物与吊索间插入一个刚度系数 $k_1=4\times10^5\text{N/m}$ 的弹簧，求吊索的最大张力。

习题 1.4　重物 Q 从 $h=1\text{m}$ 的高度无初速落下，打在弹性水平梁的中点，梁的两端固定。求此后重物在梁上的运动方程。以重物在梁上的静平衡位置为原点，取参考坐标轴铅垂向下，设在载荷 Q 作用下梁的挠度等于 0.5cm，梁重不计。

习题 1.5　车厢的每个弹簧承受载荷是 P（以 N 为单位）。弹簧在此载荷作用下平衡时被压短了 5cm。求车厢自由振动的周期。弹簧的弹力与缩短量成正比。

习题 1.6　机器的底座放在弹性土地上，机器连同底座的质量 $m=90\text{t}$，底座的底面积 $S=15\text{m}^2$，土地的刚度系数 $k=\lambda S$，其中 $\lambda=30\text{N/cm}^3$，称为土地的比刚度。求机器自由振动的周期。

习题 1.7　船的质量为 m（以 t 为单位），水平截面面积为 S（以 m^2 为单位）。水的密度是 $\rho=1\text{t/m}^3$，求船在静水中作铅垂自由振动的周期。水的黏滞性引起的阻力略去不计。

习题 1.8　在习题 1.7 的条件下，求船的运动方程。设船是在水面上以零铅垂速度释放的。

习题 1.9 重为 P(以 N 为单位)的砝码用弹性线悬挂于固定点。砝码被拉离平衡位置后开始振动,初速度为零。线未受拉时,原长是 l,线的张力与伸长量成正比,每 q(以 N 为单位)的静荷载能使它伸长 1cm。试将线的长度 x 表示成时间的函数,并问:使砝码振动时线始终保持受拉状态,线的初始长度 x_0 应满足什么条件?

习题 1.10 如图 1.9.3 所示,在两个反向转动的圆柱形滑轮上放着一根匀质杆。滑轮中心 O_1 与 O_2 在同一水平线上,$O_1O_2=2l$。杆与滑轮接触点的摩擦力使杆运动,摩擦力与压力成正比,且比例系数(即摩擦因数)等于 f。

(1)将杆从对称位置推离 x_0(以 cm 为单位),但 $v_0=0$,求杆的运动。

(2)当 $l=25\text{cm}$ 时,杆的振动周期 $T=2\text{s}$,求摩擦系数 f。

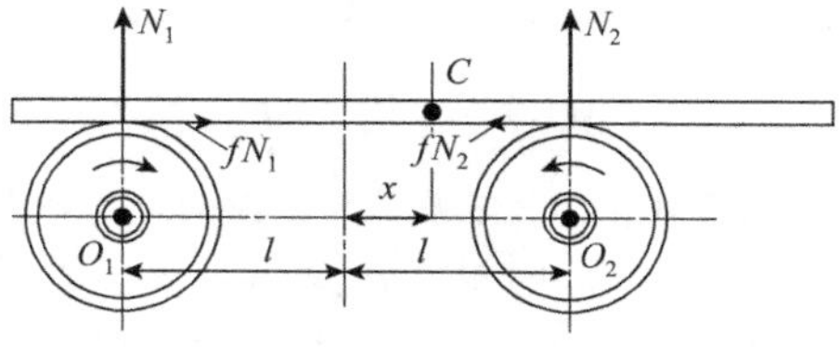

图 1.9.3　习题 1.10

习题 1.11 在同一弹簧上第一次挂一个重为 p 的重物,第二次挂一个重为 $3p$ 的重物。求两振动周期之比。又设弹簧的刚度系数是 k,且已知振动的初始条件:重物挂在未伸长弹簧的末端并无初速释放,求重物的运动方程。

习题 1.12 在刚度系数 $k=2\text{kN/m}$ 的弹簧上,起初悬挂质量为 6kg 的重物,然后换成质量为它两倍的重物,求这两重物振动的周期和角频率。

习题 1.13 如图 1.9.4 所示,在刚度系数 $k=19.6\text{N/m}$ 的弹簧上悬挂质量分别是 $m_1=0.5\text{kg}$ 和 $m_2=0.8\text{kg}$ 的两个重物。当重物 m_2 被拿去时,求余下重物的运动方程、频率、圆频率和振动周期。系统原来处于静平衡位置。

习题 1.14 质量 $m_1=2\text{kg}$ 的重物悬挂在刚度系数 $k=98\text{N/m}$ 的弹簧上,系统处于平衡状态。某瞬时在重物 m_1 上附加质量 $m_2=0.8\text{kg}$ 的重物,求两重物一起的运动方程和振动周期。

习题 1.15 某重物开始悬挂于刚度系数 $k_1=2\text{kN/m}$ 的弹簧上,而后悬于刚度系数为 $k_2=4\text{kN/m}$ 的弹簧上。求这两种情况下重物振动圆频率之比和周期之比。

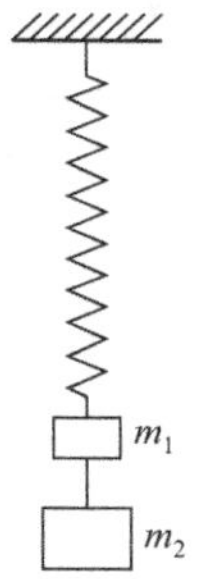

图 1.9.4　习题 1.13

习题 1.16 如图 1.9.5 所示,质量为 m 的物体处在倾角为 α 的斜面上。物体上连着刚度系数为 k 的弹簧,弹簧与斜面平行。在初始瞬时物体连到未伸长的弹簧上,初速度 v_0 的方向沿斜面向下,坐标原点取在平衡位置。求物体的运动方程。

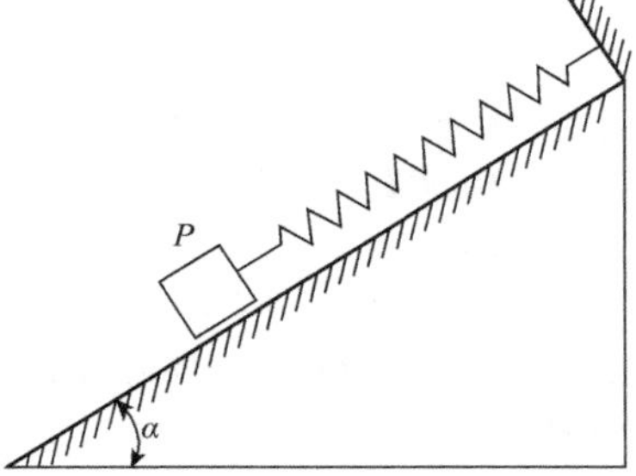

图 1.9.5　习题 1.16

习题 1.17 如图 1.9.6 所示，将重为 P 的物体用弹簧系住，放在倾角为 α 的光滑斜面上。弹簧的静伸长量等于 f。设初始瞬时将弹簧拉到有 $3f$ 的伸长量，并将重物无初速释放，求重物的振动位移。

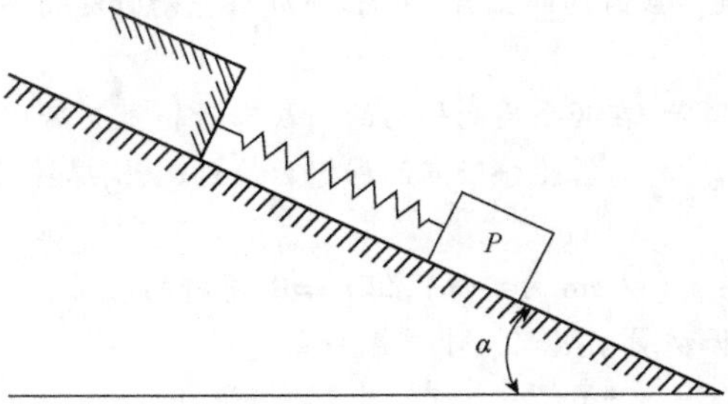

图 1.9.6 习题 1.17

习题 1.18 质量 $m = 12\text{kg}$ 的物体系在弹簧下端作简谐振动。用秒表测知，物体在 45s 内作了 100 次振动。此后，在弹簧末端又附加质量 $m_1 = 6\text{kg}$ 的重物，求两重物一起振动的周期。

习题 1.19 求习题 1.18 条件下单个重物(m)的运动方程和两个物体($m + m_1$)合在一起的运动方程。假定在这两种情形下重物都挂在未伸长弹簧下端。

习题 1.20 如图 1.9.7 所示，弹簧上端挂在固定点，下端挂着重物 M。重物在铅垂平面内沿着光滑圆弧作微幅振动，圆弧直径 $AB = l$，弹簧原长为 a，当作用力等于重物 M 的重量时，弹簧的伸长量是 b。求重物在 $l = a + b$ 的情况下振动的周期。弹簧的质量不计，且弹簧始终受拉。

习题 1.21 在习题 1.20 的条件下，设初始瞬时有 $\angle BAM = \varphi_0$，沿圆弧切线给 M 向下的初速度 v_0。求重物 M 的运动方程。

习题 1.22 如图 1.9.8 所示，质量为 m 的物体 E 在光滑水平面上，系有刚度系数为 k 的弹簧，弹簧的另一端和铰链 O_1 相连。弹簧未变形时长度为 l_0，在平衡位置，弹簧有一不太大的预紧力 $F_0 = k(l - l_0)$，其中 $l = OO_1$。在计算弹簧弹性力的水平分量时，只需考虑物体相对于平衡位置偏移量的线性部分。求物体微振动的周期。

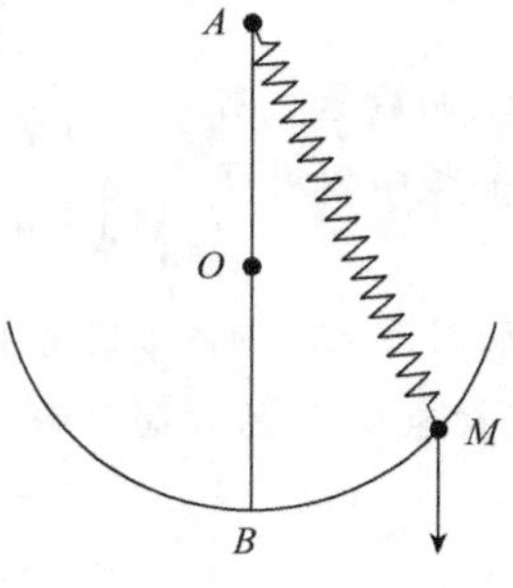

图 1.9.7 习题 1.20

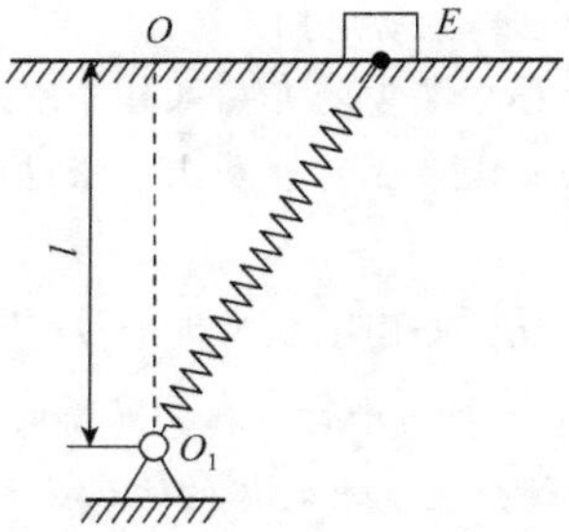

图 1.9.8 习题 1.22

习题 1.23 质量为 m 的质点挂在未变形弹簧的一端，以初速度 v_0 下落，弹簧的刚度系数是 k。当质点处于最低位置时，受到一个向下的力 Q(常数)。求质点的运动方程和振动的周期。坐标原点取在静平衡位置，即与未变形弹簧的末端相距$\dfrac{mg}{k}$。

习题 1.24 如图 1.9.9 所示，质量为 m 的重物挂在并联的两个弹簧上。重物悬挂的位置能使两弹簧的变形相同。已知两弹簧的刚度系数分别是 k_1 和 k_2。求重物自由振动的周期，以及并联弹簧的等效刚度系数。

习题 1.25　设在习题 1.24 的条件下把物体挂在未变形的弹簧上，并给物体向下的初速度 v_0。求重物的运动方程。

习题 1.26　如图 1.9.10 所示，质量为 m 的重物被夹在两个弹簧之间，这两个弹簧的刚度系数分别为 k_1 和 k_2，求重物自由振动的周期。

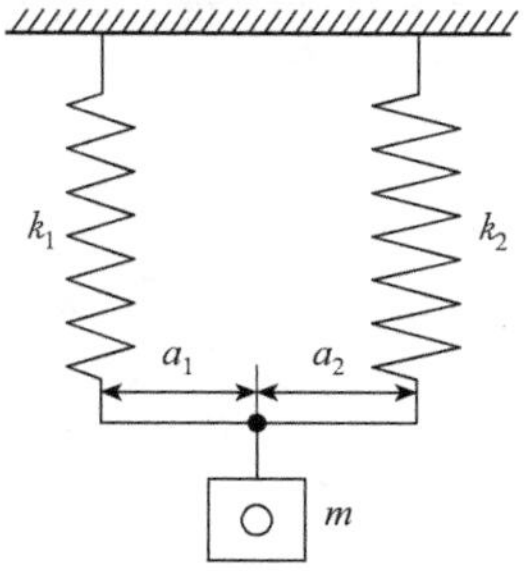

图 1.9.9　习题 1.24

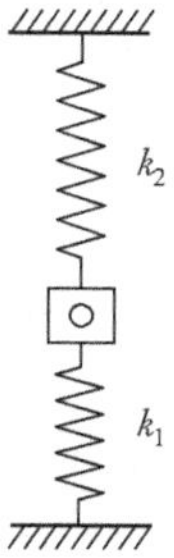

图 1.9.10　习题 1.26

习题 1.27　设在习题 1.26 的条件下在重物的平衡位置有向下的初速度 v_0。求重物的运动方程。

B 类习题

习题 1.28　（编程题）利用 Maple 绘出下列函数

$$x(t) = A\frac{t}{\tau} \quad 0 \leqslant t \leqslant \tau$$

以及它的傅立叶级数展开

$$\bar{x}(t) = \frac{A}{\pi}\left[\frac{\pi}{2} - \left(\sin\omega t + \frac{1}{2}\sin 2\omega t + \frac{1}{3}\sin 3\omega t\right)\right]$$

的图形。其中 $0 \leqslant t \leqslant \tau, A = 1, \omega = \pi, \tau = \frac{2\pi}{\omega} = 2$。

习题 1.29　（编程题）对管道中水流压力的波动，每隔 0.01s 测量一次，数据如表 1.9.1 所示。这种波动在自然界中具有可重复性。应用 Maple 编程，对表 1.9.1 中流体压力进行傅立叶分析，并计算傅立叶级数展开式的前 5 项。

管道中水流压力的波动　　表 1.9.1

测量点 i	时间 t_i/s	压力 p_i/(N/m²)	测量点 i	时间 t_i/s	压力 p_i/(N/m²)
0	0	0	7	0.07	60000
1	0.01	20000	8	0.08	36000
2	0.02	34000	9	0.09	22000
3	0.03	42000	10	0.10	16000
4	0.04	49000	11	0.11	7000
5	0.05	53000	12	0.12	0
6	0.06	70000			

C 类习题

习题 1.30 （振动调整）如图 1.9.11 所示，质量 m 均匀分布的连续梁，在 l_1/l_2 为何值时，它的最低自振角频率最大？

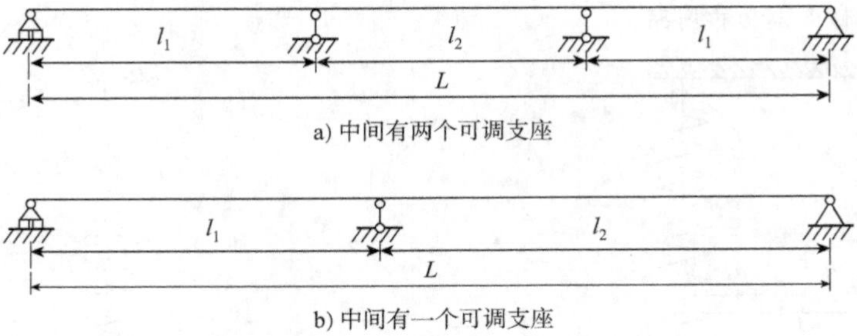

图 1.9.11　习题 1.30

傅立叶（Jean Baptiste Joseph Fourier，1768—1830 年，法国），数学家，物理学家。他于 1822 年出版的关于热的传播的书及在三角级数理论方面取得的成就广为人知。把一个周期函数展开成简谐函数的和，称为傅立叶级数，就是以他的名字命名的。

主要著作：《热的传播》《热的分析理论》等。

第 1 篇　单自由度系统的振动

本篇包括定量分析 3 章和定性分析 1 章。定量分析包括第 2 章单自由度系统的自由振动、第 3 章单自由度系统在简谐激励下的振动和第 4 章单自由度系统在一般激励下的振动。定性分析为第 5 章一维连续-时间系统的奇点与分岔。随着参数的改变，**奇点的变化引起分岔，分岔的变化导致混沌**。本篇考查最简单的也是最基本的振动系统——单自由度线性系统。需要指出的是，单自由度的振动系统属于二维动力系统。

第 2 章讨论自由振动。自由振动是指系统由于受到初始扰动而产生的运动，在运动过程中除受到弹簧力、阻尼力与重力外，不受外界激励的作用。要研究质量块的自由振动响应，首先需要推导出控制方程，即运动微分方程。基于单自由度系统的运动微分方程，定义了系统的**固有角频率**，并介绍了如何根据适当的初始条件得到运动方程的解。单自由度无阻尼系统的自由振动响应是简谐运动。通过几个例子说明了基于能量守恒原理的瑞利方法是如何应用的。第 2 章另一核心内容是黏性阻尼单自由度系统的自由振动方程及其解的讨论。介绍了临界阻尼参数、阻尼比和阻尼振动角频率的概念，解释了欠阻尼、临界阻尼和过阻尼系统的区别。

第 3 章讨论在简谐激励下的振动。首先，推导了单自由度系统在简谐激励作用下的运动微分方程以及求解过程，同时考虑了有阻尼和无阻尼两种情况。针对无阻尼质量-弹簧系统，介绍了振幅放大因数（或幅值比）、**共振**以及拍振现象。非齐次二阶微分方程的解可表示成齐次解（自由振动解）与特解（强迫振动）之和。系统的已知初始条件可用于确定全解的常数。详细介绍了黏性阻尼系统的放大系数以及相位角的重要特征。介绍了阻尼系统在基础作简谐运动时的响应。还介绍了阻尼系统在旋转不平衡情况下的响应。

第 4 章讨论在一般激励下的振动。首先利用傅立叶级数将周期力展开成一系列简谐力，然后将单个简谐力作用引起的响应叠加，叠加起来的响应即系统在周期力作用下的响应。对于非周期力作用下系统的响应，可以通过卷积积分与拉普拉斯变换两种方法得到。卷积积分或杜哈梅积分方法是利用脉冲响应函数求系统的响应。

第 5 章讨论一维连续-时间系统的奇点与分岔。首先由时间集、状态空间和发展算子给出动力系统的定义。然后给出轨道、奇点和环的概念。由非线性动力系统求奇点，然后将非线性方程在奇点附近线性化得到线性动力系统，求线性动力系统的特征值和特征向量，来判断奇点的类型和稳定性。根据特征值将轨道分成稳定流形、不稳定流形和中心流形。最简单分岔的条件是特征值实部为零。并详细讨论了一维连续-时间动力系统的折分岔，给出了折分岔的实例。

劝学诗
唐 韩愈(768—824)
读书患不多,思义患不明。
患足已不学,既学患不行。

第2章 单自由度系统的自由振动

本章讨论自由振动。所谓**自由振动**,是指系统受初始扰动后,仅靠弹性恢复力来维持的振动。分析指出,在不计阻尼的情况下,系统的自由振动是简谐运动。它是振动的一种最基本的形态,简称**谐振动**。谐振动的三个特征量是**振幅**、**角频率**与**相位**。无阻尼线性振动系统的自由振动角频率仅仅决定了系统的惯性与弹性,它表征系统固有的一种振动特性,称为**固有角频率**。系统自由振动的振幅与相位则取决于运动的初始条件。通常取激扰终了时刻作为自由振动的起始时刻,初始条件就是指这一时刻系统的运动参数——位移与速度。在不计阻尼的前提下,系统在自由振动中满足机械能守恒定律,由此得出振动这一重要概念,它贯穿整个振动分析中。

在阻尼不容忽视的情形下,系统在自由运动中机械能不再守恒,而是随着运动不断耗散。在理论分析中,通常假定阻尼力与速度成正比,即采用线性阻尼的模型。根据阻尼的大小,系统的自由运动呈现两种不同的形式:振动的与非振动的。这两种形式之间存在着一个过渡状态,它也是非振动的。对应于这一过渡状态的阻尼,称为**临界阻尼**。只有当系统的阻尼低于临界阻尼时,系统才会发生自由振动。这种自由振动的振幅是按指数规律衰减的。减幅可以用来度量系统阻尼。

2.1 简谐振动

2.1.1 质量-弹簧系统

无阻尼的单自由度线性系统可以用图2.1.1a)所示的质量-弹簧模型系统来表示。只能在光滑水平面上沿直线运动的质量 m,由弹簧 k 连接于固定支点,弹簧在未变形时长度为 l_0,它的轴线沿运动方向,弹簧本身的质量可略去不计。系统的静平衡位置就是弹簧没有变形的位置。取平衡时质量 m 的位置作为坐标原点,沿运动方向取坐标轴 x(向右为正),则系统在任一瞬时的位置都可由质量 m 的坐标 x 完全确定,所以这是单自由度系统。

自由运动中,质量 m 在水平方向仅受弹簧力的作用。当质量 m 位于原点 O 时,弹簧力等于零。当质量 m 位于平衡位置右侧,即 $x>0$ 时,弹簧拉伸,作用于质量 m 上的弹簧力向左。当质量 m 位于平衡位置左侧,即 $x<0$ 时,弹簧压缩,作用于质量 m 上的弹簧力向右。可见,不论在哪个位置上,质量 m 所受的弹簧力总是力图使它返回平衡位置,所以这种力称

为恢复力。假设弹簧力大小与变形成正比,比例常数为 k,这种弹簧力称为线性恢复力。比例常数 k 称为弹簧刚度,大小就等于使弹簧产生单位变形(伸长或缩短单位长度)所需的力,量纲为MT^{-2},在国际单位制中表示为 N/m。图 2.1.1a)所示系统中,在运动中只受线性力的作用,所以是线性系统。又因系统中表征惯性的质量 m 以及表征弹性的刚度 k 都是常数,所以这一系统是常参数系统。

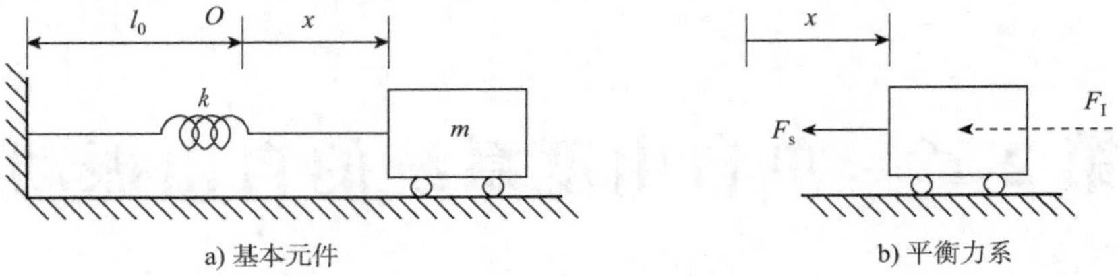

图 2.1.1　质量-弹簧模型系统

设上述系统原来处于静平衡状态,由于受到某个扰动而打破了平衡状态,系统获得了初始位移或初始速度,或者两者都有。系统进入运动状态后,当质量 m 偏离平衡位置时,弹性恢复力力图使它返回平衡位置;而当质量 m 到达平衡位置时,又因为具有一定的动能,惯性使得它不可能停留在平衡位置上。于是,系统只能在平衡位置附近往复运动。要定量地确定这种运动规律,就必须先列出系统的运动微分方程。

设在任一时刻 t,质量 m 的位移为 x,取质量 m 为分离体,如图 2.1.1b)所示,这时,作用于质量 m 的水平力有弹簧力 $\boldsymbol{F}_s$(←)和惯性力 $\boldsymbol{F}_I$(←),由达朗贝尔原理有

$$F_I + F_s = 0 \tag{2.1.1}$$

其中

$$F_I = m\ddot{x} \tag{2.1.2}$$

$$F_s = kx \tag{2.1.3}$$

将式(2.1.2)和式(2.1.3)代入式(2.1.1)得到

$$m\ddot{x} + kx = 0 \tag{2.1.4}$$

式中,$\ddot{x}$ 表示 x 的二阶时间导数,即质量 m 的加速度在 x 轴上的投影。引入记号 $\omega_n^2 = \sqrt{k/m}$,式(2.1.4)可写成

$$\ddot{x} + \omega_n^2 x = 0 \tag{2.1.5}$$

它是变量 x 的二阶常系数线性齐次常微分方程。它描述质量 m 在时刻 t 的微分运动规律。要确定 x 随时间 t 的变化规律必须对方程(2.1.5)进行积分。由常微分方程理论可知,方程(2.1.5)的通解可表示为

$$x = C_1\sin\omega_n t + C_2\cos\omega_n t \tag{2.1.6}$$

其中,C_1 与 C_2 是任意常数。方程(2.1.5)对应于特定初始条件的解可按如下确定:设在初始时刻 $t=0$ 时,质点的位移和速度分别为

$$x(0) = x_0, \dot{x}(0) = \dot{x}_0 \tag{2.1.7}$$

则由式(2.1.6)及其一阶导数式

$$\dot{x} = C_1\omega_n\cos\omega_n t - C_2\omega_n\sin\omega_n t \tag{2.1.8}$$

有

$$x_0 = C_2, \dot{x}_0 = C_1\omega_n \tag{2.1.9}$$

由此得

$$x = \frac{\dot{x}_0}{\omega_n}\sin\omega_n t + x_0\cos\omega_n t \tag{2.1.10}$$

它描述系统对应于上述初始条件的自由振动,在式(2.1.10)中令

$$\frac{\dot{x}_0}{\omega_n} = A\cos\varphi, x_0 = A\sin\varphi \tag{2.1.11}$$

则式(2.1.10)可改写为

$$x = A\sin(\omega_n t + \varphi) \tag{2.1.12}$$

式中

$$A = \sqrt{x_0^2 + \left(\frac{\dot{x}_0}{\omega_n}\right)^2} \tag{2.1.13a}$$

$$\varphi = \arctan\frac{\omega_n x_0}{\dot{x}_0} \tag{2.1.13b}$$

且有

$$\omega_n = \sqrt{\frac{k}{m}} \tag{2.1.14a}$$

人们常把正弦函数与余弦函数统称谐和函数(也称简谐函数)。由式(2.1.10)与式(2.1.12)可见,单自由度线性系统的自由振动可以用时间的简谐函数来描述,故称为**简谐振动**或**谐振动**。相应地,无阻尼的单自由度线性系统也称为**谐振子**。坐标 x 和速度 $\dot{x}$ 完全确定质点在每个时刻的运动状态,称为**状态变量**。

式(2.1.12)中,A 称为自由振动的**振幅**,它是质量 m 偏离平衡位置的最大距离;括弧内的$(\omega_n t+\varphi)$确定 x 在不同时刻的值,称为振动的**相角**,单位为 rad。φ 为 $t=0$ 时的相角,称为**初相角**。A 和 φ 由初始条件确定。ω_n 为相角的变化速度,由系统参数 m 和 k 决定,与初始条件无关,称为无阻尼系统的**固有角频率**,单位为 rad/s。振幅、角频率和初相角是谐振动的三个重要特征量。

根据正弦函数的性质,相位每增加 2π,即时间每经历 $T_n=2\pi/\omega_n$ 间隔,状态变量$(x,\dot{x})$均恢复为原来值而完成一次往复。时间间隔 T_n 称为振动的周期,单位为 s。上述质量-弹簧系统的周期为

$$T_n = 2\pi\sqrt{\frac{m}{k}} \tag{2.1.14b}$$

T_n 的倒数为系统的**固有频率** f_n(单位为 Hz,$1\text{Hz}=1\text{s}^{-1}$)

$$f_n = \frac{1}{2\pi}\sqrt{\frac{k}{m}} \tag{2.1.14c}$$

固有频率为系统固有的物理参数,与初始条件无关,表现出线性系统自由振动的等时性。质量越大,弹簧越软,则固有频率越低,周期越长;反之,质量越小,弹簧越硬,则固有频率越高,周期越短。

2.1.2 重力的影响

工程中常遇到质点在铅垂方向的振动，这时质点还受重力作用，如图 2.1.2a）所示，试建立振动方程并分析求解。

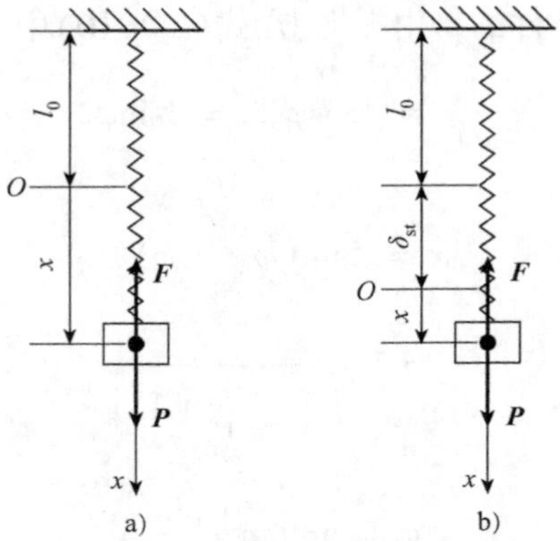

图 2.1.2 质点在铅垂方向的振动

参照图 2.1.2a），质点的运动微分方程为

$$m\ddot{x} + kx = P \text{ 或 } \ddot{x} + \omega_n^2 x = g \tag{2.1.15}$$

其解为

$$x = A\sin(\omega_n t + \varphi) + \delta_{st}, \delta_{st} = \frac{P}{k} \tag{2.1.16}$$

亦即质点仍作角频率为 ω_n 的简谐振动，只是振动中心位于 $x=\delta_{st}$ 处，δ_{st} 为弹簧的静伸长。由此可知，常力只改变振动中心的位置。引入静伸长 δ_{st}，还可将固有角频率及周期写为

$$\omega_n = \sqrt{\frac{g}{\delta_{st}}} \tag{2.1.17a}$$

$$T_n = 2\pi\sqrt{\frac{\delta_{st}}{g}} \tag{2.1.17b}$$

如果将**参考坐标的原点取在弹簧静伸长处**，如图 2.1.2b）所示，则运动微分方程改变，但解的形式简单。

$$m\ddot{x} = -k(x + \delta_{st}) + P, \text{即 } m\ddot{x} + kx = 0 \tag{2.1.18}$$

$$x = A\sin(\omega_n t + \varphi) \tag{2.1.19}$$

例题 2.1.1 图 2.1.3 所示为一轻质悬臂梁，长度为 l，弯曲刚度为 EI，其自由端有集中质量 m。列出系统横向振动的运动方程，确定其固有角频率。

解：长度为 l 的悬臂梁，右端受集中载荷 F 时，其最大挠度 δ 可按材料力学求得

$$\delta = \frac{Fl^3}{3EI}$$

略去梁的质量，梁右端横向振动时的弹簧刚度为

$$k = \frac{F}{\delta} = \frac{3EI}{l^3}$$

因而，系统的运动方程为

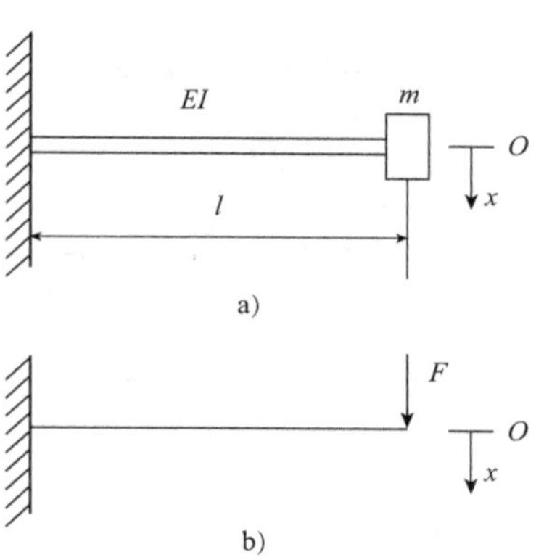

图 2.1.3　自由端有集中质量的悬臂梁

$$m\ddot{x} + \frac{3EI}{l^3}x = 0$$

其固有角频率为

$$\omega_n = \sqrt{\frac{3EI}{ml^3}}$$

解题要点

(1)把悬臂梁简化为弹簧;

(2)受集中荷载的悬臂梁最大位移 $\delta = \dfrac{Fl^3}{3EI}$;

(3)弹簧刚度 $k = \dfrac{F}{\delta}$。

例题 2.1.2　确定图 2.1.4 所示扭转系统的固有角频率。

解:杆 1 和杆 2 是两并联弹簧。两弹簧交于同一点,其等效弹簧常数 $k_{\varphi12}$ 为杆 1 的弹簧常数 $k_{\varphi1}$ 和杆 2 的弹簧常数 $k_{\varphi2}$ 之和,即

$$k_{\varphi12} = k_{\varphi1} + k_{\varphi2}$$

由方程可知,若两弹簧中有一个非常刚强,比如 $k_{\varphi1} \gg k_{\varphi2}$,合成后的等效弹簧常数将取决于 $k_{\varphi1}$。

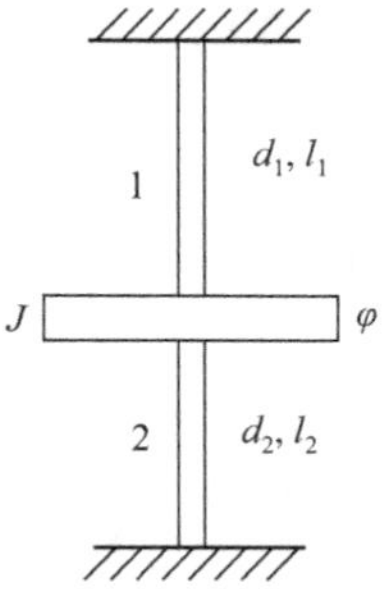

图 2.1.4　扭转系统的振动

对于扭转,扭矩 T 与角位移 φ 的关系有

$$T = \frac{GI_p}{l}\varphi$$

式中,G 为剪切弹性模量;I_p 为扭转时截面的极惯性矩。对于圆截面有

$$I_p = \frac{\pi d^4}{32}$$

因此,有

$$k_{\varphi1} = \frac{G\pi d_1^4}{32l_1}, k_{\varphi2} = \frac{G\pi d_2^4}{32l_2}$$

系统的运动方程为

$$J\ddot{\varphi} + \frac{G\pi}{32}\left(\frac{d_1^4}{l_1} + \frac{d_2^4}{l_2}\right)\varphi = 0$$

系统固有角频率为

$$\omega_n = \sqrt{\frac{k_{\varphi 12}}{J}} = \sqrt{\frac{G\pi}{32J}\left(\frac{d_1^4}{l_1} + \frac{d_2^4}{l_2}\right)}$$

解题要点

(1)把杆1和杆2简化为两个扭转弹簧;

(2)把圆盘的转动惯量简化为广义质量。

2.2 计算固有角频率的能量法

系统的动能和势能彼此将进行交换。当动能最大时,势能最小;当动能最小时,势能最大。若把势能的基点取为平衡位置,则该点的势能为零,为最小值,动能最大。而在速度为零的一点上,动能为零,势能最大。动能和势能的最大值相等,即

$$T_{max} = V_{max} \tag{2.2.1}$$

这一关系式是求无阻尼振动系统固有角频率的重要准则。

对于图2.1.1a)的系统,其自由振动为简谐运动,即

$$x = A\sin(\omega_n t + \varphi) \tag{2.2.2}$$

由此可得其最大动能和最大势能为

$$T_{max} = \frac{1}{2}m\omega_n^2 A^2 \tag{2.2.3}$$

$$V_{max} = \frac{1}{2}kA^2 \tag{2.2.4}$$

由于

$$\frac{1}{2}m\omega_n^2 A^2 = \frac{1}{2}kA^2 \tag{2.2.5}$$

并定义

$$T_m = \frac{1}{2}mA^2 \tag{2.2.6}$$

故可得

$$\omega_n = \sqrt{\frac{V_{max}}{T_m}} = \sqrt{\frac{k}{m}} \tag{2.2.7}$$

并联弹簧的等效刚度系数为

$$k = k_1 + k_2 \tag{2.2.8}$$

串联弹簧的等效刚度系数为

$$k = \frac{k_1 k_2}{k_1 + k_2} \tag{2.2.9}$$

2.3 计算弹簧等效质量的瑞利法

利用能量法可对分布质量系统作近似计算,方法是先对具有分布质量的弹性元件假定一种振动形式,然后将无阻尼自由振动的简谐规律代入计算其动能,令动能与势能的最大值相等,即得到**等效质量**和固有角频率。这种近似计算方法称为**瑞利法**。

例题 2.3.1 图 2.3.1 所示为一弹簧-质量系统,计及弹簧质量。试确定系统的固有角频率。

解:系统处于静平衡位置时,弹簧长度为 l,单位长度的质量为 r。当系统有位移 x 和速度 $\dot{x}$ 时,距离上端 ζ 处的位置为 $\frac{\zeta}{l}x$,速度为 $\frac{\zeta}{l}\dot{x}$。此时系统的动能有两部分:质量块 m 的动能

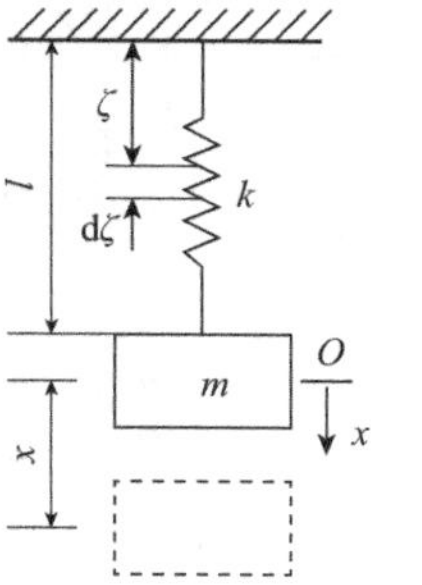

图 2.3.1 计及弹簧质量的振动系统

$$T_1 = \frac{1}{2}m\dot{x}^2$$

和弹簧质量所具有的动能

$$T_2 = \frac{1}{2}\int_0^l \frac{r}{g}\frac{\zeta^2}{l^2}\dot{x}^2 \mathrm{d}\zeta = \frac{1}{2}\cdot\frac{rl}{3g}\dot{x}^2$$

令弹簧的总质量为 m_1,有

$$m_1 = \frac{rl}{g}$$

这时

$$T_2 = \frac{1}{2}\cdot\frac{m_1}{3}\dot{x}^2$$

故系统的总动能为

$$T = \frac{1}{2}\left(m + \frac{m_1}{3}\right)\dot{x}^2$$

而系统的势能为

$$U = \frac{1}{2}kx^2$$

因而,系统的固有角频率 ω_n 为

$$\omega_n = \sqrt{\frac{3m}{3m + m_1}}\cdot\sqrt{\frac{k}{m}}$$

结果表明,对于一端固定一端自由的情况,在计及弹簧质量时,只要作这样的修正:把弹簧质量的 1/3 作为集中质量加到质量块 m 上,将等效质量 $m_{eq} = m + \frac{m_1}{3}$ 作为系统的质量就可以得到一个等效的无质量弹簧的模型。

2.4 具有黏性阻尼的自由振动

在前面的讨论中,我们略去了运动所受的阻力,因而得出系统在自由振动中机械能守恒、振幅保持不变的结论。实际观察所得结果与上述结论是有出入的,所以有必要考虑阻力对自由振动的影响。实际的阻力来源不一,形式多样,有来自滑动面之间(有润滑或无润滑)的摩擦力,有来自周围介质(空气、水等)的阻力,也有来自材料内部的损耗等;有的阻力接近常值,有的与速度成正比,也有的与速度平方成正比等。为了便于分析,本节我们只考虑其中最简单的,即大小与速度一次方成正比的阻力,这种阻力常称为**线性阻尼**。

2.4.1 黏性阻尼

为了说明黏性阻尼,我们研究图 2.4.1 所示的黏性阻尼器,它有一个直径为 D、长为 L 的活塞,带有两个直径为 d 的小孔。油的黏度为 μ,密度为 ρ。对层流,通过小孔的压力降为

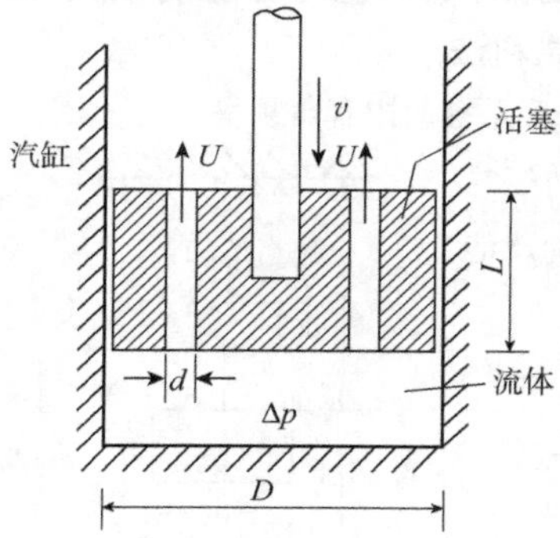

图 2.4.1 黏性阻尼器

$$\Delta p = \rho\left(\frac{L}{d}\right)\frac{U^2}{2}f \tag{2.4.1}$$

式中,U 是油流过小孔的平均速度;f 为摩擦因数,有

$$f = \frac{64\mu}{Ud\rho} \tag{2.4.2}$$

因而

$$\Delta p = \frac{32L\mu}{d^2}U \tag{2.4.3}$$

而油的平均速度 U 有下列关系

$$U = \frac{1}{2}\left(\frac{D}{d}\right)^2 v \tag{2.4.4}$$

式中,v 是活塞运动速度,所以

$$\Delta p = \frac{16L\mu}{d^2}\left(\frac{D}{d}\right)^2 v \tag{2.4.5}$$

由于 Δp 而作用于活塞上的阻力近似地表示为

$$F_{\mathrm{d}} = \frac{\pi D^2}{4}\Delta p = 4\pi L\mu\left(\frac{D}{d}\right)^4 v \tag{2.4.6}$$

这表明,黏性阻尼器的阻尼力与速度成正比,方向与速度相反。这时,阻尼系数为

$$c = 4\pi L\mu\left(\frac{D}{d}\right)^4 \tag{2.4.7}$$

这一模型说明了黏性阻尼的基本概念。

2.4.2 黏性阻尼自由振动

具有黏性阻尼的单自由度系统由图 2.4.2a)所示质量-弹簧-阻尼器模型来表示。其中,线性阻尼器 c 提供的阻力 $\boldsymbol{F}_{\mathrm{d}}$,方向与质量 m 的速度方向相反,大小与速度的一次方成正比,比例系数 c 称为**阻尼系数**。

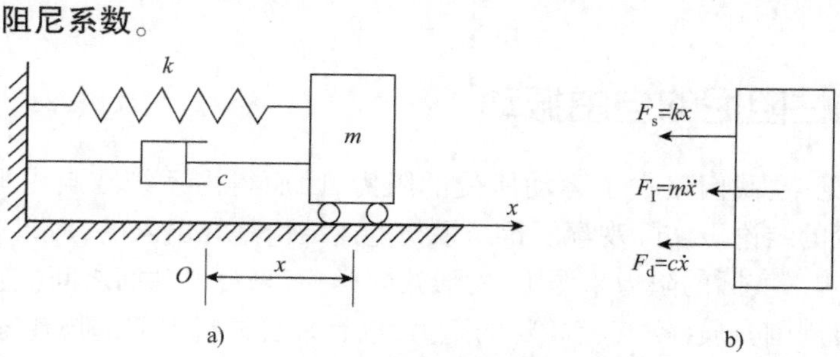

图 2.4.2 单自由度线性阻尼系统

$$F_{\mathrm{d}} = c\dot{x}(\leftarrow) \tag{2.4.8}$$

如图 2.4.2b）所示，仍以质量 m 的静平衡位置为坐标原点，取水平轴 x，系统受惯性力、弹性力和阻尼力作用，由达朗贝尔原理可知，系统的运动微分方程可表示为

$$m\ddot{x} + c\dot{x} + kx = 0 \tag{2.4.9}$$

引入记号

$$n = \frac{c}{2m}, \zeta = \frac{n}{\omega_n} = \frac{c}{2\sqrt{mk}} \tag{2.4.10}$$

方程（2.4.9）又可改写为

$$\ddot{x} + 2n\dot{x} + \omega_n^2 x = 0 \tag{2.4.11}$$

$$\ddot{x} + 2\zeta\omega_n\dot{x} + \omega_n^2 x = 0 \tag{2.4.12}$$

其中，ω_n 为系统的无阻尼固有角频率；ζ 为无量纲阻尼率。方程（2.4.12）的解可设为

$$x = Ae^{st} \tag{2.4.13}$$

式中，A 为常数，s 为待定参数。将式（2.4.13）代入式（2.4.12），可得如下代数方程

$$s^2 + 2\zeta\omega_n s + \omega_n^2 = 0 \tag{2.4.14}$$

这一方程称为系统的**特征方程**。它的两个根

$$\left.\begin{matrix} s_1 \\ s_2 \end{matrix}\right\} = (-\zeta \pm \sqrt{\zeta^2 - 1})\omega_n \tag{2.4.15}$$

称为系统的**特征值**。显然，不同的阻尼比 ζ 将对应不同的特征值，因而给出不同形式的解。

下面分别讨论 ζ 取不同值时的几种情况。

1）临界阻尼情况（$\zeta=1$）

阻尼比 $\zeta=1$ 时的阻尼介于过阻尼和小阻尼之间，故称为**临界阻尼**（critical damping）。按照阻尼比的定义式（2.4.10）可知，临界阻尼系数为

$$c_c = 2m\omega_n = 2\sqrt{mk} \tag{2.4.16}$$

按照临界阻尼系数的概念，阻尼比也可以定义为

$$\zeta = \frac{c}{c_c} \tag{2.4.17}$$

由式（2.4.15）可见，此时系统的特征根为重根，即

$$s_1 = s_2 = -\omega_n \tag{2.4.18}$$

故临界阻尼系统的通解为

$$x = (C_1 + C_2 t)e^{-\omega_n t} \tag{2.4.19}$$

如图 2.4.3 所示，临界阻尼系统的运动也按照指数规律衰减，没有振荡特性。

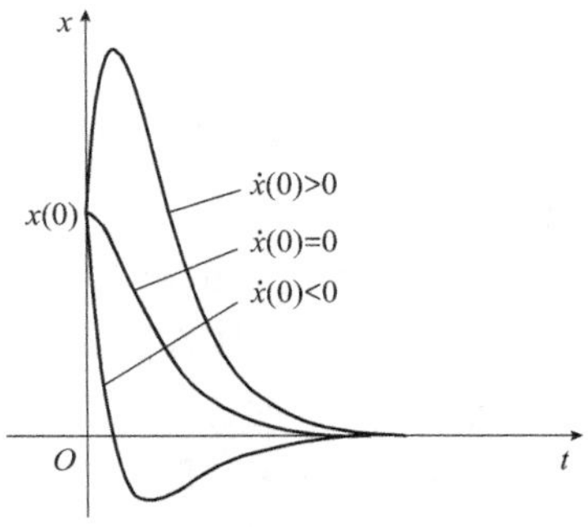

图 2.4.3　临界阻尼情形（$\zeta=1$）

2）过阻尼情况（$\zeta>1$）

我们把阻尼比 $\zeta>1$ 的情况称为**过阻尼**（over damping）。此时的特征值为实数

$$\left.\begin{matrix} s_1 \\ s_2 \end{matrix}\right\} = (-\zeta \pm \sqrt{\zeta^2 - 1})\omega_n < 0 \tag{2.4.20}$$

故过阻尼系统的通解为

$$x = C_1 e^{s_1 t} + C_2 e^{s_2 t} \tag{2.4.21}$$

此时系统的运动按指数规律衰减,很快就趋于平衡位置,不会产生往复的振动现象,也不具有振动特性,如图2.4.4a)所示。从物理意义上来看,由于阻尼较大,由初始激励输入给系统的能量很快就被消耗掉了,而系统还来不及产生往复运动。

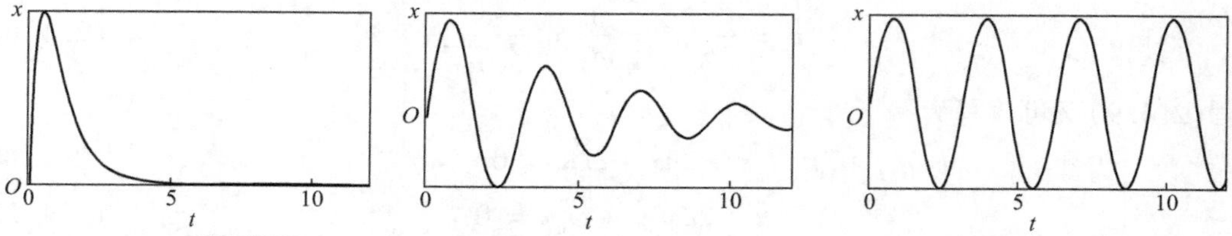

a) ζ=1.1，过阻尼情况　b) ζ=0.1，欠阻尼情况　c) ζ=0，无阻尼情况

图2.4.4　阻尼比对自由振动时程曲线的影响

3)欠阻尼情况($0<\zeta<1$)

阻尼比$0<\zeta<1$时的情况称为**欠阻尼**(under damping)。此时的特征值为一对共轭复根

$$\left.\begin{matrix} s_1 \\ s_2 \end{matrix}\right\} = (-\zeta \pm i\sqrt{1-\zeta^2})\omega_n = -\zeta\omega_n \pm i\omega_d \tag{2.4.22}$$

式中

$$\omega_d = \sqrt{1-\zeta^2}\,\omega_n, i^2 = -1 \tag{2.4.23}$$

故欠阻尼系统的通解为

$$x = e^{-\zeta\omega_n t}(C_1\cos\omega_d t + C_2\sin\omega_d t) \tag{2.4.24}$$

其中,C_1、C_2为待定常数。与无阻尼自由振动类似,也可写作

$$x = Ae^{-\zeta\omega_n t}\sin(\omega_d t + \varphi) \tag{2.4.25}$$

式中,A和φ分别为阻尼振动的初始幅值和初相角,均由初始条件

$$x(0) = x_0, \dot{x}(0) = \dot{x}_0 \tag{2.4.26}$$

确定,即

$$A = \sqrt{x_0^2 + \left(\frac{\dot{x}_0 + \zeta\omega_n x_0}{\omega_d}\right)^2} \tag{2.4.27a}$$

$$\varphi = \arctan\frac{\omega_d x_0}{\dot{x}_0 + \zeta\omega_n x_0} \tag{2.4.27b}$$

ω_d为阻尼振动的固有角频率,它小于无阻尼振动的固有角频率ω_n,也是系统固有的物理参数。

欠阻尼情况下的解式(2.4.25)表明,系统在平衡位置附近作往复振动,但振幅不断衰减,运动不再是周期性运动,其振动的位移时程曲线如图2.4.4b)所示。

显然,$\zeta=0$时,系统为无阻尼系统,上述有阻尼的解均退化为无阻尼的解,其振动为等幅周期振动,其位移时程曲线如图2.4.4c)所示。

下面讨论小阻尼单自由度系统另外两个重要的振动特性。

(1)有阻尼固有周期。

按照固有周期的物理意义,有阻尼系统的**有阻尼固有周期**(damped natural cycle)定义为

$$T_{\mathrm{d}}=\frac{2\pi}{\omega_{\mathrm{d}}}=\frac{2\pi}{\sqrt{1-\zeta^{2}}\,\omega_{\mathrm{n}}}=\frac{T_{\mathrm{n}}}{\sqrt{1-\zeta^{2}}} \tag{2.4.28}$$

显然,有阻尼系统的振动仍然具有等时性。与无阻尼系统相比,有阻尼系统的固有周期因阻尼的作用而变长了。

需要指出的是,虽然有阻尼系统的振动具有等时性,但其振幅不断衰减,因此,其振动不具有周期性。

(2)阻尼系统的衰减规律。

有阻尼系统的振幅在振动过程中按照指数规律衰减,为此引入**对数减缩率**(logarithmic decrement)来描述振幅衰减的快慢。对数衰减率定义为一个自然周期相邻两个振幅之比的自然对数。相邻两个振幅之比为常值,称作**减缩因数**,记作 η,则

$$\eta=\frac{A_{1}}{A_{2}}=\frac{A\mathrm{e}^{-\zeta\omega_{\mathrm{n}}t}}{A\mathrm{e}^{-\zeta\omega_{\mathrm{n}}(t+T_{\mathrm{d}})}}=\mathrm{e}^{\zeta\omega_{\mathrm{n}}T_{\mathrm{d}}} \tag{2.4.29}$$

实际计算时常利用对数减缩率 Λ 代替减缩因数 η 或阻尼比 ζ,表征阻尼的强度

$$\Lambda=\ln\eta=\zeta\omega_{\mathrm{n}}T_{\mathrm{d}}=\frac{2\pi\zeta}{\sqrt{1-\zeta^{2}}} \tag{2.4.30}$$

η 与时间无关,任意两个相邻振幅之比均为 η。因此,n 次振荡前后的振幅比为

$$\frac{A_{1}}{A_{n+1}}=\left(\frac{A_{1}}{A_{2}}\right)\left(\frac{A_{2}}{A_{3}}\right)\cdots\left(\frac{A_{n}}{A_{n+1}}\right)=\eta^{n}=\mathrm{e}^{n\zeta\omega_{\mathrm{n}}T_{\mathrm{d}}} \tag{2.4.31}$$

则 Λ 可表示为

$$\Lambda=\frac{1}{n}\ln\left(\frac{A_{1}}{A_{n+1}}\right) \tag{2.4.32}$$

可根据实验测出对数减缩率 Λ,由式(2.4.30)和式(2.4.32)换算出阻尼比 ζ。再由 m、k 和 ζ 通过式(2.4.10)确定 c。

当系统的阻尼机制无法精确知道而要用等效黏性阻尼建模时,这个方法特别有用。

几种常用材料的对数减缩率见表 2.4.1。

几种常用材料的对数减缩率 表 2.4.1

材料	Λ
橡皮	0.25200
铆接的钢结构	0.18900
混凝土	0.12600
木材	0.01890
冷轧钢	0.00378
冷轧铝	0.00126
磷青铜	0.00044

例题 2.4.1 如图 2.4.5a)所示的一台水准仪,由轻质杆 B 和一个直径为 d 的浮筒构成。为使系统稳定且不发生振动,安装了黏性阻尼器。试确定阻尼器的阻尼系数。

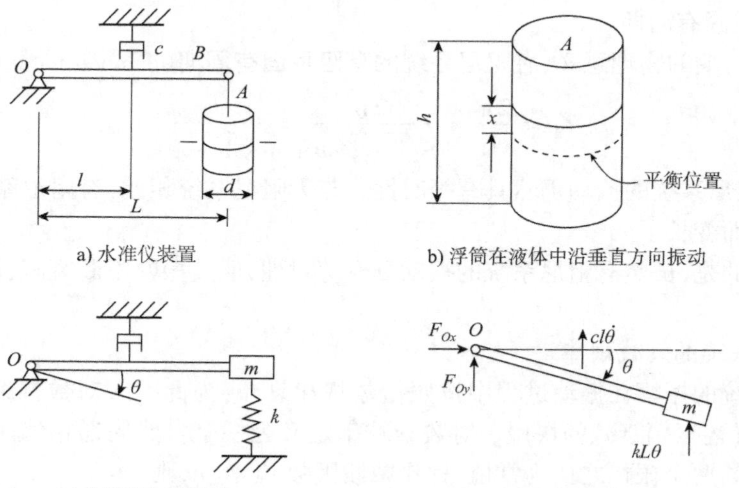

图2.4.5　水准仪模型

解:假定浮筒的质量为m,横截面面积为A,液体的密度为ρ。阻尼器安装在距支点l处,略去杆B的质量。浮筒在液体中沿垂直方向振动[图2.4.5b)]时,其运动方程为

$$m\ddot{x} + \rho gAx = 0$$

其等效弹簧常数$k=\rho gA$。因而系统的物理模型见图2.4.5c),受力分析见图2.4.5d),从而得到系统的运动方程

$$mL^2\ddot{\theta} + cl^2\dot{\theta} + kL^2\theta = 0$$

因而有

$$(c_c l^2)^2 = 4(mL^2)(kL^2)$$

得临界阻尼系数

$$c_c = \left(\frac{L}{l}\right)^2\sqrt{4mk} = 2\left(\frac{L}{l}\right)^2\sqrt{m\rho gA}$$

要使系统不发生自由振动,阻尼器的阻尼系数应满足

$$c \geqslant c_c$$

2.5　微振动的线性化

在线性系统振动分析中,通常引入小变形或微振动的假设,这主要考虑线性振动的适用范围。在这个前提下,许多工程问题都可以通过数学处理,简化为线性振动方程,并能满足工程精度的要求。也就是说,线性振动包括两部分问题:其一,有的工程问题本身就是线性问题;其二,有的工程问题本身就是非线性问题,当在作微振动时,可以简化为线性振动方程处理。许多工程问题是微振动的,所以能够满足工程要求;有些工程问题不是微振动的,是弱非线性振动,或者是强非线性的振动问题,就不能用线性振动理论处理,而要用非线性振动理论处理,这些我们将在下册讨论。需要指出的是,线性振动理论仍然是非线性振动理论的基础,要进行非线性振动分析,必须先进行线性振动分析。

非线性振动的平衡位置称为奇点。线性振动只有一个平衡位置,所以只有一个奇点。非线性振动可能有多个平衡位置,所以有多个奇点。对非线性方程的线性化是指某个奇点

附近的线性化。也就是说,一个非线性方程可能对应多个线性化方程。

在稳定的平衡位置附近作往复的振动,这种奇点我们称为**中心**(center)。

例题 2.5.1 如图 2.5.1a)所示,质量为 m 的小球悬挂于长度为 l 的细杆上(杆的质量不计)在铅垂面内摆动,初始时小球在最低处的速度为 u。试分析小球的运动。

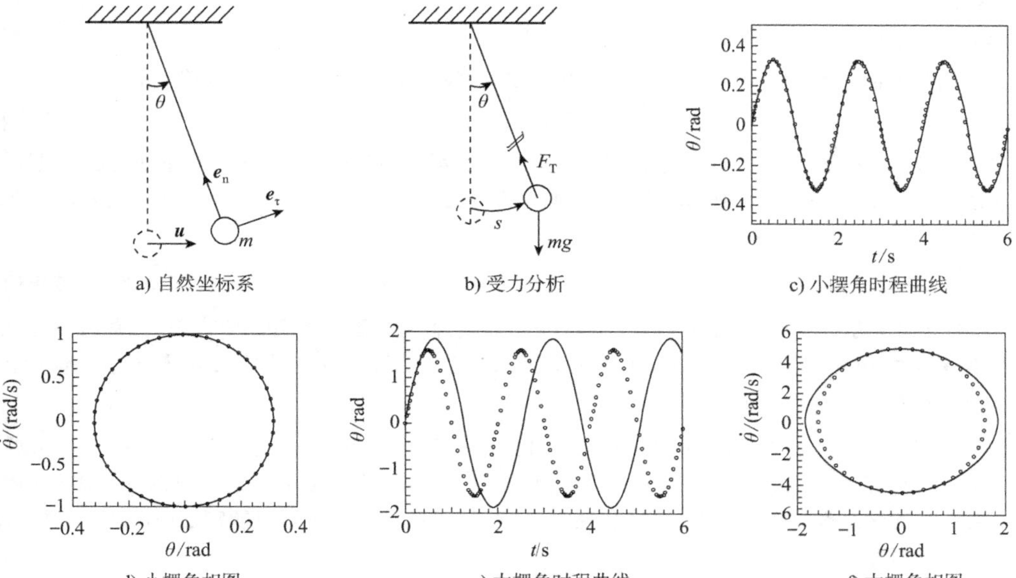

a) 自然坐标系　b) 受力分析　c) 小摆角时程曲线

d) 小摆角相图　e) 大摆角时程曲线　f) 大摆角相图

图 2.5.1　单摆

[°°°线性方程(2.5.4)的解,——非线性方程(2.5.8)的解]

解:(1) 建立运动方程。

系统的拉格朗日函数为

$$L = T - V = \frac{1}{2}ml^2\dot{\theta}^2 + mgl\cos\theta \tag{2.5.1}$$

代入拉格朗日方程

$$\frac{\mathrm{d}}{\mathrm{d}t}\left(\frac{\partial L}{\partial \dot{\theta}}\right) - \frac{\partial L}{\partial \theta} = 0 \tag{2.5.2}$$

得

$$\ddot{\theta} + \frac{g}{l}\sin\theta = 0 \tag{2.5.3}$$

(2) 小球微幅摆动。

当杆的摆角很小时,有 $\sin\theta \approx \theta$,方程式(2.5.3)可表示为

$$\ddot{\theta} + \omega_0^2\theta = 0 \tag{2.5.4}$$

式中,$\omega_0 = \sqrt{g/l}$,方程(2.5.4)为方程式(2.5.3)的**线性化方程**。其通解为

$$\theta = A\sin(\omega_0 t + \varphi) \tag{2.5.5}$$

A、φ 为任意常数,由初始条件

$$t = 0: \theta(0) = 0, \dot{\theta}(0) = u/l \tag{2.5.6}$$

代入式(2.5.5)可得 $A = u/(\omega_0 l)$,$\varphi = 0$,因此,摆杆的运动方程为

$$\theta = \frac{u}{\omega_0 l}\sin\omega_0 t \tag{2.5.7}$$

这说明小球沿圆弧轨线作简谐运动,其周期 $T=2\pi\sqrt{l/g}$ 和频率 $f=1/T$ 只与系统的固有参数 l、g 有关,与初始条件无关。换句话说,无论初始条件如何变化,小球运动的周期和频率都是不变的,这个性质称为微摆动的**等时性**。

(3)大幅摆动。

当摆幅较大时,线性化方程(2.5.7)的解不能真实地反映小球的运动,其运动规律应由方程

$$\ddot{\theta} = -\omega_0^2\sin\theta \tag{2.5.8}$$

的解来确定,这个方程是一个二阶非线性常微分方程,其解为一椭圆积分,比较复杂。下面通过一组计算机的数值解来说明在大幅摆动时,其运动周期与初始条件有关,不再具有等时性。设 $l=1.0\text{m}$,$g=9.8\ \text{m/s}^2$,$\theta(0)=0$。

初始速度取 $u=1\text{m/s}$,$\dot{\theta}(0)=1\text{rad/s}$,图 2.5.1c)给出了方程(2.5.4)与方程(2.5.8)的**时程曲线**;图 2.5.1d)给出了方程(2.5.4)与方程(2.5.8)的 θ-$\dot{\theta}$ 曲线,称为**相图**。微摆动即非线性方程(2.5.8)的解同样**具有等时性**,精确方程与线性化方程的解相差无几。这也说明,在小摆动时,线性化方程能**真实地**反映原方程(非线性方程)的运动特性。

初始速度取 $u=5\text{m/s}$,$\dot{\theta}(0)=5\text{rad/s}$,图 2.5.1e)给出了方程(2.5.4)与方程(2.5.8)的时程曲线;图 2.5.1f)给出了方程(2.5.4)与方程(2.5.8)的相图。大摆动时,非线性方程(2.5.8)的解不具有等时性,精确方程与线性化方程的解相差很大。这也说明,在大摆动时,线性化方程只能**定性地**反映原方程(非线性方程)的运动特性。

(4)定性分析。

方程(2.5.8)一周期内 $0\leqslant\theta<2\pi$ 有两个平衡点,$(\theta,\dot{\theta})=(0,0)$,$(\theta,\dot{\theta})=(\pi,0)$,称为**奇点**。

①在平衡点 $(\theta,\dot{\theta})=(0,0)$ 附近的线性化方程是式(2.5.4),它有两个特征值 $\lambda_{1,2}=\pm\omega_0 \mathrm{i}$,此时平衡点 $(\theta,\dot{\theta})=(0,0)$,称为**中心**,势能最小,称为稳定的平衡点。

②在平衡点 $(\theta,\dot{\theta})=(\pi,0)$ 附近的线性化方程为

$$\ddot{\theta} - \omega_0^2\theta = 0 \tag{2.5.9}$$

它有两个特征值 $\lambda_{1,2}=\pm\omega_0$,此时平衡点 $(\theta,\dot{\theta})=(\pi,0)$,称为**鞍点**,势能最大,是不稳定的平衡点。

解题要点

(1)本题的物理模型称为单摆或数学摆;

(2)微摆动时单摆具有线性振动特征;

(3)单摆的固有角频率 $\omega_n=\sqrt{g/l}$;

(4)请读者采用 Maple 编程解方程(2.5.4)、方程(2.5.8)和方程(2.5.9)。

2.6 Maple 编程示例

编程题 2.6.1 求具有库仑阻尼的弹簧-质量系统的自由振动响应,初始条件为 $x(0)=5\text{m}$,$\dot{x}(0)=0$。其他参数为 $m=10\text{kg}$,$k=200\text{N/m}$,$\mu=0.5$。

解:系统的运动微分方程为

$$m\ddot{x}+\mu mg\mathrm{sgn}(\dot{x})+kx=0 \tag{2.6.1}$$

用龙格-库塔法解式(2.6.1)。令 $x_1=x,x_2=\dot{x}$,可将其写成如下一阶微分方程组的形式

$$\dot{x}_1=x_2 \tag{2.6.2a}$$

$$\dot{x}_2=-\mu g\mathrm{sgn}(x_2)-\frac{k}{m}x_1 \tag{2.6.2b}$$

式(2.6.2)也可写成如下矩阵形式

$$\dot{\boldsymbol{X}}=\boldsymbol{f}(\boldsymbol{X}) \tag{2.6.3}$$

其中

$$\dot{\boldsymbol{X}}=\begin{Bmatrix}x_1(t)\\x_2(t)\end{Bmatrix},\boldsymbol{f}=\begin{Bmatrix}f_1(x_1,x_2)\\f_2(x_1,x_2)\end{Bmatrix},\dot{\boldsymbol{X}}(\boldsymbol{0})=\begin{Bmatrix}x_1(0)\\x_2(0)\end{Bmatrix} \tag{2.6.4}$$

所绘时程曲线如图 2.6.1 所示。

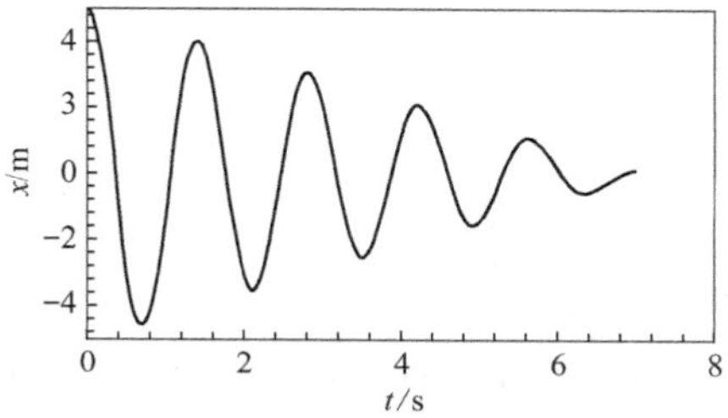

图 2.6.1　时程曲线

Maple 程序

```
> ###############################################################
> restart;                                    #清零
> with(plots):                                #加载绘图库
> cstj: = x1(0) = 5, x2(0) = 0:               #初始条件
> m: = 10: k: = 200: mu: = 0.5: g: = 9.8:     #已知参数
> sys: = diff(x1(t),t) = x2(t),
>        diff(x2(t),t) = - mu * g * signum(x2(t)) - k/m * x1(t):
>                                             #系统微分方程
> fcns: = x1(t),x2(t):                        #位移与速度
> SOL: = dsolve({sys,cstj},{fcns},type = numeric,method = rkf45):
>                                             #求解微分方程
> plots[odeplot](SOL,[t,x1(t)],0..10,view = [0..8, -5..5],
>              tickmarks = [4,4],thickness = 2);
>                                             #绘时程曲线
> ###############################################################
```

编程题 2.6.2　如图 2.6.2 所示,悬臂梁受集中力 F 作用,梁的抗弯刚度 EI 为常数。试用连续分段独立一体化积分法求解悬臂梁的挠度表达式。

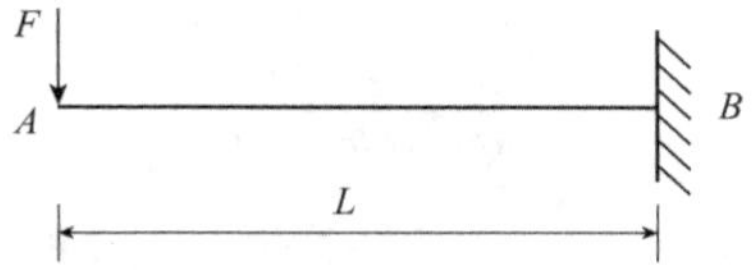

图 2.6.2　受集中力的悬臂梁

解:将悬臂梁分成一段 $n=1$,梁的基本方程

$$\frac{d^4 v}{dx^4} = 0 \quad 0 \leqslant x \leqslant L \tag{2.6.5}$$

梁的边界条件方程

自由端 A：

$$EIv''(0) = 0 \tag{2.6.6a}$$

$$EIv'''(0) = -F \tag{2.6.6b}$$

固定端 B：

$$v(L) = 0 \tag{2.6.6c}$$

$$v'(L) = 0 \tag{2.6.6d}$$

将基本方程(2.6.5)独立积分一次

$$\frac{d^3 v}{dx^3} = C_1 \quad 0 \leqslant x \leqslant L \tag{2.6.7}$$

将基本方程(2.6.5)独立积分二次

$$\frac{d^2 v}{dx^2} = C_1 x + C_2 \quad 0 \leqslant x \leqslant L \tag{2.6.8}$$

将基本方程(2.6.5)独立积分三次

$$\frac{dv}{dx} = \frac{1}{2}C_1 x^2 + C_2 x + C_3 \quad 0 \leqslant x \leqslant L \tag{2.6.9}$$

将基本方程(2.6.5)独立积分四次，得挠度的通解为

$$v = \frac{1}{6}C_1 x^3 + \frac{1}{2}C_2 x^2 + C_3 x + C_4 \quad 0 \leqslant x \leqslant L \tag{2.6.10}$$

利用边界条件方程组式(2.6.6a) ~ 式(2.6.6d)求解得 4 个积分常数，将积分常数代入式(2.6.10)即得挠度的通解：

$$v = -\frac{F}{6EI}(x^3 - 3L^2 x + 2L^3)$$

```
> ##########################################################
> restart:                                          #清零
> #连续分段，独立积分，求弯曲变形的通解
>  n: =1:                                           #n =1
>  q: =0:                                           #载荷集度
>  Q[1]: =q/(E * J):
> for m from 1 to n do                              #求通解循环开始
> ddddvx[m]: =Q[m]:                                 #悬臂梁基本方程
> dddvx[m]: =int(ddddvx[m],x) + C[4 * m -3]:        #积分一次得剪力通解
> ddvx[m]: =int(dddvx[m],x) + C[4 * m -2]:          #积分二次得弯矩通解
> dvx[m]: =int(ddvx[m],x) + C[4 * m -1]:            #积分三次得转角通解
> v[m]: =int(dvx[m],x) + C[4 * m]:                  #积分四次得挠度通解
> od:                                               #循环结束
> ##############################################################
> #利用边界条件，一体化求解积分常数
> eq[1]: =subs(x =0,(E * J) * ddvx[1]) =0:          #EIv''(0) =0
> eq[2]: =subs(x =0,(E * J) * dddvx[1]) = -F:       #EIv'''(0) = -F
> eq[3]: =subs(x =L,v[1]) =0:                       #v(L) =0
> eq[4]: =subs(x =L,dvx[1]) =0:                     #v'(L) =0
> SOL1: =solve({seq(eq[n],m =1..4 * n)},
>                 {seq(C[m],m =1..4 * n)}):          #求解 4 个积分常数
> ############################################################
> #将积分常数代入通解
> v1: =subs(SOL1,v[1]):                             #将积分常数代入挠度通解
> v1 =normal(v1);                                   #标准化得挠度表达式
> ##############################################################
```

2.7 思考题

思考题 2.1 简答题

1. 为什么要研究单自由度系统的振动？
2. 质量减小对系统的固有角频率有什么影响？
3. 刚度减小对系统的固有周期有什么影响？
4. 说明在扭转振动系统中，与 m、c、k 和 x 相对应的参数和变量。
5. 什么是撞击中心？

思考题 2.2 判断题

1. 无阻尼系统的振幅不随时间变化。 (　　)
2. 对于单自由度系统而言，无论物块是在水平面还是在斜面上运动，运动微分方程都是相同的。 (　　)
3. 无阻尼系统的固有角频率 $\omega_n=\sqrt{g/\delta_{st}}$，其中 δ_{st} 是质量的静位移。 (　　)
4. 有阻尼系统的角频率有时可能是零。 (　　)
5. 瑞利法的基础是能量守恒定律。 (　　)

思考题 2.3 填空题

1. 无阻尼系统的自由振动反映了________能和________能的不断转换。
2. 做简谐运动的系统叫作________振子。
3. 机械式钟表是________摆的例子。
4. 对数衰减因数表示有阻尼自由振动________衰减的快慢。
5. 系统中间隔一个周期的两个相邻位移可以用来求得________衰减因数。

思考题 2.4 选择题

1. 初始位移为 0、初始速度为 $\dot{x}_0$ 的无阻尼系统的振幅为________。

A. $\dot{x}_0$　　B. $\omega_n\dot{x}_0$　　C. $\dfrac{\dot{x}_0}{\omega_n}$

2. 考虑弹簧质量的影响，应该在系统质量中加上弹簧质量的________。

A. $\dfrac{1}{2}$　　B. $\dfrac{1}{3}$　　C. $\dfrac{4}{3}$

3. 对于阻尼常数为 c 的黏性阻尼来说，阻尼力为________。

A. $c\dot{x}$　　B. cx　　C. $c\ddot{x}$

4. 阻尼比用阻尼常数和临界阻尼常数可表示为________。

A. $\dfrac{c_c}{c}$　　B. $\dfrac{c}{c_c}$　　C. $\sqrt{\dfrac{c}{c_c}}$

5. 如果特征根有正实值，则系统的响应是________。

A. 稳定的　　B. 不稳定的　　C. 渐近稳定的

思考题 2.5 连线题

对于单自由度系统：$m=1\text{kg}$，$k=2\text{N/m}$，$c=0.5\text{N}\cdot\text{s/m}$。

1. 固有角频率 ω_n　　A. 1.3919rad/s
2. 有阻尼固有角频率 ω_d　　B. 2.8284N · s/m
3. 临界阻尼因数 c_c　　C. 1.1466

4. 阻尼比 ζ　　　　　　D. 0.17678

5. 对数衰减因数　　　　　　E. 1.4142rad/s

2.8 习题

A 类习题

习题 2.1　如图 2.8.1 所示，刚度系数分别为 k_1 和 k_2 两个弹簧串联成一个弹簧。求串联弹簧的等效刚度系数 k，并求挂在串联弹簧上重物的振动周期。设重物的质量为 m。

习题 2.2　设在习题 2.1 的条件下重物初始时在平衡位置下方 x_0 处，有向下的初速度 v_0。求重物的运动方程。

习题 2.3　组合弹簧由两根刚度系数不同的弹簧串联，求等效刚度系数。已知 $k_1=9.8\text{N/cm}$，$k_2=29.4\text{N/cm}$。另外，质量等于 5kg 的重物挂在这根组合弹簧上，求重物振动的周期、振幅和运动方程。设初瞬时，重物已从静平衡位置向下偏移了 5cm，有 49cm/s 的向下初速度。

习题 2.4　如图 2.8.2 所示，质量为 m 的物体 A 可在水平直线上移动。物体 A 系有刚度系数为 k 的弹簧。弹簧的另一端固定在点 B。当 $\alpha=\alpha_0$ 时，弹簧没有变形。求物体微振动的圆频率和周期。

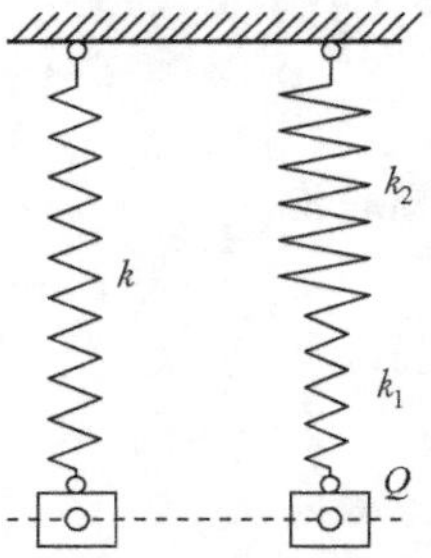

图 2.8.1　习题 2.1

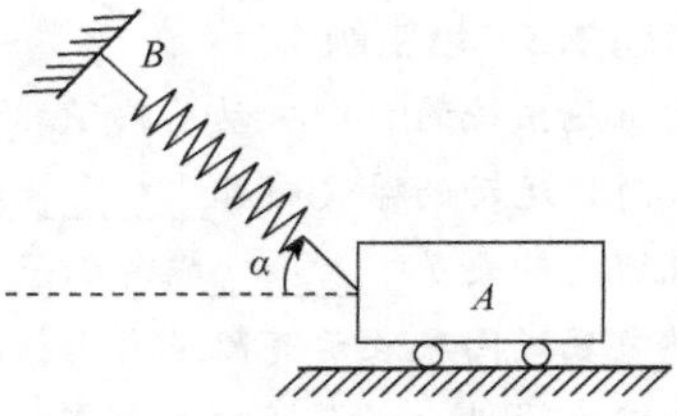

图 2.8.2　习题 2.4

习题 2.5　如图 2.8.3 所示，质量为 m 的质点 A 由一组弹簧系住。在初始位置质点处于平衡，所有的弹簧都为原长。质点在光滑导轨上沿 x 轴作微振动，求等效弹簧刚度系数以及质点自由振动的圆频率。

习题 2.6　如图 2.8.4 所示，点 M 沿轴 x 在光滑的导轨上作振动，求三根弹簧的等效刚度系数。假设导轨被改成沿 y 轴方向，求解上述问题，并求这两种振动的圆频率。在原始位置上，弹簧为原长，M 点处于平衡状态。

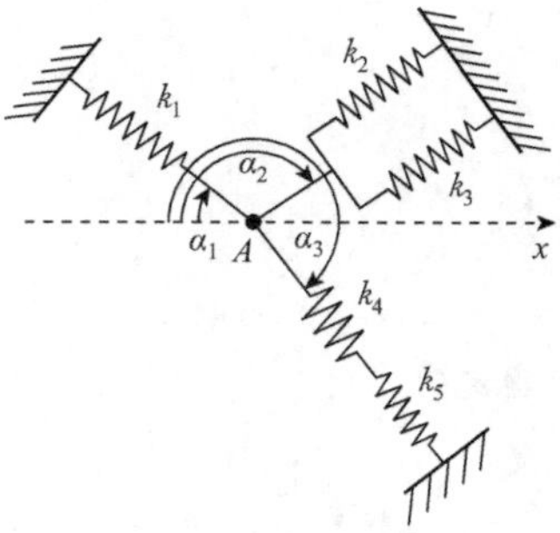

图 2.8.3　习题 2.5

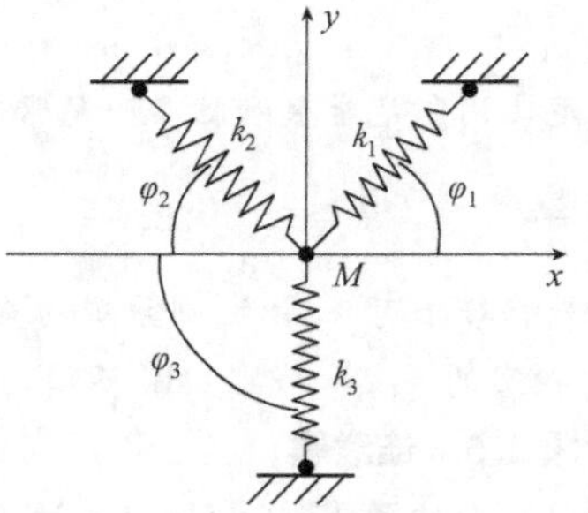

图 2.8.4　习题 2.6

习题 2.7　如图 2.8.5 所示，质量为 m 的重物 M 固定在杆上。杆在点 O 用铰链固连，并用三根垂直弹簧与基础相连，三根弹簧的刚度系数分别是 k_1、k_2、k_3，三根弹簧在杆上的连接点到铰链的距离分

别是 a_1、a_2、a_3，重物 M 在杆上的连接点到铰链的距离是 b。杆平衡时沿水平方向。设等效弹簧在杆上的连接点到铰链的距离也是 b。求重物振动的圆频率。

习题 2.8 螺旋弹簧由 n 段连接而成，各段的刚度系数分别为 $k_1, k_2, \cdots, k_n$。求与此组合弹簧等效的均匀螺旋弹簧的刚度系数 k，并求质量为 m 的质点在此弹簧上自由振动的周期。

习题 2.9 如图 2.8.6 所示，质量为 10kg 的重物放在光滑水平面上，被夹持在刚度系数均为 $k=19.6\text{N/cm}$ 的两根弹簧之间。在某瞬时把重物从平衡位置拉向右方 4cm，然后无初速释放。求重物的运动方程、振动周期以及最大速度。

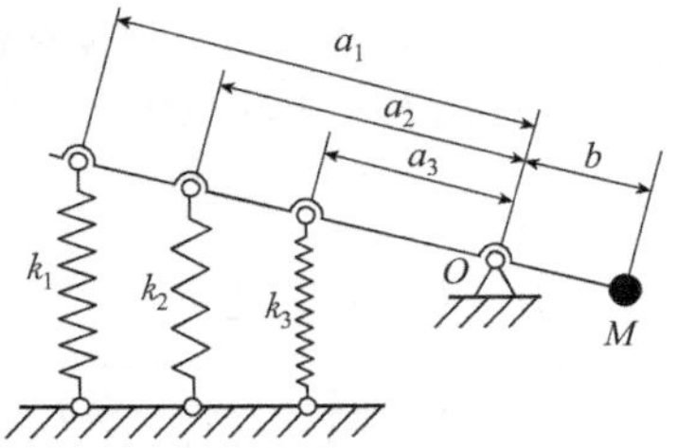

图 2.8.5 习题 2.7

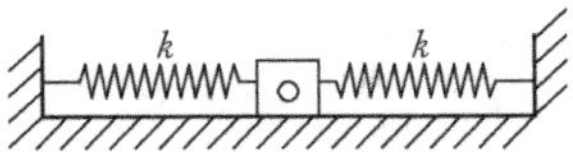

图 2.8.6 习题 2.9

习题 2.10 如图 2.8.7 所示，质量为 m 的重物 P 挂在 AB 杆上，杆由两根弹簧连在 DE 杆上，两根弹簧的刚度系数分别是 k_2 和 k_3。DE 杆用弹簧系在天花板的 H 点，此弹簧的刚度系数是 k_1。设杆 AB 和 DE 在振动时保持水平。求等效弹簧的刚度系数，并求重物自由振动的周期。两杆的质量都忽略不计。

习题 2.11 如图 2.8.8 所示，质量为 m 的重物 Q 放在长 l 的弹性悬臂梁的一端。悬挂重物的弹簧的刚度是 k。悬臂梁在端点处的刚度由公式 $k_1=\dfrac{3EI}{l^3}$ 计算（E 是弹性模量，I 是惯性矩）。不计梁的质量，求重物振动的固有圆频率。

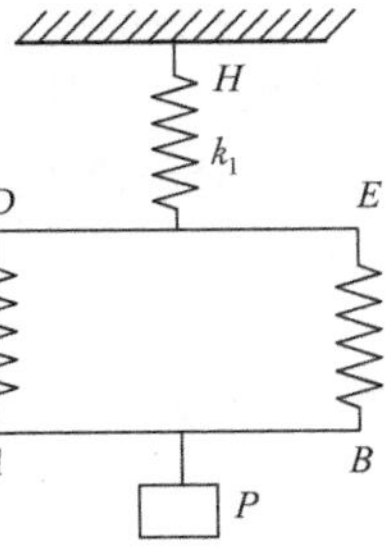

图 2.8.7 习题 2.10

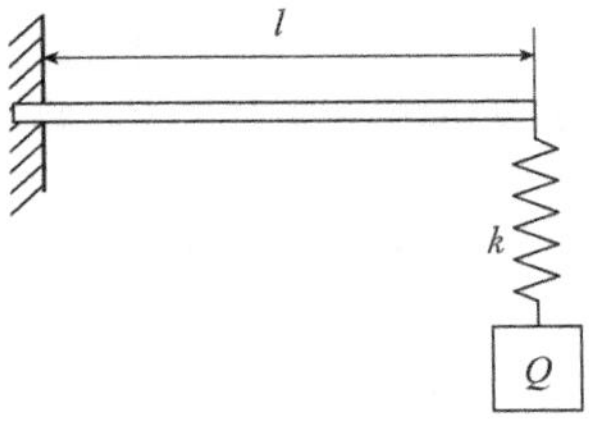

图 2.8.8 习题 2.11

习题 2.12 质量为 $m=10\text{kg}$ 的重物放在刚度系数 $k=20\text{N/cm}$ 弹性梁的中点。重物以 2cm 的振幅作振动。设在 $t=0$ 瞬时重物处于平衡位置，求重物的初速度。

习题 2.13 如图 2.8.9 所示，质量为 m 的重物 Q 固结在一根水平拉紧的绳索 AB 上，$AB=l$。当重物沿铅直方向微振动时，绳索张力 F_T 可设为常数。重物到绳索 A 端的距离是 a。求重物自由振动的圆频率。

习题 2.14 如图 2.8.10 所示，重为 490.5N 的物体 P 处在梁 AB 的中点。梁横断面的惯性矩 $I=80\text{cm}^4$。重物在梁上自由振动的周期 $T=1\text{s}$。试求梁的长度。（注：梁的静挠度可由公式 $f=\dfrac{Fl^3}{48EI}$ 计算，其中弹性模量 $E=205\text{GPa}$）。

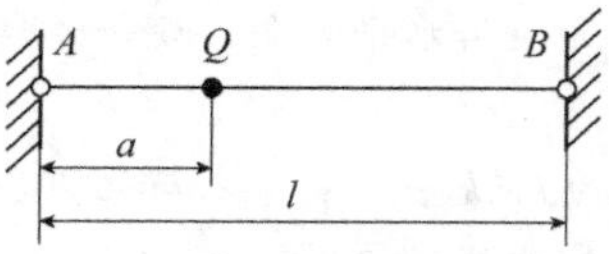

图 2.8.9 习题 2.13

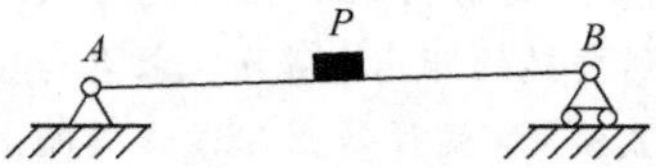

图 2.8.10 习题 2.14

习题 2.15 如图 2.8.11 所示，质量为 m 的重物 Q 被夹持在两根垂直弹簧之间，两根弹簧的刚度系数分别是 k_1 和 k_2。第一根弹簧的顶端固定，第二根弹簧的下端与梁的中点相连。为使重物振动的周期等于 T，求梁的长度。梁的横截面惯性矩是 I，弹性模量是 E。

习题 2.16 如图 2.8.12 所示，质量为 m 的重物 Q 悬挂在刚度系数为 k 的弹簧上，弹簧与长 l 的梁的中点相连。求重物 Q 的运动方程和振动的周期。已知梁的抗弯刚度是 EI。重物起初处在静平衡位置，初速度 v_0 向下。

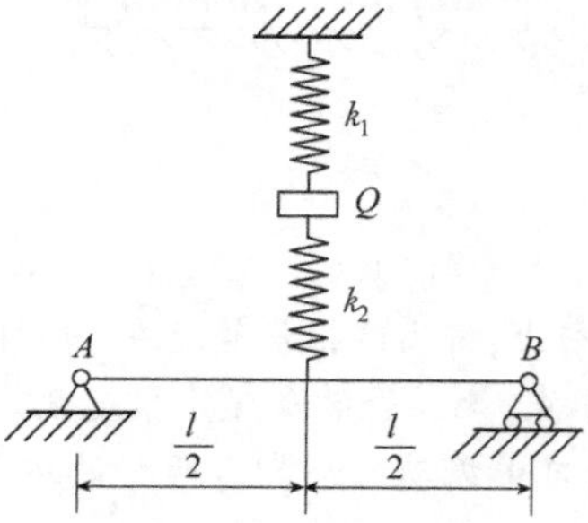

图 2.8.11 习题 2.15

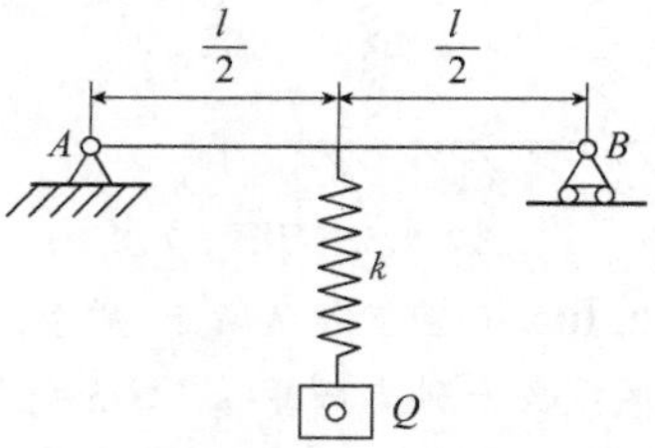

图 2.8.12 习题 2.16

习题 2.17 如图 2.8.13 所示，重物 Q 被夹持在两根铅直弹簧之间。两根弹簧的刚度系数分别是 k_1 和 k_2。第一根弹簧的顶端固定不动，第二根弹簧的下端系在梁的自由端上，梁的另一端插入墙内。已知梁的自由端在铅直力 $\boldsymbol{P}$ 作用下有挠度 $f=\dfrac{Fl^3}{3EI}$，其中 EI 是梁的弯曲刚度。为使重物 Q 能按周期 T 振动，求梁的长度。设重物起初被挂在未变形的弹簧端点，无初速释放。求重物的运动方程。

习题 2.18 如图 2.8.14 所示，在长 l 的直杆 OA 一端有质量为 m 的重物，杆可绕点 O 转动。在与点 O 相距为 a 处系有刚度系数为 k 的弹簧，杆 OA 平衡时处于水平位置。不计杆的质量，求重物振动的固有圆频率。

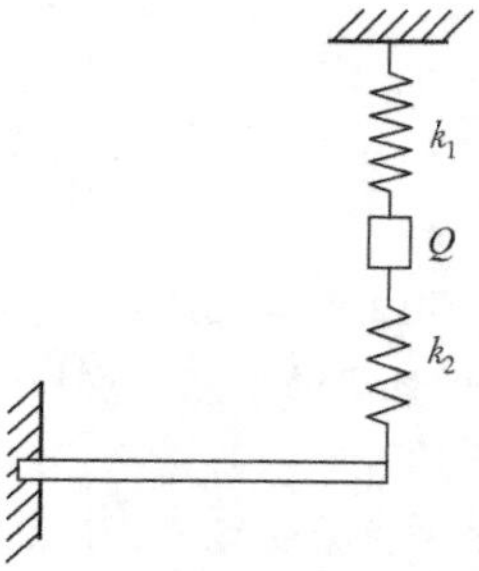

图 2.8.13 习题 2.17

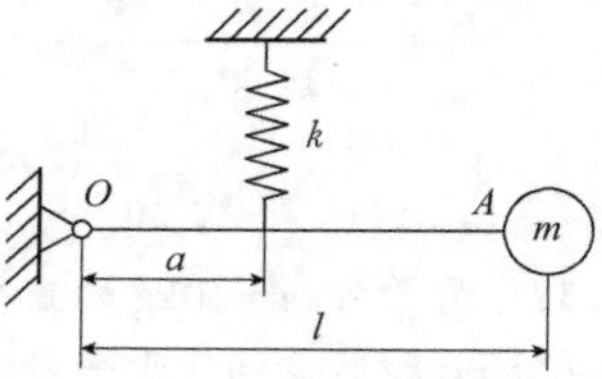

图 2.8.14 习题 2.18

习题 2.19 如图 2.8.15 所示，质量为 m 的重物 P 用弹簧挂在长 l 的杆端，杆可绕点 O 转动，弹簧的刚度系数是 k_1。把杆吊住的弹簧系在距点 O 为 b 处，刚度系数是 k_2。求重物 P 振动的固有圆频率。杆的质量不计。

习题 2.20 为了测定地球上某处的重力加速度，可做如下两个实验：在弹簧的末端悬挂重物 P_1，测出弹簧的静伸长 l_1。然后，在弹簧上重新悬挂另一重物 P_2，再测出静伸长 l_2。此后，重复前两个实验，依次令两重物作自由振动，并测出振动的周期 T_1 和 T_2。做第二次实验的目的是考虑弹簧质量的影响，当重物运动时，这个影响相当于在振动重物上增添附加的质量。试按照实验数据求重力加速度。

习题 2.21 如图 2.8.16 所示，质量为 2kg 的质点 M，在引力 $\boldsymbol{F}$ 作用下，沿着铅直圆面的水平弦(槽)无摩擦滑动。引力的大小正比于质点 M 到中心 O 的距离，比例系数是 98N/m。圆心到弦的距离等于 20cm。圆的半径等于 40cm。设质点初始处于右边极端位置 M_0，被无初速释放。求质点的运动规律以及质点通过弦中心的速度。

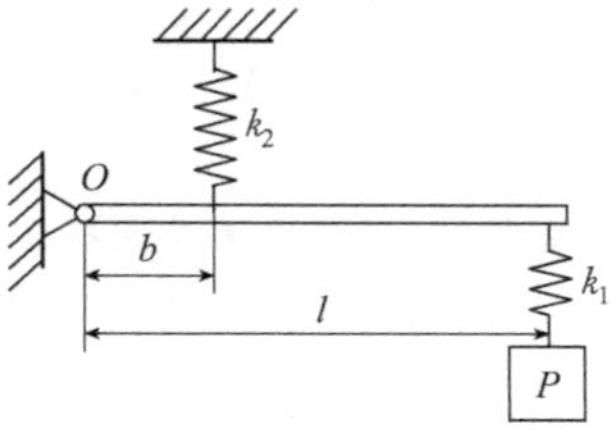

图 2.8.15 习题 2.19

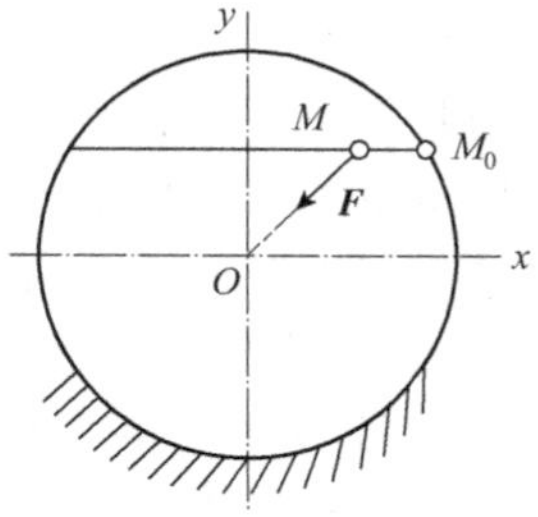

图 2.8.16 习题 2.21

习题 2.22 如图 2.8.17 所示，杆 AB 的质量可以忽略不计，杆上系有三根弹簧：刚度系数分别是 k_1 和 k_2 的两根弹簧在杆的两端把杆吊住，第三根弹簧的刚度系数是 k_3，系在杆的中点，并挂有质量为 m 的重物 P。求重物振动的固有圆频率。

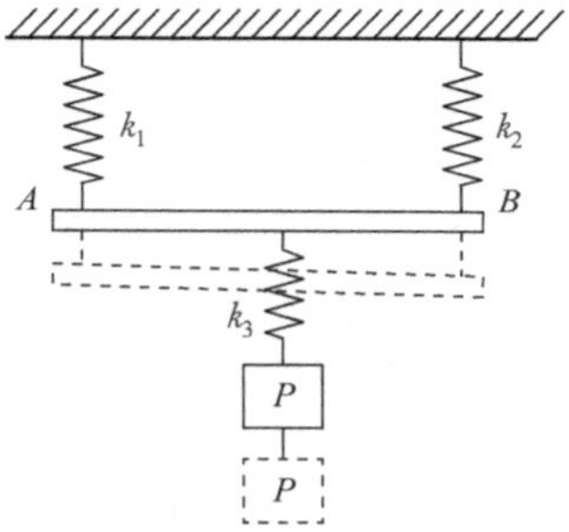

图 2.8.17 习题 2.22

习题 2.23 质量为 10kg 的重物系在刚度系数 $k = 1.96$kN/m 的弹簧上。重物作振动。不计弹簧的质量，求：(1) 重物的总机械能；(2) 作出弹性力和位移的关系曲线，并在图上表示出弹簧的势能。取静平衡位置为计算势能的零点。

习题 2.24 质量为 m 的质点处在势函数为

$$\Pi = \frac{1}{2}k(x^2 + 4y^2 + 16z^2)$$

的力场中，试证明：质点从任意初位置(非零点)出发，经过一段时间后，都重新回到该位置，并求这段运动时间。又问：质点返回时的速度是否等于初速度？

习题 2.25 质量为 m 的质点处在势力场中，势函数是

$$\Pi = \frac{1}{2}k(x^2 + 2y^2 + 5z^2)$$

试问：质点能否经过一段时间后返回原始位置？

习题 2.26 如图 2.8.18 所示，质量为 100g 的薄板 D 挂在弹簧 AB 上，A 点固定，薄板在两磁极之间运动。由于产生涡流，运动阻力与速度成正比。阻力等于 $kv\Phi^2$(以 N 为单位)，其中 $k = 0.001$，v 是以 m/s 计的速度，Φ 是 N、S 两极之间按 Wb 计的磁通量。在初始瞬时，薄板的速度为零，弹簧为原长。要使弹簧伸长 1m，需在点 B 施加静载荷 19.6N。求 $\Phi = 10\sqrt{5}$ Wb 时薄板的运动。

习题 2.27 试按习题 2.26 的条件，求磁通量 $\Phi = 100$Wb 时薄板 D 的运动方程。

习题 2.28 如图 2.8.19 所示，挂在弹簧 AB 上的圆柱，重为 P，半径为 r，高为 h。弹簧的上端固定。圆柱浸入水中，平衡时有一半高度在水中。将圆柱浸入水中部分增到 2/3 高度，然后无初速释放，圆柱沿铅直方向运动。设弹簧的刚度系数是 k，水的作用相当于附加一个浮力。求圆柱相对于平衡位置的运动。水的重度取为 γ。

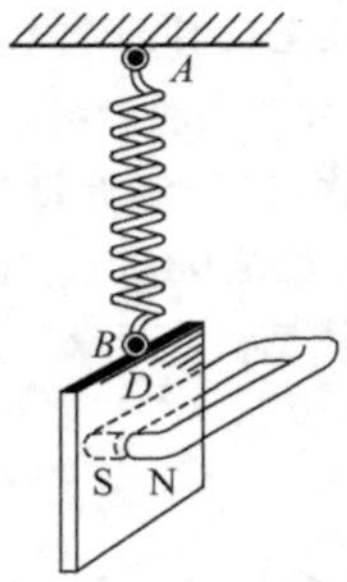

图2.8.18　习题2.26

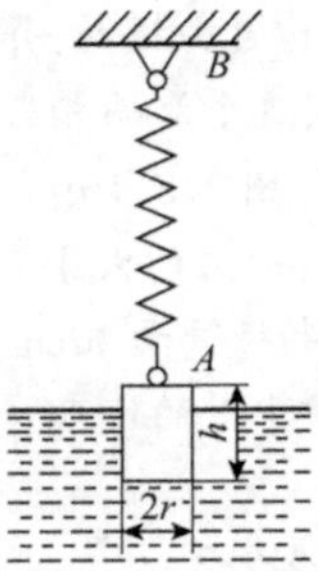

图2.8.19　习题2.28

习题2.29　设在习题2.28中水的阻力正比于速度,等于αv,求圆柱的运动方程。

习题2.30　如图2.8.20所示,质量为0.5kg的物体A放在粗糙水平面上,用弹簧连接于固定点B,弹簧的轴线BC水平。物体与平面的摩擦因数是0.2。使弹簧伸长1cm需要2.45N的力。现将物体A推离B点,在弹簧拉长3cm时无初速释放。求:

(1)物体A的行程数(往、返各算一次行程);

(2)每次行程的距离;

(3)每次行程的时间T。

当物体速度为零时,如果对应位置上弹簧的弹性力小于或等于临界摩擦力,物体就停在那里。

习题2.31　质量$m=20$kg的重物放在粗糙斜面上,与未变形的弹簧相连,它的初速度$v_0=0.5$m/s,方向朝下。滑动摩擦因数$f=0.08$,弹簧的刚度系数$k=20$N/cm。斜面的倾角$\alpha=45°$。求:

(1)振动的周期;

(2)重物相对平衡位置具有最大偏移的次数;

(3)最大偏移的大小。

习题2.32　如图2.8.21所示,质量$m=0.5$kg的物体在水平面上振动。物体与两根相同弹簧相连。每根弹簧的另端分别系在固定点。两弹簧的轴线沿着同一水平线,刚度系数$k_1=k_2=1.225$N/cm。物体与水平面的动摩擦因数$f=0.2$,静摩擦因数$f_0=0.25$。物体被推离中央位置O,向右偏出$x_0=3$cm,无初速释放。求:

(1)物体可能平衡位置所形成的区域(所谓"停滞区");

(2)行程的个数;

(3)物体的各次行程大小;

(4)每个行程的时间;

(5)振动停止后物体的位置。

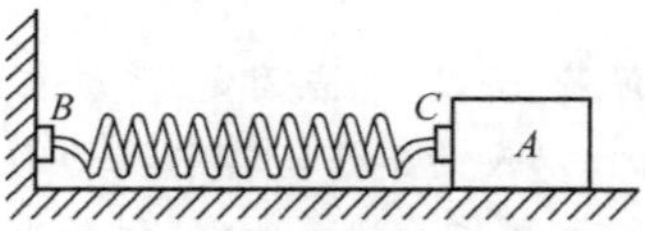

图2.8.20　习题2.30

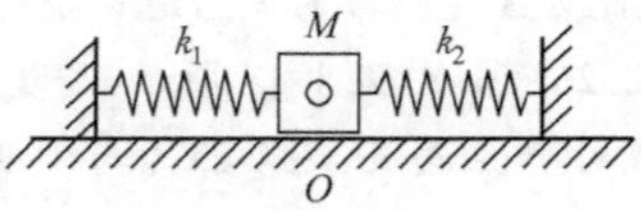

图2.8.21　习题2.32

习题2.33　质量为m的物体系在刚度为k的弹簧上,在正比于速度的阻力$F_R(F_R=\alpha v)$作用下作衰减振动。设$\frac{n}{\omega_n}=0.1\left(其中\ \omega_n^2=\frac{k}{m},n=\frac{\alpha}{2m}\right)$。问:衰减振动周期$T$等于非衰减振动周期$T_0$的多少倍?

习题2.34　在习题2.33的条件下,经过多少次振动后,振幅减小到百分之一?

习题2.35　如图2.8.22所示,当速度很小时,为了确定船模运动的水的阻力,利用两根相同的弹簧A和B把船模型M的首部和尾部各自系住,然后放在容器内漂浮振动。弹簧张力和伸长成正比。观察结果表明，在逐次行程中，船模型相对平衡位置的偏移量按几何级数减小。级数的公比是 0.9，每个行程的时间 $T=0.5\text{s}$。设水的阻力正比于速度，求水速等于 1m/s 时对每千克模型质量所产生的阻力 F_R。

习题 2.36 设在习题 2.35 的条件下，初始瞬时 A 弹簧被拉伸，B 弹簧被压缩，变形量都是 $\Delta l=4\text{cm}$，无初速释放模型，求模型的运动方程。

习题 2.37 如图 2.8.23 所示，为了确定液体的黏滞性，库仑采用了下述方法：在弹簧上悬挂薄板 A，先让板在空气中振动，然后把板浸在需要测定黏滞性的液体中振动。测得一个行程的时间，在空气中时间为 T_1，在液体中时间为 T_2。板和液体间的摩擦力可用 $2Acv$ 确定，其中 $2A$ 是板的表面积，v 是板的速度，c 是黏滞系数。不计板和空气之间的摩擦。设板的质量是 m，试根据实验测出的 T_1 和 T_2 求系数 c。

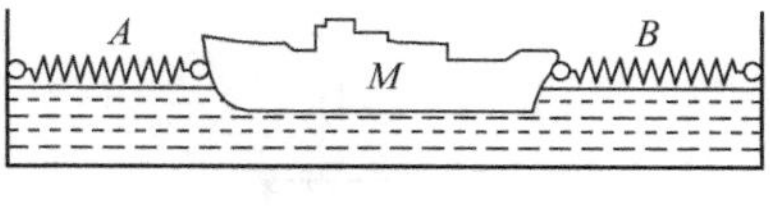

图 2.8.22　习题 2.35

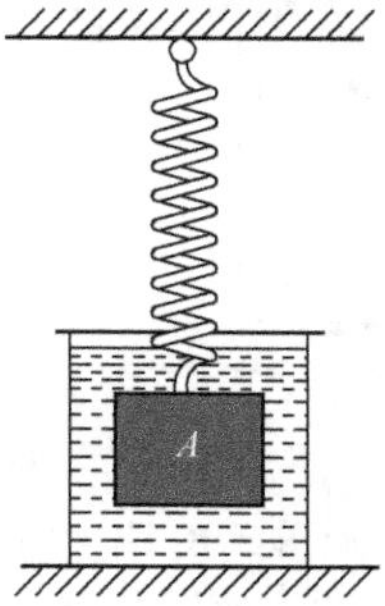

图 2.8.23　习题 2.37

习题 2.38 质量为 5kg 的物体挂在弹簧上，弹簧的刚度系数等于 2kN/m。介质阻力正比于速度。经过 4 次振动，振幅减小为 1/12。求振动的周期和对数衰减率。

习题 2.39 设在习题 2.38 的条件下物体是被挂在未变形弹簧的一端，然后无初速释放。求物体的运动方程。

习题 2.40 质量为 6kg 的物体挂在弹簧上，自由振动周期 $T=0.4\pi\text{s}$，受正比于速度的阻力作用后，周期变为 $T_1=0.5\pi\text{s}$。求阻力公式 $\boldsymbol{R}=-\alpha\boldsymbol{v}$ 中的比例系数 α。又设初始瞬时把弹簧从平衡位置拉到 4cm 处，然后让物体自由运动，求物体的运动方程。

B 类习题

习题 2.41 如图 2.8.24 所示，刚杆 OB 长度为 l，可绕端点的球铰链 O 自由摆动，杆的另一端带有重量为 Q 的球。不可伸长的铅垂细绳维持刚杆在水平位置。细绳长度为 h，$OA=a$。将球按垂直于图面的方向推开，然后释放，系统开始振动。不计杆的质量，求系统的微振动周期。

习题 2.42 如图 2.8.25 所示，为了记录土壤的振动，在地震仪中有一个摆：长度为 l 的刚杆在一端固结一个夹在两根水平弹簧之间的质量为 m 的球体。两根弹簧的刚度系数均为 k，且有一端固定。不计杆的质量，设杆在平衡位置时弹簧不受力。求摆的微振动周期。

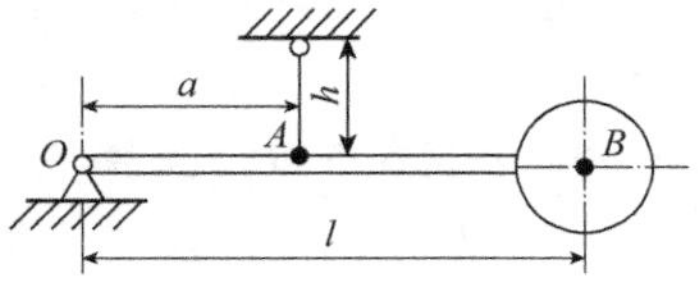

图 2.8.24　习题 2.41

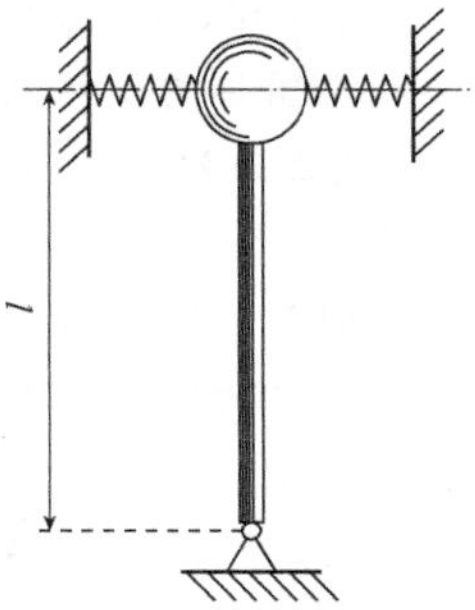

图 2.8.25　习题 2.42

习题 2.43　如图 2.8.26 所示，一个摆由长度为 l 的刚杆在端点固结质量为 m 的球体构成。杆上连接刚度系数均为 k 的两根弹簧，连接点与杆端相距为 a。两弹簧的另外一端都是固定的。不计杆的质量，求摆的微振动周期。

习题 2.44　如图 2.8.27 所示，在习题 2.43 中，假设质量 m 的球体在支点 O 的正上方。求摆在铅垂平衡位置稳定的条件以及微振动的周期。

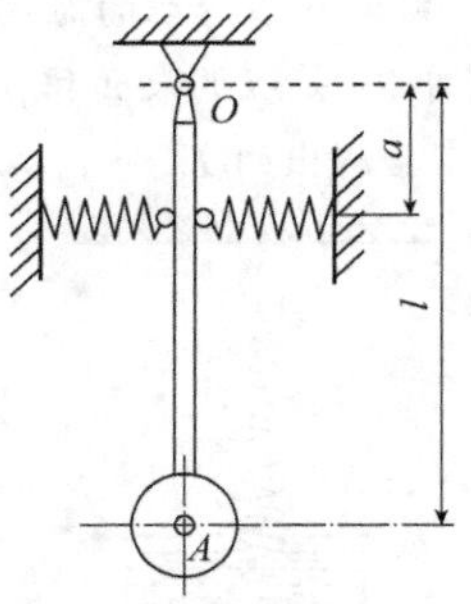

图 2.8.26　习题 2.43

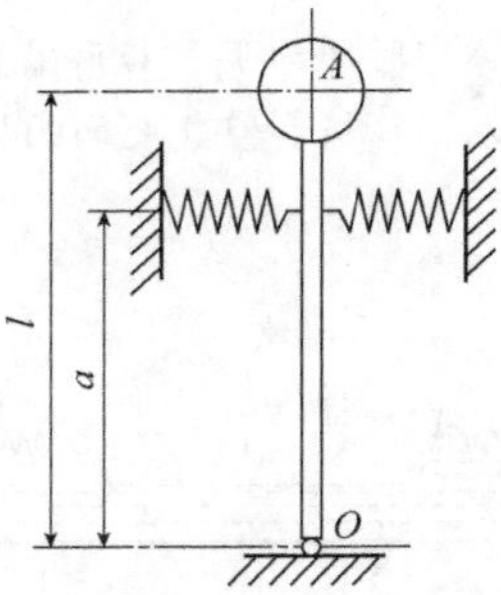

图 2.8.27　习题 2.44

习题 2.45　如图 2.8.28 所示，圆柱体的直径为 d，质量为 m，可在水平面上纯滚动，在柱体长度的中点系有两根相同的弹簧，连接点与柱体的轴心相距均为 a，已知两弹簧的刚度系数都为 k。求圆柱体的微振动周期。

习题 2.46　如图 2.8.29 所示，计量器由一个摆上附加质量为 m 的活动重物 G 构成。整个系统对水平轴的转动惯量可通过移动活动重物来调整。摆的质量为 M，质心到转轴 O 的距离为 s_0，又 $OG=s$。已知摆对转轴的转动惯量为 J_0，求计量器的微振动周期。

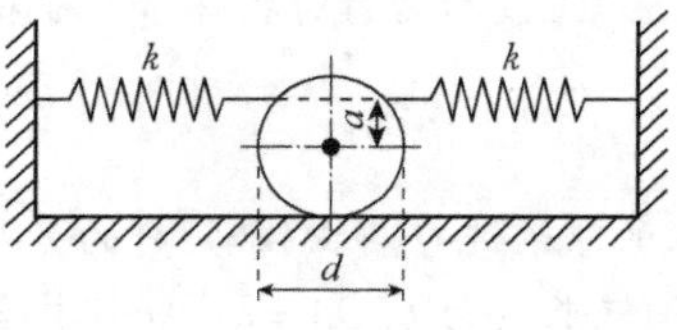

图 2.8.28　习题 2.45

图 2.8.29　习题 2.46

习题 2.47　如图 2.8.30 所示，一个物体挂在相距为 $2a$、长度为 l 的两根铅垂细绳上，可绕两绳之间与它们等距的铅垂轴作扭摆运动。物体对此转轴的回转半径为 ρ，求摆的微振动周期。

习题 2.48　一个圆环用三根长度为 l 的不可伸长的相同细绳悬挂在固定点 O 上，环面水平。圆环平衡时，三根绳都是铅垂的且三等分环面的圆周。求圆环绕通过质心的铅垂轴作微振动的周期。

习题 2.49　如图 2.8.31 所示，正方形平台 $ABCD$ 用四根弹性绳挂在固定点 O 上，已知绳子的刚度系数均为 k。当系统平衡时，O 点到平台中心 E 的铅垂距离为 l。平台对角线长度为 a。求系统铅垂振动的周期。

习题 2.50　如图 2.8.32 所示，由两根均质细杆固接成的直角尺，可绕点 O 转动。两杆长度分别为 l 和 $2l$。求直角尺在平衡位置附近作微振动的周期。

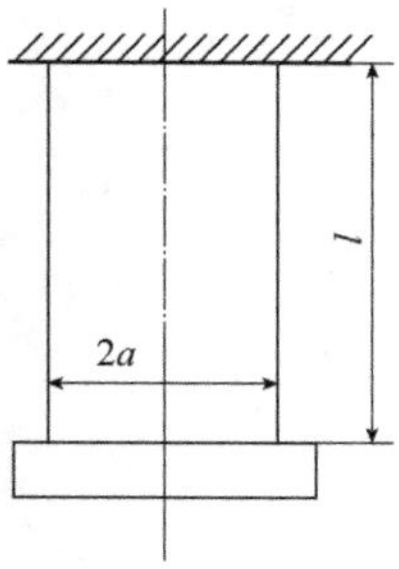

图 2.8.30 习题 2.47

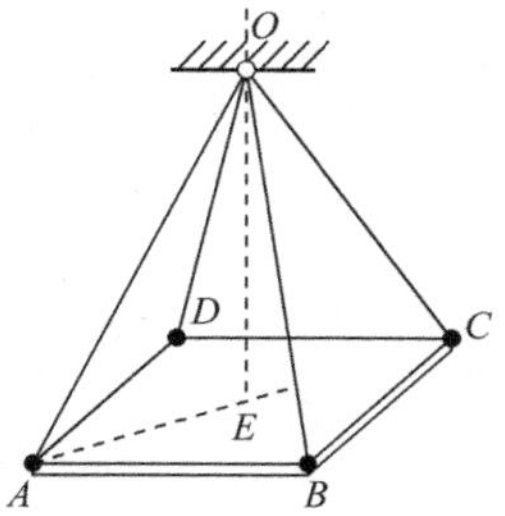

图 2.8.31 习题 2.49

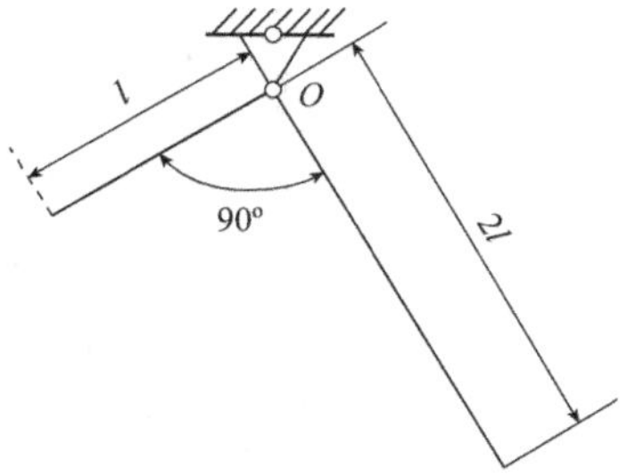

图 2.8.32 习题 2.50

习题 2.51 (编程题)绘制无阻尼单自由度系统的固有角频率和周期随静变形的变化曲线。

C 类习题

习题 2.52 (振动调整)如图 2.8.33 所示,为了增大质量 m 的横向振动角频率,柱下用拉索固定。求能使振动角频率增大 n 倍的拉索刚度。

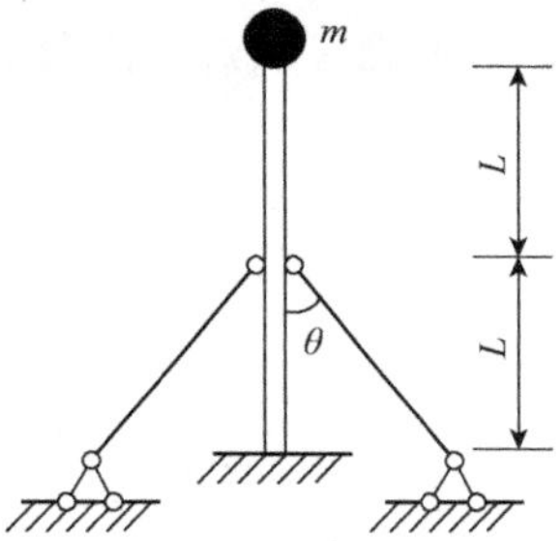

图 2.8.33 习题 2.52

习题 2.53 (振动调整)如图 2.8.34 所示,在梁的悬挑部分末端有质量为 m 的小球在振动,使右支座从原来距离质量 $L/3$ 的位置移动,以达到使质量振动角频率提高到原来的 2 倍。

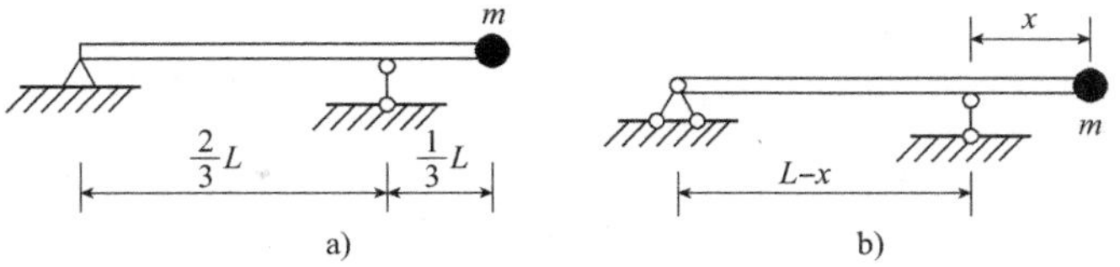

图 2.8.34 习题 2.53

习题 2.54 (综合题目)质量为 m、半径为 r 的均质半圆柱体,质心在 C 点,$OC=e=\frac{4}{3}\frac{r}{\pi}$,$J_{Oz}=\frac{1}{2}mr^2$,放在水平面上,在粗糙、光滑两种情况下求解半圆柱体:

(1)如图 2.8.35a)所示,建立运动微分方程;

(2)在平衡位置处作微摆动的周期之比 $\tau_2:\tau_1$;

(3)如图 2.8.35b)所示,静止释放的瞬时,角加速度之比 $\alpha_2:\alpha_1$;

(4)达到平衡位置时的角速度之比 $\omega_2:\omega_1$;

(5)系统的平衡位置属于哪一类平衡位置(稳定平衡、不稳定平衡和随遇平衡)?

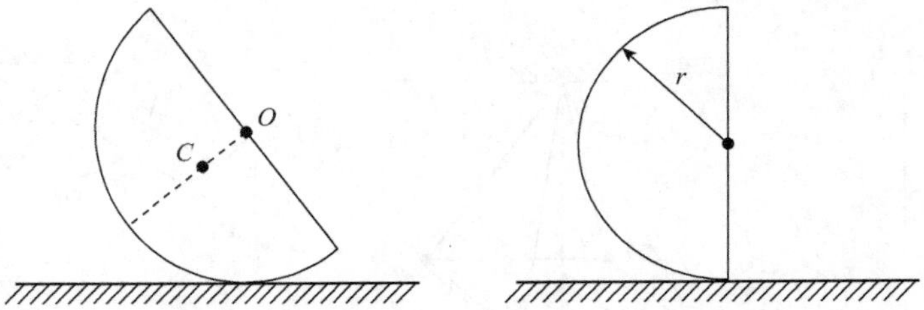

a) 一般情况　　b) 静止释放

图 2.8.35　习题 2.54

##

钱学森(Hsue-Shen TSIEN,1911—2009,中国),科学家,力学家。中国"两弹一星"功勋奖章获得者,被誉为"中国航天之父""中国导弹之父""中国自动化控制之父"和"火箭之王"。他在应用力学、工程控制论、系统工程等多领域取得出色的研究成果,为中国航天事业的创建与发展做出了卓越贡献。

主要著作:《工程控制论》《物理力学讲义》《星际航行概论》《论系统工程》《关于思维科学》《论地理科学》《科学的艺术与艺术的科学》《论人体科学与现代科技》《创建系统学》《论宏观建筑与微观建筑》《钱学森论火箭导弹和航空航天》等。

##

金缕衣

唐　杜秋娘(791—?)

劝君莫惜金缕衣，

劝君须惜少年时。

花开堪折直须折，

莫待无花空折枝。

第3章　单自由度系统在简谐激励下的振动

现在,我们将研究单自由度系统的强迫振动问题,即系统受到持续的外界激励所引起的振动问题。在这一章,我们讨论最简单的情况——系统受到简谐激励作用所发生的振动。对于机械系统,有三种典型情况:简谐激励力作用、系统本身的不平衡和基础或支承运动。

3.1　简谐激励力作用下的强迫振动

前面我们讨论了单自由度系统的自由振动问题,系统的运动方程是一齐次微分方程,系统是因在某一时刻受到初始扰动 $x(0)$、$\dot{x}(0)$ 的作用而发生振动。由于这一扰动不是持续的,而是在某一时刻作用于系统,这一时刻作为计量时间的起点,因此,自由振动也叫作系统对初始条件 $x(0)$ 和 $\dot{x}(0)$ 作用的响应。系统发生自由振动的角频率(无阻尼固有角频率 ω_n 或有阻尼固有角频率 ω_d)是系统固有的,只取决于构成系统的特理参数,与初始条件无关。这些固有性质不仅对自由振动重要,对强迫振动也是重要的。

3.1.1　振动微分方程及其解

单自由度系统在简谐激励力作用下的强迫振动的理论模型如图3.1.1a)所示,受力分析如图3.1.1b)所示,系统的运动方程为

$$m\ddot{x} + c\dot{x} + kx = F(t) \tag{3.1.1}$$

其中激励力

$$F(t) = F_0\sin\Omega t = F_0 e^{i\Omega t} \tag{3.1.2}$$

式中,F 为激励力振幅;Ω 为激励角频率。方程是一个非齐次方程,在一般情况下,还受到初始条件 $x(0) = x_0$,$\dot{x}(0) = \dot{x}_0$ 的作用。

为了研究系统运动的规律,就要确定方程(3.1.1)的解。非齐次方程的通解为齐次方程的通解和非齐次方程的特解之和

$$x(t) = x_h(t) + x_s(t) \tag{3.1.3}$$

对于欠阻尼系统,齐次方程的通解为

$$x_h(t) = A_0 e^{-\zeta\omega_n t}\sin(\omega_d t + \varphi_0) \tag{3.1.4}$$

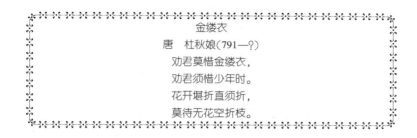

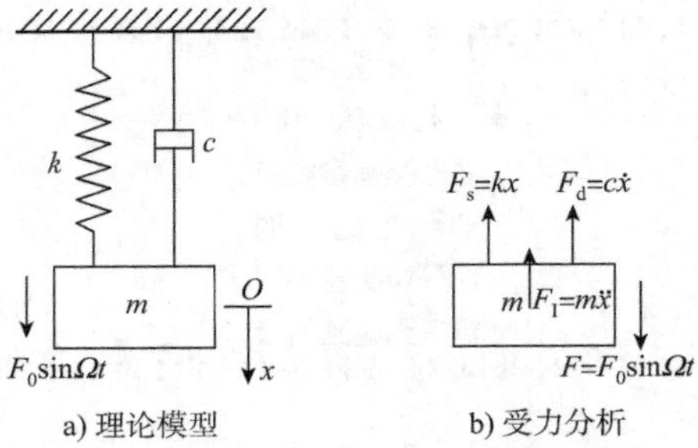

图3.1.1 在简谐激励力作用下的强迫振动

非齐次方程的特解，我们假定为复数形式

$$x_s(t) = Xe^{i\Omega t} \tag{3.1.5}$$

其中，X 为稳态响应的**复振幅**。将式(3.1.5)代入方程(3.1.1)，导出

$$X = H(\Omega)F_0 \tag{3.1.6}$$

式中，$H(\Omega)$ 为激励角频率 Ω 的复函数，称为**复频率响应函数**

$$H(\Omega) = \frac{1}{k - m\Omega^2 + ic\Omega} \tag{3.1.7}$$

将方程(3.1.1)各项除以 m 并写成以下标准形式

$$\ddot{x} + 2\zeta\omega_n\dot{x} + \omega_n^2 x = B\omega_n^2 e^{i\Omega t} \tag{3.1.8}$$

其中

$$\omega_n = \sqrt{k/m}, \zeta = c/(2\sqrt{mk}), B = F_0/k \tag{3.1.9a}$$

式中，ω_n 为固有角频率；ζ 为阻尼比；B 为 F_0 引起的弹簧静变形。

引入量纲为一的激励角频率

$$s = \Omega/\omega_n \tag{3.1.9b}$$

即激励角频率与固有角频率之比，将复频率响应函数 $H(\Omega)$ 化作

$$H(\Omega) = \frac{1}{k}\left[\frac{1 - s^2 - 2\zeta si}{(1 - s^2)^2 + 4(\zeta s)^2}\right] = \frac{1}{k}\beta(s)e^{-i\varphi(s)} \tag{3.1.10}$$

其中，量纲一化后，振幅 β 和初相角 φ 均为激励角频率 s 的函数，即

$$\beta(s) = \frac{1}{\sqrt{(1 - s^2)^2 + 4(\zeta s)^2}} \tag{3.1.11a}$$

$$\varphi(s) = \arctan\frac{2s\zeta}{1 - s^2} \tag{3.1.11b}$$

将式(3.1.10)代入式(3.1.5)、式(3.1.6)，得到

$$x_s(t) = Ae^{i(\Omega t - \varphi)} \tag{3.1.12}$$

其中，$A = \beta B$，为稳态响应的实振幅；$\beta = A/B$，称为**振幅放大因子**；φ 为响应与激励之间的**相位差**。式(3.1.11a)和(3.1.11b)分别称为系统的**幅频特性**和**相频特性**。

无阻尼系统的受迫振动为 $\zeta = 0$ 时的特例，其稳态响应为

$$x_s(t) = \frac{B}{1 - s^2}e^{i\Omega t} \tag{3.1.13}$$

由于方程(3.1.1)中的激励力是正弦函数，$F_0\sin\Omega t = \mathrm{Im}(F_0e^{i\Omega t})$，方程(3.1.1)的特解，也取式(3.1.12)的虚部。因而，方程(3.1.1)的通解为

$$
\begin{aligned}
x(t) &= x_h(t) + x_s(t) \\
&= A_0 e^{-\zeta\omega_n t}\sin(\omega_d t + \varphi_0) + A\sin(\Omega t - \varphi)
\end{aligned} \tag{3.1.14}
$$

把初始条件 $x(0)=x_0$,$\dot{x}(0)=\dot{x}_0$ 代入方程(3.1.14)就得到了系统在该初始条件下,在简谐激励力作用下运动的表达式。

3.1.2 稳态响应的特征

式(3.1.11a)和式(3.1.11b)给出稳态响应的振幅和相位差与激励角频率 s 之间的关系。以 s 为横坐标,β 和 φ 为纵坐标作 $\beta(s)$ 和 $\varphi(s)$ 的函数曲线。图 3.1.2 给出不同阻尼比 ζ 值对应的幅频特性曲线,虚线表示曲线的峰值位置。图 3.1.3 所示为相频特性曲线。可归纳出简谐激励作用下稳态响应有以下特征:

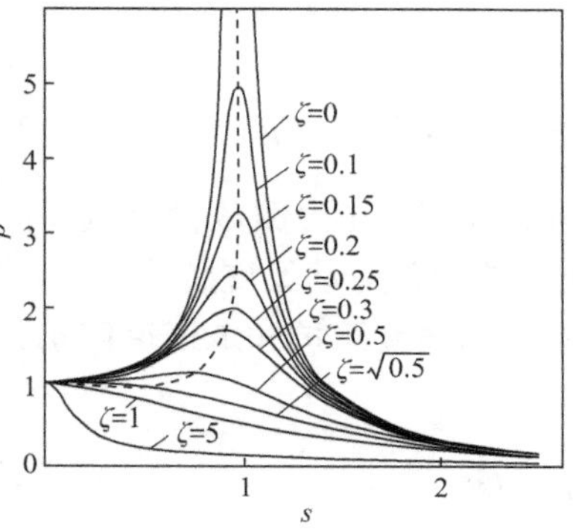

图 3.1.2 幅频特性曲线

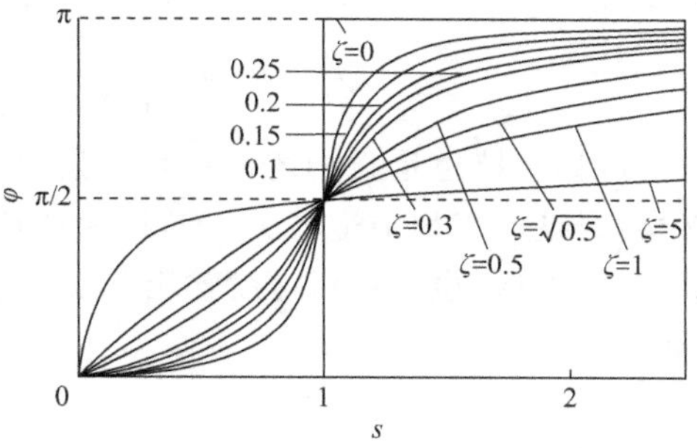

图 3.1.3 相频特性曲线

(1)稳态响应是与激励角频率相同的简谐振动。

(2)振幅 A 和相位差 φ 均由系统本身和激励力的物理性质确定,与初始条件无关。

(3)$\lim\limits_{s\to 0}\beta(s)=1$,表明激励角频率远小于固有角频率时振幅接近弹簧静变形 B;$\lim\limits_{s\to\infty}\beta(s)=0$,表明激励角频率远大于固有角频率时振幅趋近零。

(4)对于无阻尼系统,$\zeta=0$,$\lim\limits_{s\to 1}\beta(s)=\infty$,表明激励角频率 Ω 等于固有角频率 ω_n 时,受迫振动的振幅无限增大,称为**共振**现象。

(5)对于有阻尼系统,$s\to 0$ 时 β 也急剧增大。将振幅取极大值时的激励角频率 Ω_m 定义为**共振角频率**,令 $d\beta/ds=0$,导出 $\Omega_m=\omega_n\sqrt{1-2\zeta^2}$,因此,有阻尼系统的共振角频率略小于 ω_n,共振区内的幅频特性曲线称为**共振峰**。

(6)共振时振幅受黏性阻尼的影响显著。阻尼较弱时振幅急剧增大,阻尼较强时振幅变化平缓,当 $\zeta>1/\sqrt{2}$ 时,振幅无极值。系统中阻尼的强弱性质和共振峰的陡峭程度可通过共振时的振幅放大因子体现,称为系统的**品质因子**,记作

$$
Q=\beta|_{s=1}=\frac{1}{2\zeta} \tag{3.1.15}
$$

在共振峰的两侧取与 $\beta=Q/\sqrt{2}$ 对应的两点 Ω_1 和 Ω_2,两者之差 $\Delta\Omega=\Omega_2-\Omega_1$,称为系统的**带宽**。可以证明,带宽 $\Delta\Omega$ 与品质因子 Q 之间存在以下关系

$$\Delta\Omega = \frac{\omega_n}{Q} \tag{3.1.16}$$

阻尼越弱,品质因子越大,带宽越窄,共振峰越陡峭;反之,共振峰越平坦。

(7) $\lim\limits_{s\to 0}\varphi(s)=0$,表明在低频范围内受迫振动的响应与激励力同相;$\lim\limits_{s\to\infty}\varphi(s)=\pi$,说明在高频范围内反相。阻尼越小,同相和反相现象越明显。增大阻尼,相位差逐渐向 $\pi/2$ 趋近。$\lim\limits_{s\to 1}\varphi(s)=\pi/2$,说明共振时的相位差为 $\pi/2$,与阻尼无关。

3.1.3 机械阻抗与导纳

工程中常使用机械阻抗概念来表达系统受迫振动的动力学特性。将激励和响应分别理解为系统的输入和输出,则复数形式的输入与位移输出之比称为系统的**位移阻抗**,记作 $Z_x(\Omega)$。利用式(3.1.2)、式(3.1.5)~式(3.1.7)导出

$$Z_x(\Omega) = \frac{F(t)}{x(t)} = \frac{F_0}{X} = \frac{1}{H(\Omega)} = k - m\Omega^2 + \mathrm{i}c\Omega \tag{3.1.17}$$

可见,位移阻抗也是激励角频率复函数,与复频响应函数 $H(\Omega)$ 互为倒数,后者也称为系统的**位移导纳**。工程中也将 $Z_x(\Omega)$ 称为**动刚度**,$H(\Omega)$ 则相应地称为**动柔度**。

与此类似,也可针对速度输出和加速度输出定义系统的**速度阻抗**和**加速度阻抗**,分别记作 $Z_{\dot{x}}(\Omega)$ 和 $Z_{\ddot{x}}(\Omega)$。

$$Z_{\dot{x}}(\Omega) = \frac{F(t)}{\dot{x}(t)} = \frac{1}{\mathrm{i}\Omega}Z_x(\Omega) \tag{3.1.18}$$

$$Z_{\ddot{x}}(\Omega) = \frac{F(t)}{\ddot{x}(t)} = -\frac{1}{\Omega^2}Z_x(\Omega) \tag{3.1.19}$$

$Z_{\dot{x}}(\Omega)$ 和 $Z_{\ddot{x}}(\Omega)$ 的倒数分别称为系统的**速度导纳**和**加速度导纳**。利用以上定义的 3 种机械阻抗和 3 种导纳,只要通过实验测出其中任意一种均能获得系统的幅频特性和相频特性,并从中分析出系统的固有角频率、阻尼比等参数。

3.1.4 强迫振动的过渡阶段

1)初始阶段的振动

在系统受到激励开始振动的初始阶段,其自由振动伴随强迫振动同时发生。系统的响应是暂态响应与稳态响应的叠加。忽略阻尼因数,设系统的动力学方程和初始条件为

$$\ddot{x} + \omega_n^2 x = B\omega_n^2\sin\Omega t \tag{3.1.20}$$

$$t = 0: x(0) = x_0, \dot{x}(0) = \dot{x}_0 \tag{3.1.21}$$

方程(3.1.20)满足条件式(3.1.21)的解为

$$x = \left(x_0\cos\omega_n t + \frac{\dot{x}_0}{\omega_n}\sin\omega_n t\right) - \frac{sB}{1-s^2}\sin\omega_n t + \frac{B}{1-s^2}\sin\Omega t \tag{3.1.22}$$

可以看出,一般情况下自由振动项与强迫振动项相伴发生。考虑实际情况存在阻尼因素,式(3.1.22)右边的自由振动项转化为衰减的自由振动逐步消失,强迫振动项基本稳定。

随着时间的推移,暂态响应逐渐消失而转化为稳态响应。两种运动叠加的结果如图3.1.4所示。

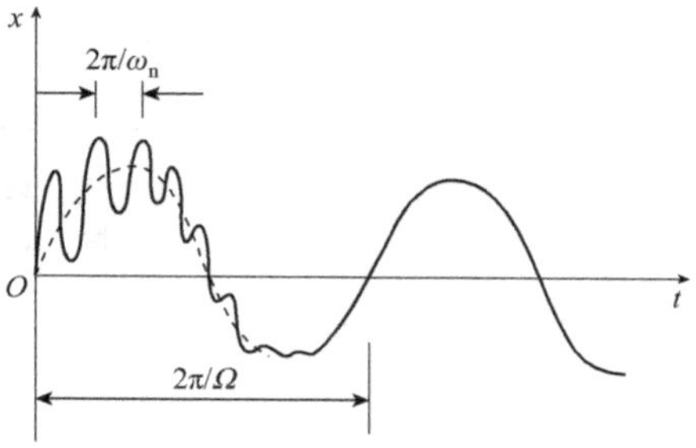

图3.1.4 强迫振动的过渡过程

2)拍振现象

对于激励角频率与固有角频率十分接近的特殊情形,考虑零初始条件

$$t=0: x(0)=0, \dot{x}(0)=0 \tag{3.1.23}$$

方程(3.1.22)满足条件式(3.1.23)的解为

$$x=\frac{B}{1-s^2}(\sin\Omega t-s\sin\omega_n t) \tag{3.1.24}$$

令 $s=1+2\varepsilon$,ε 为小量,代入式(3.1.24),略去高阶小量化作

$$x\approx-\frac{B}{4\varepsilon}(\sin\Omega t-\sin\omega_n t)=\frac{B\omega_n}{2\varepsilon}\sin\varepsilon t\cos\omega_n t \tag{3.1.25}$$

故该振动可看作角频率 Ω 但振幅按 $[B/(2\varepsilon)]\sin\varepsilon t$ 规律缓慢变化的周期运动。这种在接近共振时发生的特殊振动现象称为**拍振**(图3.1.5),我们把两零幅值点或两最大幅值点对应的时间,称为**拍振周期**,即

$$\tau_b=\frac{1}{2}\cdot\frac{2\pi}{\varepsilon}=\frac{2\pi}{\omega_n-\Omega} \tag{3.1.26}$$

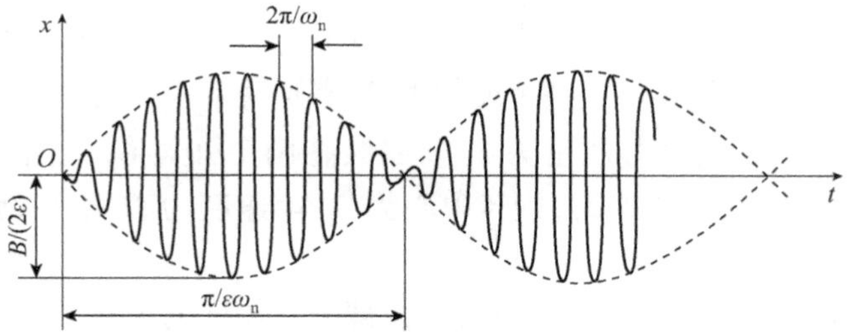

图3.1.5 拍振现象

与之相应的拍振角频率定义为

$$\omega_b=2\varepsilon=\omega_n-\Omega \tag{3.1.27}$$

除了上述情况外,两种自由振动或者两种强迫振动,只要两者角频率很接近,都可能产生拍振现象。

3)共振

当 ε 趋于零时,从式(3.1.25)有 $\lim\limits_{\varepsilon\to0}\frac{\sin\varepsilon t}{\varepsilon}=t$,导出

$$x\approx-\frac{1}{2}B\omega_n t\cos\omega_n t \tag{3.1.28}$$

式(3.1.28)描述了无阻尼系统共振时振幅随时间无限增大的过程(图3.1.6)。

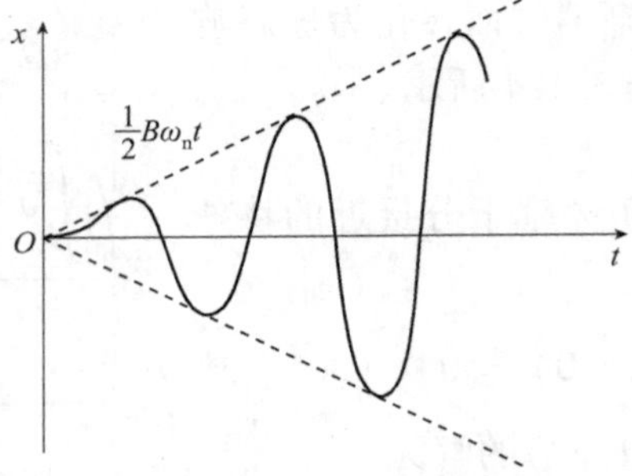

图 3.1.6　共振时的振幅增大过程

3.2　旋转不平衡质量引起的强迫振动

在许多旋转机械中，转动部分总存在着质量不平衡。为了研究由此而引起的运动，我们来分析图 3.2.1 所示的系统。

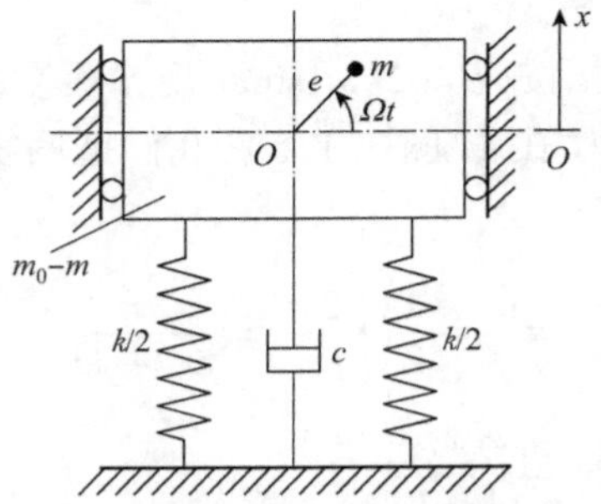

图 3.2.1　旋转不平衡质量引起的强迫振动

图 3.2.1 表示一台机器，其总质量为 m_0。安装在两个弹簧和一个阻尼器上，总的弹簧常数为 k，阻尼系数为 c。机器工作时，旋转中心为 O，角速度为 Ω，不平衡质量为 m，偏心距离为 e。机器只能在垂直方向运动。

机器可视为刚体，除旋转不平衡质量外，其余部分有相同的位移。

选静平衡时旋转中心 O 的位置为坐标原点。在时间 t，对于质量(m_0-m)，其位移为 $x(t)$，而不平衡质量的位移 $x(t)=e\sin\Omega t$，从而列出系统的运动方程

$$(m_0-m)\frac{\mathrm{d}^2x}{\mathrm{d}t^2}+m\frac{\mathrm{d}^2}{\mathrm{d}t^2}(x+e\sin\Omega t)+c\frac{\mathrm{d}x}{\mathrm{d}t}+kx=0$$

整理后，得

$$m_0\ddot{x}+c\dot{x}+kx=me\Omega^2\sin\Omega t \tag{3.2.1}$$

方程(3.2.1)的形式与式(3.1.1)相似，只是用 $me\Omega^2$ 代替了力振幅 F_0。

$$\ddot{x}+2\zeta\omega_n\dot{x}+\omega_n^2x=B\omega_n^2\sin\Omega t \tag{3.2.2}$$

其中

$$\omega_n=\sqrt{k/m_0},\zeta=c/(2\sqrt{m_0k}),B=me\Omega^2/k \tag{3.2.3}$$

因而方程(3.2.2)的稳态响应可表示为

$$x(t)=A\sin(\Omega t-\varphi) \tag{3.2.4}$$

式中

$$A = \beta\overline{B}, s = \Omega/\omega_0, \overline{B} = me/m_0 \tag{3.2.5}$$

系统的放大因子和相位差可表示为

$$\beta = \frac{\frac{m}{m_0}es^2}{\sqrt{(1-s^2)^2 + 4(\zeta s)^2}} \tag{3.2.6a}$$

$$\varphi = \arctan\frac{2\zeta s}{1-s^2} \tag{3.2.6b}$$

其关系曲线如图3.2.2所示。

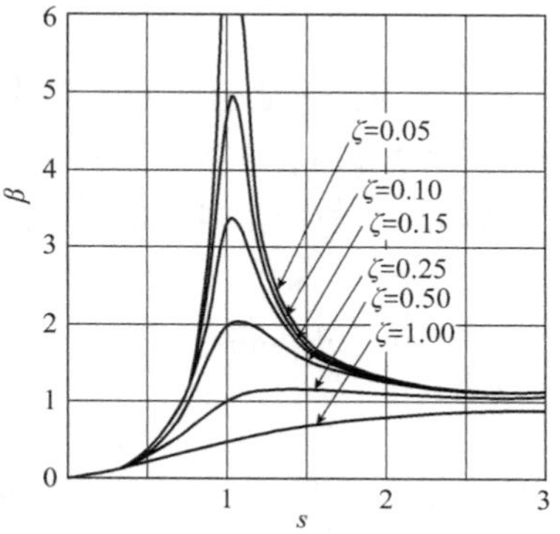

图3.2.2 旋转不平衡质量引起的强迫振动

方程(3.2.4)表明，由于存在不平衡质量，系统将发生强迫振动，振动的角频率 Ω 就是机器的角速度。系统稳态响应的振幅取决于不平衡质量 m、总质量 m_0、偏心距 e、阻尼系数 c 和角速度 Ω。系统的稳态响应滞后于激励力的相位差 φ，有着与简谐激励力相同的表达式，因而其随角频率比 s、阻尼比 ζ 的变化规律与简谐激励力时的振动完全相同。

式(3.2.6a)和图3.2.2表示了振幅随 s 和 ζ 变化的规律。在共振时，$s=1$，有

$$\beta = \frac{1}{2\zeta}, \varphi = \frac{\pi}{2}$$

在 s 很小时，有

$$\beta \to 0, \varphi \to 0$$

在 s 很大时，有

$$\beta \to 1, \varphi \to \pi$$

最大振幅发生在

$$s_{\max} = \frac{1}{\sqrt{1-2\zeta^2}}$$

即位于 $s=1$ 的右边，其大小为

$$\beta_{\max} = \frac{1}{2\zeta\sqrt{1-\zeta^2}}$$

3.3 基础运动引起的强迫振动

迄今，我们认为所研究的系统都是安装在一个不运动的支承或基础上。事实上，在许多情况下，支承或基础是运动的，并引起了系统的振动。

为了研究这类问题，建立了图3.3.1所示的模型。假定基础的运动为 $y(t) = Y\sin\Omega t$，可以列出系统的运动方程

$$m\ddot{x} + k(x-y) + c(\dot{x}-\dot{y}) = 0$$

即

$$m\ddot{x} + c\dot{x} + kx = c\dot{y} + ky \tag{3.3.1}$$

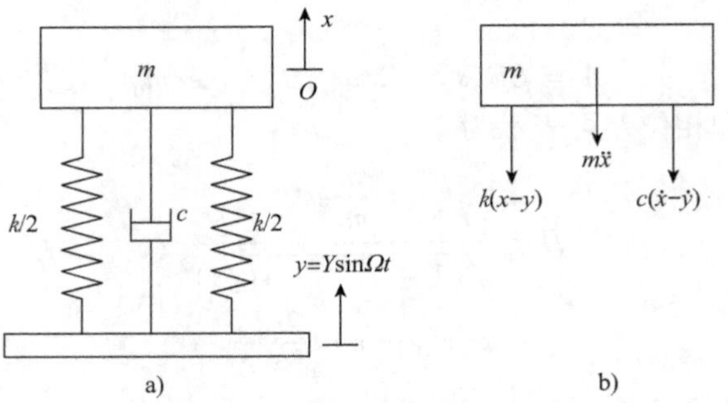

图 3.3.1　基础运动引起的强迫振动

由此可见，基础运动使系统受到两个作用力：一个是与 $y(t)$ 同相位、经弹簧传给质量为 m 的物体的力 ky；一个是与速度 $\dot{y}$ 同相位，经阻尼器传给质量为 m 的物体的力 $c\dot{y}$。

利用复指数法求解，用 $Y\mathrm{e}^{\mathrm{i}\Omega t}$ 代换 $Y\sin\Omega t$，并假定方程的解为

$$x(t) = X\mathrm{e}^{\mathrm{i}\Omega t}$$

代入方程(3.3.1)，得

$$X = \frac{k + \mathrm{i}\Omega c}{k - \Omega^2 m + \mathrm{i}\Omega c}Y = A\mathrm{e}^{-\mathrm{i}\varphi} \tag{3.3.2}$$

式中，$A = \beta Y$，为振幅；φ 为响应激励之间的相位差。显然有

$$\beta = \sqrt{\frac{1 + 4(\zeta s)^2}{(1 - s^2)^2 + 4(\zeta s)^2}} \tag{3.3.3a}$$

$$\varphi = \arctan\frac{2\zeta s^3}{1 - s^2 + 4\zeta^2 s^2} \tag{3.3.3b}$$

放大因子 $\beta = A/Y$ 称为**位移传递率**，其以 ζ 为参数随 s 变化的曲线如图 3.3.2 所示。相位差 φ 以 ζ 为参数随 s 变化的曲线如图 3.3.3 所示。

方程的稳态响应为

$$x(t) = X\sin\Omega t = A\sin(\Omega t - \varphi) \tag{3.3.4}$$

由图 3.3.2 可见，当 $s = 0$ 和 $s = \sqrt{2}$ 时，$\beta = 1$，与 ζ 无关。当 $s > \sqrt{2}$ 时，$\beta < 1$，且阻尼小的放大因子 β 要比阻尼大的放大因子 β 小。

相位差比较复杂。当 $\zeta = 0$，$s < 1$，响应与激励同相位；$s > 1$，响应与激励反相位；当 $\zeta > 0$，有 $s \to 0$ 时，$\varphi \to 0$；$s \to \infty$ 时，$\varphi \to \frac{\pi}{2}$。

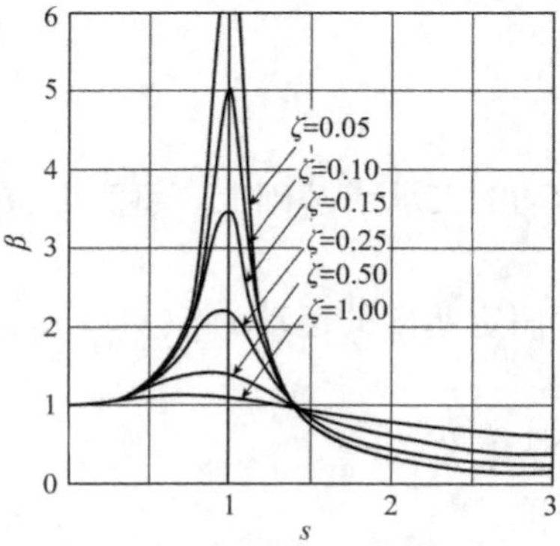

图 3.3.2　基础运动幅频曲线

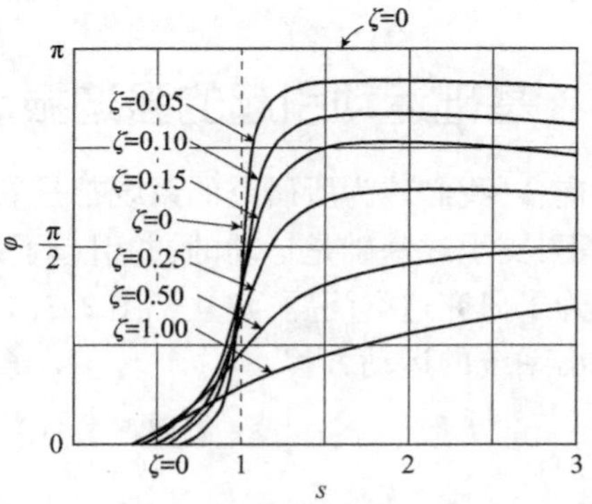

图 3.3.3　基础运动相频曲线

3.4 隔振

振动常常对仪器和设备的工作性能产生有害影响。为了消除这种影响，隔振是一种有效的措施。隔振有两种：把振源与地基隔离开来以减小它对周围的影响而采取的措施叫作**主动隔振**；为了减少外界振动时对设备的影响而采取的隔振措施叫作**被动隔振**。

3.4.1 主动隔振

与机器振动有关的力将传递给机器的支承结构或基础，并将传播开来产生不良的效果。为了减少这类力的传递，采用主动隔振措施，将机器安装在合理设计的柔性支承上，这一支承就叫作隔振装置或隔振基础。其理论模型如图 3.4.1 所示。

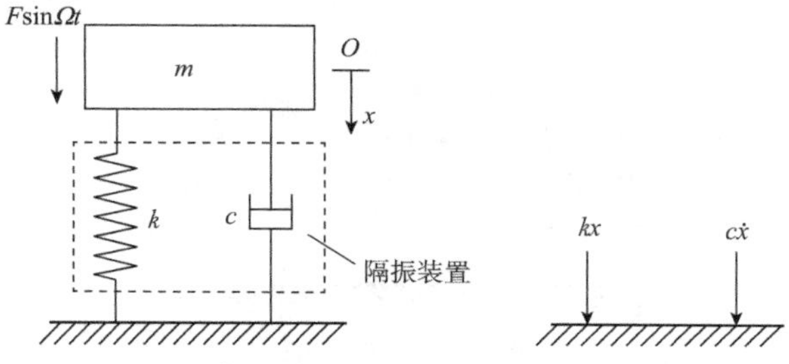

a) 理论模型　　b) 地基受力

图 3.4.1　主动隔振

经隔振装置传递到地基的力有两部分：

经弹簧传给地基的力

$$F_s = kx = kA\sin(\Omega t - \varphi)$$

经阻尼传给地基的力

$$F_d = c\dot{x} = c\Omega A\cos(\Omega t - \varphi)$$

F_s 和 F_d 是相同角频率、相位差 π/2 的简谐作用力，因此，传给地基的力的最大值或振幅 F_T 为

$$F_T = \sqrt{(kA)^2 + (c\Omega A)^2} = kA\sqrt{1 + 4(\zeta s)^2} \tag{3.4.1}$$

由于在 $F\sin\Omega t$ 作用下，系统稳态响应的振幅为

$$A = \frac{F}{k\sqrt{(1 - s^2)^2 + 4(\zeta s)^2}}$$

则

$$F_T = \frac{F\sqrt{1 + 4(\zeta s)^2}}{\sqrt{(1 - s^2)^2 + 4(\zeta s)^2}} \tag{3.4.2}$$

评价主动隔振效果的指标是力传递系数，即

$$T_F = \frac{F_T}{F} = \frac{\sqrt{1 + 4(\zeta s)^2}}{\sqrt{(1 - s^2)^2 + 4(\zeta s)^2}} \tag{3.4.3}$$

合理设计的隔振装置应选择适当的弹簧常数 k 和阻尼系数 c，使力传递系数 T_F 达到要

求的指标。为此,就需要讨论 T_F 与 ζ 和 s 的关系,即关系式(3.4.3)。这将和被动隔振一起讨论。

3.4.2　被动隔振

周围的振动经过地基的传递会使机器产生振动。为了消除这一影响,设计合理的隔振装置能减小机器的振动。图3.4.2是被动隔振的模型,该模型与基础运动的模型相同。因此,隔振后系统稳态响应的振幅为

$$A = Y\sqrt{\frac{1+4(\zeta s)^2}{(1-s^2)^2+4(\zeta s)^2}}$$

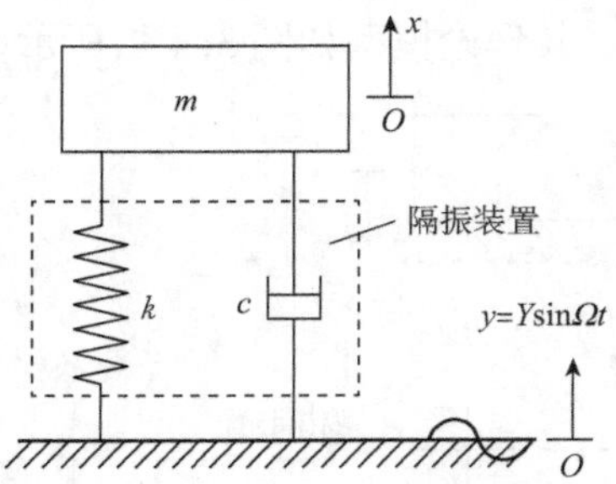

图3.4.2　被动隔振

评价被动隔振效果的指标为位移传递系数 T_D,即

$$T_D = \frac{A}{Y} = \sqrt{\frac{1+4(\zeta s)^2}{(1-s^2)^2+4(\zeta s)^2}} \tag{3.4.4}$$

位移传递系数 T_D 和力传递系数 T_F 的表达式是完全相同的,因此,在设计主动隔振装置或被动隔振装置时所遵循的准则是相同的。令 $T_F = T_D = T_R$,T_R 叫作传递系数。传递系数 T_R 随 ζ 和 s 的变化曲线见图3.3.2。由图可见,在 $s=0$ 和 $s=\sqrt{2}$ 时,$T_R=1$,与阻尼无关,即传递的力或位移与施加给系统的力或位移相等。在 $0<s<\sqrt{2}$ 的频段内,传递的力或位移都比施加的力或位移大;而当 $s>\sqrt{2}$ 时,所有的曲线都表明,传递系数随激励角频率的增大而减小。因此,可以得到两个结论:

(1)不论阻尼比为多少,只有在 $s>\sqrt{2}$ 时才有隔振效果;

(2)对于某个给定的 s 值且 $s>\sqrt{2}$,当阻尼比减小时,传递系数也减小。

因此,为了实现隔振,最好的办法似乎是用一个无阻尼的弹簧,使频率比 $s>\sqrt{2}$。在实际工作时,机器有起动过程,将通过共振区。因而,小量的阻尼是人们期望的。不过,零阻尼是理想情况,实际上小阻尼总是存在的。

3.5　等效线性阻尼的自由振动

3.5.1　结构阻尼

试验表明,弹性材料,特别是金属材料表现出一种结构阻尼的性质。这种阻尼是由于材

料受力变形而产生的内摩擦,力和变形之间产生了相位滞后,见图3.5.1。这种曲线叫作迟滞曲线,所包含的面积是每一加载循环中能量的损失,可表示为

$$\Delta E = \int F \mathrm{d}x$$

试验表明,在结构阻尼中,每一循环损失的能量与材料的刚度成正比,与位移振幅的平方成正比,而与频率无关。它可表示为

$$\Delta E = \pi\beta k A^2 = \pi h A^2$$

式中,$h = \beta k$;β 为无量纲的结构阻尼因数;k 是等效弹簧常数;A 是振幅。

结构阻尼是最常见的一种阻尼形式,但由于它用能量损失来定义,且与振幅有非线性关系,故在数学上难以处理。为此,定义了一个等效黏性阻尼系数,使得两者在每一循环中损失的能量相等。

对于简谐振动,等效黏性阻尼产生的阻尼力为

$$F_{\mathrm{d}} = -c\dot{x} = c\Omega A\cos(\Omega t + \varphi)$$

在每一循环中损失的能量为

$$\Delta E = \int_0^{2\pi/\Omega} c\dot{x}\mathrm{d}x = \int_0^{2\pi/\Omega} c\dot{x}^2\mathrm{d}t = \pi c\Omega A^2$$

使 ΔE 的两个方程相等,并用 c_{e} 表示等效黏性阻尼系数,则有

$$c_{\mathrm{e}} = \frac{\beta k}{\Omega} = \frac{h}{\Omega} \tag{3.5.1}$$

对于结构阻尼,其对数减缩率为

$$\Lambda \approx \pi\beta$$

可以用实验确定 β,从而算出其等效黏性阻尼系数。

3.5.2 库仑阻尼

物体在没有润滑的表面上滑动时会产生干摩擦力。干摩擦力的大小正比于接触表面间的法向力,方向与运动方向相反,用数学公式则可表示为

$$F_{\mathrm{d}} = -\mu W \frac{\dot{x}}{|\dot{x}|} = -\mu W \mathrm{sgn}(\dot{x}) \tag{3.5.2}$$

式中,μ 为动摩擦因数;W 为质量块的重量;sgn 为符号函数。sgn 具有库仑阻尼系统的理论模型用图3.5.2所示。其运动方程为

$$m\ddot{x} + \mu W \mathrm{sgn}(\dot{x}) + kx = 0 \tag{3.5.3}$$

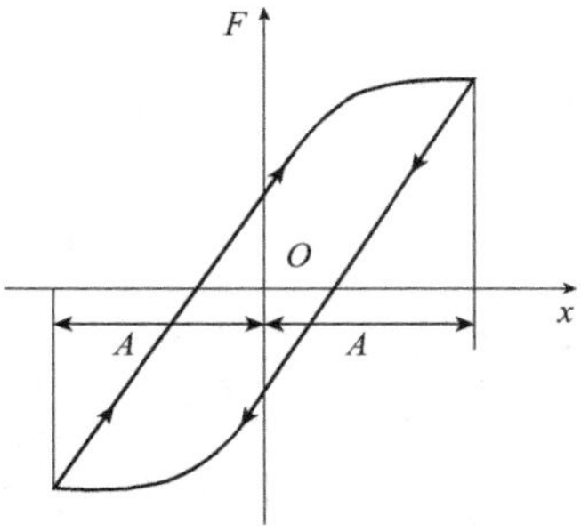

图3.5.1 迟滞曲线

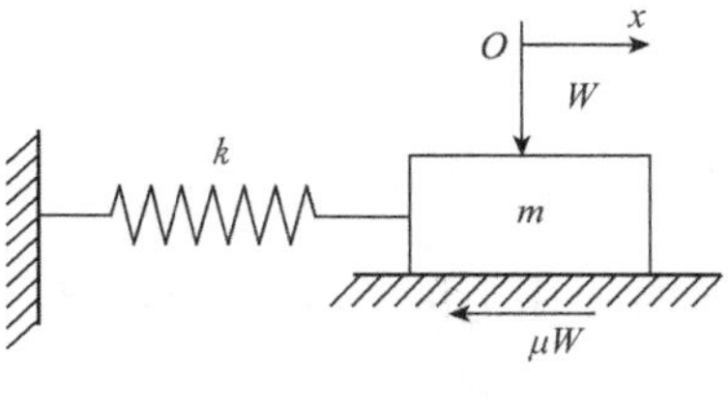

图3.5.2 库仑阻尼系统的理论模型

方程(3.5.3)是一个非线性方程,但可以分解为两个线性方程,一个对应于正的 $\dot{x}$,另一个对应于负的 $\dot{x}$,即

$$m\ddot{x} + kx = -\mu W, \dot{x} > 0 \tag{3.5.4a}$$

$$m\ddot{x} + kx = \mu W, \dot{x} < 0 \tag{3.5.4b}$$

方程(3.5.4)是一个非齐次微分方程,它的解有两部分,即齐次方程的解和非齐次方程的特解。因此,可表示为

$$x(t) = A\sin(\omega_n t + \varphi) - \frac{\mu W}{k}, \dot{x} > 0 \tag{3.5.5a}$$

$$x(t) = A\sin(\omega_n t + \varphi) + \frac{\mu W}{k}, \dot{x} < 0 \tag{3.5.5b}$$

假定系统受到初始条件 $x(0) = x_0, \dot{x}(0) = 0$ 的作用,系统向左边运动。这时,系统的位移表达式为

$$x(t) = \left(x_0 - \frac{\mu W}{k}\right)\cos\omega_n t + \frac{\mu W}{k} \tag{3.5.6}$$

方程(3.5.6)只在运动方向逆向以前适用,这时速度将变为零,有

$$\dot{x}(t) = -\omega_n\left(x_0 - \frac{\mu W}{k}\right)\sin\omega_n t = 0$$

对应于时刻 $t = \pi/\omega_n = T/2$,这时位移为

$$x\left(\frac{\pi}{\omega_n}\right) = \left(x_0 - \frac{\mu W}{k}\right)(-1) + \frac{\mu W}{k} = -x_0 + 2\frac{\mu W}{k}$$

上式表明,运动到左边的最大位移比原始位移 x_0 小了 $2\frac{\mu W}{k}$,这是因干摩擦而引起的能量损失。对于下半个循环(向右动),由方程(3.5.5a)描述,其初始条件为

$$x(\pi/\omega_n) = -x_0 + 2\mu W/k, \dot{x}(\pi/\omega_n) = 0$$

且 $x_0 > 2\frac{\mu W}{k}$,故得

$$x(t) = \left(x_0 - 3\frac{\mu W}{k}\right)\cos\omega_n t - \frac{\mu W}{k} \tag{3.5.7}$$

这个表达式只是针对极右位置,在速度再次变为零以前有效。为了寻找对应的时间,使速度等于零,得 $t = 2\pi/\omega_n = T$。这时的最大位移为

$$x\left(\frac{2\pi}{\omega_n}\right) = \left(x_0 - 3\frac{\mu W}{k}\right) - \frac{\mu W}{k} = x_0 - 4\frac{\mu W}{k}$$

这时,系统运动了一个循环,但没有回到起始位置,而是到达

$$x = x_0 - 4\frac{\mu W}{k}$$

继续这一过程,我们将发现,每半个循环振幅将减小 $2\frac{\mu W}{k}$。

具有库仑阻尼的系统,其运动是一个具有线性衰减振幅的简谐运动。自由振动的角频率不受阻尼的影响。最后,系统的运动并不一定停留在原来的静止位置,这是因为当运动幅值为 x_i 时,恢复力 kx_i 比摩擦力 μW 小,系统运动就逐渐停止。

3.6 Maple 编程示例

本节试图从 Maple 编程角度出发,对单自由度振动系统特性进行分析,进行极好的仿真,以期为实际工作提供一定的借鉴。当然,运用 MATLAB/Simulink 仿真工具可进行一些系统仿真,但编程更能发挥人们的想象力和创造力,能方便地解决工程上多变的实际问题。

由振动理论可知,在不同阻尼条件下,受迫振动的幅频特性是不同的,且阻尼对振幅的影响与频率有关,下面将探讨用 Maple 仿真在相同阻尼下不同激振力频率 Ω 的有阻尼受迫振动。

编程题 3.6.1 用 Maple 进行单自由度系统机械振动计算分析。

已知:$\zeta=0.2,\omega_0=1,h=1,x_0=0,v_0=1$。

①$\Omega=0.02$;②$\Omega=0.999$;③$\Omega=5$。

求:(1)$x=x(t)$。(2)绘制幅频特性曲线、相频特性曲线和三维幅-频-阻尼曲面。

解:(1)单自由度阻尼受迫振动方程为

$$m\ddot{x}+c\dot{x}+kx=H\sin\Omega t$$

化成

$$\ddot{x}+2\zeta\omega_0\dot{x}+\omega_0^2x=h\sin\Omega t$$

得

$$x=Ae^{-\zeta\omega_0 t}\sin(\omega_d t+\alpha)+B\sin(\Omega t-\theta)$$

其中

$$h=\frac{H}{m},\omega_0=\sqrt{\frac{k}{m}},\zeta=\frac{c}{2\sqrt{mk}}$$

$$\omega_d=\omega_0\sqrt{1-\zeta^2},A=\frac{x_0+B\sin\theta}{\sin\alpha}$$

$$\alpha=\arctan\frac{\omega_d(x_0+B\sin\theta)}{v_0-B\Omega\cos\theta+\zeta\omega_0(x_0+B\sin\theta)}$$

$$B=\frac{h}{\sqrt{(\omega_0^2-\Omega^2)^2+4\zeta^2\omega_0^2\Omega^2}},\theta=\arctan\frac{2\zeta\omega_0\Omega}{\omega_0^2-\Omega^2}$$

①当 $\Omega=0.02(\ll\omega_0)$时,振动方程为 $\ddot{x}+0.4\dot{x}+x=\sin 0.02t$,计算结果为

$$x=1.002e^{-0.2t}\sin(0.9798t+0.07989)+\sin(0.02t-0.008004)$$

该结果由两部分组成,第一部分是衰减自由振动,第二部分是受迫振动的稳态解。用 Maple 编程可求得上述结果并可仿真输出振动波形。

执行此程序即可得计算结果与图 3.6.1 所示的振动曲线。该波形直接反映了整个受迫振动的过程,由振动方程的解和振动曲线均可见,振幅 $B=1$,相位 $\theta=0.008$。显然,用 Maple 编程能较方便地解出振动方程的解,并快速地输出振动曲线。当振动方程参数不同时,只需在 Maple 程序中改变相应变量初始化值即可。下面给出的是 Ω 取另外两个值时的情况。

②当 $\Omega=0.999(\approx\omega_0)$时,振动方程为 $\ddot{x}+0.4\dot{x}+x=\sin 0.999t$,计算结果为

$$x = 2.927e^{-0.2t}\sin(0.9798t + 1.025) + 2.502\sin(0.999t - 1.566)$$

在 Maple 程序中需改变 Ω 初始化值,令 $\Omega=0.999$,再运行该程序,输出波形见图 3.6.2,可见这时振幅较大,$B\approx2.5$,相位 $\theta=1.566$,接近$\frac{\pi}{2}$。

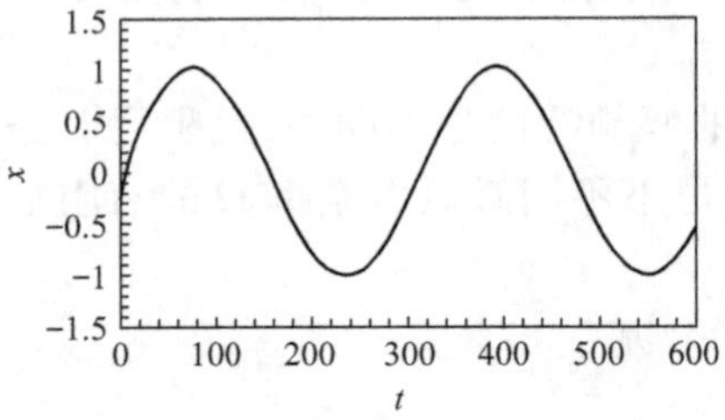

图 3.6.1 低频激励时程曲线

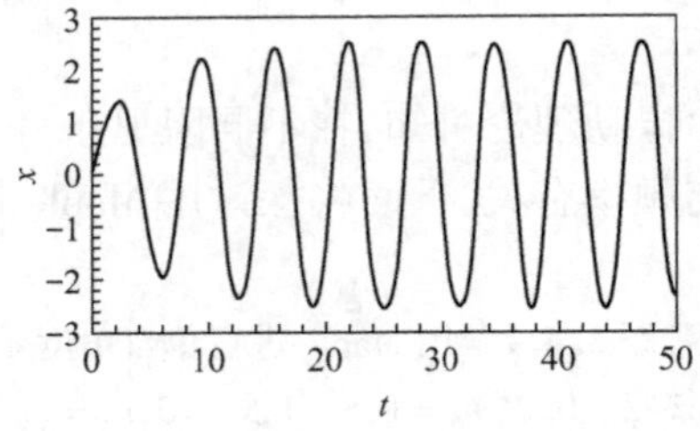

图 3.6.2 共振时程曲线

③当 $\Omega=5(\gg\omega_0)$时,振动方程为 $\ddot{x}+0.4\dot{x}+x=\sin 5t$,计算结果为

$$x = 1.233e^{-0.2t}\sin(0.9798t + 0.002813) + 0.04153\sin(5t - 3.058)$$

在 Maple 程序中改变 Ω 初始化值,令 $\Omega=5$,再运行该程序,输出波形如图 3.6.3 所示,可见这时振幅 $B\approx0.04$,相位 $\theta=3.058$,接近 π,激励力与位移反向。

由上述试验结果可见,单自由度阻尼系统振动输出由衰减项和稳定项两部分组成,当激励角频率 Ω 取不同值时,阻尼对振幅 B 和相位 θ 的影响是不同的。从这些 Maple 输出的振动曲线显然可见,在阻尼比 ζ 相同情况下的幅频特性,当激励角频率接近系统的固有角频率 ω_0 时,振幅明显增大,从图 3.6.1 ~ 图 3.6.3中均可见有阻尼受迫振动整个过渡阶段的衰减和稳态过程。以上方法可适用于各种初始条件下阻尼振动给出精确的解析解和几何描述。

(2)对受迫振动在不同阻尼条件下的幅频关系曲线进行仿真,较方便地对振动方程求解,并画出相应的振动波形,精确地分析系统固有振动特性。振幅比和相位为

$$\lambda = \frac{1}{\sqrt{(1-z^2)^2 + 4\zeta^2 z^2}}, \theta = \arctan\frac{2\zeta z}{1-z^2}$$

图 3.6.4 所示为幅频特性曲线;图 3.6.5 所示为相频特性曲线;图 3.6.6 所示为三维幅-频-阻尼曲面。

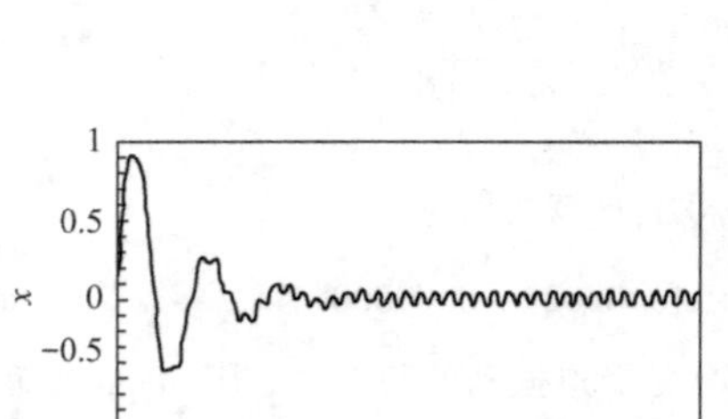

图 3.6.3 高频激励时程曲线

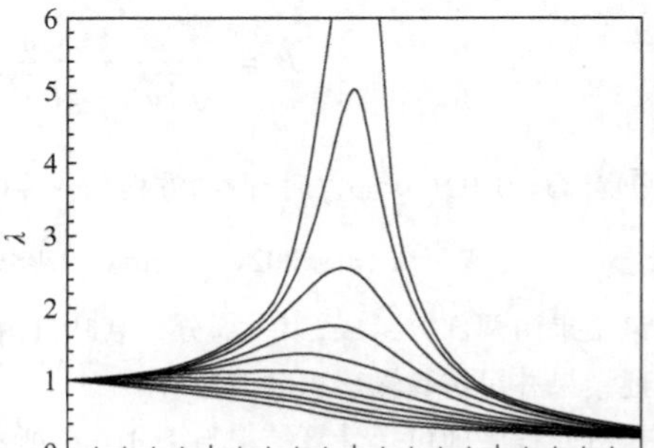

图 3.6.4 幅频特性曲线

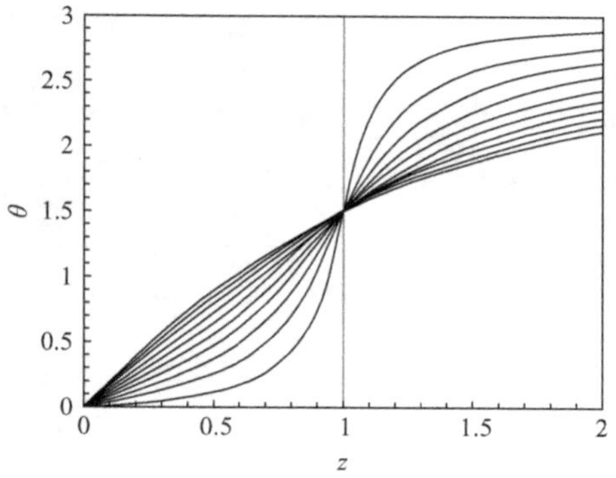

图 3.6.5 相频特性曲线

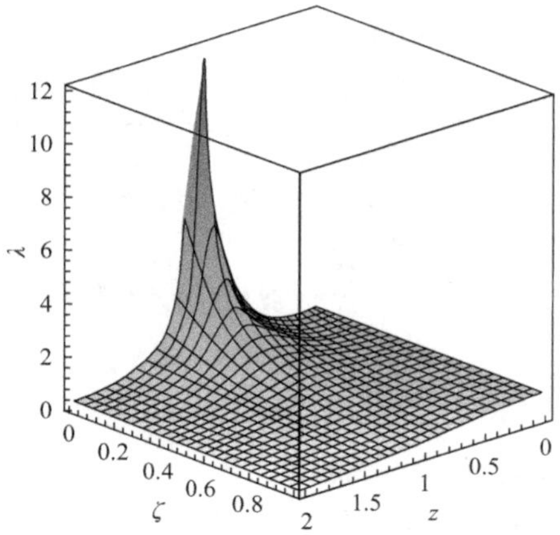

图 3.6.6 三维幅-频-阻尼曲面

Maple 程序一

```
> ##################################################################
> restart:                                              #清零
> x: = A * exp( - zeta * omega[0] * t) * sin(omega[d] * t + alpha)
>          + B * sin(Omega * t - theta):                #单自由度阻尼受迫振动方程的全解
> A: = (x0 + B * sin(theta))/sin(alpha):                #衰减自由振动的振幅
> alpha: = arctan(temp1,temp2):                         #衰减自由振动的相位
> temp1: = omega[d] * (x0 + B * sin(theta)):            #相位的分子参数
> temp2: = v0 - B * Omega * cos(theta) + zeta * omega[0] * (x0 + B * sin(theta)):
>                                                       #相位的分母参数
> omega[d]: = omega[0] * sqrt(1 - zeta^2):              #有阻尼自由振动频率
> B: = h/sqrt((omega[0]^2 - Omega^2)^2 + (2 * zeta * omega[0] * Omega)^2):
>                                                       #受迫振动的振幅
> theta: = arctan(2 * zeta * omega[0] * Omega,omega[0]^2 - Omega^2):
>                                                       #受迫振动的相位
> omega[0]: = 1: zeta: = 0.2:                           #已知条件
> x0: = 0: v0: = 1:h: = 1:                              #已知条件
> Omega: = 0.02 #or Omega: = 0.999   or Omega: = 5      已知条件
> x: = evalf(x,4):                                      #受迫振动全解的数值
> plot({x},t = 0..600,view = [0..600, -1.5..1.5], numpoints = 10,
>        tickmarks = [4,6]):                            #绘时程曲线
> ##################################################################
```

Maple 程序二

```
> ##################################################################
> restart:                                      #清零
> for k from 0 to 10 do                         #按阻尼循环开始
> zeta[k]: = 0.1 * k:                           #阻尼比
> lambda[k]: = 1/sqrt((1 - z^2)^2 + 4 * zeta[k]^2 * z^2):
>                                               #振幅比
> theta[k]: = arctan(2 * zeta[k] * z,1 - z^2):  #相位
> od:                                           #按阻尼循环结束
```

```
> plot([seq(lambda[k],k=0..10)],z=0..10, view=[0..2,0..6],
>       tickmarks=[4,6]);                              #绘幅频关系曲线
> plot([seq(theta[k],k=0..10)],z=0..2, view=[0..2,0..Pi],
>       tickmarks=[4,6]);                              #绘相频关系曲线
> plot3d(1/sqrt((1-z^2)^2+4*zeta^2*z^2),z=0..2,zeta=0..1);
>                                                      #绘三维幅-频-阻尼曲面
> ##########################################################################
```

3.7 思考题

思考题 3.1　简答题

1. 为什么作用在一个振动质量上的常力对稳态振动没有影响？
2. 振幅放大因子是如何定义的？它与角频率比有怎样的关系？
3. 在共振点附近，黏性阻尼系统响应的振幅和相角分别是多少？
4. 振幅的峰值和共振振幅有什么区别？
5. 为什么在大多数情况下都使用黏性阻尼模型而不是其他阻尼形式？

思考题 3.2　判断题

1. 振幅放大因子是稳态响应的振幅和静变形的比。（　　）
2. 响应的初相角依赖于系统参数 m、c、k 和激励角频率 Ω。（　　）
3. 在黏性阻尼的情况下，振幅放大因子在共振点处取得最大值。（　　）
4. 对于任意的激励角频率值，阻尼总是使振幅放大因子减小。（　　）
5. 旋转机械中的不平衡质量会引起系统产生振动。（　　）

思考题 3.3　填空题

1. 线性系统对简谐激励的响应称为________响应。
2. 当激励的角频率与系统的固有角频率相等时，此条件称为________。
3. 旋转机械中的________会引起系统产生振动。
4. 在基础运动（振幅为 Y）激励下，系统响应的振幅为 A，比值 A/Y 称为________。
5. 共振时振幅比的值称为________因子。

思考题 3.4　选择题

1. 共振时无阻尼系统的响应为________。

   A. 很大　　B. 无限大　　C. 零

2. 阻尼系统振幅放大因子的减小在________时是非常显著的。

   A. $\Omega=\omega_n$ 附近　　B. $\Omega=0$ 附近　　C. $\Omega=\infty$ 附近

3. 拍振的角频率是________。

   A. $\omega_n-\Omega$　　B. ω_n　　C. Ω

4. 求库仑阻尼系统的等效黏性阻尼系数时，是基于考虑在________内所消耗的能量。

   A. 半个周期　　B. 一个整周期　　C. 1s

5. 在________情况下，阻尼力依赖于激励力的频率。

   A. 黏性阻尼　　B. 库仑阻尼　　C. 滞后阻尼

思考题 3.5　连线题

1. $m\ddot{x}+c\dot{x}+kx=-m\ddot{y}$　　A. 具有库仑阻尼的系统
2. $M\ddot{x}+c\dot{x}+kx=me\Omega^2\sin\Omega t$　　B. 具有黏性阻尼的系统

3. $m\ddot{x}+kx\pm\mu F_N=F(t)$　　C. 承受基础运动激励的系统

4. $m\ddot{x}+k(1+\mathrm{i}\beta)x=F_0\sin\Omega t$　　D. 具有滞后阻尼的系统

5. $m\ddot{x}+cx+kx=F_0\sin\Omega t$　　E. 具有旋转不平衡质量的系统

3.8 习题

A 类习题

习题 3.1 质量为 1.96kg 的物体挂在弹簧上,把弹簧拉长 10cm 需用 4.9N 的力。物体在运动时受到正比于速度的阻力:当速度为 1m/s 时,阻力等于 19.6N。在初始瞬时,把弹簧从平衡位置拉伸 5cm,然后无初速释放。求运动规律。

习题 3.2 如图 3.8.1 所示,质量分别是 2kg 和 3kg 的两重物一起挂在弹簧上,处于静平衡位置。弹簧的刚度系数 $k=392\text{N/m}$,由阻尼器产生的阻力正比于速度,即 $F_R=-\alpha v$,其中 $\alpha=98\text{N}\cdot\text{s/m}$。现在除去重物 m_2,求重物 m_1 的运动方程。

习题 3.3 在重量为 P 的重物作用下,弹簧的静伸长是 f。现给振动的重物再作用一个正比于速度的介质阻力,为使运动过程成为非周期性,求阻尼系数 α 的最小值。若阻尼系数小于这个最小值,求衰减振动的周期。

习题 3.4 质量为 100g 的重物挂在弹簧端点上,并浸在液体中运动,弹簧刚度系数 $k=19.6\text{N/m}$。运动的阻力正比于重物速度,即 $F_R=\alpha v$,其中 $\alpha=3.5\text{N}\cdot\text{s/m}$。设初始瞬时把重物从平衡位置推到 $x_0=1\text{cm}$ 处,随即无初速释放,求重物的运动方程。

习题 3.5 在习题 3.4 的条件下,起初把重物从平衡位置推到 $x_0=1\text{cm}$ 处,初速度为 50m/s,速度方向与偏移方向相反,求重物的运动方程,并画出位移与时间的关系曲线。

习题 3.6 在习题 3.4 的条件下,在初始瞬时把重物从平衡位置推离 $x_0=5\text{cm}$,随即按相同的方向给物体初速度 $v_0=100\text{m/s}$,求重物的运动方程,并画出位移与时间的关系曲线。

习题 3.7 如图 3.8.2 所示,质点 A 处于杆的末端,杆在点 O 处用铰链固定。设介质阻力正比于速度,比例系数是 α。试写出质点微振动的微分方程,并求衰减振动的圆频率。又设质点 A 的重量是 P,弹簧的刚度系数是 k,杆长度为 l,$OB=b$,杆的质量不计。平衡时杆的位置是水平的。问:系数 α 的数值多大时,运动成为非周期性的?

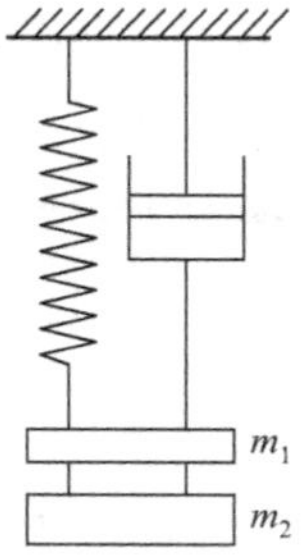

图 3.8.1 习题 3.2

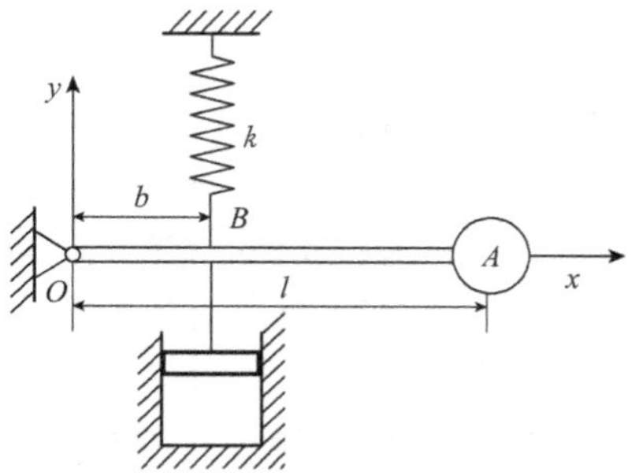

图 3.8.2 习题 3.7

习题 3.8 质量为 20kg 的重物挂在弹簧上作振动。现观察到经过 10 次振动后,最大的偏移量减到一半,重物作 10 次振动所需的时间为 9s。求阻力系数 α(介质阻力正比于速度)以及刚度系数 k。

习题 3.9 如图 3.8.3 所示,质点 A 的重量为 P,弹簧的刚度系数是 k,$OA=b$,$OB=l$。介质阻力正比于速度,比例系数等于 α。在点 O 铰支的杆 OB 质量可以不计。试求质点 A 微振动的微分方程,并求衰减振动的圆频率。设平衡时杆的位置是水平的,则系数 α 等于多少,运动才变成非周期性的?

习题 3.10 质量为 5kg 的物体挂在刚度为 20N/m 的弹簧一端,物体浸在黏性的介质中。物体振动周期为10s。求阻尼常数、振动的对数减缩率以及无阻尼自由振动的周期。

习题3.11 质量为 m 的质点在恢复力 $F_s = -kx$ 和不变力 F_0 同时作用下作直线运动，求运动方程。又已知在初始瞬时 $t=0$，有 $x_0=0$，$\dot{x}_0=0$，求振动的周期。

习题3.12 质量为 m 的质点在恢复力 $F_s = -kx$ 和 $F=\alpha t$ 同时作用下作直线运动，求运动方程。已知初始瞬时，质点处于静平衡位置，速度为零。

习题3.13 质量为 m 的质点受到恢复力 $F_s = -kx$ 和 $F=F_0 e^{-\alpha t}$ 的作用。设初始瞬时，质点静止在平衡位置，求质点直线运动的方程。

习题3.14 如图3.8.4所示，刚度系数 $k=19.6\text{N/m}$ 的弹簧上挂着质量为100g的磁棒，磁棒穿过螺线管，螺线管通有交流电流 $i=20\sin 8\pi t$（以A为单位）。从 $t=0$ 瞬时开始，电路接通，将磁棒吸入螺线管内。在此瞬时之前，磁棒挂在弹簧上是不动的。磁铁和螺线管之间的相互作用力 $F=0.016\pi i$（以N为单位）。求磁棒的强迫振动方程。

习题3.15 在习题3.14的条件下，设磁棒是挂在未变形弹簧的一端并无初速释放，求磁棒的运动方程。

习题3.16 在习题3.14的条件下，在静平衡位置给磁棒以初速度 $v_0=5\text{cm/s}$，求磁棒的运动方程。

习题3.17 如图3.8.5所示，砝码 M 挂在弹簧 AB 上，弹簧的上端 A 沿铅垂直线作简谐振动，振幅为 a，圆频率为 Ω，即 $O_1C=a\sin\Omega t$（以cm为单位）。按以下已知条件求砝码 M 的强迫振动方程：砝码质量为400g，把弹簧拉长1m要作用39.2N的力，$a=2\text{cm}$，$\Omega=7\text{rad/s}$。

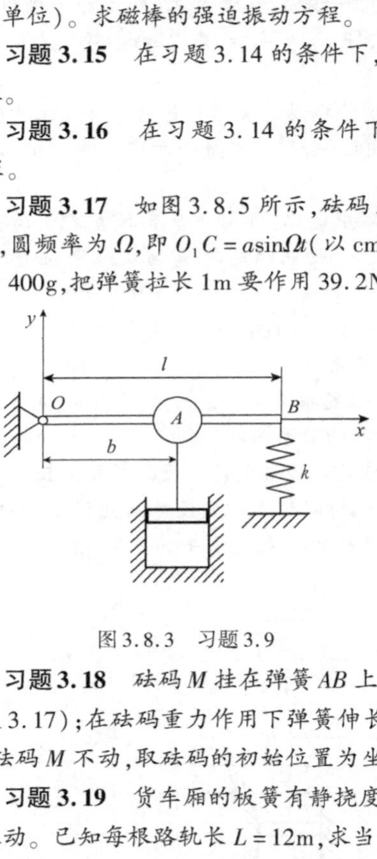

图3.8.3　习题3.9

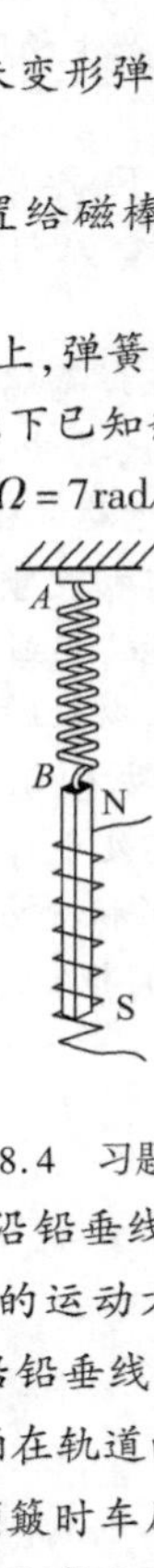

图3.8.4　习题3.14

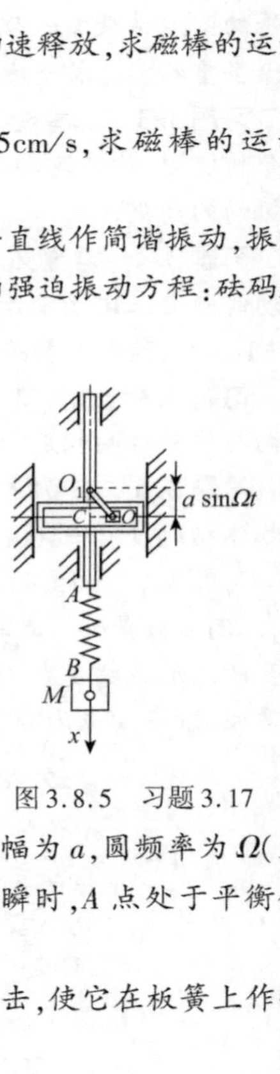

图3.8.5　习题3.17

习题3.18 砝码 M 挂在弹簧 AB 上，弹簧的上端 A 沿铅垂线作简谐振动，振幅为 a，圆频率为 Ω（见习题3.17）；在砝码重力作用下弹簧伸长为 δ_{st}。求砝码的运动方程。已知初始瞬时，A 点处于平衡位置，砝码 M 不动，取砝码的初始位置为坐标原点，Ox 轴沿铅垂线向下。

习题3.19 货车厢的板簧有静挠度 $\Delta l=5\text{cm}$。车厢在轨道的接头处受到冲击，使它在板簧上作强迫振动。已知每根路轨长 $L=12\text{m}$，求当车厢开始剧烈颠簸时车厢的临界速度。

习题3.20 如图3.8.6所示，机械示功计的结构中具有汽缸 A，缸内有活塞 B 顶靠在弹簧 D 上滑动，带画线笔头的杆连在此活塞上。设有单位帕斯卡（Pa）表示的蒸汽压力，压力按公式 $p=10^5\left(4+3\sin\dfrac{2\pi t}{T}\right)$ 变化，其中 T 是轴转一圈的时间。设轴的转速为180r/min，机械示功计活塞的面积 $\sigma=4\text{cm}^2$，示功计活动部分的质量为1kg，把弹簧每压缩1cm需力29.4N，求笔头 C 的强迫振动的振幅。

习题3.21 设在习题3.20的条件下系统初始在静平衡位置上不动，求笔头 C 的运动方程。

习题3.22 质量为200g的重物挂在刚度系数为9.8N/cm的弹簧上，重物受力 $F_S=H\sin\Omega t$（F_S 以N为单位）作用，其中 $H=20\text{N}$，$\Omega=50\text{rad/s}$。在初始瞬时，有 $x_0=2\text{cm}$，$v_0=10\text{cm/s}$，坐标原点取在静平

衡的位置，求重物的运动方程。

习题 3.23 设在习题 3.22 的条件下干扰圆频率变成 $\Omega=70\text{rad/s}$，求重物的运动方程。

习题 3.24 质量为 24.5kg 的重物挂在刚度为 392N/m 的弹簧上。在重物上作用力 $F(t)=156.8\sin 4t$（F 以 N 为单位），求重物的运动规律。

习题 3.25 质量为 24.5kg 的重物挂在刚度是 392N/m 的弹簧上。如在其上作用力 $F=39.2\cos 6t$（F 以 N 为单位），求重物的运动规律。

习题 3.26 弹簧上重物的振动可由下述微分方程描述

$$m\ddot{x}+kx=5\cos\Omega t+2\cos 3\Omega t$$

设在初始瞬时，重物的位移和速度均为零，求重物的运动规律，并求出现共振时对应的 Ω。

习题 3.27 如图 3.8.7 所示，在刚度系数为 $k=19.6\text{N/m}$ 弹簧上挂着质量为 50g 的磁棒和质量为 50g 的薄铜板。磁棒穿过螺线管，薄铜板在两磁极之间通过。在螺线管中通有电流 $i=20\sin 8\pi t$（以 A 为单位），电流和磁棒相互作用的力是 $0.016\pi i$（以 N 为单位）。因涡流使薄板受到制动力 $Kv\Phi^2$，其中 $K=0.001$，$\Phi=10\sqrt{5}\,\text{Wb}$，$v$ 是薄板的速度，单位是 m/s。求薄板的强迫振动方程。

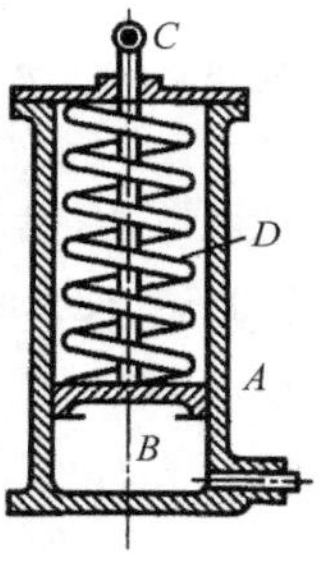

图 3.8.6 习题 3.20

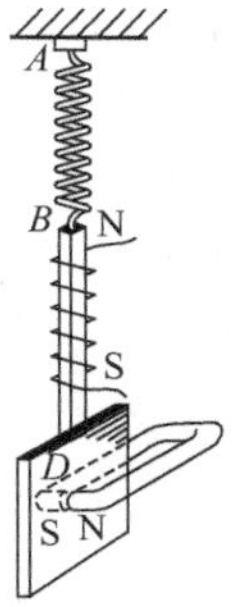

图 3.8.7 习题 3.27

习题 3.28 在习题 3.27 的条件下把薄板的磁棒一起挂在未变形弹簧的下端，同时给它们向下的初速度，求薄板的运动方程。

习题 3.29 质量为 $m=2\text{kg}$ 的质点挂在刚度系数为 4kN/m 的弹簧上。质点上还作用干扰力 $F=120\sin(\Omega t+\delta)$（$F$ 以 N 为单位），以及正比于速度的阻力 $F_R=0.5\sqrt{mk}\,v$（F_R 以 N 为单位）。求强迫振动振幅的最大值 A_{max} 以及相应的圆频率 Ω。

习题 3.30 设在习题 3.29 的条件下，在初始瞬时质点的位置和速度分别是：$x_0=2\text{cm}$，$v_0=3\text{cm/s}$。干扰力的圆频率 $\Omega=30\text{rad/s}$，初相位 $\delta=0$。求点的运动方程。坐标原点取在静平衡位置。

习题 3.31 质量为 3kg 的质点挂在刚度系数为 $k=117.6\text{N/m}$ 的弹簧上。质点受干扰 $F=H\sin(6.26t+\beta)$（F 以 N 为单位）和介质的黏性阻力 $F_R=-\alpha v$（F_R 以 N 为单位）。因温度变化使介质的黏性（系数 α）增为原来的三倍，求质点的强迫振动的振幅变化。

习题 3.32 如图 3.8.8 所示，质量为 2kg 的物体用弹簧连在固定点 A，在干扰力 $F=180\sin 10t$（F 以 N 为单位）和正比于速度的阻力 $F_R=-29.4v$（F_R 以 N 为单位）作用下，物体沿光滑斜面运动。斜面倾角是 α，弹簧的刚度系数是 $k=5\text{kN/m}$。在初始瞬时，物体静止在平衡位置。求物体的运动方程、自由振动的周期 T 和强迫振动的周期 T_1，以及强迫振动和干扰的相位差。

习题 3.33 质量为 0.4kg 的物体和刚度系数为 $k=4\text{kN/m}$ 的弹簧相连。物体还受到 $F=40\sin 50t$（F 以 N 为单位）和介质阻力 $F_R=-\alpha v$ 的作用，其中 $\alpha=25\text{N}\cdot\text{s/m}$，$v$ 是物体的速度（单位是 m/s）。在初瞬时，物体处于静平衡位置。求物体的运动规律，并确定能使强迫振动的振幅达到极大值的干扰角频率。

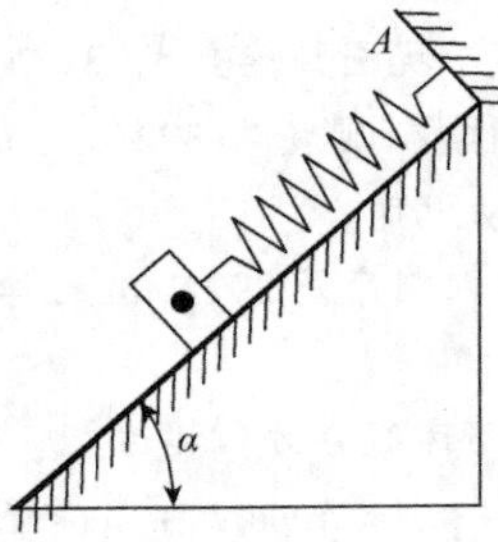

图 3.8.8　习题 3.32

B 类习题

习题 3.34　摆的质量为 m，转轴与水平面间成 β，摆对转轴的转动惯量为 J，质心到转轴的距离为 s。求摆自由微振动的周期。

习题 3.35　如图 3.8.9 所示，在记录机器底座铅垂振动的仪器内，质量为 m 的重物 Q 连在刚度系数为 k_1 的铅垂弹簧上，并与静平衡的指针铰接。指针为弯杠杆的形状，对转轴 O 的转动惯量为 J，并且被刚度系数为 k_2 的水平弹簧压在平衡位置上。已知 $OA = a$，$OB = b$。重物的尺寸以及弹簧的初始张力的影响都不计。求指针在铅垂平衡位置作自由振动的周期。

习题 3.36　图 3.8.10 所示为一种减振装置，质量为 m 的质点用 n 根刚度系数都为 k 的弹簧连接于正多边形各个顶点。每根弹簧的原长均为 a，正多边形外接圆的半径等于 b。设系统在水平面内，求系统水平自由振动的圆频率。

提示：为了把势能计算到二阶小量，弹簧的伸长也要算到同样的精度。

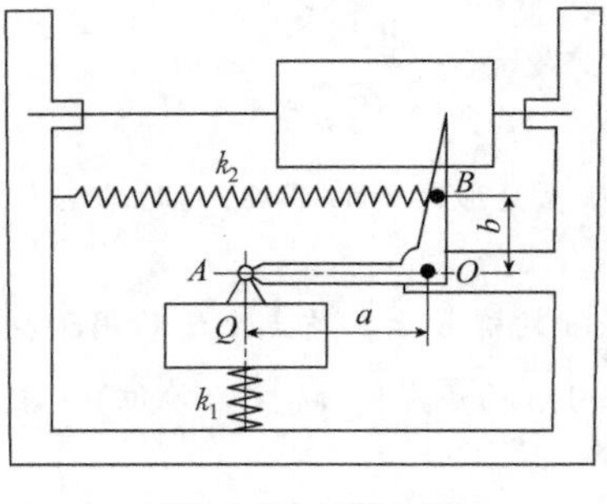

图 3.8.9　习题 3.35

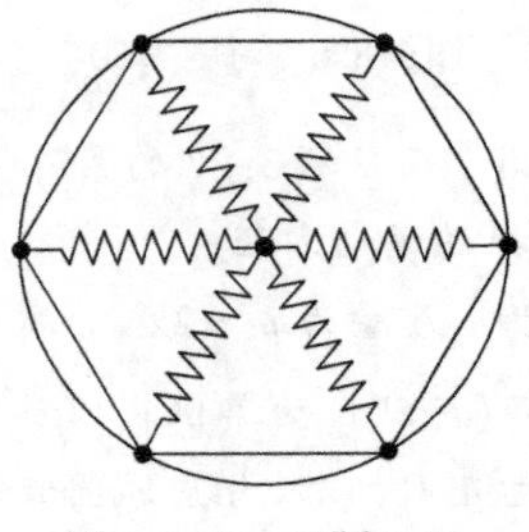

图 3.8.10　习题 3.36

习题 3.37　求习题 3.36 中系统垂直于多边形平面的振动圆频率，弹簧质量不计。

习题 3.38　求图 3.8.11 所示系统中质量为 m 的质点 E 作铅垂微振动的圆频率。已知 $AB = BC$，$DE = EF$。弹簧刚度系数 k_1、k_2、k_3 和 k_4 都已给定。杆 AC、DF 都看成无质量的刚杆。

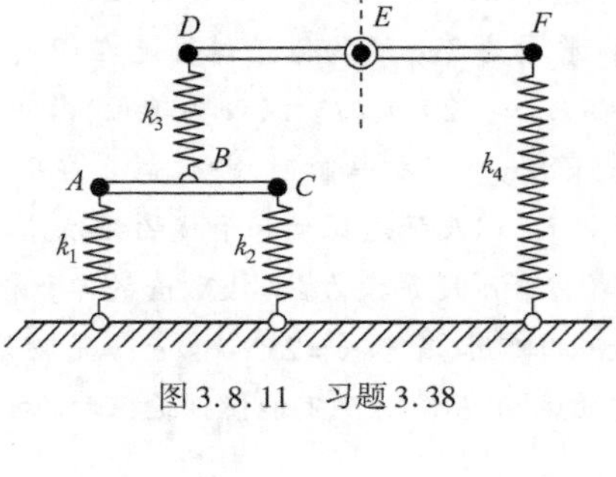

图 3.8.11　习题 3.38

习题 3.39 如图 3.8.12 所示，在长 $4a$ 的不可伸长的绳子上系有三个重物，质量分别为 m、M、m。绳子对称地悬挂在两端，最左段、最右段与铅垂线间的夹角都为 α，中间两段与铅垂线间的夹角都为 β，重物 M 作铅垂振动，求重物的自由振动圆频率。

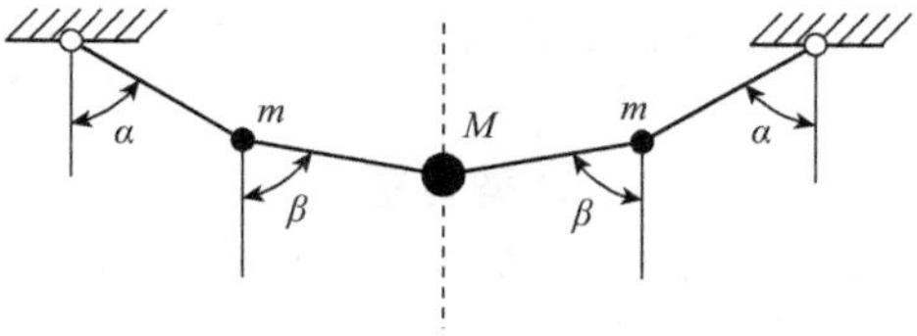

图 3.8.12 习题 3.39

习题 3.40 如图 3.8.13 所示，戈利岑铅垂地震仪由框架 AOB 及其固结的重物构成，重物的重量为 Q，可绕 O 点转动。在框架上与 O 点水平距离为 a 的点 B 系有刚度系数为 k 的弹簧。弹簧在拉伸下工作。平衡时 OA 杆的位置水平。框架连带重物对 O 的转动惯量为 J，框架高为 b。不计弹簧的质量，重物和框架的质心在 A 点，与 O 相距为 l。求系统的微振动圆频率。

习题 3.41 如图 3.8.14 所示，在记录基础、机器零部件等物体振动的测震仪中，重量为 Q 的摆用刚度系数为 k 的螺旋弹簧维持在与铅垂线成角 α 的位置上。摆对转轴的转动惯量为 J，摆的质心到转轴的距离为 s，求测震仪的自由振动周期。

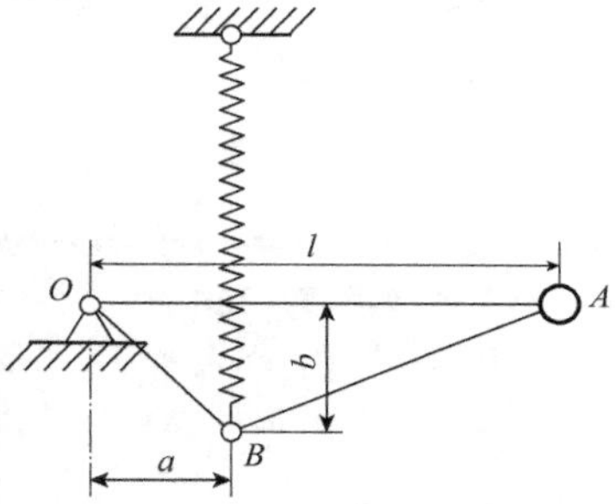

图 3.8.13 习题 3.40

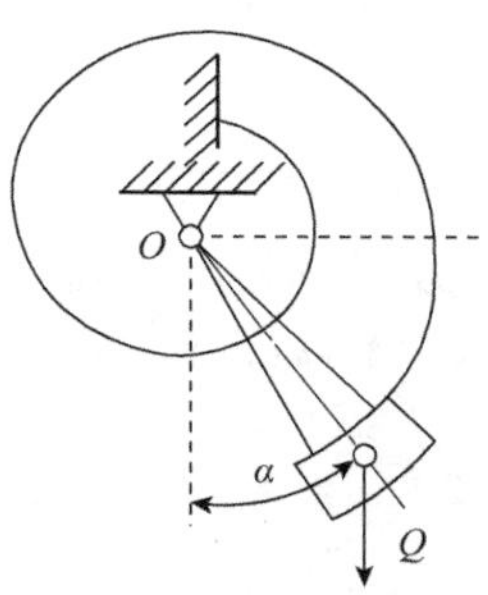

图 3.8.14 习题 3.41

习题 3.42 如图 3.8.15 所示，在记录水平振动的测震仪中，由杆和重物构成的摆 OA 在重力和螺旋弹簧的作用下在铅垂位置维持稳定平衡，可在平衡位置附近绕水平轴 O 摆动，已知摆重的最大静力矩 $Qa = 45\text{N} \cdot \text{cm}$，摆对轴 O 的转动惯量 $J = 0.3\text{kg} \cdot \text{cm}^2$，弹簧的扭转刚度系数 $k = 45\text{N} \cdot \text{cm}$。求摆在小转角情况下的固有振动周期。

习题 3.43 如图 3.8.16 所示，摆的自由转动受到刚度系数为 k 的螺旋弹簧抑制，当摆处于最高位置时弹簧不受力。已知摆的重量为 P，质心到悬挂轴的距离为 a。问：在什么条件下摆的最高铅垂位置是稳定的？又设摆对转轴的转动惯量为 J，求摆微振动的周期。

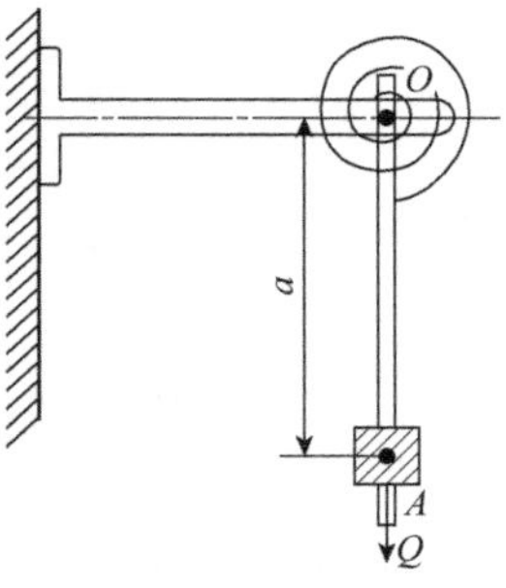

图 3.8.15 习题 3.42

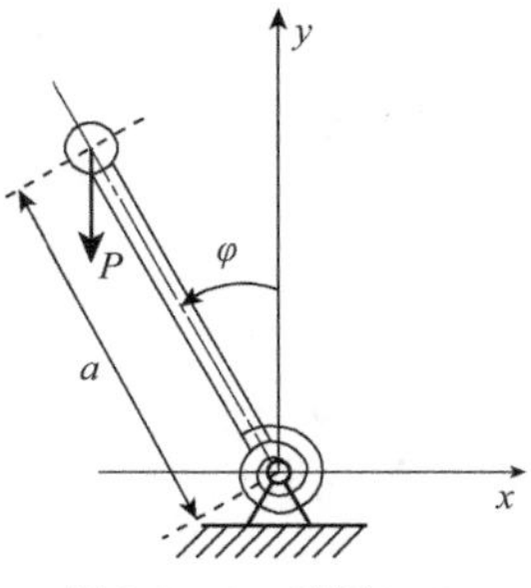

图 3.8.16 习题 3.43

习题 3.44 试证明习题 3.43 所述的摆在 $k < Pa$ 情况下有不少于三个的平衡位置。求微振动的周期。

习题 3.45 （编程题）求具有库仑阻尼的弹簧-质量系统在简谐力作用下的响应曲线，已知数据如下：$m = 5\text{kg}$，$k = 2000\text{N/m}$，$\mu = 0.5$，$F(t) = 100\sin 30t$（以 N 作为单位）。初始条件：$x(0) = 0.1\text{m}$，$\dot{x}(0) = 0.1\text{m/s}$。

C 类习题

习题 3.46 （振动调整）如图 3.8.17 所示，在自重分布质量为 m 的梁跨中央连接一个重的质点 $M = 0.5mL$。重的质点应移到什么位置才能使体系的自振频率增加到 1.2 倍？

习题 3.47 （振动调整）如图 3.8.18 所示，当带有集中质量 m 的框架的最低振动角频率等于已知值（$\omega = \omega^*$）时，试确定柱与梁的弯曲刚度比 $k = I_1/I_2$。

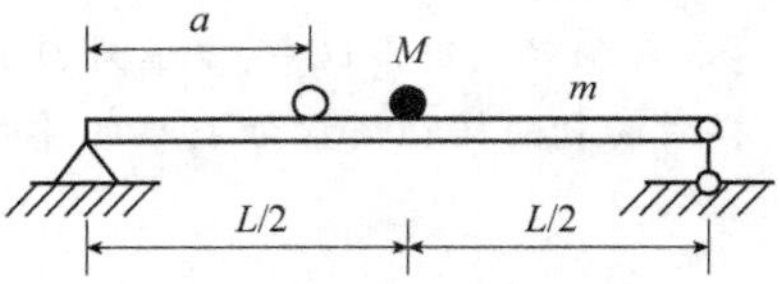

图 3.8.17 习题 3.46

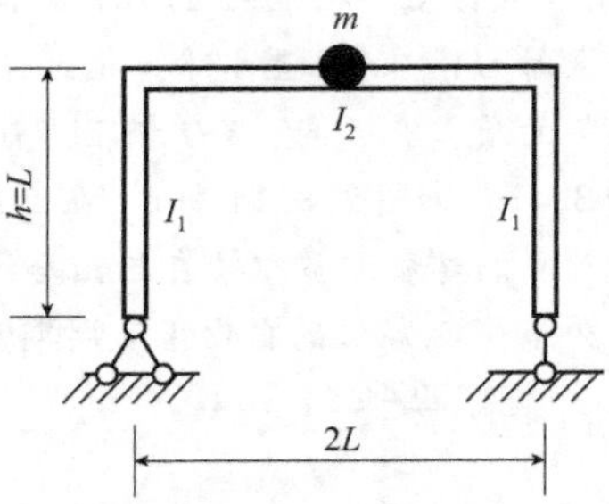

图 3.8.18 习题 3.47

##

丹尼尔·伯努利（Daniel Bernoulli，1700—1782，瑞士），力学家，物理学家，数学家，医学家。流体力学之父，连续体振动的奠基人。他提出的流体静力学和流体动力学理论以及伯努利定律对工程师来说是非常熟悉的。他得出了梁振动的运动微分方程，并研究了弦的振动。在研究多自由度系统的自由振动问题时所采用的谐波叠加原理是他首先提出的。

主要著作：《流体动力学》等。

##

白鹿洞二首·其一

唐　王贞白(875—958)

读书不觉已春深,一寸光阴一寸金。

不是道人来引笑,周情孔思正追寻。

第4章　单自由度系统在一般激励下的振动

前面,我们讨论了机械系统受到简谐激励作用引起的强迫振动问题。在很多情况下,许多系统受到的激励并不是简谐激励,而可能是一个周期激励或者非周期激励。下面,我们来讨论这两种更一般的情况。

4.1　周期激励作用下的强迫振动

一个有阻尼弹簧-质量系统,受到了周期激励力 $F(t)$ 的作用,其运动方程为

$$m\ddot{x} + c\dot{x} + kx = F(t) \tag{4.1.1}$$

且

$$F(t + T) = F(t) \tag{4.1.2}$$

式中,T 为周期。前已证明,对于线性系统,叠加原理成立,即各激励共同作用所引起的系统稳态响应为各激励力单独作用时引起的系统各稳态响应的总和。因此,对于线性系统在受到周期激励作用时,系统稳态响应的计算就很简单:把该周期激励展成 Fourier(傅立叶)级数;把级数的每一项作一简谐激励,确定其稳态响应;把所有简谐稳态响应加起来,就得到了系统对该周期激励的稳态响应。因此,方程(4.1.1)可表示为

$$m\ddot{x} + c\dot{x} + kx = \frac{a_0}{2} + \sum_{n=1}^{\infty}(a_n\cos n\Omega t + b_n\sin n\Omega t) \tag{4.1.3}$$

式中,$\Omega = 2\pi/T$,为周期激励力的基角频。可以求得对常数项 $a_0/2$ 的稳态响应为 $a_0/(2k)$,而对于 $a_n\cos n\Omega t$ 和 $b_n\sin n\Omega t$ 的稳态响应分别为

$$\frac{a_n}{k\sqrt{(1 - s_n^2)^2 + 4(\zeta s_n)^2}}\cos(n\Omega t - \varphi_n) \tag{4.1.4}$$

$$\frac{b_n}{k\sqrt{(1 - s_n^2)^2 + 4(\zeta s_n)^2}}\sin(n\Omega t - \varphi_n) \tag{4.1.5}$$

式中

$$s_n = ns = \frac{n\Omega}{\omega_n},\tan\varphi_n = \frac{2\zeta s_n}{1 - s_n^2} \tag{4.1.6}$$

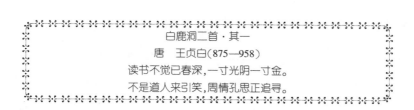

于是,系统的稳态响应为

$$x(t)=\frac{a_0}{2k}+\sum_{n=1}^{\infty}\frac{a_n}{k\sqrt{(1-s_n^2)^2+4(\zeta s_n)^2}}\cos(n\Omega t-\varphi_n)+$$
$$\sum_{n=1}^{\infty}\frac{b_n}{k\sqrt{(1-s_n^2)^2+4(\zeta s_n)^2}}\sin(n\Omega t-\varphi_n) \tag{4.1.7}$$

系统的稳态响应也是一个无穷级数。对于大多数工程问题,计算有限项已可以满足要求。显然,当方程右边的某个谐波的角频率与系统固有角频率相等时就会发生共振,对应项的振幅就会很大。因此,周期激励比简谐激励发生共振的可能性更大。

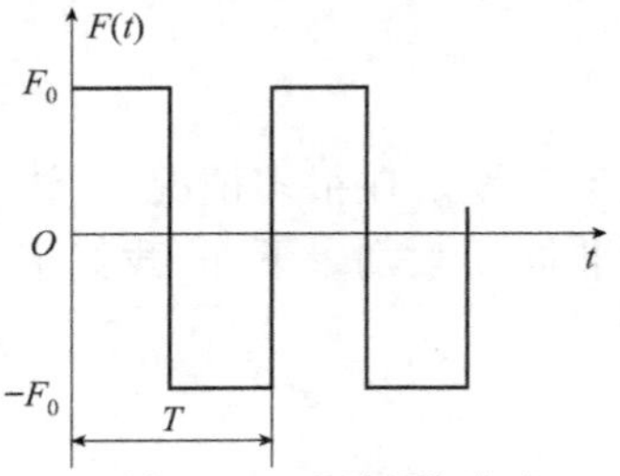

图 4.1.1　方波周期激励

例题 4.1.1　如图 4.1.1 所示,有一个无阻尼单自由度系统受到方波的激励,系统的固有角频率为 ω_n ,试确定系统的稳态响应。

解:在一个周期内,激励函数 $F(t)$ 可表示为

$$F(t)=F_0, mT<t<(m+1/2)T$$
$$F(t)=-F_0; (m+1/2)T<t<(m+1)T$$
$$m=0,1,2,\cdots$$

由于 $F(t)$ 是一个奇函数,即 $F(t)=-F(-t)$,因此可得

$$a_0=a_n=0 \quad n=1,2,\cdots$$

$$\begin{cases} b_n=\dfrac{4F_0}{n\pi} & n=1,3,5,\cdots \\ b_n=0 & n=2,4,6,\cdots \end{cases}$$

所以 $F(t)$ 的 Fourier 级数展开式为

$$F(t)=\frac{4F_0}{\pi}\sum_n\frac{1}{n}\sin n\Omega t \quad n=1,3,5,\cdots$$
$$=\frac{4F_0}{\pi}\left(\sin\Omega t+\frac{1}{3}\sin3\Omega t+\cdots\right)$$

因而,系统的稳态响应为

$$x(t)=\frac{4F_0}{k\pi}\left\{\frac{\sin\Omega t}{1-\left(\dfrac{\Omega}{\omega_n}\right)^2}+\frac{\sin3\Omega t}{3\left[1-\left(\dfrac{3\Omega}{\omega_n}\right)^2\right]}+\cdots\right\}$$

例题 4.1.2　如图 4.1.2a)所示,有一凸轮机构,凸轮以每分钟 60 转旋转,升程为 1。产生的锯齿形运动[图 4.1.2b)]传给有阻尼弹簧-质量系统,试确定系统的稳态响应。

解:在一个周期内激励函数 $x_1(t)$ 可表示为

$$x_1(t)=\frac{1}{T}t$$

其 Fourier 级数展开式为

$$x_1(t)=\frac{1}{2}-\frac{1}{\pi}\sum_{n=1}^{\infty}\frac{1}{n}\sin2\pi nt$$

系统的运动方程为

$$m\ddot{x}+c\dot{x}+(k+k_1)x=k_1x_1$$

因而系统的稳态响应为

$$x(t)=\frac{k_1}{k+k_1}\left[\frac{1}{2}-\frac{1}{\pi}\sum_{n=1}^{\infty}\frac{1}{n}\frac{\sin(2\pi nt-\varphi_n)}{\sqrt{(1-s_n^2)^2+4(\zeta s_n)^2}}\right]$$

$$\tan\varphi_n=\frac{2\zeta s_n}{1-s_n^2}$$

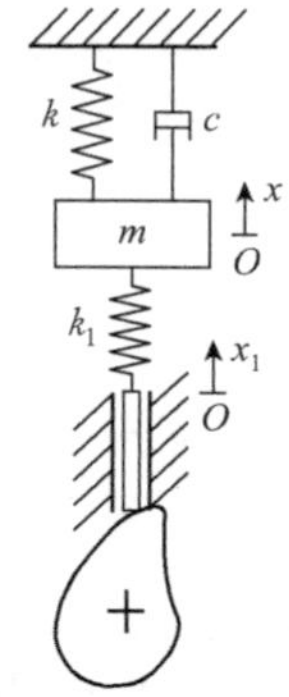

a) 凸轮机构

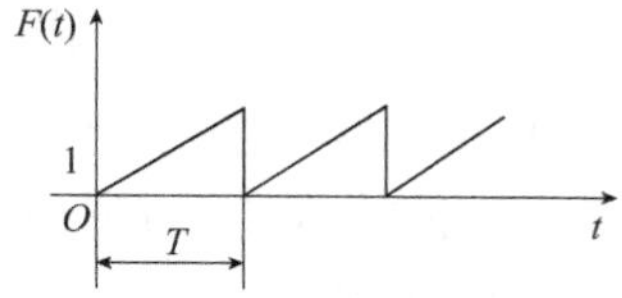

b) 锯齿形周期运动

图 4.1.2 例题 4.1.2

4.2 非周期激励作用下的强迫振动

4.2.1 非周期激励力作用下的系统响应

在许多工程问题中,会碰到对系统的激励不是周期性的,而是任意的时间函数,或者是极短时间内的冲击作用。在这一节,我们将讨论系统在受到这种激励时的响应。

我们知道,脉冲就是指在很短时间内有非常大的力作用时的有限冲量。如图 4.2.1 所示,当大小为 F 的力只在 Δt 的时间内作用时,冲量可表示为

$$\hat{F}=\int_a^{a+\Delta t}F(t)\,\mathrm{d}t=\int_a^{a+\Delta t}F\mathrm{d}t \tag{4.2.1}$$

定义

$$I=\lim_{\Delta t\to 0}\int_a^{a+\Delta t}F\mathrm{d}t=F\cdot\Delta t=1 \tag{4.2.2}$$

为单位脉冲。显然,当 $\Delta t\to 0$ 时,为了使 $F\mathrm{d}t$ 有有限的值,F 将趋于无限大。单位脉冲可用 δ 函数来表示,它具有下列性质:

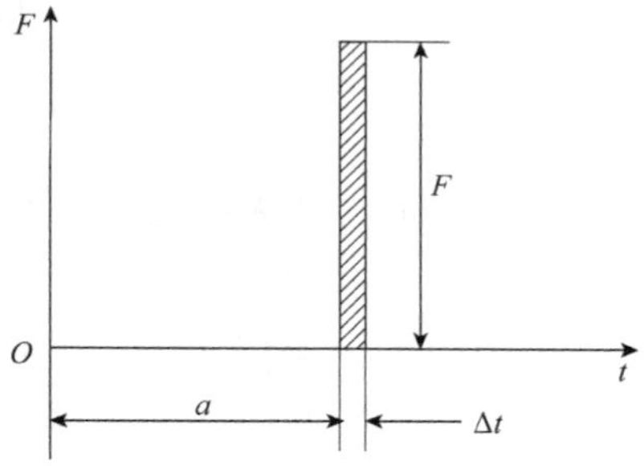

图 4.2.1 脉冲

$$\delta(t-a)=0\quad t\neq a \tag{4.2.3a}$$

$$\int_0^{\infty}\delta(t-a)\,\mathrm{d}t=1 \tag{4.2.3b}$$

$$\int_0^{\infty}f(t)\delta(t-a)\,\mathrm{d}t=f(a) \tag{4.2.3c}$$

利用 δ 函数的性质可以把在时间 $t=a$ 作用的脉冲力 $F(t)$ 产生的冲量表示为

$$F(t)=\hat{F}\delta(t-a) \tag{4.2.4}$$

有一个有阻尼弹簧-质量系统，在 $t = 0$，$x(0) = 0, \dot{x}(0) = 0$ 时，受到一个脉冲力的作用，由动量定理得

$$\int_0^{\Delta t} F(t)\mathrm{d}t = mv(\Delta t) = m\dot{x}(\Delta t)$$

式中，$\dot{x}(\Delta t)$ 为质量 m 在受到冲量后的瞬时速度。由于 Δt 很小，引入符号 $\Delta t = 0^+$，并利用方程(4.2.4)，当 $a = 0$ 时，可得

$$\int_0^{0^+} \hat{F}\delta(t)\mathrm{d}t = m\dot{x}(0^+)$$

有

$$\dot{x}(0^+) = \frac{\hat{F}}{m} \tag{4.2.5}$$

式(4.2.5)表明，由于 Δt 很小，系统的运动与由 $x(0) = 0, \dot{x}(0) = \hat{F}/m$ 的初始条件引起的自由振动是相同的。对于弱阻尼系统，在上述初始条件下的自由振动为

$$x(t) = \frac{\hat{F}}{m\omega_{\mathrm{d}}}\mathrm{e}^{-\zeta\omega_{\mathrm{n}}t}\sin\omega_{\mathrm{d}}t \quad t > 0 \tag{4.2.6a}$$

$$x(t) = 0, t < 0 \tag{4.2.6b}$$

引入脉冲响应函数 $h(t)$，则系统对 $t = 0$ 时，作用的脉冲力的响应可表示为

$$x(t) = \hat{F}h(t) \tag{4.2.7}$$

而

$$h(t) = \frac{\mathrm{e}^{-\zeta\omega_{\mathrm{n}}t}}{m\omega_{\mathrm{d}}}\sin\omega_{\mathrm{d}}t \quad t > 0 \tag{4.2.8a}$$

$$h(t) = 0 \quad t < 0 \tag{4.2.8b}$$

$h(t)$ 也就是在单位脉冲力 $\delta(t)$ 作用下的系统响应。

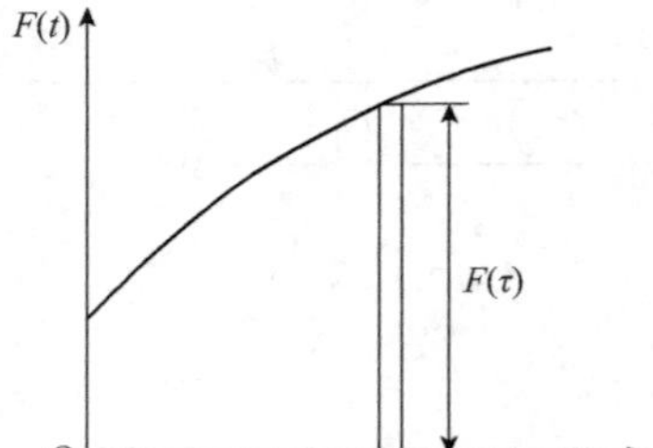

图 4.2.2　任意时间函数的激励力

如果系统受到一个图 4.2.2 所示的任意时间函数的激励力的作用，其响应将如何？这一时间函数，我们可以把它分割成无限多个在时间区间 $\mathrm{d}\tau$ 上作用的脉冲力 $F(\tau)$。根据式(4.2.7)，对在 $t = \tau$ 作用的单个冲量 $\hat{F} = F(\tau)\mathrm{d}\tau$，系统的响应为

$$\mathrm{d}x = F(\tau)\mathrm{d}\tau \cdot h(t - \tau) \tag{4.2.9}$$

对于线性系统，系统的响应就是在时间 t 内所有单个冲量 $F(\tau)\mathrm{d}\tau$ 的总和，即

$$x(t) = \int_0^t F(\tau)h(t - \tau)\mathrm{d}\tau \tag{4.2.10}$$

因此在零初始条件下，系统对任意激励力的响应可用脉冲响应与激励的卷积表示，式(4.2.10)称为**杜哈梅(Duhamel)积分**。由式(4.2.8)，得

$$x(t) = \frac{1}{m\omega_{\mathrm{d}}}\int_0^t F(\tau)\mathrm{e}^{-\zeta\omega_{\mathrm{n}}(t-\tau)}\sin\omega_{\mathrm{d}}(t-\tau)\mathrm{d}\tau \tag{4.2.11}$$

式(4.2.10)和式(4.2.11)是有阻尼单自由度系统对任意时间函数激励力的响应。若考虑初始条件 $x(0) = x_0, \dot{x}(0) = \dot{x}_0$ 的作用,则系统的通解为

$$x(t) = \mathrm{e}^{-\zeta\omega_{\mathrm{n}}t}\left(x_0\cos\omega_{\mathrm{d}}t + \frac{\zeta x_0\omega_{\mathrm{n}} + \dot{x}_0}{\omega_{\mathrm{d}}}\sin\omega_{\mathrm{d}}t\right) + \frac{1}{m\omega_{\mathrm{d}}}\int_0^t F(\tau)\mathrm{e}^{-\zeta\omega_{\mathrm{n}}(t-\tau)}\sin\omega_{\mathrm{d}}(t-\tau)\mathrm{d}\tau \tag{4.2.12}$$

这是系统运动的一般表达式。式(4.2.12)中,第一部分只与初始条件有关,第二部分只与激励力有关。不难看出,其第二部分也包含有阻尼自由振动,但它不是稳态运动。

数学上,单位阶跃函数定义为

$$u(t-a) = 1 \quad t > a \tag{4.2.13a}$$

$$u(t-a) = 0 \quad t < a \tag{4.2.13b}$$

函数在 $t = a$ 处是不连续的,在这一点,函数值由 0 跳到 1。如果在 $t = 0$ 处不连续,则单位阶跃函数为 $u(t)$ 。任意时间函数 $F(t)$ 与 $u(t)$ 的积将自动地使 $t < 0$ 的 $F(t)$ 的部分等于零,而不影响 $t > 0$ 的部分。单位阶跃函数与单位脉冲函数有下列关系

$$u(t-a) = \int_{-\infty}^t \delta(\xi - a)\mathrm{d}\xi \tag{4.2.14}$$

式中,ξ 为积分变量。式(4.2.14)也可以表示为

$$\delta(t-a) = \frac{\mathrm{d}}{\mathrm{d}t}u(t-a) \tag{4.2.15}$$

我们定义

$$x(t) = \frac{1}{k}\left[1 - \frac{\mathrm{e}^{-\zeta\omega_{\mathrm{n}}t}}{\sqrt{1-\zeta^2}}\cos(\omega_{\mathrm{d}}t - \varphi)\right] \tag{4.2.16}$$

为单位阶跃响应。

例题 4.2.1 确定有阻尼弹簧-质量系统对图 4.2.3a)所示阶跃激励力的响应。

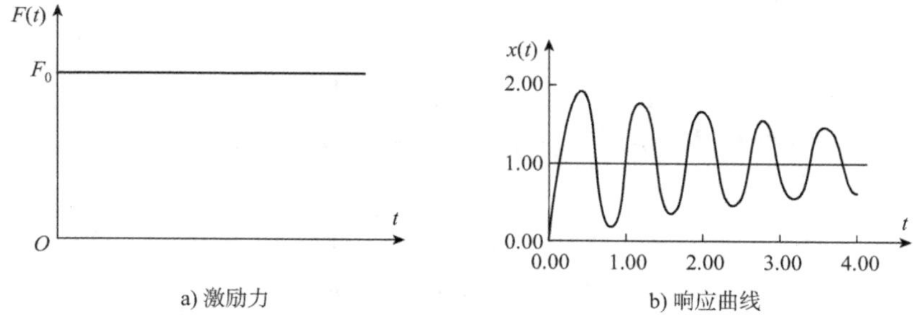

图 4.2.3 例题 4.2.1

解:图 4.2.3a)所示的激励力可表示为

$$F(t) = F_0 u(t)$$

因而,系统的响应为

$$x(t) = \frac{F_0}{m\omega_d}\int_0^t u(\tau)h(t-\tau)\mathrm{d}\tau$$
$$= \frac{F_0}{m\omega_d}\int_0^t \mathrm{e}^{-\zeta\omega_n(t-\tau)}\sin\omega_d(t-\tau)\mathrm{d}\tau$$
$$= \frac{F_0}{k}\left[1 - \frac{\mathrm{e}^{-\zeta\omega_n t}}{\sqrt{1-\zeta^2}}\cos(\omega_d t - \varphi)\right]$$
$$\tan\varphi = \frac{\zeta}{\sqrt{1-\zeta^2}}$$

系统的响应曲线如图 4.2.3b)所示。

例题 4.2.2 确定无阻尼单自由度系统对图 4.2.4a)所示矩形脉冲的响应。

解:激励力的表达式为

$$F(t) = 0 \quad t < 0$$
$$F(t) = F_0 \quad 0 < t < t_d$$
$$F(t) = 0 \quad t > t_d$$

系统的响应可分两种情况考虑。

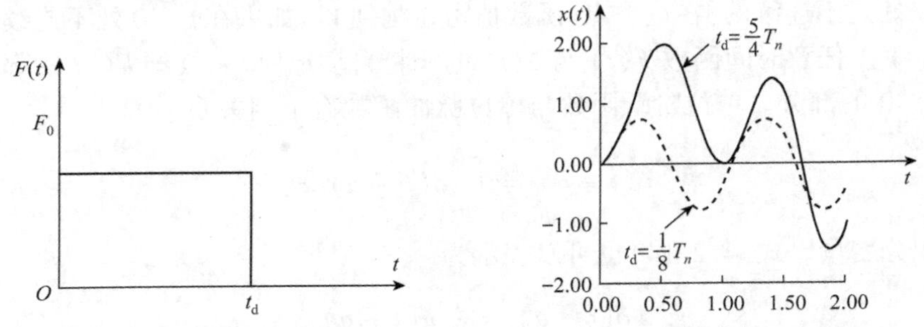

a) 激励力　　b) 响应曲线

图 4.2.4 例题 4.2.2

(1) $t < t_d$。

这时,系统的响应和例题 4.2.1 的情况相同,为

$$x(t) = \frac{F_0}{m\omega_d}(1 - \cos\omega_n t) \tag{4.2.17a}$$

(2) $t > t_d$。

$$x(t) = \int_0^t F(\tau)h(t-\tau)\mathrm{d}\tau$$
$$= \int_0^{t_d} F(\tau)h(t-\tau)\mathrm{d}\tau + \int_{t_d}^t F(\tau)h(t-\tau)\mathrm{d}\tau$$
$$= \frac{F_0}{m\omega_n}\int_0^{t_d}\sin\omega_n(t-\tau)\mathrm{d}\tau$$
$$= \frac{F_0}{k}[\cos\omega_n(t-t_d) - \cos\omega_n t] \tag{4.2.17b}$$

其响应曲线如图 4.2.4(b)所示。

4.2.2 非周期基础运动作用下的系统响应

对于有阻尼弹簧-质量系统,在受到任意时间函数的基础运动 $y(t)$ 作用时,系统的运动

方程为

$$m\ddot{x} + c\dot{x} + kx = c\dot{y} + ky \tag{4.2.18}$$

把 $c\dot{y} + ky$ 视作激励力 $F(t)$,即得系统的响应力

$$x(t) = \frac{1}{m\omega_d}\int_0^t [c\dot{y}(\tau) + ky(\tau)]e^{-\zeta\omega_n(t-\tau)}\sin\omega_d(t-\tau)d\tau \tag{4.2.19}$$

4.2.3 脉冲响应函数与频响函数

对于有阻尼弹簧-质量系统,受简谐激励力作用时,系统的运动方程可表示为

$$m\ddot{x} + c\dot{x} + kx = Fe^{i\Omega t} \tag{4.2.20}$$

若系统的稳态响应为

$$x(t) = Xe^{i\Omega t}$$

代入式(4.2.20),则得

$$(k - \Omega^2 m + i\Omega c)X = F \tag{4.2.21}$$

从而得系统稳态响应的复振幅为

$$X(\Omega) = \frac{F}{k - \Omega^2 m + i\Omega c} \tag{4.2.22}$$

定义

$$H(\Omega) = \frac{X(\Omega)}{F} = \frac{1}{k - \Omega^2 m + i\Omega c} \tag{4.2.23}$$

或

$$H(\Omega) = \frac{X(\Omega)}{F(\Omega)} = \frac{1}{k - \Omega^2 m + i\Omega c} \tag{4.2.24}$$

为系统的频响函数,方程(4.2.22)可写为

$$X(\Omega) = H(\Omega)F(\Omega) \tag{4.2.25}$$

若系统的输入为单位脉冲函数,即

$$F(t) = 1 \cdot \delta(t)$$

则由 Fourier 变换可得 $F(\Omega) = 1$,因而有

$$X(\Omega) = H(\Omega) \tag{4.2.26}$$

至于 $x(t)$ 和 $X(\Omega)$,有下列关系

$$X(\Omega) = \int_{-\infty}^{\infty} x(t)e^{-i\Omega t}dt \tag{4.2.27}$$

$$x(t) = \frac{1}{2\pi}\int_{-\infty}^{\infty} X(\Omega)e^{-i\Omega t}d\Omega \tag{4.2.28}$$

在单位脉冲力的作用下,系统的响应为 $h(t)$,由式(4.2.26)和式(4.2.28)得

$$h(t) = \frac{1}{2\pi}\int_{-\infty}^{\infty} X(\Omega)e^{i\Omega t}d\Omega$$

$$= \frac{1}{2\pi}\int_{-\infty}^{\infty} H(\Omega)\mathrm{e}^{\mathrm{i}\Omega t}\mathrm{d}\Omega \tag{4.2.29}$$

显然,频响函数就是脉冲响应函数的 Fourier 变换,即

$$H(\Omega) = \int_{-\infty}^{\infty} h(t)\mathrm{e}^{-\mathrm{i}\Omega t}\mathrm{d}t \tag{4.2.30}$$

系统脉冲响应函数 $h(t)$ 和频响函数 $H(\Omega)$ 取决于系统的物理参数。脉冲响应函数 $h(t)$ 是系统特性在时域中的表现,频响函数 $H(\Omega)$ 是系统特性在频域中的表现。它们在现代机械结构动态特性分析中有着重要的作用。

4.3 拉普拉斯变换

计算线性系统对任意非周期激励的响应也可利用**拉普拉斯**(Laplace)**变换**。对于任意函数 $x(t)$,定义其拉普拉斯变换式为

$$X(s) = \mathscr{L}[x(t)] = \int_0^{\infty} x(t)\mathrm{e}^{-st}\mathrm{d}t \tag{4.3.1}$$

其中, $s = \sigma + \mathrm{i}\omega$ 为复变量,称为拉普拉斯变换的辅助变量。上述变换将时间 t 的函数 $x(t)$ 变换为辅助量 s 的函数 $X(s)$ 。可以看出, $x(t)$ 的傅立叶变换等于 $\sigma = 0$ 时的拉普拉斯变换。因此,拉普拉斯变换可视为傅立叶变换向复数域的扩展。直接代入可证实,拉普拉斯变换为线性变换,满足

$$\mathscr{L}[x_1(t) + x_2(t)] = \mathscr{L}[x_1(t)] + \mathscr{L}[x_2(t)] \tag{4.3.2}$$

对 $x(t)$ 的一阶导数做拉普拉斯变换,利用分部积分化作

$$\mathscr{L}[\dot{x}(t)] = x(t)\mathrm{e}^{-st}\big|_0^{\infty} + s\int_0^{\infty} x(t)\mathrm{e}^{-st}\mathrm{d}t = sX(s) - x(0) \tag{4.3.3}$$

用同样的方法导出 $x(t)$ 的二阶导数做拉普拉斯变换

$$\mathscr{L}[\ddot{x}(t)] = \dot{x}(t)\mathrm{e}^{-st}\big|_0^{\infty} + s\int_0^{\infty} \dot{x}(t)\mathrm{e}^{-st}\mathrm{d}t = s^2X(s) - sx(0) - \dot{x}(0) \tag{4.3.4}$$

利用以上各式,对线性系统受迫振动方程的各项做拉普拉斯变换

$$\mathscr{L}[m\ddot{x}(t) + c\dot{x}(t) + kx(t)] = \mathscr{L}[F(t)] \tag{4.3.5}$$

将式(4.3.3)、式(4.3.4)代入式(4.3.5),得到

$$(ms^2 + cs + k)X(s) = \Phi(s) + m\dot{x}_0 + (ms + c)x_0 \tag{4.3.6}$$

其中, $\Phi(s)$ 为激励力 $F(t)$ 的拉普拉斯变换, x_0、$\dot{x}_0$ 为初始值

$$\Phi(s) = \mathscr{L}[F(t)] = \int_0^{\infty} F(t)\mathrm{e}^{-st}\mathrm{d}t, x_0 = x(0), \dot{x}_0 = \dot{x}(0) \tag{4.3.7}$$

式(4.3.7)将自变量 t 的线性常系数常微分方程变换为自变量 s 的代数方程,且包含了外激励和初始扰动在内的全部激励,这是拉普拉斯变换的最大优点。

如激励力 $F(t)$ 延迟在 $t = t_1$ 时刻发生,将 $F(t - t_1)$ 代入拉普拉斯变换式,化作

$$\mathscr{L}[F(t-t_1)] = \int_0^{\infty} F(t-t_1)\mathrm{e}^{-st}\mathrm{d}t = \mathrm{e}^{-t_1 s}\int_0^{\infty} F(\tau)\mathrm{e}^{-s\tau}\mathrm{d}\tau = \mathrm{e}^{-t_1 s}\mathscr{L}[F(t)] \tag{4.3.8}$$

表明作用时间滞后对拉普拉斯变换的影响由指数函数 $\mathrm{e}^{-t_1 s}$ 体现。

暂令方程式(4.3.5)中初始扰动 x_0、$\dot{x}_0$ 为零,导出

$$Z(s) = \frac{\Phi(s)}{X(s)} = ms^2 + cs + k \tag{4.3.9}$$

$Z(s)$ 称为系统的广义阻抗,其倒数称为系统的传递函数或广义导纳,记作

$$H(s) = \frac{1}{Z(s)} = \frac{1}{ms^2 + cs + k} \tag{4.3.10}$$

令 $H(s)$ 中 $s = \mathrm{i}\omega$,即得到响应函数。系统响应的拉普拉斯变换 $X(s)$ 等于 $H(s)$ 与 $\Phi(s)$ 的积,即

$$X(s) = H(s)\Phi(s) \tag{4.3.11}$$

因此,传递函数 $H(s)$ 可视为从激励力的拉普拉斯变换 $\Phi(s)$ 计算响应的拉普拉斯变换 $X(s)$ 的代数算子。导出 $X(s)$ 以后,通过**拉普拉斯逆变换**即得到系统的响应

$$x(t) = \mathscr{L}^{-1}[X(s)] = \frac{1}{2\pi\mathrm{i}}\int_{\sigma-\mathrm{i}\omega}^{\sigma+\mathrm{i}\omega} X(s)\mathrm{e}^{st}\mathrm{d}s \tag{4.3.12}$$

拉普拉斯变换是在复数域内的积分,但不必具体做积分运算,附录 A 中给出了几种常见激励力所对应的拉普拉斯变换对可供查阅。更多的变换可以采用数学软件 Maple 计算。

从以上分析过程看出,拉普拉斯变换将线性常微分方程转化为代数方程,通过逆变换得到微分方程的解。图 4.3.1 所示为其计算流程。

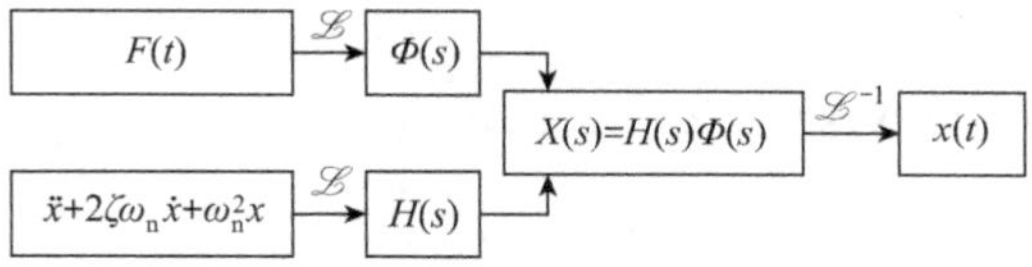

图 4.3.1 拉普拉斯变换的计算流程

例题 4.3.1 如图 4.3.2 所示,设质量-弹簧系统在 $t = t_1$ 时刻受滞后的突加常力激励,强度为 F_0 ,试应用拉普拉斯变换计算系统在 $t \geqslant t_1$ 时段内的响应,忽略系统的阻尼。

解:将激励力表示为

$$F(t) = 0 \quad 0 < t < t_1 \tag{4.3.13}$$

$$F(t) = F_0 \quad t \geqslant t_1 \tag{4.3.14}$$

利用式(4.3.8)计算受滞后的突加常值激励力的拉普拉斯变换式。隐去被积函数为零的项,积分得出

$$\Phi(s) = \mathscr{L}[F(t)] = \mathrm{e}^{-t_1 s}\int_0^{\infty} F_0 \mathrm{e}^{-st}\mathrm{d}t = F_0\frac{\mathrm{e}^{-t_1 s}}{s} \tag{4.3.15}$$

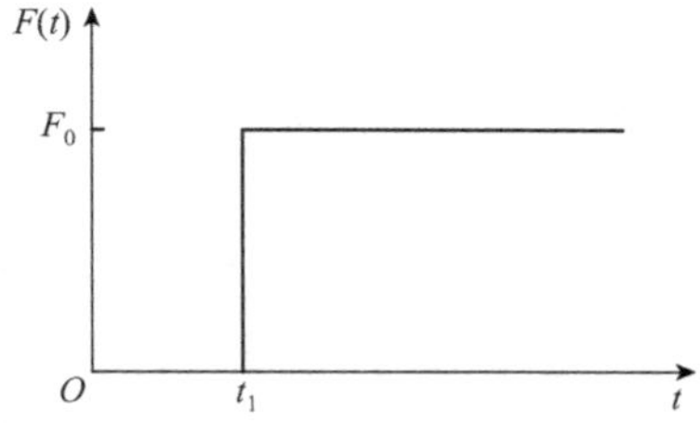

图 4.3.2 滞后的突加常值激励力

其中,$1/s$ 为阶跃函数对应的拉普拉斯变换; $\mathrm{e}^{-t_1 s}$ 体现作用时间的滞

后。利用式(4.3.9)表示的传递函数,令 $c=0$,得到

$$H(s)=\frac{1}{m(s^2+\omega_n^2)} \tag{4.3.16}$$

将式(4.3.15)、式(4.3.16)代入式(4.3.11),计算 $X(s)=H(s)\Phi(s)$,增加式(4.3.6)中与初始条件有关的项,得到

$$X(s)=\frac{1}{s^2+\omega_n^2}\left(\frac{F_0 e^{-t_1 s}}{ms}+sx_0+\dot{x}_0\right) \tag{4.3.17}$$

从附录 A 拉普拉斯变换表查出 $X(s)$ 的逆变换,考虑了初始条件的影响,得到

$$\begin{aligned} x(t) &= \mathscr{L}^{-1}[X(s)] \\ &= \frac{F_0}{k}[1-\cos\omega_n(t-t_1)]+x_0\cos\omega_0 t+\frac{\dot{x}_0}{\omega_n}\sin\omega_n t \end{aligned} \tag{4.3.18}$$

例题 4.3.2 如图 4.3.3 所示,忽略质量-弹簧系统的阻尼项,试应用拉普拉斯变换计算此无阻尼系统对矩形脉冲力激励的响应。

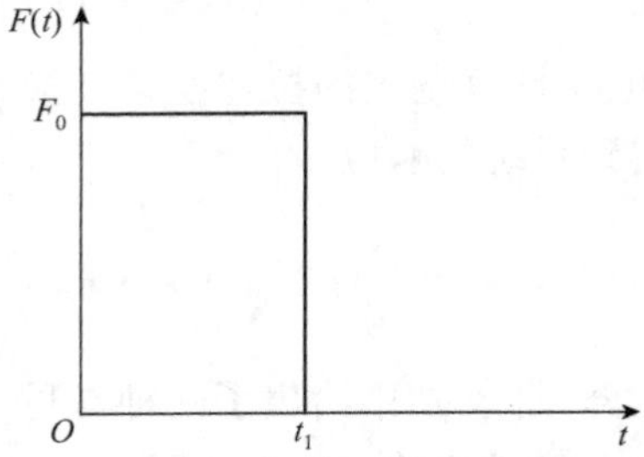

图 4.3.3 矩形脉冲的激励力

解:将激励力表示为

$$F(t)=F_0[\varepsilon(t)-\varepsilon(t-t_1)] \tag{4.3.19}$$

利用式(4.3.8)计算矩形脉冲力激励的拉普拉斯变换式,隐去被积函数为零的项,积分得出

$$\Phi(s)=\mathscr{L}[F(t)]=\frac{F_0}{s}\quad 0\leqslant t\leqslant t_1 \tag{4.3.20}$$

$$\Phi(s)=\mathscr{L}[F(t)]=\frac{F_0}{s}(1-e^{-t_1 s})\quad t>t_1 \tag{4.3.21}$$

无阻尼系统的传递函数为

$$H(s)=\frac{1}{ms^2+k}=\frac{1}{m(s^2+\omega_n^2)} \tag{4.3.22}$$

将式(4.3.20)~式(4.3.22)代入式(4.3.11),计算 $X(s)=H(s)\Phi(s)$,增加与初始条件有关的项,得到

$$X(s)=\frac{1}{s^2+\omega_n^2}\left(\frac{F_0}{ms}+sx_0+\dot{x}_0\right)\quad 0\leqslant t\leqslant t_1 \tag{4.3.23}$$

$$X(s)=\frac{1}{s^2+\omega_n^2}\left[\frac{F_0(1-e^{-t_1 s})}{ms}+sx_0+\dot{x}_0\right]\quad t>t_1 \tag{4.3.24}$$

利用附录 A 拉普拉斯变换表查出 $X(s)$ 的逆变换,且考虑了初始条件的影响,得到

$$x(t)=\mathscr{L}^{-1}[X(s)]=\frac{F_0}{k}(1-\cos\omega_n t)+x_0\cos\omega_n t+\frac{\dot{x}_0}{\omega_n}\sin\omega_n t\quad 0\leqslant t\leqslant t_1 \tag{4.3.25}$$

$$x(t)=\mathscr{L}^{-1}[X(s)]=\frac{F_0}{k}[\cos\omega_n(t-t_1)-\cos\omega_n t]+x_0\cos\omega_n t+\frac{\dot{x}_0}{\omega_n}\sin\omega_n t\quad t>t_1 \tag{4.3.26}$$

例题 4.3.3 如图 4.3.4 所示,试应用拉普拉斯变换计算无阻尼系统在 $(0,t_1)$ 时段内受半正弦脉冲激励力作用的响应。令 $\omega=\pi/t_1$,激励力 $F(t)$ 表示为

$$F(t)=F_0\sin\omega t\quad 0\leqslant t\leqslant t_1 \tag{4.3.27}$$

$$F(t)=F_0[\sin\omega t+\sin\omega(t-t_1)]\quad t>t_1 \tag{4.3.28}$$

解:计算 $F(t)$ 的拉普拉斯变换式,利用式(4.3.8)积分得出

$$\Phi(s) = \mathscr{L}F(t) = F_0\int_0^\infty \sin\omega t e^{-st}dt = \frac{F_0\omega}{s^2+\omega^2} \quad 0 \leqslant t \leqslant t_1 \tag{4.3.29a}$$

$$\Phi(s) = \mathscr{L}F(t) = F_0\left[\int_0^\infty \sin\omega t e^{-st}dt + \int_0^\infty \sin\omega(t-t_1)e^{-st}dt\right]$$

$$= \frac{F_0\omega}{s^2+\omega^2}(1+e^{-t_1 s}) \quad t > t_1 \tag{4.3.29b}$$

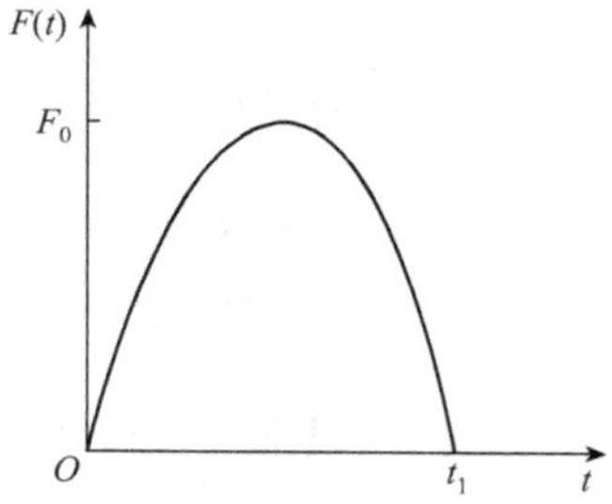

图 4.3.4 半正弦脉冲的激励力

利用例题 4.3.1 中式(4.3.16)表示的传递函数 $H(s)$ 计算 $X(s)$,得到

$$X(s) = \frac{1}{s^2+\omega_n^2}\left[\frac{F_0\omega}{m(s^2+\omega^2)} + sx_0 + \dot{x}_0\right] \quad 0 \leqslant t \leqslant t_1 \tag{4.3.30a}$$

$$X(s) = \frac{1}{s^2+\omega_n^2}\left[\frac{F_0\omega}{m(s^2+\omega^2)}(1+e^{-t_1 s}) + sx_0 + \dot{x}_0\right] \quad t > t_1 \tag{4.3.30b}$$

利用 $X(s)$ 的拉普拉斯逆变换,且考虑了初始条件的影响,得到

$$x(t) = \mathscr{L}^{-1}X(s) = \frac{F_0}{k}\frac{\omega_n}{\omega_n^2-\omega^2}(\omega_n\sin\omega t - \omega\sin\omega_n t) + x_0\cos\omega_n t + \frac{\dot{x}_0}{\omega_n}\sin\omega_n t \quad 0 \leqslant t \leqslant t_1 \tag{4.3.31a}$$

$$x(t) = \mathscr{L}^{-1}X(s)$$

$$= \frac{F_0}{k}\frac{2\omega_n}{\omega_n^2-\omega^2}\left[\omega_n\cos\frac{\omega t_1}{2}\sin\omega\left(t-\frac{t_1}{2}\right) - \omega\cos\frac{\omega_n t_1}{2}\sin\omega_n\left(t-\frac{t_1}{2}\right)\right] + x_0\cos\omega_n t + \frac{\dot{x}_0}{\omega_n}\sin\omega_n t \quad t > t_1 \tag{4.3.31b}$$

例题4.3.4 如图 4.3.5 所示,设无阻尼系统在 $(0,t_1)$ 间隔内作用有峰值为 F_0 的三角形脉冲激励力,试应用拉普拉斯变换计算系统在 $t > t_1$ 时段中的响应。激励力 $F(t)$ 可表示为

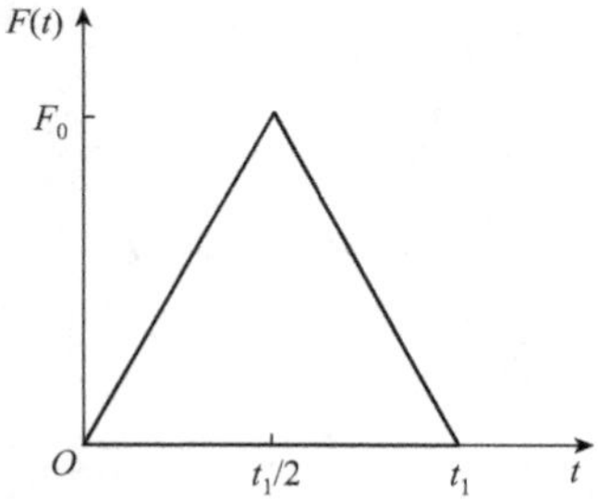

图 4.3.5 三角形脉冲的激励力

$$F(t) = \frac{2F_0 t}{t_1} \quad 0 \leqslant t \leqslant \frac{t_1}{2} \tag{4.3.32}$$

$$F(t) = \frac{2F_0}{t_1}[t-(2t-t_1)] \quad \frac{t_1}{2} < t \leqslant t_1 \tag{4.3.33}$$

$$F(t) = \frac{2F_0}{t_1}[t-(2t-t_1)+(t-t_1)] \quad t > t_1 \tag{4.3.34}$$

解:计算 $F(t)$ 的拉普拉斯变换式,积分得出

$$\Phi(s) = \mathscr{L}F(t) = \frac{2F_0}{t_1}\left[\int_0^\infty te^{-st}dt - 2\int_{t_1/2}^\infty\left(t-\frac{t_1}{2}\right)e^{-st}dt + \int_{t_1}^\infty(t-t_1)e^{-st}dt\right]$$

$$= \frac{2F_0}{t_1}\left[\int_0^\infty te^{-st}dt - 2\int_{t_1/2}^\infty\left(t-\frac{t_1}{2}\right)e^{-st}dt + \int_{t_1}^\infty(t-t_1)e^{-st}dt\right]$$

$$= \frac{2F_0}{t_1 s^2}(1-2e^{-t_1 s/2}+e^{-t_1 s}) \quad t > t_1 \tag{4.3.35}$$

利用例题 4.3.1 中式(4.3.16)表示的传递函数 $H(s)$ 计算 $X(s)$,得到

$$X(s) = \frac{1}{s^2+\omega_n^2}\left[\frac{2F_0}{mt_1 s^2}(1-2e^{-t_1 s/2}+e^{-t_1 s}) + sx_0 + \dot{x}_0\right] \quad t > t_1 \tag{4.3.36}$$

利用 $X(s)$ 的拉普拉斯逆变换计算系统在 $t > t_1$ 时段中的响应,得到

$$x(t) = \mathscr{L}^{-1}X(s) = \frac{2F_0}{k\omega_n t_1}\left[-\sin\omega_n t + 2\sin\omega_n\left(t-\frac{t_1}{2}\right) - \sin\omega_n(t-t_1)\right] + x_0\sin\omega_n t + \frac{\dot{x}_0}{\omega_n}\sin\omega_n t \quad t > t_1 \tag{4.3.37}$$

4.4 响应谱

在工程设计中,常要了解系统受到冲击载荷作用后的最大响应值,即振动的位移或加速度的最大值。由于作用时间短暂,计算最大响应值时通常忽略系统的阻尼,使计算结果更偏于安全。最大响应值与某个参数,如激励作用时间或系统的固有频率等参数的关系曲线称为响应谱。以下举例说明。

例题 4.4.1 如图 4.2.4a)所示,试计算无阻尼系统对矩形脉冲激励的响应谱。

解:当脉冲力作用时间 t_1 超过系统的半周期 $T_n/2 = \pi/\omega_n$,即 $t_1 > T_n/2$ 时,例题 4.2.2 中式(4.2.17)给出的位移响应 $x(t)$ 的驻值发生在 $\dot{x}(t_m) = 0$,即 $t_m = T_n/2$ 时刻,位移的最大值为 $x_m(T_n/2) = 2F_0/k$,即静态位移的 2 倍。

当 $t_1 < T_n/2$ 时,位移响应 $x(t)$ 在脉冲力作用的 $0 < t < t_1$ 时间间隔内单调增大,最大值只能出现在脉冲停止作用后的阶段 $t > t_1$,计算例题 4.2.2 中式(4.2.17)关于时间变量的驻值,导出

$$\begin{aligned}\dot{x}(t_m) &= \frac{F_0\omega_0}{k}[\sin\omega_n t_m - \sin\omega_n(t_m - t_1)]\\ &= \frac{2F_0\omega_n}{k}\cos\omega_n\left(t_m - \frac{t_1}{2}\right)\sin\frac{\omega_n t_1}{2} = 0\end{aligned} \tag{4.4.1}$$

解出 $\omega_n[t_m - (t_1/2)] = \pi/2$,即

$$\omega_n t_m = \frac{\pi + \omega_n t_1}{2} \tag{4.4.2}$$

代回例题 4.2.2 的式(4.2.17),导出位移的最大值为

$$x_m = \frac{2F_0}{k}\sin\frac{\omega_n t_1}{2} = \frac{2F_0}{k}\sin\frac{\pi t_1}{T} \tag{4.4.3}$$

以 $x_s = F_0/k$ 表示静态位移,则矩形脉冲的响应谱为(图 4.4.1)

$$R_d = \frac{x_m}{x_s} = 2\sin\frac{\pi t_1}{T_n} \quad \frac{t_1}{T_n} \leqslant \frac{1}{2} \tag{4.4.4a}$$

$$R_d = \frac{x_m}{x_s} = 2 \quad \frac{t_1}{T_n} > \frac{1}{2} \tag{4.4.4b}$$

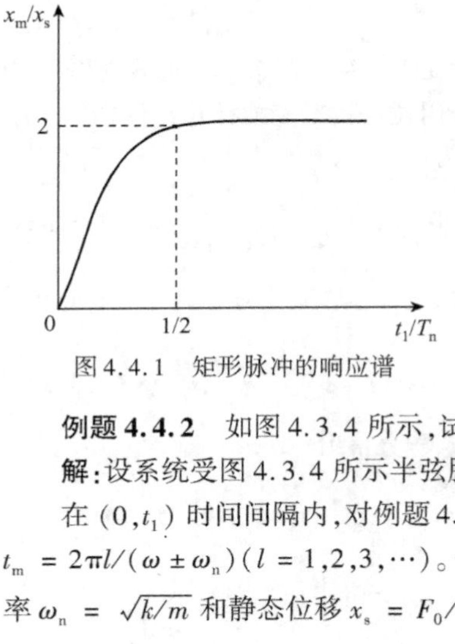

图 4.4.1 矩形脉冲的响应谱

例题 4.4.2 如图 4.3.4 所示,试计算无阻尼系统对半正弦脉冲激励的响应谱。

解:设系统受图 4.3.4 所示半弦脉冲的激励。

在 $(0,t_1)$ 时间间隔内,对例题 4.3.3 中式(4.3.31a)表示的位移响应 $x(t)$ 求驻值。从 $\dot{x}(t_m) = 0$ 解出 $t_m = 2\pi l/(\omega \pm \omega_n)(l = 1,2,3,\cdots)$。令 $r = \omega_n/\omega$,取其中正号,写作 $t_m = 2\pi l/\omega(1 + r)$。将 t_m 及固有角频率 $\omega_n = \sqrt{k/m}$ 和静态位移 $x_s = F_0/k$ 代入例题 4.3.3 的式(4.3.31a),导出位移极值 x_m,得到

$$R_d = \frac{x_m}{x_s} = \frac{r}{1 - r^2}\left[\sin\left(\frac{2\pi lr}{1 + r}\right) - r\sin\left(\frac{2\pi l}{1 + r}\right)\right] \tag{4.4.5}$$

利用以下关系式

$$\sin\left(\frac{2\pi lr}{1 + r}\right) = \sin 2\pi l\left(1 - \frac{1}{1 + r}\right) = -\sin\left(\frac{2\pi l}{1 + r}\right) \tag{4.4.6}$$

将式(4.4.5)化简为

$$R_d = \frac{x_m}{x_s} = \frac{r}{r - 1}\sin\left(\frac{2\pi l}{1 + r}\right) \quad t < t_1, r > 1 \tag{4.4.7}$$

由于 $\omega = \pi/t_1, \omega_n = 2\pi/T_n$,则 $r = 2t_1/T_n$,驻值发生时间为 $t_m = 2t_1/(1 + r)$。若 $t_1/T_n < 0.5$,即 $r < 1$,则 $t_m > t_1$,$(0,t_1)$ 时间间隔内无驻值。因此,式(4.4.7)仅适用于 $t_1/T_n \geqslant 0.5$ 的情形。

计算 $t > t_1$ 时段内的响应谱，必须确定例题 4.3.3 中式(4.3.31b)表示的 $x(t)$ 的驻值。经过类似推导得到

$$R_d = \frac{x_m}{x_s} = \frac{2}{r(1-r^2)}\cos\left(\frac{\pi r}{2}\right) \quad t > t_1, r < 1 \tag{4.4.8}$$

最终得到

$$R_d = \frac{x_m}{x_s} = \frac{r}{r-1}\sin\left(\frac{2\pi l}{1+r}\right) \quad r > 1, l = 1,2,3,\cdots \tag{4.4.9a}$$

$$R_d = \frac{x_m}{x_s} = \frac{2r}{1-r^2}\cos\left(\frac{\pi r}{2}\right) \quad r < 1 \tag{4.4.9b}$$

$$R_d = \frac{x_m}{x_s} = \frac{\pi}{2} \quad r = 1 \tag{4.4.9c}$$

式中，$r = 2t_1/T_n$。x_m/x_s 随 t_1/T_n 变化的响应谱如图 4.4.2 所示。

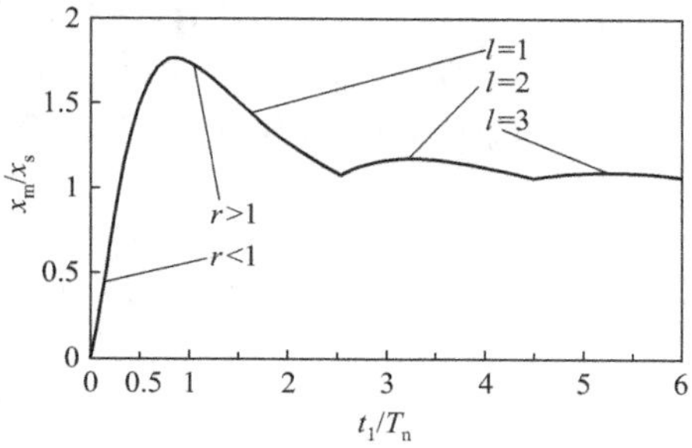

图 4.4.2 半正弦脉冲的响应谱

4.5 Maple 编程示例

编程题 4.5.1 **单冲击问题**：如图 4.5.1a)所示，在结构振动测试中，用一个装有测力传感器的冲击锤激振。假设：$m = 5\text{kg}$，$k = 2000\text{N/m}$，$c = 10\text{N}\cdot\text{s/m}$ 和 $\hat{F} = 20\text{N}\cdot\text{m}$，求系统的响应。

双冲击问题：在许多情况下，不能假设只有一个力锤的冲击作用在结构上。如图 4.5.1b)所示，有时候在施加了一个冲击作用之后还要施加第二个冲击作用。此时作用力可以表示为

$$\hat{F}(t) = F_1\delta(t) + F_2\delta(t-\tau) \tag{4.5.1}$$

其中，$\delta(t)$ 是狄拉克 δ 函数，τ 是两个冲量 F_1 和 F_2 的时间间隔。如果

$$\hat{F}(t) = 20\delta(t) + 10\delta(t-0.2)\,(\text{以 N}\cdot\text{m 为单位}) \tag{4.5.2}$$

$\tau = 0.2\text{s}$，其他参数不变，求结构的响应。

应用 Maple，绘出单自由度结构系统在单冲击和双冲击作用下的脉冲响应曲线。

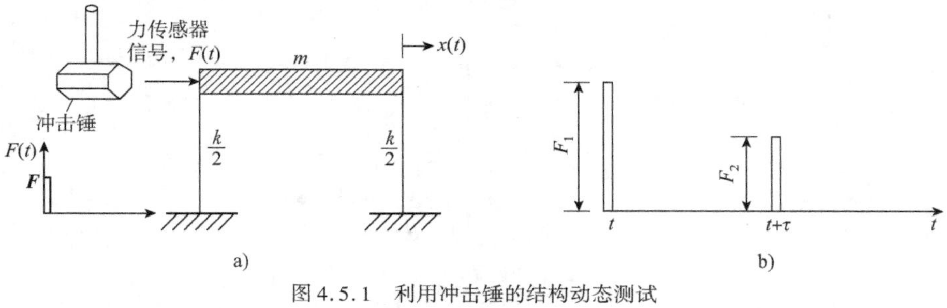

图 4.5.1 利用冲击锤的结构动态测试

解：(1)单冲击问题。

由已知数据，可得。

$$\omega_n = \sqrt{\frac{k}{m}} = 20\text{rad/s} \tag{4.5.3}$$

$$\zeta = \frac{c}{c_c} = \frac{c}{2\sqrt{km}} = 0.05 \tag{4.5.4}$$

$$\omega_d = \sqrt{1-\zeta^2}\,\omega_n = 19.975\text{rad/s} \tag{4.5.5}$$

假设冲击作用是在 $t=0$ 施加的，由式(4.2.7)和式(4.2.8a)可得系统的响应为

$$x(t)=\frac{\hat{F}e^{-\zeta\omega_n t}}{m\omega_d}\sin\omega_d t=0.20025e^{-t}\sin 19.975t\ \text{m}\quad t\geqslant 0 \tag{4.5.6}$$

(2)双冲击问题。

$$x_1(t)=0.20025e^{-t}\sin 19.975t\ \text{m}\quad 0\leqslant t\leqslant 0.2\text{s} \tag{4.5.7a}$$

$$x_2(t)=0.20025e^{-t}\sin 19.975t+0.100125e^{-(t-0.2)}\sin 19.975(t-0.2)\text{m}\quad t>0.2\text{s} \tag{4.5.7b}$$

应用 Maple 编程绘方程(4.5.6)和方程(4.5.7)的响应曲线，如图 4.5.2 所示。

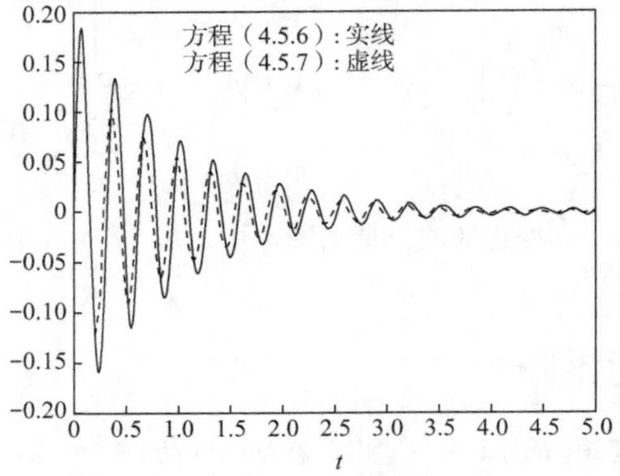

图 4.5.2　脉冲响应曲线

Maple 程序

```
> ##########################################################
> restart;                                               #清零
> with(plots):                                           #加载绘图库
> x:=0.20025*exp(-t)*sin(19.975*t):                      #方程(4.5.6)
> x1:=0.20025*exp(-t)*sin(19.975*t):                     #方程(4.5.7a)
> x2:=0.20025*exp(-t)*sin(19.975*t)+0.100125*exp(-(t-0.2))*sin(19.975*(t-0.2)):
>                                                        #方程(4.5.7b)
> Tu0:=plot({x},t=0..5,color=blue,thickness=2):
>                                                        #式(4.5.6)的响应曲线
> Tu1:=plot({x},t=0..0.2,linestyle=3,color=red,thickness=2):
>                                                        #式(4.5.7a)的响应曲线
> Tu2:=plot({x},t=0.2..5,linestyle=3,color=red,thickness=2):
>                                                        #式(4.5.7b)的响应曲线
> #display({Tu0});                                       #单冲击脉冲响应曲线
> #display({Tu1,Tu2});                                   #双冲击脉冲响应曲线
> display({Tu0,Tu1,Tu2});                                #单、双冲击响应曲线对比
> ##########################################################
```

4.6 思考题

思考题 4.1　简答题

1. 在周期激励作用下，线性振动中把几个谐响应的总和作为系统响应的理论基础是什么？

2. 什么是杜哈梅(Duhamel)积分？有什么用途？

3. 在 $t = 0$ 时受到一个脉冲激励作用的单自由度系统的初始条件怎样确定？

4. 什么是响应谱？

5. 拉普拉斯变换的优点是什么？

思考题 4.2　判断题

1. 根据对几个基本冲量的响应求和能得到系统在任意力作用下的响应。 (　　)

2. 基础运动激励下系统的响应谱在抗震设计中是非常有用的。 (　　)

3. 线性振动系统的响应中谐波阶数越高振幅越小。 (　　)

4. 在拉普拉斯变换中会自动考虑初始条件。 (　　)

5. 即使激振力是非周期性的，运动微分方程也能进行数值积分。 (　　)

思考题 4.3　填空题

1. 任何非周期函数的响应都可以用________积分表示。

2. 冲击力的特点是数值很大，但作用时间很________。

3. 单自由度系统的最大响应随其固有角频率的变化称为________谱。

4. 振动问题的全解由________态解和瞬态解组成。

5. 拉普拉斯变换将微分方程转换为________方程。

思考题 4.4　选择题

1. 瞬态解是由________引起的。

A. 力函数　　B. 初始条件　　C. 边界条件

2. 如果对系统突然施加一非周期力，该响应将是________。

A. 周期的　　B. 瞬态的　　C. 稳态的

3. 在拉普拉斯变换中，函数 e^{-st} 称为________。

A. 积分核　　B. 被积函数　　C. 辅助项

4. $x(t)$ 的拉普拉斯变换定义为________。

A. $\bar{x}(s) = \int_0^{\infty} e^{-st}x(t)\,dt$　　B. $\bar{x}(s) = \int_{-\infty}^{\infty} e^{-st}x(t)\,dt$　　C. $\bar{x}(s) = \int_0^{\infty} e^{st}x(t)\,dt$

5. 在拉普拉斯变换域，$\lim\limits_{s\to 0}[sX(s)]$ 给出了________。

A. 初始值　　B. 瞬态值　　C. 稳态值

思考题 4.5　连线题

1. $x(t) = \int_0^t F(\tau)g(t-\tau)\,d\tau$　　A. $\bar{x}(s)$ 的拉普拉斯逆变换

2. $x(t) = \mathscr{L}^{-1}[\bar{Y}(s)\bar{F}(s)]$　　B. 广义阻抗函数

3. $\bar{Y}(s) = \dfrac{1}{ms^2 + cs + k}$　　C. 拉普拉斯变换

4. $\bar{z}(s) = ms^2 + cs + k$　　D. 卷积积分

5. $\bar{x}(s) = \int_0^{\infty} e^{-st}x(t)\,dt$　　E. 导纳函数

4.7　习题

A 类习题

习题 4.1　在质量为 m（以 kg 为单位）的物体上作用干扰力 $F_S = H\sin\Omega t$ 和阻力 $F_R = -\alpha v$（单位为 N），其中 v 为物体的速度，单位为 m/s。物体系在刚度系数为 k（以 N/m 为单位）的弹簧上。在初

瞬时,此物体处于静平衡位置且无初速度。设 $k > \frac{\alpha^2}{4m}$,求此物体的运动方程。

习题 4.2 物体系在刚度系数为 $k = 17.64\text{kN/m}$ 的弹簧上,受到干扰力 $P_0\sin\Omega t$(以 N 为单位)的作用。物体的质量是 6kg,液体阻力正比于速度。强迫振动的最大振幅等于弹簧静伸长的 3 倍,求黏性液体的阻力系数 α、频率比 s(强迫振动的频率与自由振动频率的比值),以及强迫振动和干扰力的相位差。

习题 4.3 在质量为 0.1kg 的物体上作用干扰力 $F_S = H\sin\Omega t$(F_S 以 N 为单位)和阻力 $F_R = -\beta v$(F_R 以 N 为单位),其中 $H = 100\text{N}$,$\Omega = 100\text{rad/s}$,$\beta = 50\text{N}\cdot\text{s/m}$。物体连在刚度系数为 $k = 5\text{kN/m}$ 的弹簧上。求强迫振动的方程,以及强迫振动的振幅达到极大值的圆频率 Ω。

习题 4.4 试在习题 4.3 的条件下求强迫振动和干扰力的相位差。

习题 4.5 质量为 0.2kg 的重物挂在刚度系数为 $k = 19.6\text{N/m}$ 的弹簧上。物体还受到干扰力 $F_S = 0.2\sin 14t$(F_S 以 N 为单位)和阻力 $F_R = -49v$(F_R 以 N 为单位)的作用。求受迫振动和干扰力之间的相位差。

习题 4.6 在习题 4.5 的条件下,拟用一新弹簧代替现有的弹簧,新弹簧的刚度系数 k_1 应等于多少,才能使强迫振动和干扰力的相位差变为 $\pi/2$?

习题 4.7 如图 4.7.1 所示,为了减弱干扰力 $F = F_0\sin(\Omega t + \delta)$ 对物体的作用,做了一个带有液体阻尼器的弹簧减震机构。物体的质量为 m,弹簧的刚度系数为 k。设阻力正比于速度($R = \alpha v$)。求稳态振动下整个系统对基础的最大动压力。

习题 4.8 如图 4.7.2 所示,试求单自由度弹簧-质量系统力函数作用下的响应,系统初始时处于静止状态。

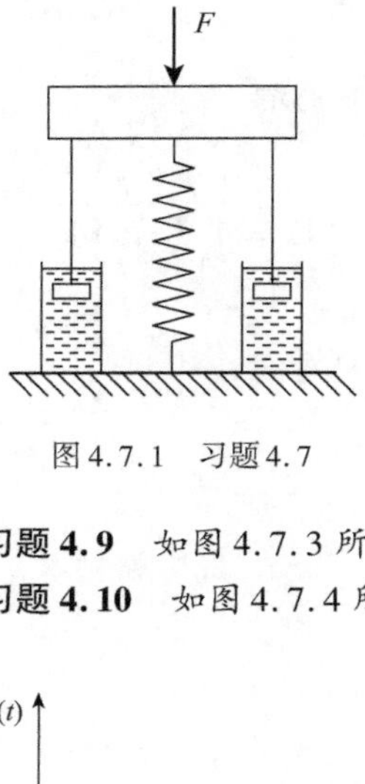

图 4.7.1 习题 4.7

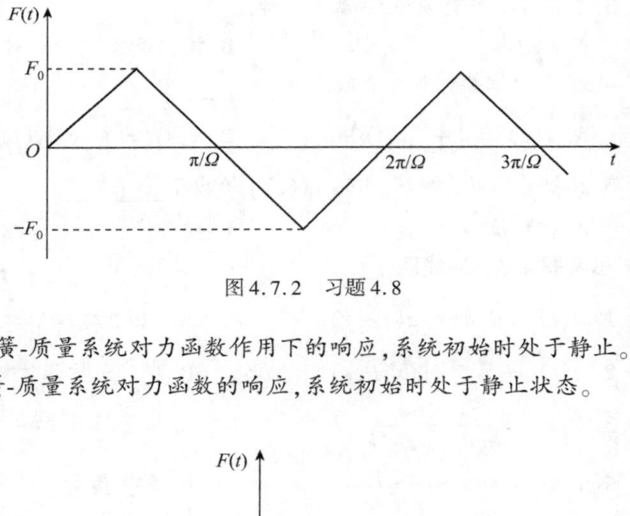

图 4.7.2 习题 4.8

习题 4.9 如图 4.7.3 所示,试求弹簧-质量系统对力函数作用下的响应,系统初始时处于静止。

习题 4.10 如图 4.7.4 所示,求弹簧-质量系统对力函数的响应,系统初始时处于静止状态。

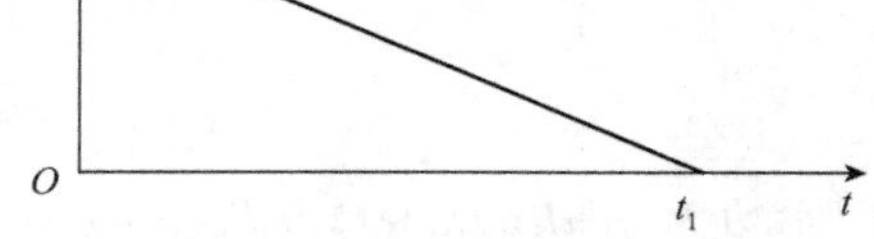

图 4.7.3 习题 4.9

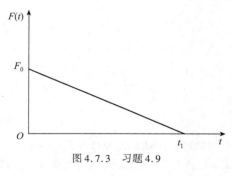

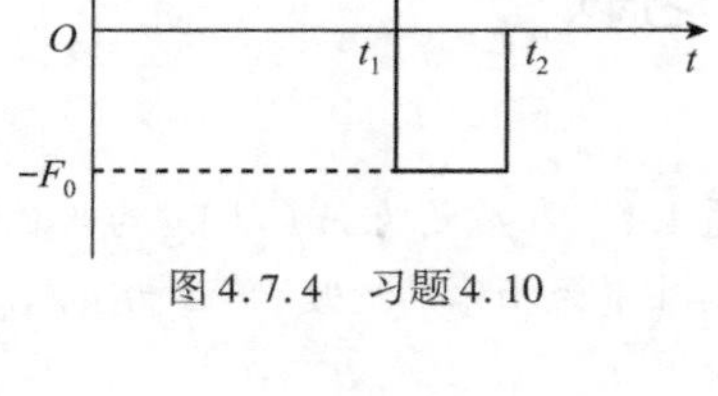

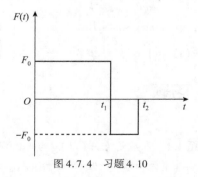

图 4.7.4 习题 4.10

B 类习题

习题 4.11 如图 4.7.5 所示，摆杆 OA 借助连杆 AB 与刚度系数为 k 的小钢板簧 EB 相连。在未受力状态，板簧的位置在 EB_1。为了把板簧推到位置 EB_0（相当于摆的平衡位置），需要施加沿 OB 方向的力 F_0。又 $OA = AB = a$，杆的质量可以忽略，摆的质心到转轴的距离 $OC = l$，摆重为 Q。为了得到最优的等时性（振动周期与起始偏角无关），经过调制，系统的运动方程 $\ddot{\varphi} = f(\varphi) = -\beta\varphi + \cdots$ 中被舍弃的首项为 φ^3。求常数 Q、F_0、k、a、l 之间的关系，以及摆的微振动周期。

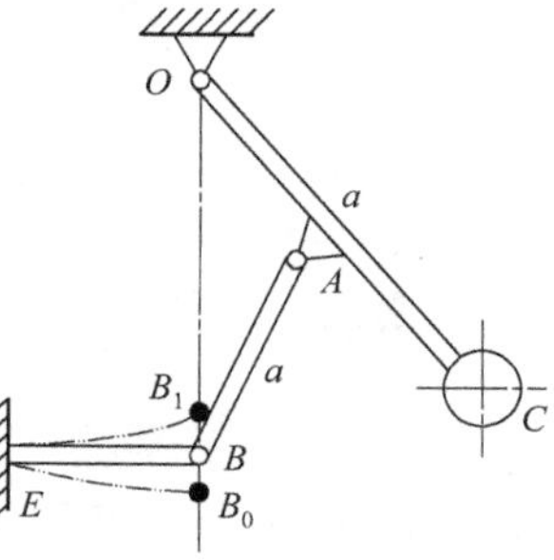

图 4.7.5 习题 4.11

习题 4.12 试在习题 4.11 的条件下证明：当摆偏离平衡位置的角度 $\varphi_0 = 45°$ 时，摆动周期的增值不超过 0.4%。并求在同样情况下单摆的周期变化量。

习题 4.13 设在习题 4.11 的条件下，摆被调制到满足 $Ql = 2aF_0$。求偏离平衡位置 φ_0 角时作小幅度振动的周期。

习题 4.14 如图 4.7.6 所示，在振动计录仪的摆中，重物 M 挂在一根自由穿过转动导管 O 的杆上。杆在点 A 铰链于可绕固定轴 O_1 摆动的摇杆 AO_1 上。求摆杆 OM 的铅垂位置为稳定平衡位置的条件，并求摆在此位置附近作微振动的周期。重物的尺寸和杆的质量都不计。

习题 4.15 如图 4.7.7 所示，求摆微振动的周期。重物的质心位于铰接四连杆机构 $OABO_1$ 的连杆 BA 延长线上的 C 点。在平衡位置 OA 和 BC 是铅垂的，杆 O_1B 是水平的。已知 $OA = AB = a, AC = s$。杆的质量忽略不计。

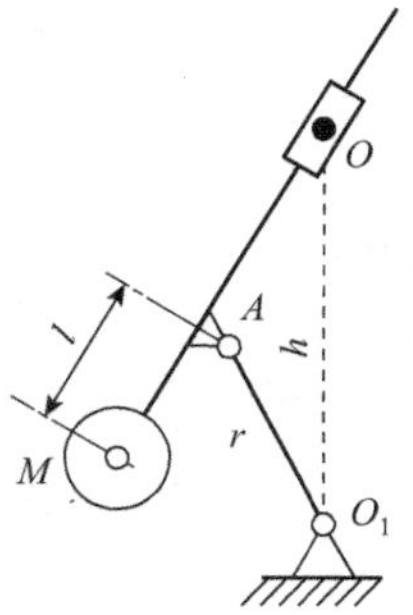

图 4.7.6 习题 4.14

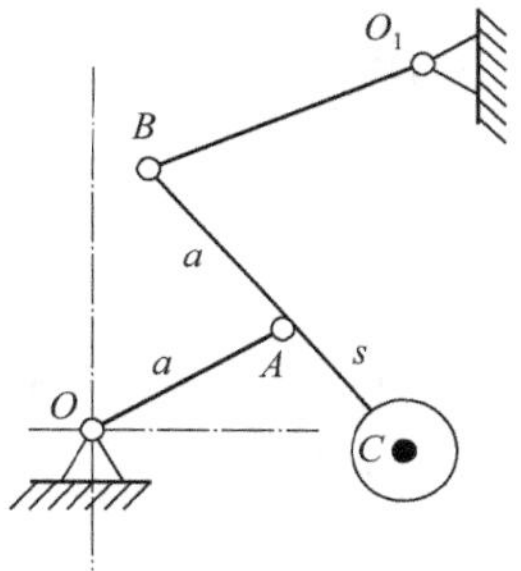

图 4.7.7 习题 4.15

习题 4.16 质量为 m 的重物 P 悬挂在顶端固定的弹簧上，弹簧的刚度系数为 k，质量为 m_0，假定弹簧上任意两点偏离平衡位置的大小之比，恒等于这两点到弹簧固定端的距离之比。求重物振动的周期。

习题 4.17 在上端固定的铅垂圆柱形弹性杆的下端，中心固结一个水平圆盘。圆盘对中心铅垂轴的转动惯量为 J，杆对自身轴线的转动惯量为 J_0。杆的扭转刚度系数（使它下端扭转 1 弧度所需的扭矩）等于 k。求系统扭转振动的周期。

提示：采取与习题 4.16 相同的假设，认为杆振动时每个截面的扭转角正比于它到杆固定端的距离。

习题 4.18 重为 Q 的重物固结在两端简支的梁中点，梁长度为 l，横截面惯性矩为 J，材料的弹性模量为 E。不计梁的质量，求重物每分钟振动的次数。

习题 4.19 如图 4.7.8 所示，长度 $l = 4\text{m}$ 的工字梁放在两个相同的弹簧支座上，弹簧的刚度系数 $k = 1.5\text{kN/cm}$。在梁中点带有重量 $Q = 2\text{kN}$ 的重物。工字梁截面惯性矩 $J = 180\text{cm}^4$。不计梁的重量，求系统的自由振动周期。梁材料的弹性模量为 $E = 2 \times 10^4\text{kN/cm}^2$。

习题 4.20 如图 4.7.9 所示，长度为 l 的水平杆 AB，一端固支，另一端 B 处有重量为 Q 的重物在作周期为 T 的振动。振动平面与杆横截面垂直。杆对截面中心线的惯性矩为 J。求杆材料的弹性模量。

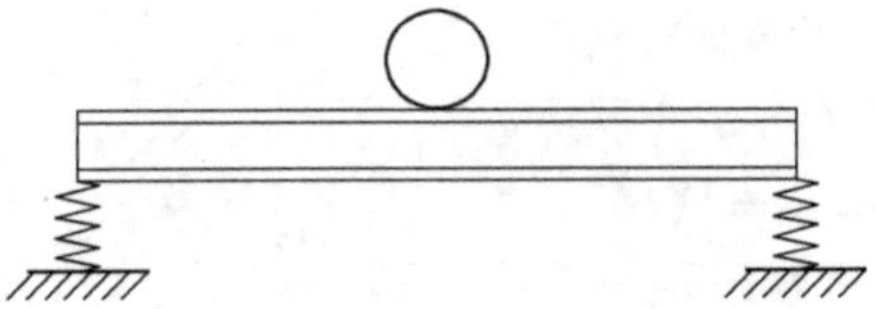

图 4.7.8 习题 4.19

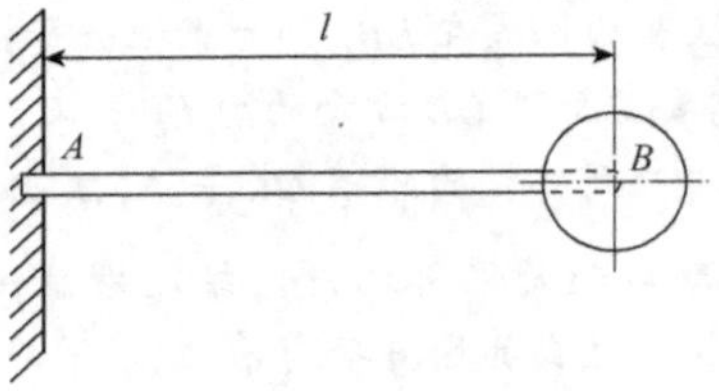

图 4.7.9 习题 4.20

习题 4.21 （编程题）试求黏性阻尼单自由度系统在受到简谐基础运动激励时的全响应。已知：$m = 10\text{kg}, c = 20\text{N}\cdot\text{s/m}, k = 4000\text{N/m}, y(t) = 0.05\sin 5t(\text{m}), x_0 = 0.02\text{m}, \dot{x}_0 = 10\text{m/s}$。利用 Maple 绘制黏性阻尼系统对简谐基础激励的响应随时间变化的曲线。

C 类习题

习题 4.22 （振动调整）如图 4.7.10 所示，借助弹簧和绝对刚性梁，在框架横梁上放置质量为 m 的小球。选择梁 AB 在没有倾斜时，保证重量的垂直振动角频率为 ω^* 的弹簧 c_1 和 c_2 的弹性变形。

习题 4.23 （振动调整）如图 4.7.11 所示，如果作用在梁上的纵向力 $F = \dfrac{\pi^2 EI}{4L^2}$ 变成相反的方向，有重量的梁的自振角频率会怎样改变？

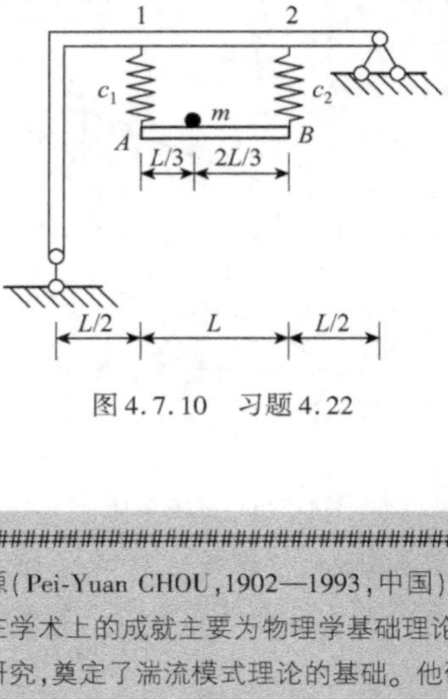

图 4.7.10 习题 4.22

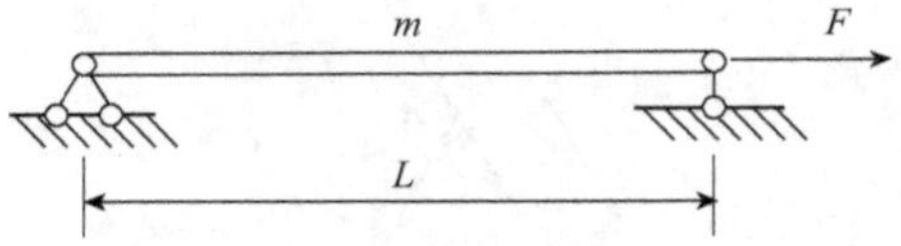

图 4.7.11 习题 4.23

##

周培源（Pei-Yuan CHOU，1902—1993，中国），科学家，教育家，力学家，社会活动家，中国近代力学和理论物理奠基人之一。其在学术上的成就主要为物理学基础理论的两个重要方面，即爱因斯坦广义相对论中的引力论和流体力学中的湍流理论的研究，奠定了湍流模式理论的基础。他研究并初步证实了广义相对论引力论中“坐标有关”的重要论点。

主要著作：《理论力学》等。

##

劝学诗

宋　赵恒(968—1022)

富家不用买良田，书中自有千钟粟。

安居不用架高堂，书中自有黄金屋。

出门莫恨无人随，书中车马多如簇。

娶妻莫恨无良媒，书中自有颜如玉。

男儿若遂平生志，六经勤向窗前读。

第5章　一维连续-时间系统的奇点与分岔

本章首先定义动力系统，然后介绍轨道、平衡点、相图等概念，讨论一维连续-时间系统平衡点的分类和解的稳定性特征，叙述确定 n 维连续-时间系统平衡点最简单分岔，即折(fold)分岔和 Hopf 分岔的条件。尽可能在最低维研究分岔：纯量系统的折分岔。最后，讨论折分岔的各种实例。

5.1　动力系统的相关概念

动力系统这个概念是**确定性过程**这个一般科学概念的数学形式化。许多物理、化学、生物、生态、经济甚至社会系统，它们的将来状态和过去状态都可以用其现在的状态和决定其发展的规律来刻画。动力系统包含它可能状态的集合(**状态空间**)和状态按**时间**的**发展规律**。下面先分别讨论这些基本概念，再给出动力系统的正式定义。

5.1.1　状态空间

一个系统的所有可能的状态是由某个集合 X 的点来刻画的，这个集合就称为该系统的**状态空间**。实际上，点 $x \in X$ 意味着它不仅必须充分刻画系统的流动"位置"，而且决定着它的发展。不同的科学分支给我们提供适当的状态空间。按照古典力学的传统，通常称状态空间为**相空间**。

有时识别两个序列的不同仅仅移位了原点的位置，这是有用的。这种序列称为**等价序列**，等价序列类构成的集合记作 $\widetilde{\Omega}_2$ 。上面指出的两个周期序列在 $\widetilde{\Omega}_2$ 中表示同一点。

状态空间具有某种自然结构，对不同的状态允许进行比较，更确切地说，两个状态之间可定义**距离** ρ ，使这些集合成为**距离空间**。

5.1.2　时间

动力系统的发展意味着该系统的状态随着时间 $t \in T$ 而变化，其中 T 是数集。我们将考虑两类动力系统：连续(实数)时间 $T = \mathbf{R}^1$ 和离散(整数)时间 $T = \mathbf{Z}$。第一类称为**连续-时间**

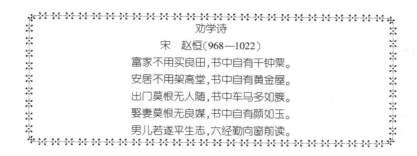

动力系统,第二类称为**离散-时间**动力系统。

5.1.3 发展算子

动力系统的一个主要概念是**发展规律**。只要**初始状态** x_0 已知,由发展规律便可确定该系统在时刻 t 的状态 x_t 。确定发展规律的一般方法是对每一个 $t \in T$,在状态空间 X 中定义一个映射 φ^t :

$$\varphi^t : X \to X \tag{5.1.1}$$

它将 $x_0 \in X$ 映射为时间 t 时的某个状态 $x_t \in X$:

$$x_t = \varphi^t x_0 \tag{5.1.2}$$

映射 φ^t 通常称为动力系统的**发展算子**。它可以是明确已知的,但在大多数情况下,它只能**间接**定义,并且只能近似地计算。在连续时间情形,发展算子族 $\{\varphi^t\}_{t \in T}$ 称为**流**。

发展算子有两个自然性质,它们反映了动力系统的确定性特征。第一个是

$$(\mathrm{DS.0}) : \varphi^0 = \mathrm{id} \tag{5.1.3}$$

这里 id 是 X 上的恒同映射,即对所有的 $x \in X$, $\mathrm{id}(x) = x$ 。性质(DS.0)说明系统不会“本能地”改变它的状态。

发展算子的第二个性质是

$$(\mathrm{DS.1}) : \varphi^{t+s} = \varphi^t \cdot \varphi^s \tag{5.1.4}$$

这表明对所有的 $x \in X$ 与 $t,s \in T$,方程

$$\varphi^{t+s} x = \varphi^t (\varphi^s x) \tag{5.1.5}$$

的两端都有定义。如图 5.1.1 所示,性质(DS.1)说明,系统从点 $x \in X$ 出发经过 $(t+s)$ 个时间单位,它的发展结果状态与系统先从状态 x 仅经过 s 个时间单位到达状态 $\varphi^s x$,再经过 t 个时间单位发展的状态是相同的(图 5.1.1)。这个性质表明决定系统状态的规律不随时间而变化:这个系统是“**自治**”的。

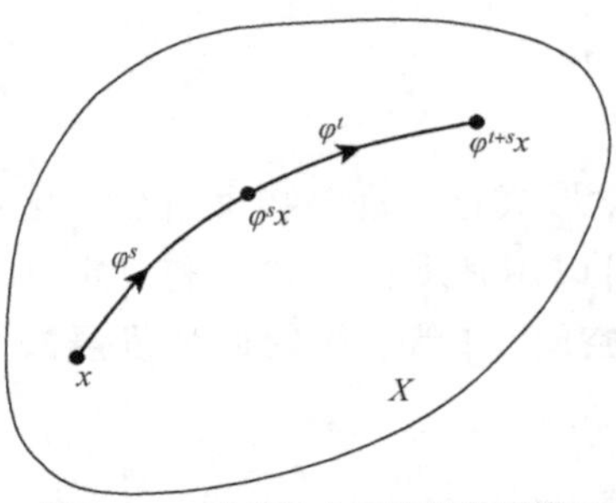

图 5.1.1 自治动力系统的发展算子

5.1.4 动力系统的定义

现在可以给出动力系统的正式定义。

定义 5.1.1 一个**动力系统**是一个三元组 $\{T, X, \varphi^t\}$,其中 T 是时间集, X 是状态空间,以及 $\varphi^t : X \to X$ 是由 $t \in \mathbf{R}^1$ 参数化且满足性质(DS.0)和(DS.1)的发展算子族。

5.2 轨道与相图

与动力系统 $\{T, X, \varphi^t\}$ 相应的基本几何对象是这个状态空间中动力系统的**轨道**,以及由这些轨道所组成的**相图**。

定义 5.2.1 从 x_0 出发的一条**轨道**是状态空间 X 中的一个有序子集

$$Or(x_0) = \{x \in X : x = \varphi^t x_0 \text{ ,对一切 } t \in T \text{ 使得 } \varphi^t x_0 \text{ 有定义}\}$$

具有连续发展算子的连续-时间系统的轨道是状态空间 X 中由时间 t 参数化的一条曲

线,曲线上的方向为时间增加方向(图 5.2.1)。离散-时间系统的轨道是状态空间 X 中按增加整数计算的点列。轨道通常称为**轨线**。若对某个 t_0 有 $y_0 = \varphi^{t_0} x_0$,则集合 $Or(x_0)$ 和 $Or(y_0)$ 重合。

最简单的轨道是**平衡点**。

定义 5.2.2 如果对一切 $t \in T$ 有 $\varphi^t x^0 = x^0$,则点 $x^0 \in X$ 称为**平衡点**(**不动点**)。

发展算子映射平衡点为它自身。等价地,一个系统若处在平衡点,则它将永远停留在那里,故平衡点代表该系统性态的最简单模式。我们将把"平衡点"这个名词留给连续-时间动力系统,而将"不动点"留给离散-时间动力系统相应的对象。

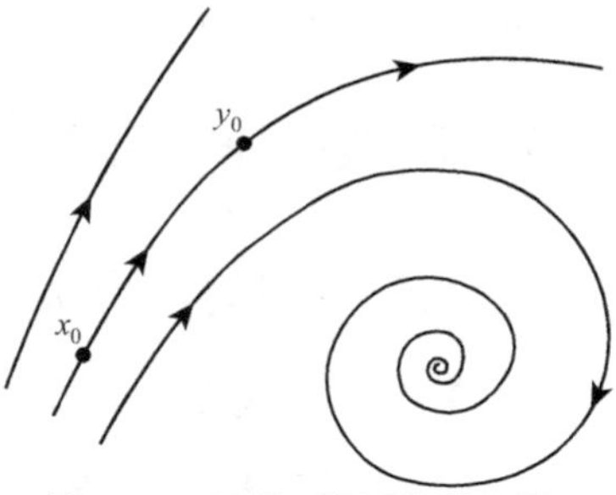

图 5.2.1 连续-时间系统的相图

轨道另一个相对简单的形式为**环**。

定义 5.2.3 **环**是一个周期轨道,即一条非平衡点轨道 L_0,使得它上面的每一点 $x_0 \in L_0$,对某个 $T_0 > 0$ 及一切 $t > T$ 均满足 $\varphi^{t+T} x^0 = \varphi^t x^0$。

具有这个性质的 T_0 最小值称为环 L_0 的**周期**。若一个系统于环上一点 x_0 开始它的发展,则每经过 T_0 时间后将刚好回到这一点。这种系统具有**周期振动**。在连续-时间情形,环 L_0 是一条闭曲线,见图 5.2.2a)。

在离散-时间情形,环是一个点集,即

$$x_0, f(x_0), f^2(x_0), \cdots, f^{N_0}(x_0) = x_0$$

其中 $f = \varphi^1$,且周期 $T_0 = N_0$ 显然是一整数[图 5.2.2b)]。注意,这个集合上的每一点都是映射 f 的 N_0 次迭代 f^{N_0} 的**不动点**。重复长度为 $N_0 > 1$ 的一段所构成的**周期序列**代表周期为 N_0 的环,因为只要应用移位映射刚好 N_0 次即回到此序列自身。等价地,周期序列定义相同的周期轨道。

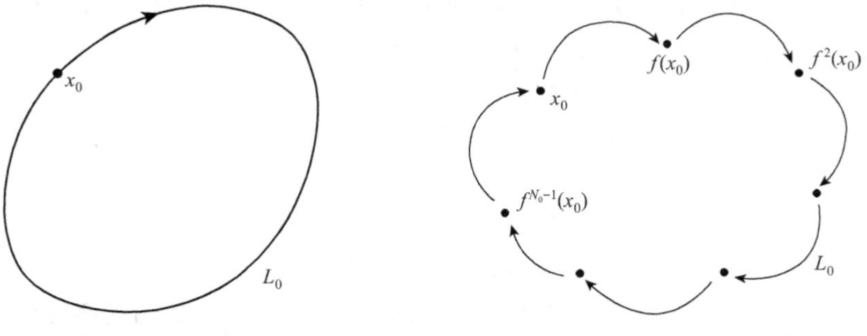

图 5.2.2 环

定义 5.2.4 连续-时间动力系统的一个环,如果它的邻域内没有其他环,就称为**极限环**。

我们可以把动力系统的所有轨道粗略地分为不动点、环以及"所有其他形式的轨道"。

定义 5.2.5 动力系统的**相图**是轨道在状态空间的一个分划。

相图中包含动力系统性态的许多信息。观察相图就可确定当 $t \to +\infty$(如果系统可逆,则

$t \to -\infty$)时系统的**渐进状态**的类型和数目。当然,不可能把所有的轨道都画在图上。特别地,只要几条关键性轨道画在图上,就可以扼要地说明相图的面貌(图 5.2.1)。连续-时间动力系统的相图可解释为某流体流的象,其中轨道表示"流体质点"跟随流体流动的路径。在连续-时间情形用术语"流"可对发展算子作类似解释。

5.3 连续-时间动力系统

5.3.1 连续-时间动力系统的平衡点及稳定性

定义连续-时间动力系统最通常的方法是利用**微分方程**。假设系统的相空间是以 $(x_1, x_2, \cdots, x_n)$ 为坐标的 $X = \mathbf{R}^n$。如果系统定义在流形上,就把它们考虑为流形上的局部坐标。系统的发展规律通常是借助作为坐标 $(x_1, x_2, \cdots, x_n)$ 的函数,即速度 $\dot{x}_i$:

$$\dot{x}_i = f_i(x_1, x_2, \cdots, x_n) \quad i = 1,2,\cdots,n$$

或向量形式

$$\dot{\boldsymbol{x}} = \boldsymbol{f}(\boldsymbol{x}) \tag{5.3.1}$$

隐式地给出。这里的向量值函数 $f:\mathbf{R}^n \mapsto \mathbf{R}$ 假定足够可微(光滑)。式(5.3.1)右端的函数视为**向量场**,因为对每一点 x,它指定一向量 $\boldsymbol{f}(\boldsymbol{x})$。式(5.3.1)代表含有 n 个**自治常微分方程**的方程组,简记 ODEs。

在非常一般的情况下,ODEs 的解定义了光滑连续-时间动力系统。很少几种微分方程可以解析(用初等函数)求解。但是,对光滑动力系统式(5.3.1)的右端,按照下面的定理,保证解存在。

定理 5.3.1(存在性、唯一性与光滑依赖性) 考虑常微分方程组

$$\dot{x} = f(x) \quad x \in \mathbf{R}^n \tag{5.3.2}$$

其中 $f:\mathbf{R}^n \to \mathbf{R}^n$ 在开区域 $D \subset \mathbf{R}^n$ 中光滑。则存在唯一函数 $x = x(t, x_0)$,$x:\mathbf{R}^1 \times \mathbf{R}^n \to \mathbf{R}^n$,它关于 (t, x_0) 光滑,且对每一点 $x_0 \in D$,满足下面的条件:

(1) $x(0, x_0) = x_0$;

(2)存在一个区间 $J = (-\delta_1, \delta_2)$,其中 $\delta_{1,2} = \delta_{1,2}(x_0) > 0$,使得对一切 $t \in J$,有

$$y(t) = x(t, x_0) \in D \tag{5.3.3}$$

且

$$\dot{y}(t) = f(y(t)) \tag{5.3.4}$$

定理 5.3.1 中,$x(t, x_0)$ 关于 x_0 的光滑性级别与 f 作为 x 的函数的光滑性级别相同。$x = x(t, x_0)$ 作为 t 的函数称为方程从 x_0 出发的解。对每一点 $x_0 \in D$,它确定了两个对象,即**解曲线**

$$Cr(x_0) = \{(t, x): x = x(t, x_0), t \in J\} \subset \mathbf{R}^1 \times \mathbf{R}^n \tag{5.3.5}$$

和轨道,它是 $Cr(x_0)$ 在状态空间中的投影(图 5.3.1):

$$Or(x_0) = \{x: x = x(t, x_0), t \in J\} \subset \mathbf{R}^n \tag{5.3.6}$$

解曲线和轨道都由时间 t 参数化,且按时间增加方向为它们的发展方向。非负向量 $\boldsymbol{f}(x_0)$ 在 x_0 切于 $Or(x_0)$,经过点 $x_0 \in D$ 有唯一轨道通过。

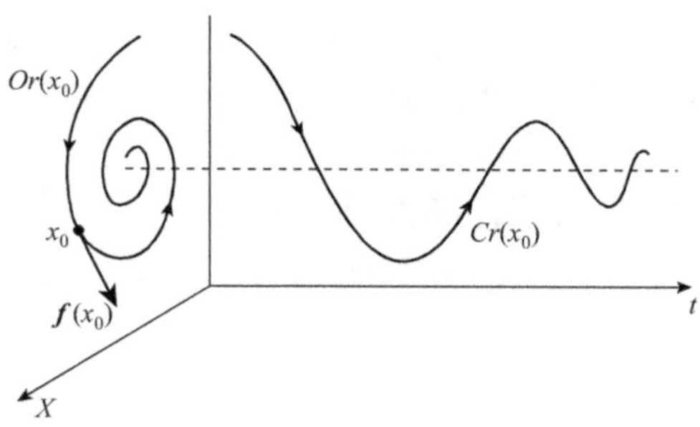

图 5.3.1 解曲线和轨道

对应于周期解 $x = y(t)$ 的轨线 L 称为**周期轨线**,如图 5.3.2a)所示。

既不是平衡态又不是周期轨线的任何其他轨线都是非闭轨线。由定理 5.3.1 得知,非闭轨线没有自交点,如图 5.3.2b)所示。

注意:任何两个仅仅由于选择的初始时间 t_0 不同的解对应于相同的轨线;反之,任何两个对应于相同轨线的不同解仅相差对时间的移位 $t \to t + C$ 。由此得知,对应于相同周期轨线的所有解都有相同周期。

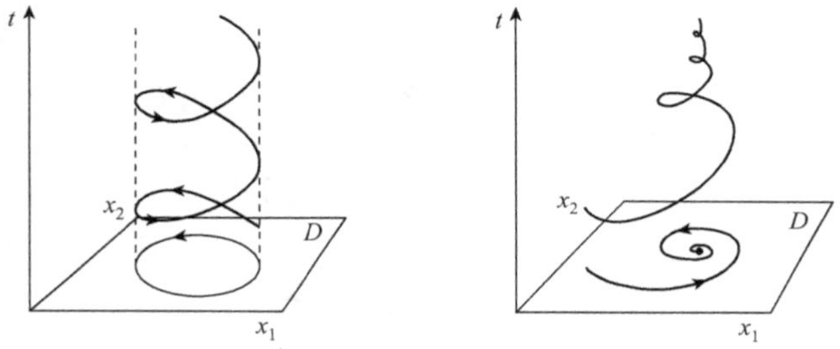

a) 周期轨线　　b) 非闭轨线

图 5.3.2 积分曲线在相空间 D 中的投影

现在用公式

$$\varphi^t x_0 = x(t, x_0) \tag{5.3.7}$$

来定义发展算子 $\varphi^t: \mathbf{R}^n \to \mathbf{R}^n$,它表明通过 x_0 的轨道上的点 x_0 经过 t 单位时间后到达的点。显然, $\{\mathbf{R}^1, \mathbf{R}^n, \varphi^t\}$ 是连续-时间动力系统(验证)。这个系统可逆。每个发展算子 φ^t 对 $x \in D$ 和 $t \in J$ 都有定义,且关于 x 光滑,这里 J 依赖于 x_0 。在实践中,对应 ODEs 的光滑系统的发展算子 φ^t 在固定的时间区间内可按要求的精度求得数值解。标准的 ODEs 求解程序之一就能完成这个任务。

动力系统理论的主要任务之一是分析由 ODEs 所定义的动力系统的性态。当然,可以尝试仅仅计算许多数值轨道(用"模拟")来"吃力"地解决这个问题。但是,这个理论最有用的方面是不用实际求解这个系统就能预知由 ODEs 所定义的系统的相图的某些属性。这些属性最简单的例子是平衡点的位置和个数。事实上,由式(5.3.1)定义的相图的平衡点是它右端给出的向量场的零点:

$$f(x) = 0 \tag{5.3.8}$$

显然,若 $f(x^0) = 0$,则对所有 $t \in \mathbf{R}^1$ 有 $\varphi^t x^0 = x^0$ 。平衡点的稳定性也不用求解这个系

统而被发现。例如,平衡点 x^0 稳定的一个充分条件由下面的经典定理提供。

定理 5.3.2(Lyapunov,1892) 考虑由

$$\dot{x} = f(x) \quad x \in \mathbf{R}^n \tag{5.3.9}$$

所定义的动力系统,其中 f 光滑。假设它有平衡点 x^0 [即 $f(x^0) = 0$],记 $f(x)$ 在此平衡点的 Jacobi 矩阵为 $\boldsymbol{A}$, $\boldsymbol{A} = f_x(x^0)$ 。如果 $\boldsymbol{A}$ 所有的特征值 $\lambda_1, \lambda_2, \cdots, \lambda_n$ 满足 $\mathrm{Re}\lambda < 0$ 。那么 x^0 是稳定的。

对于线性系统

$$\dot{x} = Ax \quad x \in \mathbf{R}^n \tag{5.3.10}$$

其中 A 为 Jordan 标准型,这个定理容易由这个系统的显式解得到证明。对一般的非线性系统,可以在平衡点附近构造 **Lyapunov 函数** $L(x)$ 。更精确地说,平移坐标将平衡点移到原点, $x^0 = 0$,并寻找某个二次型 $L(x)$ 。它的等位面 $L(x) = L_0$ 围绕原点,使得在充分靠近平衡点 x^0 的向量场,严格指向每个等位面的内部(图 5.3.3)。实际上,Lyapunov 函数 $L(x)$ 对线性系统和非线性系统都是相同的,且完全由 Jacobi 矩阵 $\boldsymbol{A}$ 决定。

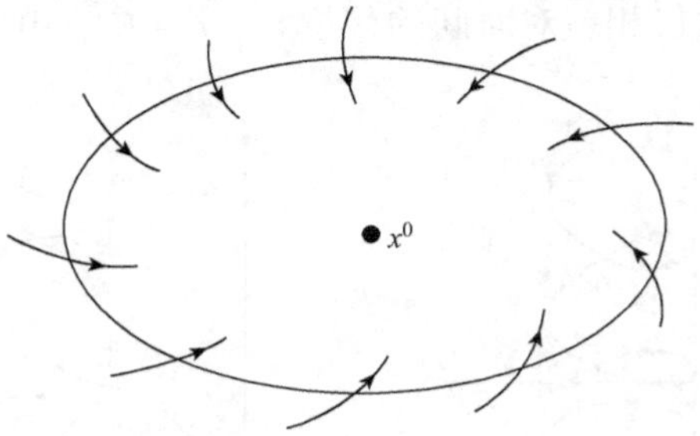

图 5.3.3 Lyapunov 函数

遗憾的是,在一般情况下,单看式(5.3.1)的右端无法得知这个系统是否有环(周期解)。目前,仅有一些有效方法可以证明系统在小扰动下(例如变化系统所依赖的参数)环的存在性。

5.3.2 连续-时间动力系统的双曲平衡点

考虑由

$$\dot{x} = f(x) \quad x \in \mathbf{R}^n \tag{5.3.11}$$

定义的连续-时间动力系统,其中 f 光滑。假设 $x_0 = 0$ 为这个系统的平衡点[即 $f(x_0) = 0$], $\boldsymbol{A}$ 为 x_0 处的 Jacobi 矩阵 $\dfrac{\mathrm{d}f}{\mathrm{d}x}$ 。

定义 5.3.1 如果 $n_0 = 0$,即没有特征值在虚轴上,平衡点称为双曲的。如果 $n_- n_+ \neq 0$, 双曲平衡点称为双曲鞍点。

一般矩阵没有特征值在虚轴上 ($n_0 = 0$) 。双曲性是一个典型性质,一般系统(即不满足某些特殊条件)中的平衡点是双曲的。我们将详细研究双曲平衡点附近相图的几何特性。

对一个平衡点(不必是双曲的)引入两个不变集

$$W^s(x_0) = \{x : \varphi^t x \mapsto x_0, t \to +\infty\} \tag{5.3.12a}$$

$$W^u(x_0) = \{x:\varphi^t x \mapsto x_0, t \to -\infty\} \tag{5.3.12b}$$

这里 φ^t 是式(5.3.12)相应的流。

定义 5.3.2 $W^s(x_0)$ 称为 x_0 的**稳定集**，$W^u(x_0)$ 称为 x_0 的**不稳定集**。

定理 5.3.1(局部稳定流形) 设 x_0 是一个双曲平衡点(即 $n_0 = 0, n_- + n_+ = n$)。则 $W^s(x_0)$ 和 $W^u(x_0)$ 与 x_0 的充分小邻域的交分别包含有 n_- 和 n_+ 维光滑子流形 $W^s_{\text{loc}}(x_0)$ 和 $W^u_{\text{loc}}(x_0)$。

此外，$W^s_{\text{loc}}(x_0)$ 在 x_0 与 T^s 相切，这里 T^s 是对应 $\boldsymbol{A}$ 的所有 $\text{Re}\lambda < 0$ 的特征值并集的广义特征空间；$W^u_{\text{loc}}(x_0)$ 在 x_0 与 T^u 相切，这里 T^u 是对应 $\boldsymbol{A}$ 的所有 $\text{Re}\lambda > 0$ 的特征值并集的广义特征空间。

这个定理的证明在此不再详细给出。对不稳定流形，取通过平衡点的线性流形 T^u，并对此流形应用映射 φ^1，这里的 φ^1 是这个系统对应的流。在 φ^1 作用下，T^u 的象是某个在 x_0 切于 T^u 的 n_+ 维(非线性)流形，注意到平衡点的邻域充分小，这里的线性部分起着"控制"作用。重复这个步骤，可以证明迭代收敛于定义在这个 x_0 的邻域并在 x_0 切于 T^u 的光滑不变子流形。这个极限是局部不稳定流形 $W^u_{\text{loc}}(x_0)$。局部稳定流形 $W^s_{\text{loc}}(x_0)$ 可以用 φ^{-1} 对 T^s 作构造。

注意：从大范围讲，不变集 W^s 和 W^u 分别是 n_- 和 n_+ 维**浸入流形**，它们有与 f 相同的光滑性。考虑这些性质，分别称集合 W^s 和 W^u 为 x_0 的**稳定流形**和**不稳定流形**。

下面的定理给出双曲平衡点的拓扑分类。

定理 5.3.2 当且仅当这两个平衡点分别具有 n_- 和 n_+ 个的 $\text{Re}\lambda < 0$ 和 $\text{Re}\lambda > 0$ 的特征值，则系统式(5.3.11)在两个双曲平衡点 x_0 和 y_0 附近的相图是局部**拓扑等价**。

通常，这时也称平衡点 x_0 和 y_0 拓扑等价。定理的证明基于两个概念。首先，可以证明在双曲平衡点附近系统局部等价于它的线性化系统 $\dot{\xi} = A\xi$ (Grobman-Hartman 定理)。这个结果对平衡点 x_0 附近和平衡点 y_0 附近都可应用。其次，两个具有相同个数 $\text{Re}\lambda > 0$ 和 $\text{Re}\lambda < 0$ 的特征值，且无特征值在虚轴上的**线性系统**，它们的拓扑等价性即得到证明。

5.4 奇点附近的线性化系统

考虑微分方程系统

$$\dot{x} = X(x) \tag{5.4.1}$$

其中 $x \in \mathbf{R}^n$，X 是某区域 $D \subset \mathbf{R}^n$ 内的光滑函数。

由定义 5.2.2 得知平衡点的坐标是系统

$$X(x_0) = 0 \tag{5.4.2}$$

的解。如果 Jacobi 矩阵 $\partial X/\partial x$ 在 x_0 处非奇异，则由隐函数定理可知，在 x_0 附近不存在方程(5.4.2)的其他解。这意味着这个平衡点是**孤立**的，称为**奇点**。但是，即使 Jacobi 矩阵奇异，平衡点通常也是孤立的[除非右端 $X(x)$ 是非常特殊的类型]。因此，对一般情形，系统式(5.4.1)在 $\mathbf{R}^n$ 的任何有界子域内只有有限个平衡点。此外，当式(5.4.1)的右端是多项式时，存在标准的代数方法估计平衡点的个数。

从数值模拟的观点来看，当 n 比较小时，确定系统式(5.4.2)在 $\mathbf{R}^n$ 的任何有界子区域内的所有孤立解[或者等价地,式(5.4.1)所有的驻定态]相对来说比较简单。但是,高维系统平衡点的个数可能非常多,从而找全它们比较困难。

系统式(5.4.1)在平衡点附近的研究是基于标准的线性化方法。

设点 $O(x = x_0)$ 是系统式(5.4.1)的一个平衡点。变换

$$x = x_0 + y \tag{5.4.3}$$

将原点移到 O 。对于新变量,这个系统可以写为

$$\dot{y} = X(x_0 + y) \tag{5.4.4}$$

或者由在 $x = x_0$ 附近的 Taylor 展开,我们有

$$\dot{y} = X(x_0) + \frac{\partial X(x_0)}{\partial x}y + O(y^2) \tag{5.4.5}$$

由于 $X(x_0) = 0$,系统式(5.4.5)变成

$$\dot{y} = \boldsymbol{A}y + g(y) \tag{5.4.6}$$

其中

$$\boldsymbol{A} = \frac{\partial X(x_0)}{\partial x}$$

$\boldsymbol{A}$ 是 $(n \times n)$ 常数矩阵, $g(y)$ 满足条件

$$g(0) = \frac{\partial g(0)}{\partial y} = 0$$

对一般情形,式(5.4.6)中的最后一项是关于第一项的高阶小项(按通常的范数)。显然,系统式(5.4.6)在原点的小邻域内的轨线性态主要是由线性化系统

$$\dot{y} = \boldsymbol{A}y \tag{5.4.7}$$

确定。

线性系统的研究是19世纪和20世纪初研究非保守动力学的主要范例。这类系统的主要理论来源是自动控制理论,特别是蒸汽机的控制理论。在那个时期线性动力学的中心问题是寻找驻定态稳定性的最有效准则。

平衡点的稳定性由 Jacobi 矩阵 $\boldsymbol{A}$ 的特征值 $(\lambda_1,\cdots,\lambda_n)$ 即由特征主程

$$\det|\boldsymbol{A} - \lambda\boldsymbol{I}| = 0 \tag{5.4.8}$$

的根确定,其中 $\boldsymbol{I}$ 是恒同矩阵。特征方程的根也称为平衡点的**特征指数**。

用 $(n_-:n_+:n_0)$ 分别表示 $\boldsymbol{A}$ 具有的**负实部**、**正实部**和零实部的特征值的个数(重次计算在内)。

当平衡点的所有特征指数位于复平面的左半平面(LHP)时,平衡点**稳定**。此外,这时的平衡点的任何偏离以正比于 $\mathrm{Re}\lambda_i(i = 1,\cdots,n)$ 的衰减阻尼指数衰减。因此,构造既简单又有效的平衡点稳定性准则的主要问题是,寻找由矩阵 $\boldsymbol{A}$ 的元素构成的某些明确条件,使得不用求解特征方程就能确定它的所有特征值什么时候位于开区间的 LHP 内。

这里,我们叙述一个最通用的叫罗斯-霍维茨(Routh-Hurwitz)准则的算法。设 $(a_0,\cdots,a_n)$ 是多项式。

$$\det|\lambda\boldsymbol{I} - \boldsymbol{A}| = a_0\lambda^n + a_1\lambda^{n-1} + \cdots + a_n$$

的系数,我们构造 $(n \times n)$ 矩阵

$$\tilde{\boldsymbol{A}} = \begin{bmatrix} a_1 & a_3 & a_5 & \cdots & 0 & 0 \\ a_0 & a_2 & a_4 & \cdots & 0 & 0 \\ 0 & a_1 & a_3 & \cdots & 0 & 0 \\ 0 & a_0 & a_2 & \cdots & 0 & 0 \\ \vdots & \vdots & \vdots & & \vdots & \vdots \\ 0 & 0 & 0 & \cdots & a_{n-1} & 0 \\ 0 & 0 & 0 & \cdots & a_{n-2} & a_n \end{bmatrix} \tag{5.4.9}$$

并求子式 $\Delta_1 = a_1, \Delta_2 = a_1 a_2 - a_0 a_3, \cdots, \Delta_n = \det\tilde{\boldsymbol{A}}$ 。其中 Δ_i 是这样的矩阵的行列式,它的元素是矩阵 $\tilde{\boldsymbol{A}}$ 前 i 行和前 i 列的交。

罗斯-霍维茨(Routh-Hurwitz)**准则**　所有的特征指数具有负实部,当且仅当每个 Δ_i 都是正的。

非线性系统在平衡点附近的性质与相应的线性化系统在平衡点附近的性质之间对应的这一数学问题,首先是在 Poincaré 和 Lyapunov 的文章中提出来的。

5.5　一维线性自治动力系统的奇点

考虑一维线性系统

$$\dot{x} = \lambda x \tag{5.5.1}$$

具有初始条件 $\dot{x}(t_0) = x_0$,其解为

$$x(t) = x_0 e^{\lambda(t-t_0)} \tag{5.5.2}$$

该解具有如下特征:

(1)如果 $\lambda < 0$, $\lim\limits_{t\to\infty}|x(t)| = 0$,原系统平衡点是**稳定结点**;图 5.5.1a)所示为时程曲线,图 5.5.1b)所示为吸引子方向,称为汇,图 5.5.1c)所示为特征指数图。

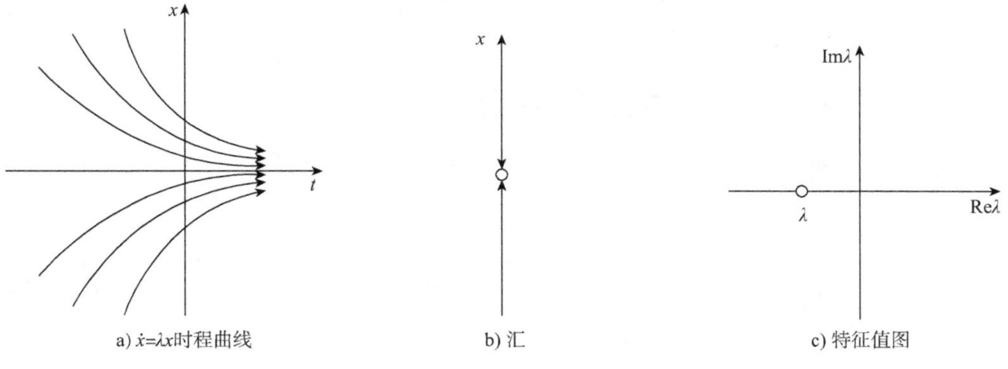

图 5.5.1　稳定结点 $(1;\varnothing;\varnothing|\lambda < 0)$

(2)如果 $\lambda > 0$, $\lim\limits_{t\to\infty}|x(t)| = \infty$,原系统平衡点是**不稳定结点**;图 5.5.2a)所示为时程曲线,图 5.5.2b)所示为排斥子方向,称为源,图 5.5.2c)所示为特征指数图。

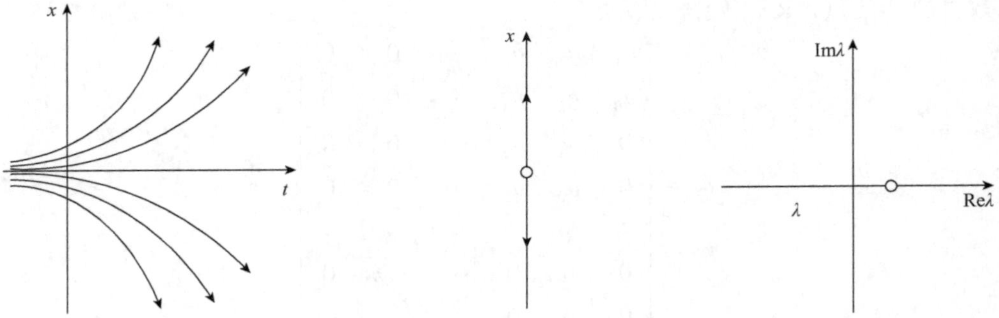

a) $\dot{x}=\lambda x$时程曲线　　b) 源　　c) 特征值图

图 5.5.2　不稳定结点 ($\varnothing$:1:$\varnothing$ | $\lambda > 0$)

(3) 如果 $\lambda = 0$, $x(t) = x_0$,原系统平衡点是**中心**。图 5.5.3a) 所示为时程曲线,图 5.5.3b) 所示为随遇平衡,图 5.5.3c) 所示为特征指数图。

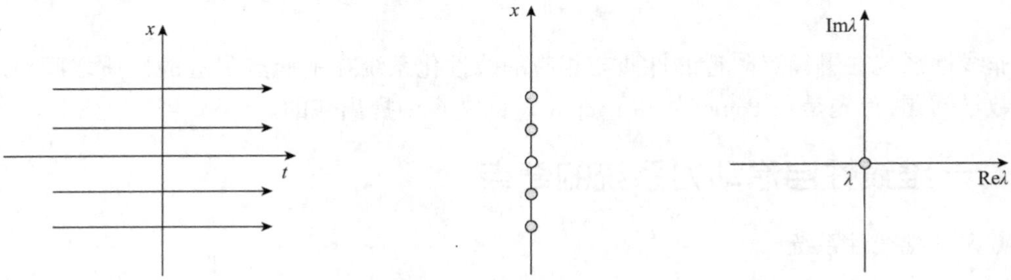

a) $\dot{x}=\lambda x$时程曲线　　b) 随遇平衡　　c) 特征值图

图 5.5.3　中心 ($\varnothing$:$\varnothing$:1 | $\lambda = 0$)

考虑具有外激励的一维线性动力系统

$$\dot{x} = \lambda x + f(t) \tag{5.5.3}$$

具有初始条件 $\dot{x}(t_0) = x_0$,其解为

$$x(t) = x_0 e^{\lambda(t-t_0)} + e^{\lambda t}\int_0^t e^{-\lambda\tau} f(\tau)\,d\tau \tag{5.5.4}$$

5.6　一维非线性自治动力系统的奇点

这类系统的一维方程可表示为

$$\dot{x} = f(x) \tag{5.6.1}$$

这里 x 表示状态变量,而 $\dot{x} \equiv \dfrac{dx}{dt}$ 。因该方程右端都不明显与时间 t 有关,称为自治系统;否则,就是非自治系统。系统的解称为轨道。

使得系统右端为零的点称为平衡点、不动点或奇点。在平衡点处,系统坐标对时间的微商为零,解是常数,因而不能确定一条随时间变化的轨道,即奇点是没有轨道经过的。

力学系统中的平衡态或定常状态相当于系统的平衡点,因此,它可以视为系统的未扰动状态。如果给系统以小扰动使其离开平衡点,则可以根据扰动的运动趋向判断平衡点的稳定性。

如一维系统式(5.6.1)，其平衡点 x^* 满足

$$f(x^*) = 0 \tag{5.6.2}$$

若给以小扰动 x'，并令

$$x = x^* + x' \tag{5.6.3}$$

将式(5.6.3)代入方程式(5.6.1)，并将 $f(x)$ 在 $x = x^*$ 处展开为泰勒级数，由于

$$\dot{x}^* = f(x^*) = 0$$

所以得到

$$\dot{x}' \approx \left(\frac{\partial f}{\partial x}\right)_{x=x^*} \cdot x' \tag{5.6.4}$$

式(5.6.4)中设 $\left(\frac{\partial f}{\partial x}\right)_{x=x^*} \neq 0$，并忽略了 x' 的高阶项。这样，求得它的解为

$$x'(t) = x'(0)\mathrm{e}^{\lambda t} \tag{5.6.5}$$

其中

$$\lambda = \left(\frac{\partial f}{\partial x}\right)_{x=x^*} \tag{5.6.6}$$

是 $f(x)$ 在 x^* 的特征值。由此可见：

(1)若 $\mathrm{Re}\lambda < 0$，则 x' 随时间指数减小，运动趋于平衡点，此时称平衡点是稳定的。

(2)若 $\mathrm{Re}\lambda > 0$，则 x' 随时间指数增大，运动远离平衡点，此时称平衡点是不稳定的。所以，有结论：

$$\mathrm{Re}\lambda \equiv \mathrm{Re}\left(\frac{\partial f}{\partial x}\right)_{x=x^*} < 0\ (\text{平衡点}\ x^*\ \text{是稳定的}) \tag{5.6.7a}$$

$$\mathrm{Re}\lambda \equiv \mathrm{Re}\left(\frac{\partial f}{\partial x}\right)_{x=x^*} > 0\ (\text{平衡点}\ x^*\ \text{是不稳定的}) \tag{5.6.7b}$$

例题 5.6.1 一维非线性系统

$$\dot{x} = x(a - x^2) \equiv f \quad a > 0 \tag{5.6.8}$$

显然，其平衡点有三个

$$x_1^* = 0 \tag{5.6.9a}$$

$$x_{2,3}^* = \pm\sqrt{a} \tag{5.6.9b}$$

但因 $\frac{\mathrm{d}f}{\mathrm{d}x} = a - 3x^2$，故有

$$\left(\frac{\mathrm{d}f}{\mathrm{d}x}\right)_{x=x_1^*} = a > 0 \tag{5.6.10a}$$

$$\left(\frac{\mathrm{d}f}{\mathrm{d}x}\right)_{x=x_{2,3}^*} = -2a^2 < 0 \tag{5.6.10b}$$

所以平衡点 $x_1^* = 0$ 是不稳定的，而平衡点 $x_{2,3}^*$ 是稳定的。

5.7 连续-时间系统中最简单的分岔条件

非线性动力系统随着控制参数 α 而变化，动力系统的形态(如**平衡点的稳定性、平衡点的数目、拓扑轨道**)在一定的 α 数值处也发生变化，这就是**分岔**。该 α 值及相应的相空间的值称为**分岔点**。

5.7.1 局部向量场的余维数定义

现在介绍在非双曲平衡点附近的局部向量场的分类问题。考虑向量场

$$\dot{x} = g(x) \quad x \in \mathbf{R}^n \tag{5.7.1}$$

其中 $x=0$ 是非双曲平衡点，即 $\boldsymbol{g}(0)=0$，且 $\boldsymbol{Dg}(0)$ 有实部为零的特征值。一般地，向量场 $g(x)$ 及其普适开折的动力学性态取决于两个因素：一个是 $g(x)$ 的线性结构，即矩阵 $\boldsymbol{Dg}(0)$ 的特征值和特征向量的情况；另一个是 $g(x)$ 的非线性结构，即 $g(x)$ 的展开式中非线性项的情况。这里我们按向量场的线性结构进行分类，在此基础上再进一步考虑向量场非线性结构中的退化性对动力学性态的影响。设 $\boldsymbol{Dg}(0)$ 有 k 个特征值的实部为零，它们在雅可比矩阵 $\boldsymbol{Dg}(0)$ 的实数约当标准形中对应一个 k 阶子块 J，即经过坐标的线性变换后，可取标准形

$$\boldsymbol{Dg}(0) = \begin{pmatrix} \boldsymbol{J} & \boldsymbol{0} \\ \boldsymbol{0} & \boldsymbol{A} \end{pmatrix}$$

其中 $\boldsymbol{A}$ 是非零实部的特征值对应的子块。记 K 为全体 k 阶实矩阵组成的线性空间，S 为在 K 中与 $\boldsymbol{J}$ 相似的全体实矩阵组成的子流形。我们称 S 在空间 K 中的余维数为 $g(x)$ 的**线性余维数**。下面按线性余维数和子块 $\boldsymbol{J}$ 的结构，对向量场进行分类。例如

线性余维数为 1 的有两种情形：

(1) $\boldsymbol{Dg}(0)$ 有单零特征值 $\lambda_1=0$，此时

$$\boldsymbol{J} = (0)$$

(2) $\boldsymbol{Dg}(0)$ 有一对纯虚特征值 $\lambda_{1,2} = \pm \mathrm{i}\omega_0\ (\omega_0>0)$，此时

$$\boldsymbol{J} = \begin{pmatrix} 0 & -\omega_0 \\ \omega_0 & 0 \end{pmatrix}$$

线性余维数为 2 的情形：

(1) $\boldsymbol{Dg}(0)$ 有二重零特征值 $\lambda_1=\lambda_2=0$，且 $\boldsymbol{J}$ 不可对角化［即 $\boldsymbol{Dg}(0)$ 有二重非半简单的零特征值］，此时

$$\boldsymbol{J} = \begin{pmatrix} 0 & 1 \\ 0 & 0 \end{pmatrix}$$

(2) $\boldsymbol{Dg}(0)$ 有单零特征值 $\lambda_1=0$ 和一对纯虚特征值 $\lambda_{2,3} = \pm \mathrm{i}\omega\ (\omega>0)$，此时

$$\boldsymbol{J} = \begin{pmatrix} 0 & 0 & 0 \\ 0 & 0 & -\omega \\ 0 & \omega & 0 \end{pmatrix}$$

(3) $\boldsymbol{Dg}(0)$ 有两对纯虚特征值 $\lambda_{1,2} = \pm \mathrm{i}\omega_1$ 和 $\lambda_{3,4} = \pm \mathrm{i}\omega_2\ (\omega_1,\omega_2>0)$，此时

$$\boldsymbol{J} = \begin{pmatrix} 0 & -\omega_1 & 0 & 0 \\ \omega_1 & 0 & 0 & 0 \\ 0 & 0 & 0 & -\omega_2 \\ 0 & 0 & \omega_2 & 0 \end{pmatrix}$$

其中,如果存在非负整数 n_1 和 n_2,使得 $\omega_1/\omega_2 = n_1/n_2$,则称 $\boldsymbol{J}$ 是"n_1:n_2 共振"的;否则,$\boldsymbol{J}$ 是"非共振"的。

此外,还有更高线性余维的情形。例如当 $\boldsymbol{Dg}(0)$ 有二重非半简单的纯虚特征值 $\lambda_{1,2} = \lambda_{3,4} = \pm \mathrm{i}\omega$ 时,有

$$\boldsymbol{J} = \begin{pmatrix} 0 & -\omega & 0 & 0 \\ \omega & 0 & 0 & 0 \\ 0 & 0 & 0 & -\omega \\ 0 & 0 & \omega & 0 \end{pmatrix}$$

则称 $\boldsymbol{J}$ 是非半简单 1∶1 共振的,其线性余维数为 3。

又如 $\boldsymbol{Dg}(0)$ 有二重半简单的零特征值 $\lambda_1 = \lambda_2 = 0$ 时,有

$$\boldsymbol{J} = \begin{pmatrix} 0 & 0 \\ 0 & 0 \end{pmatrix}$$

其线性余维数为 4。

在把向量场按线性结构进行分类之后,我们便可以按非线性结构的退化情形进一步讨论其普适开折和分析各种可能的动力学状态。

5.7.2 最简单的分岔条件

考虑依赖于一个参数的连续-时间系统

$$\dot{x} = f(x,\alpha) \quad x \in \mathbf{R}^n, \alpha \in \mathbf{R}^1 \tag{5.7.2}$$

其中,f 关于 x 和 α 都光滑。设 $x = x_0$ 是这个系统当 $\alpha = \alpha_0$ 时的一个双曲平衡点。在小参数变化下,平衡点稍微有些移动,但保持双曲性,因此,可以进一步变化参数以监控平衡点。显然,一般只有两种方法使双曲性条件遭到破坏:对参数的某些值,其一是单个特征值趋于零,这时有 $\lambda_1 = 0$ [图 5.7.1a)],其二是一对单复特征值到达虚轴,这时有 $\lambda_{1,2} = \pm \mathrm{i}\omega_0, \omega_0 > 0$ [图 5.7.1b)]。显然,需要更多的参数才能配置另外的特征值在虚轴上。

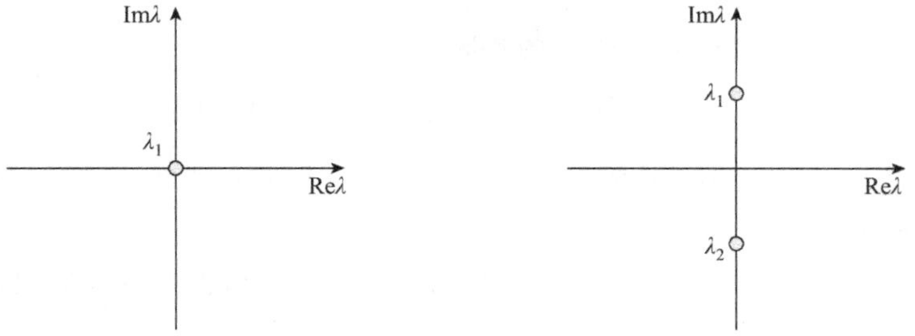

a) 具有单零特征值(λ_1=0)　　b) 特征值是一对纯虚根(λ_1=iω_0, λ_2=−iω_0)

图 5.7.1　余维数为 1 的临界情形

最简单的分岔条件的两个定义:

定义 5.7.1　与出现 $\lambda_1 = 0$ 的现象相对应的分岔称为**折(或切)分岔**。

注意:这个分岔有许多其他名字,包括极限点分岔、鞍-结点分岔,以及转向点分岔。

定义 5.7.2　与出现 $\lambda_{1,2} = \pm \mathrm{i}\omega_0, \omega_0 > 0$ 相对应的分岔称为**霍普夫(Hopf,或 Antronov-Hopf)分岔**。

注意:切分岔对 $n \geqslant 1$ 是有可能的,但 Hopf 分岔必须在 $n \geqslant 2$ 才有可能 。

5.7.3 极限点分岔

含控制参数 α 的一维动力系统

$$\dot{x} = f(x,\alpha) \tag{5.7.3}$$

其平衡点满足

$$f(x,\alpha) = 0 \tag{5.7.4}$$

如果随着 α 的变化,平衡点的数目或稳定性变化,系统就会发生分岔。

例题 5.7.1 一维动力系统式(5.7.3)中

$$f(x,\alpha) = x^2 - \alpha \tag{5.7.5}$$

当 $\alpha < 0$ 时,它没有实的零点;当 $\alpha > 0$ 时,它有两个实的零点,$x^* = \pm\sqrt{\alpha}$ 。这样,系统式(5.7.3)在 $\alpha = 0$ 处有两个解的分支,而且因为

$$\frac{\partial f}{\partial x} = 2x$$

$$\frac{\partial^2 f}{\partial x^2} = 2$$

则 $x_1^* = -\sqrt{\alpha}$ 处,$\lambda_1 = \frac{\partial f}{\partial x} = -2\sqrt{\alpha} < 0$;$x_2^* = \sqrt{\alpha}$ 处,$\lambda_2 = \frac{\partial f}{\partial x} = 2\sqrt{\alpha} > 0$ 。因而 $x_1^* = -\sqrt{\alpha}$ 是稳定的一支解,$x_2^* = \sqrt{\alpha}$ 是不稳定的一支解。

根据隐函数定理,若对任何 x,都有 $\frac{\partial f}{\partial x} \neq 0$,则可以找到唯一的确定函数

$$x = x_0(\alpha)$$

满足 $f(x_0,\alpha_0) = 0$ 。由于在分岔点 (x_0,α_0) 处有两个或多个解的分支,因此,分岔点处 $\lambda = \frac{\partial f}{\partial x} = 0$ 。所以,如果 (x_0,α_0) 是分岔点,则

$$f(x_0,\alpha_0) = 0$$

$$\lambda = \left(\frac{\partial f(x,\alpha_0)}{\partial x}\right)_{x=x_0} = 0$$

这就是**分岔点的必要条件**。

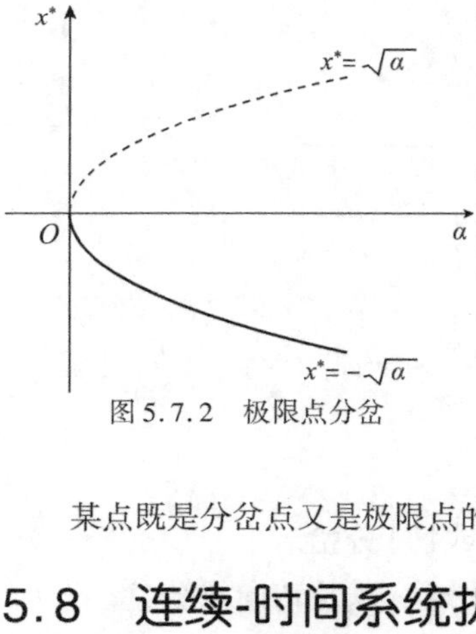

图 5.7.2 极限点分岔

对式(5.7.4)中的 $f(x,\alpha)$,$x_0 = 0$ 使得 $\lambda = \frac{\partial f}{\partial x} = 2x_0 = 0$,同时 $x_0 = 0$,只有 $\alpha_0 = 0$ 才有 $f(x_0,\alpha_0) = 0$,因此,点 $(x_0,\alpha_0) = (0,0)$ 是一个分岔点,如图 5.7.2 所示。

不过,在本例题中,$\frac{\partial f}{\partial \alpha} = -1$,因而能唯一确定满足 $f(x,\alpha) = 0$ 的 $\alpha = x^2$,而且 $\frac{\partial \alpha}{\partial x} = 2x$ 将随 x 通过 $x_0 = 0$ 改变符号。这样的分岔点称为**极限点**或**正则转折点**。在该点,这两个分支汇合,且该点 $\frac{\partial \alpha}{\partial x} = 0$ 。

某点既是分岔点又是极限点的分岔称为**极限点分岔**。

5.8 连续-时间系统折分岔的规范形

考虑依赖于一个参数的一维动力系统

$$\dot{x} = \alpha + x^2 \equiv f(x,\alpha) \tag{5.8.1}$$

在 $\alpha = 0$ 这个系统有一个非双曲平衡点，$x_0 = 0, \lambda = f_x(0,0) = 0$ 。对 α 所有的其他值，这个系统的性态也是清楚的(图 5.8.1)。当 $\alpha < 0$ 时，系统有两个平衡点：$x_{1,2}(\alpha) = \pm\sqrt{-\alpha}$ ，左边这个稳定，右边那个不稳定。当 $\alpha > 0$ 时，系统没有平衡点。当 α 从负到正穿过零时，两个平衡点(稳定的和不稳定的)“相碰”，在 $\alpha = 0$ 变成一个具 $\lambda = 0$ 的平衡点，再消失。这是一个折分岔，术语“相碰”是合适的，因为当 $\alpha \to 0$ 时平衡点移动的速度 $\left[\frac{\mathrm{d}}{\mathrm{d}\alpha}x_{1,2}(\alpha)\right]$ 趋于无穷。

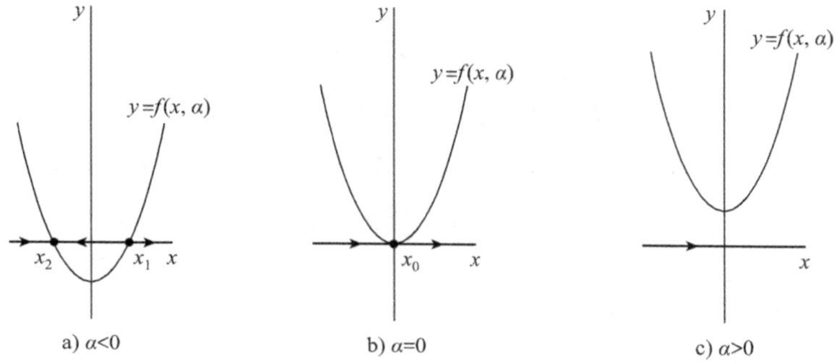

图 5.8.1　折分岔

这种分支的另一叙述：在相空间和参数空间的积空间[为简单起见，取 (x,α) 平面]内作出分岔图。方程

$$f(x,\alpha) = 0$$

定义了**平衡点流形**，它是一条简单的抛物线 $\alpha = -x^2$(图 5.8.2)。这种叙述立刻展示了分岔图像。固定某个 α 值，对此参数值可容易地确定平衡点的个数，平衡点流形在参数轴上的投影在点 $(x,\alpha) = (0,0)$ 有折形**奇异性**。

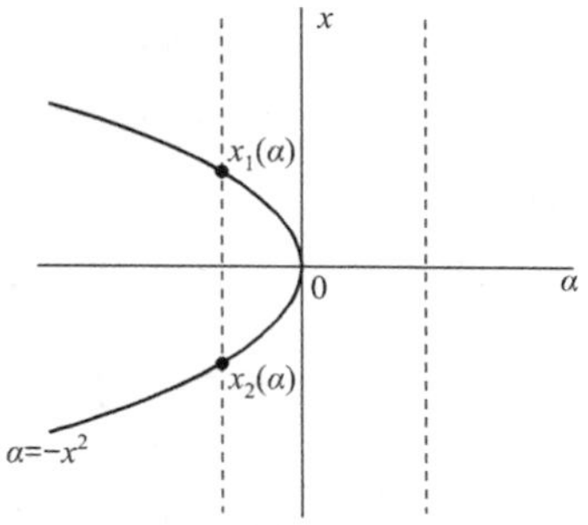

图 5.8.2　积空间中的折分岔

注：用同样的方法可考虑系统 $\dot{x} = \alpha - x^2$ 。分析揭示当 $\alpha > 0$ 时有两个平衡点。

现在，对系统式(5.8.1)加入可光滑依赖于参数的高阶项。发生这样的情况，这些项并不定性地改变在原点 $x = 0$ 附近当参数 α 接近零时系统的性态。事实上，下面的引理成立。

引理 5.8.1　系统

$$\dot{x} = \alpha + x^2 + O(x^2)$$

局部拓扑等价于原点附近的系统

$$\dot{x} = \alpha + x^2$$

证明　分两步进行，它基于这样的事实，对纯量系统，同胚映射平衡点到平衡点，也包括它们的轨道连接。

第一步　平衡点分析。

引入尺度化变量 y ，将第一个系统写为

$$\dot{y} = F(y,\alpha) = \alpha + y^2 + \psi(y,\alpha) \tag{5.8.2}$$

其中，$\psi = O(y^3)$ 是 $(0,0)$ 附近 (y,α) 的光滑函数。考虑 (y,α) 平面上 $(0,0)$ 附近式(5.8.2)的平衡点流形

$$M = \{(y,\alpha):F(y,\alpha) = \alpha + y^2 + \psi(y,\alpha) = 0\}$$

曲线 M 通过原点 $[F(0,0) = 0]$。根据隐函数定理[因为 $F_\alpha(0,0) = 1$]，它可由 y 局部参数化：

$$M = \{(y,\alpha):\alpha = g(y)\}$$

其中，g 对小 $|y|$ 光滑并有定义。此外，

$$g(y) = -y^2 + O(y^3)$$

因此，对任何充分小 $\alpha < 0$。

式(5.8.2)在原点附近存在两个平衡点 $y_1(\alpha)$ 和 $y_2(\alpha)$，对相同参数值它们接近式(5.8.1)的平衡点，即 $x_1(\alpha) = \sqrt{-\alpha}$ 和 $x_2(\alpha) = -\sqrt{-\alpha}$（图5.8.3）。

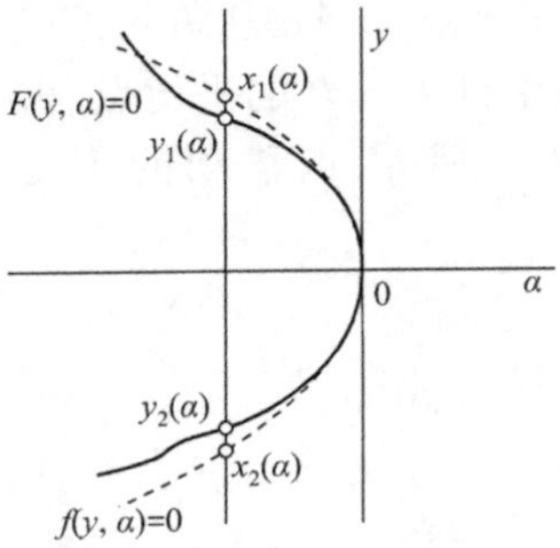

图5.8.3　扰动系统的折分岔

第二步　构造同胚。

对小 $|\alpha|$，构造依赖于参数的映射 $y = h_\alpha(x)$，具体如下：

对 $\alpha \geqslant 0$，取恒同映射

$$h_\alpha(x) = x$$

对 $\alpha < 0$，取线性变换

$$h_\alpha(x) = a(\alpha) + b(\alpha)x$$

其中，系数 a、b 由条件

$$h_\alpha(x_j(\alpha)) = y_j(\alpha) \quad j = 1,2$$

唯一确定。构造的映射 h_α：$\mathbf{R}^1 \to \mathbf{R}^1$ 是同胚，它将式(5.8.1)在原点附近的轨道映射为式(5.8.2)相应的轨道且保持时间方向。我们把这个性质称为依赖于参数系统的**局部拓扑等价性**。

同胚 h_α 连续依赖于 α，当 $-\alpha \to 0$ 时，这个性质仍成立，因为这时 h_α 趋于恒同映射。

5.9　连续-时间动力系统的一般折分岔

我们将证明系统式(5.8.1)（x^2 项的符号可改变）是具切分岔的一般一维系统的拓扑规范形。

假设具光滑 f 的系统

$$\dot{x} = f(x,\alpha) \quad x \in \mathbf{R}^1, \alpha \in \mathbf{R}^1 \tag{5.9.1}$$

在 $\alpha = 0$ 有平衡点 $x = 0$，满足 $\lambda = f_x(0,0) = 0$，将 $f(x,\alpha)$ 在 $x = 0$ 关于 x 进行 Taylor 展开：

$$f(x,\alpha) = f_0(\alpha) + f_1(\alpha)x + f_2(\alpha)x^2 + O(x^3)$$

满足两个条件：$f_0(0) = f(0,0) = 0$（**平衡点条件**）和 $f_1(0) = f_x(0,0) = 0$（**折分岔条件**）。

下面简单计算的主要思想是用坐标与参数的光滑可逆变换，将系统式(5.9.1)变换成式(5.8.1)直到包括二次项。然后，应用引理5.1尽可能去掉高阶项。在计算过程中将会看到，某些**非退化条件**和**横截性条件**必须加入，以使这些变换成为可能。对单参数具折分岔的

系统,这些条件实际上可考虑是一般的,这个思想可应用于所有的局部分岔问题。

第一步 坐标平移。

引入新变量 ξ 来执行坐标的平移:

$$\xi = x + \delta \tag{5.9.2}$$

这里 $\delta = \delta(\alpha)$,暂时是未知函数,稍后将确定。逆坐标变换是

$$x = \xi - \delta$$

将式(5.9.2)代入式(5.9.1),得

$$\dot{\xi} = \dot{x} = f_0(\alpha) + f_1(\alpha)(\xi - \delta) + f_2(\alpha)(\xi - \delta)^2 + \cdots$$

因此

$$\begin{aligned}\dot{\xi} = &[f_0(\alpha) - f_1(\alpha)\delta + f_2(\alpha)\delta^2 + O(\delta^3)] + \\ &[f_1(\alpha) - 2f_2(\alpha)\delta + O(\delta^2)]\xi + \\ &[f_2(\alpha) + O(\delta)]\xi^2 + O(\xi^3)\end{aligned}$$

假设

$$(\text{A}.1): f_2(0) = \frac{1}{2}f_{xx}(0,0) \neq 0$$

于是,对所有充分小 $|\alpha|$,存在光滑函数 $\delta(\alpha)$ 以去掉上面方程的线性项,这可由隐函数定理证明。

事实上,用某光滑函数 ψ,线性项为零的条件可写为

$$F(\alpha,\delta) \equiv f_1(\alpha) - 2f_2(\alpha)\delta + \delta^2\psi(\alpha,\delta) = 0$$

有

$$F(0,0) = 0, \left.\frac{\partial F}{\partial \delta}\right|_{(0,0)} = -2f_2(0) \neq 0, \left.\frac{\partial F}{\partial \alpha}\right|_{(0,0)} = f'_1(0)$$

故使得 $\delta(0) = 0$,且 $F(\alpha,\delta(\alpha)) \equiv 0$ 的光滑函数 $\delta = \delta(\alpha)$(局部)存在且唯一,得

$$\delta(\alpha) = \frac{f'_1(0)}{2f_2(0)}\alpha + O(\alpha^2)$$

现在得到一个不含线性项的 ξ 方程

$$\dot{\xi} = [f'_0(0)\alpha + O(\alpha^2)] + [f_2(0) + O(\alpha)]\xi^2 + O(\xi^3) \tag{5.9.3}$$

第二步 引入新参数。

将式(5.9.3)的常数项(与 ξ 无关项)视为新参数 $\mu = \mu(\alpha)$:

$$\mu = f'_1(0)\alpha + \alpha^2\varphi(\alpha)$$

这里 φ 是光滑函数。有

(1) $\mu(0) = 0$;

(2) $\mu'(0) = f'_0(0) = f_\alpha(0,0)$。

如果假设

$$(\text{A}.2): f_\alpha(0,0) \neq 0$$

则由反函数定理知,满足 $\alpha(0) = 0$ 的光滑函数 $\alpha = \alpha(\mu)$ 局部存在且唯一。于是,方程(5.9.3)现在成为

$$\dot{\xi} = \mu + b(\mu)\xi^2 + O(\xi^2)$$

由第一个假设(A.1),这里 $b(\mu)$ 是满足 $b(0)=f_2(0)\neq 0$ 的光滑函数。

第三步 尺度化。

令 $\eta=|b(\mu)|\xi$ 且 $\beta=|b(\mu)|\mu$,于是得

$$\dot{\eta}=\beta+s\eta^2+O(\eta^3)$$

这里,$s=\operatorname{sgn}b(0)=\pm 1$。

因此,下面的定理得到了证明。

定理 5.9.1 假设具光滑 f 的一维系统

$$\dot{x}=f(x,\alpha)\quad x\in\mathbf{R}^1,\alpha\in\mathbf{R}^1 \tag{5.9.4}$$

在 $\alpha=0$ 有平衡点 $x=0$,设 $\lambda=f_x(0,0)=0$。假设条件(A.1)和(A.2)得到满足,即

$$f_{xx}(0,0)\neq 0$$

$$f_{\alpha}(0,0)\neq 0$$

则存在可逆的坐标和参数变换把系统化为

$$\dot{\eta}=\beta\pm\eta^2+O(\eta^3)$$

利用引理 5.8.1 可以去掉 $O(\eta^3)$,最后得到下面的一般性结果。

定理 5.9.2(折分岔的拓扑规范形) 任何一个在 $\alpha=0$ 有平衡点 $x=0$,且满足 $\lambda=f_x(0,0)=0$ 在原点附近的一般单参数纯量系统

$$\dot{x}=f(x,\alpha)$$

局部拓扑等价于下面的规范形之一:

$$\dot{\eta}]=\beta\pm\eta^2$$

注意: 定理 5.9.2 中的一般性条件就是定理 5.9.1 中的非退化条件(A.1)与横截性条件(A.2)。

5.10 单零特征值分岔实例

5.10.1 跨临界分岔

若分岔点 (x_0,α_0) 是方程(5.7.4)的一个解,则通过该点稳定性发生变化,即该点 $\lambda=\dfrac{\partial f}{\partial x}=0$,而且,该点 α 依赖于 x 的关系不是唯一的,即该点 $\dfrac{\partial f}{\partial \alpha}=0$,所以,分岔点(又称为歧点)满足

$$f(x_0,\alpha_0)=0 \tag{5.10.1a}$$

$$\lambda=\left(\frac{\partial f}{\partial x}\right)_{(x_0,\alpha_0)}=0 \tag{5.10.1b}$$

$$\left(\frac{\partial f}{\partial \alpha}\right)_{(x_0,\alpha_0)}=0 \tag{5.10.1c}$$

所以,该点有两条具有不同切线 $\dfrac{\partial x}{\partial \alpha}\left(\text{或}\dfrac{\partial \alpha}{\partial x}\right)$的解的分支通过,如图 5.10.1 所示,假定该点 $\dfrac{\partial^2 f}{\partial x^2}\neq 0$。

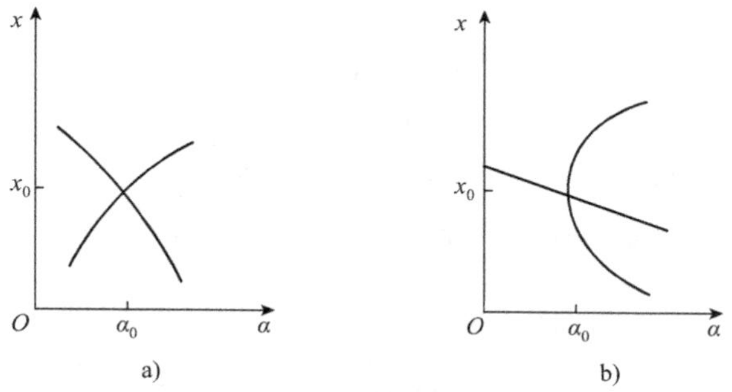

图 5.10.1　分岔点(歧点)

跨临界分岔的主要特征是随着控制参数 α 的变化,在分岔点处产生一对稳定性不同的平衡点。

例题 5.10.1　一维系统

$$\dot{x} = x(\alpha - x) \equiv f(x,\alpha) \tag{5.10.2}$$

显然,系统式(5.10.2)有两个平衡点:

$$x_1^* = 0 \tag{5.10.3a}$$

$$x_2^* = \alpha \tag{5.10.3b}$$

而且因为 $\frac{\partial f}{\partial x} = \alpha - 2x$,则

$$\lambda_1 \equiv \left(\frac{\partial f}{\partial x}\right)_{x_1^*} = \alpha$$

$$\lambda_2 \equiv \left(\frac{\partial f}{\partial x}\right)_{x_2^*} = -\alpha$$

因而,当 $\alpha < 0$ 时,平衡点 $x_1^* = 0$ 是稳定的,但平衡点 $x_2^* = \alpha$ 是不稳定的;当 $\alpha > 0$ 时,平衡点 $x_1^* = 0$ 是不稳定的,平衡点 $x_2^* = \alpha$ 是稳定的。

所以,系统式(5.10.3b)的控制参数 α 由负变为正时,在 $\alpha = 0$ 处发生分岔,$\alpha < 0$ 时的一对稳定性不同的平衡点,到 $\alpha > 0$ 时稳定性交换,而且在 $\alpha = 0$ 处,这两平衡点汇合为一个。因此,该系统的分岔点为

$$(\alpha_0, x_0) = (0,0) \tag{5.10.4}$$

如图 5.10.2 所示,这是**跨临界分岔**的形式。

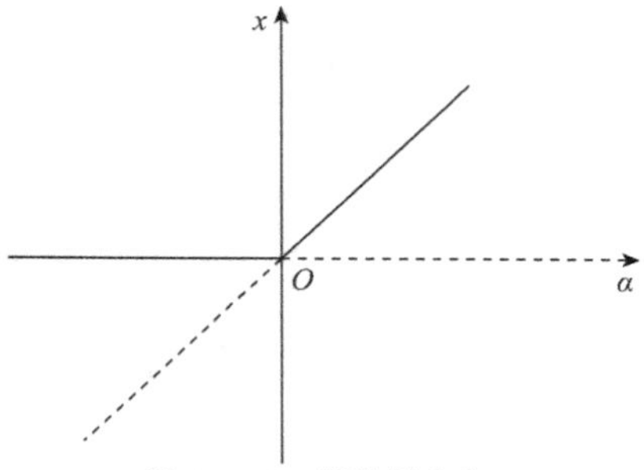

图 5.10.2　跨临界分岔

5.10.2　叉式分岔

这种分岔的主要特征是随着控制参数 α 的变化,通过分岔点时,不仅稳定性发生交换,而且有新的解出现。

例题 5.10.2　一维非线性系统

$$\dot{x} = x(\alpha - x^2) \equiv f(x,\alpha) \tag{5.10.5}$$

在例题 5.7.1 中我们分析了它的稳定性,那时规定 $\alpha > 0$,现在允许 α 既可以为正也可以为负。显然,

系统式(5.10.5)的平衡点为

$$\alpha < 0 : x^* = 0$$
$$\alpha > 0 : x^* = 0$$
$$\alpha > 0 : x^* = \pm\sqrt{\alpha}$$

而且因为 $\frac{\partial f}{\partial x} = \alpha - 3x^2$，则对平衡点 $x^* = 0$ 而言，当 $\alpha < 0$ 时，$\lambda \equiv \left(\frac{\partial f}{\partial x}\right)_{x^*=0} = \alpha < 0$，它是稳定的；但当 $\alpha > 0$ 时，$\lambda \equiv \left(\frac{\partial f}{\partial x}\right)_{x^*=0} = \alpha > 0$，它是不稳定的。因此，随着 α 的符号变化，平衡点 $x^* = 0$ 通过 $\alpha = 0$ 时发生稳定性交换。不仅如此，因为 $\alpha > 0$ 时还有两个平衡点 $x^* = \pm\sqrt{\alpha}(\alpha > 0)$，而且 $\lambda \equiv \left(\frac{\partial f}{\partial x}\right)_{x^*=\pm\sqrt{\alpha}} = -2\alpha < 0$，这两个平衡点是稳定的。所以，在本系统中存在一个分岔点$\left(该点 f=0, \frac{\partial f}{\partial x}=0, \frac{\partial f}{\partial \alpha}=0\right)$，即

$$(\alpha_0, x_0) = (0,0) \tag{5.10.6}$$

当 $\alpha < \alpha_0 = 0$ 时，平衡点 $x^* = 0$ 是稳定的，但通过 $\alpha = \alpha_0 = 0$ 后，它变为不稳定的，同时又出现两个新的稳定解，如图5.10.3a)所示。分岔图像是一个叉子，故称为**叉式分岔**，而且，它是在 α 超过临界值 $\alpha_0 = 0$ 后分岔出新的解，故称为**超临界分岔**。

例题 5.10.3 若将系统式(5.10.5)改为

$$\dot{x} = x(\alpha + x^2) \tag{5.10.7}$$

它的平衡点变为

$$\alpha < 0 : x^* = 0$$
$$\alpha < 0 : x^* = \pm\sqrt{-\alpha}$$
$$\alpha > 0 : x^* = 0$$

而且很易判断：$x^* = 0$ 在 $\alpha < 0$ 时是稳定的，$\alpha > 0$ 时是不稳定的；而 $x^* = \pm\sqrt{-\alpha}\ (\alpha < 0)$ 是不稳定的。这就出现了图5.10.3b)所示的分岔图，该图的分岔点仍是式(5.10.6)，但它是在 $\alpha < \alpha_0 = 0$ 的情况下分岔出新解的，故称为**亚临界分岔**。

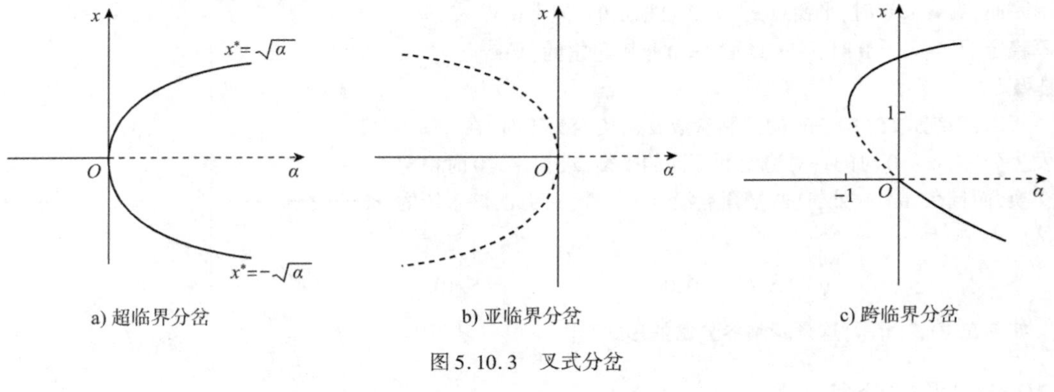

图5.10.3 叉式分岔

例题 5.10.4 若将系统式(5.10.5)改为

$$\dot{x} = \alpha x - x^3 + 2x^2 \tag{5.10.8}$$

它的平衡点为三个：

$$\alpha \geqslant -1 : x^* = 0$$
$$\alpha \geqslant -1 : x^* = 1 \pm \sqrt{1+\alpha}$$
$$\alpha < -1 : x^* = 0$$

也不难判断：$x^* = 0$ 在 $\alpha < 0$ 时是稳定的，$\alpha > 0$ 时是不稳定的；而 $x^* = 1 - \sqrt{1+\alpha}\ (\alpha \geqslant -1)$ 在 $-1 \leqslant \alpha < 0$ 是不稳定的，$\alpha > 0$ 时是稳定的；又 $x^* = 1 + \sqrt{1+\alpha}(\alpha \geqslant -1)$ 是稳定的。这就出现了图 5.10.3c）所示的分岔图，分岔点仍是式(5.10.6)，但在临界值 $\alpha = \alpha_0 = 0$ 的两边都有新解出现，它称为**跨临界分岔**。而且，从图 5.10.3c）可以看出，当 α 由正变为负时，$x^* = 1 + \sqrt{1+\alpha}$ 的解分支在点 $(\alpha = -1, x = 1)$ 处突跳到解分支 $x^* = 0$，这种现象叫作**滞后现象**。

5.11 Maple 编程示例

编程题 5.11.1 绘制非线性系统的相图。

$$\dot{x} = y$$
$$\dot{y} = x(1 - x^2) + y$$

解：通过解方程组 $\dot{x} = \dot{y} = 0$ 确定平衡点，即

$$y = 0$$
$$x(1 - x^2) + y = 0$$

解得三个平衡点 $(0,0)$，$(1,0)$，$(-1,0)$。

线性化 Jacobi 矩阵

$$\boldsymbol{J} = \begin{bmatrix} \dfrac{\partial P}{\partial x} & \dfrac{\partial P}{\partial y} \\ \dfrac{\partial Q}{\partial x} & \dfrac{\partial Q}{\partial y} \end{bmatrix} = \begin{bmatrix} 0 & 1 \\ 1 - 3x^2 & 1 \end{bmatrix}$$

$$\boldsymbol{J}_{(0,0)} = \begin{bmatrix} 0 & 1 \\ 1 & 1 \end{bmatrix}$$

特征值是

$$\lambda_1 = \frac{1 + \sqrt{5}}{2} \text{ 和 } \lambda_2 = \frac{1 - \sqrt{5}}{2}$$

相应的特征向量是 $(0, \lambda_1)^{\mathrm{T}}$ 和 $(0, \lambda_2)^{\mathrm{T}}$，原点 $(0,0)$ 是鞍点。再考虑其他两个平衡点

$$\boldsymbol{J}_{(1,0)} = \boldsymbol{J}_{(-1,0)} = \begin{bmatrix} 0 & 1 \\ -2 & 1 \end{bmatrix}$$

特征值是

$$\lambda = \frac{1 \pm \mathrm{i}\sqrt{7}}{2}$$

所以两个平衡点 $(1,0)$，$(-1,0)$ 是不稳定焦点。非线性系统的相图如图 5.11.1 所示。

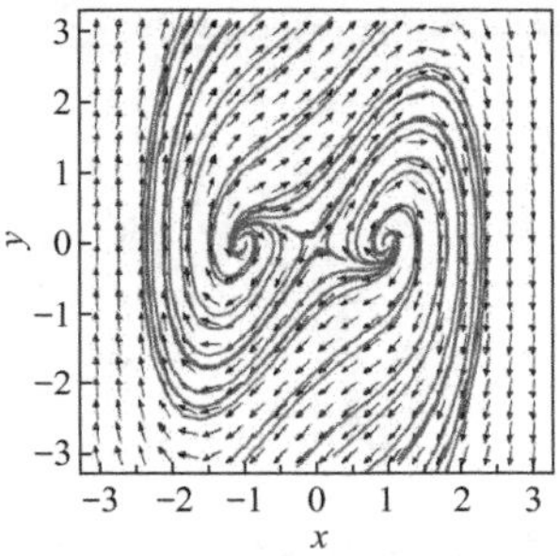

图 5.11.1 非线性系统的相图

Maple 程序

```
> ##########################################################
> restart;                                                   #清零
> with(DEtools);                                             #加载解微分方程库
> with(plots);                                               #加载绘图库
> iniset:={seq(seq([0,i,j],i=-2..2),j=-2..2)};              #不同初值
> sys2:=diff(x(t),t)=y(t),
>         diff(y(t),t)=x(t)*(1-x(t)^2)+y(t);                 #非线性系统
> DEplot([sys2],[x(t),y(t)],t=-5..5,iniset,stepsize=0.1,x=-3..3,y=-3..3,
>          arrows=SLIM, color=black, linecolor=blue,
>          thickness=2, font=[TIMES,ROMAN,15]);              #绘制相图
> ##########################################################
> restart;                                                   #清零
> with(linalg);                                              #加载矩阵库
> P:=y;                                                      #P = y
> Q:=x*(1-x^2)+y;                                            #Q = x(1 - x^2) + y
> SOL1:=solve({P=0,Q=0},{x,y});                              #解方程组求平衡点
> ##########################################################
> dPdx:=diff(P,x);                                           #∂P/∂x
> dPdy:=diff(P,y);                                           #∂P/∂y
> dQdx:=diff(Q,x);                                           #∂Q/∂x
> dQdy:=diff(Q,y);                                           #∂Q/∂y
> J:=matrix(2,2,[[dPdx,dPdy],[dQdx,dQdy]]);                  #线性化 Jacobi 矩阵 J
> J1:=subs(SOL1[1],eval(J));                                 #J(0,0)
> J2:=subs(SOL1[2],eval(J));                                 #J(1,0)
> J3:=subs(SOL1[3],eval(J));                                 #J(-1,0)
> eigenvals(J1);                                             #J(0,0) 的特征值
> eigenvects(J1);                                            #J(0,0) 的特征向量
> eigenvals(J2);                                             #J(1,0) 的特征值
> ##########################################################
```

5.12 思考题

思考题 5.1 简答题

1. 什么是动力系统？

2. 什么是轨道？

3. 什么是平衡点？奇点有哪几种类型？它们都在什么条件下出现？

4. 什么是环？

5. 什么是极限环？它与线性振子在相平面上的轨线或一般中心附近的闭曲线有何区别？

思考题 5.2　判断题

1. 动力系统的相图是轨道在状态空间的一个分划。　(　　)
2. 如果没有平衡点在虚轴上，则称为双曲的。　(　　)
3. 平衡点是吸引子对应稳定流形。　(　　)
4. 平衡点是排斥子对应不稳定流形。　(　　)
5. 最简单的分岔是余维数为 1 的情形。　(　　)

思考题 5.3　填空题

1. 连续-时间动力系统最简单的分岔条件是：有一个________；或者有一对特征值为________。

2. 连续-时间动力系统有一个零特征值的分岔称为________；有一对特征值为纯虚根的分岔称为________。

3. 连续-时间动力系统某点既是分岔点又是极限点的分岔称为________。

4. 连续-时间动力系统叉式分岔包括________、________和________。

5. 连续-时间动力系统跨临界分岔的主要特征是随着控制参数 α 的变化，在分岔点处产生________。

思考题 5.4　选择题

1. 一维连续自治动力系统的平衡点分为________。

   A. 稳定结点、不稳定结点和中心

   B. 稳定焦点、不稳定焦点和鞍点

   C. 焦点、鞍点和中心

2. Logistic 方程有________。

   A. 一个平衡点　　B. 两个平衡点　　C. 三个平衡点

3. Landau 方程定常解的稳定度发生变化会产生________。

   A. 极限点分岔和折分岔

   B. 叉式分岔和霍普夫分岔

   C. 超临界分岔和亚临界分岔

4. 线性余维数为 1 的分岔按特征值分类有________。

   A. 1 种情形　　B. 2 种情形　　C. 3 种情形

5. 线性余维数为 2 的分岔按特征值分类有________。

   A. 1 种情形　　B. 2 种情形　　C. 3 种情形

思考题 5.5　连线题

1. 极限环	A. 奇点
2. 平衡点稳定	B. 特征值为一对纯虚根
3. 环	C. 孤立的环
4. 不动点	D. 所有特征值满足 $\mathrm{Re}\lambda < 0$
5. 霍普夫分岔	E. 周期解

5.13 习题

A 类习题

习题 5.1 一池塘最多能养 1000 条鱼,鱼在池塘自然繁殖,其规律为

$$\dot{x} = kx(1000 - x)$$

已知池塘已有鱼 100 条,三个月后繁殖为 250 条,六个月后鱼有多少条?

习题 5.2 用 Lyapunov 稳定性定义判断下列方程在给定的初始条件下解的稳定性:

(1) $\dot{x} = x + t$, $x_0(0) = 1$ 。

(2) $\dot{x} = -x + t^2$, $x_0(0) = 1$ 。

(3) $\dot{x} = 4x - t^2x$, $x_0(0) = 0$ 。

(4) $\dot{x} = (x - x^3)/(2t)$, $x_0(1) = 0$ 。

(5) $\dot{x} = ax$, $x_0(0) = 1$ 。

(6) $\dot{x} = x$, $\dot{y} = -y$; $x_0(0) = y_0(0) = 1$ 。

(7) $\dot{x} = x$, $\dot{y} = x$; $x_0(0) = y_0(0) = 0$ 。

(8) $\dot{x} = y$, $\dot{y} = -2x - 2y$; $x_0(0) = y_0(0) = 0$ 。

(9) $\dot{x} = -x - 3y$, $\dot{y} = x - y$; $x_0(0) = y_0(0) = 0$ 。

(10) $\dot{x} = ax + y$, $\dot{y} = -x + ay$; $x_0(0) = y_0(0) = 0$ 。

习题 5.3 用 Lyapunov 定理判断下列方程组零解的稳定性:

(1) $\dot{x} = -x - y + y(x + y)$,$\dot{y} = x - x(x + y)$ 。

(2) $\dot{x} = -y + x(x^2 + y^2)$,$\dot{y} = x + y(x^2 + y^2)$ 。

(3) $\dot{x} = -x + xy^2$,$\dot{y} = -2x^2y^2 - y^3$ 。

(4) $\dot{x} = x^3 - 2y^3$,$\dot{y} = xy^2 + x^2y + \frac{1}{2}y^3$ 。

(5) $\dot{x} = 2x^3 - 2y^2$,$\dot{y} = xy$ 。

(6) $\dot{x} = -xy^2$,$\dot{y} = -x^2y$ 。

(7) $\dot{x} = x - 3y$,$\dot{y} = 5x - y$ 。

(8) $\dot{x} = ax - xy^2$,$\dot{y} = 2x^4y$ 。

(9) $\dot{x} = -3x + y - z + 3x(6x^2 + 5y^2 + 2z^2)$,

$\dot{y} = -2x - 5y + z + 5y(6x^2 + 5y^2 + 2z^2)$,

$\dot{z} = 2x - y - 2z + 2z(6x^2 + 5y^2 + 2z^2)$ 。

习题 5.4 追赶问题,如图 5.13.1 所示,设一猎狗追捕一兔。兔沿 x 轴方向逃跑,猎狗追赶方向始终对着兔,它们的速度分别是 R 和 H。

(1)分别写出两者的运动方程;

(2)写出猎狗相对于兔的运动方程;

(3)猎狗在什么样的条件下才可能抓住兔?

习题 5.5 下列方程中的奇点都是什么奇点?

(1) $\dot{x} = 3x + 4y$, $\dot{y} = 2x + y$;

(2) $\dot{x} = 2y - 3x$, $\dot{y} = x + 4y$;

(3) $\dot{x} = 2x + 3y$, $\dot{y} = x + 4y$;

(4) $\dot{x} = x - y$, $\dot{y} = 2x - y$;

(5) $\dot{x} = x + y$, $\dot{y} = 4y - 2x$;

(6) $\dot{x} = 3x - 2y$, $\dot{y} = 4x - y$;

(7) $\dot{x} = x + 3y$, $\dot{y} = -6x - 5y$;

(8) $\dot{x} = -2x - 5y$, $\dot{y} = 2x + 2y$;

(9) $\dot{x} = 2y - 3x$, $\dot{y} = y - 2x$;

(10) $\dot{x} = 2x + 5y$, $\dot{y} = x + 2y$ 。

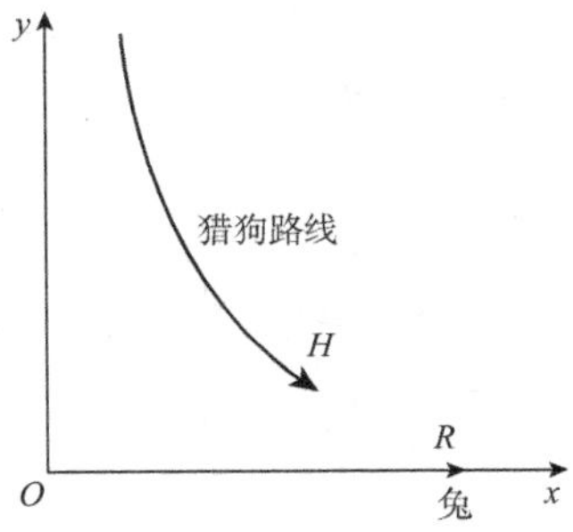

图 5.13.1 习题 5.4

习题 5.6 判断下列方程组零解的稳定性：

(1) $x^{(3)} - 3\dot{x} + 2x = 0$;

(2) $x^{(3)} + 2\ddot{x} + \alpha\dot{x} + 3x = 0$;

(3) $x^{(4)} - 2x^{(3)} + \ddot{x} + 2\dot{x} - 2x = 0$;

(4) $x^{(4)} + 5x^{(3)} + 18\ddot{x} + 34\dot{x} + 20x = 0$;

(5) $x^{(4)} + 2x^{(3)} + \alpha\ddot{x} + \dot{x} + x = 0$;

(6) $x^{(5)} + 3x^{(4)} - 5x^{(3)} - 15\ddot{x} + 4\dot{x} + 12x = 0$ 。

习题 5.7 用线性稳定性定理判断下列方程组零解的稳定性：

(1) $\dot{x} = 2xy - x + y$, $\dot{y} = 5x^4 + y^3 + 2x - 3y$;

(2) $\dot{x} = x^2 + y^2 - 2x$, $\dot{y} = 3x^2 + x + 3y$;

(3) $\dot{x} = e^{x+2y} - \cos 3x$, $\dot{y} = (4 + 8x)^{1/2} - 2e^y$;

(4) $\dot{x} = \ln(4y + e^{-3x})$, $\dot{y} = 2y - 1 + (1 - 6x)^{1/3}$;

(5) $\dot{x} = \ln(3e^y - 2\cos x)$, $\dot{y} = 2e^x - (8 + 12y)^{1/3}$;

(6) $\dot{x} = \tan(y - x)$, $\dot{y} = 2^y - 2\cos\left(\dfrac{\pi}{3} - x\right)$;

(7) $\dot{x} = \tan(z - y) - 2x$, $\dot{y} = (9 + 12x)^{1/2} - 3e^y$, $\dot{z} = -3y$ 。

习题 5.8 在下列方程组中，参数 a 和 b 取什么值时零解是渐近稳定的？

(1) $\dot{x} = ax - 2y + x^2$, $\dot{y} = x + y + xy$;

(2) $\dot{x} = ax + y + x^2$, $\dot{y} = x + ay + y^2$;

(3) $\dot{x} = x + ay + y^2$, $\dot{y} = bx - 3y - x^2$;

(4) $\dot{x} = y + \sin x$, $\dot{y} = ax + by$;

(5) $\dot{x} = 2e^{-x} - (4 + ay)^{1/2}$, $\dot{y} = \ln(1 + 9x + ay)$ 。

B 类习题

习题 5.9 在跳球实验中，设桌面的振动位相为 φ_n ，振动方程为

$$z_n = A\sin\varphi_n = A\sin\omega t_n$$

令球第 n 次碰桌后向上速度为 v_n ，则跳球实验可用以下映象表示：

$$v_{n+1} = \alpha v_n + K\sin\varphi_n$$

$$\varphi_{n+1} = \varphi_n + v_{n+1}$$

式中 α 和 K 均为常数。

(1) 试根据力学知识说明上式的正确性；

(2) α 和 K 与哪些物理因素有关？

习题 5.10 考虑下面的微分方程

$$\dot{x} = -y + \mu x - \mu x\sqrt{x^2 + y^2}$$

$$\dot{y} = x + \mu y - \mu y\sqrt{x^2 + y^2}$$

取庞加莱截面为 $y = z = 0$ 的平面，结果如何？

习题 5.11 为了看出在迭代映象产生混沌时对初始条件也是敏感依赖的，可在 Logistic 映射

$$x_{n+1} = \mu x_n(1 - x_n)$$

中，令参数 μ 取给定值（如 $\mu = 3.0$），以 x 的任意极相近的三个初始值（如 $x = 0.1$，$x = 0.10\ 000\ 001$，$x = 0.1\ 000\ 001$）分别进行迭代，依次求出 $n = 1,2,3,4,10,20,30,40,50,51,52,\cdots$ 时 x 的值（可在一般微机上进行）。比较 n 一定时，此三个相近的初始值迭代的结果。可以清楚地看出，当 n 很大时，由三个不同初值得到的 x 值差别是非常大的。

C 类习题

习题 5.12 在微分方程

$$\frac{\mathrm{d}x}{\mathrm{d}t} = \sin x - \alpha x, x \geqslant 0, \alpha \geqslant 0$$

中，讨论作为 α 的函数的分岔。从任一初始条件开始，试描述 $t \to \infty$ 时的动力学特性。

习题 5.13 微分方程

$$\frac{\mathrm{d}\phi}{\mathrm{d}t} = \Omega - A\sin\phi$$

已被作为两个相耦合的自发振荡神经元模型，其中 ϕ 取对模 2π 的余数，Ω 和 A 均为正常数。ϕ 是两种神经元活动度之间的相差。试讨论作为 Ω 和 A 的函数的定性动力学特性和分岔。

习题 5.14 已被提出作为生物化学振荡模型的“布鲁塞尔器（Brusse-lator）”，由微分方程组

$$\frac{\mathrm{d}x}{\mathrm{d}t} = a - bx + x^2y - x$$

$$\frac{\mathrm{d}y}{\mathrm{d}t} = bx - x^2y$$

表示。其中，x 和 y 是正的变量，a 和 b 是正的常数。试确定定态并描述作为 a 和 b 的函数的稳定性。当定态失稳时将会发生哪种类型的分岔？

习题 5.15 方程

$$\frac{\mathrm{d}x}{\mathrm{d}t} = 1 - xy^{\gamma}$$

$$\frac{\mathrm{d}y}{\mathrm{d}t} = 4xy^{\gamma} - 4y$$

已被提出为糖酵解振荡（glycolytic oscilations）的模型，其中 x 和 y 是正的变量，γ 是正的常数。试求定态并判别其稳定性，然后确定作为 γ 的函数的定态类型（结点、焦点或鞍点）。

习题 5.16 （1）根据定态处的特征值，对二维系统中的各种定态进行分类，作出各类定态邻域内的轨线图。

（2）假设微分方程定义在三维空间的一个球中，且在该球的边界上的轨线指向球内。若存在单个定态，它可能是（1）中定态的哪一类？

##

瑞利(John William Strutt ,Lord Rayleigh ,1842—1919,英国),物理学家,力学家。瑞利对光学和声学的研究是广为人知的。即使在今天,基于1877年出版的《声学理论》(*Theory of Sound*)一书仍被认为是一流的著作。其提出的计算振动物体固有角频率的近似方法被称为瑞利法。1887年,他首先指出弹性波中存在表面波,这对认识地震的机理有着重要作用。

主要著作:《声学理论》(两卷)等。

##

第2篇　多自由度系统的振动

本篇讨论两自由度系统振动、多自由度系统振动、固有振动特性的近似计算方法、振动分析中的数值积分法和一维离散-时间系统的不动点与分岔。

第6章讨论两自由度系统振动,需要两个独立的坐标来描述它们的运动。利用达朗贝尔原理推导了系统的耦合运动方程,并用矩阵形式表示这些方程,即明确系统的质量矩阵、阻尼矩阵和刚度矩阵。通过假定两质量块为简谐振动,求解无阻尼系统的固有角频率、模态向量及其自由振动解。结合实例介绍了坐标耦合、广义坐标和主坐标的概念。讨论了无阻尼吸振器和有阻尼吸振器的原理。

第7章讨论多自由度系统振动。利用哈密顿原理推导了多自由度系统的运动微分方程,并用矩阵形式表示多自由度系统。推导了矩阵形式的特征值问题。利用特征方程(多项式)的解求解特征值问题的解,可确定系统的固有角频率和模态振型。介绍了模态振型正交化、模态矩阵、质量矩阵和刚度矩阵正则化的概念。利用模态理论讨论了比例黏性阻尼强迫振动。

第8章介绍确定多自由度系统固有角频率和主振型的几种近似方法。详细地讨论了瑞利法、矩阵迭代法和子空间迭代法。基于瑞利原理的瑞利法给出基频的近似值,但总是比精确值大。矩阵迭代法是通过逐步逼近来确定主振型和固有角频率。子空间迭代法是将矩阵迭代法与里兹法结合起来,求主振型和固有角频率。

第9章介绍了如何用加速度方法、威尔逊-θ法和纽马克-β法求多自由度振动的一般解。当控制系统自由或受迫振动的运动微分方程不能通过积分而得到封闭形式的解时,在振动分析时就要用到数值方法。有限差分法是基于对运动微分方程中的导数和边界条件进行近似处理的一种最基本的数值计算方法。本章介绍的方法都是有限差分法的改进方法。

第10章讨论一维离散-时间系统的不动点与分岔。首先介绍判断离散系统不动点的存在性定理和利用乘子判断不动点稳定性的方法。然后介绍离散系统最简单分岔的条件是乘子的模等于1。详细讨论了一维离散-时间动力系统的折分岔、切分岔和倍周期分岔,以Logistic映射为例,讨论了倍周期分岔通向混沌的道路和周期3蕴含混沌的自然规律。值得一提的是,庞加莱映射提供了用离散-时间动力系统研究连续-时间动力系统的方法。

劝学诗

宋　朱熹(1130—1200)

少年易老学难成,一寸光阴不可轻。

未觉池塘春草梦,阶前梧叶已秋声。

第6章　两自由度系统的振动

系统的自由度数就是描述系统运动所必需的独立坐标数。如果一个系统的运动需要两个独立的坐标来描述,那么这个系统就是一个两自由度系统。与单自由度系统相比,两自由度系统只多了一个自由度,是最少的多自由度系统。它具有多自由度系统的基本特征和规律,而这些特征和规律在单自由度系统中不存在。通过对两自由度系统的讨论,我们能清晰地阐明多自由度系统的一些基本概念、原理、特征和规律,这不仅能对两自由度系统的分析方法有所了解,而且能对多自由度系统的分析方法有所了解。因此,讨论两自由度系统的振动问题,无论对两自由度系统还是对多自由度系统的振动问题都是非常有益的。

6.1　无阻尼自由振动

6.1.1　固有模态振动

凡需要用两个独立坐标来描述其运动的系统都是两自由度系统。在实际工程问题中,虽然有无数两自由度系统的具体形式,但从振动的观点来看,其运动方程都可以归结为一个一般形式,以相同的方法处理。为了便于说明,我们研究图6.1.1所示的系统。

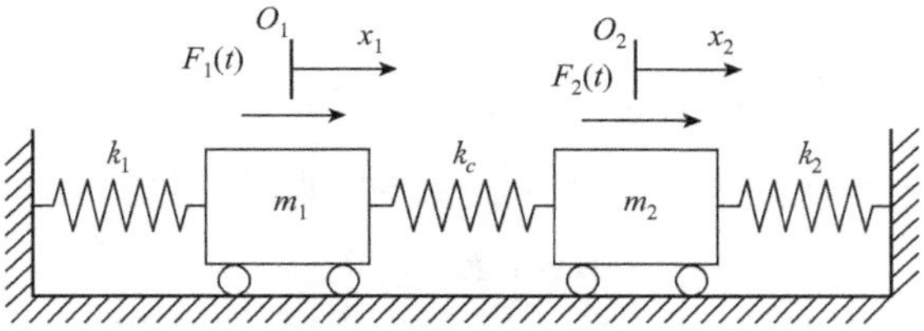

a) 振动模型

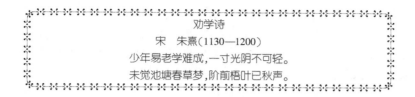

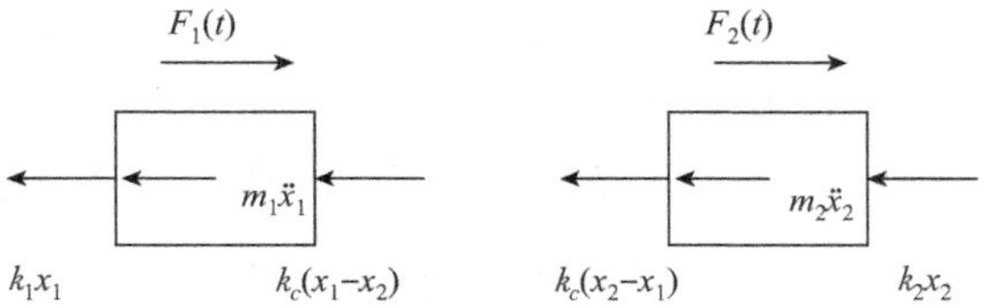

b) 受力分析

图6.1.1　无阻尼两自由线性振动系统

对于图 6.1.1 所示的系统,坐标 x_1 和 x_2 是两个独立的坐标,它们完全描述了系统在任何时刻的运动:不仅表示出质量 m_1 和 m_2 的运动,而且描述了弹簧 k_1、k_c、k_2 的运动。因此,该系统是一个两自由度系统。运动 x_1 和 x_2 是微幅的,系统是线性的。取静平衡位置为两坐标的原点,由达朗贝尔原理得

$$m_1\ddot{x}_1 + (k_1 + k_c)x_1 - k_c x_2 = F_1(t) \tag{6.1.1a}$$

$$m_2\ddot{x}_2 - k_c x_1 + (k_2 + k_c)x_2 = F_2(t) \tag{6.1.1b}$$

这是一个常系数二阶常微分方程组,对于两自由度系统,其数学模型由两个常微分方程组成。写成矩阵的形式,系统的运动方程为

$$\begin{bmatrix} m_1 & 0 \\ 0 & m_2 \end{bmatrix}\begin{Bmatrix} \ddot{x}_1 \\ \ddot{x}_2 \end{Bmatrix} + \begin{bmatrix} k_1 + k_c & -k_c \\ -k_c & k_2 + k_c \end{bmatrix}\begin{Bmatrix} x_1 \\ x_2 \end{Bmatrix} = \begin{Bmatrix} F_1(t) \\ F_2(t) \end{Bmatrix} \tag{6.1.2}$$

可以推想,两自由度系统运动方程的一般形式可表示为

$$\begin{bmatrix} m_{11} & m_{12} \\ m_{21} & m_{22} \end{bmatrix}\begin{Bmatrix} \ddot{x}_1 \\ \ddot{x}_2 \end{Bmatrix} + \begin{bmatrix} k_{11} & k_{12} \\ k_{21} & k_{22} \end{bmatrix}\begin{Bmatrix} x_1 \\ x_2 \end{Bmatrix} = \begin{Bmatrix} F_1(t) \\ F_2(t) \end{Bmatrix} \tag{6.1.3}$$

令

$$\begin{bmatrix} m_{11} & m_{12} \\ m_{21} & m_{22} \end{bmatrix} = \boldsymbol{M}\ ,\begin{bmatrix} k_{11} & k_{12} \\ k_{21} & k_{22} \end{bmatrix} = \boldsymbol{K}\ ,\begin{Bmatrix} F_1(t) \\ F_2(t) \end{Bmatrix} = \boldsymbol{F}(t) \tag{6.1.4}$$

方程(6.1.3)可表示为

$$\boldsymbol{M}\ddot{\boldsymbol{x}} + \boldsymbol{K}\boldsymbol{x} = \boldsymbol{F}(t) \tag{6.1.5}$$

常数矩阵 $\boldsymbol{M}$ 和 $\boldsymbol{K}$ 分别叫作质量矩阵和刚度矩阵。$\boldsymbol{x}$ 是位移向量, $\boldsymbol{F}(t)$ 是力向量。通常, $\boldsymbol{M}$ 和 $\boldsymbol{K}$ 是实对称矩阵,即有

$$\boldsymbol{M}^{\mathrm{T}} = \boldsymbol{M}, \boldsymbol{K}^{\mathrm{T}} = \boldsymbol{K} \tag{6.1.6}$$

上标“T”表示矩阵的转置。刚度矩阵 $\boldsymbol{K}$ 的元素叫作刚度影响系数。

方程式(6.1.5)与无阻尼单自由度系统的运动方程在形式上相同,只是由矩阵和向量符号代替了纯量。纯量也是最简单的矩阵和向量,因而方程(6.1.5)的形式是无阻尼离散系统的一个统一表达式。

对于自由振动问题,不存在持续的外激励力,有 $\boldsymbol{F}(t) = \boldsymbol{0}$,即 $F_1(t) = 0$, $F_2(t) = 0$ 。因此,这是由初始的扰动 $\boldsymbol{x}(0) = \boldsymbol{x}_0, \dot{\boldsymbol{x}}(0) = \dot{\boldsymbol{x}}_0$ 引起的振动。这时,系统的运动方程为

$$\boldsymbol{M}\ddot{\boldsymbol{x}} + \boldsymbol{K}\boldsymbol{x} = \boldsymbol{0} \tag{6.1.7}$$

为了便于说明,我们仍以图 6.1.1 所示的系统作为具体对象来讨论。对照式(6.1.2)和式(6.1.3),对于图 6.1.1 所示的系统有

$$k_{11} = k_1 + k_c\ ,\ k_{22} = k_2 + k_c\ ,\ k_{12} = k_{21} = -k_c \tag{6.1.8}$$

用刚度影响系数表示,则方程(6.1.3)可表示为

$$m_1\ddot{x}_1 + k_{11}x_1 + k_{12}x_2 = 0 \tag{6.1.9a}$$

$$m_2\ddot{x}_2 + k_{21}x_1 + k_{22}x_2 = 0 \tag{6.1.9b}$$

我们关心的是,系统在受到初始扰动 $\boldsymbol{x}_0$ 和 $\dot{\boldsymbol{x}}_0$ 的作用后,是否和单自由度系统一样发生自由振动。为此,要对方程(6.1.9)求解,确定解的形式。这里有两个问题需要确定:

(1)坐标 $x_1(t)$ 和 $x_2(t)$ 是否有相同的随时间变化的规律?

(2)如果有,那么这一随时间变化的规律是什么?是否是简函数?

先假定 $x_1(t)$ 和 $x_2(t)$ 有着相同的随时间变化的规律 $f(t)$,$f(t)$ 是实时间函数。那么,方程的解有

$$x_1(t) = u_1 f(t)\ ,\ x_2(t) = u_2 f(t) \tag{6.1.10}$$

式中,u_1 和 u_2 是表示运动幅值的实常数。把方程(6.1.10)代入方程(6.1.9),得

$$m_1 u_1 \ddot{f}(t) + (k_{11}u_1 + k_{12}u_2)f(t) = 0$$

$$m_2 u_2 \ddot{f}(t) + (k_{21}u_1 + k_{22}u_2)f(t) = 0$$

如果系统有形如方程(6.1.10)的解,则

$$-\frac{\ddot{f}(t)}{f(t)} = \frac{k_{11}u_1 + k_{12}u_2}{m_1 u_1} = \frac{k_{21}u_1 + k_{22}u_2}{m_2 u_2} = \lambda$$

式中 λ 为一实常数,因为 m_1、m_2、k_{11}、k_{12}、k_{21}、k_{22}、u_1 和 u_2 都是实常数,所以 $x_1(t)$ 和 $x_2(t)$ 要有相同时间函数,则方程

$$\ddot{f}(t) + \lambda f(t) = 0 \tag{6.1.11}$$

和

$$(k_{11} - \lambda m_1)u_1 + k_{12}u_2 = 0 \tag{6.1.12a}$$

$$k_{21}u_1 + (k_{22} - \lambda m_2)u_2 = 0 \tag{6.1.12b}$$

要有解。先讨论微分方程(6.1.11)。假定方程的解为

$$f(t) = B\mathrm{e}^{st}$$

代入方程(6.1.11),有

$$s^2 + \lambda = 0 \tag{6.1.13}$$

式(6.1.13)有两个根,$s_{1,2} = \pm\sqrt{-\lambda}$。因此方程(6.1.11)的通解为

$$f(t) = B_1\mathrm{e}^{\sqrt{-\lambda}t} + B_2\mathrm{e}^{-\sqrt{-\lambda}t} \tag{6.1.14}$$

如果 λ 为一负数,则 $\sqrt{-\lambda}$ 为实数。当 $t\to\infty$ 时,$f(t)$ 的第一项将趋于无限大,而第二项按指数规律趋于零。这种结果和无阻尼系统是不相容的。对于无阻尼系统,在某一时刻输入一定的能量后,能量将守恒,运动既不会减小为零,也不会无限地增大。因此,λ 为一负数的可能性必须排除,λ 为一正数。令 $\lambda = \omega_{\mathrm{n}}^2$,则方程(6.1.14)化为

$$f(t) = B_1\mathrm{e}^{\mathrm{i}\omega_{\mathrm{n}}t} + B_2\mathrm{e}^{-\mathrm{i}\omega_{\mathrm{n}}t} = D_1\cos\omega_{\mathrm{n}}t + D_2\sin\omega_{\mathrm{n}}t = A\sin(\omega_{\mathrm{n}}t + \varphi) \tag{6.1.15}$$

式中,A 为振幅;φ 为初相角。

方程(6.1.15)表明,如果 $x_1(t)$ 和 $x_2(t)$ 具有相同的随时间变化的规律,则这个时间函数是简谐函数。那么,自由振动的角频率 ω_{n} 是否是任意的?把 $\lambda = \omega_{\mathrm{n}}^2$ 代入方程(6.1.12),得

$$\begin{bmatrix} k_{11} - \omega_{\mathrm{n}}^2 m_1 & k_{12} \\ k_{21} & k_{22} - \omega_{\mathrm{n}}^2 m_2 \end{bmatrix}\begin{Bmatrix} u_1 \\ u_2 \end{Bmatrix} = \begin{Bmatrix} 0 \\ 0 \end{Bmatrix} \tag{6.1.16}$$

这是一个参数为 ω_{n}^2 、变量为 u_1 和 u_2 的代数方程组。方程组(6.1.16)要有非零解,则 u_1 和 u_2 的系数行列式要等于零,即

$$\begin{vmatrix} k_{11}-\omega_{\mathrm{n}}^2 m_1 & k_{12} \\ k_{21} & k_{22}-\omega_{\mathrm{n}}^2 m_2 \end{vmatrix} = 0 \tag{6.1.17}$$

方程式(6.1.17)叫作系统的**特征方程**或**角频率方程**。把式(6.1.17)展开,可得

$$m_1 m_2 \omega_{\mathrm{n}}^4 - (m_1 k_{22} + m_2 k_{11})\omega_{\mathrm{n}}^2 - (k_{12}k_{21} - k_{11}k_{22}) = 0 \tag{6.1.18}$$

方程的两个根或特征值分别为

$$\omega_{\mathrm{n}1,2}^2 = \frac{1}{2}\left[\frac{m_1 k_{22}+m_2 k_{11}}{m_1 m_2} \pm \sqrt{\left(\frac{m_1 k_{22}+m_2 k_{11}}{m_1 m_2}\right)^2 - \frac{4(k_{11}k_{22}-k_{12}k_{21})}{m_1 m_2}}\right] \tag{6.1.19}$$

从而得到 $\pm\omega_{\mathrm{n}1}$, $\pm\omega_{\mathrm{n}2}$,且 $|\omega_{\mathrm{n}1}| < |\omega_{\mathrm{n}2}|$ 。对于实际的简谐运动, $-\omega_{\mathrm{n}1}$ 和 $-\omega_{\mathrm{n}2}$ 是没有意义的。实际上, $x_1(t)$ 和 $x_2(t)$ 只同时发生两种运动模式,即以 $\omega_{\mathrm{n}1}$ 为角频率和以 $\omega_{\mathrm{n}2}$ 为角频率的两个简谐振动。由方程(6.1.19)可知, $\omega_{\mathrm{n}1}$ 和 $\omega_{\mathrm{n}2}$ 只取决于构成系统的物理参数,故它们叫作系统的固有角频率。两自由度系统有两个固有角频率。

现在来确定 u_1 和 u_2 。由方程组(6.1.16)可知,它与 ω_{n}^2 有关。对应于系统的两个固有角频率 $\omega_{\mathrm{n}1}$ 和 $\omega_{\mathrm{n}2}$ 有

$$r_1 = \frac{u_{21}}{u_{11}} = -\frac{k_{11}-\omega_{\mathrm{n}1}^2 m_1}{k_{12}} = -\frac{k_{12}}{k_{22}-\omega_{\mathrm{n}1}^2 m_2} \tag{6.1.20a}$$

$$r_2 = \frac{u_{22}}{u_{12}} = -\frac{k_{11}-\omega_{\mathrm{n}2}^2 m_1}{k_{12}} = -\frac{k_{12}}{k_{22}-\omega_{\mathrm{n}2}^2 m_2} \tag{6.1.20b}$$

对于 u_{ij} ,下标“ i ”表示系统的坐标序数,“ j ”表示对应于系统的固有角频率序数。对于两自由度系统, $i,j = 1,2$ 。u_{11} 和 u_{21} 描述了系统发生固有角频率为 $\omega_{\mathrm{n}1}$ 的自由振动时 $x_1(t)$ 和 $x_2(t)$ 的大小,而 u_{12} 和 u_{22} 描述了系统发生固有角频率为 $\omega_{\mathrm{n}2}$ 的自由振动时 $x_1(t)$ 和 $x_2(t)$ 的大小,它们分别反映了系统以某个固有角频率作自由振动时的形状或振型,可表示为

$$\boldsymbol{u}_1 = \begin{Bmatrix} u_{11} \\ u_{21} \end{Bmatrix} = u_{11}\begin{Bmatrix} 1 \\ r_1 \end{Bmatrix}, \boldsymbol{u}_2 = \begin{Bmatrix} u_{12} \\ u_{22} \end{Bmatrix} = u_{12}\begin{Bmatrix} 1 \\ r_2 \end{Bmatrix} \tag{6.1.21}$$

其中, $\boldsymbol{u}_1$ 和 $\boldsymbol{u}_2$ 叫作特征向量、振型向量或模态向量, r_1 和 r_2 叫作**振型比**。固有角频率和振型向量构成系统振动的固有模态的基本参数(或简称模态参数),它们表明了系统自由振动的特性。两自由度系统有两个固有模态,即系统的固有模态数等于系统的自由度数。方程组(6.1.21)表明,对于给定的系统,特征向量或振型向量的相对比值是确定的、唯一的,和固有角频率一样,取决于系统的物理参数,是系统固有的,而振幅则不同。

由式(6.1.10)和式(6.1.15)可以得到两自由度系统运动方程的两个独立的特解,或系统两个固有模态振动的表达式

$$\boldsymbol{x}_1(t) = \begin{Bmatrix} x_1(t) \\ x_2(t) \end{Bmatrix}_1 = \boldsymbol{u}_1 f_1(t) = A_1 \begin{Bmatrix} 1 \\ r_1 \end{Bmatrix} \sin(\omega_{n1} t + \varphi_1) \tag{6.1.22a}$$

$$\boldsymbol{x}_2(t) = \begin{Bmatrix} x_1(t) \\ x_2(t) \end{Bmatrix}_2 = \boldsymbol{u}_2 f_2(t) = A_2 \begin{Bmatrix} 1 \\ r_2 \end{Bmatrix} \sin(\omega_{n2} t + \varphi_2) \tag{6.1.22b}$$

系统自由振动的一般表达式,也就是方程的通解为

$$\begin{aligned}\boldsymbol{x}(t) &= \begin{Bmatrix} x_1(t) \\ x_2(t) \end{Bmatrix} = \begin{Bmatrix} x_1(t) \\ x_2(t) \end{Bmatrix}_1 + \begin{Bmatrix} x_1(t) \\ x_2(t) \end{Bmatrix}_2 \\ &= A_1 \begin{Bmatrix} 1 \\ r_1 \end{Bmatrix} \sin(\omega_{n1} t + \varphi_1) + A_2 \begin{Bmatrix} 1 \\ r_2 \end{Bmatrix} \sin(\omega_{n2} t + \varphi_2) \\ &= \begin{bmatrix} 1 & 1 \\ r_1 & r_2 \end{bmatrix} \begin{Bmatrix} A_1 \sin(\omega_{n1} t + \varphi_1) \\ A_2 \sin(\omega_{n2} t + \varphi_2) \end{Bmatrix} \end{aligned} \tag{6.1.23}$$

两自由度系统自由振动是系统两个固有模态振动的线性组合, $x_1(t)$ 和 $x_2(t)$ 不是作某一固有角频率的自由振动,而是两个固有角频率的简谐振动的合成振动。只有在某些特定的条件下,系统才会只作某个固有角频率的自由振动。

例题 6.1.1 对于图 6.1.1 所示的系统,有 $m_1 = m$, $m_2 = 2m$, $k_1 = k$, $k_c = k$, $k_2 = 2k$ 。试确定系统的固有模态。

解:由方程(6.1.8)得

$$k_{11} = k_1 + k_c = 2k,\ k_{22} = k_2 + k_c = 3k$$
$$k_{12} = k_{21} = -k_c = -k$$

这时系数的特征方程为

$$2m^2\omega_n^4 - 7mk\omega_n^2 + 5k^2 = 0$$

方程的两个特征值为

$$\omega_{n1}^2 = k/m, \omega_{n2}^2 = 2.5k/m$$

因此,系统的两个固有角频率为

$$\omega_{n1} = \sqrt{\frac{k}{m}},\ \omega_{n2} = \sqrt{\frac{5k}{2m}}$$

把 ω_{n1} 和 ω_{n2} 分别代入式(6.1.20),有

$$r_1 = \frac{u_{21}}{u_{11}} = -\frac{k_{11} - \omega_{n1}^2 m_1}{k_{12}} = -\frac{2k - (k/m)m}{-k} = 1$$

$$r_2 = \frac{u_{22}}{u_{12}} = -\frac{k_{11} - \omega_{n2}^2 m_1}{k_{12}} = -\frac{2k - (2.5k/m)m}{-k} = -0.5$$

系统的振型向量为

$$\boldsymbol{u}_1 = \begin{Bmatrix} 1 \\ 1 \end{Bmatrix},\ \boldsymbol{u}_2 = \begin{Bmatrix} 1 \\ -0.5 \end{Bmatrix}$$

图 6.1.2 表示了系统的两阶振型。显然,无论是把 u_{11} 和 u_{12} ,还是 u_{21} 和 u_{22} 取作 1,都不会影响图 6.1.2 所示系统振动的形状。

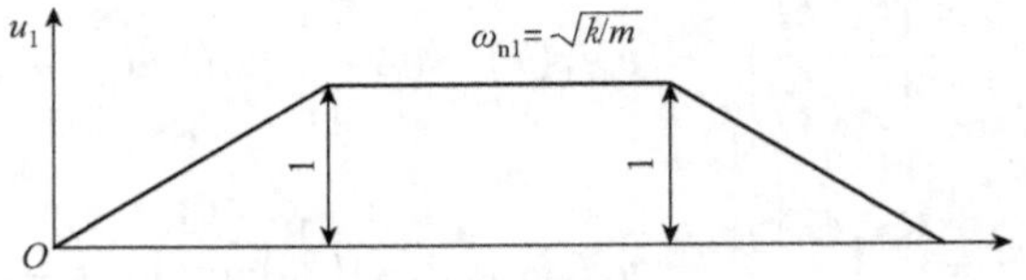

a) 第1模态

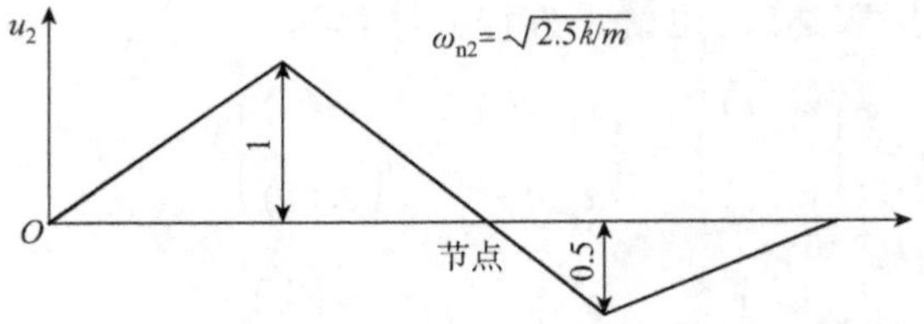

b) 第2模态

图 6.1.2　系统的两阶模态

应当指出,第二阶模态有一个位移为零的点,这个点叫作**波节**或**节点**。

6.1.2　广义坐标和坐标耦合

前面,我们对一个两自由度系统进行分析时,选取一组独立的坐标系 x_1 和 x_2 。对于一个两自由度系统,是否只有一组独立的坐标可用以描述其运动?系统运动方程的具体形式是否也只有一种?为了回答这些问题,我们来分析一个具体的问题。

图 6.1.3a)可看作汽车的某种理想化模型,为了简化,车身可视作一刚性杆,质量为 m ,质心在 C 点,车身对质心的转动惯量为 J_C 。假定轮胎质量可以略去,支承系统简化为两个弹簧,弹簧常数分别为 k_1 和 k_2 。当系统发生振动时,有两个方向的运动:质心 C 在垂直方向的运动 $x_1(t)$,车身绕质心 C 的转动 $\theta(t)$ 。

如图 6.1.3b)所示,列垂直方向的力平衡方程和力矩平衡方程,整理后,得

$$\begin{bmatrix} m & 0 \\ 0 & J_C \end{bmatrix}\begin{Bmatrix} \ddot{x}_1 \\ \ddot{\theta} \end{Bmatrix}+\begin{bmatrix} k_1+k_2 & k_1a_1-k_2b_1 \\ k_1a_1-k_2b_1 & k_1a_1^2+k_2b_1^2 \end{bmatrix}\begin{Bmatrix} x_1 \\ \theta \end{Bmatrix}=\begin{Bmatrix} 0 \\ 0 \end{Bmatrix} \tag{6.1.24}$$

在矩阵方程(6.1.24)中,两个方程都有 x_1 和 θ 项,表现为刚度矩阵 $\boldsymbol{K}$ 有非零的非对角元。这两个方程不能单独求解,这种状况叫作**坐标耦合**。现在,方程是通过其刚度项相互耦合,叫作**静耦合**或**弹性耦合**。

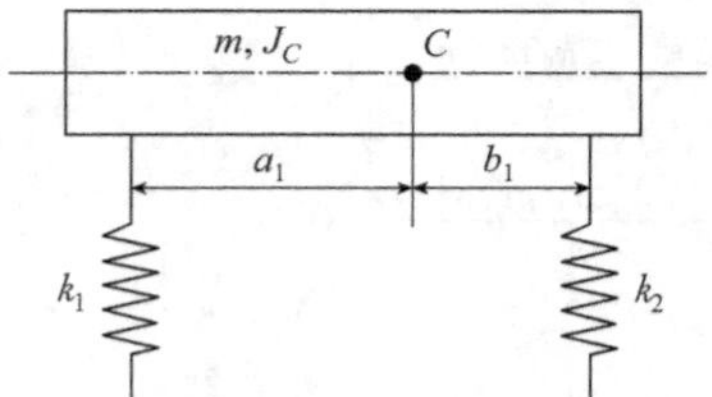

a) 理想化模型

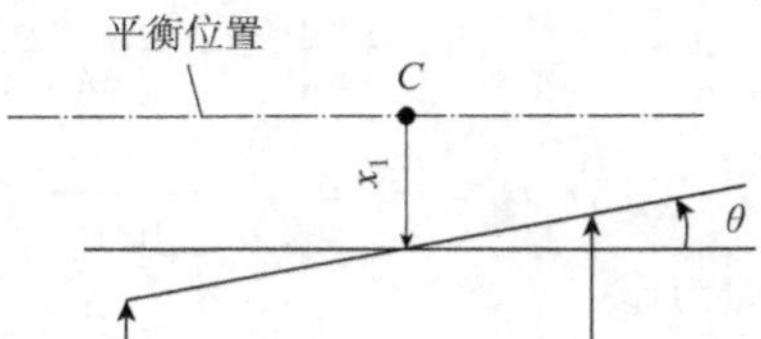

b) 受力分析

图 6.1.3　汽车振动简化模型

为了描述图6.1.3a)所示系统的运动,我们还可以选用图6.1.4a)所示的一组坐标 x_2 和 θ,并且有 $k_1a_2 = k_2b_2$。此时,可得系统的运动方程

$$\begin{bmatrix} m & -me \\ -me & J_O \end{bmatrix}\begin{Bmatrix} \ddot{x}_1 \\ \ddot{\theta} \end{Bmatrix} + \begin{bmatrix} k_1 + k_2 & 0 \\ 0 & k_1a_2^2 + k_2b_2^2 \end{bmatrix}\begin{Bmatrix} x_2 \\ \theta \end{Bmatrix} = \begin{Bmatrix} 0 \\ 0 \end{Bmatrix} \tag{6.1.25}$$

式中,J_O 为车身绕点 O 转动的转动惯量;$e = OC$,为偏心距。矩阵方程(6.1.25)两个方程中都含有 $\ddot{x}$ 和 $\ddot{\theta}$ 项,质量矩阵 $\boldsymbol{M}$ 具有非零的非对角元,两运动方程通过惯性项而相互耦合,这种耦合叫作**运动耦合**或**惯性耦合**。

如果我们选用图6.1.4b)所示的一组坐标 x_3 和 θ,就可得到系统的运动方程

$$\begin{bmatrix} m & -ma \\ -ma & J_A \end{bmatrix}\begin{Bmatrix} \ddot{x}_3 \\ \ddot{\theta} \end{Bmatrix} + \begin{bmatrix} k_1 + k_2 & -k_2L \\ -k_2L & k_2L^2 \end{bmatrix}\begin{Bmatrix} x_3 \\ \theta \end{Bmatrix} = \begin{Bmatrix} 0 \\ 0 \end{Bmatrix} \tag{6.1.26}$$

这时,方程既含有静耦合又含有动耦合。

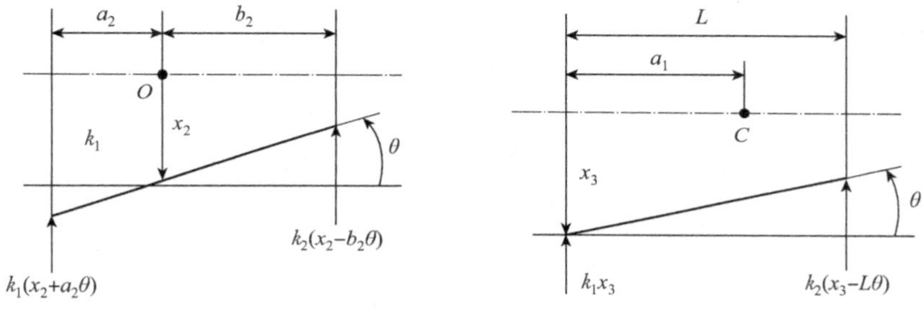

图6.1.4　选择不同的坐标系

通过上面的分析,可以得到这样的结论:

(1)描述一个两自由度系统的运动,所需要的独立坐标数是确定的、唯一的,就是自由度数为2。但为描述系统运动,可选择的坐标不是只有唯一的一组。

(2)对于同一个系统,选取的坐标不同,列出的系统运动方程的具体形式也不同,质量矩阵和刚度矩阵对不同的坐标有不同的具体形式。

(3)如果系统的质量矩阵和刚度矩阵的非对角元有非零的元素,则表明方程存在着坐标耦合。坐标耦合取决于坐标的选取,不是系统的固有性质。

(4)若方程中存在耦合,则各个方程不能单独求解。

(5)同一个系统,选取不同的坐标来描述其运动,不会影响系统的性质,其固有特性不变。

既然坐标耦合与坐标的选取有关,而不是系统的基本性质,那么是否存在一种坐标,当采用这种坐标来描述系统的运动时,系统的运动方程既无动耦合也无静耦合呢?

6.1.3　主坐标

让我们再一次研究方程组(6.1.9),将方程组的解表示为

$$x_1(t) = q_1(t) + q_2(t) \tag{6.1.27a}$$

$$x_2(t) = r_1 q_1(t) + r_2 q_2(t) \tag{6.1.27b}$$

式中，$r_1 = u_{21}/u_{11}$，$r_2 = u_{22}/u_{12}$，为振型比，由式(6.1.21)确定。把式(6.1.27)代入式(6.1.9)，则得

$$m_1(\ddot{q}_1 + \ddot{q}_2) + k_{11}(q_1 + q_2) + k_{12}(r_1 q_1 + r_2 q_2) = 0 \tag{6.1.28a}$$

$$m_2(r_1\ddot{q}_1 + r_2\ddot{q}_2) + k_{21}(q_1 + q_2) + k_{22}(r_1 q_1 + r_2 q_2) = 0 \tag{6.1.28b}$$

式(6.1.28a)乘 $m_2 r_2$，式(6.1.28b)乘 m_1，两式再相减得

$$\begin{aligned} m_1 m_2(r_2 - r_1)\ddot{q}_1 + (m_2 r_2 k_{11} + m_2 r_1 r_2 k_{12} - m_1 k_{21} - m_1 r_1 k_{22})q_1 + \\ (m_2 r_2 k_{11} + m_2 r_2^2 k_{12} - m_1 k_{21} - m_1 r_2 k_{22})q_2 = 0 \end{aligned} \tag{6.1.29a}$$

式(6.1.28a)乘 $m_2 r_1$，式(6.1.28b)乘 m_1，两式再相减得

$$\begin{aligned} m_1 m_2(r_2 - r_1)\ddot{q}_2 + (m_2 r_1 k_{11} + m_2 r_1^2 k_{12} - m_1 k_{21} - m_1 r_1 k_{22})q_1 + \\ (m_2 r_1 k_{11} + m_2 r_1 r_2 k_{12} - m_1 k_{21} - m_1 r_2 k_{22})q_2 = 0 \end{aligned} \tag{6.1.29b}$$

利用关系式(6.1.20)

$$r_1 = -\frac{k_{11} - \omega_{n1}^2 m_1}{k_{12}} = -\frac{k_{12}}{k_{22} - \omega_{n1}^2 m_2}$$

$$r_2 = -\frac{k_{11} - \omega_{n2}^2 m_1}{k_{12}} = -\frac{k_{12}}{k_{22} - \omega_{n2}^2 m_2}$$

式中，ω_{n1} 和 ω_{n2} 是系统的固有角频率，则方程组(6.1.29)可简化为

$$\ddot{q}_1 + \omega_{n1}^2 q_1 = 0 \tag{6.1.30a}$$

$$\ddot{q}_2 + \omega_{n2}^2 q_2 = 0 \tag{6.1.30b}$$

与方程(6.1.9)相比，在方程组(6.1.30)中，对于坐标 q_1 和 q_2，每一个方程只含有一个坐标 q_i 及其二阶导数 $\ddot{q}_i$，没有静耦合，也没有动耦合。每一个方程是一个独立的微分方程，相当于一个单自由度系统的运动方程，可以单独求解。这种能使系统运动不存在耦合，成为相互独立方程的坐标，叫作**主坐标**或**固有坐标**。

对方程组(6.1.30)中各方程分别求解，可得

$$q_1(t) = A_1\sin(\omega_{n1}t + \varphi_1) \tag{6.1.31a}$$

$$q_2(t) = A_2\sin(\omega_{n2}t + \varphi_2) \tag{6.1.31b}$$

如果我们选取的坐标恰好是系统的主坐标，那么，沿各个主坐标发生的运动将分别对应于系统某个固有角频率 ω_{n1} 和 ω_{n2} 的简谐运动，而不是组合运动。

从上面的例子可以看出，对于一个系统从一般的广义坐标变换到主坐标，不是可以任意确定的，它和组成系统的物理参数——表征系统自由振动特性的**固有角频率**和**振型向量**有关。

在对一个系统作振动分析时，坐标的选取一般是根据系统的工作要求和结构特点来确定的，通常不会和系统的主坐标相一致。这种根据分析系统工作要求和结构特点而建立的坐标，也叫作物理坐标，比如 $x_1(t)$ 和 $x_2(t)$。我们关心的往往是系统物理坐标的运动，因此，在得到了主坐标运动的表达式后，还需写出物理坐标的运动表达式。把式(6.1.31)代入

式(6.1.27),得

$$\boldsymbol{x}(t) = A_1\begin{Bmatrix}1\\ r_1\end{Bmatrix}\sin(\omega_{n1}t + \varphi_1) + A_2\begin{Bmatrix}1\\ r_2\end{Bmatrix}\sin(\omega_{n2}t + \varphi_2) \tag{6.1.32}$$

方程组(6.1.32)和方程组(6.1.23)完全一致。振幅 A_1 和 A_2、相角 φ_1 和 φ_2 取决于初始条件。

固有角频率、振型向量、物理坐标和主坐标对分析系统的自由振动和强迫振动都是非常重要的。

6.1.4 初始条件引起的系统自由振动

对于一个给定的两自由度系统,固有角频率 ω_{n1} 和 ω_{n2}、振型向量 $\boldsymbol{u}_1$ 和 $\boldsymbol{u}_2$ 是系统固有的。对于系统自由振动的一般表达式(6.1.23),振幅 A_1 和 A_2、相角 φ_1 和 φ_2 是待定的,取决于施加给系统的初始条件。不同的初始条件使系统发生不同形式的自由振动,但固有角频率和振型比是不变的。

假定施加于系统的初始条件为 $x_1(0) = x_{10}$, $x_2(0) = x_{20}$ 和 $\dot{x}_1(0) = \dot{x}_{10}$, $\dot{x}_2(0) = \dot{x}_{20}$,写成向量形式为

$$\boldsymbol{x}(0) = \begin{Bmatrix}x_1(0)\\ x_2(0)\end{Bmatrix} = \begin{Bmatrix}x_{10}\\ x_{20}\end{Bmatrix} \tag{6.1.33a}$$

$$\dot{\boldsymbol{x}}(0) = \begin{Bmatrix}\dot{x}_1(0)\\ \dot{x}_2(0)\end{Bmatrix} = \begin{Bmatrix}\dot{x}_{10}\\ \dot{x}_{20}\end{Bmatrix} \tag{6.1.33b}$$

代入方程(6.1.23),得

$$A_1 = \frac{1}{r_2 - r_1}\sqrt{(r_2x_{10} - x_{20})^2 + \frac{(r_2\dot{x}_{10} - \dot{x}_{20})^2}{\omega_{n1}^2}} \tag{6.1.34a}$$

$$A_2 = \frac{1}{r_2 - r_1}\sqrt{(r_1x_{10} - x_{20})^2 + \frac{(r_1\dot{x}_{10} - \dot{x}_{20})^2}{\omega_{n2}^2}} \tag{6.1.34b}$$

$$\tan\varphi_1 = \frac{\omega_{n1}(r_2x_{10} - x_{20})}{r_2\dot{x}_{10} - \dot{x}_{20}} \tag{6.1.35a}$$

$$\tan\varphi_2 = \frac{\omega_{n2}(r_1x_{10} - x_{20})}{r_1\dot{x}_{10} - \dot{x}_{20}} \tag{6.1.35b}$$

6.2 无阻尼吸振器

让我们来研究图6.2.1所示的系统。假定原来的系统是由质量 m_1 和弹簧 k_1 组成的系统,该系统叫作主系统,是一个单自由度系统。在激励力 $F\sin\Omega t$ 的作用下,该系统发生了强迫振动。为了减小其振动强度,不能采用改变主系统参数 m_1 和 k_1 的方法,而应设计安装一个由质量 m_2 和弹簧 k_2 组成的辅助系统——**吸振器**,形成一个新的两自由度系统。此时,运动方程为

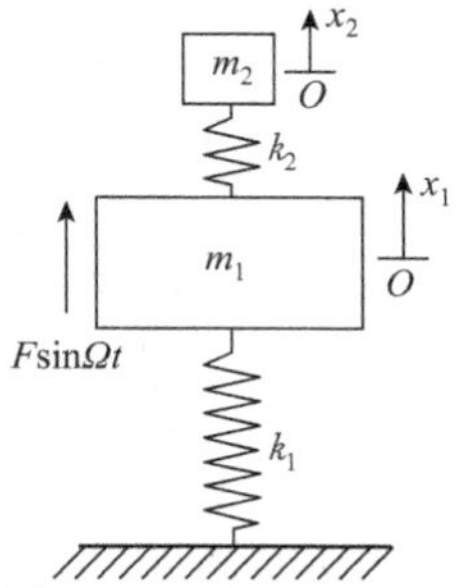

图6.2.1 无阻尼吸振器

$$\begin{bmatrix} m_1 & 0 \\ 0 & m_2 \end{bmatrix}\begin{Bmatrix} \ddot{x}_1 \\ \ddot{x}_2 \end{Bmatrix} + \begin{bmatrix} k_1 + k_2 & -k_2 \\ -k_2 & k_2 \end{bmatrix}\begin{Bmatrix} x_1 \\ x_2 \end{Bmatrix} = \begin{Bmatrix} F \\ 0 \end{Bmatrix}\sin\Omega t \tag{6.2.1}$$

解方程(6.2.1),得

$$A_1(\Omega) = \frac{(k_2 - \Omega^2 m_2)F}{(k_1 + k_2 - m_1\Omega^2)(k_2 - m_2\Omega^2) - k_2^2} \tag{6.2.2a}$$

$$A_2(\Omega) = \frac{k_2 F}{(k_1 + k_2 - m_1\Omega^2)(k_2 - m_2\Omega^2) - k_2^2} \tag{6.2.2b}$$

令 $\omega_1 = \sqrt{k_1/m_1}$ 为主系统的固有角频率;$\omega_2 = \sqrt{k_2/m_2}$ 为吸振器的固有角频率;$X_0 = F/k_1$ 为主系统的等效静位移;$\mu = m_2/m_1$ 为吸振器质量与主系统的质量比。

则方程(6.2.2)可变换为

$$A_1(\Omega) = \frac{\left[1 - \left(\frac{\Omega}{\omega_2}\right)^2\right]X_0}{\left[1 + \mu\left(\frac{\omega_2}{\omega_1}\right)^2 - \left(\frac{\Omega}{\omega_1}\right)^2\right]\left[1 - \left(\frac{\Omega}{\omega_2}\right)^2\right] - \mu\left(\frac{\omega_2}{\omega_1}\right)^2} \tag{6.2.3a}$$

$$A_2(\Omega) = \frac{X_0}{\left[1 + \mu\left(\frac{\omega_2}{\omega_1}\right)^2 - \left(\frac{\Omega}{\omega_1}\right)^2\right]\left[1 - \left(\frac{\Omega}{\omega_2}\right)^2\right] - \mu\left(\frac{\omega_2}{\omega_1}\right)^2} \tag{6.2.3b}$$

由方程式(6.2.3a)可以知道,当 $\Omega = \omega_2$ 时,主系统质量 m_1 的振幅 $A_1 = 0$。这就是说,倘若我们使吸振器的固有角频率与主系统的工作角频率相等,则主系统的振动将被消除。当 $\Omega = \omega_2$ 时,方程式(6.2.3b)将为

$$A_2(\Omega) = -\left(\frac{\omega_1}{\omega_2}\right)^2 \frac{X_0}{\mu} = -\frac{F}{k_2} \tag{6.2.4}$$

这时,吸振器的运动为

$$x_2(t) = -\frac{F}{k_2}\sin\Omega t \tag{6.2.5}$$

吸振器的运动通过弹簧 k_2 给主系统质量 m_1 施加一作用力,即

$$k_2 x_2(t) = -F\sin\Omega t \tag{6.2.6}$$

在任何时刻,吸振器施加于主系统的力精确地与作用于主系统的激励力 $F\sin\Omega t$ 平衡。

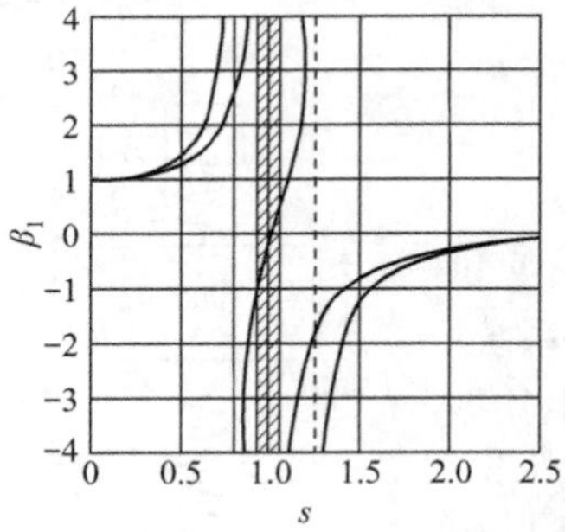

图6.2.2　吸振器工作频率范围

($\omega_1 = \omega_2$, $\mu = 0.2$)

当 $\omega_1 = \omega_2$ 时,取 $A_1 = X_0\beta_1$, $A_2 = X_0\beta_2$, $s = \Omega/\omega_2$,方程(6.2.3)变成

$$\beta_1 = \frac{1 - s^2}{(1 + \mu - s^2)(1 - s^2) - \mu} \tag{6.2.7a}$$

$$\beta_2 = \frac{1}{(1 + \mu - s^2)(1 - s^2) - \mu} \tag{6.2.7b}$$

虽然无阻尼吸振器是针对某个给定的工作角频率设计的,但在 Ω 近旁的某个小范围内也能满足要求。这时,主系统质量 m_1 的运动位移虽不是零,但振幅很小。图 6.2.2 表示在 $\mu = 0.2$, $\omega_1 = \omega_2$ 时,吸振器 β_1 随 s 变化的规律,阴影部

分是吸振器的可工作角频率范围。安装吸振器的缺点是使一单自由度系统成为一两自由度系统,有两个共振角频率,增加了系统共振的可能性。

使式(6.2.3)的分母等于零,即

$$\left[1+\mu\left(\frac{\omega_2}{\omega_1}\right)^2-\left(\frac{\Omega}{\omega_1}\right)^2\right]\left[1-\left(\frac{\Omega}{\omega_2}\right)^2\right]-\mu\left(\frac{\omega_2}{\omega_1}\right)^2=0 \tag{6.2.8}$$

这就是由主系统和吸振器组成的两自由度系统的特征方程。运算后,可得

$$\left(\frac{\omega_2}{\omega_1}\right)^2\left(\frac{\Omega}{\omega_2}\right)^4-\left[1+(1+\mu)\left(\frac{\omega_2}{\omega_1}\right)^2\right]\left(\frac{\Omega}{\omega_2}\right)^2+1=0 \tag{6.2.9}$$

对于不同的 ω_2/ω_1 和 μ 值,可以从式(6.2.9)中解出两自由度系统的两个固有角频率。

6.3 有阻尼吸振器

无阻尼吸振器是为了在某个给定的角频率消除主系统的振动而设计的,适用于常速或速度稍有变动的工作设备。有些设备的工作速度是在一个比较大的范围内变动,要消除其振动,就产生了有阻尼吸振器。

如图6.3.1所示,由质量 m_1 和弹簧 k_1 组成的系统是主系统。为了在相当宽的工作速度范围内,使主系统的振动能够减小到要求的强度,设计了由质量 m_2、弹簧 k_2 和黏性阻尼器 c 组成的系统,它叫作有阻尼吸振器。主系统和吸振器组成了一个新的两自由度系统。其运动方程为

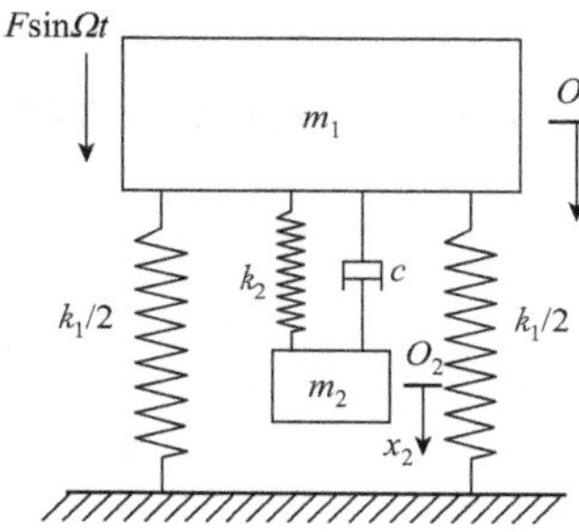

图6.3.1 有阻尼吸振器

$$\begin{bmatrix} m_1 & 0 \\ 0 & m_2 \end{bmatrix}\begin{Bmatrix} \ddot{x}_1 \\ \ddot{x}_2 \end{Bmatrix}+\begin{bmatrix} c & -c \\ -c & c \end{bmatrix}\begin{Bmatrix} \dot{x}_1 \\ \dot{x}_2 \end{Bmatrix}+\begin{bmatrix} k_1+k_2 & -k_2 \\ -k_2 & k_2 \end{bmatrix}\begin{Bmatrix} x_1 \\ x_2 \end{Bmatrix}=\begin{Bmatrix} F \\ 0 \end{Bmatrix}\sin\Omega t \tag{6.3.1}$$

解方程组(6.3.1)可得

$$X_1(\Omega)=\frac{k_2-\Omega^2 m_2+\mathrm{i}\Omega c}{|Z(\Omega)|}F \tag{6.3.2a}$$

$$X_2(\Omega)=\frac{k_2+\mathrm{i}\Omega c}{|Z(\Omega)|}F \tag{6.3.2b}$$

式中

$$\begin{aligned}|Z(\Omega)|&=\begin{vmatrix} k_1+k_2-\Omega^2 m_1+\mathrm{i}\Omega c & -(k_2+\mathrm{i}\Omega c) \\ -(k_2+\mathrm{i}\Omega c) & k_2-\Omega^2 m_2+\mathrm{i}\Omega c \end{vmatrix}\\&=(k_1-\Omega^2 m_1)(k_2-\Omega^2 m_2)-\Omega^2 k_2 m_2+\mathrm{i}\Omega c(k_1-\Omega^2 m_1-\Omega^2 m_2)\end{aligned} \tag{6.3.3}$$

因而有

$$A_1=|X_1|=\frac{F\sqrt{(k_2-\Omega^2 m_2)+\Omega^2 c^2}}{\sqrt{a^2+b^2}} \tag{6.3.4a}$$

$$A_2=|X_2|=\frac{F\sqrt{k_2+(\Omega c)^2}}{\sqrt{a^2+b^2}} \tag{6.3.4b}$$

式中

$$a = (k_1 - \Omega^2 m_1)(k_2 - \Omega^2 m_2) - \Omega^2 k_2 m_2$$
$$b = \Omega c(k_1 - \Omega^2 m_1 - \Omega^2 m_2)$$

我们关心的是如何选择吸振器参数 m_2、k_2 和 c，使主系统在激励力 $F\sin\Omega t$ 的作用下的稳态响应振幅减小到允许的数值范围内。为了简化讨论，引入下列符号

$$\frac{F}{k_1} = X_0, \omega_1 = \sqrt{\frac{k_1}{m_1}}, \omega_2 = \sqrt{\frac{k_2}{m_2}}, \mu = \frac{m_2}{m_1}$$

$$\delta = \frac{\omega_2}{\omega_1}, s = \frac{\Omega}{\omega_1}, \zeta = \frac{c}{2m_2\omega_1}$$

把式(6.3.4a)中的 A_1 由上述符号化成无量纲的形式

$$\beta_1^2 = \frac{A_1^2}{X_0^2} = \frac{(\delta^2 - s^2)^2 + 4\zeta^2 s^2}{[(1 - s^2)(\delta^2 - s^2) - \mu s^2\delta^2]^2 + 4\zeta^2 s^2 (1 - s^2 - \mu s^2)^2} \tag{6.3.5}$$

若 $c = \zeta = 0$，由式(6.3.2)可以得到无阻尼吸振器振幅的表达式(6.2.2)。由式(6.3.5)就可得到具有无阻尼吸振器的主系统振幅的无量纲表达式

$$\beta_1^2 = \frac{A_1^2}{X_0^2} = \frac{(\delta^2 - s^2)^2}{[(1 - s^2)(\delta^2 - s^2) - \mu s^2\delta^2]^2} \tag{6.3.6}$$

$\mu = \dfrac{1}{20}, \delta = 1, \zeta = 0$ 时的主系统响应曲线见图 6.3.2。该图中画出了 β_1 的绝对值。

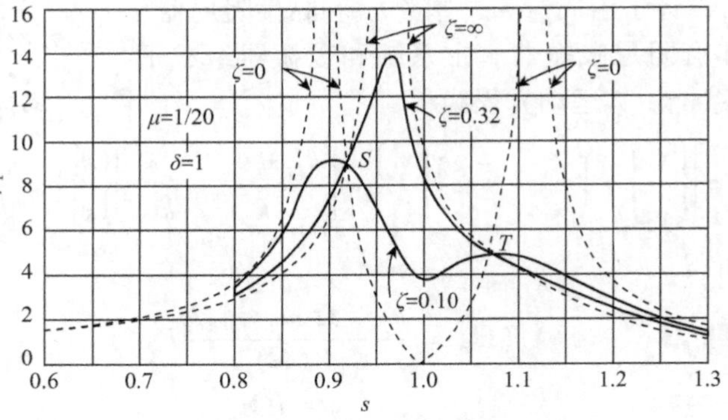

图 6.3.2 主系统响应曲线

另一个极端情况是 $c = \infty$，即 $\zeta = \infty$，阻尼为无限大，质量 m_1 和 m_2 将无相对运动，这时我们得到了一个由质量($m_1 + m_2$)和弹簧 k_1 组成的单自由度系统。该系统的稳态响应可直接由式(6.3.5)或单自由度系统稳态响应表达式求得，即

$$\beta_1^2 = \frac{A_1^2}{X_0^2} = \frac{1}{(1 - s^2 - \mu s^2)^2} \tag{6.3.7}$$

其无阻尼固有角频率比，可由式(6.3.7)的分母等于零求得，即

$$s_\infty = \frac{1}{\sqrt{1 + \mu}} = \frac{m_1}{m_1 + m_2} \tag{6.3.8}$$

$\mu = \dfrac{1}{20}, s_\infty = 0.976, \zeta = \infty$时的主系统响应曲线也见图 6.3.2。该响应曲线与单自由度

系统的响应曲线相同。对于其他的阻尼值,响应曲线将介于 $\zeta = 0$ 和 $\zeta = \infty$ 之间,根据式(6.3.5)画出,在图 6.3.2 中还画出了 $\zeta = 0.1$ 和 $\zeta = 0.32$ 的响应曲线。

有趣的是,在图 6.3.2 中,所有响应的曲线都交于 S 点和 T 点。这表明,这两个点所对应的频率比 s 值、质量 m_1 的稳态响应的振幅与吸振器的阻尼 c 无关。S 点和 T 点的 s 值,可由任意两个不同阻尼值的响应曲线求得,最方便的就是使式(6.3.6)和式(6.3.7)相等得到,即

$$\frac{\delta^2 - s^2}{(1 - s^2)(\delta^2 - s^2) - \mu s^2\delta^2} = \frac{\pm 1}{1 - s^2 - \mu s^2} \tag{6.3.9}$$

取正号,有 $\mu s^4 = 0$, $s = 0$,这不是所期望的。因而取负号,得

$$s^4 - 2s^2\frac{1 + \delta^2 + \mu\delta^2}{2 + \mu} + \frac{2\delta^2}{2 + \mu} = 0 \tag{6.3.10}$$

由式(6.3.10)可以求得 S 点和 T 点对应的 s_S 和 s_T 的表达式(是 μ 和 δ 的函数),由于 S 点和 T 点的响应与阻尼无关,要确定其大小,任何阻尼的响应方程都可应用,最简单的是无阻尼响应方程。为此,把求得的 s_S 和 s_T 的表达式代入方程(6.3.5),求得

$$\beta_{1,S} = \frac{1}{1 - s_S^2 - \mu s_S^2} \tag{6.3.11a}$$

$$\beta_{1,T} = \frac{1}{1 - s_T^2 - \mu s_T^2} \tag{6.3.11b}$$

对于工程问题,并不要求使主系统的振幅 A_1 一定等于零,只要小于允许的数值就可以了。因此,为了使主系统在相当宽的角频率范围内工作,我们将这样来设计吸振器:使 $A_{1S} = A_{1T}$,并使 A_{1S} 和 A_{1T} 为某个响应曲线的最大值;合理选择吸振器参数,把 A_{1S} 和 A_{1T} 控制在要求的数值以内。

由 $A_{1S} = A_{1T}$,得

$$\delta = \frac{1}{1 + \mu} \tag{6.3.12}$$

代入式(6.3.10),得

$$s_{S,T}^2 = \frac{1}{1 + \mu}\left(1 \mp \sqrt{\frac{\mu}{2 + \mu}}\right) \tag{6.3.13}$$

从而得

$$\beta_{1,S} = \beta_{1,T} = \sqrt{\frac{2 + \mu}{\mu}} \tag{6.3.14}$$

由主系统允许的最大振动,可通过式(6.3.14)确定 μ ,从而确定吸振器质量 m_2 。把由式(6.3.14)得到的 μ 值代入式(6.3.12),可得 δ ,即确定了 ω_2 ,从而得到了吸振器弹簧的弹簧常数 k_2 。最后,要确定吸振器的阻尼系数 c 。要使 A_{1S} 和 A_{1T} 为响应曲线的最大值,则在响应曲线的 S 点和 T 点应有水平切线,从而可得到相应的 ζ 值。由于使 A_{1S} 和 A_{1T} 为最大值

的ζ值并不相等,故取平均值得

$$\zeta = \sqrt{\frac{3\mu}{8(1+\mu)}} \tag{6.3.15}$$

吸振器参数m_2、k_2和c确定以后,就与主系统构成了一个确定的两自由度系统,其响应方程和曲线都是确定的,在S点和T点有最大值,且小于允许的数值。

图6.3.3所示为在S点和T点分别具有水平切线的两条响应曲线($\mu = 1/4$)。由图6.3.3可见,对于这两条响应曲线,在S点和T点以外的响应值相差很小,显然,在相当宽的频率范围内,主系统有着小于允许振幅的振动,这就达到了减小主系统振动的目的。

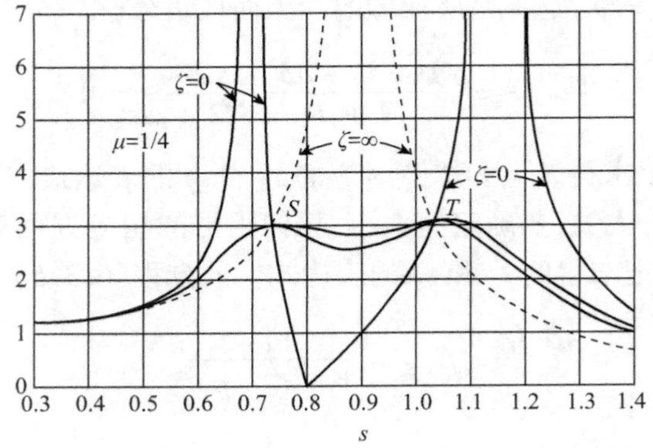

图6.3.3　S点和T点分别具有水平切线的两条响应曲线

6.4　位移方程

在前面的讨论中,系统的运动方程表示为

$$\boldsymbol{M}\ddot{\boldsymbol{x}} + \boldsymbol{K}\boldsymbol{x} = \boldsymbol{F}(t)$$

或

$$\boldsymbol{M}\ddot{\boldsymbol{x}} + \boldsymbol{C}\dot{\boldsymbol{x}} + \boldsymbol{K}\boldsymbol{x} = \boldsymbol{F}(t)$$

在自由振动时,$\boldsymbol{F}(t) = \boldsymbol{0}$,在这些方程中,每一项都代表一种力(或力矩):惯性力、弹性恢复力、阻尼力和外激励力。这种形式的方程是作用力(或力矩)方程。

对于许多工程问题,建立起系统的作用力方程是比较方便的。但是,有些系统采用另一种形式——位移方程,可能比作用力方程更方便。

6.4.1　柔度影响系数

我们定义弹簧常数为k的弹簧的柔度系数为

$$\delta = \frac{1}{k} \tag{6.4.1}$$

因而,图6.4.1a)中两个弹簧的柔度系数分别为$\delta_1 = 1/k_1$和$\delta_2 = 1/k_2$。假定作用在质量为m_1和m_2的物体上的力F_1和F_2是静态加上去的(以至不出现惯性力),只使m_1和m_2产

生静位移。对于线性系统，F_1 和 F_2 同时作用引起的静位移等于 F_1 和 F_2 分别作用引起的静位移的总和。图 6.4.1b)和图 6.4.1c)是只有 F_1 和只有 F_2 作用时的情况。显然有

$$x_{11} = \frac{F_1}{k_1} = \delta_1 F_1 \text{ , } x_{21} = x_{11} = \delta_1 F_1 \tag{6.4.2a}$$

$$x_{12} = \frac{F_2}{k_1} = \delta_1 F_2 \text{ , } x_{22} = \frac{F_2}{k_1} + \frac{F_2}{k_2} = (\delta_1 + \delta_2) F_2 \tag{6.4.2b}$$

当 F_1 和 F_2 同时作用时，有

$$x_1 = x_{11} + x_{12} = \delta_1 F_1 + \delta_1 F_2 \tag{6.4.3a}$$

$$x_2 = x_{21} + x_{22} = \delta_1 F_1 + (\delta_1 + \delta_2) F_2 \tag{6.4.3b}$$

写成矩阵形式，则有

$$\begin{Bmatrix} x_1 \\ x_2 \end{Bmatrix} = \begin{bmatrix} \delta_1 & \delta_1 \\ \delta_1 & \delta_1 + \delta_2 \end{bmatrix} \begin{Bmatrix} F_1 \\ F_2 \end{Bmatrix} \tag{6.4.4}$$

或

$$\boldsymbol{x} = \boldsymbol{\Delta F} \tag{6.4.5}$$

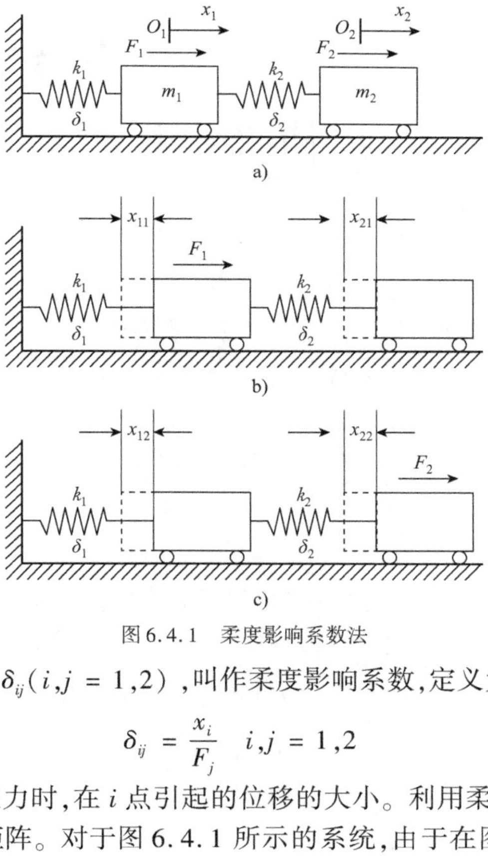

图 6.4.1　柔度影响系数法

$\boldsymbol{\Delta}$ 叫作柔度矩阵，其元素 $\delta_{ij}(i,j = 1,2)$，叫作柔度影响系数，定义为

$$\delta_{ij} = \frac{x_i}{F_j} \quad i,j = 1,2 \tag{6.4.6}$$

表示只在 j 点作用一单位力时，在 i 点引起的位移的大小。利用柔度影响系数的定义，我们也可以确定系统的柔度矩阵。对于图 6.4.1 所示的系统，由于在图 6.4.1b) 中 $F_2 = 0$，令 $F_1 = 1$，即可得

$$\delta_{11} = x_{11} = \frac{1}{k_1} = \delta_1 \text{ , } \delta_{21} = x_{21} = \delta_1$$

图6.4.1c)中 $F_1 = 0$,令 $F_2 = 1$,即可得

$$\delta_{12} = x_{12} = \frac{1}{k_1} = \delta_1 \text{ , } \delta_{22} = x_{22} = \frac{1}{k_1} + \frac{1}{k_2} = \delta_1 + \delta_2$$

系统的柔度矩阵为

$$\boldsymbol{\Delta} = \begin{bmatrix} \delta_{11} & \delta_{12} \\ \delta_{21} & \delta_{22} \end{bmatrix} = \begin{bmatrix} \delta_1 & \delta_1 \\ \delta_1 & \delta_1 + \delta_2 \end{bmatrix}$$

通常,柔度矩阵是对称的。

6.4.2 刚度影响系数

对于系统的刚度矩阵,其元素 k_{ij} 也叫作**刚度影响系数**,定义为

$$k_{ij} = \frac{F_i}{x_j} \quad i,j = 1,2 \tag{6.4.7}$$

它表明只在 j 点产生一单位位移时,需要在 i 点施加的力的大小。利用这一定义可以确定系统的刚度矩阵。

由图6.4.2可知

$$k_{11} = k_1 + k_2 \text{ , } k_{21} = -k_2 \text{ , } k_{12} = -k_2 \text{ , } k_{22} = k_2$$

因而系统的刚度矩阵为

$$\boldsymbol{K} = \begin{bmatrix} k_1 + k_2 & -k_2 \\ -k_2 & k_2 \end{bmatrix}$$

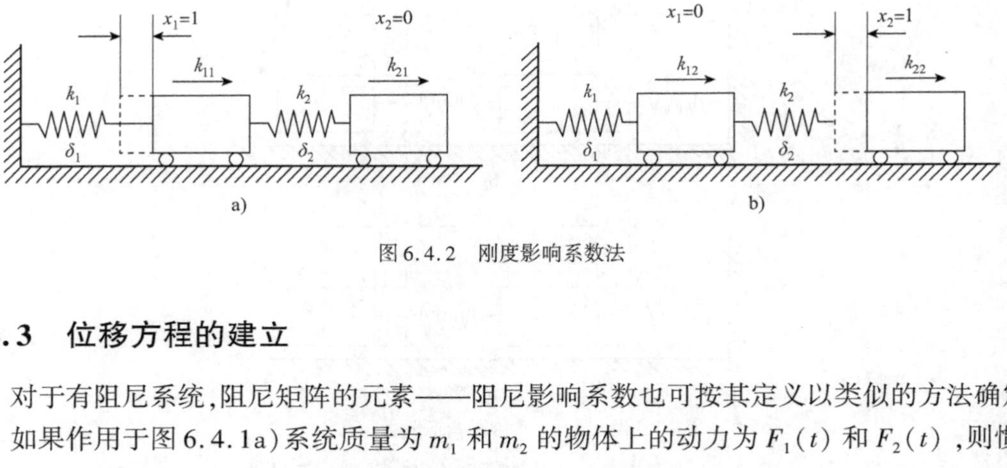

图6.4.2 刚度影响系数法

6.4.3 位移方程的建立

对于有阻尼系统,阻尼矩阵的元素——阻尼影响系数也可按其定义以类似的方法确定。

如果作用于图6.4.1a)系统质量为 m_1 和 m_2 的物体上的动力为 $F_1(t)$ 和 $F_2(t)$,则惯性力 $(-m_1\ddot{x}_1)$ 和 $(-m_2\ddot{x}_2)$ 也必须考虑,则方程(6.4.4)应改写为

$$\begin{Bmatrix} x_1 \\ x_2 \end{Bmatrix} = \begin{bmatrix} \delta_{11} & \delta_{12} \\ \delta_{21} & \delta_{22} \end{bmatrix} \begin{Bmatrix} F_1(t) - m_1\ddot{x}_1 \\ F_2(t) - m_2\ddot{x}_2 \end{Bmatrix}$$

或

$$\begin{Bmatrix} x_1 \\ x_2 \end{Bmatrix} = \begin{bmatrix} \delta_{11} & \delta_{12} \\ \delta_{21} & \delta_{22} \end{bmatrix} \left(\begin{Bmatrix} F_1(t) \\ F_2(t) \end{Bmatrix} - \begin{bmatrix} m_1 & 0 \\ 0 & m_2 \end{bmatrix} \begin{Bmatrix} \ddot{x}_1 \\ \ddot{x}_2 \end{Bmatrix} \right) \tag{6.4.8}$$

简写为

$$\boldsymbol{x} = \boldsymbol{\Delta}(\boldsymbol{F}(t) - \boldsymbol{M}\ddot{\boldsymbol{x}}) \tag{6.4.9}$$

方程(6.4.8)或式(6.4.9)就是图6.4.1a)系统的运动方程——**位移方程**。有时,也把方程(6.4.8)表示为

$$\begin{bmatrix} \delta_{11} & \delta_{12} \\ \delta_{21} & \delta_{22} \end{bmatrix}\begin{bmatrix} m_1 & 0 \\ 0 & m_2 \end{bmatrix}\begin{Bmatrix} \ddot{x}_1 \\ \ddot{x}_2 \end{Bmatrix} + \begin{Bmatrix} x_1 \\ x_2 \end{Bmatrix} = \begin{bmatrix} \delta_{11} & \delta_{12} \\ \delta_{21} & \delta_{22} \end{bmatrix}\begin{Bmatrix} F_1(t) \\ F_2(t) \end{Bmatrix} \tag{6.4.10}$$

对于一般情况,由位移方程表示的两自由度无阻尼系统的运动方程为

$$\begin{Bmatrix} x_1 \\ x_2 \end{Bmatrix} = \begin{bmatrix} \delta_{11} & \delta_{12} \\ \delta_{21} & \delta_{22} \end{bmatrix}\left(\begin{Bmatrix} F_1(t) \\ F_2(t) \end{Bmatrix} - \begin{bmatrix} m_{11} & m_{12} \\ m_{21} & m_{22} \end{bmatrix}\begin{Bmatrix} \ddot{x}_1 \\ \ddot{x}_2 \end{Bmatrix}\right) \tag{6.4.11}$$

两自由度无阻尼系统的作用力方程为

$$\boldsymbol{M}\ddot{\boldsymbol{x}} + \boldsymbol{K}\boldsymbol{x} = \boldsymbol{F}(t)$$

即

$$\boldsymbol{K}\boldsymbol{x} = \boldsymbol{F}(t) - \boldsymbol{M}\ddot{\boldsymbol{x}}$$

因而有

$$\boldsymbol{x} = \boldsymbol{K}^{-1}(\boldsymbol{F}(t) - \boldsymbol{M}\ddot{\boldsymbol{x}})$$

与位移方程比较,得

$$\boldsymbol{\Delta} = \boldsymbol{K}^{-1} \tag{6.4.12}$$

系统的柔度矩阵是系统刚度矩阵的逆矩阵,但系统的刚度矩阵必须是非奇异的。

例题6.4.1 图6.4.3a)所示为一根带有两集中质量为 m_1 和 m_2 的球体的无重梁。只考虑与弯曲变形有关的微小位移,试列出系统的位移方程。

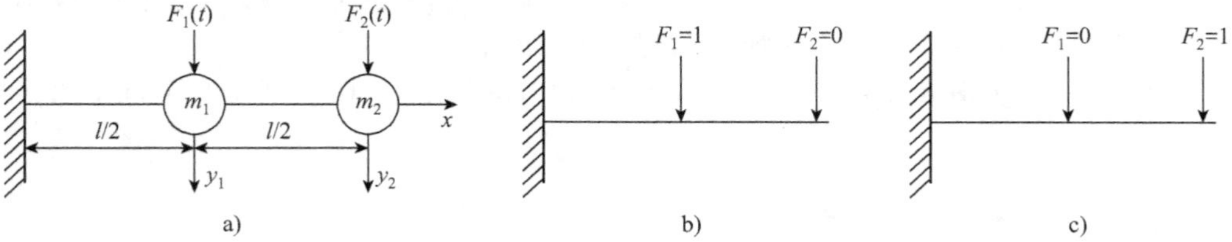

图6.4.3 带有两集中质量 m_1 和 m_2 的无重梁

解:由图6.4.3b),根据材料力学弯曲变形的挠度公式,得

$$\delta_{11} = \frac{l^3}{24EI}, \delta_{12} = \frac{5l^3}{48EI}$$

由图6.4.3c),得

$$\delta_{21} = \frac{5l^3}{48EI}, \delta_{22} = \frac{l^3}{8EI}$$

系统的柔度矩阵为

$$\boldsymbol{\Delta} = \frac{l^3}{48EI}\begin{bmatrix} 2 & 5 \\ 5 & 6 \end{bmatrix}$$

故系统的位移方程为

$$\begin{Bmatrix} y_1 \\ y_2 \end{Bmatrix} = \frac{l^3}{48EI}\left(\begin{Bmatrix} F_1(t) \\ F_2(t) \end{Bmatrix} - \begin{bmatrix} m_1 & 0 \\ 0 & m_2 \end{bmatrix}\begin{Bmatrix} \ddot{y}_1 \\ \ddot{y}_2 \end{Bmatrix}\right)$$

6.5 Maple 编程示例

编程题 6.5.1 图 6.5.1 所示是一个由两个质量分别为 m_1 和 m_2 的质量块，三个刚度系数分别为 k_1、k_2 和 k_{12} 的弹簧以及边界构成的系统。试讨论这个系统的振动特性。

已知：$m_1 = m_2 = m, k_1 = k_{12} = k_2 = k, x_1(0) = 0, x_2(0) = 0, v_1(0) = 0, v_2(0) = v$。

求：$x_1 = x_1(t), x_2 = x_2(t)$。

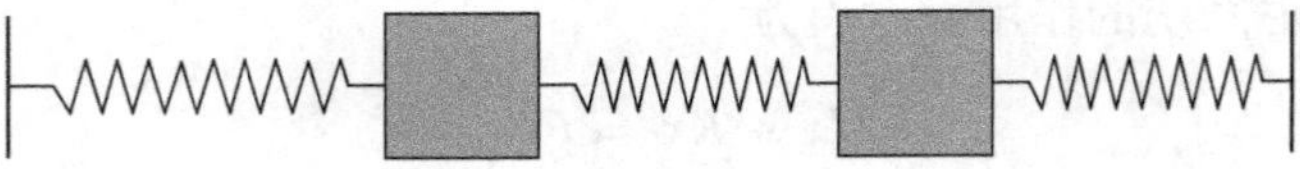

图 6.5.1 弹簧质量耦合系统

解：1）建模

（1）系统的数学模型。系统的数学模型为我们熟悉的振动方程式，这是一个耦合的二阶常微分方程组，式中的 x_1 和 x_2 为广义位移。写出方程组和初始条件。

（2）求解方程组。

（3）绘制两个质量块的位移-时间曲线。注意循环的曲线不可能重复自身，也就是说，具有非周期性，这是因为 $\sin t$ 和 $\sin\sqrt{3}t$ 的周期是互不匹配的。

（4）绘制弹簧。为了绘制弹簧，我们用一系列线段作模拟，并由此编制程序 springplot，程序的参量分别对应弹簧端点的位置和弹簧螺旋圈数。

（5）动画。首先载入 Plots 软件包，然后建立动画的程序。程序的参量为两个质量块的广义位移函数 p_2 和 p_2、正整数 n 和时间的比例因子 f。程序中用 Maple 中内建的 polygonplot 函数绘制质量块，同时由子程序 springplot 绘出弹簧，最后显示图形序列的方法制作动画。绘制所得到的解 p_1、p_2，取序列点数为 40，时间压缩为 1/2，在运行程序时使用动画工具，清晰地看到有趣的振荡过程。

$x_1 = x_1(t), x_2 = x_2(t)$ 时程曲线见图 6.5.2，在运行程序时使用动画工具，清晰地看到有趣的振荡过程（图 6.5.3）。

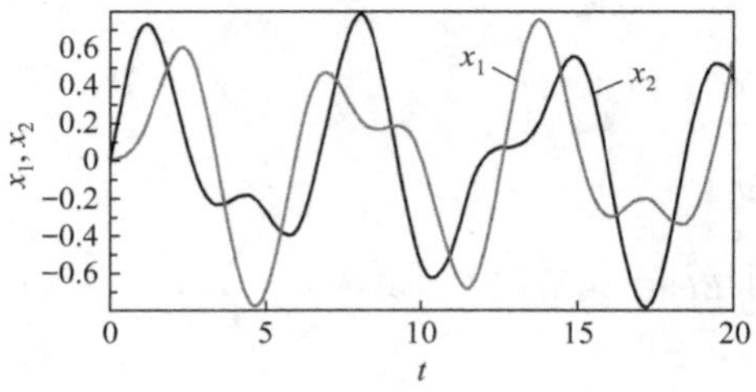

图 6.5.2 两质量块的广义位移曲线

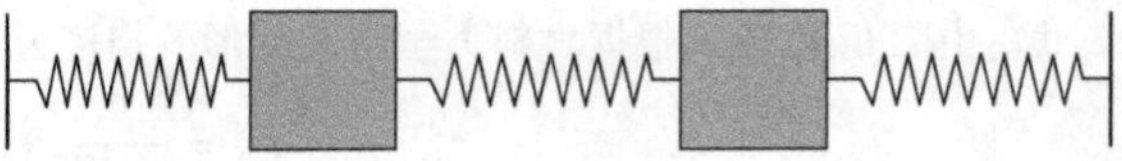

图 6.5.3 系统的振动动画截图

2) Maple 程序

```
##################################################################
> restart;                                        #清零
> eq1: = m1 * diff(x1(t),t$2) + (k1 + k12) * x1(t) - k12 * x2(t) = 0;
>                                                 #质量块 1 的运动方程
> eq2: = m2 * diff(x2(t),t$2) - k12 * x1(t) + (k12 + k2) * x2(t) = 0;
>                                                 #质量块 2 的运动方程
> ics: = x1(0) = x1,x2(0) = x2,D(x1)(0) = v1,D(x2)(0) = v2;
>                                                 #初始条件
> ans: = dsolve({eq1,eq2,ics},{x1(t),x2(t)});
>                                                 #求解微分方程组
> block1: = subs(ans,x1(t));                      #将广义位移的解 1 赋值于质量块 1
> block2: = subs(ans,x2(t));                      #将广义位移的解 2 赋值于质量块 2
> assume(k,positive);                             #假设 k 为正数
> assume(m,positive);                             #假设 m 为正数
> b1: = simplify(simplify(subs([k1 = k,k2 = k,k12 = k,m1 = m,m2 = m,x1 = 0,x2 = 0,
>       v1 = 0,v2 = v],block1)));                 #质量块 1 的位移
> b2: = simplify(simplify(subs([k1 = k,k2 = k,k12 = k,m1 = m,m2 = m,x1 = 0,x2 = 0,
>       v1 = 0,v2 = v],block2)));                 #质量块 2 的位移
> p1: = unapply(subs([m = 1,k = 1,v = 1],b1),t);
>                                                 #质量块 1 位移的数值
> p2: = unapply(subs([m = 1,k = 1,v = 1],b2),t);
>                                                 #质量块 2 位移的数值
> plot([p1(t),p2(t)],t = 0..20,color = [red,blue]);
>                                                 #绘时程曲线
> ##################################################################
> springplot: = proc(a,b,n)                       #模拟弹簧子程序
> local l,i,p;                                    #局部变量
> l: = (b - a)/n;                                 #弹簧线段长度
> p[0]: = plot([[a,0],[a + l,0]],color = black,thickness = 2);
> for i from 1 to n - 2 do                        #循环开始
> p[i]: = plot([[a + i * l,0],[a + i * l + l/3,l/2],[a + i * l + 2 * l/3, - l/2],
>            [a + i * l + l,0]],color = black,thickness = 2);
>                                                 #绘制弹簧
> od;                                             #循环结束
> p[n - 1]: = plot([[a + (n - 1) * l,0],[a + (n - 1) * l + l,0]],color = black,
>            thickness = 2);                      #绘制弹簧
> p: = plots[display](seq(p[i],i = 0..n - 1));#合并图形
> end;                                            #子程序结束
> ##################################################################
> with(plots);                                    #载入 Plots 软件包
> ##################################################################
> oscillator: = proc(p1,p2,n::posint,f)           #振子动画子程序
> local end1,end2,a,b,c1,c2,spring1,spring2,spring3,masses,I;
>                                                 #局部变量
```

```
> end1 : = plot( [ [0, -1], [0,1] ], color = black, thickness = 2) ;
>                                                     #质量块 1
> end2 : = plot( [ [17, -1], [17,1] ], color = black, thickness = 2) :
>                                                     #质量块 2
> for i from 0 to n - 1 do                            #动画循环开始
> a : = p1 (i * f) + 5 :                              #质量块 1 位置
> b : = p2 (i * f) + 11 :                             #质量块 2 位置
> c1[i] : = polygonplot( [ [a - 1, -1], [a - 1,1], [a + 1,1], [a + 1, -1] ],
>                    color = red) :                   #质量块 1 运动过程
> c2[i] : = polygonplot( [ [b - 1, -1], [b - 1,1], [b + 1,1], [b + 1, -1] ],
>                    color = blue) :                  #质量块 2 运动过程
> spring1[i] : = springplot(0, a - 1, 10) :           #弹簧 1 运动过程
> spring2[i] : = springplot(a + 1, b - 1, 10) :       #弹簧 12 运动过程
> spring3[i] : = springplot(b + 1, 17, 10) :          #弹簧 2 运动过程
> masses[i] : = display( {c1[i], c2[i], spring1[i], spring2[i],
>              spring3[i], end1, end2} ) :            #系统运动过程
> od :                                                #循环结束
> display( [seq(masses[i], i = 0..n - 1)], insequence = true,
>         scaling = constrained, axes = none,
>         title = "Spring Oscillating System") ;      #合并图形
> end :                                               #子程序结束
#################################################################
> oscillator(p1, p2, 40, 1/2) ;                       #运行振子动画
#################################################################
```

6.6 思考题

思考题 6.1　简答题

1. 名词解释:质量耦合、速度耦合、弹性耦合。

2. 如果把一架飞行中的飞机分别看作刚体和弹性体,那么它分别有几个自由度?

3. 什么是主坐标? 它们有什么用处?

4. 为什么质量矩阵、阻尼矩阵和刚度矩阵都是对称的?

5. 什么是节点?

思考题 6.2　判断题

1. 广义坐标是线性相关的。　　(　　)

2. 主坐标也可以看作广义坐标。　　(　　)

3. 系统的振动形式随所选坐标系而定。　　(　　)

4. 耦合的特性随所选坐标系而定。　　(　　)

5. 使用主坐标既可以避免静力耦合,也可以避免动力耦合。　　(　　)

思考题 6.3　填空题

1. 两自由度系统,在任意初始激励下的自由振动响应可以由两个________的叠加得到。

2. 两自由度系统的运动是由两个________坐标来描述的。

3. 当激励角频率等于系统的某一阶固有角频率时,发生的现象称为________。

4. 扭转系统中,________和________分别类似于弹簧-质量系统中的质量和产生直线变形的弹簧。
5. 选取不同的广义坐标会得到不同类型的________。

思考题 6.4　选择题

1. 当一个两自由度系统受到简谐激励时,系统以________振动。
   A. 外部激励的角频率　　B. 较小的固有角频率　　C. 较大的固有角频率
2. 振动系统的自由度数取决于________。
   A. 质量块的数目
   B. 质量块的数目和每个质量块的自由度数
   C. 描述每个质量块位置所使用的坐标数目
3. 两自由度系统具有________。
   A. 一个主振型　　B. 两个主振型　　C. 多个主振型
4. 一般情况下,两自由度系统的运动微分方程是________。
   A. 耦合的　　B. 非耦合的　　C. 线性的
5. 两自由度系统的运动微分方程的一般形式为________。
   A. 耦合的微分方程组　　B. 耦合的代数方程组　　C. 非耦合的方程组

思考题 6.5　连线题

1. 静力耦合　　A. 只有质量矩阵为非对角阵
2. 惯性耦合　　B. 质量矩阵和阻尼矩阵为非对角阵
3. 速度耦合　　C. 只有刚度矩阵为非对角阵
4. 动力耦合　　D. 只有阻尼矩阵为非对角阵

6.7　习题

A 类习题

习题 6.1　如图 6.7.1 所示,质量为 M、半径为 r 的均质圆盘可沿水平直线作纯流动。在圆盘上固连着一根长度为 l 的杆,在杆的末端带有一个质点 m。求系统的微振动周期。杆的质量不计。

习题 6.2　如图 6.7.2 所示,在半径为 R 的粗糙半圆柱上,放着一个质量为 M、横截面呈矩形的长棒,棒的纵轴与圆柱垂直。棒长 $2l$,高 $2a$。棒的两端用两根相同的弹簧与地板相连。弹簧的刚度系数均为 k。设棒在圆柱上不滑动,求它的微振动周期。棒对通过质心的水平横轴的转动惯量为 J。

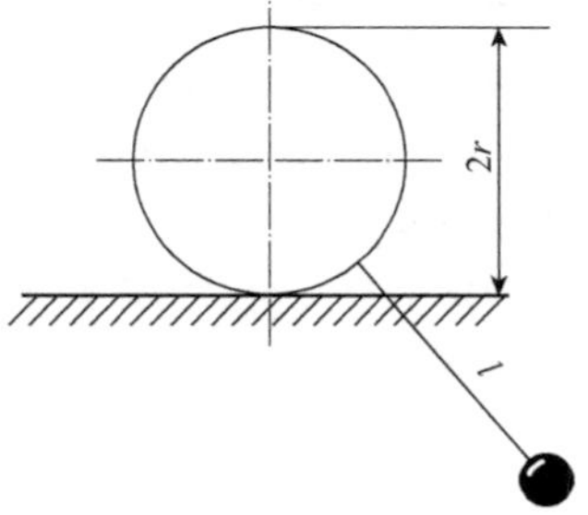

图 6.7.1　习题 6.1

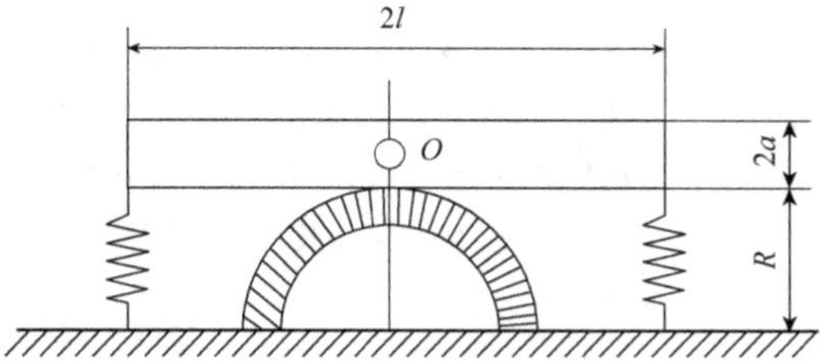

图 6.7.2　习题 6.2

习题 6.3　在与速度成正比的阻力作用下,单自由度系统幅频特性曲线的陡率由曲线的“半宽度”来表示。幅频特性曲线的“半宽度”是按振幅等于共振振幅之半的两个圆频率之差计算的。试以“调频系数” $s = \Omega/\omega_n$ 和“简化衰减系数” $\zeta = n/\omega_n$ 表出幅频曲线的“半宽度” Δ，并给出在 $\zeta \ll 1$ 情况下近似公式（Ω 为干扰力的圆频率，ω_n 为固有圆频率，共振时有 $s \approx 1$）。

习题 6.4 如图 6.7.3 所示，在记录铅垂振动的测震仪中，杆 OA 可绕水平轴 O 转动。杆与仪器的记录笔尖相连，A 端带有重物 Q，并由螺旋弹簧维持在水平的平衡位置。测震仪安装在按规律 $z = 0.2\sin 25t$（单位为 cm）作铅垂振动的底座上。弹簧的扭转刚度系数为 $k = 1\text{N}\cdot\text{cm}$，杆 OA 连带重物 Q 对 O 点的转动惯量 $J = 4\text{kg}\cdot\text{cm}^2$，又 $Qa = 100\text{N}\cdot\text{cm}$。不计杆的固有振动。求它的相对运动。

习题 6.5 在习题 6.4 的测震仪中，杆上备有一个铝质薄板型的电磁阻尼器，铝板在两个固定磁极之间振动。出现在铝板中的涡电流使它产生和板运动速度成正比且大小达到非周期运动临界值的阻尼。设仪器为装在按规律 $z = h\sin pt$ 作铅垂振动的底座上。求仪器指针的强迫振动方程。

习题 6.6 如图 6.7.4 所示，质量为 M_1 的立式发动机安装在底座上。底座的底面积为 S，土壤的比刚度为 λ。发动机的曲柄长度为 r，连杆长度为 l，轴的角速度为 Ω，活塞以及往返运动的非均衡部分质量等于 M_2，底座的质量为 M_3，曲柄认为是用配重平衡的。不计连杆质量，求底座的强迫振动。提示：计算忽略 r/l 二阶以上的项。

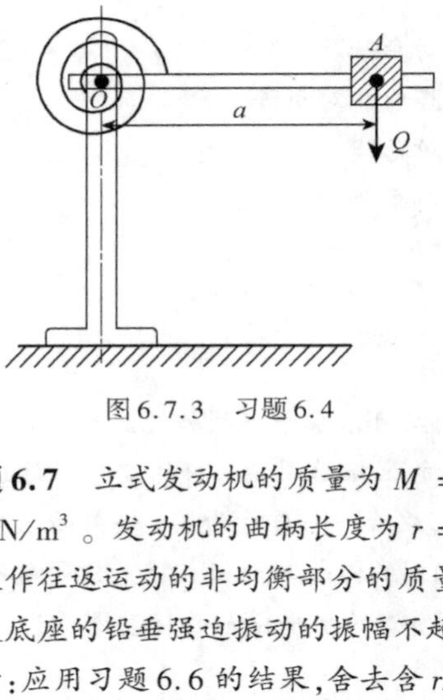

图 6.7.3 习题 6.4

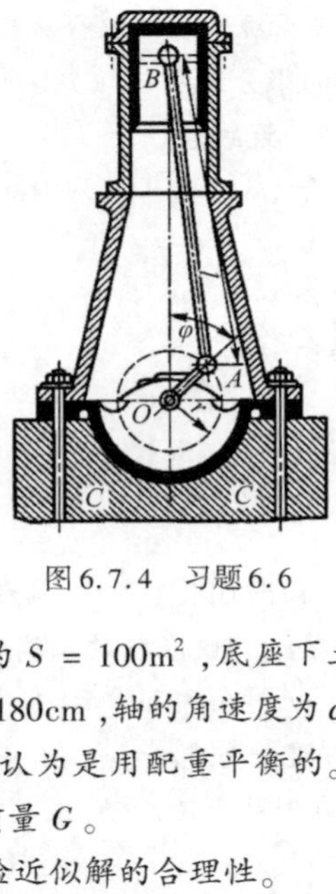

图 6.7.4 习题 6.6

习题 6.7 立式发动机的质量为 $M = 10^4\text{kg}$，底座的底面积为 $S = 100\text{m}^2$，底座下土壤的比刚度 $\lambda = 490\text{kN/m}^3$。发动机的曲柄长度为 $r = 30\text{cm}$，连杆长度为 $l = 180\text{cm}$，轴的角速度为 $\omega = 8\pi\text{rad/s}$。活塞以及作往返运动的非均衡部分的质量为 $m = 250\text{kg}$，曲柄被认为是用配重平衡的。不计连杆质量。为使底座的铅垂强迫振动的振幅不超过 0.25mm，求底座的质量 G。

提示：应用习题 6.6 的结果，舍去含 r/l 的项，取近似解，再检验近似解的合理性。

习题 6.8 如图 6.7.5 所示，质量为 $M = 1200\text{kg}$ 的电动机装在两根平行的水平梁自由端，梁的另一端都插入墙内。电动机（质心）到墙的距离 $l = 1.5\text{m}$。电枢转动的角速度 $n = 50\text{rad/s}$，电枢质量 $m = 200\text{kg}$，质心偏离轴心的距离 $r = 0.05\text{mm}$。梁由低碳钢制成，弹性模量 $E = 19.6\times10^7\text{N/cm}^2$。为使强迫振动的振幅不超过 0.5mm，求梁横截面的惯性矩。两根梁的质量都不计。

习题 6.9 如图 6.7.6 所示，启动阀门的凸轮机构可简化为：质量块 m 的一端用刚度系数为 k 的弹簧连接在固定点上，另一端通过刚度系数为 k_1 的弹簧连接凸轮。根据凸轮的廓线，下面弹簧的下端的铅垂位移由下列公式确定：

当 $0 \leqslant t \leqslant \dfrac{2\pi}{\Omega}$ 时，$x_1 = a(1 - \cos\Omega t)$；

当 $t > \dfrac{2\pi}{\Omega}$ 时，$x_2 = 0$。

求质量 m 的运动。

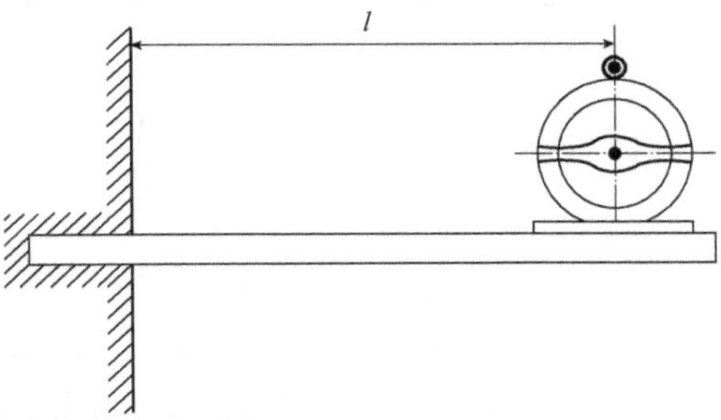

图6.7.5 习题6.8

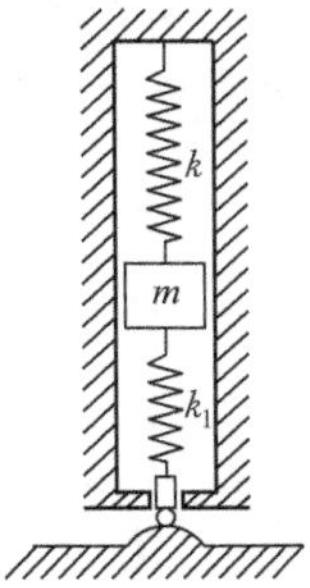

图6.7.6 习题6.9

B 类习题

习题6.10 如图6.7.7所示，为了对涡轮的调节过程做实验研究，设计了一种由涡轮、飞轮和弹性轴 C 构成的装置。涡轮转子对轴的转动惯量 $J_1=50\text{kg}\cdot\text{cm}^2$，飞轮的转动惯量 $J_2=1500\text{kg}\cdot\text{cm}^2$。弹性轴把涡轮转子和飞轮连在一起，轴长 $l=1552\text{mm}$，直径 $d=25.4\text{mm}$，轴的剪切模量 $G=8800\ \text{kN/cm}^2$。

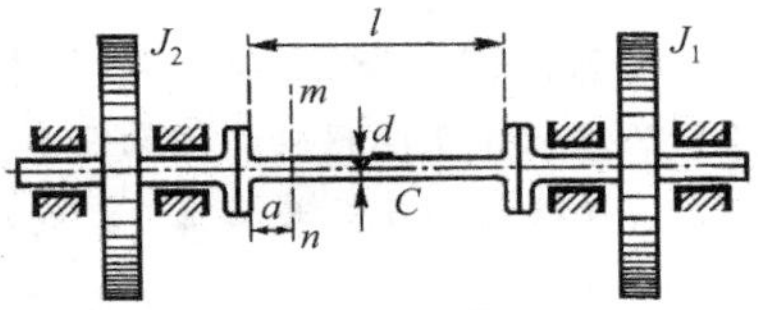

图6.7.7 习题6.10

不计轴的质量，不考虑它两端较粗段的扭转，求系统自由振动时轴上保持不动的截面 mn（节截面）位置 a 为多少，并计算系统的自由振动周期。

习题6.11 轴的一端固定，在轴中央以及另一端都固装有均质圆盘。每个圆盘对轴的转动惯量都为 J。两段轴的抗扭刚度为 $k_1=k_2=k$。不计轴的质量，求系统自由扭转振动角频率。

习题6.12 设轴上固装着相同的三个圆盘：轴两端各装一个，第三个装在轴中央，每个圆盘对轴的转动惯量都为 J，两段轴的抗扭刚度为 $k_1=k_2=k$。不计轴的质量，求系统的主扭转振动角频率。

习题6.13 如图6.7.8所示，在长度为 l、质量为 m 的两个相同摆之间，在摆杆的等高点（h）系着刚度系数为 k 的弹簧。现使两摆之一偏离平衡位置 α 角，但两摆的初速度都等于零，求系统在铅垂平面内的微振动角频率。不计摆杆和弹簧的质量。

习题6.14 如图6.7.9所示，质量为 M 的均质圆盘可沿水平直线轨道作纯滚动。在圆盘的中心铰接着一根长度为 l 的杆，杆末端连有质量为 m 的质点。求摆的微振动周期。杆的质量不计。

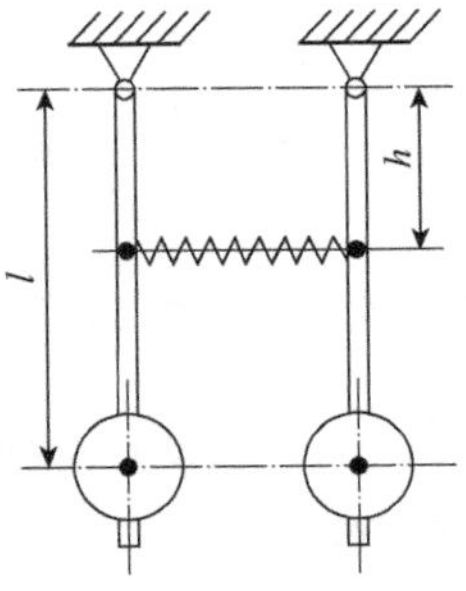

图6.7.8 习题6.13

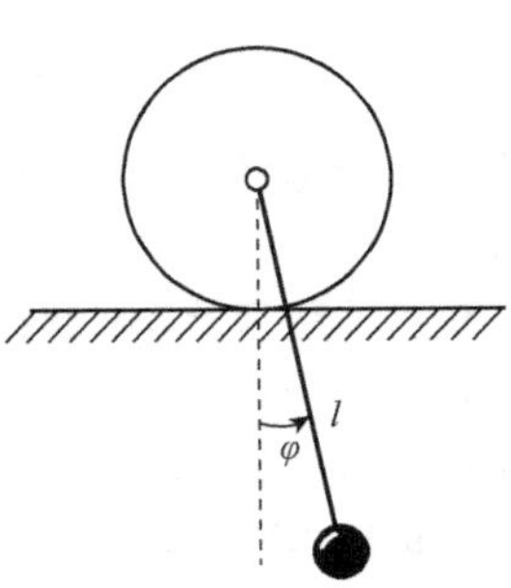

图6.7.9 习题6.14

习题6.15 如图6.7.10所示，将习题6.14中的直线轨道换成半径为 R 的圆弧，求系统的微振动角频率。

习题 6.16 如图 6.7.11 所示，一个摆由质量为 M 的滑块和质量为 m 的小球构成。滑块可沿水平面无摩擦滑动，小球借助长度为 l 的杆连接滑块，杆可绕连在滑块上的轴转动，在滑块上还连接刚度系数为 k 的弹簧，弹簧的另一端固定。求系统的微振动角频率。

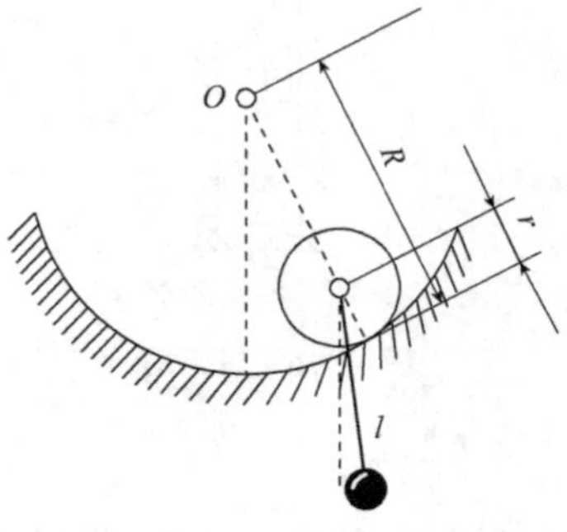

图 6.7.10 习题 6.15

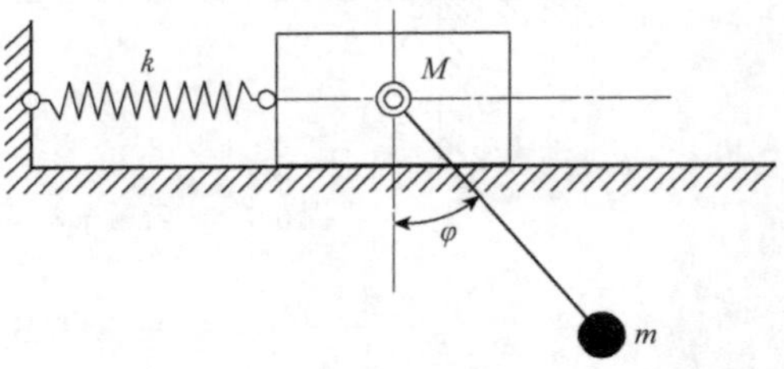

图 6.7.11 习题 6.16

习题 6.17 如图 6.7.8 所示，相同的两个物理摆挂在同一水平内的平行轴上并用一个弹簧相连，弹簧的原长等于两摆轴之间的距离。每个摆重均为 P，通过其质心并与悬挂轴相平行之轴的回转半径为 ρ。弹簧的刚度系数为 k。摆的质心和弹簧在摆上的连接点到悬挂轴的距离分别为 l 和 h。不计运动阻力和弹簧质量，求系统在偏离平衡位置不大时的主振动频率和振幅比。

习题 6.18 如图 6.7.12 所示，长度为 L 的均质杆借助长度为 l 的绳子挂在固定点，不计绳的质量，试求系统的主振动角频率，以及在第一和第二主振动中杆和绳偏离铅垂线的角度之比。

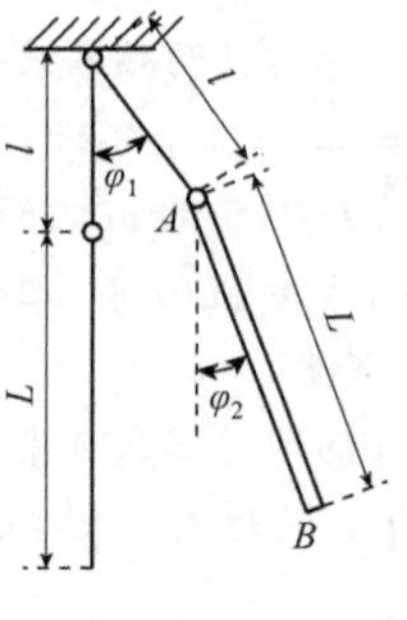

图 6.7.12 习题 6.18

习题 6.19 设习题 6.18 中的绳子比杆长得多。略去比值 L/l 的平方项，求系统自由振动的最低角频率与长度为 l 的数学摆的角频率之比。

习题 6.20 设习题 6.18 中的绳子比杆短得多。略去比值 l/L 的平方项，求系统自由振动的最低频率与转动轴在杆端的物理摆的角频率之比。

习题 6.21 （编程题）如图 6.5.1 所示，按编程题 6.5.1 题意，试用特征方程求解振动问题。

习题 6.22 （编程题）试用正则坐标求解习题 6.21 的方程组。

C 类习题

习题 6.23 （振动调整）如图 6.7.13 所示，在对称外伸梁上，电动机的不平衡转子传给它的动力 $F(t) = F\sin\theta t$。电动机的质量为 M。为了调整梁中内力，在梁的悬臂端装上质量为 m 的小球。试确定 m 值，使电动机工作时，梁中的支座约束力为单位时间的常值，等于静力作用时的约束力。

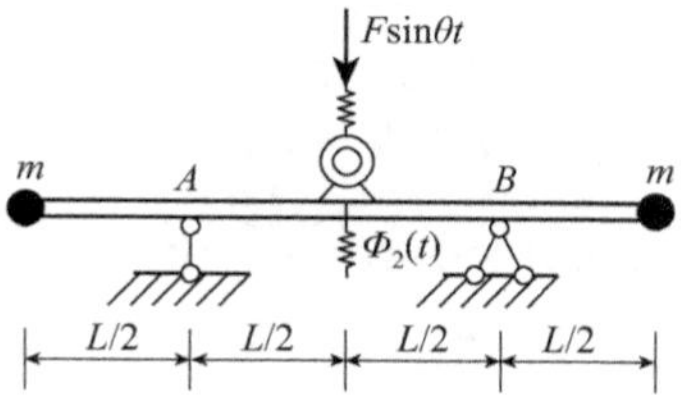

图6.7.13 习题6.23

习题6.24 (振动调整)对习题6.23中的外伸梁,评价连接在外伸端的小球质量 m 值对连接电动机处振幅 A 的影响。

##

钱伟长(Wei-Zang CHIEN,1912—2010,中国),物理学家,力学家,数学家。他是我国力学、应用数学和中文信息学的奠基人之一,也是中国科学院力学研究所和自动化研究所的创始人之一。他创建了板壳内禀统一理论和浅壳的非线性微分方程,在波导管理论、奇异摄动理论、润滑理论、环壳理论、广义变分原理、有限元法、穿甲力学、大电机设计、高能电池、空气动力学、中文信息学等方面有重要贡献。曾创办《应用数学和力学》刊物,采用中、英文两种文字,在国内外发行。

主要著作:《弹性柱体的扭转理论》《奇异摄动理论及其在力学中的应用》《变分法及有限元(上册)》《广义变分原理》《穿甲力学》《格林函数和变分法在电磁场和电磁波计算中的应用》《弹性力学》等。

##

书院

宋 刘过(1154—1206)

力学如力耕,勤惰尔自知。

但使书种多,会有岁稔时。

第7章 多自由度系统的振动

许多机械系统结构复杂,根据其工作状态,还必须作更详细的分析。事实上,所有机械系统都是由具有分布参数的元件组成的,严格地说,都是一个无限多自由度的系统(或连续系统、分布参数系统)。在许多情况下,质量、弹性和阻尼的分布是很不均匀的。比如,有些元件或元件的某些部分有着很大的质量,且十分刚强;而有些元件或元件的某些部分具有较小的质量,且比较柔软。根据结构特点和分析要求,把有些元件或其部分简化成质量块,而把有些元件或其部分简化成弹簧,用有限个质量块、弹簧和阻尼去组成一个离散的、有限多的集中参数系统,这样就得到一个简化的模型。显然,不同的情况有不同的模型,但都属于多自由度系统。

多自由度系统是对连续系统在空间上的离散化和逼近。随着电子计算机的广泛应用,有限元分析和实验模态分析技术的发展,多自由度系统的理论和分析方法显得十分重要。对多自由度系统的讨论,将使我们进一步掌握机械结构动力学的一般理论和分析方法,去解决复杂的实际问题。

7.1 最小作用量原理

力学系统运动规律的最一般表述由**最小作用量原理**(或者**哈密顿原理**)给出。根据这个原理,描述每一个力学系统都可以用一个相应的函数

$$L(q_1,q_2,\cdots,q_f,\dot{q}_1,\dot{q}_2,\cdots,\dot{q}_f,t)$$

或者简记为 $L(q,\dot{q},t)$,并且系统的运动满足下面的条件。

假设在时刻 $t=t_1$ 和 $t=t_2$ 系统的位置由两个坐标 $q^{(1)}$ 和 $q^{(2)}$ 确定,那么,系统在这两个位置之间的运动使得积分

$$S=\int_{t_1}^{t_2}L(q,\dot{q},t)\mathrm{d}t \tag{7.1.1}$$

取最小值。函数 L 称为给定系统的拉格朗日函数,积分式(7.1.1)称为作用量。

拉格朗日函数中只包含 q 和 $\dot{q}$,而不包含更高阶导数 $\ddot{q}$,$\dddot{q}$,…,这反映了一个物理事实,即力学状态完全由坐标和速度确定。

下面通过求积分式(7.1.1)的最小值来推导运动微分方程。为了书写简便,我们先假设系统有一个自由度,只需一个函数 $q(t)$ 来确定。

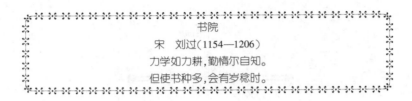

设 $q=q(t)$ 是使 S 取最小值的函数，就是说用任意函数

$$q(t)+\delta q(t) \tag{7.1.2}$$

代替 $q(t)$ 都会使 S 增大，其中函数 $\delta q(t)$［也称为函数 $q(t)$ 的**变分**］在从 t_1 到 t_2 的整个时间间隔内都是小量。由于比较函数式(7.1.2)在时刻 $t=t_1$ 和 $t=t_2$ 也应该分别取值为 $q^{(1)}$ 和 $q^{(2)}$，于是有

$$\delta q(t_1)=\delta q(t_2)=0 \tag{7.1.3}$$

用 $q(t)+\delta q(t)$ 代替 $q(t)$ 而使 S 产生的增量为

$$\int_{t_1}^{t_2} L(q+\delta q,\dot{q}+\delta\dot{q},t)\,\mathrm{d}t-\int_{t_1}^{t_2} L(q,\dot{q},t)\,\mathrm{d}t$$

这个差按 δq 和 $\delta\dot{q}$ 的指数展开式(在积分号下的表达式中)是从一阶项开始的。S 取最小值的必要条件是这些项之和等于零。这个和称为积分的一阶变分(或者简称变分)。于是，最小作用量原理可以写成

$$\delta S=\delta\int_{t_1}^{t_2} L(q,\dot{q},t)\,\mathrm{d}t=0 \tag{7.1.4}$$

或者变分后的形式为

$$\int_{t_1}^{t_2}\left(\frac{\partial L}{\partial q}\delta q+\frac{\partial L}{\partial \dot{q}}\delta\dot{q}\right)\mathrm{d}t=0$$

注意到 $\delta\dot{q}=\dfrac{\mathrm{d}}{\mathrm{d}t}\delta q$，将第二项分部积分得

$$\delta S=\frac{\partial L}{\partial \dot{q}}\delta q\Big|_{t_1}^{t_2}+\int_{t_1}^{t_2}\left(\frac{\partial L}{\partial q}-\frac{\mathrm{d}}{\mathrm{d}t}\frac{\partial L}{\partial \dot{q}}\right)\delta q\,\mathrm{d}t=0 \tag{7.1.5}$$

根据式(7.1.3)可知式(7.1.5)中第一项等于零。剩下的积分在 δq 取任意值时就该等于零。这只有在被积函数恒等于零的情况下才有可能，于是我们得到方程

$$\frac{\mathrm{d}}{\mathrm{d}t}\frac{\partial L}{\partial \dot{q}}-\frac{\partial L}{\partial q}=0$$

对于有 f 个自由度的系统，在最小作用量原理中有 f 个不同的函数 $q_i(t)$ 应该独立地变分。显然我们可以得到 f 个方程：

$$\frac{\mathrm{d}}{\mathrm{d}t}\frac{\partial L}{\partial \dot{q}_i}-\frac{\partial L}{\partial q_i}=0\quad i=1,2,\cdots,f \tag{7.1.6}$$

这就是我们要推导的运动微分方程，在力学中称为**拉格朗日方程**。如果给定力学系统的拉格朗日函数，则方程(7.1.6)建立了加速度、速度和坐标之间的联系，是系统的运动方程。

从数学的观点看，方程(7.1.6)包含 f 个未知函数 $q_i(t)$ 的 f 个二阶微分方程。这个方程组的通解包含 $2f$ 个任意常数。为了确定这些常数，从而完全确定力学系统的运动，必须知道描述系统在某给定时刻状态的初始条件，如坐标和速度的初值。

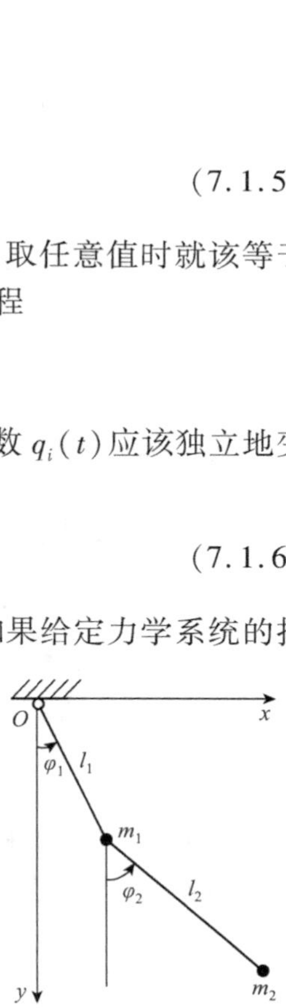

图 7.1.1 平面双摆的微振动

例题 7.1.1 如图 7.1.1 所示，试求平面双摆的微振动。

解：(1)求在均匀重力场中平面双摆的拉格朗日函数。

重力加速度为 g，取绳 l_1 和 l_2 分别与竖直方向间的夹角 φ_1 和 φ_2 为广义坐

标。对质点 m_1 有

$$T_1=\frac{1}{2}m_1l_1^2\dot{\varphi}_1^2,V_1=-m_1gl_1\cos\varphi_1$$

为了求出质点 m_2 的动能,我们用 φ_1 和 φ_2 表示第二个质点的笛卡尔坐标 x_2,y_2(坐标原点取在悬挂点,y 轴竖直向下):

$$x_2=l_1\sin\varphi_1+l_2\sin\varphi_2,y_2=l_1\cos\varphi_1+l_2\cos\varphi_2$$

于是有

$$T_2=\frac{1}{2}m_2(\dot{x}_2^2+\dot{y}_2^2)=\frac{m_2}{2}[l_1^2\dot{\varphi}_1^2+l_2^2\dot{\varphi}_2^2+2l_1l_2\dot{\varphi}_1\dot{\varphi}_2\cos(\varphi_1-\varphi_2)]$$

最后得

$$L=\frac{m_1+m_2}{2}l_1^2\dot{\varphi}_1^2+\frac{m_2}{2}l_2^2\dot{\varphi}_2^2+m_2l_1l_2\dot{\varphi}_1\dot{\varphi}_2\cos(\varphi_1-\varphi_2)+(m_1+m_2)gl_1\cos\varphi_1+m_2gl_2\cos\varphi_2 \tag{7.1.7}$$

(2)求平面双摆微振动的运动方程。

对于微振动($\varphi_1\ll1,\varphi_2\ll1$),在式(7.1.7)中得到的拉格朗日函数写成

$$L=\frac{m_1+m_2}{2}l_1^2\dot{\varphi}_1^2+\frac{m_2}{2}l_2^2\dot{\varphi}_2^2+m_2l_1l_2\dot{\varphi}_1\dot{\varphi}_2-\frac{m_1+m_2}{2}gl_1\varphi_1^2-\frac{m_2}{2}gl_2\varphi_2^2 \tag{7.1.8}$$

将式(7.1.8)代入拉格朗日方程式(7.1.6)得运动方程

$$(m_1+m_2)l_1\ddot{\varphi}_1+m_2l_2\ddot{\varphi}_2+g(m_1+m_2)\varphi_1=0 \tag{7.1.9a}$$

$$l_1\ddot{\varphi}_1+l_2\ddot{\varphi}_2+g\varphi_2=0 \tag{7.1.9b}$$

将

$$\varphi_k=A_k\mathrm{e}^{\mathrm{i}\omega t}\quad k=1,2 \tag{7.1.10}$$

代入式(7.1.9)可得

$$A_1(m_1+m_2)(g-l_1\omega^2)-A_2\omega^2m_2l_2=0 \tag{7.1.11a}$$

$$-A_1l_1\omega^2+A_2(g-l_2\omega^2)=0 \tag{7.1.11b}$$

特征方程的根为

$$\omega_{1,2}^2=\frac{g}{2m_1l_1l_2}\{(m_1+m_2)(l_1+l_2)\pm\sqrt{(m_1+m_2)[(m_1+m_2)(l_1+l_2)^2-4m_1l_1l_2]}\} \tag{7.1.12}$$

当 $m_1\to\infty$时,角频率趋于极限值 $\sqrt{g/l_1}$ 和 $\sqrt{g/l_2}$,对应于两个单摆独立振动。

7.2 无阻尼自由振动和特征值问题

n 自由度无阻尼系统自由振动的运动方程为

$$\boldsymbol{M}\ddot{\boldsymbol{q}}+\boldsymbol{K}\boldsymbol{q}=\boldsymbol{0} \tag{7.2.1}$$

它表示由下面 n 个齐次微分方程组成的方程组

$$\sum_{j=1}^{n}m_{ij}\ddot{q}_j+\sum_{j=1}^{n}k_{ij}q_j=0\quad i=1,2,\cdots,n \tag{7.2.2}$$

我们关心的是方程(7.2.2)具有这样的解:所有坐标 $q_j(j=1,2,\cdots,n)$ 的运动有着相同的随时间变化的规律,即有着相同的时间函数。令

$$q_j(t)=u_jf(t)\quad j=1,2,\cdots,n \tag{7.2.3}$$

式中,$f(t)$ 是时间 t 的函数,$u_j(j=1,2,\cdots,n)$ 是一组常数。式(7.2.3)表明两个坐标的振动位移之比 $q_i(t)/q_j(t)$ 与时间无关,即所有的坐标作同步运动。在运动过程中,系统的位形不

能改变其形状但能改变其大小。把式(7.2.3)代入方程(7.2.2),得

$$\ddot{f}(t)\sum_{j=1}^{n}m_{ij}u_j+f(t)\sum_{j=1}^{n}k_{ij}u_j=0\quad i=1,2,\cdots,n \tag{7.2.4}$$

方程(7.2.4)可表示为

$$-\frac{\ddot{f}(t)}{f(t)}=\frac{\sum_{j=1}^{n}k_{ij}u_j}{\sum_{j=1}^{n}m_{ij}u_j}\quad i=1,2,\cdots,n \tag{7.2.5}$$

方程(7.2.5)表明,时间函数和空间函数是可以分离的,方程左边与下标 i 无关,方程右边与时间无关。因此,其比值一定是一个常数,$f(t)$ 是时间 t 的函数,比值一定是一个实数,假定为 λ,有

$$\ddot{f}(t)+\lambda f(t)=0 \tag{7.2.6}$$

$$\sum_{j=1}^{n}(k_{ij}-\lambda m_{ij})u_j=0\quad i=1,2,\cdots,n \tag{7.2.7}$$

方程(7.2.6)解的形式为

$$f(t)=A\sin(\omega_{\mathrm{n}}t+\psi) \tag{7.2.8}$$

式中,A 为任意常数;ω_{n} 为简谐振动的角频率,且 $\lambda=\omega_{\mathrm{n}}^2$;$\psi$ 为初相角,对于所有坐标 $q_j(j=1,2,\cdots,n)$ 是相同的。

方程(7.2.7)是以 $\lambda=\omega_{\mathrm{n}}^2$ 为参数、以 $u_j(j=1,2,\cdots,n)$ 为未知数的 n 个齐次代数方程。不是任意的 ω_{n} 都能使方程(7.2.1)的解式(7.2.3)成立,而只有一组方程(7.2.7)确定的 n 个值才满足解的要求。由方程(7.2.7)确定 λ,即 ω_{n}^2 和相关常数 u_j 的非零解问题,叫作系统的特征值或固有值问题。把方程(7.2.7)写成矩阵形式,即

$$\boldsymbol{K}\boldsymbol{u}-\lambda\boldsymbol{M}\boldsymbol{u}=\boldsymbol{0} \tag{7.2.9}$$

式中 $\boldsymbol{u}=[u_1,u_2,\cdots,u_n]^{\mathrm{T}}$,方程(7.2.9)也可表示为

$$(\boldsymbol{K}-\lambda\boldsymbol{M})\boldsymbol{u}=\boldsymbol{0} \tag{7.2.10}$$

解方程(7.2.10)的问题叫作矩阵 $\boldsymbol{M}$ 和 $\boldsymbol{K}$ 的**特征值问题**。方程(7.2.10)有非零解,当且仅当其系数矩阵的行列式等于零,即

$$|\boldsymbol{K}-\lambda\boldsymbol{M}|=0 \tag{7.2.11}$$

列式 $|\boldsymbol{K}-\lambda\boldsymbol{M}|$ 叫作系统的**特征行列式**。其展开式叫作系统的**特征多项式**。方程(7.2.11)叫作系统的**特征方程**或**角频率方程**,是 λ 和 ω_{n}^2 的 n 阶方程。通常,方程有 n 个不同的根,叫作特征值或固有值。有 $\lambda_1<\lambda_2<\cdots<\lambda_n$,或 $\omega_{\mathrm{n1}}^2<\omega_{\mathrm{n2}}^2<\cdots<\omega_{\mathrm{nn}}^2$。方根值 $\omega_{\mathrm{n1}}<\omega_{\mathrm{n2}}<\cdots<\omega_{\mathrm{nn}}$ 叫作系统的固有角频率,由方程(7.2.11)可见,它只取决于系统的物理参数,是系统固有的,最低的固有角频率 ω_{n1} 叫作系统的基频率或第一阶固有角频率,在许多实际问题中,它常常是最重要的一个。可以得出这样的结论:对于 n 个角频率 $\omega_{\mathrm{n}r}(r=1,2,\cdots,n)$,式(7.2.8)型的简谐运动才是可能的。对应于每个特征值 λ_r 或 $\omega_{\mathrm{n}r}^2(r=1,2,\cdots,n)$ 的常数 $u_{jr}(j=1,2,\cdots,n;r=1,2,\cdots,n)$ 或 $\boldsymbol{u}_r$,是特征值问题的解,即

$$(\boldsymbol{K}-\lambda\boldsymbol{M})\boldsymbol{u}_r=\boldsymbol{0}\quad r=1,2,\cdots,n \tag{7.2.12}$$

$\boldsymbol{u}_r(r=1,2,\cdots,n)$ 叫作**特征向量**、**固有向量**、**振型向量**或**模态向量**。在物理上,它表示系统作 $\omega_{\mathrm{n}r}$ 的简谐振动时,各广义坐标运动的大小,描述了振动的形状,所以也叫作固有振型。由于

方程(7.2.12)的系数行列式等于零,方程是降阶的,只有$(n-1)$个方程是独立的,因此,解方程(7.2.12)不可能得到$u_{jr}(j=1,2,\cdots,n)$或$\boldsymbol{u}_r$的绝对值,只能确定其比值。

对于齐次方程(7.2.12),如果$\boldsymbol{u}_r$是方程的解,则$\alpha_r\boldsymbol{u}_r$也是方程的解,α_r是任意常数。可以这样说,特征向量只有在任意两个元素u_{ir}和u_{jr}之比是常数的意义上才是唯一的,其绝对值不是唯一的。即当系统以ω_{nr}作简谐振动时,系统各坐标振动的形状是确定的、唯一的,而各坐标运动的实际大小——振幅不是唯一的。$\boldsymbol{u}_r(r=1,2,\cdots,n)$取决于系统的物理参数,是系统所固有的。

根据式(7.2.3)和式(7.2.8),方程(7.2.1)有n个特解

$$\boldsymbol{q}_r(t)=A_r\boldsymbol{u}_r\sin(\omega_{nr}t+\psi_r)\quad r=1,2,\cdots,n \tag{7.2.13}$$

式(7.2.13)代表了系统的n个固有模态振动。方程(7.2.1)的通解为

$$\begin{aligned}\boldsymbol{q}(t)&=\sum_{r=1}^{n}\boldsymbol{q}_r(t)=\sum_{r=1}^{n}A_r\boldsymbol{u}_r\sin(\omega_{nr}t+\psi_r)\\&=\boldsymbol{U}\{A\sin(\omega_{n}t+\psi_r)\}\end{aligned} \tag{7.2.14}$$

式(7.2.14)表明,n自由度无阻尼系统的自由振动是由n个以系统固有角频率作简谐振动的线性组合,是系统n个固有模态振动的线性组合。各振幅和初相角由初始条件确定。式(7.2.14)中

$$\boldsymbol{U}=[\boldsymbol{u}_1,\boldsymbol{u}_2,\cdots,\boldsymbol{u}_n] \tag{7.2.15}$$

是一个$n\times n$矩阵,叫作振型矩阵或模态矩阵。

为了确定系统的特征向量,由方程(7.2.10)得

$$(\lambda\boldsymbol{I}-\boldsymbol{H})\boldsymbol{u}=\boldsymbol{0}$$

式中,$\boldsymbol{H}=\boldsymbol{M}^{-1}\boldsymbol{K}$,叫作**逆动力矩阵**(与动力矩阵$\boldsymbol{D}=\boldsymbol{K}^{-1}\boldsymbol{M}$互逆,即$\boldsymbol{H}=\boldsymbol{D}^{-1}$)。令

$$\boldsymbol{f}(\lambda)=\lambda\boldsymbol{I}-\boldsymbol{H}$$

由

$$\boldsymbol{f}(\lambda)\boldsymbol{f}^{-1}(\lambda)=\boldsymbol{I}$$

有

$$\boldsymbol{f}(\lambda)\frac{\boldsymbol{f}^*(\lambda)}{|\boldsymbol{f}(\lambda)|}=\boldsymbol{I} \tag{7.2.16}$$

式中,$\boldsymbol{f}^*(\lambda)$为矩阵$\boldsymbol{f}(\lambda)$的伴随矩阵,$|\boldsymbol{f}(\lambda)|$为$\boldsymbol{f}(\lambda)$的行列式。由式(7.2.16)得

$$\boldsymbol{f}(\lambda)\boldsymbol{f}^*(\lambda)=|\boldsymbol{f}(\lambda)|\boldsymbol{I} \tag{7.2.17}$$

当$\lambda=\lambda_r$时,代入方程(7.2.17),有

$$\boldsymbol{f}(\lambda_r)\boldsymbol{f}^*(\lambda_r)=\boldsymbol{0},\ |\boldsymbol{f}(\lambda_r)|\boldsymbol{I}=\boldsymbol{0} \tag{7.2.18}$$

将方程(7.2.18)与方程(7.2.12)相比,可以得出如下结论:特征向量$\boldsymbol{u}_r$与伴随矩阵$\boldsymbol{f}^*(\lambda_r)$的任何非零列成比例。

例题 7.2.1 如图 7.2.1 所示,确定系统的固有角频率和特征向量,列出系统自由振动的通解。

解:系统的运动方程为

$$\begin{bmatrix}m&0&0\\0&m&0\\0&0&m\end{bmatrix}\begin{Bmatrix}\ddot{x}_1\\\ddot{x}_2\\\ddot{x}_3\end{Bmatrix}+\begin{bmatrix}2k&-k&0\\-k&2k&-k\\0&-k&k\end{bmatrix}\begin{Bmatrix}x_1\\x_2\\x_3\end{Bmatrix}=\begin{Bmatrix}0\\0\\0\end{Bmatrix}$$

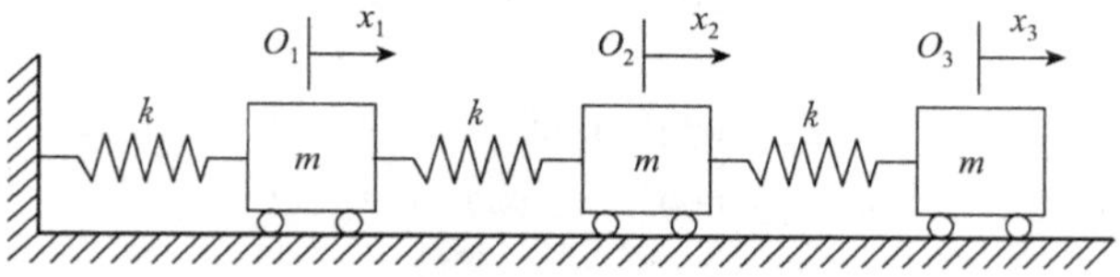

图 7.2.1　三自由度系统的无阻尼自由振动

可写为

$$\begin{Bmatrix}\ddot{x}_1\\ \ddot{x}_2\\ \ddot{x}_3\end{Bmatrix}+\frac{k}{m}\begin{bmatrix}2 & -1 & 0\\ -1 & 2 & -1\\ 0 & -1 & 1\end{bmatrix}\begin{Bmatrix}x_1\\ x_2\\ x_3\end{Bmatrix}=\begin{Bmatrix}0\\ 0\\ 0\end{Bmatrix}$$

其特征方程为

$$\begin{vmatrix}\lambda-\frac{2k}{m} & \frac{k}{m} & 0\\ \frac{k}{m} & \lambda-\frac{2k}{m} & \frac{k}{m}\\ 0 & \frac{k}{m} & \lambda-\frac{k}{m}\end{vmatrix}=0$$

或

$$\lambda^3-5\frac{k}{m}\lambda^2+6\left(\frac{k}{m}\right)^2\lambda-\left(\frac{k}{m}\right)^3=0$$

$$\left(\lambda-0.198\frac{k}{m}\right)\left(\lambda-1.55\frac{k}{m}\right)\left(\lambda-3.25\frac{k}{m}\right)=0$$

因而，系统的固有角频率为

$$\omega_{n1}=\sqrt{\lambda_1}=\sqrt{0.198k/m},\omega_{n2}=\sqrt{\lambda_2}=\sqrt{1.55k/m},\omega_{n3}=\sqrt{\lambda_3}=\sqrt{3.25k/m}$$

由系统运动方程得

$$\boldsymbol{f}(\lambda)=\begin{bmatrix}\lambda-\frac{2k}{m} & \frac{k}{m} & 0\\ \frac{k}{m} & \lambda-\frac{2k}{m} & \frac{k}{m}\\ 0 & \frac{k}{m} & \lambda-\frac{k}{m}\end{bmatrix}$$

其伴随矩阵为

$$\boldsymbol{f}^*(\lambda)=\begin{bmatrix}\left(\lambda-\frac{k}{m}\right)\left(\lambda-\frac{2k}{m}\right)-\left(\frac{k}{m}\right)^2 & -\frac{k}{m}\left(\lambda-\frac{k}{m}\right) & \left(\frac{k}{m}\right)^2\\ -\frac{k}{m}\left(\lambda-\frac{k}{m}\right) & \left(\lambda-\frac{k}{m}\right)\left(\lambda-\frac{2k}{m}\right) & -\frac{k}{m}\left(\lambda-\frac{2k}{m}\right)\\ \left(\frac{k}{m}\right)^2 & -\frac{k}{m}\left(\lambda-\frac{2k}{m}\right) & \left(\lambda-\frac{2k}{m}\right)^2-\left(\frac{k}{m}\right)^2\end{bmatrix}$$

对于 $\lambda_1=0.198\frac{k}{m}$，有

$$\boldsymbol{f}^*(\lambda_1)=\left(\frac{k}{m}\right)^2\begin{bmatrix}0.445 & 0.802 & 1.000\\ 0.802 & 1.445 & 1.802\\ 1.000 & 1.802 & 2.247\end{bmatrix}$$

矩阵 $\boldsymbol{f}^*(\lambda_1)$ 每一列各元素之间的比值是相同的，可任取一列，比如第三列，有

$$u_1 = [1.000 \quad 1.802 \quad 2.247]^{T}$$

同理可得

$$u_2 = [1.000 \quad 0.445 \quad -0.802]^{T}$$
$$u_3 = [1.000 \quad -1.247 \quad 0.555]^{T}$$

系统自由振动的通解为

$$\begin{Bmatrix} x_1(t) \\ x_2(t) \\ x_3(t) \end{Bmatrix} = \begin{bmatrix} 1.000 & 1.000 & 1.000 \\ 1.802 & 0.445 & -1.247 \\ 2.247 & -0.802 & 0.555 \end{bmatrix} \begin{Bmatrix} A_1\sin(\omega_{n1}+\psi_1) \\ A_2\sin(\omega_{n2}+\psi_2) \\ A_3\sin(\omega_{n3}+\psi_3) \end{Bmatrix}$$

7.3 对初始条件的响应和初值问题

n 自由度无阻尼系统的自由振动表达式为

$$\boldsymbol{q}(t) = \sum_{i=1}^{n} A_r \boldsymbol{u}_r \sin(\omega_{nr}t+\psi_r) = \boldsymbol{U}\{A\sin(\omega_n t+\psi)\} \tag{7.3.1}$$

其中,待定常数 A_r 和 $\psi_r(r=1,2,\cdots,n)$,由施加于系统的初始条件决定。

若施加于系统的初始条件 $\boldsymbol{q}(0)=\boldsymbol{q}_0,\dot{\boldsymbol{q}}(0)=\dot{\boldsymbol{q}}_0$ 为计算 A_r 和 ψ_r 做下面的变换

$$A_r\sin(\omega_{nr}t+\psi_r) = D_r\cos\omega_{nr}t + E_r\sin\omega_{nr}t \tag{7.3.2}$$

式中

$$A_r = \sqrt{D_r^2+E_r^2}, \tan\psi_r = \frac{D_r}{E_r} \tag{7.3.3}$$

这时

$$\boldsymbol{q}(t) = \boldsymbol{U}\{D\cos\omega_n t\} + \boldsymbol{U}\{E\sin\omega_n t\} \tag{7.3.4a}$$

$$\dot{\boldsymbol{q}}(t) = -\boldsymbol{U}\{D\omega_n\sin\omega_n t\} + \boldsymbol{U}\{E\omega_n\cos\omega_n t\} \tag{7.3.4b}$$

因而有

$$\boldsymbol{q}_0 = \boldsymbol{UD}, \dot{\boldsymbol{q}}_0 = \boldsymbol{U}\{E\omega_n\} = \boldsymbol{U}\overline{\boldsymbol{\omega}}_n\boldsymbol{E} \tag{7.3.5}$$

即

$$\boldsymbol{D} = \boldsymbol{U}^{-1}\boldsymbol{q}_0, \boldsymbol{E} = \overline{\boldsymbol{\omega}}_n^{\ -1}\boldsymbol{U}^{-1}\dot{\boldsymbol{q}}_0 \tag{7.3.6}$$

其中积分常数向量为 $\boldsymbol{D}=[D_1 \quad D_2 \quad D_3 \quad D_4]^{T}$,$\boldsymbol{E}=[E_1 \quad E_2 \quad E_3 \quad E_4]^{T}$;角频率矩阵为 $\overline{\boldsymbol{\omega}}_n = \begin{bmatrix} \omega_{n1} & 0 & 0 \\ 0 & \omega_{n2} & 0 \\ 0 & 0 & \omega_{n3} \end{bmatrix}$。

例题 7.3.1 有一系统,其质量矩阵和刚度矩阵为

$$\boldsymbol{M} = \begin{bmatrix} 1 & 0 & 0 \\ 0 & 1 & 0 \\ 0 & 0 & 2 \end{bmatrix}, \boldsymbol{K} = \begin{bmatrix} 3 & -2 & 0 \\ -2 & 3 & -1 \\ 0 & -1 & 1 \end{bmatrix}$$

试确定在 $\boldsymbol{q}(0)=[2 \quad 1 \quad 1]^{T}$,$\dot{\boldsymbol{q}}(0)=[0 \quad 1 \quad -1]^{T}$ 初始条件下的响应。

解:可解得系统的固有角频率和特征向量为

$$\omega_{n1}=0.3914, \omega_{n2}=1.1363, \omega_{n3}=2.2485$$
$$\boldsymbol{u}_1 = [1.0000 \quad 1.4235 \quad 2.0511]^{T}$$
$$\boldsymbol{u}_2 = [1.0000 \quad 0.8544 \quad -0.5399]^{T}$$

$$u_3 = [1.0000 \quad -1.0279 \quad 0.1128]^T$$

由方程(7.3.4)得

$$\begin{bmatrix} 1.0000 & 1.0000 & 1.0000 \\ 1.4235 & 0.8544 & -1.0279 \\ 2.0511 & -0.5399 & 0.1128 \end{bmatrix} \begin{Bmatrix} D_1 \\ D_2 \\ D_3 \end{Bmatrix} = \begin{Bmatrix} 2 \\ 1 \\ 1 \end{Bmatrix} \tag{7.3.7}$$

$$\begin{bmatrix} 0.3914 & 1.1363 & 2.2485 \\ 0.5572 & 0.9709 & -2.3112 \\ 0.8028 & -0.6135 & 0.2536 \end{bmatrix} \begin{Bmatrix} E_1 \\ E_2 \\ E_3 \end{Bmatrix} = \begin{Bmatrix} 0 \\ 1 \\ -1 \end{Bmatrix} \tag{7.3.8}$$

解方程(7.3.7)和方程(7.3.8),可得

$$D_1 = 0.6577, D_2 = 0.7668, D_3 = 0.5754$$

和

$$E_1 = 1.2340, E_2 = -0.0861, E_3 = -0.1713$$

由此得

$$A_1 = 1.3983, A_2 = 0.7716, A_3 = 0.6004$$

和

$$\psi_1 = 0.4897, \psi_2 = 1.6826, \psi_3 = 1.8601$$

系统的自由振动方程为

$$\begin{Bmatrix} \boldsymbol{q}_1(t) \\ \boldsymbol{q}_2(t) \\ \boldsymbol{q}_3(t) \end{Bmatrix} = 1.3983 \begin{Bmatrix} 1.0000 \\ 1.4235 \\ 2.0511 \end{Bmatrix} \sin(0.3914t + 0.4897) +$$

$$0.7716 \begin{Bmatrix} 1.0000 \\ 0.8544 \\ -0.5399 \end{Bmatrix} \sin(1.1363t + 1.6826) +$$

$$0.6004 \begin{Bmatrix} 1.0000 \\ -1.0279 \\ 0.1128 \end{Bmatrix} \sin(2.2485t + 1.8601)$$

7.4 具有等固有角频率的系统

机械系统由于结构的对称性或其他原因,可能具有重特征值,也就是有相等的固有角频率。如图7.4.1所示的系统,运动限于在 xy 平面内,两个弹簧直交并相等。在微幅振动时,系统的运动方程为

$$m\ddot{q}_1 + 2kq_1 = 0 \tag{7.4.1a}$$

$$m\ddot{q}_2 + 2kq_2 = 0 \tag{7.4.1b}$$

它们有两个相等的固有角频率,是一个退化的系统。

线性代数表明,若质量矩阵 $\boldsymbol{M}$ 和刚度矩阵 $\boldsymbol{K}$ 是实对称的矩阵,质量矩阵 $\boldsymbol{M}$ 是正定矩阵,无论系统是否具有重特征值,系统的所有特征向量都有正交关系。

对于重特征值,也有与式(7.2.18)相类似的方程。假定系统有一 l 重特征值 λ_s $(2 \leqslant l \leqslant n)$,对于重特征值 λ_s,有下列关系

$$\boldsymbol{f}(\lambda_s)\boldsymbol{f}^{*(l-1)}(\lambda_s) = \boldsymbol{0} \tag{7.4.2}$$

式中，$f^{*(l-1)}(\lambda_s)$为矩阵$f(\lambda_s)$伴随矩阵的$(l-1)$阶导数，因而，对于重特征值λ_s的l列特征向量与$f^{*(l-1)}(\lambda_s)$的l列非零列成比例。我们可以利用$f^{*(l-1)}(\lambda_s)$来确定重特征值λ_s的特征向量。对于其余非重特征值，仍保持方程(7.2.18)的关系，利用$f^{*}(\lambda)$来确定其对应的特征向量。

例题 7.4.1 如图 7.4.2 所示，两个相同大小的质量块 m，用 7 根弹簧紧固在刚性的框架内。试确定系统自由振动的表达式。

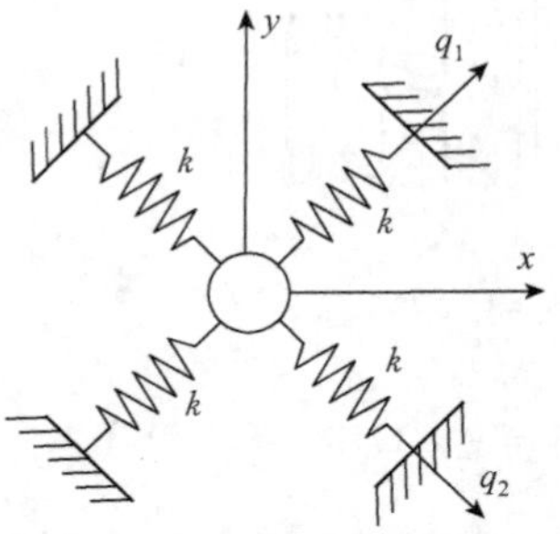

图 7.4.1 具有等固有角频率的系统

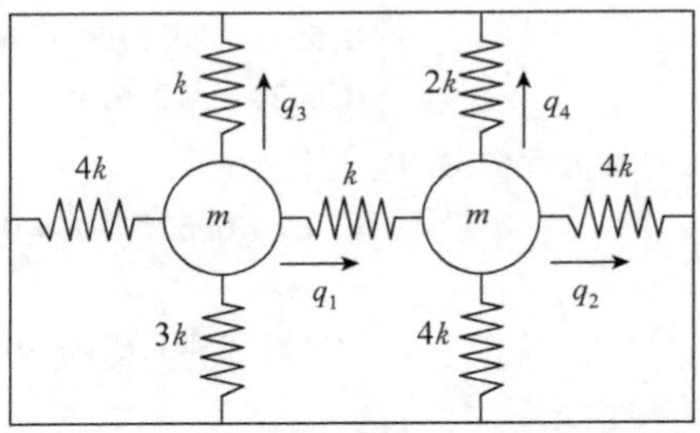

图 7.4.2 具有重特征值的振动系统

解：系统的运动方程为

$$\begin{bmatrix} m & 0 & 0 & 0 \\ 0 & m & 0 & 0 \\ 0 & 0 & m & 0 \\ 0 & 0 & 0 & m \end{bmatrix}\begin{Bmatrix} \ddot{q}_1 \\ \ddot{q}_2 \\ \ddot{q}_3 \\ \ddot{q}_4 \end{Bmatrix}+\begin{bmatrix} 5k & -k & 0 & 0 \\ -k & 5k & 0 & 0 \\ 0 & 0 & 4k & 0 \\ 0 & 0 & 0 & 6k \end{bmatrix}=\begin{Bmatrix} 0 \\ 0 \\ 0 \\ 0 \end{Bmatrix}$$

为了方便分析，令 $\boldsymbol{H}=\boldsymbol{M}^{-1}\boldsymbol{K}$，$k/m=h$。这时，系统的特征值问题为

$$\lambda\boldsymbol{I}-\boldsymbol{H}\boldsymbol{u}=\boldsymbol{0}$$

和

$$\boldsymbol{f}(\lambda)=\lambda\boldsymbol{I}-\boldsymbol{H}=\begin{bmatrix} \lambda-5h & h & 0 & 0 \\ h & \lambda-5h & 0 & 0 \\ 0 & 0 & \lambda-4h & 0 \\ 0 & 0 & 0 & \lambda-6h \end{bmatrix}$$

系统的特征方程为

$$|\boldsymbol{f}(\lambda)|=|\lambda\boldsymbol{I}-\boldsymbol{H}|=0,(\lambda-4h)^2(\lambda-6h)^2=0$$

系统的固有角频率

$$\omega_{n1}=\omega_{n2}=2\sqrt{k/m},\omega_{n3}=\omega_{n4}=\sqrt{6k/m}$$

$\boldsymbol{f}(\lambda)$的伴随矩阵为

$$\boldsymbol{f}^{*}(\lambda)=(\lambda-4h)(\lambda-6h)\begin{bmatrix} \lambda-5h & -h & 0 & 0 \\ -h & \lambda-5h & 0 & 0 \\ 0 & 0 & \lambda-6h & 0 \\ 0 & 0 & 0 & \lambda-4h \end{bmatrix}$$

显然，当 $\lambda_1=\lambda_2=4h$，$\lambda_3=\lambda_4=6h$ 时，$\boldsymbol{f}^{*}(\lambda)=\boldsymbol{0}$。

$$\frac{\mathrm{d}\boldsymbol{f}^{*}(\lambda)}{\mathrm{d}\lambda}=(\lambda-6h)\begin{bmatrix} \lambda-5h & -h & 0 & 0 \\ -h & \lambda-5h & 0 & 0 \\ 0 & 0 & \lambda-6h & 0 \\ 0 & 0 & 0 & \lambda-4h \end{bmatrix}+$$

$$(\lambda-4h)\begin{bmatrix}\lambda-5h & -h & 0 & 0\\ -h & \lambda-5h & 0 & 0\\ 0 & 0 & \lambda-6h & 0\\ 0 & 0 & 0 & \lambda-4h\end{bmatrix}+$$

$$(\lambda-4h)(\lambda-6h)\begin{bmatrix}1 & 0 & 0 & 0\\ 0 & 1 & 0 & 0\\ 0 & 0 & 1 & 0\\ 0 & 0 & 0 & 1\end{bmatrix}$$

因而有

$$\boldsymbol{f}^*(\lambda_1)=\boldsymbol{f}^*(\lambda_2)=h^2\begin{bmatrix}2 & 2 & 0 & 0\\ 2 & 2 & 0 & 0\\ 0 & 0 & 4 & 0\\ 0 & 0 & 0 & 0\end{bmatrix}=h^2\begin{bmatrix}1 & 0\\ 1 & 0\\ 0 & 1\\ 0 & 0\end{bmatrix}\begin{bmatrix}2 & 2 & 0 & 0\\ 0 & 0 & 4 & 0\end{bmatrix}$$

$$\boldsymbol{f}^*(\lambda_3)=\boldsymbol{f}^*(\lambda_4)=h^2\begin{bmatrix}2 & -2 & 0 & 0\\ -2 & 2 & 0 & 0\\ 0 & 0 & 0 & 0\\ 0 & 0 & 0 & 4\end{bmatrix}=h^2\begin{bmatrix}1 & 0\\ -1 & 0\\ 0 & 0\\ 0 & 1\end{bmatrix}\begin{bmatrix}2 & -2 & 0 & 0\\ 0 & 0 & 0 & 4\end{bmatrix}$$

所以系统的振型矩阵

$$\boldsymbol{U}=\begin{bmatrix}1 & 0 & 1 & 0\\ 1 & 0 & -1 & 0\\ 0 & 1 & 0 & 0\\ 0 & 0 & 0 & 1\end{bmatrix}$$

因而

$$\begin{Bmatrix}\boldsymbol{q}_1(t)\\ \boldsymbol{q}_2(t)\\ \boldsymbol{q}_3(t)\\ \boldsymbol{q}_4(t)\end{Bmatrix}=\begin{bmatrix}1 & 0 & 1 & 0\\ 1 & 0 & -1 & 0\\ 0 & 1 & 0 & 0\\ 0 & 0 & 0 & 1\end{bmatrix}\begin{Bmatrix}A_1\sin(2\sqrt{k/m}t+\psi_1)\\ A_2\sin(2\sqrt{k/m}t+\psi_2)\\ A_3\sin(\sqrt{6k/m}t+\psi_3)\\ A_4\sin(\sqrt{6k/m}t+\psi_4)\end{Bmatrix}$$

7.5 无阻尼强迫振动和模态分析

现在，我们来讨论多自由度无阻尼系统的强迫振动问题。一个 n 自由度无阻尼系统的强迫振动的运动方程可表示为

$$\boldsymbol{M}\ddot{\boldsymbol{q}}+\boldsymbol{K}\boldsymbol{q}=\boldsymbol{F}(t) \tag{7.5.1}$$

式中，$\boldsymbol{F}(t)$是外激励力向量。

如果外激励力是简谐激励力、周期激励力或不同角频率的简谐激励力的某种组合，可利用复指数法求解，以得到系统的稳态响应；如果外激励力是任意的时间函数，可利用 Laplace 变换求解。为了对方程求解，还可以有另一种方法，即**模态分析方法**。它是利用振型矩阵，把描述系统运动的坐标，从一般的广义坐标变换到主坐标（也称为模态坐标），把运动方程(7.5.1)变换成一组 n 个独立的方程，求得系统在每个主坐标上的响应，然后得到系统在一般广义坐标上的响应。模态分析方法在现代机械结构动力学中得到了广泛的应用，使强迫振动运动方程的求解和分析大为简化。

为了用模态分析方法对方程(7.5.1)求解，首先要解矩阵 $\boldsymbol{M}$ 和 $\boldsymbol{K}$ 的特征值问题

$$\boldsymbol{M}\boldsymbol{U}\overline{\boldsymbol{\omega}}_n^2=\boldsymbol{K}\boldsymbol{U} \tag{7.5.2}$$

这可以利用计算机完成。我们选用对质量矩阵归一的正则坐标 $\boldsymbol{\eta}=[\eta_1 \quad \eta_2 \quad \cdots \quad \eta_n]^{\mathrm{T}}$，有

$$\boldsymbol{q}=\boldsymbol{U}_{\mathrm{N}}\boldsymbol{\eta} \tag{7.5.3}$$

正则模态矩阵 $\boldsymbol{U}_{\mathrm{N}}=[\boldsymbol{\mu}_1 \quad \boldsymbol{\mu}_2 \quad \cdots \quad \boldsymbol{\mu}_n]$满足

$$\boldsymbol{U}_{\mathrm{N}}^{\mathrm{T}}\boldsymbol{M}\boldsymbol{U}_{\mathrm{N}}=\boldsymbol{I},\boldsymbol{U}_{\mathrm{N}}^{\mathrm{T}}\boldsymbol{K}\boldsymbol{U}_{\mathrm{N}}=\overline{\boldsymbol{\omega}}_{\mathrm{n}}^2 \tag{7.5.4}$$

把式(7.5.3)代入方程(7.5.1)，得

$$\boldsymbol{M}\boldsymbol{U}_{\mathrm{N}}\ddot{\eta}+\boldsymbol{K}\boldsymbol{U}_{\mathrm{N}}\eta=\boldsymbol{F}(t) \tag{7.5.5}$$

方程(7.5.5)左乘 $\boldsymbol{U}_{\mathrm{N}}^{\mathrm{T}}$

$$\boldsymbol{U}_{\mathrm{N}}^{\mathrm{T}}\boldsymbol{M}\boldsymbol{U}_{\mathrm{N}}\ddot{\eta}+\boldsymbol{U}_{\mathrm{N}}^{\mathrm{T}}\boldsymbol{K}\boldsymbol{U}_{\mathrm{N}}\eta=\boldsymbol{U}_{\mathrm{N}}^{\mathrm{T}}\boldsymbol{F}(t) \tag{7.5.6}$$

即

$$\ddot{\boldsymbol{\eta}}+\overline{\boldsymbol{\omega}}_{\mathrm{n}}^2\boldsymbol{\eta}=\boldsymbol{N}(t) \tag{7.5.7}$$

式中，$\boldsymbol{N}(t)=\boldsymbol{U}_{\mathrm{N}}^{\mathrm{T}}\boldsymbol{F}(t)$，表示沿正则坐标的激励力。方程(7.5.7)也可表示为

$$\ddot{\eta}_r+\omega_{\mathrm{n}r}^2\eta_r=N_r(t) \quad r=1,2,\cdots,n \tag{7.5.8}$$

式中，$N_r(t)$为沿第 r 个正则坐标作用的广义激励力。方程(7.5.8)的 n 个方程是相互独立的，可作为 n 个独立的单自由度系统来处理。方程(7.5.8)的特解为

$$\eta_r(t)=\int_0^t h_r(t-\tau)N_r(\tau)\mathrm{d}\tau \quad r=1,2,\cdots,n \tag{7.5.9}$$

式中，$h_r(t)$为系统第 r 阶模态的脉冲响应函数，有

$$h_r(t)=\frac{1}{\omega_{\mathrm{n}r}}\sin\omega_{\mathrm{n}r}t \quad r=1,2,\cdots,n \tag{7.5.10}$$

把式(7.5.10)代入式(7.5.9)，有

$$\eta_r(t)=\frac{1}{\omega_{\mathrm{n}r}}\int_0^t\sin\omega_{\mathrm{n}r}(t-\tau)N_r(\tau)\mathrm{d}\tau \quad r=1,2,\cdots,n \tag{7.5.11}$$

考虑初始条件对系统的影响，方程(7.5.8)的通解为

$$\eta_r(t)=\eta_r(0)\cos\omega_{\mathrm{n}r}t+\frac{\dot{\eta}_r(0)}{\omega_{\mathrm{n}r}}\sin\omega_{\mathrm{n}r}t+\frac{1}{\omega_{\mathrm{n}r}}\int_0^t N_r(\tau)\sin\omega_{\mathrm{n}r}(t-\tau)\mathrm{d}\tau \quad r=1,2,\cdots,n \tag{7.5.12}$$

式中，$\eta_r(0)$和 $\dot{\eta}_r(0)$是施加于第 r 阶正则坐标的初始条件，可由下式确定

$$\boldsymbol{\eta}(0)=\boldsymbol{U}_{\mathrm{N}}^{-1}\boldsymbol{q}(0),\dot{\boldsymbol{\eta}}(0)=\boldsymbol{U}_{\mathrm{N}}^{-1}\dot{\boldsymbol{q}}(0) \tag{7.5.13}$$

由此，得到广义坐标 $\boldsymbol{q}$ 的一般运动方程为

$$\boldsymbol{q}(t)=\boldsymbol{U}_{\mathrm{N}}\boldsymbol{\eta}(t)=\sum_{r=1}^n\boldsymbol{\mu}_r\eta_r(t)=\sum_{r=1}^n\left[\eta_r(0)\cos\omega_{\mathrm{n}r}t+\frac{\dot{\eta}_r(0)}{\omega_{\mathrm{n}r}}\sin\omega_{\mathrm{n}r}t\right]+$$

$$\sum_{r=1}^n\frac{\boldsymbol{\mu}_r\boldsymbol{\mu}^{\mathrm{T}}{}_r}{\omega_{\mathrm{n}r}}\int_0^t F(\tau)\sin\omega_{\mathrm{n}r}(t-\tau)\mathrm{d}\tau \tag{7.5.14}$$

方程(7.5.14)描述了系统过渡过程的运动。当外激励力 $\boldsymbol{F}(t)$为简谐函数时，系统的稳态响应是指与外激励力相同角频率的响应，对于周期激励力，还包括与其高次谐波有关的响应。

例题 7.5.1 图 7.5.1 所示的系统受到 $F_1(t)=0,F_2(t)=F\sin\Omega t$ 的作用，试确定系统的响应。

解：系统的运动方程为

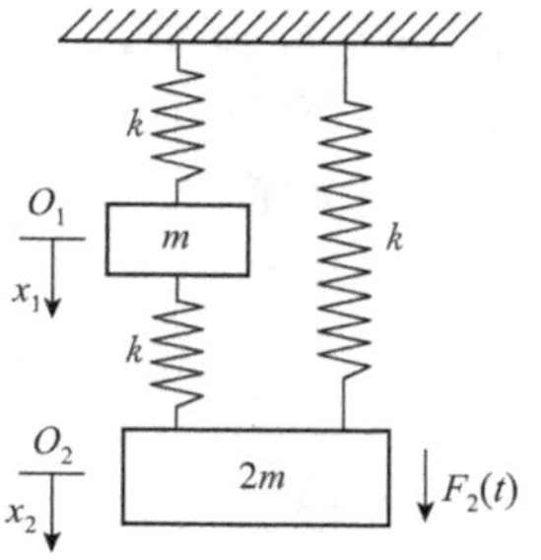

图 7.5.1　受简谐激励的多自由度系统

$$m\begin{bmatrix}1 & 0\\0 & 2\end{bmatrix}\begin{Bmatrix}\ddot{x}_1\\\ddot{x}_2\end{Bmatrix}+k\begin{bmatrix}2 & -1\\-1 & 2\end{bmatrix}\begin{Bmatrix}x_1\\x_2\end{Bmatrix}=\begin{Bmatrix}0\\F\sin\Omega t\end{Bmatrix}$$

为了用模态分析方法求解,首先要解矩阵 $\boldsymbol{M}$ 和 $\boldsymbol{K}$ 的特征值问题。得

$$\omega_{n1}=0.79627\sqrt{k/m},\boldsymbol{u}_1=[1\quad 1.3660]^{\mathrm{T}}$$

$$\omega_{n2}=1.2382\sqrt{k/m},\boldsymbol{u}_2=[1\quad -0.36603]^{\mathrm{T}}$$

对于正则坐标(对质量矩阵归一),特征向量为

$$\boldsymbol{\mu}_1=\frac{1}{\sqrt{m}}\begin{Bmatrix}0.45970\\0.62796\end{Bmatrix},\ \boldsymbol{\mu}_2=\frac{1}{\sqrt{m}}\begin{Bmatrix}0.88807\\-0.32506\end{Bmatrix}$$

因此,其振型矩阵为

$$\boldsymbol{U}_{\mathrm{N}}=\frac{1}{\sqrt{m}}\begin{bmatrix}0.45970 & 0.88807\\0.62796 & -0.32506\end{bmatrix}$$

进行线性变换 $\boldsymbol{x}=\boldsymbol{U}_{\mathrm{N}}\boldsymbol{\eta}$,并得到正则化激励力为

$$\boldsymbol{N}(t)=\boldsymbol{U}_{\mathrm{N}}\boldsymbol{F}(t)=\frac{F}{\sqrt{m}}\begin{Bmatrix}0.62796\\-0.32506\end{Bmatrix}\sin\Omega t$$

把 $N_1(t)$ 和 $N_2(t)$ 分别代入式(7.5.11),得

$$\begin{aligned}\eta_1(t)&=0.62796\frac{F}{\sqrt{m}}\frac{1}{\omega_{n1}}\int_0^t\sin\omega_{n1}(t-\tau)\sin\Omega\tau\mathrm{d}\tau\\&=0.62796\frac{F}{\omega_{n1}^2\sqrt{m}}\left(\sin\Omega t-\frac{\Omega}{\omega_{n1}}\sin\omega_{n1}t\right)\frac{1}{1-\Omega^2/\omega_{n1}^2}\\\eta_2(t)&=0.32506\frac{F}{\sqrt{m}}\frac{1}{\omega_{n2}}\int_0^t\sin\omega_{n2}(t-\tau)\sin\Omega\tau\mathrm{d}\tau\\&=-0.32506\frac{F}{\omega_{n2}^2\sqrt{m}}\left(\sin\Omega t-\frac{\Omega}{\omega_{n2}}\sin\omega_{n2}t\right)\frac{1}{1-\Omega^2/\omega_{n2}^2}\end{aligned}$$

最后,得

$$x_1(t)=\frac{F}{m}\left[0.45970\times0.62796\frac{1}{\omega_{n1}^2}\left(\sin\Omega t-\frac{\Omega}{\omega_{n1}}\sin\omega_{n1}t\right)\frac{1}{1-\Omega^2/\omega_{n1}^2}-\right.$$
$$\left.0.88807\times0.32506\frac{1}{\omega_{n2}^2}\left(\sin\Omega t-\frac{\Omega}{\omega_{n2}}\sin\omega_{n2}t\right)\frac{1}{1-\Omega^2/\omega_{n2}^2}\right]$$

$$x_2(t)=\frac{F}{m}\left[0.62796^2\frac{1}{\omega_{n1}^2}\left(\sin\Omega t-\frac{\Omega}{\omega_{n1}}\sin\omega_{n1}t\right)\frac{1}{1-\Omega^2/\omega_{n1}^2}+\right.$$
$$\left.0.32506^2\frac{1}{\omega_{n2}^2}\left(\sin\Omega t-\frac{\Omega}{\omega_{n2}}\sin\omega_{n2}t\right)\frac{1}{1-\Omega^2/\omega_{n2}^2}\right]$$

由方程式(7.5.11)得到的解,包含有激励力施加于系统的时刻($t=0$)引起的响应。若只考虑强迫振动的稳态响应,则只取 $\sin\Omega t$ 项。

7.6　比例黏性阻尼和实模态理论

对于 n 自由度黏性阻尼系统,其运动方程为

$$\boldsymbol{M}\ddot{\boldsymbol{q}}+\boldsymbol{C}\dot{\boldsymbol{q}}+\boldsymbol{K}\boldsymbol{q}=\boldsymbol{F}(t)\tag{7.6.1}$$

式中，质量矩阵 $\boldsymbol{M}$、阻尼矩阵 $\boldsymbol{C}$ 和刚度矩阵 $\boldsymbol{K}$ 通常都是实对称的矩阵。

对于简谐激励力和周期激励力，与两自由度系统一样，可以用复指数法求解。对于激励力为任意时间函数的情况，也可用 Laplace 变换求解。在这里我们介绍模态分析方法。

在有些情况下，系统的阻尼是弹性材料的一种性质，而不是离散的阻尼元件。这时，我们把系统模型简化为每个弹簧并联作用着一个黏性阻尼器，其阻尼系数与弹簧常数成正比，有

$$\boldsymbol{C}=\beta\boldsymbol{K} \tag{7.6.2}$$

在有些情况下，系统的阻尼作用于每个质量，其阻尼系数与质量成正比，有

$$\boldsymbol{C}=\alpha\boldsymbol{M} \tag{7.6.3}$$

对于更一般的情况，有

$$\boldsymbol{C}=\alpha\boldsymbol{M}+\beta\boldsymbol{K} \tag{7.6.4}$$

这时，系统的运动方程为

$$\boldsymbol{M}\ddot{\boldsymbol{q}}+(\alpha\boldsymbol{M}+\beta\boldsymbol{K})\dot{\boldsymbol{q}}+\boldsymbol{K}\boldsymbol{q}=\boldsymbol{F}(t) \tag{7.6.5}$$

根据方程(7.6.5)的质量矩阵 $\boldsymbol{M}$ 和刚度矩阵 $\boldsymbol{K}$，可以得到系统对应的无阻尼正则变换的振型矩阵 $\boldsymbol{U}_{\mathrm{N}}$，把 $\boldsymbol{q}=\boldsymbol{U}_{\mathrm{N}}\boldsymbol{\eta}$ 代入方程(7.6.5)，有

$$\boldsymbol{M}\boldsymbol{U}_{\mathrm{N}}\ddot{\boldsymbol{\eta}}+(\alpha\boldsymbol{M}+\beta\boldsymbol{K})\boldsymbol{\mu}_{\mathrm{N}}\dot{\boldsymbol{\eta}}+\boldsymbol{K}\boldsymbol{U}_{\mathrm{N}}\boldsymbol{\eta}=\boldsymbol{F}(t) \tag{7.6.6}$$

用 $\boldsymbol{U}_{\mathrm{N}}^{\mathrm{T}}$ 左乘方程(7.6.6)，得

$$\boldsymbol{U}_{\mathrm{N}}^{\mathrm{T}}\boldsymbol{M}\boldsymbol{U}_{\mathrm{N}}\ddot{\eta}+\boldsymbol{U}_{\mathrm{N}}^{\mathrm{T}}(\alpha\boldsymbol{M}+\beta\boldsymbol{K})\boldsymbol{U}_{\mathrm{N}}\dot{\boldsymbol{\eta}}+\boldsymbol{U}_{\mathrm{N}}^{\mathrm{T}}\boldsymbol{K}\boldsymbol{U}_{\mathrm{N}}\boldsymbol{\eta}=\boldsymbol{U}_{\mathrm{N}}^{\mathrm{T}}\boldsymbol{F}(t) \tag{7.6.7}$$

即

$$\ddot{\boldsymbol{\eta}}+(\alpha\boldsymbol{I}+\beta\overline{\boldsymbol{\omega}}_{\mathrm{n}}^{2})\dot{\boldsymbol{\eta}}+\overline{\boldsymbol{\omega}}_{\mathrm{n}}^{2}\boldsymbol{\eta}=\boldsymbol{N}(t) \tag{7.6.8a}$$

或

$$\ddot{\eta}_r+(\alpha\beta\omega_{\mathrm{n}r}^2)\dot{\eta}_r+\omega_{\mathrm{n}r}^2=N_r(t)\quad r=1,2,\cdots,n \tag{7.6.8b}$$

第 r 阶模态阻尼和阻尼比为

$$c_r=\alpha+\beta\omega_{\mathrm{n}r}^2,\zeta_r=\frac{\alpha+\beta\omega_{\mathrm{n}r}^2}{2\omega_{\mathrm{n}r}}\quad r=1,2,\cdots,n \tag{7.6.9}$$

利用无阻尼系统实振型矩阵 $\boldsymbol{U}_{\mathrm{N}}$，使 n 自由度有阻尼系统的运动方程解耦，使质量矩阵、刚度矩阵和阻尼矩阵实现对角化，化为一组 n 个相互独立的方程，从而得到方程的解，这种理论叫作**实模态理论**。

方程(7.6.8b)的特解为

$$\eta_r=\int_0^t N_r(\tau)h_r(t-\tau)\mathrm{d}\tau\quad r=1,2,\cdots,n \tag{7.6.10}$$

式中

$$h_r(t)=\frac{1}{\omega_{\mathrm{d}r}}\mathrm{e}^{-\zeta_r\omega_{\mathrm{n}r}t}\sin\omega_{\mathrm{d}r}t\quad r=1,2,\cdots,n \tag{7.6.11}$$

$$\omega_{\mathrm{d}r}=\sqrt{1-\zeta_r^2}\,\omega_{\mathrm{n}r} \tag{7.6.12}$$

式中，$h_r(t)$ 为第 r 阶模态的脉冲响应函数；$\omega_{\mathrm{d}r}$ 为第 r 阶有阻尼固有角频率。把式(7.6.11)代入式(7.6.10)，得

$$\eta_r=\frac{1}{\omega_{\mathrm{d}r}}\int_0^t N_r(\tau)\mathrm{e}^{-\zeta_r\omega_{\mathrm{n}r}(t-\tau)}\sin\omega_{\mathrm{d}r}(t-\tau)\mathrm{d}\tau$$

$$= \frac{1}{\omega_{dr}} \int_0^t \boldsymbol{U}_N^T \boldsymbol{F}(\tau) e^{-\zeta_r \omega_{nr}(t-\tau)} \sin\omega_{dr}(t-\tau) d\tau \quad r = 1,2,\cdots,n \tag{7.6.13}$$

若考虑施加于系统的初始条件 $\boldsymbol{q}(0)$ 和 $\dot{\boldsymbol{q}}(0)$，方程(7.6.8b)的通解为

$$\eta_r(t) = e^{-\zeta_r \omega_{nr} t}\left[\eta_r(0)\cos\omega_{dr}t + \frac{\dot{\eta}_r(0) + \zeta_r \omega_{nr}\eta_r(0)}{\omega_{dr}}\sin\omega_{dr}t\right] + \frac{1}{\omega_{dr}}\int_0^t N_r(\tau) e^{-\zeta_r \omega_{nr}(t-\tau)} \sin\omega_{dr}(t-\tau) d\tau \quad r = 1,2,\cdots,n \tag{7.6.14}$$

式中

$$\boldsymbol{\eta}(0) = \boldsymbol{U}_N^{-1}\boldsymbol{q}(0), \dot{\boldsymbol{\eta}}(0) = \boldsymbol{U}_N^{-1}\dot{\boldsymbol{q}}(0) \tag{7.6.15}$$

方程(7.6.5)的通解为

$$\boldsymbol{q} = \boldsymbol{U}_N \boldsymbol{\eta} = \sum_{r=1}^{n} \boldsymbol{\mu}_r \eta_r \tag{7.6.16}$$

式(7.6.16)表示比例黏性阻尼系统运动的一般形式。

分析表明，除比例黏性阻尼外，利用系统的无阻尼振型矩阵 $\boldsymbol{\mu}$ 或 $\boldsymbol{u}$ 使系统的阻尼矩阵实现对角化的充要条件为

$$\boldsymbol{C}\boldsymbol{M}^{-1}\boldsymbol{K} = \boldsymbol{K}\boldsymbol{M}^{-1}\boldsymbol{C} \tag{7.6.17}$$

7.7 Maple 编程示例

编程题 7.7.1 利用 Maple 求下列问题的固有角频率和主振型：

$$\left[-\omega^2 m \begin{pmatrix} 1 & 0 \\ 0 & 1 \end{pmatrix} + k \begin{pmatrix} 2 & -1 \\ -1 & 2 \end{pmatrix}\right] \boldsymbol{X} = \boldsymbol{0} \tag{7.7.1}$$

解：1）建模

式(7.7.1)可以重新写成

$$\begin{bmatrix} 2 & -1 \\ -1 & 2 \end{bmatrix} \boldsymbol{X} = \lambda \begin{bmatrix} 1 & 0 \\ 0 & 1 \end{bmatrix} \boldsymbol{X} \tag{7.7.2}$$

其中，$\lambda = m\omega^2/k$，是特征值；ω 是固有角频率；$\boldsymbol{X}$ 是特征向量或主振型。所以式(7.7.2)的解利用 Maple 得到，特征值是 $\lambda_1 = 1, \lambda_2 = 3$，相应的特征向量是

$$\boldsymbol{X}_1 = \begin{Bmatrix} 1 \\ 1 \end{Bmatrix}, \boldsymbol{X}_2 = \begin{Bmatrix} -1 \\ 1 \end{Bmatrix}$$

2）Maple 程序

```
> ##################################################
> restart;                                  #清零
> with(linalg):                             #加载线性代数库
> A:=matrix(2,2,[[2,-1],[-1,2]])            #建立矩阵
> eigenvals(A);                             #求特征值
> eigenvects(A);                            #求特征向量
> ##################################################
```

7.8 思考题

思考题 7.1 简答题

1. 刚度影响系数与柔度影响系数是如何定义的？并说明两者之间的关系。

2. 分别利用刚度矩阵和柔度矩阵写出多自由度系统的运动微分方程。

3. 试用矩阵的形式表示 n 自由度系统的势能与动能。

4. 什么是特征值问题？

5. 什么是主振型？其是如何计算的？

思考题 7.2　判断题

1. 对于一个多自由度系统，对每一个自由度都可以写出一个运动微分方程。　（　　）

2. 拉格朗日方程不能用来推导多自由度系统的运动微分方程。　（　　）

3. 多自由度系统的质量矩阵、刚度矩阵、阻尼矩阵总是对称的。　（　　）

4. 系统的刚度矩阵与柔度矩阵之积总是单位矩阵。　（　　）

5. n 自由度系统的振型分析可以只针对 r 个振型（$r<n$）来进行。　（　　）

思考题 7.3　填空题

1. 弹簧常数定义为引起单位变形所需要的________。

2. 柔度影响系数 a_{ij} 表示由于在点________作用单位载荷引起的________点的位移。

3. 当所有的其他点都固定不动，而 j 点产生单位位移需在 i 点施加的力称为________影响系数。

4. 多自由度系统的振型是________。

5. 多自由度系统的运动微分方程可以用________系数法来推导。

思考题 7.4　选择题

1. n 自由度系统互不相等的固有角频率的数目可能是________。

A. 1　　B. ∞　　C. n

2. 动力矩阵 $\boldsymbol{D}$ 的表达式为________。

A. $\boldsymbol{K}^{-1}\boldsymbol{M}$　　B. $\boldsymbol{M}^{-1}\boldsymbol{K}$　　C. $\boldsymbol{KM}$

3. 主振型的正交性是指________。

A. $\boldsymbol{X}_{(i)}^{\mathrm{T}}\boldsymbol{M}\boldsymbol{X}_{(j)}=\boldsymbol{0}$　　B. $\boldsymbol{X}_{(i)}^{\mathrm{T}}\boldsymbol{K}\boldsymbol{X}_{(j)}=\boldsymbol{0}$　　C. $\boldsymbol{X}_{(i)}^{\mathrm{T}}\boldsymbol{M}\boldsymbol{X}_{(j)}=\boldsymbol{0}$ 与 $\boldsymbol{X}_{(i)}^{\mathrm{T}}\boldsymbol{K}\boldsymbol{X}_{(j)}=\boldsymbol{0}$

4. 瑞利耗散函数用于生成________。

A. 刚度矩阵　　B. 阻尼矩阵　　C. 质量矩阵

5. n 自由度系统的特征方程为________。

A. 超越方程　　B. n 阶多项式方程　　C. n 阶微分方程

思考题 7.5　连线题

1. $\frac{1}{2}\dot{\boldsymbol{X}}^{\mathrm{T}}\boldsymbol{M}\dot{\boldsymbol{X}}$	A. 令其等于零就可求得特征值
2. $\frac{1}{2}\boldsymbol{X}^{\mathrm{T}}\boldsymbol{K}\boldsymbol{X}$	B. 系统的动能
3. $\boldsymbol{M}\ddot{\boldsymbol{x}}+\boldsymbol{K}\boldsymbol{x}$	C. 等于动力矩阵 $\boldsymbol{D}$
4. $\lvert\boldsymbol{K}-\omega^2\boldsymbol{M}\rvert$	D. 系统的应变能
5. $\boldsymbol{K}^{-1}\boldsymbol{M}$	E. 等于作用力矢量 $\boldsymbol{F}$

7.9　习题

A 类习题

习题 7.1　如图 7.9.1 所示，为了记录扭转振动，采用一种扭振仪。它由固装在轴 B 上的轻质铝齿轮 A 和松套在轴 B 上可自由相对转动的飞轮 D 构成。轴 B 与飞轮 D 之间由刚度系数为 k 的螺旋弹簧相连。轴 B 的运动规律为

$$\varphi = \Omega t + \varphi_0 \sin\Omega t$$

为匀速转动带有简谐角振动，飞轮 D 对转轴的转动惯量为 J。试研究扭振仪的受迫振动。

习题 7.2 如图 7.9.2 所示，为抑制航空发动机曲轴的振动，在曲轴的配重中做一个半径为 r 的圆弧槽，圆心到转轴的距离 $AB = l$。附加的小配重为质点，可沿圆弧槽自由滑动。轴的转动角速度等于 Ω。不计重力的影响，求附加配重的微振动角频率。

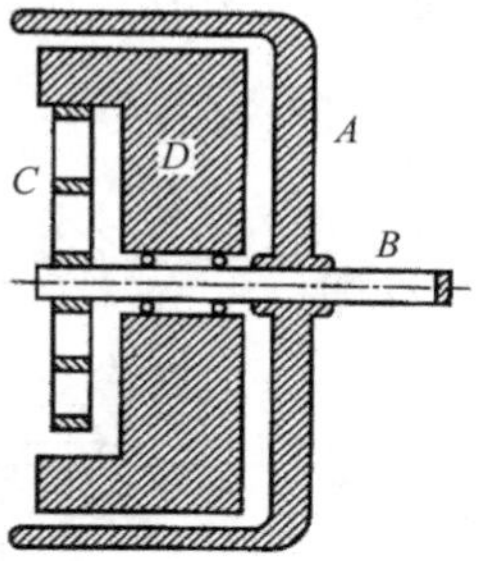

图 7.9.1 习题 7.1

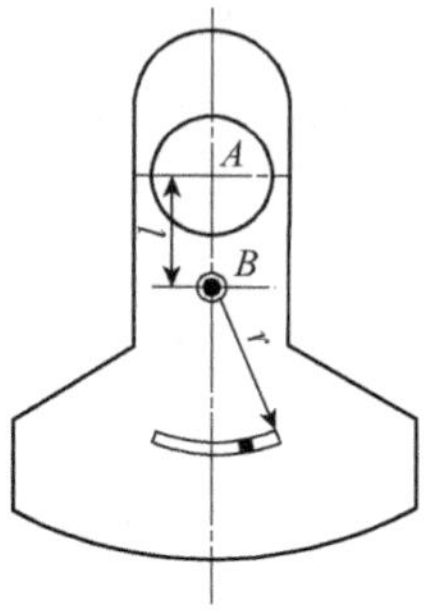

图 7.9.2 习题 7.2

习题 7.3 重量为 P 的重物，挂在刚度系数为 k 的弹簧上。初始瞬时，在重物上作用了一个不变力 F，经时间 τ 中止作用。求重物的运动规律。

习题 7.4 试对习题 7.3 所述系统，针对作用力的下列几种不同延续时间 τ，求偏离平衡位置的最大值：

(1) $\tau \to 0, \lim\limits_{\tau \to 0} F\tau = S$（碰撞）；

(2) $\tau = \dfrac{T}{4}$；

(3) $\tau = \dfrac{T}{2}$。

其中 T 为系统的自由振动周期。

习题 7.5 一个质点挂在长度为 l 的不可伸长的绳上。绳的悬挂点按规律 $\xi = \xi(t)$ 作水平直线运动。求此单摆的运动规律。

习题 7.6 质量为 m 的质点挂在刚度系数为 k 的弹簧上，质点受到下列力的作用：当 $t < 0, F = 0$；当 $0 \leqslant t \leqslant \tau$ 时，$F = \dfrac{t}{\tau} F_0$；当 $t > \tau$ 时，$F = F_0$。

求当 $t > \tau$ 时该质点的运动规律，并求振动的振幅。

习题 7.7 质量为 m 的重物挂在刚度系数为 k 的弹簧上。受到按规律 $Q(t) = F|\sin\Omega t|$ 变化的力作用，求系统以力频率进行的振动规律。

习题 7.8 一轻轴的中央带有重为 P 的圆盘。在下列几种情况下求此轴的临界转速（对横向振动来说）：

(1) 轴的两端都插在长轴承中（两端都可看成插入端）；

(2) 轴的一端插在长轴承中（插入端），另一端搁在短轴承中（端点简支）。

轴的弯曲刚度为 EI，长度为 l。

习题 7.9 长度为 l 的轻轴放在两个短轴承中。在轴的外伸端带有重量为 P 的圆盘。外伸臂长为 a。求此轴的临界转速。设轴的弯曲刚度为 EI。

习题 7.10 重轴的一端搁在短轴承中，另一端插在长轴承中。轴的长度为 l，弯曲刚度为 EI，单位长度的质量为 q。求此轴的临界转速。

B 类习题

习题 7.11 如图 7.9.3 所示，求数学双摆在下述条件下的主振动角频率：重物 M_1 和 M_2 的质量分别

为 m_1 和 m_2，且 $OM_1=l_1$，$M_1M_2=l_2$，在重物 M_1 上还连有质量可以忽略的弹簧，弹簧原长为 l_0，刚度系数为 k。

习题 7.12 如图 7.9.4 所示，物理双摆由长度为 $2a$、重量为 P_1 的均质直杆 O_1O_2 和重量为 P_2 的均质直杆 AB 构成，杆 O_1O_2 可绕固定水平轴 O_1 转动，杆 AB 在质心处铰接于杆 O_1O_2 的末端 O_2。设在初始瞬时杆 O_1O_2 偏离铅垂线的角度为 φ_0，杆 AB 处在铅垂位置但有初始角速度 ω_0。求系统的运动规律。

习题 7.13 如图 7.9.5 所示，重量为 P 的杆 AB 两端分别由两根不可伸长的相同绳子悬挂于天花板，每根绳长均为 a，在杆下有两根不可伸长的相同绳子悬挂重量为 Q 的杆 CD，每根绳长均为 b。设在铅垂平面发生振动，求主振动角频率。不计各绳的质量。

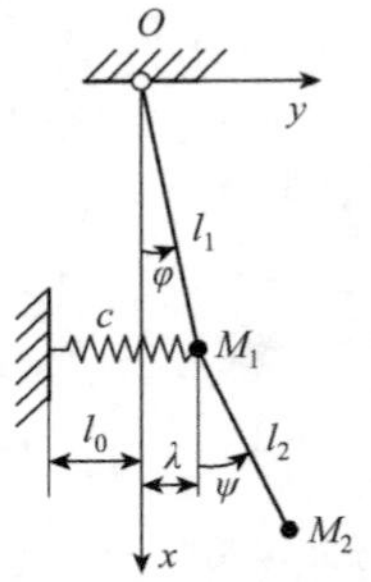

图 7.9.3 习题 7.11

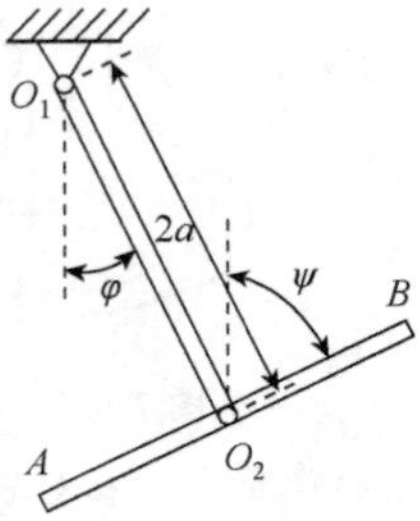

图 7.9.4 习题 7.12

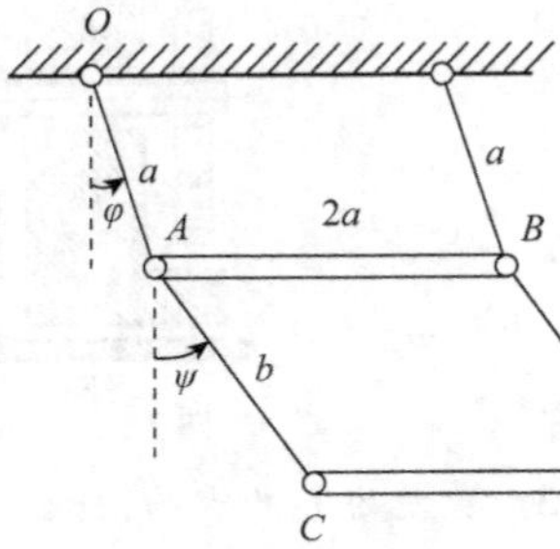

图 7.9.5 习题 7.13

习题 7.14 如图 7.9.6 所示，试研究铁路车厢在铅垂平面内的振动。已知：车厢在弹簧上的部分重量为 Q，质心与前后轮轴的铅垂平面距离 $l_1=l_2=l$，车厢对平行于轮轴的中心水平轴的回转半径为 ρ。前后轮轴上弹簧的刚度系数相同，即 $k_1=k_2=k$。

习题 7.15 如图 7.9.7 所示，试研究载货平板车的微振动。平板车重量为 P，以 A、B 两点支撑在刚度系数都为 k 的两个相同弹簧上。平板车（连带货物）的质心 C 在直线 AB 上，且 $AC=a$，$CB=b$。平板车的质心以铅垂向下的初速度 v_0 开始离开平衡位置。弹簧质量和摩擦都可忽略，平板车对质心处水平横轴的转动惯量 $J_C=0.1\dfrac{(a^2+b^2)P}{g}$，振动发生在铅垂平面内。广义坐标取 y、φ，其中 y 为质心相对平衡位置的偏移量，以向下为正，φ 为平板车绕质心的转角。

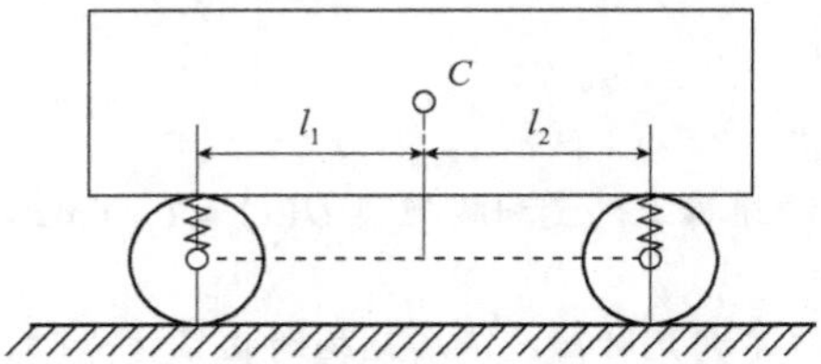

图 7.9.6 习题 7.14

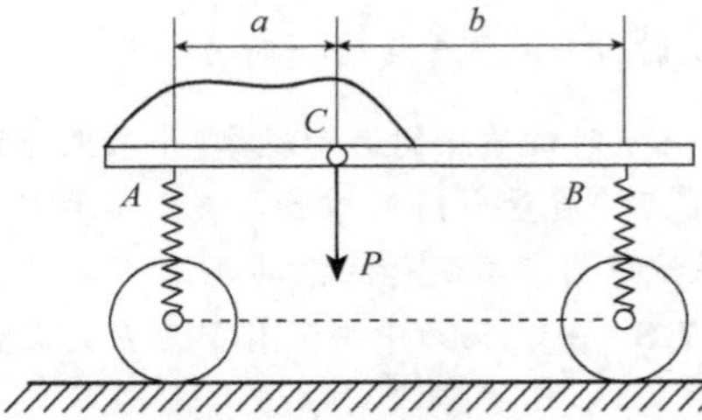

图 7.9.7 习题 7.15

习题 7.16 如图 7.9.7 所示，小车的底板以 A、B 两点支撑在刚度系数均为 k 的两个相同的板弹簧上。两弹簧的轴线之间距离 $AB=l$，底板的质心 C 在直线 AB 上，此直线是底板的对称轴，与点 A 相距 $AC=a=l/3$。底板对质心处垂直于 AB 的轴的回转半径可取 $0.2l$（该轴在底板平面内），底板重量为 Q。假设在底板质心处铅垂底板的方向发生碰撞，引起了振动，求微振动规律。碰撞冲量等于 S。

习题 7.17 如图 7.9.8 所示，质量均为 m 的两个相同质点 M_1、M_2 对称系在一根拉紧的绳子上，到绳的两端距离相等。绳长为 $2(a+b)$，绳中拉力等于 F，求主振动的角频率，并找出主坐标。

习题 7.18 在凹面朝上的光滑曲面内，质点在平衡位置附近振动，曲面在质点平衡位置的主曲率半径为 ρ_1 和 ρ_2，求质点的微振动角频率。

习题7.19 质点的平衡位置位于曲面的最低点，曲面以角速度 Ω 绕通过该点的铅垂轴匀速转动。曲面在最低点的主曲率半径为 ρ_1 和 ρ_2，求质点的微振动角频率。

习题7.20 如图7.9.9所示，半径为 r、质量为 M 的均质圆盘铰接于长度为 l、可绕水平固定轴转动的杆 OA 上。在圆盘的边缘上固结着质量为 m 的质点 B。求系统自由振动的角频率。杆的质量不计。圆盘可在杆的振动平面内转动。

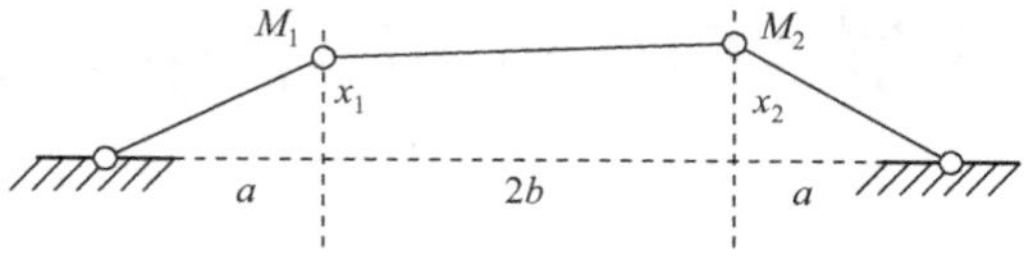

图7.9.8 习题7.17

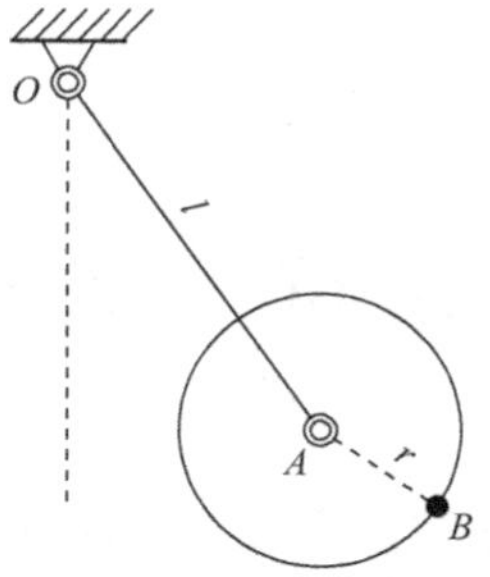

图7.9.9 习题7.20

习题7.21 （编程题）利用Maple编写一个通用程序以求四次代数方程的根。利用这个程序求解如下方程

$$f(x)=x^4-8x+12=0$$

C类习题

习题7.22 （振动调整）如图7.9.10所示，如果在右柱连接质量块 m，则带有质量块 M 的框架的自振角频率会发生怎样的变化？

习题7.23 （振动调整）如图7.9.11所示，对于有已知杆件横截面面积 A_1 的桁架，试从保证已知自振角频率 ω^* 的条件，选择横截面面积 A_2。

解题时第一次近似只考虑质量的垂直振动。

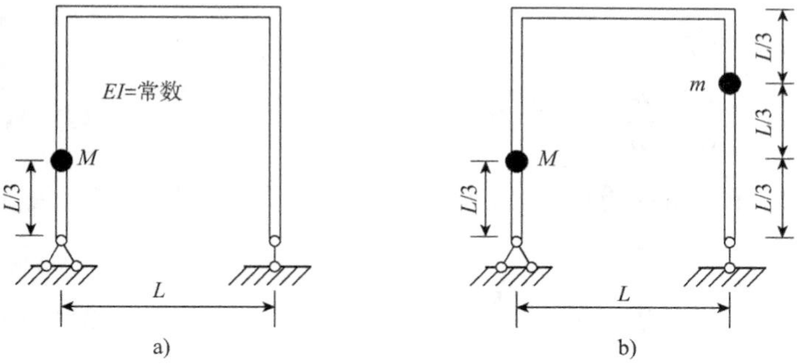

图7.9.10 习题7.22

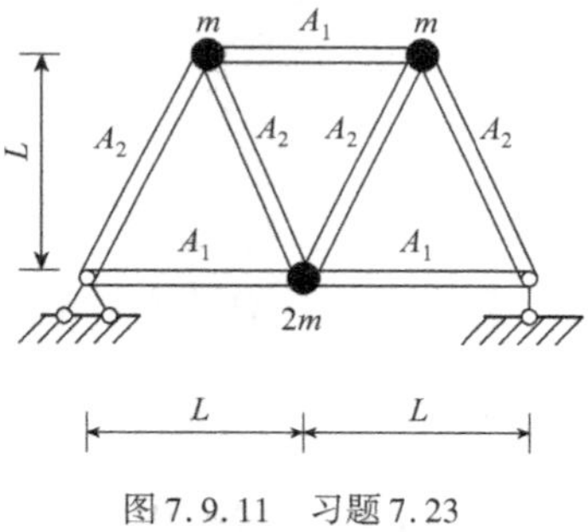

图7.9.11 习题7.23

##

基尔霍夫（G. R. Kirchhoff，1824—1887，德国），物理学家，化学家，力学家。他在海德堡完成了对物理学的主要贡献，即通过实验和理论分析发现电磁辐射的基本原理。他还在电路和弹性理论方面做出重大贡献。他于1850年发表了关于板的理论的若干重要论文，首次给出了一个令人满意的板的弯曲振动理论以及准确的边界条件。他提出了稳恒电路网络中电流、电压、电阻关系的两条电路定律，即著名的基尔霍夫电流定律和基尔霍夫电压定律，解决了电器设计中电路方面的难题。他提出了直法线假设，给出了圆板的自由振动解，同时比较完整地给出了振动的节线表达式，从而较好地回答了克拉尼问题。至此，弹性板的理论问题才算告一段落。这就是力学界著名的基尔霍夫薄板假设。

主要著作：《弹性圆板的平衡与运动》《数学物理学讲义》（4卷）等。

##

竹石

清　郑燮(1693—1765)

咬定青山不放松,立根原在破岩中。

千磨万击还坚劲,任尔东西南北风。

第 8 章　固有振动特性的近似计算方法

有许多数值方法,可以使我们得到系统特征值和特征向量的近似值,这对解决许多工程问题是十分有用的。本章主要介绍瑞利法、矩阵迭代法和子空间迭代法。

8.1　瑞利法

8.1.1　瑞利第一商

n 自由度无阻尼系统特征值问题的方程

$$\lambda \boldsymbol{M}\boldsymbol{u}=\boldsymbol{K}\boldsymbol{u},\lambda=\omega_{\mathrm{n}}^{2} \tag{8.1.1}$$

系统的特征值和特征向量为 λ_r 和 $\boldsymbol{\mu}_r$,$r=1,2,\cdots,n$,它们满足方程式(8.1.1),即

$$\lambda_r \boldsymbol{M}\boldsymbol{\mu}_r=\boldsymbol{K}\boldsymbol{\mu}_r \quad r=1,2,\cdots,n \tag{8.1.2}$$

方程(8.1.2)两边各左乘$\boldsymbol{\mu}_r^{\mathrm{T}}$,并除以纯量$\boldsymbol{\mu}_r^{\mathrm{T}}\boldsymbol{M}\boldsymbol{\mu}_r$,得

$$\lambda_r=\omega_{\mathrm{n}r}^{2}=\frac{\boldsymbol{\mu}_r^{\mathrm{T}}\boldsymbol{K}\boldsymbol{\mu}_r}{\boldsymbol{\mu}_r^{\mathrm{T}}\boldsymbol{M}\boldsymbol{\mu}_r} \quad r=1,2,\cdots,n \tag{8.1.3}$$

方程(8.1.3)表明,分子与第 r 阶固有模态的势能有关,分母与第 r 阶固有模态的功能有关。

如果有一任意的向量 $\boldsymbol{v}$,令

$$\lambda_r=\omega_{\mathrm{n}r}^{2}=R_1(\boldsymbol{v})=\frac{\boldsymbol{v}^{\mathrm{T}}\boldsymbol{K}\boldsymbol{v}}{\boldsymbol{v}^{\mathrm{T}}\boldsymbol{M}\boldsymbol{v}} \tag{8.1.4}$$

式中,$R_1(\boldsymbol{v})$是一个纯量,它不仅取决于矩阵 $\boldsymbol{M}$ 和 $\boldsymbol{K}$,而且取决于向量 $\boldsymbol{v}$,矩阵 $\boldsymbol{M}$ 和 $\boldsymbol{K}$ 反映系统的特性,而向量 $\boldsymbol{v}$ 是任意的。因此,对于给定的系统,$R_1(\boldsymbol{v})$只取决于向量 $\boldsymbol{v}$。纯量 $R_1(\boldsymbol{v})$ 叫作**瑞利(Rayleigh)**第一商。显然,如果向量 $\boldsymbol{v}$ 与系统的特征向量$\boldsymbol{\mu}_r$ 一致,则瑞利商就是其对应的 λ_r。

系统的特征向量$\boldsymbol{\mu}_r$($r=1,2,\cdots,n$),形成 n 维空间中一组线性独立的完备系。因而同一空间中的任一向量 $\boldsymbol{v}$,可用特征向量的线性组合来表示,即

$$\boldsymbol{v}=\sum_{r=1}^{n}c_r\boldsymbol{\mu}_r=\boldsymbol{U}_{\mathrm{N}}\boldsymbol{C} \tag{8.1.5}$$

式中,c_r 是常数。

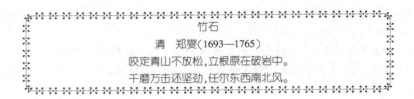

把式(8.1.5)代入式(8.1.4),并考虑

$$\boldsymbol{U}_{\mathrm{N}}^{\mathrm{T}}\boldsymbol{M}\boldsymbol{U}_{\mathrm{N}}=\boldsymbol{I},\boldsymbol{U}_{\mathrm{N}}^{\mathrm{T}}\boldsymbol{K}\boldsymbol{U}_{\mathrm{N}}=\overline{\boldsymbol{\Lambda}}$$

有

$$R_1(\boldsymbol{v})=\frac{\boldsymbol{C}^{\mathrm{T}}\boldsymbol{U}_{\mathrm{N}}^{\mathrm{T}}\boldsymbol{K}\boldsymbol{U}_{\mathrm{N}}\boldsymbol{C}}{\boldsymbol{C}^{\mathrm{T}}\boldsymbol{U}_{\mathrm{N}}^{\mathrm{T}}\boldsymbol{M}\boldsymbol{U}_{\mathrm{N}}\boldsymbol{C}}=\frac{\boldsymbol{C}^{\mathrm{T}}\overline{\boldsymbol{\Lambda}}\boldsymbol{C}}{\boldsymbol{C}^{\mathrm{T}}\boldsymbol{C}}=\frac{\sum_{i=1}^{n}\lambda_i c_i^2}{\sum_{i=1}^{n}c_i^2} \tag{8.1.6}$$

方程(8.1.6)表明,$R_1(\boldsymbol{v})$是系统特征值λ_r,即系统固有角频率平方$\omega_r^2(r=1,2,\cdots,n)$的加权平均值。如果任意向量$\boldsymbol{v}$与系统的第$r$阶特征向量$\boldsymbol{\mu}_r$很接近,这意味着系数$c_i(i\neq r)$与$c_r$相比较是很小的,则有

$$c_i=\varepsilon_i c_r \quad i=1,2,\cdots,n;i\neq r \tag{8.1.7}$$

式中,$\varepsilon_i \ll 1$。

方程(8.1.6)的分子和分母分别除以c_r^2,得

$$R_1(\boldsymbol{v})=\frac{\lambda_r+\sum_{i=1}^{n}(1-\delta_{ir})\lambda_i\varepsilon_i^2}{1+\sum_{i=1}^{n}(1-\delta_{ir})\varepsilon_r^3}\approx\lambda_r+\sum_{i=1}^{n}(\lambda_i-\lambda_r)\varepsilon_i^2 \tag{8.1.8}$$

式中

$$\delta_{ir}=\begin{cases}0 & i\neq r\\ 1 & i=r\end{cases} \tag{8.1.9}$$

方程(8.1.8)右边的级数是一个二阶小量。当向量$\boldsymbol{v}$与$\boldsymbol{\mu}_r$的误差为一阶时,瑞利商与特征值λ_r的误差为二阶。这表明瑞利商在特征向量的领域中有稳定的值。

通常,瑞利法用于计算系统的基频或第一阶固有角频率,即$r=1$。由方程(8.1.8)得

$$R_1(\boldsymbol{v})\approx\lambda_1+\sum_{i=1}^{n}(\lambda_i-\lambda_1)\varepsilon_i^2 \tag{8.1.10}$$

由于$\lambda_i>\lambda_1(i=1,2,\cdots,n)$,因而

$$R_1(\boldsymbol{v})\geqslant\lambda_1 \tag{8.1.11}$$

只有当所有$\varepsilon_i=0$时,$R_1(\boldsymbol{v})=\lambda_1$。因此,瑞利商大于系统的基频或第一阶固有频率的真实值。

只要我们构造的向量$\boldsymbol{v}$接近要求的第r阶固有模态的特征向量$\boldsymbol{\mu}_r$,就可以得到特征值λ_r比较精确的近似值。

8.1.2 瑞利第二商

从柔度形式的运动方程出发,可以得到另一种关于系统固有角频率的估算式。用柔度形式表达的自由度系统的自由振动运动方程为

$$\boldsymbol{\Delta}\boldsymbol{M}\ddot{\boldsymbol{x}}+\boldsymbol{x}=\boldsymbol{0} \tag{8.1.12}$$

假设系统作简谐振动,即

$$\boldsymbol{x}(t)=\boldsymbol{X}\cos(\omega_{\mathrm{n}}t-\varphi_0)$$

代入式(8.1.12),得到

$$\boldsymbol{X}=\omega_{\mathrm{n}}^2\boldsymbol{\Delta}\boldsymbol{M}\boldsymbol{X}$$

两边同时乘$\boldsymbol{X}^{\mathrm{T}}\boldsymbol{M}$,有

$$\boldsymbol{X}^{\mathrm{T}}\boldsymbol{M}\boldsymbol{X}=\omega_{\mathrm{n}}^2\boldsymbol{X}^{\mathrm{T}}\boldsymbol{M}\boldsymbol{\Delta}\boldsymbol{M}\boldsymbol{X}$$

解得

$$\omega_{\mathrm{n}}^{2}=\frac{\boldsymbol{X}^{\mathrm{T}}\boldsymbol{M}\boldsymbol{X}}{\boldsymbol{X}^{\mathrm{T}}\boldsymbol{M}\boldsymbol{\Delta}\boldsymbol{M}\boldsymbol{X}} \tag{8.1.13}$$

若 $\boldsymbol{X}$ 是任意的 n 阶向量 $\boldsymbol{u}$,则式(8.1.13)记为

$$R_2(\boldsymbol{u})=\frac{\boldsymbol{u}^{\mathrm{T}}\boldsymbol{M}\boldsymbol{u}}{\boldsymbol{u}^{\mathrm{T}}\boldsymbol{M}\boldsymbol{\Delta}\boldsymbol{M}\boldsymbol{u}}=\frac{\sum_{i=1}^{n}c_i^2}{\sum_{i=1}^{n}\frac{c_i^2}{\lambda_i}} \tag{8.1.14}$$

称为**瑞利第二商**(the second Rayleigh's quotient)。显然,如果 $\boldsymbol{u}$ 恰为系统的第一阶模态,则 $R_2(\boldsymbol{u})$ 为 ω_{n1}^2 的精确解;若 $\boldsymbol{u}$ 接近系统的第一阶模态,则 $R_2(\boldsymbol{u})$ 为 ω_{n1}^2 的近似解。容易验证,动力矩阵表示的瑞利第二商 $R_2(\boldsymbol{u})$ 必满足

$$R_2(\boldsymbol{u})\geqslant\lambda_1 \tag{8.1.15}$$

例题 8.1.1 如图 8.1.1 所示,确定三自由度弹簧质量系统的基频。已知:$m_1=m,m_2=2m,m_3=3m,k_1=3k,k_2=2k,k_3=k$。

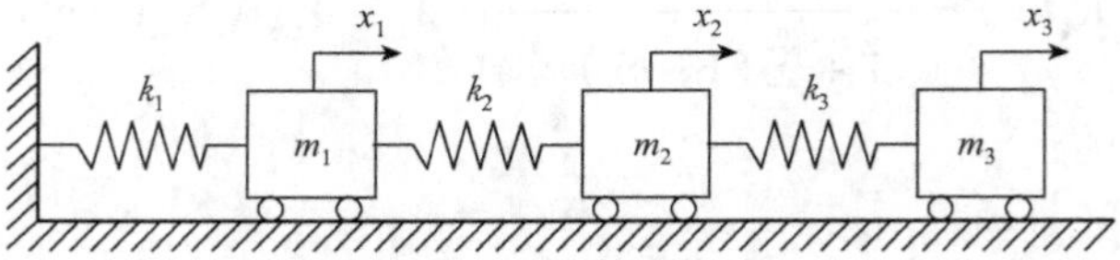

图 8.1.1 三自由度弹簧质量系统

解:利用瑞利法求解。

(1)瑞利第一商与瑞利第二商的对比。

质量矩阵和刚度矩阵分别为

$$\boldsymbol{M}=m\begin{bmatrix}1 & & \\ & 2 & \\ & & 3\end{bmatrix},\boldsymbol{K}=k\begin{bmatrix}5 & -2 & 0\\ -2 & 3 & -1\\ 0 & -1 & 1\end{bmatrix}$$

故其柔度矩阵为

$$\boldsymbol{\Delta}=\boldsymbol{K}^{-1}=\frac{1}{k}\begin{bmatrix}0.3333 & 0.3333 & 0.3333\\ 0.3333 & 0.8333 & 0.8333\\ 0.3333 & 0.8333 & 1.8333\end{bmatrix}$$

现分别用瑞利第一商和瑞利第二商估算系统的基频。为此,粗略地假设第一阶主振型为

$$\boldsymbol{u}^{(1)}=[1\quad 2\quad 3]^{\mathrm{T}}$$

代入式(8.1.4)得到

$$R_1(\boldsymbol{v})=\frac{\boldsymbol{v}^{\mathrm{T}}\boldsymbol{K}\boldsymbol{v}}{\boldsymbol{v}^{\mathrm{T}}\boldsymbol{M}\boldsymbol{v}}=\frac{6k}{36m}=\frac{1}{6}\frac{k}{m}=\omega_{\mathrm{n1}}^2$$

即 $\omega_{\mathrm{n1}}=0.4082\sqrt{k/m}$,与精确值 $\overline{\omega}_{\mathrm{n1}}=0.3932\sqrt{k/m}$ 相比,相对误差约为 3.8%。

再代入式(8.1.14),得到

$$R_2(\boldsymbol{u})=\frac{\boldsymbol{u}^{\mathrm{T}}\boldsymbol{M}\boldsymbol{u}}{\boldsymbol{u}^{\mathrm{T}}\boldsymbol{M}\boldsymbol{\Delta}\boldsymbol{M}\boldsymbol{u}}=\frac{36k}{230.83m}=\omega_{\mathrm{n1}}^2$$

即 $\omega_{\mathrm{n1}}=0.3949\sqrt{k/m}$,与基频精确值相比,相对误差约为 0.43%。

(2)选取接近真实模态的假设模态。

若假想沿系统振动方向施加惯性力,用其静变形的形态假设第一阶模态,即设

$$\boldsymbol{u}^{(1)} = [2 \quad 4.5 \quad 7.5]^{\mathrm{T}}$$

此时,瑞利第一商为

$$R_1(\boldsymbol{v}) = \frac{\boldsymbol{v}^{\mathrm{T}}\boldsymbol{K}\boldsymbol{v}}{\boldsymbol{v}^{\mathrm{T}}\boldsymbol{M}\boldsymbol{v}} = \frac{33.5k}{213.25m} = \omega_{\mathrm{n1}}^2$$

即 $\omega_{\mathrm{n1}} = 0.3963\sqrt{k/m}$,与精确值 $\overline{\omega}_{\mathrm{n1}} = 0.3932\sqrt{k/m}$ 相比,相对误差约为 0.79%。

瑞利第二商为

$$R_2(\boldsymbol{u}) = \frac{\boldsymbol{u}^{\mathrm{T}}\boldsymbol{M}\boldsymbol{u}}{\boldsymbol{u}^{\mathrm{T}}\boldsymbol{M}\boldsymbol{\Delta}\boldsymbol{M}\boldsymbol{u}} = \frac{213.25k}{1376.5m} = \omega_{\mathrm{n1}}^2$$

即 $\omega_{\mathrm{n1}} = 0.3936\sqrt{k/m}$,与基频精确值相比,相对误差约为 0.10%。

综上所述,瑞利法的精度与假设模态选取有关。对于相同的假设模态,采取瑞利第二商计算基频的误差小于采取瑞利第一商的计算误差。

8.1.3 瑞利法两种表示之间的关系

例题 8.1.1 的结果表明,对于相同的假设模态,用瑞利第二商可得出比瑞利第一商更为精确的结果。以下证明此结论在普遍意义上成立。事实上,可以证明更强的结论,即对于任意假设模态 ψ,均有

$$R_2(\psi) \leqslant R_1(\psi) \tag{8.1.16}$$

应用数学中的柯西不等式,任意实数 u_j 和 $v_j(j = 1,2,\cdots,n)$ 均满足

$$\sum_{j=1}^{n} u_j^2 \times \sum_{j=1}^{n} v_j^2 \geqslant \left(\sum_{j=1}^{n} u_j v_j\right)^2 \tag{8.1.17}$$

根据式(8.1.6)和式(8.1.14),且令柯西不等式中 $u_i = c_i\omega_i$ 和 $v_i = c_i/\omega_i$,导出

$$R_1(\psi) - R_2(\psi) = \frac{\sum_{i=1}^{n}\lambda_i c_i^2}{\sum_{i=1}^{n} c_i^2} - \frac{\sum_{i=1}^{n} c_i^2}{\sum_{i=1}^{n}\frac{c_i^2}{\lambda_i}} = \frac{\sum_{i=1}^{n} c_i^2\lambda_i \times \sum_{i=1}^{n}\frac{c_i^2}{\lambda_i} - \left(\sum_{i=1}^{n} c_i^2\right)^2}{\sum_{i=1}^{n} c_i^2 \times \sum_{i=1}^{n}\frac{c_i^2}{\lambda_i}} \geqslant 0 \tag{8.1.18}$$

则式(8.1.16)得证。

当瑞利法应用于基频近似计算时,综合式(8.1.11)、式(8.1.16)和式(8.1.14),得到

$$\omega_1^2 \leqslant R_2(\psi) \leqslant R_1(\psi) \tag{8.1.19}$$

因此,用瑞利第二商可给出更精确的基频近似值。

8.2 矩阵迭代法

矩阵迭代法是采用逐步逼近的方法来确定多自由度体系的主振型和角频率。它的要点是:假设一个初始的振动形状;然后根据主振型所应满足的基本方程逐步调整振动形状,直至调整前后两个振动形状充分接近为止,这样就确定了主振型;最后根据求得的主振型来确定相应的角频率。

8.2.1 求第一主振型和第一角频率

矩阵迭代法以下式作为出发点:

$$\boldsymbol{\Delta}\boldsymbol{M}\boldsymbol{Y} = \frac{1}{\omega^2}\boldsymbol{Y} \tag{8.2.1}$$

式中，ω 和 $\boldsymbol{Y}$ 为自振角频率及其对应的主振型；$\boldsymbol{M}$ 为质量矩阵；$\boldsymbol{\Delta}$ 为柔度矩阵。

令

$$\boldsymbol{D}=\boldsymbol{\Delta M},\lambda=\frac{1}{\omega^2} \tag{8.2.2}$$

则式(8.2.1)可写成

$$\boldsymbol{DY}=\lambda\boldsymbol{Y} \tag{8.2.3}$$

式中，$\boldsymbol{D}$ 称为**动力矩阵**；$\boldsymbol{Y}$ 为**特征向量**；λ 是**特征值**；特征值和特征向量合称**特征对**。

式(8.2.3)就是线性代数中的特征值问题。

迭代法的计算过程可叙述如下。

(1)选取一个经过标准化的振型向量 $\overline{\boldsymbol{u}}_0$，作为第一主振型 $\boldsymbol{Y}^{(1)}$ 的第一次近似值。这里的标准化是指把向量中某个元素的值规定为 1。

以动力矩阵 $\boldsymbol{D}$ 前乘 $\overline{\boldsymbol{u}}_0$，得到一个新的向量 $\boldsymbol{u}_1=\boldsymbol{D}\overline{\boldsymbol{u}}_0$，再进行标准化，得到一个新的标准化振型向量 $\overline{\boldsymbol{u}}_1$，即

$$\boldsymbol{u}_1=\boldsymbol{D}\overline{\boldsymbol{u}}_0=\alpha_1\overline{\boldsymbol{u}}_1 \tag{8.2.4}$$

(2)通常，$\overline{\boldsymbol{u}}_1\neq\overline{\boldsymbol{u}}_0$，于是以$\boldsymbol{u}_1$ 作为第二次近似值，重复上述步骤，得到新的标准化振型向量 $\overline{\boldsymbol{u}}_2$：

$$\boldsymbol{u}_2=\boldsymbol{D}\overline{\boldsymbol{u}}_1=\alpha_2\overline{\boldsymbol{u}}_2 \tag{8.2.5}$$

(3)如果 $\overline{\boldsymbol{u}}_2\neq\overline{\boldsymbol{u}}_1$，则继续重复上述步骤，依次得到：

$$\boldsymbol{u}_3=\boldsymbol{D}\overline{\boldsymbol{u}}_2=\alpha_3\overline{\boldsymbol{u}}_3$$
$$\vdots$$
$$\boldsymbol{u}_k=\boldsymbol{D}\overline{\boldsymbol{u}}_{k-1}=\alpha_k\overline{\boldsymbol{u}}_k \tag{8.2.6}$$

直到相邻两次的标准化振型向量 $\overline{\boldsymbol{u}}_{k-1}$ 与 $\overline{\boldsymbol{u}}_k$ 十分接近时，迭代过程即可停止。这时所得的 $\overline{\boldsymbol{u}}_k$ 就是第一主振型 $\boldsymbol{Y}^{(1)}$，而 α_k 就是 $\lambda_1=\dfrac{1}{\omega_1^2}$。

例题 8.2.1 如图 8.2.1 所示，求刚架的第一主振型和第一角频率。横梁的变形略去不计，第一、二、三层的层间刚度系数分别为 k、$\dfrac{k}{3}$、$\dfrac{k}{5}$。刚架的质量都集中在楼板上，第一、二、三层楼板处的质量分别为 $2m$、m、m。

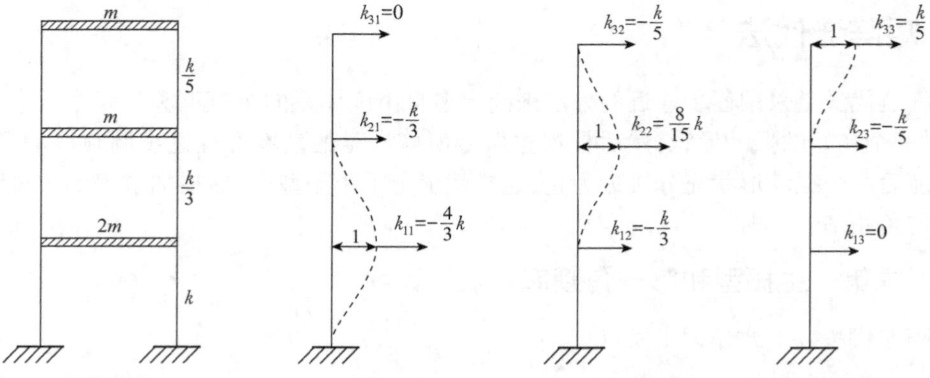

图 8.2.1 三层刚架

解:用矩阵迭代法求解。

动力矩阵 $\boldsymbol{D}$ 为

$$\boldsymbol{D}=\boldsymbol{\Delta M}=m\delta\begin{bmatrix}2&1&1\\2&4&4\\2&4&9\end{bmatrix}$$

设起始的标准化振型向量 $\overline{\boldsymbol{u}}_0$ 为

$$\overline{\boldsymbol{u}}_0=[1\quad 1\quad 1]^{\mathrm{T}}$$

第一次迭代,得

$$\boldsymbol{u}_1=\boldsymbol{D}\overline{\boldsymbol{u}}_0=m\delta\begin{bmatrix}2&1&1\\2&4&4\\2&4&9\end{bmatrix}\begin{Bmatrix}1\\1\\1\end{Bmatrix}=m\delta\begin{Bmatrix}4\\10\\15\end{Bmatrix}=15m\delta\begin{Bmatrix}0.2667\\0.6667\\1\end{Bmatrix}=15m\delta\overline{\boldsymbol{u}}_1$$

第二次迭代:

$$\boldsymbol{u}_2=\boldsymbol{D}\overline{\boldsymbol{u}}_1=m\delta\begin{bmatrix}2&1&1\\2&4&4\\2&4&9\end{bmatrix}\begin{Bmatrix}0.2667\\0.6667\\1\end{Bmatrix}=m\delta\begin{Bmatrix}2.2000\\7.2000\\12.2000\end{Bmatrix}$$

$$=12.2000m\delta\begin{Bmatrix}0.1803\\0.5902\\1\end{Bmatrix}=12.2000m\delta\overline{\boldsymbol{u}}_2$$

……

第六次迭代:

$$\boldsymbol{u}_6=\boldsymbol{D}\overline{\boldsymbol{u}}_5=m\delta\begin{bmatrix}2&1&1\\2&4&4\\2&4&9\end{bmatrix}\begin{Bmatrix}0.1639\\0.5674\\1\end{Bmatrix}=m\delta\begin{Bmatrix}1.8952\\6.5974\\11.5974\end{Bmatrix}$$

$$=11.5974m\delta\begin{Bmatrix}0.1634\\0.5689\\1\end{Bmatrix}=11.5974\overline{\boldsymbol{u}}_6$$

这时,$\overline{\boldsymbol{u}}_5$ 与 $\overline{\boldsymbol{u}}_6$ 已经基本相等,迭代过程即可停止。由此得知,第一主振型 $\boldsymbol{Y}^{(1)}$ 为

$$\boldsymbol{Y}^{(1)}=[0.1634\quad 0.5689\quad 1]^{\mathrm{T}}$$

对应的特征值 λ_1 和角频率 ω_1 为

$$\lambda_1=11.5974m\delta,\omega_1=0.2936\frac{1}{\sqrt{m\delta}}$$

8.2.2 求高阶主振型和高阶角频率

采用矩阵迭代法求高阶主振型时,关键的一步是要在所设的振型向量中把低阶主振型的分量消除掉,这个步骤称为**清型**或**滤型**。如果把第一主振型的分量清除掉,则迭代的结果将得到第二主振型。如果把前面 p 个主振型的分量都清除掉,则迭代的结果将得到第$(p+1)$个主振型。

下面讨论滤型的具体步骤。

任一所设的振形向量 $\boldsymbol{u}$ 可按主振型展开:

$$\boldsymbol{u}=\sum_{i=1}^{n}\eta_i\boldsymbol{Y}^{(i)}\tag{8.2.7}$$

而其中的系数为

$$\eta_i = \frac{\boldsymbol{Y}^{\mathrm{T}(i)} \boldsymbol{M} \boldsymbol{u}}{M_i} \tag{8.2.8}$$

式中，$M_i = \boldsymbol{Y}^{\mathrm{T}(i)} \boldsymbol{M} \boldsymbol{Y}^{(i)}$，是广义质量。

如果从 $\boldsymbol{u}$ 中滤掉第一主振型分量，则余下的振型向量为

$$\begin{aligned} \boldsymbol{u}^{(2)} &= \boldsymbol{u} - \eta_1 \boldsymbol{Y}^{(1)} = \boldsymbol{u} - \boldsymbol{Y}^{(1)} \frac{\boldsymbol{Y}^{\mathrm{T}(1)} \boldsymbol{M} \boldsymbol{u}}{M_1} \\ &= \left(\boldsymbol{I} - \frac{1}{M_1} \boldsymbol{Y}^{(1)} \boldsymbol{Y}^{\mathrm{T}(1)} \boldsymbol{M} \right) \boldsymbol{u} \end{aligned} \tag{8.2.9}$$

令

$$\boldsymbol{Q}_1 = \boldsymbol{I} - \frac{1}{M_1} \boldsymbol{Y}^{(1)} \boldsymbol{Y}^{\mathrm{T}(1)} \boldsymbol{M} \tag{8.2.10}$$

则

$$\boldsymbol{u}^{(2)} = \boldsymbol{Q}_1 \boldsymbol{u} \tag{8.2.11}$$

这里，$\boldsymbol{Q}_1$ 称为**一阶滤型矩阵**。式(8.2.11)表明：当任一振型向量 $\boldsymbol{u}$ 前乘一阶滤型矩阵 $\boldsymbol{Q}_1$ 时，其效果是从 $\boldsymbol{u}$ 中把一阶主振型分量滤掉。因此，如果我们取 $\boldsymbol{u}_0^{(2)} = \boldsymbol{Q}_1 \boldsymbol{u}_0$ 作为初始振型向量，则迭代的结果将得到第二主振型 $\boldsymbol{Y}^{(2)}$。

还应注意，在数值运算中难免会产生一些舍入误差，在迭代过程中难免会引入一些第一主振型分量。因此，为了避免这种情况，在每次迭代前都必须重新进行滤型。

实际上，我们可以把每次迭代运算和滤型运算合并在一起。前面在求第一主振型时，每次迭代运算相当于前乘动力矩阵 $\boldsymbol{D}$。现在求第二主振型时，还需在每次迭代运算前再进行滤型运算，相当于前乘一阶滤型矩阵 $\boldsymbol{Q}_1$。如果把这两个运算合并，则每次迭代相当于前乘下列矩阵：

$$\begin{aligned} \boldsymbol{D}^{(2)} &= \boldsymbol{D} \boldsymbol{Q}_1 = \boldsymbol{D} - \frac{\boldsymbol{D} \boldsymbol{Y}^{(1)} \boldsymbol{Y}^{\mathrm{T}(1)} \boldsymbol{M}}{M_1} \\ &= \boldsymbol{D} - \frac{\lambda_1 \boldsymbol{Y}^{(1)} \boldsymbol{Y}^{\mathrm{T}(1)} \boldsymbol{M}}{M_1} \end{aligned} \tag{8.2.12}$$

矩阵 $\boldsymbol{D}^{(2)}$ 就是求第二主振型时需用到的经过滤型后的动力矩阵。

同理，求第三主振型时，每次迭代相当于前乘下列矩阵：

$$\boldsymbol{D}^{(3)} = \boldsymbol{D}^{(2)} - \frac{\lambda_2 \boldsymbol{Y}^{(2)} \boldsymbol{Y}^{\mathrm{T}(2)} \boldsymbol{M}}{M_2} \tag{8.2.13}$$

一般说来，求 p 阶主振型时的相应动力矩阵为

$$\boldsymbol{D}^{(p)} = \boldsymbol{D}^{(p-1)} - \frac{\lambda_{p-1} \boldsymbol{Y}^{(p-1)} \boldsymbol{Y}^{\mathrm{T}(p-1)} \boldsymbol{M}}{M_{p-1}} \tag{8.2.14}$$

例题 8.2.2 如图 8.2.1a)所示，求例题 8.2.1 三层刚架的高阶主振型和角频率。

解：在例题 8.2.1 中，已求得第一主振型和特征值为

$$\boldsymbol{Y}^{(1)} = [0.1634 \quad 0.5689 \quad 1]^{\mathrm{T}}$$

$$\lambda_1 = 11.5974 m\delta$$

相应的广义质量为

$$M_1 = \boldsymbol{Y}^{\mathrm{T}(1)} \boldsymbol{M} \boldsymbol{Y}^{(1)} = 1.3770m$$

由式(8.2.12)求得

$$\boldsymbol{D}^{(2)} = \boldsymbol{D} - \frac{\lambda_1}{M_1} \boldsymbol{Y}^{(1)} \boldsymbol{Y}^{\mathrm{T}(1)} \boldsymbol{M}$$

$$= m\delta \begin{bmatrix} 2 & 1 & 1 \\ 2 & 4 & 4 \\ 2 & 4 & 9 \end{bmatrix} - \frac{11.5974m\delta}{1.3770m} \begin{Bmatrix} 0.1634 \\ 0.5689 \\ 1 \end{Bmatrix} [0.1634 \quad 0.5689 \quad 1] \begin{bmatrix} 2 & 0 & 0 \\ 0 & 1 & 0 \\ 0 & 0 & 1 \end{bmatrix} m$$

$$= m\delta \begin{bmatrix} 1.5503 & 0.2171 & -0.3762 \\ 0.4343 & 1.2746 & -0.7914 \\ -0.7524 & -0.7914 & 0.5778 \end{bmatrix}$$

第二主振型的初始近似值设为

$$\overline{\boldsymbol{u}}_0 = [-1 \quad -1 \quad 1]^{\mathrm{T}}$$

$$\boldsymbol{u}_1 = \boldsymbol{D}^{(2)} \overline{\boldsymbol{u}}_0 = m\delta \begin{bmatrix} 1.5503 & 0.2171 & -0.3762 \\ 0.4343 & 1.2746 & -0.7914 \\ -0.7524 & -0.7914 & 0.5778 \end{bmatrix} \begin{Bmatrix} -1 \\ -1 \\ 1 \end{Bmatrix} = m\delta \begin{Bmatrix} -2.1436 \\ -2.5003 \\ 2.1216 \end{Bmatrix}$$

$$= 2.1216m\delta \begin{Bmatrix} -1.0104 \\ -1.1785 \\ 1 \end{Bmatrix} = 2.1216m\delta \overline{\boldsymbol{u}}_1$$

第二次迭代:

$$\boldsymbol{u}_2 = \boldsymbol{D}^{(2)} \overline{\boldsymbol{u}}_1 = 2.2707m\delta \begin{Bmatrix} -0.9682 \\ -1.2033 \\ 1 \end{Bmatrix} = 2.2707m\delta \overline{\boldsymbol{u}}_2$$

第三次迭代:

$$\boldsymbol{u}_3 = \boldsymbol{D}^{(2)} \overline{\boldsymbol{u}}_2 = 2.2576m\delta \begin{Bmatrix} -0.9472 \\ -1.2162 \\ 1 \end{Bmatrix} = 2.2576m\delta \overline{\boldsymbol{u}}_3$$

……

第七次迭代:

$$\boldsymbol{u}_7 = \boldsymbol{D}^{(2)} \overline{\boldsymbol{u}}_6 = 2.2441m\delta \begin{Bmatrix} -0.9248 \\ -1.2283 \\ 1 \end{Bmatrix} = 2.2441m\delta \overline{\boldsymbol{u}}_7$$

由此得

$$\boldsymbol{Y}^{(2)} = [-0.9248 \quad -1.2283 \quad 1]^{\mathrm{T}}$$

$$\lambda_2 = 2.2441m\delta, \omega_2 = 0.6675 \frac{1}{\sqrt{m\delta}}$$

继续迭代,可得

$$\boldsymbol{Y}^{(3)} = [2.760 \quad -3.342 \quad 1]^{\mathrm{T}}$$

$$\lambda_3 = 1.151m\delta, \omega_3 = 0.9319 \frac{1}{\sqrt{m\delta}}$$

三层刚架三个主振型的大致形状如图 8.2.2 所示。

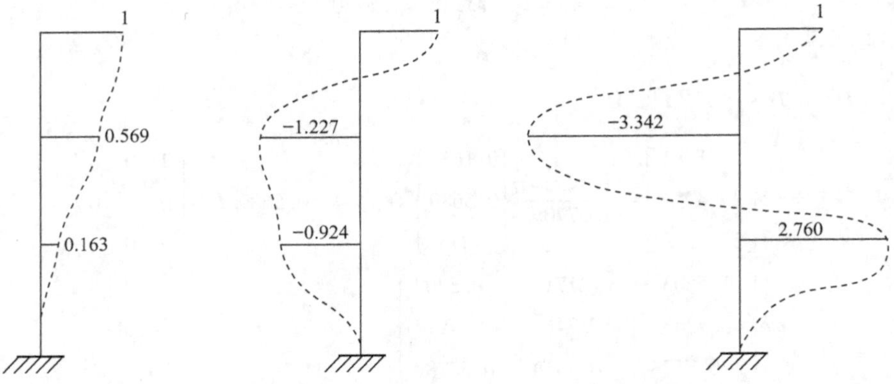

a) 第一主振型　　b) 第二主振型　　c) 第三主振型

图 8.2.2　三层刚架主振型

8.3　子空间迭代法

瑞利-里兹法可以将体系的自由度折减,转化为 s 个自由度的特征值问题;但此法需要假定振型,计算结果的精确程度有赖于所假定振型的精确程度。矩阵迭代法求自振角频率和振型,是用迭代的方法,从体系的最低阶角频率开始,逐阶进行计算。如果把瑞利-里兹法和迭代法结合起来,用前法来折减自由度,又在计算过程中用迭代法使振型逐步趋近其精确值,则可以预期得到很好的结果。这就是子空间迭代法的基本思路。

8.3.1　瑞利-里兹法的矩阵形式

对 n 个自由度的体系,瑞利-里兹法用矩阵的形式可表达如下。

设位移向量可表示为

$$\boldsymbol{y} = \boldsymbol{Y}\sin(\omega t + \alpha) \tag{8.3.1}$$

式中,$\boldsymbol{Y}$ 是位移幅值向量,即主振型;ω 是自振角频率。

体系的最大动能为

$$T_{\max} = \frac{1}{2}\omega^2\ \boldsymbol{Y}^{\mathrm{T}}\boldsymbol{M}\boldsymbol{Y} \tag{8.3.2}$$

体系的最大应变能为

$$U_{\max} = \frac{1}{2}\boldsymbol{Y}^{\mathrm{T}}\boldsymbol{K}\boldsymbol{Y} \tag{8.3.3}$$

由 $T_{\max} = U_{\max}$,得瑞利比

$$\omega^2 = R(\boldsymbol{Y}) = \frac{\boldsymbol{Y}^{\mathrm{T}}\boldsymbol{K}\boldsymbol{Y}}{\boldsymbol{Y}^{\mathrm{T}}\boldsymbol{M}\boldsymbol{Y}} \tag{8.3.4}$$

式中,$\boldsymbol{M}$ 为体系的质量矩阵;$\boldsymbol{K}$ 为体系的刚度矩阵。

按瑞利-里兹法,在 n 维空间的 n 个特征向量中,选取前面 $s(s<n)$ 个特征向量,这 s 个特征向量定义的空间称为原 n 维空间的一个子空间。首先,假设 s 个标准化向量 $\boldsymbol{\varphi}_j$ $(j=1,2,$

3,…,s),并设位移幅值向量为这 s 个 $\boldsymbol{\varphi}_j$ 的线性组合,即

$$\boldsymbol{Y}_{n\times1}=\sum_{j=1}^{s}a_j\boldsymbol{\varphi}_j=[\boldsymbol{\varphi}_1\quad\boldsymbol{\varphi}_2\quad\cdots\quad\boldsymbol{\varphi}_s]_{n\times s}\boldsymbol{a}_{s\times1}=\boldsymbol{\varphi}_{n\times1}\boldsymbol{a}_{s\times1}\tag{8.3.5}$$

代入式(8.3.4)

$$\omega^2=R(\boldsymbol{Y})=\frac{\boldsymbol{a}^{\mathrm{T}}\boldsymbol{\varphi}^{\mathrm{T}}\boldsymbol{K}\boldsymbol{\varphi}\boldsymbol{a}}{\boldsymbol{a}^{\mathrm{T}}\boldsymbol{\varphi}^{\mathrm{T}}\boldsymbol{M}\boldsymbol{\varphi}\boldsymbol{a}}=\frac{A(a)}{B(a)}\tag{8.3.6}$$

这里 A 和 B 表示瑞利比中的分子和分母,它们都是参数 a_j 的二次式。

其次,应用瑞利比为驻值的条件,即

$$\frac{\partial R}{\partial a_j}=\frac{1}{B^2}\left[B(a)\frac{\partial A}{\partial a_j}-A(a)\frac{\partial B}{\partial a_j}\right]=0\quad j=1,2,\cdots,s\tag{8.3.7}$$

由式(8.3.6),$\dfrac{A(a)}{B(a)}=\omega^2$,得

$$\frac{\partial A}{\partial a_j}-\omega^2\frac{\partial B}{\partial a_j}=0\quad j=1,2,\cdots,s\tag{8.3.8}$$

由于

$$\begin{aligned}\frac{\partial A}{\partial a_j}&=\frac{\partial}{\partial a_j}(\boldsymbol{a}^{\mathrm{T}}\boldsymbol{\varphi}^{\mathrm{T}}\boldsymbol{K}\boldsymbol{\varphi}\boldsymbol{a})=\left(\frac{\partial}{\partial a_j}\boldsymbol{a}^{\mathrm{T}}\right)\boldsymbol{\varphi}^{\mathrm{T}}\boldsymbol{K}\boldsymbol{\varphi}\boldsymbol{a}+\boldsymbol{a}^{\mathrm{T}}\boldsymbol{\varphi}^{\mathrm{T}}\boldsymbol{K}\boldsymbol{\varphi}\frac{\partial}{\partial a_j}\boldsymbol{a}^{*}=2\left(\frac{\partial}{\partial a_j}\boldsymbol{a}^{\mathrm{T}}\right)\boldsymbol{\varphi}^{\mathrm{T}}\boldsymbol{K}\boldsymbol{\varphi}\boldsymbol{a}\\&=2\boldsymbol{\varphi}_j^{\mathrm{T}}\boldsymbol{K}\boldsymbol{\varphi}\boldsymbol{a}\end{aligned}\tag{8.3.9}$$

式中,带 * 号的项,其积为一标量,标量的转置仍为原标量,故可与其前一项合并。

类似地,

$$\frac{\partial B}{\partial a_j}=2\boldsymbol{\varphi}_j^{\mathrm{T}}\boldsymbol{M}\boldsymbol{\varphi}\boldsymbol{a}\tag{8.3.10}$$

于是式(8.3.8)可写为

$$\boldsymbol{\varphi}_j^{\mathrm{T}}\boldsymbol{K}\boldsymbol{\varphi}\boldsymbol{a}-\omega^2\boldsymbol{\varphi}_j^{\mathrm{T}}\boldsymbol{M}\boldsymbol{\varphi}\boldsymbol{a}=\boldsymbol{0}\quad j=1,2,\cdots,s\tag{8.3.11}$$

或扩充后写成

$$\boldsymbol{\varphi}^{\mathrm{T}}\boldsymbol{K}\boldsymbol{\varphi}\boldsymbol{a}-\omega^2\boldsymbol{\varphi}^{\mathrm{T}}\boldsymbol{M}\boldsymbol{\varphi}\boldsymbol{a}=\boldsymbol{0}\tag{8.3.12}$$

令广义刚度矩阵

$$\boldsymbol{K}^{*}_{s\times s}=\boldsymbol{\varphi}^{\mathrm{T}}\boldsymbol{K}\boldsymbol{\varphi}\tag{8.3.13}$$

广义质量矩阵

$$\boldsymbol{M}^{*}_{s\times s}=\boldsymbol{\varphi}^{\mathrm{T}}\boldsymbol{M}\boldsymbol{\varphi}\tag{8.3.14}$$

则式(8.3.12)变为

$$(\boldsymbol{K}^{*}_{s\times s}-\omega^2\boldsymbol{M}^{*}_{s\times s})\boldsymbol{a}_{s\times1}=\boldsymbol{0}\tag{8.3.15}$$

这样问题又归结为矩阵特征值问题,但这里是 $s\times s$ 阶矩阵,而不是原来的 $n\times n$ 阶矩阵特征值问题。由此可见,里兹法起到了减少自由度的作用。由于 $s<n$,故式(8.3.15)比较容易求解。解得的 s 个特征值就是原体系的前 s 个角频率平方(ω^2)的近似值,相应地,还得到 s 个向量 $\boldsymbol{a}_1,\cdots,\boldsymbol{a}_s$,因此 s 个振型为

$$\boldsymbol{Y}_j=\boldsymbol{\varphi}\boldsymbol{a}_j\quad j=1,2,\cdots,s\tag{8.3.16}$$

注意,式(8.3.16)中 $\boldsymbol{a}_j$ 对于广义质量矩阵是正交的,即当 $k\neq j$ 时,有

$$\boldsymbol{a}_j^{\mathrm{T}}\boldsymbol{M}^{*}\boldsymbol{a}_j=\boldsymbol{0}\tag{8.3.17}$$

故各阶的振型也已对质量矩阵正交化了，即有

$$\boldsymbol{Y}_k^{\mathrm{T}}\boldsymbol{M}\boldsymbol{Y}_j=\boldsymbol{a}_k^{\mathrm{T}}\boldsymbol{\varphi}^{\mathrm{T}}\boldsymbol{M}\boldsymbol{\varphi}\boldsymbol{a}_j=\boldsymbol{a}_k^{\mathrm{T}}\boldsymbol{M}^*\boldsymbol{a}_j=\boldsymbol{0}\tag{8.3.18}$$

8.3.2 子空间迭代法求自振角频率和主振型

n 个自由度体的振动方程

$$\boldsymbol{K}\boldsymbol{Y}_i=\omega_i^2\boldsymbol{M}\boldsymbol{Y}_i\quad i=1,2,\cdots,n\tag{8.3.19}$$

或

$$\boldsymbol{\Delta M}\boldsymbol{Y}_i=\lambda_i\boldsymbol{Y}_j\tag{8.3.20}$$

式中，$\lambda_i=\dfrac{1}{\omega_i^2}$。如果把 $\boldsymbol{\Delta M}$ 看作一个算子，那么向量 $\boldsymbol{Y}_i$ 经此算子作用后就等于该向量放大了 λ_i 倍。这就是线性代数中的特征值问题，式(8.3.20)是 $n\times n$ 阶的特征值问题，$\boldsymbol{Y}_i$ 为特征向量，λ_i 为特征值，特征值和相应的特征向量合称为特征对。

我们先选取 $s(s<n)$ 个 n 维向量，为了使数字计算能保持适当的大小，令各个向量的最大模为 1，这 s 个 n 维向量记为 $\boldsymbol{\varphi}_{10},\boldsymbol{\varphi}_{20},\cdots,\boldsymbol{\varphi}_{s0}$，它们组成一个 $n\times s$ 阶的矩阵

$$\boldsymbol{\varphi}_0=[\boldsymbol{\varphi}_{10}\quad\boldsymbol{\varphi}_{20}\quad\cdots\quad\boldsymbol{\varphi}_{s0}]\tag{8.3.21}$$

把它作为体系前 s 阶主振型矩阵 $\boldsymbol{Y}$ 的零次近似，即设

$$\boldsymbol{Y}_0=\boldsymbol{\varphi}_0\tag{8.3.22}$$

对式(8.3.22)前乘 $\boldsymbol{\Delta M}$，这相当于对 $\boldsymbol{\varphi}_0$ 作用算子，记为

$$\widetilde{\boldsymbol{\varphi}}_{\mathrm{I}}=\boldsymbol{\Delta M}\boldsymbol{\varphi}_0\tag{8.3.23}$$

或者

$$\boldsymbol{K}\widetilde{\boldsymbol{\varphi}}_{\mathrm{I}}=\boldsymbol{M}\boldsymbol{\varphi}_0\tag{8.3.24}$$

这便是空间迭代。与普通迭代法不同之处是，空间迭代同时迭代 s 个 n 维向量。

对 $\widetilde{\boldsymbol{\varphi}}_{\mathrm{I}}$ 中各振型位移的最大模为 1 进行标准化，结果表示为 $\boldsymbol{\varphi}_{\mathrm{I}}$。

如前所述，对于 $\boldsymbol{\varphi}_{10}$ 不管如何选取，经过反复迭代，它一定收敛于第一阶主振型。对于 $\boldsymbol{\varphi}_{20}$ 如选取时使它不包含第一阶主振型分量，则反复迭代后，它一定收敛于第二阶主振型。同理，如选取 $\boldsymbol{\varphi}_{j0}$ 时使它不包含前面 $(j-1)$ 阶的主振型分量，经反复迭代后，它一定收敛于第 j 阶主振型。对于我们选取的 $\boldsymbol{\varphi}_0$ 而言，不可能一开始就做到这一点，但是可以在迭代过程中逐步达到这个目标。为此，迭代求得 $\widetilde{\boldsymbol{\varphi}}_{\mathrm{I}}$ 后，并不直接用它去迭代，而是在迭代之前先对它进行处理。首先，对式(8.3.23)得出的 $\widetilde{\boldsymbol{\varphi}}_{\mathrm{I}}$ 进行正交化，这样可以使它的各列经迭代后分别趋于各个不同阶的主振型，而不是都趋于第一阶主振型。另外，为了使得在数字计算中能保持适当的大小，取标准化振型时，令各振型位移的最大模等于 1。这种处理可以采用前面的里兹法。

我们把体系前 s 阶主振型矩阵的一次近似表示为

$$\widetilde{\boldsymbol{Y}}_{\mathrm{I},n\times s}=\boldsymbol{\varphi}_{\mathrm{I},n\times s}\boldsymbol{a}_{\mathrm{I},s\times s}\tag{8.3.25}$$

式中，$\boldsymbol{a}_{\mathrm{I}}$ 为待定系数矩阵。

列出相应的广义刚度矩阵和广义质量矩阵

$$\boldsymbol{K}^*_{\mathrm{I},s\times s}=\boldsymbol{\varphi}_{\mathrm{I}}^{\mathrm{T}}\boldsymbol{K}\boldsymbol{\varphi}_{\mathrm{I}}\tag{8.3.26}$$

$$M^*_{\mathrm{I},s\times s}=\boldsymbol{\varphi}_{\mathrm{I}}{}^{\mathrm{T}}\boldsymbol{M}\boldsymbol{\varphi}_{\mathrm{I}} \tag{8.3.27}$$

然后把问题归结为 $s\times s$ 阶矩阵的特征值问题

$$\boldsymbol{K}^*_{\mathrm{I},s\times s}=\boldsymbol{a}_{s\times 1}=\frac{1}{\lambda}\boldsymbol{M}^*_{\mathrm{I},s\times s}\boldsymbol{a}_{s\times 1} \tag{8.3.28}$$

或写成

$$(\boldsymbol{K}^*_{\mathrm{I}}-\omega^2\boldsymbol{M}^*_{\mathrm{I}})\boldsymbol{a}=\mathbf{0} \tag{8.3.29}$$

式中,$\boldsymbol{a}$ 为待定系数列阵;λ 为待定特征值;ω 为待定角频率。

因为通常 $s\ll n$,对于 $s\times s$ 阶特征值问题是比较容易求解的,可解得特征值 $\lambda_{j\mathrm{I}}$ $(j=1,2,\cdots,s)$ 及相应的特征向量系数矩阵 $\boldsymbol{a}_{j\mathrm{I}}$,由此可组成体系的第一次近似特征值矩阵 $\boldsymbol{\lambda}_{\mathrm{I}}=\mathrm{diag}[\boldsymbol{\lambda}_{j\mathrm{I}}]$,以及待定系数矩阵 $\boldsymbol{a}_{\mathrm{I},s\times s}$。再由式(8.3.25)得

$$\widetilde{\boldsymbol{Y}}_{\mathrm{I}}=\boldsymbol{\varphi}_{\mathrm{I}}\boldsymbol{a}_{\mathrm{I}}(\text{标准化后为 }\boldsymbol{Y}_{\mathrm{I}}) \tag{8.3.30}$$

需要指出的是,这里的 $\boldsymbol{a}_{j\mathrm{I}}$ 已对广义质量矩阵 $\boldsymbol{M}^*_{\mathrm{I}}$ 正交化,即 $k\neq j$ 时,有

$$\boldsymbol{a}_{j\mathrm{I}}{}^{\mathrm{T}}\boldsymbol{M}^*_{\mathrm{I}}\boldsymbol{a}_{k\mathrm{I}}=\mathbf{0} \tag{8.3.31}$$

所以,$\boldsymbol{Y}_{\mathrm{I}}$ 也已对体系的质量矩阵正交化,即 $k\neq j$ 时,有

$$\boldsymbol{Y}_{j\mathrm{I}}{}^{\mathrm{T}}\boldsymbol{M}\boldsymbol{Y}_{k\mathrm{I}}=\boldsymbol{a}_{j\mathrm{I}}{}^{\mathrm{T}}\boldsymbol{M}\boldsymbol{\varphi}_{\mathrm{I}}\boldsymbol{a}_{k\mathrm{I}}=\boldsymbol{a}_{j\mathrm{I}}{}^{\mathrm{T}}\boldsymbol{M}^*_{\mathrm{I}}\boldsymbol{a}_{k\mathrm{I}}=\mathbf{0} \tag{8.3.32}$$

这样处理后的 $\boldsymbol{Y}_{\mathrm{I}}$ 已较 $\boldsymbol{Y}_0$ 有所改善。我们再用 $\boldsymbol{\varphi}_{j\mathrm{I}}$ 进行第二次迭代,即对 $\boldsymbol{\varphi}_{j\mathrm{I}}$ 作用以算子 $\boldsymbol{\Delta M}$,经标准化后,得 $\boldsymbol{\varphi}_{j\mathrm{I}}$;再次归结为里兹特征值问题,并解得 $\boldsymbol{\lambda}_{j\mathrm{I}}$ 和 $\boldsymbol{a}_{\mathrm{II}}$,从而得到第二次近似值 $\widetilde{\boldsymbol{Y}}_{\mathrm{II}}=\boldsymbol{\varphi}_{\mathrm{II}}\boldsymbol{a}_{\mathrm{II}}$,经标准化后,得 $\boldsymbol{Y}_{\mathrm{II}}$。继续重复上述迭代计算,可以算出第 i 次近似的 $\boldsymbol{Y}_i$ 和 $\boldsymbol{\lambda}_i$。当 $i\to\infty$时,计算收敛于体系的前 s 阶的主振型矩阵和特征值矩阵,即当 $i\to\infty$时,有

$$\boldsymbol{Y}_i=\boldsymbol{\varphi}_{ji}\to\boldsymbol{Y} \tag{8.3.33}$$

$$\boldsymbol{\lambda}_i=\mathrm{diag}\boldsymbol{\lambda}_{ji}\to\boldsymbol{\lambda} \tag{8.3.34}$$

计算实践表明,最低的 n 阶特征值和特征向量一般收敛很快,因此,可以比需要的稍微多取几阶的假设振型来计算。例如,取 r 阶($r>s$)假设振型,然后将迭代过程进行到前 s 阶振型满足所需精度为止。这多余的$(r-s)$阶假设振型的目的只是加快前 s 阶振型的收敛速度。当然,这样会在每次迭代中增加一些计算工作量,所以必须权衡得失,选取合理的附加振型的个数,通常,可以在 $r=2s$ 和 $r=s+8$ 两个数中取小者。

本方法有很多优点。当体系中有几阶特征值非常接近的时候,一般迭代法会出现迭代收敛很慢的情况,子空间迭代法可以克服这一困难。在大型复杂结构的振动分析中,体系的自由度可多达几百甚至上千,但需要的主振型和特征值只是最低的 10 ~ 20 阶;这时,子空间迭代法非常适用,且精度高、成果可靠。所以,此法是公认的大型结构特征对计算的最有效方法之一。

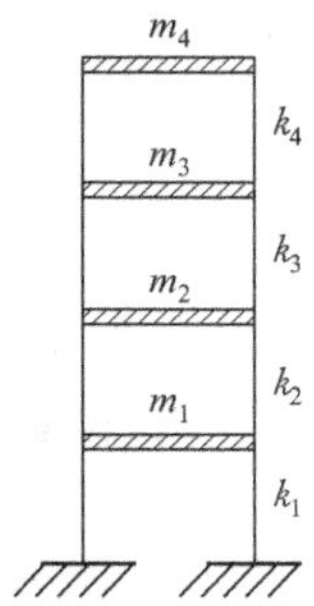

图 8.3.1　四层刚架的振动模型

例题 8.3.1　如图 8.3.1 所示体系,已知 $m_1=m_2=m_3=m_4=m$,上、下两层楼面的侧移刚度系数均相等,$k_1=k_2=k_3=k_4=k$,柔度矩阵 $\boldsymbol{\Delta}$ 和刚度矩阵

$\boldsymbol{K}$ 分别为

$$\boldsymbol{\Delta}=\frac{1}{k}\begin{bmatrix}1&1&1&1\\1&2&2&2\\1&2&3&3\\1&2&3&4\end{bmatrix},\boldsymbol{K}=k\begin{bmatrix}2&-1&0&0\\-1&2&-1&0\\0&-1&2&-1\\0&0&-1&1\end{bmatrix}$$

求此结构前两阶的自振角频率和振型 ω_1、$\boldsymbol{Y}_1$ 和 ω_2、$\boldsymbol{Y}_2$。

解:采用子空间迭代法求解。

(1)第一次近似计算。

设取前两阶振型矩阵的零次近似为

$$\boldsymbol{Y}_0=\begin{bmatrix}0.25&0.5&0.75&1\\1&1&0&-0.9\end{bmatrix}^{\mathrm{T}}$$

$\boldsymbol{Y}_0$ 经算子 $\boldsymbol{\Delta M}$ 作用后,得

$$\tilde{\boldsymbol{\varphi}}_{\mathrm{I}}=\boldsymbol{\Delta M Y}_0=\frac{m}{k}\begin{bmatrix}2.5&4.75&6.5&7.5\\1.1&1.2&0.3&-0.6\end{bmatrix}^{\mathrm{T}}$$

取 $\tilde{\boldsymbol{\varphi}}_{\mathrm{I}}$ 中各振型位移的最大模为 1,则得

$$\boldsymbol{\varphi}_{\mathrm{I}}=\begin{bmatrix}0.33333&0.91667\\0.63333&1.0000\\0.86667&0.25000\\1.0000&-0.50000\end{bmatrix}$$

按式(8.3.13)和式(8.3.14)计算广义刚度矩阵和广义质量矩阵

$$\boldsymbol{K}_{\mathrm{I}}^{*}=\boldsymbol{\varphi}_{\mathrm{I}}^{\mathrm{T}}\boldsymbol{K}\boldsymbol{\varphi}_{\mathrm{I}}=k\begin{bmatrix}0.27333&0.055556\\0.055556&1.9722\end{bmatrix}$$

$$\boldsymbol{M}_{\mathrm{I}}^{*}=\boldsymbol{\varphi}_{\mathrm{I}}^{\mathrm{T}}\boldsymbol{M}\boldsymbol{\varphi}_{\mathrm{I}}=m\begin{bmatrix}2.2633&0.65556\\0.65556&2.1528\end{bmatrix}$$

下面归结为里兹特征值问题

$$(\boldsymbol{K}_{\mathrm{I}}^{*}-\omega^2\boldsymbol{M}_{\mathrm{I}}^{*})\boldsymbol{a}=\boldsymbol{0} \tag{8.3.35}$$

令 $\beta=\dfrac{m\omega^2}{k}$,则式(8.3.35)的展开式为

$$\begin{bmatrix}0.27333-2.2633\beta&0.055556-0.65556\beta\\0.055556-0.65556\beta&1.9722-2.1528\beta\end{bmatrix}\begin{Bmatrix}a_1\\a_2\end{Bmatrix}=\begin{Bmatrix}0\\0\end{Bmatrix}$$

由此方程有非零解的条件,可得角频率方程

$$4.4427\beta^2-4.9794\beta-0.53599=0$$

解得

$$\beta_1=0.12062,\beta_2=1.0002$$

当 $\beta=\beta_1$ 时,有 $\omega^2=\dfrac{\beta_1 k}{m}$,再由式(8.3.35)可以解得

$$a_2=0.013737a_1$$

当 $\beta=\beta_2$ 时,可以解得

$$a_1=-0.30151a_2$$

由此得到

$$\boldsymbol{a}_{\mathrm{I}}=\begin{bmatrix}1.0000 & -0.30151\\0.013737 & 1.0000\end{bmatrix}$$

而第一次近似的第1、2阶振型为

$$\widetilde{\boldsymbol{Y}}_{\mathrm{I}}=\boldsymbol{\varphi}_{\mathrm{I}}\boldsymbol{a}_{\mathrm{I}}=\begin{bmatrix}0.34593 & 0.81617\\0.64707 & 0.80905\\0.87010 & -0.011304\\1.9931 & -0.80151\end{bmatrix}$$

取各向量最大模为1进行标准化,得

$$\boldsymbol{Y}_{\mathrm{I}}=\begin{bmatrix}0.34832 & 1.0000\\0.65155 & 0.99128\\0.87612 & -0.013851\\1.0000 & -0.98204\end{bmatrix}$$

(2)第二次近似计算。

对第一次近似计算得到的 $\boldsymbol{Y}_{\mathrm{I}}$ 用算子 $\boldsymbol{\Delta M}$ 作用后,得

$$\widetilde{\boldsymbol{\varphi}}_{\mathrm{II}}=\boldsymbol{\Delta M}\boldsymbol{Y}_{\mathrm{I}}=\frac{m}{k}\begin{bmatrix}2.8760 & 0.99539\\5.4036 & 0.99078\\7.2798 & -0.0051080\\8.2798 & -0.98715\end{bmatrix}$$

将各向量的最大模取为1进行标准化,得

$$\boldsymbol{\varphi}_{\mathrm{II}}=\begin{bmatrix}0.34735 & 1.0000\\0.65263 & 0.99537\\0.8792236 & -0.0051316\\1.0000 & -0.99172\end{bmatrix}$$

广义刚度矩阵和广义质量矩阵的第二次近似为

$$\boldsymbol{K}_{\mathrm{II}}^{*}=\boldsymbol{\varphi}_{\mathrm{II}}^{\mathrm{T}}\boldsymbol{K}\boldsymbol{\varphi}_{\mathrm{II}}=k\begin{bmatrix}0.27978 & 0.0000765\\0.0000765 & 2.9744\end{bmatrix}$$

$$\boldsymbol{M}_{\mathrm{II}}^{*}=\boldsymbol{\varphi}_{\mathrm{II}}^{\mathrm{T}}\boldsymbol{M}\boldsymbol{\varphi}_{\mathrm{II}}=m\begin{bmatrix}2.3196 & 0.0007313\\0.0007313 & 2.9743\end{bmatrix}$$

再次归结为里兹特征值问题

$$(\boldsymbol{K}_{\mathrm{II}}^{*}-\omega^2\boldsymbol{M}_{\mathrm{II}}^{*})\boldsymbol{a}=\boldsymbol{0}$$

其展开式为

$$\begin{bmatrix}0.27978-2.3196\beta & 0.0000765-0.0007313\beta\\0.0000765-0.0007313\beta & 2.9744-2.9743\beta\end{bmatrix}\begin{Bmatrix}a_1\\a_2\end{Bmatrix}=\begin{Bmatrix}0\\0\end{Bmatrix}$$

角频率方程如下:

$$6.8992\beta^2-7.7315\beta+0.83217=0$$

由此可解得

$$\beta_1=0.12061,\beta_2=1.0000$$

当 $\beta=\beta_1$ 时,有

$$a_2=0.0001a_1$$

当 $\beta=\beta_2$ 时,有

$$a_1=-0.0003a_2$$

即

$$\boldsymbol{a}_{\mathrm{II}}=\begin{bmatrix}1 & -0.0003\\ 0.0001 & 1\end{bmatrix}$$

于是得出前两阶主振型矩阵的第二次近似为

$$\widetilde{\boldsymbol{Y}}_{\mathrm{II}}=\boldsymbol{\varphi}_{\mathrm{II}}\boldsymbol{a}_{\mathrm{II}}=\begin{bmatrix}0.34745 & 0.99990\\ 0.65273 & 0.99517\\ 0.87922 & -0.0053954\\ 1.9999 & -0.99202\end{bmatrix}$$

标准化后,得

$$\boldsymbol{Y}_{\mathrm{II}}=\begin{bmatrix}0.34749 & 1.0000\\ 0.65280 & 0.99528\\ 0.87931 & -0.0053959\\ 1.0000 & -0.99212\end{bmatrix}$$

由上面算得的 β_1 和 β_2,可求出

$$\omega_1^2=0.12061\frac{k}{m},\omega_2^2=1.0000\frac{k}{m}$$

$\boldsymbol{Y}_{\mathrm{II}}$ 与 $\boldsymbol{\varphi}_{\mathrm{II}}$ 之间的差别已经很小,相应元素的差别都在小数点后第4位上,所以迭代可以到此结束。

本例题前两阶角频率的精确解为 $\omega_1^2=0.12061\frac{k}{m},\omega_2^2=1.00000\frac{k}{m}$。可见,第二次近似算得的两阶角频率已有很好的精度。

8.4 Maple 编程示例

编程题 8.4.1 双摆。

我们通常将能够产生摆动的机械装置称为“摆”。摆的发展和研究,与钟表计时器的发展有密切的关系。意大利著名力学家伽利略首先研究了单摆,后来荷兰科学家 C. 惠更斯研究了复摆,他们为摆的力学理论奠定了基础。

双摆多自由度振动系统最简单的模型之一,本例所研究的对象是一个双摆系统,如图 8.4.1 所示。双摆由两个单摆构成,其中一个摆的支点装在另一个摆的下部,所以双摆有两个摆角,即两个自由度。

解:对于这一问题,首先建立该系统的数学模型,包括各质量块的力平衡、力矩平衡方程,从而得到系统的矩阵形式控制方程,然后使用 Maple 中处理线性代数问题的功能来计算其模态和角频率。

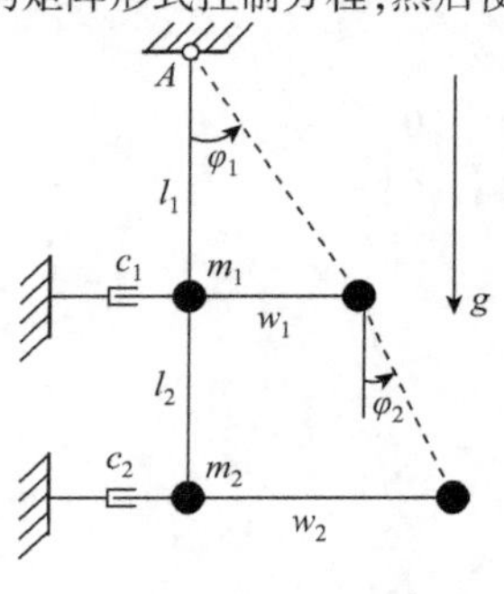

图 8.4.1　双摆系统示意图

(1)标识 1 代表位于上端的质量(m_1,l_1,c_1,w_1),标识 2 代表位于下端的质量(m_2,l_2,c_2,w_2)。各变量的基本单位是 kg,m,N · s/m 和 m。假设系统的位移 x 是小量,则 $\sin x\approx x,\cos x\approx 1$。

(2)调用计算中需要用到的 Maple 工具包;

(3)列出双摆系统中两个质量块的尺寸、质量等参数;

(4)列出各质量块的初始条件;

(5)建立系统的运动方程;

(6)建立系统的质量矩阵、阻尼矩阵、刚度矩阵;

(7)得到整体刚度矩阵;

(8)求解矩阵的特征值;

(9)计算与特征值相对应的频率和阻尼;

(10)将特征向量写成矩阵形式,从而形成变换矩阵 $\boldsymbol{T}$;

(11)将系统矩阵变换到主坐标下,然后消除计算中带来的误差;

(12)将初始条件转换到主坐标系;

(13)推导主坐标系下的运动方程。

Maple 程序

```
> ####################################
> restart:                        #求解开始
> with(linalg):                   #调用线性代数工具包
> with(plots):                    #调用绘图命令工具包
> with(plottools):                #调用绘图函数包
> #########################################
> #双摆系统中两个质量块的尺寸、质量等参数
> m1:=10.:   l1:=1.:   c1:=1.:
> G1:=m1*9.81:
> m2:=10.:   l2:=1.:   c2:=1.5:
> G2:=m2*9.81:
> ########################################
> #各质量块的初始条件
> w10:=0:   w20:=0:   wp10:=0:   wp20:=1:
> ####################################
> #为了方便叙述,作如下替换
> wp1(t):=diff(w1(t),t):
> wp2(t):=diff(w2(t),t):
> wpp1(t):=diff(wp1(t),t):
> wpp2(t):=diff(wp2(t),t):
> ##########################################################
>   #建立系统的运动方程,考虑点 A 的力矩平衡
> eq1:=m1*wpp1(t)+c1*wp1(t)=collect(expand(-(G1+G2)*w1(t)/l1
>           +G2*(w2(t)-w1(t))/l2),{w1(t),w2(t)}):
> eq2:=m2*wpp2(t)+c2*wp2(t)=collect(expand(-G2*(w2(t)-w1(t))/l2),
>                                  {w1(t),w2(t)}):
> ##########################################################
> MM:=matrix(2,2,[m1,0,0,m2]):        #质量矩阵
> DM:=matrix(2,2,[c1,0,0,c2]):        #阻尼矩阵
> k11:=-coeff(rhs(eq1),w1(t)):
> k12:=-coeff(rhs(eq1),w2(t)):
> k21:=-coeff(rhs(eq2),w1(t)):
> k22:=-coeff(rhs(eq2),w2(t)):
> KM:=matrix(2,2,[k11,k12,k21,k22]):#刚度矩阵
> smd11:=matrix(2,2,[0,0,0,0]):
> smd12:=matrix(2,2,[1,0,0,1]):
> smd21:=-multiply(inverse(MM),KM):
```

```
> smd22: = -multiply(inverse(MM),DM):
> ########################################
>    #得到整体刚度矩阵
> SMD: =matrix(4,4):
> SMD: =copyinto(smd11,SMD,1,1):
> SMD: =copyinto(smd12,SMD,1,3):
> SMD: =copyinto(smd21,SMD,3,1):
> SMD: =copyinto(smd22,SMD,3,3):
> ########################################
> ewd: =eigenvals(SMD):#求解矩阵的特征值
> ########################################
>       #计算与特征值相对应的频率和阻尼
> f01: =evalf(Im(ewd[1])/2/Pi):
> f02: =evalf(Im(ewd[2])/2/Pi):
> f03: =evalf(Im(ewd[3])/2/Pi):
> f04: =evalf(Im(ewd[4])/2/Pi):
> o1: =sqrt(Im(ewd[1])* *2+Re(ewd[1])* *2):
> o2: =sqrt(Im(ewd[2])* *2+Re(ewd[2])* *2):
> o3: =sqrt(Im(ewd[3])* *2+Re(ewd[3])* *2):
> o4: =sqrt(Im(ewd[4])* *2+Re(ewd[4])* *2):
> D1: = -Re(ewd[1])/o1:
> D2: = -Re(ewd[2])/o2:
> D3: = -Re(ewd[3])/o3:
> D4: = -Re(ewd[4])/o4:
> #####################################
> #对特征值进行排序
> o: =[o1,o2,o3,o4]:
> f0: =[f01,f02,f03,f04]:
> DL: =[D1,D2,D3,D4]:
> lstsrt: =sort([o[1],o[2],o[3],o[4]]):
> #########################################
> for i from 1 by 1 to 4 do
> for j from 1 by 1 to 4 do
> if (lstsrt[i] =o[j]) then
> num[i]: =j:
> if (i>1 and num[i]< >num[i-1]) then j: =4 fi:
> fi:
> od:
> od:
> #########################################
> for i from 1 by 1 to 4 do
> f0||i: =f0[num[i]]:
> DL||i: =DL[num[i]]:
> o||i: =o[num[i]]:
> od:
```

```
> ################################
> #各特征值的具体数值
> f01: DL1;
> f02: DL2;
> f03: DL3;
> f04: DL4;
> ################################################
> #将特征向量写成矩阵形式,从而形成变换矩阵 T
> ev: = eigenvects(SMD);
> unassign('i','j');
> T: = matrix(4,4);
> ################################################
> for i from 1 by 1 to 4 do
> for j from 1 by 1 to 4 do
> T[j,i]: = ev[i][3][1][j];
> od;
> ewk[i]: = ev[i][1];
> od;
> #####################################################
>#将系统矩阵变换到主坐标下,然后消除计算中带来的误差
> AS: = multiply(inverse(T),multiply(SMD,T));
> for i from 1 by 1 to 4 do
> for j from 1 by 1 to 4 do
> if (i< >j) then AS[i,j]: =0 fi;
> if (i< >j) then AS[i,j]: =0 fi;
> od;
> od;
> ####################################################
>   #将初始条件转换到主坐标系
> w0: = vector(4,[w10,w20,wp10,wp20]);
> z0: = multiply(inverse(T),w0);
> AB1: = z1(0) = z0[1];
> AB2: = z2(0) = z0[2];
> AB3: = z3(0) = z0[3];
> AB4: = z4(0) = z0[4];
> Z: = matrix(4,1,[z1(t),z2(t),z3(t),z4(t)]);
> Zp: = matrix(4,1,[diff (z1(t),t),diff(z2(t),t),
>                       diff(z3(t),t),diff(z4(t),t)]);
> #############################################
>   #推导主坐标系下的运动方程
> BGL: = Zp = AS& * Z;
> bgl1: = lhs(evalm(BGL))[1,1] = rhs(evalm(BGL))[1,1]; > bgl2: = lhs(evalm(BGL))[2,1] = rhs(evalm(BGL))[2,
1];
> bgl3: = lhs(evalm(BGL))[3,1] = rhs(evalm(BGL))[3,1];
> bgl4: = lhs(evalm(BGL))[4,1] = rhs(evalm(BGL))[4,1];
> #############################################
```

8.5 思考题

思考题 8.1　简答题

1. 列举几种求多自由度系统第一阶固有角频率的近似方法。
2. 什么是瑞利原理?
3. 什么是瑞利商?
4. 什么是矩阵迭代法?
5. 子空间迭代法中,用什么技术保证求得的特征向量是彼此正交的?

思考题 8.2　判断题

1. 瑞利法给出的基频总是大于精确值。（　）
2. 矩阵迭代法要求系统的各阶固有角频率互不相等,且不是很接近。（　）
3. 在矩阵迭代法中,任何计算误差都不会导致不正确的结果。（　）
4. 可以认为瑞利法与系统的机械能守恒定律是一致的。（　）
5. 当利用瑞利法讨论带有几个转子的轴的振动时,可以用静变形曲线作为主振型的近似。（　）

思考题 8.3　填空题

1. 任何一个对称正定矩阵 $\boldsymbol{A}$ 都可以分解成 $\boldsymbol{A}=\boldsymbol{U}^{\mathrm{T}}\boldsymbol{U}$ 的形式,其中 $\boldsymbol{U}$ 是一个________三角矩阵。
2. 把一个对称正定矩阵 $\boldsymbol{A}$ 分解成 $\boldsymbol{A}=\boldsymbol{U}^{\mathrm{T}}\boldsymbol{U}$ 的形式,称为________方法。
3. ________原理认为任何一个向量都可以看成系统各阶特征向量的线性组合。
4. 在矩阵迭代法中,如果 $\boldsymbol{DX}=\lambda\boldsymbol{X}$ 收敛于特征值的最小值,那么 $\boldsymbol{D}^{-1}\boldsymbol{X}=\boldsymbol{\mu X}$ 将收敛于特征值的最________值。
5. 在矩阵迭代法中,计算较高阶固有角频率时包含一个被称为矩阵________的过程。

思考题 8.4　选择题

1. 在利用矩阵迭代法,以试选的列向量 $\boldsymbol{X}^{(1)}=(1\quad 1\quad 1)^{\mathrm{T}}$ 求解下列特征值问题时,

$$\begin{bmatrix}1 & 1 & 1\\ 1 & 2 & 2\\ 1 & 2 & 3\end{bmatrix}\boldsymbol{X}=\lambda\boldsymbol{X}$$

迭代一次后的结果为________。

A. $\begin{Bmatrix}3\\5\\6\end{Bmatrix}$　　B. $\begin{Bmatrix}1\\1\\1\end{Bmatrix}$　　C. $\begin{Bmatrix}3\\3\\3\end{Bmatrix}$

2. 瑞利商的形式为________。

A. $\dfrac{\boldsymbol{X}^{\mathrm{T}}\boldsymbol{KX}}{\boldsymbol{X}^{\mathrm{T}}\boldsymbol{MX}}$　　B. $\dfrac{\boldsymbol{X}^{\mathrm{T}}\boldsymbol{MX}}{\boldsymbol{X}^{\mathrm{T}}\boldsymbol{KX}}$　　C. $\dfrac{\boldsymbol{X}^{\mathrm{T}}\boldsymbol{KX}}{\dot{\boldsymbol{X}}^{\mathrm{T}}\boldsymbol{M}\dot{\boldsymbol{X}}}$

3. 瑞利商满足________。

A. $R(\boldsymbol{X})\leqslant\omega_1^2$　　B. $R(\boldsymbol{X})\geqslant\omega_n^2$　　C. $R(\boldsymbol{X})\geqslant\omega_1^2$

4. 一个振动系统的刚度矩阵和质量矩阵分别为

$$\boldsymbol{K}=\begin{bmatrix}2 & -1\\ -1 & 2\end{bmatrix},\boldsymbol{M}=\begin{bmatrix}1 & 0\\ 0 & 1\end{bmatrix}$$

根据瑞利商 $R(\boldsymbol{X})=\dfrac{\boldsymbol{X}^{\mathrm{T}}\boldsymbol{KX}}{\boldsymbol{X}^{\mathrm{T}}\boldsymbol{MX}}$,与第一阶主振型最接近的近似值为________。

A. $\begin{Bmatrix} 1 \\ 1 \end{Bmatrix}$　　B. $\begin{Bmatrix} 1 \\ -1 \end{Bmatrix}$　　C. $\begin{Bmatrix} -1 \\ 1 \end{Bmatrix}$

5. 模态分析可以方便地用来求多自由度系统的响应________。

A. 对任意激振力作用的情况　　B. 对自由振动的情况

C. 只用几个而不是全部振型

思考题 8.5　连线题

1. 邓克利公式　　A. 求系统的每一阶固有角频率和每一阶主振型,每次只能求得一阶。对每一角频率,要借助几个不同的初选向量

2. 瑞利法　　B. 借助初选的向量和矩阵压缩过程,可求得全部固有角频率

3. 霍尔茨法　　C. 不必借助初选的向量就可以同时求得所有特征值和特征向量

4. 矩阵迭代法　　D. 求组合系统基频的近似值

5. 雅克比法　　E. 求系统基频的近似值,所得结果总是大于精确值

8.6　习题

A 类习题

习题 8.1　如图 8.6.1 所示,在半径为 R 的钢丝圈上套有相同的两个小环,这两环由刚度系数为 k 的弹簧相连。弹簧原长为 l_0。钢丝圈的平面是水平的。两个小环可看作质量都等于 m 的质点。设初始瞬时 $\varphi_1=0$,小环 B 偏离平衡位置的弧长等于 $2R\beta$,且两小环的初速度都为零。求这两个小环的运动。

习题 8.2　如图 8.6.2 所示, 长度为 l、重量为 P_2 的数学摆悬挂在作铅垂运动的滑块 A 上,滑块重量为 P_1,连在刚度系数为 k 的弹簧上。滑块的运动受到与速度成正比的阻力作用(比例系数为 b)。求数学摆的微振动角频率,并求在 $b=0$ 的情况下系统的两个主角频率相等的条件。

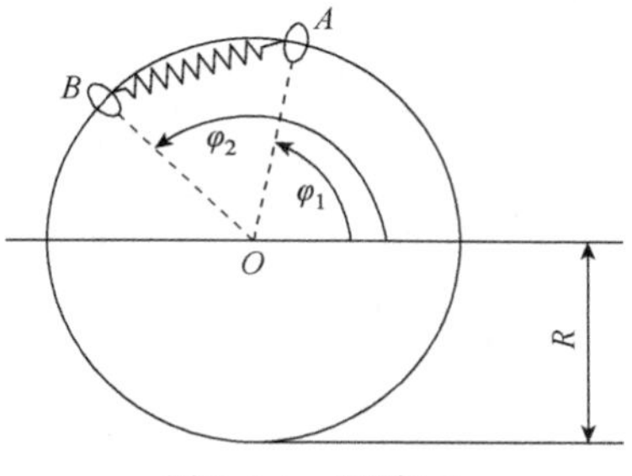

图 8.6.1　习题 8.1

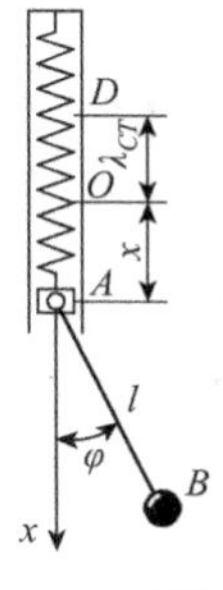

图 8.6.2　习题 8.2

习题 8.3　如图 8.6.3 所示,两根长度为 R 的相同刚杆具有公共支点 O,可在铅垂平面内彼此独立转动。在两杆的末端系有质量等于 m 的相同重物 A、B,并由刚度系数为 k 的弹簧相连。弹簧在系统的稳定平衡状态下长度为 l。不计杆的质量,求这两个重物在稳定平衡位置附近振动的主振动角频率。

习题 8.4　如图 8.6.4 所示,在按给定规律 $\xi=\xi(t)$ 运动的平台上借助刚度系数为 k_1 的弹簧连接一个机械装置:质量 m_1 在点 B 处与阻尼器的活塞连接,阻尼器的质量为 m_2,被搁在刚度系数为 k_2 的弹簧上,弹簧的下端固结于活塞。阻尼器的黏性阻力与活塞对外套的相对速度成正比,阻力系数为 ρ。求系统的运动方程。

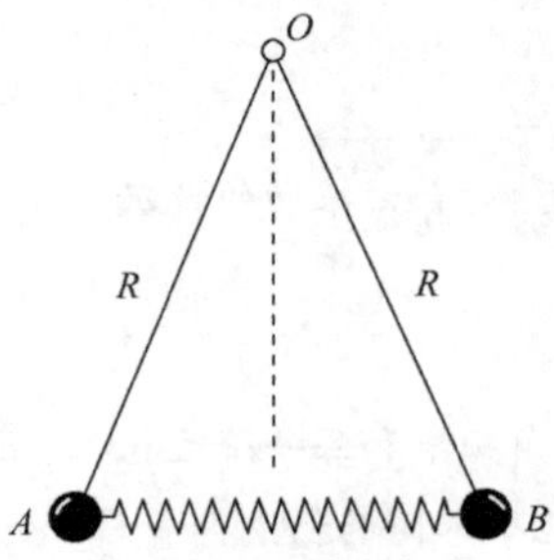

图 8.6.3 习题 8.3

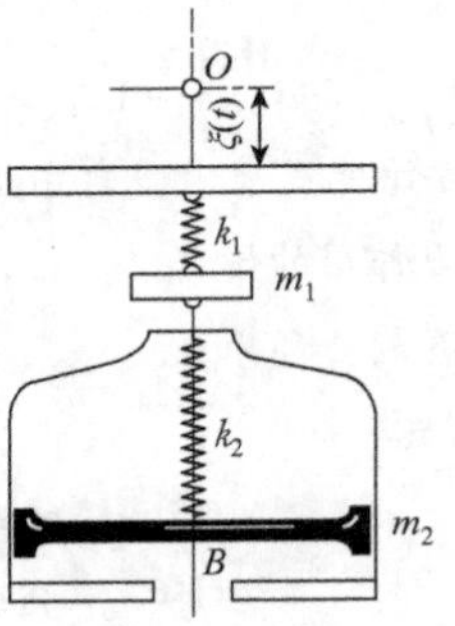

图 8.6.4 习题 8.4

习题 8.5 如图 8.6.5 所示，长度为 l、质量为 m_1 的均质杆的下端支撑在铰链上，借助刚度系数为 k 的弹簧维持在铅垂位置。在杆上距离铰链 a 处，借助长度为 r 的绳悬挂一个质量为 m_2 的重物 M。当杆处在铅垂位置时，弹簧不受力，并且是水平的，为了使杆和重物在铅垂位置附近作微振动，求弹簧的刚度系数 k，并列出振动的角频率方程。绳子的质量不计。

习题 8.6 如图 8.6.6 所示，长度为 l、质量为 m_1 的均质梁 AB 以点 B 支撑在刚度系数为 k 的弹簧上，又以点 A 支撑在圆柱铰链上。在梁上与铰支端相距为 a 的点 E 处，借助铰链并通过长度为 r 的杆挂有一个质量为 m_2 的重物 M。梁在平衡位置是水平的。求梁和重物的微振动方程。杆的质量不计。

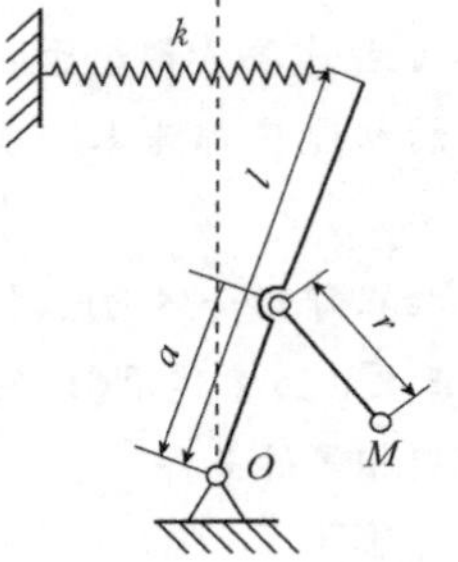

图 8.6.5 习题 8.5

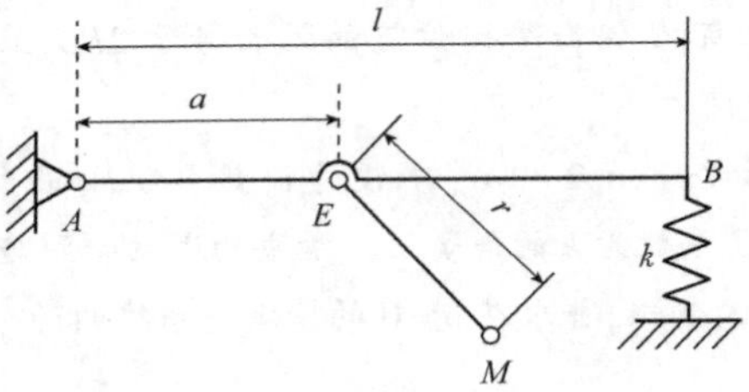

图 8.6.6 习题 8.6

习题 8.7 如图 8.6.7 所示，两根轴通过齿轮传动联系，已知固装在两轴上的质量块以及齿轮对相应轴的转动惯量分别为 $J_1 = 875 \times 10^3 \text{kg} \cdot \text{cm}^2$，$J_2 = 560 \times 10^3 \text{kg} \cdot \text{cm}^2$，$i_1 = 3020 \text{kg} \cdot \text{cm}^2$，$i_2 = 105 \text{kg} \cdot \text{cm}^2$，传动比 $n = \dfrac{z_1}{z_2} = 5$，两轴的抗扭刚度分别为 $k_1 = 316 \times 10^7 \text{N} \cdot \text{cm}$，$k_2 = 115 \times 10^7 \text{N} \cdot \text{cm}$。两轴的质量都不计，求系统作自由振动的角频率。

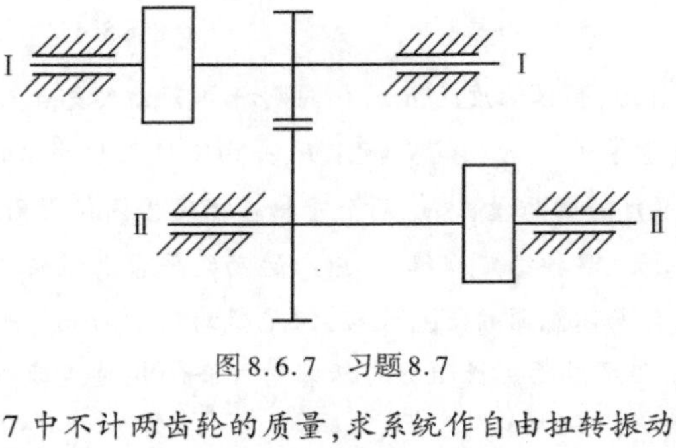

图 8.6.7 习题 8.7

习题 8.8 设在习题 8.7 中不计两齿轮的质量，求系统作自由扭转振动的角频率。

习题 8.9 长度为 l 的梁自由地搁在两个支点上，并在 $x=\frac{1}{3}l$ 和 $x=\frac{2}{3}l$ 两点承受重量为 Q 的相同载荷，梁的横截面惯性矩为 J，弹性模量为 E，不计梁的质量，求梁横向振动的角频率和主振型。

习题 8.10 长度为 l 的梁两端简支，梁上带有重量为 $Q_1=Q$ 和 $Q_2=0.5Q$ 的两个重物。这两重物到两支点的距离都是 $l/3$。求梁横向振动的角频率和主振型。梁的质量不计。

习题 8.11 如图 8.6.8 所示，试用矩阵迭代法求该体系的自振角频率和主振型。

习题 8.12 如图 8.6.9 所示，试用矩阵迭代法求刚架的前两个角频率和主振型，设立柱的 EI 相同，各横梁 $I=\infty$。

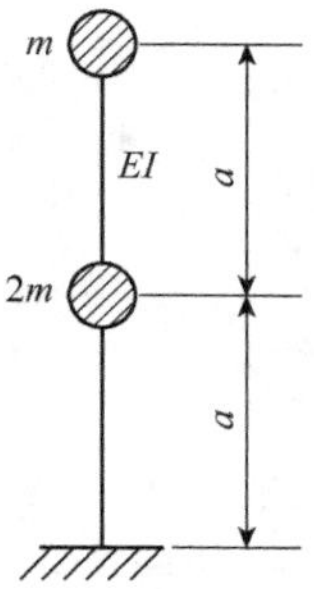

图8.6.8 习题8.11

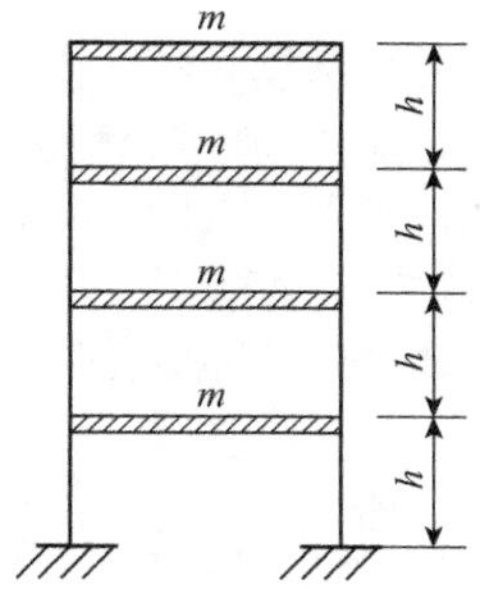

图8.6.9 习题8.12

B 类习题

习题 8.13 （编程题）如图 8.6.10 所示，锻锤作用在工件上的冲击力可以近似为矩形脉冲。已知工件、铁砧与框架的质量为 $m_1=200\text{Mg}$，基础的质量为 $m_2=250\text{Mg}$，弹性垫的刚度系数 $k_1=150\text{MN/m}$，土壤的刚度系数 $k_2=75\text{MN/m}$。假定各质量的初始位移与初始速度均为零，求系统的振动规律。通过解控制微分方程，利用 Maple 求锻锤的受迫振动响应，并画图表示。假设全部初始条件均为零。

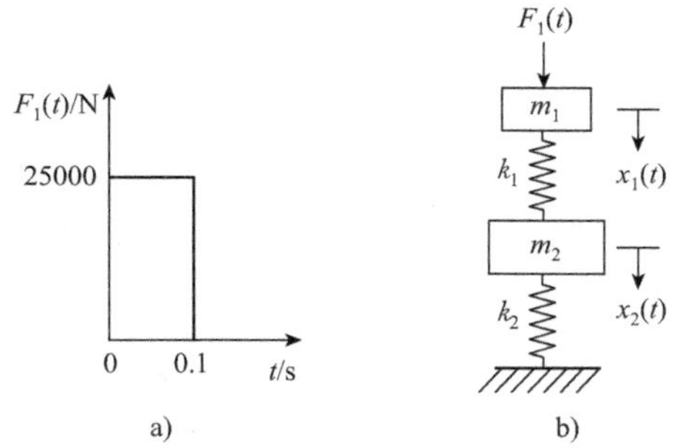

图8.6.10 习题8.13

C 类习题

习题 8.14 （振动调整）如图 8.6.11 所示，为了调整质量 m_0 的自振角频率，在悬臂端安装上质量块 m，分析 m 值和悬臂长度 h 对体系自振角频率的影响。

习题 8.15 （振动调整）如图 8.6.12 所示，确定安装在悬臂端上振动器的强迫力 $F\sin\Omega t$ 的振动角频率 Ω。在左支座上和在连接质量块 m 处的动力弯矩数值相等、符号相反。

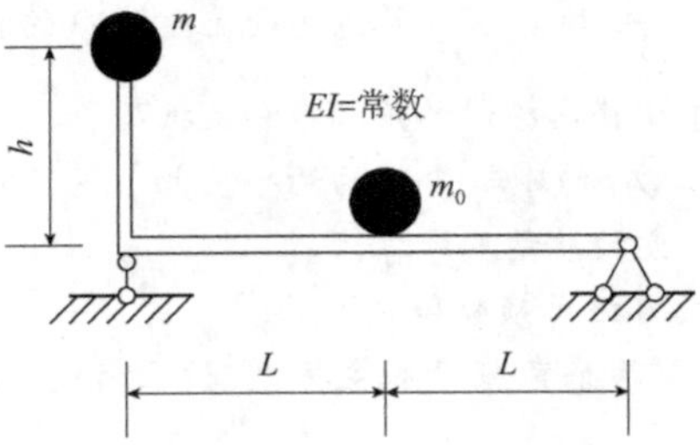

图 8.6.11　习题 8.14

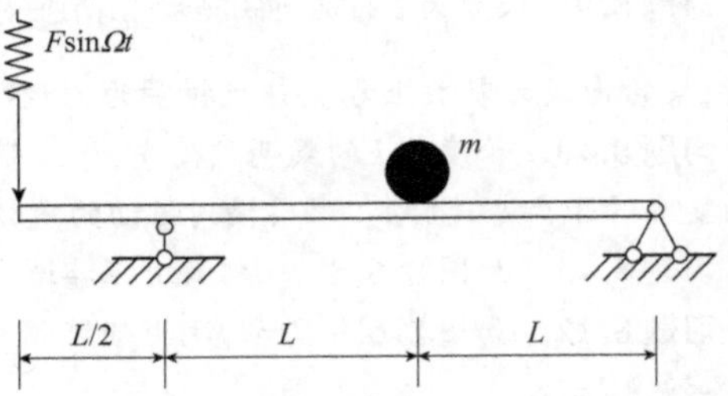

图 8.6.12　习题 8.15

##

郭永怀(Yung-huai KUO,1909—1968,中国),力学家,数学家,空气动力学家,我国近代力学事业的奠基人之一。他在跨声速流和奇异摄动理论(PLK 方法)方面的成就为国际公认。他推进了我国高速空气动力学、电磁流体力学、爆炸力学等新兴学科的研究。郭永怀在中国原子弹、氢弹的研制工作中领导和组织爆轰力学、高压物态方程、空气动力学、飞行力学、结构力学、武器环境实验科学等研究工作,解决了一系列重大问题,是唯一一位为中国核弹、氢弹和卫星实验工作均做出巨大贡献的科学家。

郭永怀创办了《力学学报》和《力学译丛》,并亲任主编,翻译出版了《流体力学概论》等多部学术名著。

##

冬夜读书示子聿

宋　陆游(1125—1210)

古人学问无遗力,少壮工夫老始成。

纸上得来终觉浅,绝知此事要躬行。

第9章　振动分析中的数值积分法

本章介绍常用的数值计算方法:逐步积分法、线性加速度法、威尔逊-θ法和纽马克-β法。这些方法不仅适用于线性系统,还可以推广应用于非线性系统。

9.1　逐步积分法

9.1.1　逐步积分法基本思想和步骤

利用前述理论求解多自由度系统受迫振动响应的基本步骤:首先确定系统的固有振动特性,再建立系统解耦的模态运动方程,然后按照单自由度理论进行求解,如果系统受到的是一般激励作用,其受迫振动响应归结为杜哈梅积分的计算。这一求解过程不仅烦琐冗长,而且杜哈梅积分常常找不到解析解。因此,研究系统的强迫振动响应的数值计算方法非常有意义。

求解振动系统响应的数值分析方法有很多,本章主要介绍基于增量平衡方程的**逐步积分法**(step-by-step integration method),该方法直接从物理方程出发,无须事先求解固有特性,不必对方程解耦,无论何种激励均可直接求解,因此也称为**直接积分法**(immediate integration method)。

直接积分法的基本思想和步骤如下:

(1)时间离散化。

一般采用等间隔离散方法,即把时间均匀地分为n等份,等时间间隔为Δt。离散后,仅要求运动在离散时间点上满足运动方程,在任意离散时间点之间不必求满足运动方程。

(2)逐步积分。

在时间间隔内,依据离散增量平衡方程,首先从离散点1开始积分计算,然后逐步计算后面各点,直至完成最后一点的计算。主要步骤如下:

①假设$t=t_0$的初始状态向量是已知的,分别为$\boldsymbol{x}_0$、$\dot{\boldsymbol{x}}_0$、$\ddot{\boldsymbol{x}}_0$;

②由增量平衡方程计算$t_1=t_0+\Delta t$时刻的状态向量增量$\Delta\boldsymbol{x}_1$、$\Delta\dot{\boldsymbol{x}}_1$、$\Delta\ddot{\boldsymbol{x}}_1$,从而得到$t_1=t_0+\Delta t$时刻的状态向量$\boldsymbol{x}_1=\boldsymbol{x}_0+\Delta\boldsymbol{x}_1$,$\dot{\boldsymbol{x}}_1=\dot{\boldsymbol{x}}_0+\Delta\dot{\boldsymbol{x}}_1$,$\ddot{\boldsymbol{x}}_1=\ddot{\boldsymbol{x}}_0+\Delta\ddot{\boldsymbol{x}}_1$;

③由增量平衡方程计算$t_2=t_0+2\Delta t$时刻的状态向量增量$\Delta\boldsymbol{x}_2$、$\Delta\dot{\boldsymbol{x}}_2$、$\Delta\ddot{\boldsymbol{x}}_2$,从而得到$t_2=$

$t_0+2\Delta t$ 时刻的状态向量 $\boldsymbol{x}_2=\boldsymbol{x}_1+\Delta\boldsymbol{x}_2,\dot{\boldsymbol{x}}_2=\dot{\boldsymbol{x}}_1+\Delta\dot{\boldsymbol{x}}_2,\ddot{\boldsymbol{x}}_2=\ddot{\boldsymbol{x}}_1+\Delta\ddot{\boldsymbol{x}}_2$；

④重复步骤③，直到计算完最后一个离散点的状态向量。

在上述计算过程中，采用不同假设得到不同的积分计算方法，每种方法的计算精度有所不同，收敛性和稳定性也不尽相同。

9.1.2 增量振动微分方程

对于一般质阻弹系统，在激励 $f(t)$ 作用下任意 t 时刻，作用于系统的动力除干扰力 $f(t)$ 外，还有惯性力 $F_\mathrm{I}(t)$、弹性恢复力 $F_\mathrm{s}(t)$ 和阻尼力 $F_\mathrm{d}(t)$，根据达朗贝尔原理，其动力平衡方程为

$$F_\mathrm{I}(t)+F_\mathrm{d}(t)+F_\mathrm{s}(t)+f(t)=0 \tag{9.1.1}$$

经过时间间隔 Δt 之后，系统的动力平衡方程变为

$$F_\mathrm{I}(t+\Delta t)+F_\mathrm{d}(t+\Delta t)+F_\mathrm{s}(t+\Delta t)+f(t+\Delta t)=0 \tag{9.1.2}$$

由式(9.1.2)减式(9.1.1)得到

$$\Delta F_\mathrm{I}(t)+\Delta F_\mathrm{d}(t)+\Delta F_\mathrm{s}(t)+\Delta f(t)=0 \tag{9.1.3}$$

如果系统各固有参数（质量、刚度、阻尼等）为常数，则式(9.1.3)中的增量可以相应地表示为

$$\Delta F_\mathrm{I}(t)=F_\mathrm{I}(t+\Delta t)-F_\mathrm{I}(t)=-m\Delta\ddot{x}(t) \tag{9.1.4a}$$

$$\Delta F_\mathrm{d}(t)=F_\mathrm{d}(t+\Delta t)-F_\mathrm{d}(t)=-c\Delta\dot{x}(t) \tag{9.1.4b}$$

$$\Delta F_\mathrm{s}(t)=F_\mathrm{s}(t+\Delta t)-F_\mathrm{s}(t)=-k\Delta x(t) \tag{9.1.4c}$$

式中，$\Delta\ddot{x}(t)$、$\Delta\dot{x}(t)$、$\Delta x(t)$ 分别为系统在 t 时刻的加速度增量、速度增量和位移增量。

将式(9.1.4)代入式(9.1.3)，得到单自由度振动系统的**增量运动方程**(incremental equation of motion)

$$m\Delta\ddot{x}(t)+c\Delta\dot{x}(t)+k\Delta x(t)=\Delta f(t) \tag{9.1.5}$$

在应用上述增量方程分析时，需要把系统的运动状态离散化。假设我们研究振动系统的时间段从 t_0 开始到 t_m 结束，把所考虑的全部时间均匀地分为 n 等份，每一等份时间为 Δt，即

$$\Delta t=\frac{t_m-t_0}{n} \tag{9.1.6}$$

离散后的运动状态与离散时间或离散点的对应关系用下标表示，即

$$t_j=t_0+j\Delta t \tag{9.1.7a}$$

$$x_j=x(t_j),\dot{x}_j=\dot{x}(t_j),\ddot{x}_j=\ddot{x}(t_j) \tag{9.1.7b}$$

$$\Delta x_j=x_j-x_{j-1},\Delta\dot{x}_j=\dot{x}_j-\dot{x}_{j-1},\Delta\ddot{x}_j=\ddot{x}_j-\ddot{x}_{j-1}\quad j=1,2,\cdots,n \tag{9.1.7c}$$

因此，离散后的单自由度振动系统的增量运动方程应表示为

$$m\Delta\ddot{x}_j+c\Delta\dot{x}_j+k\Delta x_j=\Delta f_j \tag{9.1.8}$$

对于一般多自由度系统，其振动方程为

$$\boldsymbol{M}\ddot{\boldsymbol{x}}(t)+\boldsymbol{C}\dot{\boldsymbol{x}}(t)+\boldsymbol{K}\boldsymbol{x}(t)=\boldsymbol{F}(t) \tag{9.1.9}$$

将考察时间段等分 n 份，每等份的时间为 Δt。离散化后，在 $t_j=t_0+j\Delta t(j=1,2,\cdots,n)$ 时刻，系统对应的振动方程为

$$\boldsymbol{M}\ddot{\boldsymbol{x}}_j+\boldsymbol{C}\dot{\boldsymbol{x}}_j+\boldsymbol{K}\boldsymbol{x}_j=\boldsymbol{F}_j \tag{9.1.10}$$

在 $t_{j-1}=t_0+(j-1)\Delta t(j=1,2,\cdots,n)$ 时刻,系统对应的振动方程为

$$\boldsymbol{M}\ddot{\boldsymbol{x}}_{j-1}+\boldsymbol{C}\dot{\boldsymbol{x}}_{j-1}+\boldsymbol{K}\boldsymbol{x}_{j-1}=\boldsymbol{F}_{j-1} \tag{9.1.11}$$

式(9.1.11)与式(9.1.10)相减,得到多自由度振动系统的增量运动方程

$$\boldsymbol{m}\Delta\ddot{\boldsymbol{x}}_j+\boldsymbol{C}\Delta\dot{\boldsymbol{x}}_j+\boldsymbol{K}\Delta\boldsymbol{x}_j=\Delta\boldsymbol{F}_j \quad j=1,2,\cdots,n \tag{9.1.12}$$

其离散点对应的状态,均用下标表示,规则与单自由度完全相同。

$$t_j=t_0+j\Delta t \tag{9.1.13a}$$

$$\boldsymbol{x}_j=\boldsymbol{x}(t_j),\dot{\boldsymbol{x}}_j=\dot{\boldsymbol{x}}(t_j),\ddot{\boldsymbol{x}}_j=\ddot{\boldsymbol{x}}(t_j) \tag{9.1.13b}$$

$$\Delta\boldsymbol{x}_j=\boldsymbol{x}_{j+1}-\boldsymbol{x}_j,\Delta\dot{\boldsymbol{x}}_j=\dot{\boldsymbol{x}}_{j+1}-\dot{\boldsymbol{x}}_j \tag{9.1.13c}$$

$$\Delta\ddot{\boldsymbol{x}}_j=\ddot{\boldsymbol{x}}_{j+1}-\ddot{\boldsymbol{x}}_j \quad j=1,2,\cdots,n \tag{9.1.13d}$$

9.2 线性加速度法

上述增量方程有多种解法,其基本思想都是通过离散化后,将增量微分方程转化为增量代数方程,然后在位移、速度和加速度之间引入一个假设关系,使得该3个运动参数增量只保留1个未知增量,从而得到以未知增量为变量的代数方程。**线性加速度法**(linear acceleration method)就是假设在时间间隔内,加速度作线性变化,如图9.2.1所示,图中 τ 为时间间隔 Δt 内局部时间坐标,在 $0\sim\Delta t$ 之间变化。根据线性加速度的假设,有

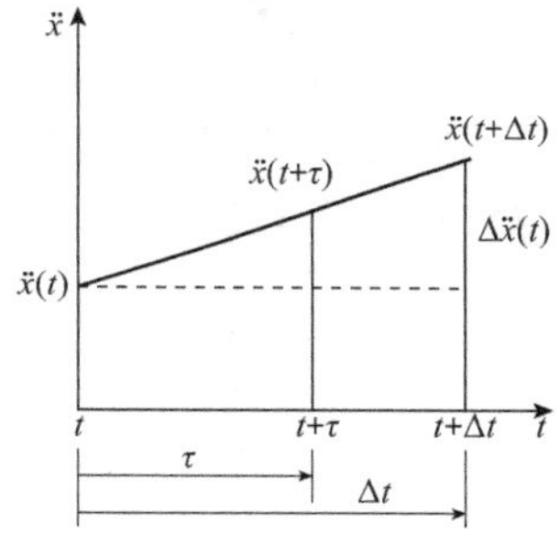

图9.2.1 线性加速度法

$$\dddot{x}(t)=\frac{\ddot{x}(t+\Delta t)-\ddot{x}(t)}{\Delta t}=\frac{\Delta\ddot{x}(t)}{\Delta t}=\text{常数} \tag{9.2.1}$$

得到关系式

$$\ddot{x}(t+\tau)=\ddot{x}(t)+\frac{\Delta\ddot{x}(t)}{\Delta t}\tau \tag{9.2.2}$$

对于多自由度系统,上述关系式表述为

$$\ddot{\boldsymbol{x}}(t+\tau)=\ddot{\boldsymbol{x}}(t)+\frac{\tau}{\Delta t}\Delta\ddot{\boldsymbol{x}}(t) \tag{9.2.3}$$

对式(9.2.3)关于时间变量 τ 进行两次积分,依次得到

$$\dot{\boldsymbol{x}}(t+\tau)=\tau\ddot{\boldsymbol{x}}(t)+\frac{\tau^2}{2\Delta t}\Delta\ddot{\boldsymbol{x}}(t)+\boldsymbol{c}_1 \tag{9.2.4a}$$

$$\boldsymbol{x}(t+\tau)=\frac{\tau^2}{2}\ddot{\boldsymbol{x}}(t)+\frac{\tau^3}{6\Delta t}\Delta\ddot{\boldsymbol{x}}(t)+\tau\boldsymbol{c}_1+\boldsymbol{c}_2 \tag{9.2.4b}$$

由初始条件 $\tau=0$,得到 $\boldsymbol{c}_1=\ddot{\boldsymbol{x}}(t),\boldsymbol{c}_2=\boldsymbol{x}(t)$,因此有

$$\dot{\boldsymbol{x}}(t+\tau)=\dot{\boldsymbol{x}}(t)+\tau\ddot{\boldsymbol{x}}(t)+\frac{\tau^2}{2\Delta t}\Delta\ddot{\boldsymbol{x}}(t) \tag{9.2.5a}$$

$$\boldsymbol{x}(t+\tau)=\boldsymbol{x}(t)+\tau\dot{\boldsymbol{x}}(t)+\frac{\tau^2}{2}\ddot{\boldsymbol{x}}(t)+\frac{\tau^3}{6\Delta t}\Delta\ddot{\boldsymbol{x}}(t) \tag{9.2.5b}$$

当 $\tau=\Delta t$ 时,由式(9.2.5)得到在时间间隔内的速度增量和位移增量,即

$$\Delta\dot{\boldsymbol{x}}(t)=\Delta t\ddot{\boldsymbol{x}}(t)+\frac{\Delta t}{2}\Delta\ddot{\boldsymbol{x}}(t) \tag{9.2.6a}$$

$$\Delta\boldsymbol{x}(t)=\Delta t\dot{\boldsymbol{x}}(t)+\frac{\Delta t^2}{2}\ddot{\boldsymbol{x}}(t)+\frac{\Delta t^2}{6}\Delta\ddot{\boldsymbol{x}}(t) \tag{9.2.6b}$$

联立解得

$$\Delta\ddot{\boldsymbol{x}}(t)=\frac{6}{\Delta t^2}\Delta\boldsymbol{x}(t)-\frac{6}{\Delta t}\dot{\boldsymbol{x}}(t)-3\ddot{\boldsymbol{x}}(t) \tag{9.2.7}$$

$$\Delta\dot{\boldsymbol{x}}(t)=\frac{3}{\Delta t}\Delta\boldsymbol{x}(t)-3\dot{\boldsymbol{x}}(t)-\frac{\Delta t}{2}\ddot{\boldsymbol{x}}(t) \tag{9.2.8}$$

将式(9.2.7)代入式(9.1.12),得到

$$\overline{\boldsymbol{K}}\Delta\boldsymbol{x}(t)=\Delta\overline{\boldsymbol{F}}(t) \tag{9.2.9}$$

式中

$$\overline{\boldsymbol{K}}=\boldsymbol{K}+\frac{3}{\Delta t}\boldsymbol{C}+\frac{6}{\Delta t^2}\boldsymbol{M} \tag{9.2.10a}$$

$$\Delta\overline{\boldsymbol{F}}(t)=\boldsymbol{M}\left(\frac{6}{\Delta t}\dot{\boldsymbol{x}}(t)+3\ddot{\boldsymbol{x}}(t)\right)+\boldsymbol{C}\left(3\dot{\boldsymbol{x}}(t)+\frac{\Delta t}{2}\ddot{\boldsymbol{x}}(t)\right)+\Delta\boldsymbol{f}(t) \tag{9.2.10b}$$

分别称为时间间隔内的**等效刚度矩阵**(equivalent stiffness matrix)和**等效荷载增量向量**(equivalent incremental load vector)。

数值计算时,需要把上述方程转换成离散方程。假设 t 时刻位于时间离散点 j 处,即 $t=t_0+j\Delta t=t_j(j=1,2,\cdots,n)$,则式(9.2.9)和式(9.2.10)对应的离散化方程式分别为

$$\overline{\boldsymbol{K}}\,\Delta\boldsymbol{x}_j=\Delta\overline{\boldsymbol{F}}_j \tag{9.2.11}$$

和

$$\overline{\boldsymbol{K}}=\boldsymbol{K}+\frac{3}{\Delta t}\boldsymbol{C}+\frac{6}{\Delta t^2}\boldsymbol{M} \tag{9.2.12a}$$

$$\Delta\overline{\boldsymbol{F}}_j=\boldsymbol{M}\left(\frac{6}{\Delta t}\dot{\boldsymbol{x}}_j+3\ddot{\boldsymbol{x}}_j\right)+\boldsymbol{C}\left(3\dot{\boldsymbol{x}}_j+\frac{\Delta t}{2}\ddot{\boldsymbol{x}}_j\right)+\Delta\boldsymbol{f}_j \tag{9.2.12b}$$

速度增量向量和加速度增量向量分别为

$$\Delta\dot{\boldsymbol{x}}_j=\frac{3}{\Delta t}\Delta\boldsymbol{x}_j-3\dot{\boldsymbol{x}}_j-\frac{\Delta t}{2}\ddot{\boldsymbol{x}}_j \tag{9.2.13}$$

$$\Delta\ddot{\boldsymbol{x}}_j=\frac{6}{\Delta t^2}\Delta\boldsymbol{x}_j-\frac{6}{\Delta t}\dot{\boldsymbol{x}}_j-3\ddot{\boldsymbol{x}}_j \tag{9.2.14}$$

本时间步末时刻的运动参量,由本时间步起始时刻的运动参量及其在本时间步的增量确定,即

$$\boldsymbol{x}_j=\boldsymbol{x}_{j-1}+\Delta\boldsymbol{x}_{j-1},\dot{\boldsymbol{x}}_j=\dot{\boldsymbol{x}}_{j-1}+\Delta\dot{\boldsymbol{x}}_{j-1} \tag{9.2.15a}$$

$$\ddot{\boldsymbol{x}}_j=\ddot{\boldsymbol{x}}_{j-1}+\Delta\ddot{\boldsymbol{x}}_{j-1},t_j=j\Delta t\quad j=1,2,\cdots,n \tag{9.2.15b}$$

线性加速度法数值解的关键,是获得时间间隔内的位移、速度和加速度的增量。位移增量由方程(9.2.11)确定,将位移增量解代入式(9.2.8)可求得速度增量。加速度的增量可以通过式(9.2.7)计算,然后加上时间步步初的加速度以获得当前时间步步末的加速度。此

外，当前时间步步末的加速度也可以在位移和速度解的基础上通过动力运动方程直接求解。考虑前者为间接计算，难免会引入误差；而后者为原方程的直接计算，会得到更加满足方程的解。所以，对于当前时间步步末的加速度，一般利用全量动力方程直接求解，即

$$\boldsymbol{M}\ddot{\boldsymbol{x}}_{j+1}+\boldsymbol{C}\dot{\boldsymbol{x}}_{j+1}+\boldsymbol{K}\boldsymbol{x}_{j+1}=\boldsymbol{f}_{j+1}\quad j=0,1,\cdots,n-1 \tag{9.2.16}$$

显然，线性加速度法的计算精度与离散后的时间间隔即时间步长 Δt 有关。如果某一种算法在任意步长时都不会发散，则称该算法是无条件稳定的；如果只在一定的步长范围内解才不会发散，则称该算法为有条件稳定的。

一般情况下，时间步长越小，计算精度越高，但需要计算的步骤越多，计算时间越长。此外，线性加速度法的计算精度还与系统的自振周期 T 和外激励力的激振频率有关。一般情况下，线性加速度法的计算精度主要取决于比值 $\Delta t/T$。当这个比值过大时，计算将不稳定，甚至不收敛。因此，线性加速度法是一种有条件稳定的方法。可以证明，线性加速度法的收敛条件是 $\Delta t/T\leqslant 0.389$，稳定条件是 $\Delta t/T\leqslant 0.551$。

线性加速度法的求解过程是从前至后逐步推进的，对每一个时间步先求出步初的全量运动参数，再利用上述公式求解当前时间步内运动参数的增量，然后通过步初的运动参数叠加步内运动参数增量来获得当前时间步步末的全量运动参数，每一个时间步的求解都是建立在上一个时间步解的基础上的。线性加速度的具体解法及步骤如下：

(1)时间离散化。

将所研究的运动时间 n 等分，时间步长为 Δt，离散点为 $0,1,2,\cdots,n-1,n$，离散点对应的时间为 $t_j=j\Delta t(j=0,1,2,\cdots,n-1,n)$，起始时间 $t_0=0$，终止时间 $t_n=n\Delta t$。位移时程的离散如图 9.2.2 所示，速度和加速度时程离散与位移时程离散一一对应。

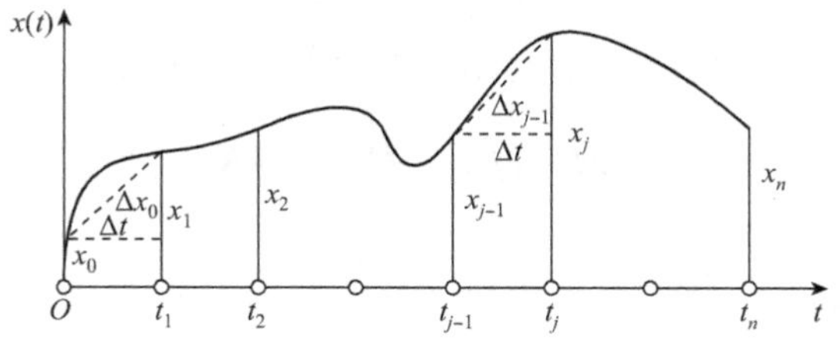

图 9.2.2 位移时程离散计算

(2)由初始条件，计算第一步的运动参数。

①起点运动参数。

起点的位移和速度由初始条件确定，即

$$\boldsymbol{x}_0=\boldsymbol{x}(0),\dot{\boldsymbol{x}}_0=\dot{\boldsymbol{x}}(0) \tag{9.2.17}$$

代入运动方程(9.2.16)，确定起点的加速度

$$\ddot{\boldsymbol{x}}_0=\boldsymbol{M}^{-1}(\boldsymbol{f}_0-\boldsymbol{C}\dot{\boldsymbol{x}}_0-\boldsymbol{K}\boldsymbol{x}_0) \tag{9.2.18}$$

②确定第一步运动参数增量。

由式(9.2.12)计算等效刚度矩阵和等效荷载增量向量

$$\overline{\boldsymbol{K}}=\boldsymbol{K}+\frac{3}{\Delta t}\boldsymbol{C}+\frac{6}{\Delta t^2}\boldsymbol{M} \tag{9.2.19}$$

$$\Delta\overline{\boldsymbol{F}}_0=\boldsymbol{M}\left(\frac{6}{\Delta t}\dot{\boldsymbol{x}}_0+3\ddot{\boldsymbol{x}}_0\right)+\boldsymbol{C}\left(3\dot{\boldsymbol{x}}_0+\frac{\Delta t}{2}\ddot{\boldsymbol{x}}_0\right)+\Delta\boldsymbol{f}_0 \tag{9.2.20}$$

再由式(9.2.11)计算第一步内的位移增量向量

$$\Delta\boldsymbol{x}_0=\overline{\boldsymbol{K}}^{-1}\Delta\overline{\boldsymbol{F}}_0 \tag{9.2.21}$$

将以上结果代入式(9.2.13),求得第一步内的速度增量向量

$$\Delta\dot{\boldsymbol{x}}_0=\frac{3}{\Delta t}\Delta\boldsymbol{x}_0-3\dot{\boldsymbol{x}}_0-\frac{\Delta t}{2}\ddot{\boldsymbol{x}}_0 \tag{9.2.22}$$

③确定第一步末即 $t_1=\Delta t$ 时刻的全量位移、速度和加速度。

$$\boldsymbol{x}_1=\boldsymbol{x}_0+\Delta\boldsymbol{x}_0,\dot{\boldsymbol{x}}_1=\dot{\boldsymbol{x}}_0+\Delta\dot{\boldsymbol{x}}_0 \tag{9.2.23}$$

及

$$\ddot{\boldsymbol{x}}_1=\boldsymbol{M}^{-1}(\boldsymbol{f}_1-\boldsymbol{C}\dot{\boldsymbol{x}}_1-\boldsymbol{K}\boldsymbol{x}_1) \tag{9.2.24}$$

(3)计算第$(j+1)$步的运动参数。

①计算当前时间步内的等效荷载增量向量:

$$\Delta\overline{\boldsymbol{F}}_j=\boldsymbol{M}\left(\frac{6}{\Delta t}\dot{\boldsymbol{x}}_j+3\ddot{\boldsymbol{x}}_j\right)+\boldsymbol{C}\left(3\dot{\boldsymbol{x}}_j+\frac{\Delta t}{2}\ddot{\boldsymbol{x}}_j\right)+\Delta\boldsymbol{f}_j \tag{9.2.25}$$

②计算当前时间步内的位移增量向量:

$$\Delta\boldsymbol{x}_j=\overline{\boldsymbol{K}}^{-1}\Delta\overline{\boldsymbol{F}}_j \tag{9.2.26}$$

③计算当前时间步内的速度增量向量:

$$\Delta\dot{\boldsymbol{x}}_j=\frac{3}{\Delta t}\Delta\boldsymbol{x}_j-3\dot{\boldsymbol{x}}_j-\frac{\Delta t}{2}\ddot{\boldsymbol{x}}_j \tag{9.2.27}$$

④分别计算当前时间步步末即 $t_{j+1}=\Delta t$ 时刻的位移和速度全量向量:

$$\boldsymbol{x}_{j+1}=\boldsymbol{x}_j+\Delta\boldsymbol{x}_j,\dot{\boldsymbol{x}}_{j+1}=\dot{\boldsymbol{x}}_j+\Delta\dot{\boldsymbol{x}}_j \tag{9.2.28}$$

⑤计算当前时间步步末即 $t_{j+1}=\Delta t$ 时刻的加速度全量向量:

$$\ddot{\boldsymbol{x}}_{j+1}=\boldsymbol{M}^{-1}(\boldsymbol{f}_{j+1}-\boldsymbol{C}\dot{\boldsymbol{x}}_{j+1}-\boldsymbol{K}\boldsymbol{x}_{j+1}) \tag{9.2.29}$$

9.3 威尔逊-$\boldsymbol{\theta}$ 法

威尔逊-$\boldsymbol{\theta}$ 法(Wilson-θ method)是对有条件稳定的线性加速度法的一种修正方法,其基本假设仍然是在每一个时间步长内加速度按线性规律变化,但将时间步长延长到 Δt 之外,即将线性加速度法的步长由 Δt 增加到 $s=\theta\Delta t$(其中 $\theta>1$),如图 9.3.1 所示。

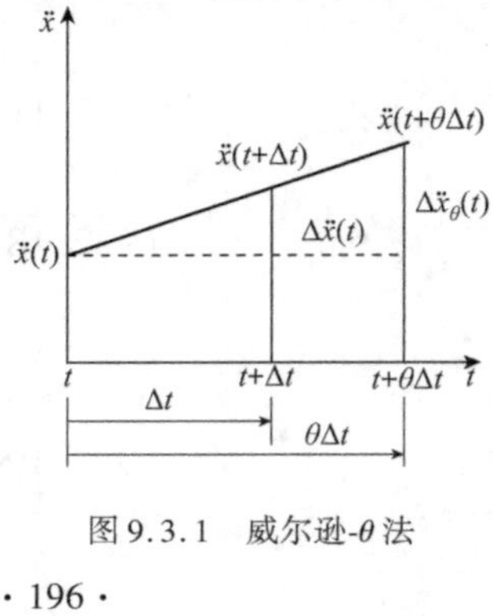

图 9.3.1 威尔逊-θ 法

威尔逊-θ 法并不是在整个计算中一直采用时间步长 s,而仅仅利用外延的时间步长 s 确定相应的加速度增量 $\Delta\ddot{\boldsymbol{x}}_\theta(t)$,进而再确定时间步长 Δt 的加速度增量 $\Delta\ddot{\boldsymbol{x}}(t)$,接下来的所有计算仍然采用正常时间步长 Δt 的相应关系。

威尔逊-θ 法取时间步长为

$$s=\theta\Delta t \tag{9.3.1}$$

式中,$\theta>1$。由图 9.3.1 可见,时间步长为 s 的加速度 $\Delta\ddot{x}_\theta(t)$ 与时间步长为 Δt 的加速度 $\Delta\ddot{\boldsymbol{x}}(t)$ 有线性关系

$$\Delta \ddot{\boldsymbol{x}}(t)=\frac{1}{\theta}\Delta \ddot{\boldsymbol{x}}_{\theta}(t) \tag{9.3.2}$$

实质上,威尔逊-θ 法采用与线性加速度法相同的假设和计算方法,当 $\theta=1$ 时,威尔逊-θ 法即退化为线性加速度法。可以证明,当 $\theta>1.37$ 时,算法为无条件稳定的。在应用中,一般取 $\theta=1.4$,$\theta=1.420815$ 为最优值。

由于威尔逊-θ 法实质上也是线性加速度法,只是二者的步长不同而已,因此只要将线性加速度法中的时间步长 Δt 替换为威尔逊-θ 法的时间步长 s,则线性加速度法给出的公式均可使用。故在威尔逊-θ 法中,时间步长为 s 的等效刚度矩阵和等效增量荷载向量为

$$\overline{\boldsymbol{K}}_{\theta}=\boldsymbol{K}+\frac{3}{s}\boldsymbol{C}+\frac{6}{s^{2}}\boldsymbol{M} \tag{9.3.3a}$$

$$\Delta\overline{\boldsymbol{F}}_{\theta j}=\boldsymbol{M}\left(\frac{6}{s}\dot{\boldsymbol{x}}_{j}+3\ddot{\boldsymbol{x}}_{j}\right)+\boldsymbol{C}\left(3\dot{\boldsymbol{x}}_{j}+\frac{s}{2}\ddot{\boldsymbol{x}}_{j}\right)+\Delta\boldsymbol{f}_{\theta} \tag{9.3.3b}$$

式中,$\Delta\boldsymbol{f}_{\theta,j}$为时间步长为 s 的荷载增量向量,按照线性增量关系考虑,则有

$$\Delta\boldsymbol{f}_{\theta,j}=\boldsymbol{f}(t+s)-\boldsymbol{f}(t+\Delta t)=\theta(\boldsymbol{f}_{j+1}-\boldsymbol{f}_{j})=\theta\,\Delta\boldsymbol{f}_{j} \tag{9.3.4}$$

相应的位移增量向量为

$$\Delta\boldsymbol{x}_{\theta,j}=\overline{\boldsymbol{K}}_{\theta}^{-1}\Delta\overline{\boldsymbol{F}}_{\theta,j} \tag{9.3.5}$$

由正常时间步长 Δt 的加速度公式(9.2.7)得到时间步长为 s 的加速度为

$$\Delta\ddot{\boldsymbol{x}}_{\theta}(t)=\frac{6}{s^{2}}\Delta\boldsymbol{x}_{\theta}(t)-\frac{6}{s}\dot{\boldsymbol{x}}(t)-3\ddot{\boldsymbol{x}}(t) \tag{9.3.6}$$

对应的正常时间步长 Δt 的加速度为

$$\Delta\ddot{\boldsymbol{x}}(t)=\frac{\Delta\ddot{\boldsymbol{x}}_{\theta}(t)}{\theta}=\frac{6}{\theta s^{2}}\left(\Delta\boldsymbol{x}_{\theta}(t)-s\dot{\boldsymbol{x}}(t)-\frac{s^{2}}{2}\ddot{\boldsymbol{x}}(t)\right) \tag{9.3.7}$$

写成离散方程为

$$\Delta\ddot{\boldsymbol{x}}_{j}=\frac{\Delta\ddot{\boldsymbol{x}}_{\theta j}}{\theta}=\frac{6}{\theta s^{2}}\left(\Delta\boldsymbol{x}_{\theta,j}-s\dot{\boldsymbol{x}}_{j}-\frac{s^{2}}{2}\ddot{\boldsymbol{x}}_{j}\right) \tag{9.3.8}$$

威尔逊-θ 法使用时间步长 s 求得加速度 $\Delta\ddot{\boldsymbol{x}}_{\theta}(t)$ 后,再利用式(9.3.2)内插计算出时间步长为 Δt 的加速度增量向量 $\Delta\ddot{x}(t)$,然后仍采用时间步长为 Δt 的公式(9.2.6)计算速度增量与位移增量,即

$$\Delta\dot{\boldsymbol{x}}(t)=\Delta t\ddot{\boldsymbol{x}}(t)+\frac{\Delta t}{2}\Delta\ddot{\boldsymbol{x}}(t) \tag{9.3.9a}$$

$$\Delta\boldsymbol{x}(t)=\Delta t\dot{\boldsymbol{x}}(t)+\frac{\Delta t^{2}}{2}\ddot{\boldsymbol{x}}(t)+\frac{\Delta t^{2}}{6}\Delta\ddot{\boldsymbol{x}}(t) \tag{9.3.9b}$$

或写成离散方程

$$\Delta\dot{\boldsymbol{x}}_{j}=\Delta t\ddot{\boldsymbol{x}}_{j}+\frac{\Delta t}{2}\Delta\ddot{\boldsymbol{x}}_{j} \tag{9.3.10a}$$

$$\Delta\boldsymbol{x}_{j}=\Delta t\dot{\boldsymbol{x}}_{j}+\frac{\Delta t^{2}}{2}\ddot{\boldsymbol{x}}_{j}+\frac{\Delta t^{2}}{6}\Delta\ddot{\boldsymbol{x}}_{j} \tag{9.3.10b}$$

威尔逊-θ 法的解法及步骤如下:

(1)时间离散化。

将所研究的运动时间 n 等分,时间步长为 Δt,离散点为 $0,1,2,\cdots,n-1,n$,离散点对应的时间为 $t_j=j\Delta t(j=0,1,2,\cdots,n-1,n)$,起始时间 $t_0=0$,终止时间 $t_n=n\Delta t$。

(2)由初始条件,计算第一步的运动参数。

①起点运动参数。

由初始条件确定起点的位移和速度

$$\boldsymbol{x}_0=\boldsymbol{x}(0),\dot{\boldsymbol{x}}_0=\dot{\boldsymbol{x}}(0) \tag{9.3.11}$$

代入运动方程(9.2.16),确定起点的加速度

$$\ddot{\boldsymbol{x}}_0=\boldsymbol{M}^{-1}(\boldsymbol{f}_0-\boldsymbol{C}\dot{\boldsymbol{x}}_0-\boldsymbol{K}\boldsymbol{x}_0) \tag{9.3.12}$$

②确定第一步运动参数增量。

由式(9.3.3)计算时间步长 $s=\theta\Delta t$ 的等效刚度矩阵和等效增量荷载向量为

$$\overline{\boldsymbol{K}}_\theta=\boldsymbol{K}+\frac{3}{s}\boldsymbol{C}+\frac{6}{s^2}\boldsymbol{M} \tag{9.3.13}$$

$$\Delta\overline{\boldsymbol{F}}_{\theta,0}=\boldsymbol{M}\left(\frac{6}{s}\dot{\boldsymbol{x}}_0+3\ddot{\boldsymbol{x}}_0\right)+\boldsymbol{C}\left(3\dot{\boldsymbol{x}}_0+\frac{s}{2}\ddot{\boldsymbol{x}}_0\right)+\Delta\boldsymbol{f}_{\theta,0} \tag{9.3.14}$$

计算相应的位移增量向量

$$\Delta\boldsymbol{x}_{\theta,0}=\boldsymbol{K}_\theta{}^{-1}\Delta\overline{\boldsymbol{F}}_{\theta,0} \tag{9.3.15}$$

进而利用式(9.3.8)计算相应的正常时间步长 Δt 对应的加速度

$$\Delta\ddot{\boldsymbol{x}}_0=\frac{\Delta\ddot{\boldsymbol{x}}_{\theta,0}}{\theta}=\frac{6}{\theta s^2}\left(\Delta\boldsymbol{x}_{\theta,0}-s\dot{\boldsymbol{x}}_0-\frac{s^2}{2}\ddot{\boldsymbol{x}}_0\right) \tag{9.3.16}$$

由式(9.3.10)计算第一步内的速度增量向量和位移增量向量

$$\Delta\dot{\boldsymbol{x}}_0=\Delta t\ddot{\boldsymbol{x}}_0+\frac{\Delta t}{2}\Delta\ddot{\boldsymbol{x}}_0 \tag{9.3.17}$$

$$\Delta\boldsymbol{x}_0=\Delta t\dot{\boldsymbol{x}}_0+\frac{\Delta t^2}{2}\ddot{\boldsymbol{x}}_0+\frac{\Delta t^2}{6}\Delta\ddot{\boldsymbol{x}}_0 \tag{9.3.18}$$

③确定第一时间步末 $t_1=\Delta t$ 时刻的全量位移、速度和加速度:

$$\boldsymbol{x}_1=\boldsymbol{x}_0+\Delta\boldsymbol{x}_0,\dot{\boldsymbol{x}}_1=\dot{\boldsymbol{x}}_0+\Delta\dot{\boldsymbol{x}}_0,\ddot{\boldsymbol{x}}_1=\ddot{\boldsymbol{x}}_0+\Delta\ddot{\boldsymbol{x}}_0 \tag{9.3.19}$$

(3)计算第$(j+1)$步的运动参数。

①计算当前时间步内的等效荷载增量向量:

$$\Delta\overline{\boldsymbol{F}}_{\theta,j}=\boldsymbol{M}\left(\frac{6}{s}\dot{\boldsymbol{x}}_j+3\ddot{\boldsymbol{x}}_j\right)+\boldsymbol{C}\left(3\dot{\boldsymbol{x}}_j+\frac{s}{2}\ddot{\boldsymbol{x}}_j\right)+\Delta\boldsymbol{f}_j \tag{9.3.20}$$

②计算当前时间步内的位移增量向量:

$$\Delta\boldsymbol{x}_{\theta,j}=\overline{\boldsymbol{K}}_\theta{}^{-1}\Delta\overline{\boldsymbol{F}}_{\theta,j} \tag{9.3.21}$$

③计算当前时间步内的加速度增量向量:

$$\Delta\ddot{\boldsymbol{x}}_j=\frac{\Delta\ddot{\boldsymbol{x}}_{\theta,j}}{\theta}=\frac{6}{\theta s^2}\left(\Delta\boldsymbol{x}_{\theta j}-s\dot{\boldsymbol{x}}_j-\frac{s^2}{2}\ddot{\boldsymbol{x}}_j\right) \tag{9.3.22}$$

以及速度增量和位移增量向量

$$\Delta\dot{\boldsymbol{x}}_j = \Delta t\ddot{\boldsymbol{x}}_j + \frac{\Delta t}{2}\Delta\ddot{\boldsymbol{x}}_j \tag{9.3.23}$$

$$\Delta\boldsymbol{x}_j = \Delta t\dot{\boldsymbol{x}}_j + \frac{\Delta t^2}{2}\ddot{\boldsymbol{x}}_j + \frac{\Delta t^2}{6}\Delta\ddot{\boldsymbol{x}}_j \tag{9.3.24}$$

④分别计算当前时间步步末 $t_{j+1} = \Delta t$ 时刻的位移、速度和加速度全量向量：

$$\boldsymbol{x}_{j+1} = \boldsymbol{x}_j + \Delta\boldsymbol{x}_j, \dot{\boldsymbol{x}}_{j+1} = \dot{\boldsymbol{x}}_j + \Delta\dot{\boldsymbol{x}}_j, \ddot{\boldsymbol{x}}_{j+1} = \ddot{\boldsymbol{x}}_j + \Delta\ddot{\boldsymbol{x}}_j \tag{9.3.25}$$

在本步骤中 $j = 1, 2, \cdots, n-1, n$。

例题 9.3.1 某无阻尼两自由度振动系统受到阶跃力的作用，已知系统的质量矩阵、刚度矩阵和激励力向量分别为

$$\boldsymbol{M} = \begin{bmatrix} 1 & 0 \\ 0 & 1 \end{bmatrix} \times 1000, \boldsymbol{K} = \begin{bmatrix} 3 & 0 \\ 0 & 100 \end{bmatrix}, \boldsymbol{f}(t) = \begin{Bmatrix} 60 \\ -55 \end{Bmatrix}$$

其中，质量单位为 kg，刚度单位为 kN/m，激励力的单位为 kN。设系统的初始条件为 $x_0 = 0, v_0 = 0$，试用威尔逊-θ 法计算系统的动响应 $x(t)$。

解：(1)时间离散化。

取时间步长 $\Delta t = 0.1\text{s}, \theta = 1.4, s = 0.14$；若考察 4s 内的动响应，则 $t_0 = 0, t_m = 4\text{s}, t_j = j \times 0.1\text{s}$；离散点编号 $j = 0, 1, 2, \cdots, 39, 40$。

(2)初始计算。

由初始条件知

$$\boldsymbol{x}_0 = \boldsymbol{x}(0) = \boldsymbol{0}, \dot{\boldsymbol{x}}_0 = \dot{\boldsymbol{x}}(0) = \boldsymbol{0}$$

代入运动方程(9.2.16)

$$\ddot{\boldsymbol{x}}_0 = \boldsymbol{M}^{-1}(\boldsymbol{f}_0 - \boldsymbol{C}\dot{\boldsymbol{x}}_0 - \boldsymbol{K}\boldsymbol{x}_0) = \boldsymbol{0}$$

由式(9.3.4)计算激励力增量

$$\Delta\boldsymbol{f}_{\theta,0} = \theta[\boldsymbol{f}_1 - \boldsymbol{f}_0] = \theta\left(\begin{Bmatrix} 60 \\ -55 \end{Bmatrix} - \begin{Bmatrix} 0.0 \\ 0.0 \end{Bmatrix}\right) = \begin{Bmatrix} 84 \\ -77 \end{Bmatrix}$$

时间步长为 s 的等效刚度矩阵和等效增量荷载向量为

$$\overline{\boldsymbol{K}}_\theta = \boldsymbol{K} + \frac{3}{s}\boldsymbol{C} + \frac{6}{s^2}\boldsymbol{M} = \begin{bmatrix} 309.1224 & 0 \\ 0 & 406.1224 \end{bmatrix}$$

$$\Delta\overline{\boldsymbol{F}}_{\theta,0} = \boldsymbol{M}\left(\frac{6}{s}\dot{\boldsymbol{x}}_0 + 3\ddot{\boldsymbol{x}}_0\right) + \boldsymbol{C}\left(3\dot{\boldsymbol{x}}_0 + \frac{s}{2}\ddot{\boldsymbol{x}}_0\right) + \Delta\boldsymbol{f}_{\theta,0} = \begin{Bmatrix} 84 \\ -77 \end{Bmatrix}$$

相应的位移增量向量为

$$\Delta\boldsymbol{x}_{\theta,0} = \overline{\boldsymbol{K}}_\theta^{-1}\Delta\overline{\boldsymbol{F}}_{\theta,0} = \begin{Bmatrix} 0.2717 \\ -0.1896 \end{Bmatrix}$$

计算相应时间步长 Δt 的加速度

$$\Delta\ddot{\boldsymbol{x}}_0 = \frac{6}{\theta s^2}\left(\Delta\boldsymbol{x}_{\theta,0} - s\dot{\boldsymbol{x}}_0 - \frac{s^2}{2}\ddot{\boldsymbol{x}}_0\right) = \begin{Bmatrix} 59.4177 \\ -41.4573 \end{Bmatrix}$$

计算第一步的速度增量向量和位移增量向量

$$\Delta\dot{\boldsymbol{x}}_0 = \Delta t\ddot{\boldsymbol{x}}_0 + \frac{\Delta t}{2}\Delta\ddot{\boldsymbol{x}}_0 = \begin{Bmatrix} 2.9709 \\ -2.0729 \end{Bmatrix}$$

$$\Delta\boldsymbol{x}_0 = \Delta t\dot{\boldsymbol{x}}_0 + \frac{\Delta t^2}{2}\ddot{\boldsymbol{x}}_0 + \frac{\Delta t^2}{6}\Delta\ddot{\boldsymbol{x}}_0 = \begin{Bmatrix} 0.0990 \\ -0.0691 \end{Bmatrix}$$

第一步末时刻的全量位移、速度和加速度分别为

$$\boldsymbol{x}_1=\boldsymbol{x}_0+\Delta\boldsymbol{x}_0=\begin{Bmatrix}0.0990\\-0.0691\end{Bmatrix}$$

$$\dot{\boldsymbol{x}}_1=\dot{\boldsymbol{x}}_0+\Delta\dot{\boldsymbol{x}}_0=\begin{Bmatrix}2.9709\\-2.0729\end{Bmatrix}$$

$$\ddot{\boldsymbol{x}}_1=\ddot{\boldsymbol{x}}_0+\Delta\ddot{\boldsymbol{x}}_0=\begin{Bmatrix}59.4177\\-41.4573\end{Bmatrix}$$

(3)计算第二步的运动参数。

$$\Delta\boldsymbol{f}_1=\boldsymbol{f}_2-\boldsymbol{f}_1=\begin{Bmatrix}60\\-55\end{Bmatrix}-\begin{Bmatrix}60\\-55\end{Bmatrix}=\begin{Bmatrix}0.0\\0.0\end{Bmatrix}$$

$$\Delta\overline{\boldsymbol{F}}_{\theta,1}=\boldsymbol{M}\left(\frac{6}{s}\dot{\boldsymbol{x}}_1+3\ddot{\boldsymbol{x}}_1\right)+\boldsymbol{C}\left(3\dot{\boldsymbol{x}}_1+\frac{s}{2}\ddot{\boldsymbol{x}}_1\right)+\Delta\boldsymbol{f}_1=\begin{Bmatrix}305.5768\\-213.2089\end{Bmatrix}$$

$$\Delta\boldsymbol{x}_{\theta,1}=\overline{\boldsymbol{K}}_\theta^{-1}\Delta\overline{\boldsymbol{F}}_{\theta,1}=\begin{Bmatrix}0.9885\\-5250\end{Bmatrix}$$

$$\Delta\ddot{\boldsymbol{x}}_1=\frac{6}{\theta s^2}\left(\Delta\boldsymbol{x}_{\theta,1}-s\dot{\boldsymbol{x}}_1-\frac{s^2}{2}\ddot{\boldsymbol{x}}_1\right)=\begin{Bmatrix}-2.1183\\37.4991\end{Bmatrix}$$

$$\Delta\dot{\boldsymbol{x}}_1=\Delta t\ddot{\boldsymbol{x}}_1+\frac{\Delta t}{2}\Delta\ddot{\boldsymbol{x}}_1=\begin{Bmatrix}5.8359\\-2.2708\end{Bmatrix}$$

$$\Delta\boldsymbol{x}_1=\Delta t\dot{\boldsymbol{x}}_1+\frac{\Delta t^2}{2}\ddot{\boldsymbol{x}}_1+\frac{\Delta t^2}{6}\Delta\ddot{\boldsymbol{x}}_1=\begin{Bmatrix}0.5906\\-0.3521\end{Bmatrix}$$

第二步末时刻的全量位移、速度和加速度分别为

$$\boldsymbol{x}_2=\boldsymbol{x}_1+\Delta\boldsymbol{x}_1=\begin{Bmatrix}0.6896\\-0.4212\end{Bmatrix}$$

$$\dot{\boldsymbol{x}}_2=\dot{\boldsymbol{x}}_1+\Delta\dot{\boldsymbol{x}}_1=\begin{Bmatrix}8.8068\\-4.3437\end{Bmatrix}$$

$$\ddot{\boldsymbol{x}}_2=\ddot{\boldsymbol{x}}_1+\Delta\ddot{\boldsymbol{x}}_1=\begin{Bmatrix}57.2994\\-3.9582\end{Bmatrix}$$

(4)重复以上步骤,求解完所有时间步的位移、速度和加速度。计算过程列于表9.3.1。

例题9.3.1 求解过程 表9.3.1

j	t_j	$\boldsymbol{f}_j$	$\Delta\overline{\boldsymbol{F}}_{\theta,j}$	$\Delta\boldsymbol{x}_j$	$\Delta\dot{\boldsymbol{x}}_j$	$\Delta\ddot{\boldsymbol{x}}_j$	$\boldsymbol{x}_j$	$\dot{\boldsymbol{x}}_j$	$\ddot{\boldsymbol{x}}_j$
0	0	0.0	84.0	0.0990	2.9709	59.4177	0.0	0.0	0.0
		0.0	−77.0	−0.0691	−2.0729	−41.4573	0.0	0.0	0.0
1	0.1	60.0	305.6	0.5906	5.8359	−2.1183	0.0990	2.9709	59.4177
		−55.0	−213.2	−0.3521	−2.2708	37.4991	−0.0691	−2.0729	−41.4573
2	0.2	60.0	549.3	1.1608	5.5395	−3.8080	0.6896	8.8068	57.2994
		−55.0	−198.0	−0.3961	1.3457	34.8295	−0.4212	−4.3437	−3.9582
3	0.3	60.0	775.3	1.6931	5.0804	−5.3745	1.8505	14.3463	53.4914
		−55.0	−35.9	−0.1349	3.4026	6.3090	−0.8173	−2.9980	30.8713

续上表

j	t_j	f_j	$\Delta\overline{F}_{\theta,j}$	Δx_j	$\Delta\dot{x}_j$	$\Delta\ddot{x}_j$	x_j	$\dot{x}_j$	$\ddot{x}_j$
4	0.4	60.0	976.9	2.1720	4.4731	-6.7721	3.5436	19.4267	48.1169
		-55.0	128.9	0.1886	2.5847	-22.6674	-0.9522	0.4046	37.1803
5	0.5	60.0	1148.3	2.583	3.7365	-7.9602	5.7156	23.8998	41.3448
		-55.0	171.6	0.3212	-0.0582	-30.1896	-0.7636	2.9893	14.5129
……	……	……	……	……	……	……	……	……	……
39	3.9	60.0	415.9	1.3525	4.7228	-4.3332	3.2829	11.1279	49.3948
		-55.0	10.4	0.0192	-0.0676	-1.6843	-0.5560	0.2118	0.1663
40	4.0	60.0	625.1	—	—	—	4.6354	15.8507	45.0616
		-55.0	9.6				-0.5368	0.1442	-1.5181

图9.3.2给出了两个质点的位移响应曲线，除给出上述步长的计算曲线外，还给出更小时间步长的计算结果。由图可见，第二个质点的计算结果受时间步长影响较大，当步长 $\Delta t=0.1\text{s}$ 时，x_2 的误差过大。

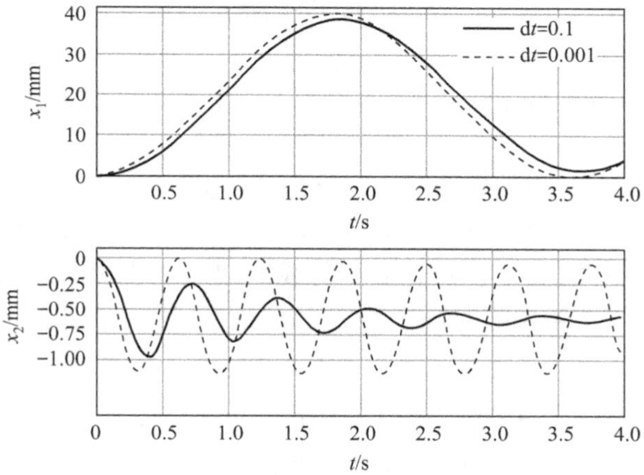

图9.3.2 例题9.3.1的解

9.4 纽马克-β 法

求解结构受到阵风或地震作用的动响应，纽马克（Newmark）提出了一种单步积分方法，该方法引用两个参数 β 和 γ 分别对线性加速度法中的位移增量和速度增量进行修正，称为纽马克-β 法（Newmark-β method）。

纽马克-β 法对线性加速度法中的位移增量和速度增量公式(9.2.6)进行了如下修正：

$$\Delta\dot{\boldsymbol{x}}(t)=\Delta t\ddot{\boldsymbol{x}}(t)+\gamma\Delta t\Delta\ddot{\boldsymbol{x}}(t) \tag{9.4.1}$$

$$\Delta\boldsymbol{x}(t)=\Delta t\dot{\boldsymbol{x}}(t)+\frac{\Delta t^2}{2}\ddot{\boldsymbol{x}}(t)+\beta\Delta t^2\Delta\ddot{\boldsymbol{x}}(t) \tag{9.4.2}$$

联立解得

$$\Delta\ddot{\boldsymbol{x}}(t)=\frac{1}{\beta\Delta t}\Delta\boldsymbol{x}(t)-\frac{1}{\beta\Delta t}\dot{\boldsymbol{x}}(t)-\frac{1}{2\beta}\ddot{\boldsymbol{x}}(t) \tag{9.4.3}$$

$$\Delta\dot{\boldsymbol{x}}(t)=\frac{\gamma}{\beta\Delta t}\Delta\boldsymbol{x}(t)-\frac{\gamma}{\beta}\dot{\boldsymbol{x}}(t)-\left(\frac{\gamma}{2\beta}-1\right)\Delta t\ddot{\boldsymbol{x}}(t) \tag{9.4.4}$$

或写成离散方程

$$\Delta\ddot{\boldsymbol{x}}_j=\frac{1}{\beta\Delta t}\Delta\boldsymbol{x}_j-\frac{1}{\beta\Delta t}\dot{\boldsymbol{x}}_j-\frac{1}{2\beta}\ddot{\boldsymbol{x}}_j \tag{9.4.5}$$

$$\Delta\dot{\boldsymbol{x}}_j=\frac{\gamma}{\beta\Delta t}\Delta\boldsymbol{x}_j-\frac{\gamma}{\beta}\dot{\boldsymbol{x}}_j-\left(\frac{\gamma}{2\beta}-1\right)\Delta t\ddot{\boldsymbol{x}}_j \tag{9.4.6}$$

代入系统的增量运动方程(9.1.12)

$$\boldsymbol{M}\Delta\ddot{\boldsymbol{x}}_j+\boldsymbol{C}\Delta\dot{\boldsymbol{x}}_j+\boldsymbol{K}\Delta\boldsymbol{x}_j=\Delta\boldsymbol{f}_j \tag{9.4.7}$$

得到

$$\overline{\boldsymbol{K}}\Delta\boldsymbol{x}(t)=\Delta\overline{\boldsymbol{F}}(t) \tag{9.4.8}$$

式中的等效刚度矩阵和等效荷载增量向量分别为

$$\overline{\boldsymbol{K}}=\boldsymbol{K}+\frac{\gamma}{\beta\Delta t}\boldsymbol{C}+\frac{1}{\beta\Delta t^2}\boldsymbol{M} \tag{9.4.9}$$

$$\Delta\overline{\boldsymbol{F}}_j=\boldsymbol{M}\left(\frac{1}{\beta\Delta t}\dot{\boldsymbol{x}}_j+\frac{1}{2\beta}\ddot{\boldsymbol{x}}_j\right)+\boldsymbol{C}\left[\frac{\gamma}{\beta}\dot{\boldsymbol{x}}_j+\left(\frac{\gamma}{2\beta}-1\right)\Delta t\ddot{\boldsymbol{x}}_j\right]+\Delta\boldsymbol{f}_j \tag{9.4.10}$$

纽马克-β法的求解过程与前述两种方法类似,首先确定当前时间步步初的运动参数,然后求当前步步内的增量。当前时间步的位移增量由式(9.4.8)计算,速度增量由式(9.4.6)计算,加速度增量可以按照式(9.4.5)计算。与线性加速度法相同的原因,为了减少误差一般不使用式(9.4.5)来计算当前时间步步末的加速度,而是直接利用全量运动方程式计算,即

$$\boldsymbol{M}\ddot{\boldsymbol{x}}_{j+1}+\boldsymbol{C}\dot{\boldsymbol{x}}_{j+1}+\boldsymbol{K}\boldsymbol{x}_{j+1}=\boldsymbol{f}_{j+1}\quad j=0,1,\cdots,n-1 \tag{9.4.11}$$

使用纽马克-β法时,正确选择β和γ两个参数很重要。分析表明,当取$\gamma\geqslant1/2$和$\beta\geqslant\gamma/2$时,纽马克-β法是无条件稳定的。通常选取$\gamma=1/2$,然后通过调整值β达到对加速度不同修正的目的,当取$\beta=1/6$时即为线性加速度法。

纽马克-β的解法及步骤如下:

(1)时间离散法。

将所研究的运动时间n等分,时间步长为Δt,离散点为$0,1,2,\cdots,n-1,n$,离散点对应的时间$t_j=j\Delta t(j=0,1,2,\cdots,n-1,n)$,起始时间$t_0=0$,终止时间$t_n=n\Delta t$。

(2)计算时间步步初运动参数。

由上一个时间步得到:$\boldsymbol{x}_j$、$\dot{\boldsymbol{x}}_j$、$\ddot{\boldsymbol{x}}_j$。

当$j=0$时,由初始条件得到:$\boldsymbol{x}_0,\dot{\boldsymbol{x}}_0,\ddot{\boldsymbol{x}}_0=\boldsymbol{M}^{-1}(\boldsymbol{f}_0-\boldsymbol{C}\dot{\boldsymbol{x}}_0-\boldsymbol{K}\boldsymbol{x}_0)$。

(3)计算时间步步末运动参数。

①利用式(9.4.9)和式(9.4.10)计算等效刚度矩阵$\overline{\boldsymbol{K}}$和等效荷载增量向量$\Delta\overline{\boldsymbol{F}}_j$;

②由式(9.4.8)计算位移增量向量$\Delta\boldsymbol{x}_j$;

③使用式(9.4.6)计算速度增量向量$\Delta\dot{\boldsymbol{x}}_j$;

④计算当前时间步步末的位移和速度 $\boldsymbol{x}_{j+1}=\boldsymbol{x}_j+\Delta\boldsymbol{x}_j,\dot{\boldsymbol{x}}_{j+1}=\dot{\boldsymbol{x}}_j+\Delta\dot{\boldsymbol{x}}_j$；

⑤运用式(9.4.11)计算当前时间步步末的加速度 $\ddot{\boldsymbol{x}}_{j+1}$。

(4)重复以上(2)～(3)步，直至计算完所有时间步。

例题9.4.1 某无阻尼单自由度受迫振动系统的运动方程为

$$4\ddot{x}+2000x=f(t)$$

激振力 $f(t)$ 由图9.4.1a)定义，设运动的初始条件为 $x_0=v_0=0$，时间、长度和力的单位分别为 s、mm 和 N，试计算系统对激振力 $f(t)$ 的响应。

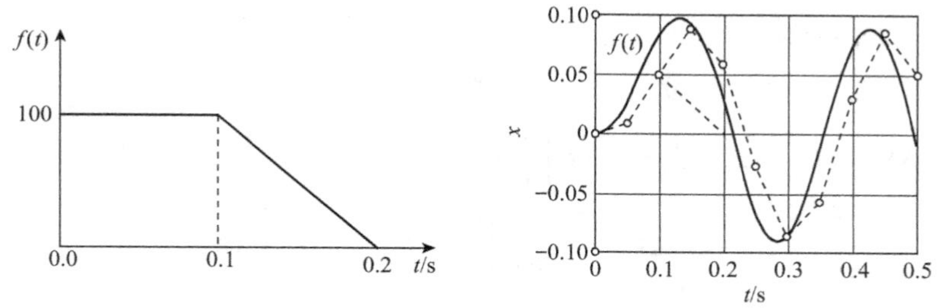

a) 激励力　　b) 位移响应时程曲线

图9.4.1　例题9.4.1

解：首先，选取纽马克参数

$$\gamma=1/2,\beta=1/6$$

(1)时间离散化。

考察0.5s时间内的响应，为简单起见，取10步计算，时间步长为0.05s，离散点从0开始一直到10。

(2)初始计算。

①确定起步初始参数。

由初始条件知

$$\boldsymbol{x}_0=\boldsymbol{x}(0)=\boldsymbol{0},\dot{\boldsymbol{x}}_0=\dot{\boldsymbol{x}}(0)=\boldsymbol{0},\boldsymbol{f}_0=\boldsymbol{0}$$

代入运动方程(9.4.11)

$$\ddot{\boldsymbol{x}}_0=\boldsymbol{M}^{-1}(\boldsymbol{f}_0-\boldsymbol{C}\dot{\boldsymbol{x}}_0-\boldsymbol{K}\boldsymbol{x}_0)=\boldsymbol{0}$$

②计算起步参数增量。

计算激励力增量

$$\Delta\boldsymbol{f}_0=\boldsymbol{f}_1-\boldsymbol{f}_0=\{100\}-\{0\}=\{100\}$$

等效刚度矩阵和等效增量荷载为

$$\overline{\boldsymbol{K}}=\boldsymbol{K}+\frac{\gamma}{\beta\Delta t}\boldsymbol{C}+\frac{1}{\beta\Delta t^2}\boldsymbol{M}=\{2000\}+\{0\}+\{9600\}=\{11600\}$$

$$\begin{aligned}\Delta\overline{\boldsymbol{F}}_0&=\boldsymbol{M}\left(\frac{1}{\beta\Delta t}\dot{\boldsymbol{x}}_0+\frac{1}{2\beta}\ddot{\boldsymbol{x}}_0\right)+\boldsymbol{C}\left[\frac{\gamma}{\beta}\dot{\boldsymbol{x}}_0+\left(\frac{\gamma}{2\beta}-1\right)\Delta t\ddot{\boldsymbol{x}}_0\right]+\Delta\boldsymbol{f}_0\\&=\{0\}+\{0\}+\{100\}=\{100\}\end{aligned}$$

位移和速度增量为

$$\Delta\boldsymbol{x}_0=\overline{\boldsymbol{K}}^{-1}\Delta\overline{\boldsymbol{F}}_0=\left\{\frac{1}{11600}\right\}\times\{100\}=\{0.0086\}$$

$$\Delta\dot{\boldsymbol{x}}_0=\frac{\gamma}{\beta\Delta t}\Delta\boldsymbol{x}_0-\frac{\gamma}{\beta}\dot{\boldsymbol{x}}_0-\left(\frac{\gamma}{2\beta}-1\right)\Delta t\ddot{\boldsymbol{x}}_0=\{0.5172\}-\{0\}-\{0\}=\{0.5172\}$$

③计算起步步末参数。

$$x_1 = x_0 + \Delta x_0 = \{0\} + \{0.0086\} = \{0.0086\}$$

$$\dot{x}_1 = \dot{x}_0 + \Delta \dot{x}_0 = \{0\} + \{0.5172\} = \{0.5172\}$$

$$\ddot{x}_1 = M^{-1}(f_1 - C\dot{x}_1 - Kx_1)$$

$$= \left\{\frac{1}{4}\right\} \times (\{100\} - \{0\} - \{2000\} \times \{0.0086\}) = \{-20.6897\}$$

(3)第二个时间步计算。

①计算本步内参数增量。

$$\Delta f_1 = f_2 - f_1 = \{100\} - \{100\} = \{0\}$$

$$\Delta \overline{F}_1 = M\left(\frac{1}{\beta\Delta t}\dot{x}_1 + \frac{1}{2\beta}\ddot{x}_1\right) + C\left[\frac{\gamma}{\beta}\dot{x}_1 + \left(\frac{\gamma}{2\beta} - 1\right)\Delta t\ \ddot{x}_1\right] + \Delta f_1 = 496.5517$$

$$\Delta x_1 = \overline{K}^{-1}\Delta\overline{F}_1 = \left\{\frac{1}{11600}\right\} \times \{496.5517\} = \{0.0428\}$$

$$\Delta \dot{x}_1 = \frac{\gamma}{\beta\Delta t}\Delta x_1 - \frac{\gamma}{\beta}\dot{x}_1 - \left(\frac{\gamma}{2\beta} - 1\right)\Delta t \ddot{x}_1 = \{0.4994\}$$

②计算本步步末参数。

$$x_2 = x_1 + \Delta x_1 = \{0.0086\} + \{0.0428\} = \{0.0514\}$$

$$\dot{x}_2 = \dot{x}_1 + \Delta \dot{x}_1 = \{0.5172\} + \{0.4994\} = \{1.0166\}$$

$$\ddot{x}_2 = M^{-1}(f_2 - C\dot{x}_2 - Kx_2) = \{-0.7134\}$$

(4)重复以上步骤,求解完所有时间步的位移、速度和加速度。

计算过程列于表9.4.1。图9.4.1b)给出了该系统的位移响应解,其中虚线为上述解的曲线,圆圈为11个离散点处的位移解,图中实线为时间步长取为0.001s时的精细解。

例题9.4.1 求解过程 表9.4.1

j	t_j	f_j	$\Delta\overline{F}_j$	Δx_j	$\Delta\dot{x}_j$	x_j	$\dot{x}_j$	$\ddot{x}_j$
0	0.00	0.0	100.0000	0.0086	0.5172	0.0000	0.0000	0.0000
1	0.05	100.0	496.5517	0.0428	0.4994	0.0086	0.5172	20.6897
2	0.10	100.0	429.4293	0.0370	-0.8109	0.0514	1.0166	-0.7134
3	0.15	50.0	-331.9304	-0.0286	-1.5410	0.0884	0.2057	-31.7233
4	0.20	0.0	-999.9138	-0.0862	-0.4183	0.0598	-1.3353	-29.9160
5	0.25	0.0	-683.5036	-0.0589	1.3957	-0.0264	-1.7536	13.1838
6	0.30	0.0	339.9793	0.0293	1.7659	-0.0853	-0.3578	42.6451
7	0.35	0.0	1011.7594	0.0872	0.3093	-0.0560	1.4081	27.9908
8	0.40	0.0	636.8919	0.0549	-1.4673	0.0312	1.7173	-15.6195
9	0.45	0.0	-396.8293	-0.0342	-1.7260	0.0861	0.2501	-43.0717
10	0.50	0.0	—	—	—	0.0519	-1.4759	-25.9670

9.5 Maple 编程示例

编程题 9.5.1 三维弹性振子。

图 9.5.1 所示为一个三维弹性振子系统，系统包含两个矩形截面柱体形状的质量块，下面的质量块 u 通过弹性支撑与基础连接，上面的质量块 o 则通过弹性支撑与下面的质量块连接，基础的运动是已知的。首先建立系统的数学模型，并利用 Maple 编程进行求解。

解：1）建模：构造系统方程

（1）两个质量块的尺寸和质量等数据如下：

x 方向：l_u, l_o[m]。y 方向：b_u, b_o[m]。

z 方向：h_u, h_o[m]。质量：m_u, m_o[kg]。

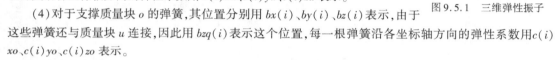

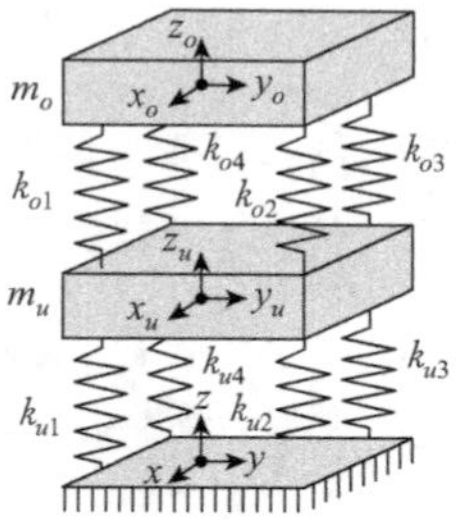

图 9.5.1 三维弹性振子

（2）分别指定支撑质量块的弹簧沿水平方向和竖直方向的弹性系数，以及各弹簧的具体位置。

（3）对于支撑质量块 u 的弹簧，其位置分别用 $ax(i)$、$ay(i)$、$az(i)$ 表示，每一根弹簧沿各坐标轴方向的弹性系数用 $c(i)xu$、$c(i)yu$、$c(i)zu$ 表示。

（4）对于支撑质量块 o 的弹簧，其位置分别用 $bx(i)$、$by(i)$、$bz(i)$ 表示，由于这些弹簧还与质量块 u 连接，因此用 $bzq(i)$ 表示这个位置，每一根弹簧沿各坐标轴方向的弹性系数用 $c(i)xo$、$c(i)yo$、$c(i)zo$ 表示。

（5）计算支撑质量块 u 的弹簧的变形（$q_1, q_2, \cdots, q_6$ 代表质量块 u 的自由度）。

（6）计算支撑质量块 o 的弹簧的变形（$p_1, p_2, \cdots, p_6$ 代表质量块 o 的自由度）。

（7）计算系统刚度矩阵。得到刚度矩阵的一般形式，其中标识 1、2、3 代表在三个坐标轴方向的分量。

（8）由势能得到每个方向的分量。

（9）计算每一根弹簧在各方向上的刚度。各变量的第一标识用 1、2、3、4 代表支撑质量块 u 的弹簧，用 5、6、7、8 代表支撑质量块 o 的弹簧；各变量的第二个标识表示在三个方向上的分量。

（10）由上面得到的结果，计算整体刚度矩阵。

（11）构造质量矩阵，首先求每一个质量块的质量矩阵，然后合并成整体质量矩阵。

2）Maple 程序

```
> ###############################################
> restart:            #求解开始
> with(linalg):       #调用线性代数工具包
> with(plots):        #调用绘图命令工具包
> with(plottools):#调用绘图函数包
> #######################################################
> lu:=7.0: bu:=5.0: hu:=2.0:   mu:=100000:#质量块u的尺寸和质量
> lo:=6.0:bo:=4.0: ho:=10.0: mo:=500000: #质量块o的尺寸和质量
> #######################################################
> coh:=30.0*10**6: cov:=30.0*10**6: #质量块u的弹性系数
> cuh:=50.0*10**6: cuv:=50.0*10**6: #质量块o的弹性系数
> ############################################################
> ax1:=-lu/2: ay1:=-bu/2: az1:=-hu/2:              #质量块u的弹簧1的位置
> c1xu:=cuh*0.9:   c1yu:=cuh*0.85:   c1zu:=cuv*0.8#质量块u的弹簧1的弹性系数
> ax2:=lu/2: ay2:=-bu/2: az2:=-hu/2:               #质量块u的弹簧2的位置
> c2xu:=cuh:   c2yu:=cuh:   c2zu:=cuv:             #质量块u的弹簧2的弹性系数
```

```
> ax3: =lu/2: ay3: =bu/2: az3: = -hu/2:                         #质量块 u 的弹簧 3 的位置
> c3xu: =cuh:   c3yu: =cuh:   c3zu: =cuv:                       #质量块 u 的弹簧 3 的弹性系数
> ax4: = -lu/2: ay4: =bu/2: az4: = -hu/2:                       #质量块 u 的弹簧 4 的位置
> c4xu: =cuh:   c4yu: =cuh:   c4zu: =cuv:                       #质量块 u 的弹簧 4 的弹性系数
> ##################################################################
> bx1: = -lo/2: by1: = -bo/2: bz1: = -ho/2:   bzq1: =hu/2:  #质量块 o 的弹簧 1 的位置
> c1xo: =coh:   c1yo: =coh:   c1zo: =cov:                       #质量块 o 的弹簧 1 的弹性系数
> bx2: =lo/2: by2: = -bo/2: bz2: = -ho/2:   bzq2: =hu/2:    #质量块 o 的弹簧 2 的位置
> c2xo: =coh:   c2yo: =coh:   c2zo: =cov:                       #质量块 o 的弹簧 2 的弹性系数
> bx3: =lo/2: by3: =bo/2: bz3: = -ho/2:   bzq3: =hu/2:      #质量块 o 的弹簧 3 的位置
> c3xo: =coh:   c3yo: =coh:   c3zo: =cov:                       #质量块 o 的弹簧 3 的弹性系数
> bx4: = -lo/2: by4: =bo/2: bz4: = -ho/2:   bzq4: =hu/2:    #质量块 o 的弹簧 4 的位置
> c4xo: =coh:   c4yo: =coh:   c4zo: =cov:                       #质量块 o 的弹簧 4 的弹性系数
> ##################################################################
> u1: =q1 + ak3 * q5 - ak2 * q6:                                #质量块 u 的弹簧的变形
> u2: =q2 - ak3 * q4 + ak1 * q6:                                #质量块 u 的弹簧的变形
> u3: =q3 + ak2 * q4 - ak1 * q5:                                #质量块 u 的弹簧的变形
> uq1: =expand(simplify(u1 * * 2)):                             #质量块 u 的弹簧的变形
> uq2: =expand(simplify(u2 * * 2)):                             #质量块 u 的弹簧的变形
> uq3: =expand(simplify(u3 * * 2)):                             #质量块 u 的弹簧的变形
> ################################################################
> o1: = -q1 - bqk3 * q5 + bk2 * q6 + p1 + bk3 * p5 - bk2 * p6:  #质量块 o 的弹簧的变形
> o2: = -q2 + bqk3 * q4 - bk1 * q6 + p2 - bk3 * p4 + bk1 * p6:  #质量块 o 的弹簧的变形
> o3: = -q3 - bk2 * q4 + bk1 * q5 + p3 + bk2 * p4 - bk1 * p5:   #质量块 o 的弹簧的变形
> oq1: =expand(simplify(o1 * * 2)):                             #质量块 o 的弹簧的变形
> oq2: =expand(simplify(o2 * * 2)):                             #质量块 o 的弹簧的变形
> oq3: =expand(simplify(o3 * * 2)):                             #质量块 o 的弹簧的变形
> ################################################################
> cu1: =matrix(12,12): #定维
> cu2: =matrix(12,12): #定维
> cu3: =matrix(12,12): #定维
> co1: =matrix(12,12): #定维
> co2: =matrix(12,12): #定维
> co3: =matrix(12,12): #定维
> ############################################
> for i from 1 by 1 to 12 do
> for j from 1 by 1 to 12 do
> for i j from 1 by 1 to 3 do
> cu||i j[i,j]: =0:                 #进行初始化
> co||i j[i,j]: =0:                 #进行初始化
> od:
> od:
> od:
> ####################################################
> #由势能得到每个方向的分量
```

```
> for i from 1 by 1 to 3 do
> for j from 1 by 1 to 6 do
> cu||i[j,j]:=coeff(uq||i,q||j**2):
> co||i[j,j]:=coeff(oq||i,q||j**2):
> od:
> od:
> ####################################################
> for i from 1 by 1 to 3 do
> for j from 7 by 1 to 12 do
> jm:=j-6:
> cu||i[j,j]:=coeff(uq||i,p||jm**2):
> co||i[j,j]:=coeff(oq||i,p||jm**2):
> od:
> od:
> ####################################################
> for i from 1 by 1 to 3 do
> for j from 1 by 1 to 6 do
> for k from 1 by 1 to 6 do
> km:=k+6:
> jm:=j+6:
> co||i[j,k]:=co||i[j,k]+(coeff(coeff(oq||i,q||j),q||k))/2:
> co||i[jm,km]:=co||i[jm,km]+(coeff(coeff(oq||i,p||j),p||k))/2:
> cu||i[j,k]:=cu||i[j,k]+(coeff(coeff(uq||i,q||j),q||k))/2:
> cu||i[jm,km]:=cu||i[jm,km]+(coeff(coeff(uq||i,p||j),p||k))/2:
> od:
> od:
> od:
> ####################################################
> for i from 1 by 1 to 3 do
> for k from 7 by 1 to 12 do
> for j from 1 by 1 to 6 do
> km:=k-6:
> cu||i[j,k]:=cu||i[j,k]+(coeff(coeff(uq||i,q||j),p||km))/2:
> co||i[j,k]:=co||i[j,k]+(coeff(coeff(oq||i,q||j),p||km))/2:
> cu||i[k,j]:=cu||i[k,j]+(coeff(coeff(uq||i,p||km),q||j))/2:
> co||i[k,j]:=co||i[k,j]+(coeff(coeff(oq||i,p||km),q||j))/2:
> od:
> od:
> od:
> ##################################################################
>   #计算每一根弹簧在各方向上的刚度
> k11:=c1xu*evalm(subs({ak1=ax1,ak2=ay1,ak3=az1,bk1=bx1,
>                       bk2=by1,bk3=bz1,bqk3=bzq1},evalm(cu1))):
> k12:=c1yu*evalm(subs({ak1=ax1,ak2=ay1,ak3=az1,bk1=bx1,
>                       bk2=by1,bk3=bz1,bqk3=bzq1},evalm(cu2))):
```

```
> k13 := c1zu * evalm( subs( { ak 1 = ax1 , ak2 = ay1 , ak3 = az1 , bk1 = bx1 ,
>                              bk2 = by1 , bk3 = bz1 , bqk3 = bzq1 } , evalm( cu3 ) ) ) :
> k21 := c2xu * evalm( subs( { ak1 = ax2 , ak2 = ay2 , ak3 = az2 , bk1 = bx2 ,
>                              bk2 = by2 , bk3 = bz2 , bqk3 = bzq2 } , evalm( cu1 ) ) ) :
> k22 := c2yu * evalm( subs( { ak 1 = ax2 , ak2 = ay2 , ak3 = az2 , bk1 = bx2 ,
>                              bk2 = by2 , bk3 = bz2 , bqk3 = bzq2 } , evalm( cu2 ) ) ) :
> k23 := c2zu * evalm( subs( { ak1 = ax2 , ak2 = ay2 , ak3 = az2 , bk1 = bx2 ,
>                              bk2 = by2 , bk3 = bz2 , bqk3 = bzq2 } , evalm( cu3 ) ) ) :
> k31 := c3xu * evalm( subs( { ak1 = ax3 , ak2 = ay3 , ak3 = az3 , bk1 = bx3 ,
>                              bk2 = by3 , bk3 = bz3 , bqk3 = bzq3 } , evalm( cu1 ) ) ) :
> k32 := c3yu * evalm( subs( { ak1 = ax3 , ak2 = ay3 , ak3 = az3 , bk1 = bx3 ,
>                              bk2 = by3 , bk3 = bz3 , bqk3 = bzq3 } , evalm( cu2 ) ) ) :
> k33 := c3zu * evalm( subs( { ak1 = ax3 , ak2 = ay3 , ak3 = az3 , bk1 = bx3 ,
>                              bk2 = by3 , bk3 = bz3 , bqk3 = bzq3 } , evalm( cu3 ) ) ) :
> k41 := c4xu * evalm( subs( { ak1 = ax4 , ak2 = ay4 , ak3 = az4 , bk1 = bx4 ,
>                              bk2 = by4 , bk3 = bz4 , bqk3 = bzq4 } , evalm( cu1 ) ) ) :
> k42 := c4yu * evalm( subs( { ak1 = ax4 , ak2 = ay4 , ak3 = az4 , bk1 = bx4 ,
>                              bk2 = by4 , bk3 = bz4 , bqk3 = bzq4 } , evalm( cu2 ) ) ) :
> k43 := c4zu * evalm( subs( { ak1 = ax4 , ak2 = ay4 , ak3 = az4 , bk1 = bx4 ,
>                              bk2 = by4 , bk3 = bz4 , bqk3 = bzq4 } , evalm( cu3 ) ) ) :
> k51 := c1xo * evalm( subs( { ak1 = ax1 , ak2 = ay1 , ak3 = az1 , bk1 = bx1 ,
>                              bk2 = by1 , bk3 = bz1 , bqk3 = bzq1 } , evalm( co1 ) ) ) :
> k52 := c1yo * evalm( subs( { ak1 = ax1 , ak2 = ay1 , ak3 = az1 , bk1 = bx1 ,
>                              bk2 = by1 , bk3 = bz1 , bqk3 = bzq1 } , evalm( co2 ) ) ) :
> k53 := c1zo * evalm( subs( { ak1 = ax1 , ak2 = ay1 , ak3 = az1 , bk1 = bx1 ,
>                              bk2 = by1 , bk3 = bz1 , bqk3 = bzq1 } , evalm( co3 ) ) ) :
> k61 := c2xo * evalm( subs( { ak1 = ax2 , ak2 = ay2 , ak3 = az2 , bk1 = bx2 ,
>                              bk2 = by2 , bk3 = bz2 , bqk3 = bzq2 } , evalm( co1 ) ) ) :
> k62 := c2yo * evalm( subs( { ak1 = ax2 , ak2 = ay2 , ak3 = az2 , bk1 = bx2 ,
>                              bk2 = by2 , bk3 = bz2 , bqk3 = bzq2 } , evalm( co2 ) ) ) :
> k63 := c2zo * evalm( subs( { ak1 = ax2 , ak2 = ay2 , ak3 = az2 , bk1 = bx2 ,
>                              bk2 = by2 , bk3 = bz2 , bqk3 = bzq2 } , evalm( co3 ) ) ) :
> k71 := c3xo * evalm( subs( { ak1 = ax3 , ak2 = ay3 , ak3 = az3 , bk1 = bx3 ,
>                              bk2 = by3 , bk3 = bz3 , bqk3 = bzq3 } , evalm( co1 ) ) ) :
> k72 := c3yo * evalm( subs( { ak1 = ax3 , ak2 = ay3 , ak3 = az3 , bk1 = bx3 ,
>                              bk2 = by3 , bk3 = bz3 , bqk3 = bzq3 } , evalm( co2 ) ) ) :
> k73 := c3zo * evalm( subs( { ak1 = ax3 , ak2 = ay3 , ak3 = az3 , bk1 = bx3 ,
>                              bk2 = by3 , bk3 = bz3 , bqk3 = bzq3 } , evalm( co3 ) ) ) :
> k81 := c4xo * evalm( subs( { ak1 = ax4 , ak2 = ay4 , ak3 = az4 , bk1 = bx4 ,
>                              bk2 = by4 , bk3 = bz4 , bqk3 = bzq4 } , evalm( co1 ) ) ) :
> k82 := c4yo * evalm( subs( { ak1 = ax4 , ak2 = ay4 , ak3 = az4 , bk1 = bx4 ,
>                              bk2 = by4 , bk3 = bz4 , bqk3 = bzq4 } , evalm( co2 ) ) ) :
> k83 := c4zo * evalm( subs( { ak1 = ax4 , ak2 = ay4 , ak3 = az4 , bk1 = bx4 ,
>                              bk2 = by4 , bk3 = bz4 , bqk3 = bzq4 } , evalm( co3 ) ) ) :
> ###########################################################
```

```
> #计算整体刚度矩阵
> K:=matrix(12,12);      #定维
> for i from 1 by 1 to 12 do
> for j from 1 by 1 to 12 do
> K[i,j]:=0;             #初始化
> od;
> od;
> ########################################
> for i from 1 by 1 to 8 do
> for j from 1 by 1 to 3 do
> K:=matadd(K,k||i||j,1,1);
> od;
> od;
> ###################################
>  #计算整体质量矩阵
> Mr:=matrix(6,6,[m,0 ,0,0,0,0,
>                 0,m,0,0,0,0,
>                 0,0,m,0,0,0,
>                 0,0,0,m/12*(b**2+h**2),0,0,
>                 0,0,0,0,m/12*(l**2+h**2),0,
>                 0,0,0,0,0,m/12*(l**2+b**2)]);
> M1:=evalm(subs({m=mu,l=lu,b=bu,h=hu},evalm(Mr)));
> M2:=extend(M1,6,6,0);
> M:=copyinto(evalm(subs({m=mo,l=lo,b=bo,h=ho},evalm(Mr))),M2,7,7);
> SM:=multiply(inverse(M),K);
> ######################################################################
```

9.6 思考题

思考题 9.1 简答题

1. 什么是线性加速度法?

2. 威尔逊-θ 法的基本假设是什么?

3. 简述纽马克-β 法的求解步骤。

4. 中心差分法和龙格-库塔法的主要区别是什么?

5. 是否可以利用本章所讨论的数值积分法来解决非线性振动问题?

思考题 9.2 判断题

1. 有限差分法中的网格点要求是等间隔的。 ( )

2. 龙格-库塔法是稳定的并且自启动的。 ( )

3. 纽马克-β 法是一种隐式积分法。 ( )

4. 对于一个网格点编号为 $-1,1,2,3,\cdots$ 的梁,边界条件 $\left.\frac{\mathrm{d}W}{\mathrm{d}x}\right|_1=0$ 用中心差分近似后的等价条件为 $W_{-1}=W_2$。 ( )

5. 对于一个网格点编号为 $-1,1,2,3,\cdots$ 的梁,网格点 1 处的简支边界条件用中心差分近似后的形式为 $W_{-1}=W_2$。 ( )

思考题 9.3　填空题

1. 当不能求出一个运动微分方程________形式的解时，需要使用数值计算方法。
2. 在有限差分法中，是用有限差分来近似________。
3. 可以利用________种不同的方法推导有限差分方程。
4. 在有限差分法中，解域用________点取代。
5. 有限差分近似是基于________级数展开得到的。

思考题 9.4　选择题

1. 在 t_i 时刻，$\mathrm{d}x/\mathrm{d}t$ 的中心差分近似为________。

A. $\frac{1}{2h}(x_{i+1}-x_i)$　　B. $\frac{1}{2h}(x_i-x_{i-1})$　　C. $\frac{1}{2h}(x_{i+1}-x_{i-1})$

2. 在 t_i 时刻，$\mathrm{d}^2x/\mathrm{d}t^2$ 的中心差分近似为________。

A. $\frac{1}{h^2}(x_{i+1}-2x_i+x_{i-1})$　B. $\frac{1}{h^2}(x_{i+1}-x_{i-1})$　　C. $\frac{1}{h^2}(x_i-x_{i-1})$

3. 基于 t_i 时刻的平衡方程计算 x_{i+1} 的积分方法，被称为________。

A. 显示积分法　　B. 隐式积分法　　C. 常规积分法

4. 在一个自非启动的方法中，需要利用 $\dot{x}_i$ 和 $\ddot{x}_i$ 的有限差分近似得到________。

A. $\dot{x}_{-1}$　　B. $\ddot{x}_{-1}$　　C. x_{-1}

5. 龙格-库塔法用来求________的近似解。

A. 代数方程　　B. 微分方程　　C. 矩阵方程

思考题 9.5　连线题

1. 威尔逊-θ 法	A. 假定在 $[t_i, t_{i+1}]$ 内加速度呈线性变化，可导致负阻尼
2. 纽马克-β 法	B. 基于等效一阶微分方程组的解
3. 龙格-库塔法	C. 当 $\theta=1$ 时，与 Wilson 法相同
4. 有限差分法	D. 假定在 $[t_i, t_i+\theta\Delta t]$ $(\theta\geqslant1)$，加速度是线性变换的
5. 线性加速度法	E. 条件稳定的

9.7　习题

A 类习题

习题 9.1　如图 9.7.1 所示，两个相同重物 Q 固结在水平外伸梁的两端，到两支点的距离均为 l。梁长 $3l$，自由地搁在相距 l 的两个支点上。梁的横截面惯性矩为 J，弹性模量为 E。不计梁的质量，求主振动角频率。

习题 9.2　如图 9.7.2 所示，质量为 m 的均质矩形薄板固连在长度为 l 的梁自由端 A，梁的另一端固支。系统在水平平面内，并在平衡位置附近振动。已知 $a=0.2l, b=0.1l$。不计梁的质量，求振动的角频率和振型。

提示：设在梁端 A 的作用力 Q 和力矩 M 在该点引起的挠度 f，以及使梁轴弯曲线在该点的切线偏转角 φ，它们的关系为 $f=pQ+sM, \varphi=sQ+qM$。对于一端固支的均质梁，$p=\frac{l^3}{3EJ}, q=\frac{l}{EJ}, s=\frac{l^2}{2EJ}$。

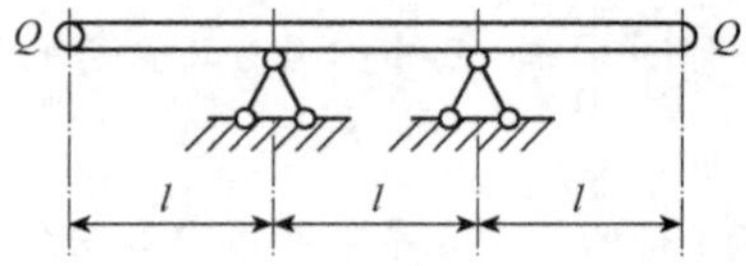

图 9.7.1　习题 9.1

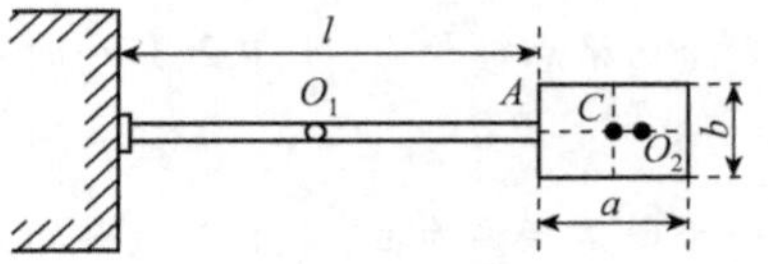

图 9.7.2　习题 9.2

习题 9.3 两个圆盘借助刚度系数为 k 的弹性轴连在一起。最初两个圆盘都不动。对第一个圆盘突然施加力矩 M,求此后系统的运动。两个圆盘的转动惯量都为 J,轴的质量不计。

习题 9.4 双层铰接杆系统借助三根弹簧维持在铅垂平面内,如图 9.7.3 所示。各个杆都绝对刚性且均质,长度为 l 的杆重量为 $Q(l_1=l_2=l)$。弹簧的刚度系数分别为 $k_1=k_2=10g/l$,求系统平衡的稳定性,并求主振动频率和振型 r_1、r_2。弹簧的质量都不计。

习题 9.5 如图 9.7.4 所示,质量为 M 的重物固结在竖杆的顶端,竖杆与梁 AB 刚接。梁的两端简支。已知梁和竖杆的横截面具有相同惯性矩 J 和弹性模量 E。求系统的主弯曲振动角频率。梁和竖杆的质量都不计。

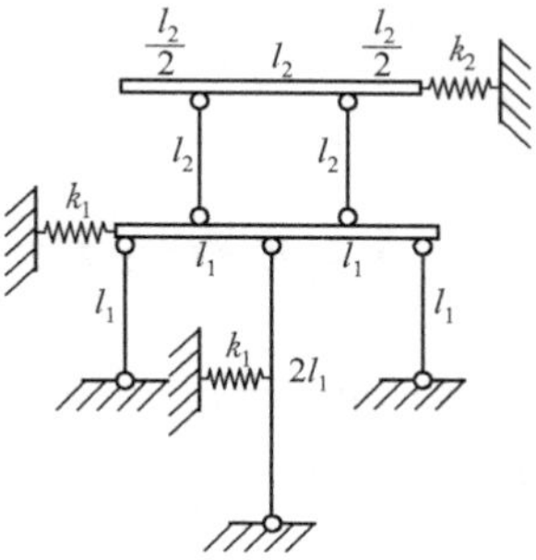

图 9.7.3 习题 9.4

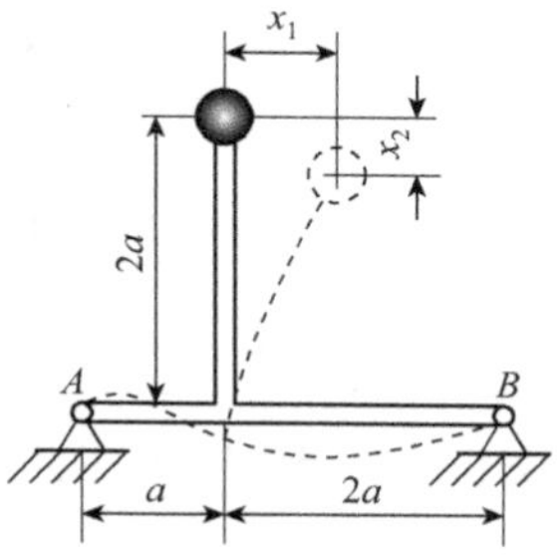

图 9.7.4 习题 9.5

习题 9.6 质量 $m_1=102\times10^2\text{kg}$ 的机器底座支撑在弹性土壤上,底座在铅垂干扰力作用下作铅垂强迫振动,干扰力的变化规律为 $F=98\sin\Omega t$(单位为 kN)。当机器转速 $\Omega=100\text{rad/s}$ 时发现有共振。为消除共振,在底座上借助弹簧安装了一个重力框架式消振器。试选择消振器框架的质量 m 和支承弹簧的总刚度 k_2,使底座的强迫振动幅度为零,且消振器振动的振幅不超过 $A=2\text{mm}$。

习题 9.7 轴的一端固定,在轴中央以及另一端都固装有均质圆盘。每个圆盘对轴的转动惯量都为 J。两段轴的抗扭刚度 $k_1=k_2=k$。不计轴的质量,设在中间圆盘上作用干扰力 $M=M_0\sin\Omega t$,求圆盘系统的强迫振动方程。

习题 9.8 重量为 Q_1 的电动机固连在重量为 Q_2、刚度为 k_2 的弹性混凝土底座(实心平行六面体形状)上,底座支撑在硬质土壤上。重量为 P 的转子装在(抗弯)刚度系数为 k_1 的弹性水平轴上,轴的角速度为 Ω,求电动机定子的铅垂强迫振动。为计入底座质量的影响,可取其三分之一加在定子质量上。

习题 9.9 如图 9.7.5 所示,重量为 P 的杆 AB 两端 A、B 分别由两根不可伸长的相同绳子悬挂于天花板,每根绳子的长度均为 a,在杆下已有两根不可伸长的相同绳子悬挂重量为 Q 的杆 CD。设在铅垂平面发生振动,不计各绳的质量。在梁 AB 的点 A 作用着力 $F=F_0\sin\Omega t$,该力恒垂直于绳 OA 并在梁的运动平面内。为使梁的强迫振动振幅为零,求悬挂 CD 的绳子长度 b。

习题 9.10 为了平息扭转振动,在系统的两个振动质量之一固连一个摆。图 9.7.6 所示为这个系统的概略图,由质量Ⅰ和Ⅱ构成,两者以角速度 Ω 作匀速转动。摆连在质量Ⅱ上。质量Ⅰ和Ⅱ对转轴的转动惯量分别为 J_1 和 J_2。摆通过质心且平行于系统转轴之轴的转动惯量为 J_3。系统的转轴与摆悬挂轴之间的距离 $OA=l$,悬挂轴与通过摆质心的平行轴之间的距离 $AC=a$,摆的质量为 m。两质量之间一段轴的(抗扭)刚度系数为 k_1,在质量Ⅱ上作用着外力矩 $M=M_0\sin\Omega t$,试写出系统中两个质量以及摆的运动微分方程。在写系统势能表达式时忽略摆在重力场中的势能。

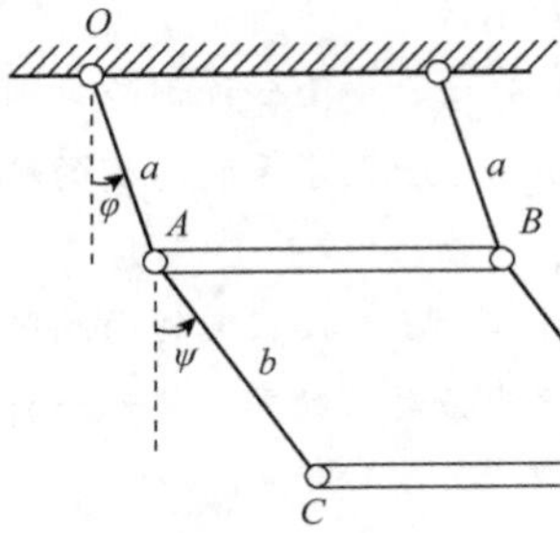

图9.7.5 习题9.9

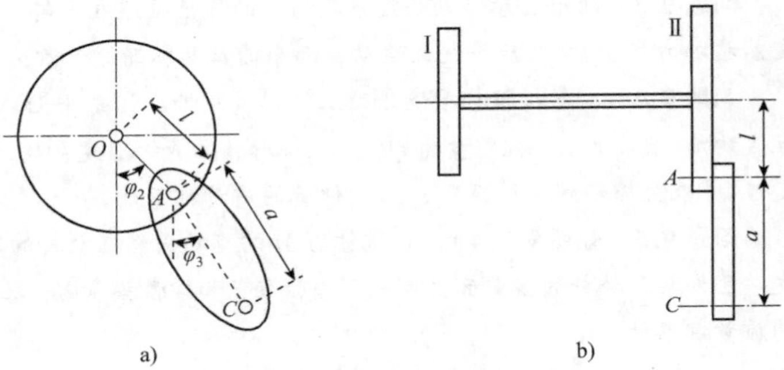

图9.7.6 习题9.10

B 类习题

习题 9.11 (编程题)编写一个通用的 Maple 程序,求解下列一般特征值问题。

$$\boldsymbol{kX} = \omega^2 \boldsymbol{mX}$$

$$\boldsymbol{k} = \begin{bmatrix} 2 & -1 & 0 \\ -1 & 2 & -1 \\ 0 & -1 & 1 \end{bmatrix}, \boldsymbol{m} = \begin{bmatrix} 1 & 0 & 0 \\ 0 & 1 & 0 \\ 0 & 0 & 1 \end{bmatrix}$$

C 类习题

习题 9.12 (振动调整)如图 9.7.7 所示,选择连接于长度为 h 的绝对刚性悬臂端的质量 m 的数值,以保证在左支座上和在连接质量 m_0 处的动力弯矩相等。

习题 9.13 (振动调整)如图 9.7.8 所示,对于带有振子的外伸梁,当质量 m_0 的振幅为零时,确定强迫力的振动角频率 Ω。

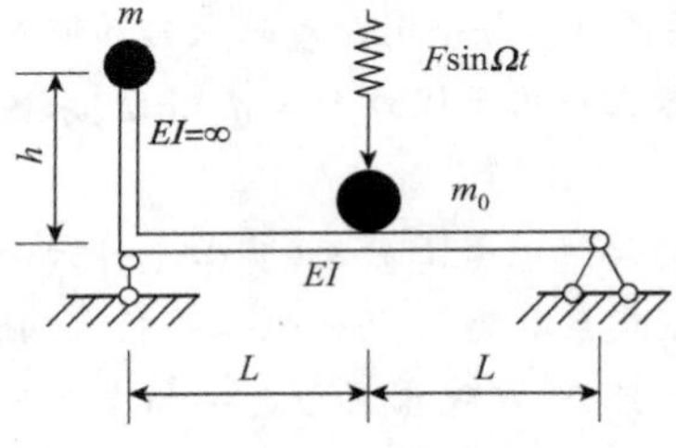

图9.7.7 习题9.12

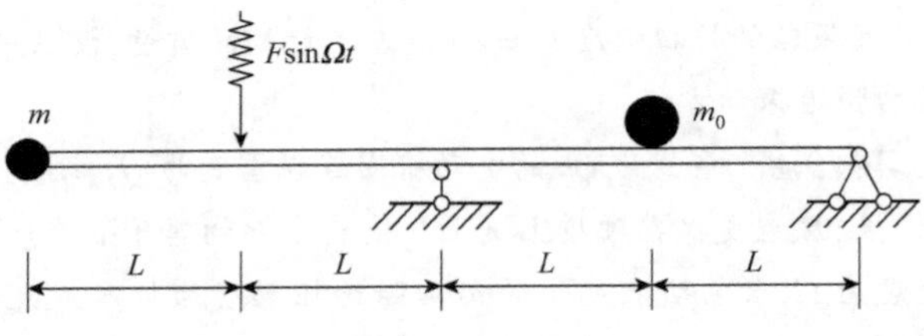

图9.7.8 习题9.13

##

纽马克(Nethan Newmark 1910—1981,美国),工程师,曾任伊利诺伊大学厄巴纳-香槟分校教授。他对抗震结构和结构动力学的研究广为人知,其于 1959 年提出的线性和非线性系统动态响应的数值计算方法称为 Newmark-β 法。

##

观书有感二首·其一

宋　朱熹(1130—1200)

半亩方塘一鉴开,天光云影共徘徊。

问渠那得清如许?为有源头活水来。

第 10 章　一维离散-时间系统的不动点与分岔

本章首先讨论不动点的存在性定理,然后介绍不变集和庞加莱映射等概念,讨论一维离散-时间系统的不动点的分类和解的稳定性特征,叙述 n 维离散时间动力系统不动点的最简单分岔的分岔条件:折分岔、翻转分岔和 Neimark-Sacker 分岔。在最低可能分岔的维数下研究分岔:数量系统的折分岔。最后,讨论了在一维离散时间动力系统中产生混沌的实例。

10.1　一维离散-时间系统的不动点存在性定理

10.1.1　一维布劳维尔不动点定理

定理 10.1.1(连续函数不动点存在定理之一)　设 $f(x)$ 是定义在 $[0,1]$ 上的连续函数,且满足 $0 \leqslant f(x) \leqslant 1$,则必存在 $x_0 \in [0,1]$,使 $f(x_0)=x_0$。

证明:请读者完成。

设 f 是 A 上的映射,且值域 $f(A) \supset A$。若 $x_0 \in A$,且 $f(x_0)=x_0$,则 x_0 称为 f 在 A 中的一个**不动点**。不动点不必唯一,图 10.1.1 中就画了三个。

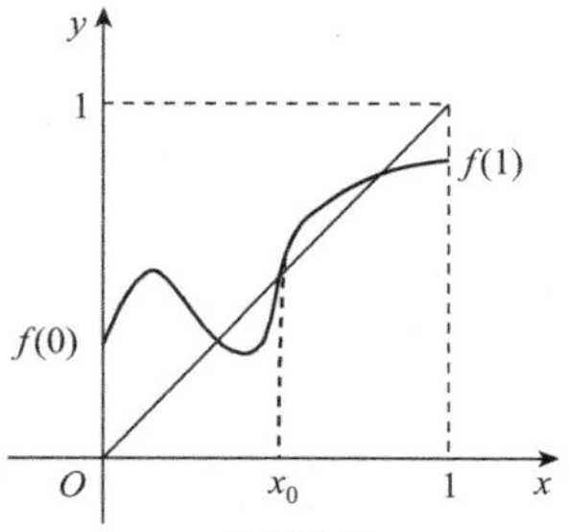

a) 不动点

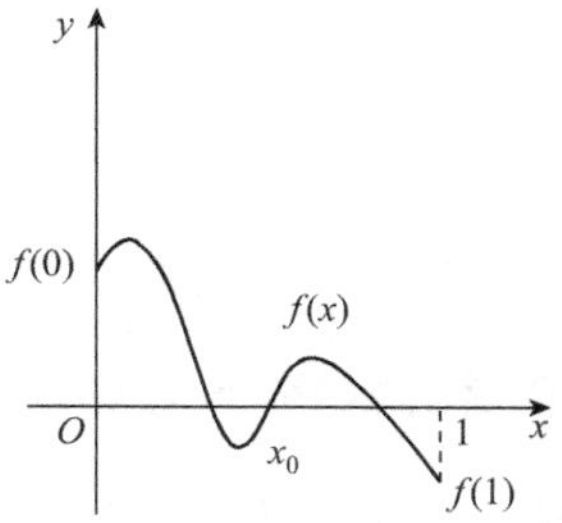

b) 方程的根

图 10.1.1　不动点与方程根之间的关系

定理 10.1.1 可说成:$\mathbf{R}^1$ 中的单位球 B^1 上的任何连续自映射必有不动点。

10.1.2　一维连续函数的不动点定理

函数性质有**局部**与**整体**之分。所谓**局部性质**,是指函数在一点 x_0 附近的性态。这种整体性质涉及一个固定的区间,在讨论过程中不能随意变动。不动点定理反映了函数的一种整体性质,它的证明需要用到连续函数的介值定理。

定理 10.1.2(连续函数的介值定理) 若$f(x)$是区间$[a,b]$上的连续函数,$f(a)>0$,$f(b)<0$,则必存在一点c,使得$f(c)=0$。

证明:请读者完成。

我们把介值定理写得更一般些:

定理 10.1.3(连续函数的介值定理之二) 设$f(x)$在$[a,b]$上连续,M、m分别是$f(x)$在$[a,b]$的最大值和最小值,对任何满足$m<l<M$的值l,总存在$c\in[a,b]$,使$f(c)=l$。

证明:请读者完成。

我们将不动点定理中的自映射要求稍微放宽些,得到:

定理 10.1.4(连续函数不动点存在定理之二) 设$f(x)$在$[a,b]$上连续,$f(x)$的值域包含了$[a,b]$,则$f(x)$在$[a,b]$中必至少有一个不动点。

证明:请读者完成。

将定理 10.1.4 稍加改变即可得今后常用的另一种形式:

定理 10.1.5(连续函数不动点存在定理之三) 设$f(x)$在$[a,b]$上连续,且$f(x)$的值域含于$[a,b]$之中,则$f(x)$在$[a,b]$中必至少有一个不动点。

证明:请读者完成。

综上所述,在$[a,b]$上连续的函数$f(x)$,或者值域包含$[a,b]$,或者值域含在$[a,b]$中,均存在不动点,在其他情形则不一定有不动点。如图 10.1.2a)所示,$f(x)$的值域包含$[a,b]$,有一不动点c;如图 10.1.2b)所示,$f(x)$的值域含于$[a,b]$之中,有一不动点c;如图 10.1.2c)所示,$f(x)$的值域既不含于$[a,b]$之中也不包含$[a,b]$,则没有不动点。

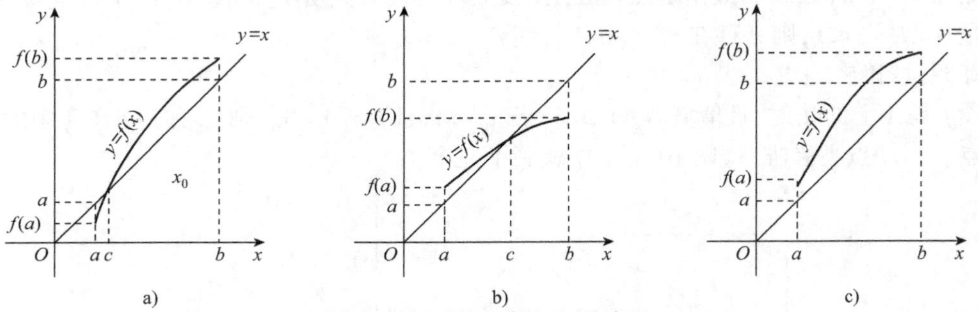

图 10.1.2 连续函数的不动点定理

10.1.3 一维单调函数的不动点定理

前面我们讨论的对象是连续函数不动点,所用的工具是连续函数的介值定理。现在我们将研究单调函数的不动点存在定理。

定理 10.1.6(单调函数不动点存在定理) 设$f(x)$是在$[a,b]$有定义的单调不减函数,其值域含在$[a,b]$之中,则$f(x)$在$[a,b]$至少有一个不动点。

证明:请读者完成。

注意,这里我们不能将定理 10.1.6 中$f(x)$单调不减的条件换成单调不增。

如$[0,1]$上的函数

$$f(x)=\begin{cases}1 & 0\leqslant x\leqslant 1/2\\ 0 & 1/2<x\leqslant 1\end{cases}$$

是单调不增,它没有不动点。从图 10.1.3 所示的图形来看,它和 $y=x$ 没有交点。

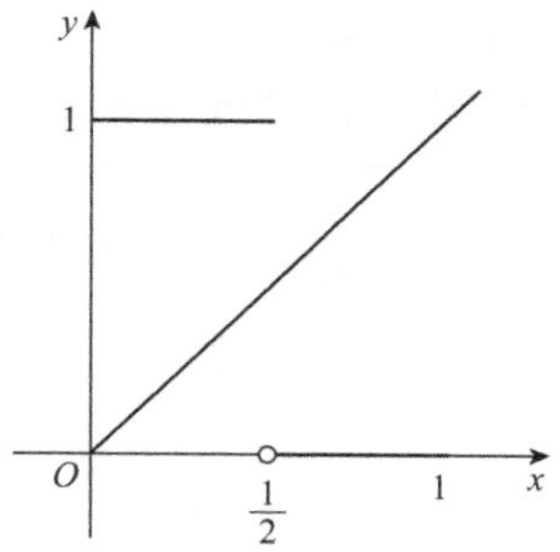

图 10.1.3 单调函数的不动点定理

函数 $f(x)$ 不动点的存在问题,与迭代过程 $x_{n+1}=f(x_n)$ 的收敛性有密切关系。对于 $[a,b]$ 上的自映射 $f(x)$,若再假定 f 连续,虽可判定存在不动点,但迭代序列 x_n 未见得收敛,如果再假定 $f(x)$ 是单调不减函数,那么就有下面的定理。

定理 10.1.7(连续单调不减函数不动点存在定理) 若 $f(x)$ 在 $[a,b]$ 上有定义,值域含于 $[a,b]$ 中,而且 $f(x)$ 在 $[a,b]$ 上连续和单调不减,则对初始值 $a_0=a$,有

$$a_n=f(a_{n-1}) \quad n=1,2,\cdots \tag{10.1.1}$$

必收敛于 $f(x)$ 在 $[a,b]$ 中的**最小不动点**。若令 $b_0=b$,则迭代序列 $b_n=f(b_{n-1})$ 收敛于 $f(x)$ 在 $[a,b]$ 中的最大不动点。

证明:请读者完成。

如图 10.1.4 所示,严格单调增加的连续函数如果有根,则只有唯一的根,但严格单调增加的连续函数可以有不止一个不动点。

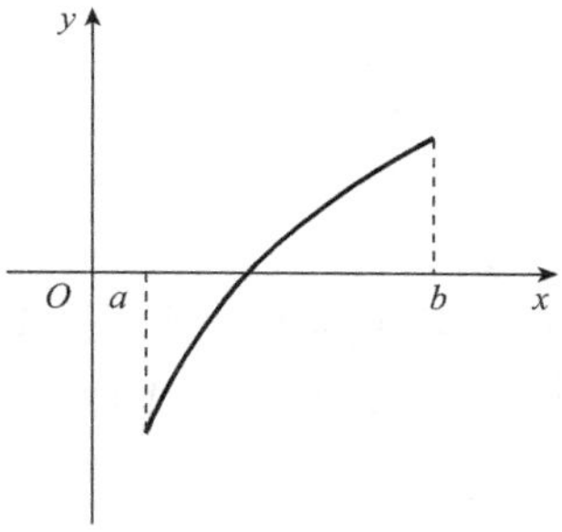

a) 方程根唯一

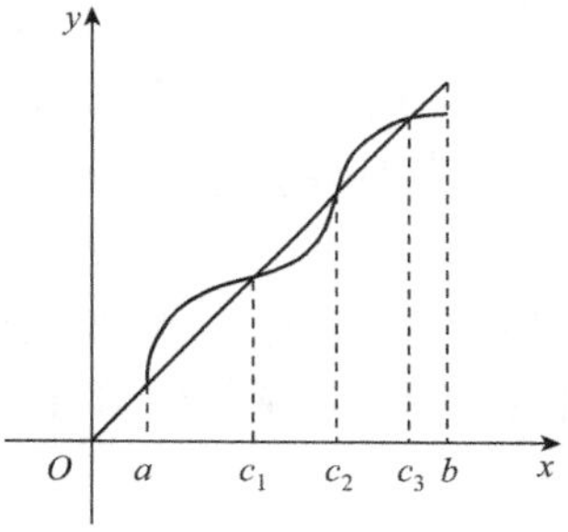

b) 不动点不唯一

图 10.1.4 严格增加的连续函数方程根与不动点关系

10.2 不变集

10.2.1 不变集的定义与稳定性

为了对系统的可能渐进状态作进一步分类,我们给出下面的定义。

定义 10.2.1(动力系统的不变集) 动力系统 $\{T,X,\varphi^t\}$ 的不变集是子集 $S\subset X$,使得若 $x_0\in S$,则对一切 $t\in T$ 有 $\varphi^t x_0\in S$。

这个定义意味着对一切 $t\in T$ 有 $\varphi^t S\in S$。显然,不变集 S 是由动力系统的轨道组成的。任何一个**个别轨道**明显是一不变集,总可以限制系统的发展算子 φ^t 于不变集 S 上而考虑动力系统 $\{T,X,\psi^t\}$,其中 $\psi^t:S\mapsto S$ 是 φ^t 在 S 上的诱导映射。对此限制,用符号 φ^t 代替 ψ^t。

如果对状态空间 X 赋予距离 ρ,可考虑 X 中的**闭不变集**。平衡点(不动点)和环显然是闭不变集的最简单例子,还存在其他类型的闭不变集。接下来介绍更为复杂的**不变流形**,即某空间 $\mathbf{R}^K$ 中的有限维超曲面。图 10.2.1 所示是 $\mathbf{R}^3$ 中连续-时间动力系统的二维不变环面 $\mathbf{T}^2$ 以及在这个流形上的典型轨道。动力系统理论中一个重要发现是认识到一个非常简单、

可逆的可微动力系统,可以具有相当复杂的闭不变集,它们含有无穷多个周期轨道和无穷多个非周期轨道。Smale 构造了这种系统最著名的例子,他提供了平面上具不变集 Λ 的可逆离散-时间动力系统,Λ 中的点与所有具有两个符号的双向无穷序列一一对应,这个不变集 Λ 并不是一个流形。由 f 所定义的离散-时间动力系统的一个**不变集**如下:

$$\Lambda = \{x \in S: f^k(x) \in S, 对一切\ k \in \mathbf{Z}\} \tag{10.2.1}$$

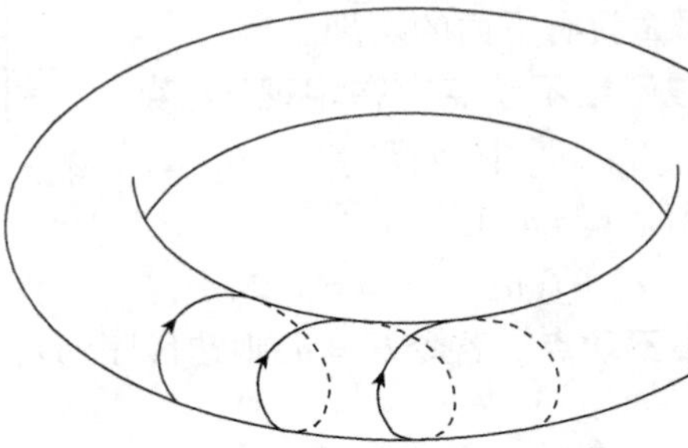

图 10.2.1　不变环面

引理 10.2.1　不变集 Λ 的点与所有具有两个符号的双向无穷序列的点之间存在一一对应关系:

$$h: \Lambda \mapsto \Omega_2 \tag{10.2.2}$$

引理 10.2.2　对一切 $x \in \Lambda$,有 $h(f(x)) = \sigma(h(x))$。

还可以将它写为更简短的形式:

$$f|_{\Lambda} = h^{-1} \circ \sigma \circ h \tag{10.2.3}$$

定理 10.2.1(Smale,1963)　马蹄映射 f 有闭不变集 Λ,它包含有可数多个具有任意长周期的周期轨道和不可数多个非周期轨道,在这些轨道中存在任意接近 Λ 内任意点的轨道。

证明:请读者完成。

10.2.2　不变集的稳定性

要表述动力系统的一个可观察的渐进状态,不变集 S_0 必须是稳定的。换句话说,它应"吸引"附近的轨道。假定定义(5.1.1)中动力系统$\{T, X, \varphi^t\}$的状态空间 X 是完备的距离空间 S_0 是闭不变集。

定义 10.2.2(不变集的稳定性)　如果

(1)对任何充分小的邻域 $U_0 \supset S_0$,存在邻域 $U \supset S_0$,使得对一切 $t>0$ 有 $\varphi^t x \in U$;

(2)存在邻域 $U_0 \supset S_0$,使得对一切 $x \in U_0$,当 $t \to +\infty$ 时,$\varphi^t x \to S_0$。

如果 S_0 是平衡点或者环,这个定义就变成平衡点或环的稳定性标准定义。

定义中的性质(1)称为 **Lyapunov 稳定**。如果 S_0 是 Lyapunov 稳定,它附近的轨道就不会离开它的邻域。性质(2)有时称为**渐进稳定**。

存在不变集,它是 Lyapunov 稳定但不是渐进稳定[图 10.2.2a)]。

相反,存在不变集,它是吸引的但不是 Lyapunov 稳定,因为有些轨道从 S_0 附近出发最终趋于 S_0,但它们仅仅到外面游荡了一下就固定在这集合的邻域内[图 10.2.2b)]。

若 x^0 是有限维离散-时间光滑动力系统的不动点,则可借助 x^0 处的 Jacobi 矩阵来表述稳定性的充分条件。

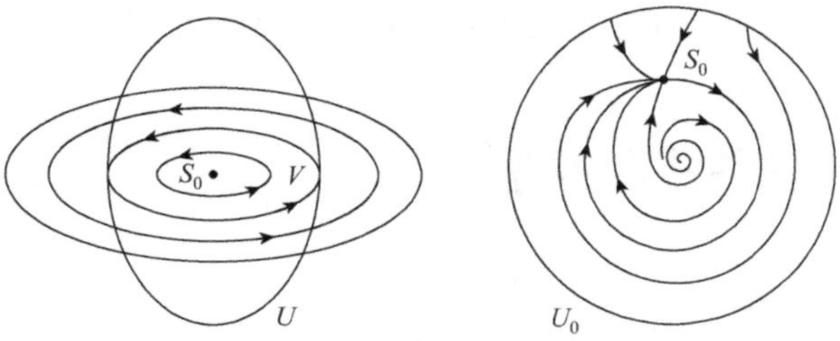

a) Lyapunov稳定　　b) 渐进稳定

图 10.2.2　不变集的稳定性

定理 10.2.2　考虑离散-时间动力系统

$$x \mapsto f(x) \quad x \in \mathbf{R}^n \tag{10.2.4}$$

这里f是光滑映射。假设它有不动点x^0,即$f(x^0)=x^0$。用$\boldsymbol{A}$记$f(x)$在x^0的 Jacobi 矩阵$\boldsymbol{A}=\boldsymbol{f}_x(x^0)$,则当$\boldsymbol{A}$的所有特征值$\mu_1,\mu_2,\cdots,\mu_n$满足$|\mu|<1$时不动点是稳定的。

特征值是**特征方程**

$$\det(\boldsymbol{A}-\mu\boldsymbol{I}_n)=0 \tag{10.2.5}$$

的根,其中$\boldsymbol{I}_n$是$n\times n$的单位矩阵。

不动点的特征值称为**乘子**。对于线性系统

$$x \mapsto Ax \quad x \in \mathbf{R}^n \tag{10.2.6}$$

这个定理容易由这个系统的显式解而得到证明,其中A为 Jordan 标准型。定理 10.2.2用在映射f于周期轨道上任何点的N_0次迭代f^{N_0},也可得到N_0环稳定性的充分条件。

下面的定理为离散-时间动力系统不动点稳定性的另一个重要准则。

定理 10.2.3(压缩映射原理)　设X是一个完备的距离空间,距离为ρ。假如存在连续映射$f:X\mapsto X$,使得对一切$x,y\in X$和$0<\lambda<1$,满足

$$\rho(f(x),f(y))\geqslant\lambda\rho(x,y) \tag{10.2.7}$$

则离散-时间动力系统$\{\mathbf{Z}_+,X,f^k\}$有一个稳定的不动点$x^0\in X$。此外,从任何点$x\in X$出发的轨道,当$k\to+\infty$时有$f^k(x)\to x^0$。

证明:请读者完成。

最后指出,马蹄映射的不变集Λ是**不稳定**的。不过,存在不变的分形集是稳定的。这种对象叫**奇怪吸引子**。

10.3　Poincaré 映射

10.3.1　时间-移位映射

在研究由微分方程所定义的连续-时间动力系统时,离散-时间动力系统(映射)在很多情形会自然出现。引入这类映射后允许我们将所考虑的映射的结果用到微分方程中。通常所得的映射是定义在比原来系统低维的空间内,所以对分析原动力系统的特征特别有效,称由 ODEs 引入的这类映射为 **Poincaré 映射**。

由连续-时间系统$\{\mathbf{R}^1,X,\varphi^t\}$提取离散-时间动力系统的最简单方法是固定某个$T_0>0$,在$X$上考虑由映射$f=\varphi^{T_0}$的迭代所产生的动力系统。这个映射称为沿着$\{\mathbf{R}^1,X,\varphi^t\}$的轨道

的 T_0 **移位映射**。$\{\mathbf{R}^1, X, \varphi^t\}$的任一不变集是映射$f$的不变集。例如,$f$的孤立不动点的位置就是$\{\mathbf{R}^1, X, \varphi^t\}$的孤立平衡点。

10.3.2 Poincaré 映射和环的稳定性

考虑

$$\dot{x} = f(x) \quad x \in \mathbf{R}^n \tag{10.3.1}$$

定义的连续-时间动力系统,f光滑。假设式(10.3.1)有周期轨道L_0。取点$x_0 \in L_0$,并在此点引入这个环的**截面**Σ(图10.3.1)。截面Σ是与L_0相交于非零角的$(n-1)$维光滑超曲面。由于Σ的维数比状态空间的维数少1,即超曲面Σ是"余维"1,$\mathrm{codim}\Sigma = 1$。假设Σ在点x_0附近是由光滑纯量函数$g:\mathbf{R}^n \mapsto \mathbf{R}^1, g(x_0) = 0$的零位面

$$\Sigma = \{x \in \mathbf{R}^n : g(x) = 0\} \tag{10.3.2}$$

所定义。Σ最简单的选取是取在x_0垂直于环L_0的超平面。这个截面显然是线性函数

$$g(x) = \langle f(x_0), x - x_0 \rangle \tag{10.3.3}$$

的零位面。

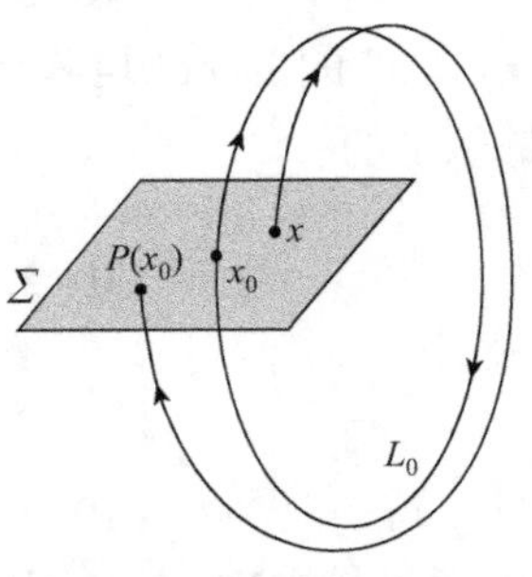

图10.3.1　与环相应的Poincaré映射

现在考虑式(10.3.1)在环L_0附近的轨道。环本身是一条从Σ上一点$x_0 \in \Sigma$出发又回到Σ上同一点的轨道。因为式(10.3.1)的解光滑依赖于初始点(见定理5.3.1),从充分靠近x_0的点$x \in \Sigma$出发的轨道要回到x_0附近的某一点$\tilde{x} \in \Sigma$。此外,附近的轨线也与Σ横截相交。这样,映射$P:\Sigma \mapsto \Sigma$,则

$$x \mapsto \tilde{x} = P(x) \tag{10.3.4}$$

被构造好了。

定义10.3.1(Poincaré映射)　映射P称为与环L_0相应的Poincaré映射。

Poincaré映射P是局部定义的,与式(10.3.1)右端有相同的光滑性,且在x_0附近可逆,其可逆性由式(10.3.1)定义的动力系统的可逆性得知。逆映射$P^{-1}:\Sigma \mapsto \Sigma$的构造为,穿过$\Sigma$的轨道按时间倒回延伸直至与截面再次相交,交点$x_0$是Poincaré映射的**不动点**,即$P(x_0) = x_0$。

在Σ上引入局部坐标$\xi = (\xi_1, \xi_2, \cdots, \xi_{n-1})$使得$\xi = 0$对应于$x_0$。于是Poincaré映射可由局部定义的映射$P:\mathbf{R}^{n-1} \mapsto \mathbf{R}^{n-1}$来刻画,此映射将对应于$x$的$\xi$变换到对应于$\tilde{x}$的$\tilde{\xi}$:

$$P(\xi) = \tilde{\xi} \tag{10.3.5}$$

$\mathbf{R}^{n-1}$的原点$\xi = 0$是映射P的不动点$P(0) = 0$。环L_0的稳定性等价于Poincaré映射不动点$\xi_0 = 0$的稳定性。因此,若P的$(n-1) \times (n-1)$的Jacobi矩阵

$$\boldsymbol{A} = \left.\frac{\mathrm{d}P}{\mathrm{d}\xi}\right|_{\xi = 0} \tag{10.3.6}$$

的所有特征值(乘子)$\mu_1, \mu_2, \cdots, \mu_{n-1}$都落在单位圆$|\mu| = 1$的内部,则环是稳定的(见定理10.2.2)。

人们或许会问:乘子是否依赖于L_0上的x_0、截面Σ或截面上的坐标ξ的选择?如果是这样,那么用乘子来确定稳定性就会失效或者不可能。

引理 10.3.1 与环 L_0 相应的映射 P 的 Jacobi 矩阵 $\boldsymbol{A}$ 的乘子 $\mu_1,\mu_2,\cdots,\mu_{n-1}$ 与 L_0 上的点 x_0、截面 $\boldsymbol{\Sigma}$ 及其上的局部坐标无关。

按照引理 10.3.1,可以用任何一个截面去计算环的乘子,所得结果是相同的。

下面谈及的问题是:环的乘子与由此环的定义动力系统的微分方程式(10.3.1)之间的关系,假设 $x^0(t)$ 为式(10.3.1)对应于环 L_0 的周期解,$x^0(t+T_0)=x^0(t)$,将式(10.3.1)的解表示为

$$x(t)=x^0(t)+u(t) \tag{10.3.7}$$

这里 $u(t)$ 是周期解的偏差。于是

$$\begin{aligned}\dot{u}(t)&=\dot{x}(t)-\dot{x}^0(t)=f(x^0(t)+u(t))-f(x^0(t))\\&=\boldsymbol{A}(t)u(t)+O(\|u(t)\|^2)\end{aligned} \tag{10.3.8}$$

去掉 $O(\|u(t)\|^2)$ 项,得线性 T_0 周期系统

$$\dot{u}=\boldsymbol{A}(t)u \quad u\in\mathbf{R}^n \tag{10.3.9}$$

其中,$\boldsymbol{A}(t)=f_x(x^0(t))$,$\boldsymbol{A}(t+T_0)=\boldsymbol{A}(t)$。

定义 10.3.2(环的变分方程) 系统式(10.3.9)称为环 L_0 的变分方程。

变分方程是环附近**扰动**发展所产生的系统的主要(线性)部分。显然,环的稳定性依赖于变分方程的性质。

定义 10.3.3(基本解矩阵) 依赖于时间的矩阵 $\boldsymbol{M}(t)$ 称为式(10.3.1)的基本解矩阵,它满足

$$\dot{\boldsymbol{M}}=\boldsymbol{A}(t)\boldsymbol{M} \tag{10.3.10}$$

和初始条件 $\boldsymbol{M}(0)=\boldsymbol{I}_n$,$\boldsymbol{I}_n$ 为 $n\times n$ 单位矩阵。

式(10.3.9)的任何解 $u(t)$ 满足

$$u(T_0)=\boldsymbol{M}(T_0)u(0) \tag{10.3.11}$$

矩阵 $\boldsymbol{M}(T_0)$ 称为环的单值矩阵。下面的 Liouville 公式表示用矩阵 $\boldsymbol{A}(t)$ 表达单值矩阵的行列式

$$\det\boldsymbol{M}(T_0)=\exp\left\{\int_0^{T_0}\mathrm{tr}\boldsymbol{A}(t)\,\mathrm{d}t\right\} \tag{10.3.12}$$

定理 10.3.1 单值矩阵 $\boldsymbol{M}(T_0)$ 有特征值

$$1,\mu_1,\mu_2,\cdots,\mu_{n-1} \tag{10.3.13}$$

其中,μ_i 是与环 L_0 相应的 Poincaré 映射的乘子。

证明:请读者完成。

按照式(10.3.12),$\boldsymbol{M}(T_0)$ 所有特征值的积可表示为

$$\mu_1\mu_2\cdots\mu_{n-1}=\exp\left\{\int_0^{T_0}\mathrm{div}\boldsymbol{f}(x^0(t))\,\mathrm{d}t\right\} \tag{10.3.14}$$

这里,按定义,向量场的**散度**为

$$\mathrm{div}\boldsymbol{f}(x)=\sum_{i=1}^{n}\frac{\partial f_i(x)}{\partial x_i} \tag{10.3.15}$$

因此,任何一个环的所有乘子的积是正的。注意,在平面情形($n=2$),如果明显知道对应环的周期解,式(10.3.14)允许我们只计算乘子 μ_1,但是,这主要是一个理论工具,因为非线性系统的周期解很少能解析地知道。

10.3.3 周期强迫系统的 Poincaré 映射

在一些应用中,系统受到外来周期强迫力的作用,其性态由**时间-周期**微分方程

$$\dot{x}=f(t,x) \quad (t,x)\in \mathbf{R}^1\times\mathbf{R}^n \tag{10.3.16}$$

来描述,其中$f(t+T_0,x)=f(t,x)$。系统式(10.3.16)在柱面流形$X=\mathbf{S}\times\mathbf{R}^n$上定义了一个坐标为$(t(\mathrm{mod}T_0),x)$的自治系统

$$\begin{cases}\dot{t}=1\\ \dot{x}=f(t,x)\end{cases} \tag{10.3.17}$$

在此空间X中取n维截面$\Sigma=\{(x,t)\in X:t=0\}$。可取$x^{T_0}=\{x_1,x_2,\cdots,x_n\}$为$\Sigma$上的坐标。显然,式(10.3.17)所有轨道与$\Sigma$横截相交。假设式(10.3.17)的解$x(t,x_0)$在区间$t\in[0,T_0]$上存在,可引入 Poincaré 映射

$$x_0\mapsto P(x_0)=x(T_0,x_0) \tag{10.3.18}$$

换句话说,我们必须取初始点x_0且在它的周期T_0上积分系统式(10.3.16)以得到$P(x_0)$。由此构造,定义离散-时间动力系统$\{\mathbf{Z},\mathbf{R}^n,P^k\}$。$P$的不动点显然对应于式(10.3.16)的$T_0$周期解。$P$的$N_0$环表示式(10.3.16)的$N_0T_0$周期解(亚谐周期解)。这些周期解的稳定性显然由对应的不动点和环的稳定性所确定。式(10.3.16)更为复杂的解也可由 Poincaré 映射来研究。

10.4 一维线性离散系统的不动点

现在我们研究线性映射。我们的兴趣在于 Poincaré 映射在周期轨线附近的线性化,换句话说,对于具有非奇异 Jacobi 矩阵的线性映射

$$\tilde{x}=\boldsymbol{A}x,\ \det\boldsymbol{A}\neq 0 \tag{10.4.1}$$

我们从一维线性映射开始,把它写为

$$\tilde{x}=\mu x \tag{10.4.2}$$

形式,其中$\mu\neq 0,x\in\mathbf{R}^1$。

容易看出,当$|\mu|<1$时在原点O的不动点稳定。点x_0的迭代x_j由公式

$$x_j=\mu^j x_0 \tag{10.4.3}$$

给出,如果$|\mu|<1$,则

$$\lim_{j\to+\infty}x_j=0 \tag{10.4.4}$$

如果$|\mu|>1$,则不动点不稳定。

一维情形点的迭代的性态可用 **Lamerey 图**来解释,它的构造如下。对映射

$$\tilde{x}=f(x) \tag{10.4.5}$$

函数$f(x)$的图像与分角线(45°线)$\tilde{x}=x$画在$(x,\tilde{x})$的平面内。轨线由折线表示:设$\{x_j\}$是轨线,坐标为(x_j,x_{j+1})的每一点位于函数$f(x)$的图像上,每一点(x_j,x_j)位于分角线$\tilde{x}=x$上。每一点(x_j,x_j)与下一点(x_j,x_{j+1})铅直连接,后者接下来与下一点(x_{j+1},x_{j+1})水平连接,等等。这个过程是重复迭代,图 10.4.1 和图 10.4.2 所示为四个典型的 Lamerey 图。

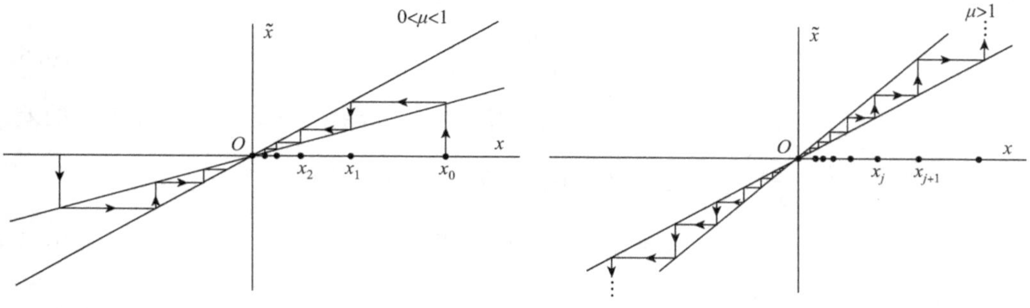

a) 0<μ<1，原点是稳定不动点：O的邻域内的所有点都收敛于O　　b) μ>1，原点是不稳定不动点

图 10.4.1　Lamerey 阶梯图

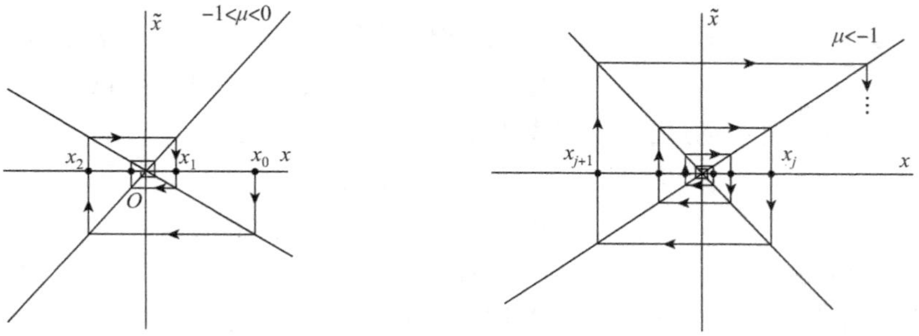

a) −1<μ<0，一个稳定Lamerey螺线的例子，从x_0开始的轨线如顺时针直角螺线　　b) μ<−1，一个不稳定Lamerey螺线的例子，轨线$\{x_j\}$从原点的不动点处发散

图 10.4.2　Lamerey 螺线图

当函数$f(x)$单调增加时，所得的图称为 **Lamerey 阶梯图**（图 10.4.1）。当函数$f(x)$单调减小时，所得的图称为 **Lamerey 螺线图**，见图 10.4.2。

在$\mu=1$的退化情形，所有点都是不动点。当$\mu=-1$时，所有点除了原点O都是周期为 2 的周期点，即映射T^2的不动点，其定义为

$$\tilde{\tilde{x}}=x \qquad \tilde{\tilde{x}}=-(\tilde{x})\Leftarrow \tilde{x}=-x \tag{10.4.6}$$

10.5　一维非线性离散-时间系统的不动点

10.5.1　一维离散-时间动力系统

差分方程动力系统的一维系统就是一维映射，可表示为

$$x_{n+1}=f(x_n) \tag{10.5.1}$$

对一维映射式(10.5.1)，其不动点（平衡点）x^*满足

$$f(x^*)=x^* \tag{10.5.2}$$

它也称为周期 1 解。在不动点附近，映射式(10.5.1)的线性方程为

$$x_{n+1}=x^*+\left(\frac{\mathrm{d}f(x_n)}{\mathrm{d}x_n}\right)_{x^*}(x_n-x^*) \tag{10.5.3}$$

若令

$$x_n-x^*=x'_n \tag{10.5.4a}$$

$$x_{n+1}-x^*=x'_{n+1} \tag{10.5.4b}$$

则式(10.5.3)可表示为

$$x'_{n+1}=\left(\frac{\mathrm{d}f(x_n)}{\mathrm{d}x_n}\right)_{x^*}x'_n \tag{10.5.5}$$

x'_n 表示点 x_n 与不动点 x^* 的差，而 x'_{n+1} 表示经过一次映射的点 x_{n+1} 与不动点 x^* 的差，后者与前者之比就是 $\left(\frac{\mathrm{d}f(x_n)}{\mathrm{d}x_n}\right)_{x^*}$，它称为 Floquet 乘子，记为 μ，即

$$\mu=\left(\frac{\mathrm{d}f(x_n)}{\mathrm{d}x_n}\right)_{x^*}=f'(x^*) \tag{10.5.6}$$

这样，式(10.5.5)可改写为

$$x'_{n+1}=\mu x'_n \tag{10.5.7}$$

显然，它有解

$$x'_n=x'_0\cdot\mu^n \tag{10.5.8}$$

由此可知，一维映射式(10.5.1)不动点的稳定性要看 $|\mu|$ 是否大于1，若 $|\mu|<1$，$|x'_n|$ 随 n 增大而远小于 $|x'_0|$，即越来越趋向于不动点，则不动点稳定；若 $|\mu|>1$，$|x'_n|$ 随 n 增大而远大于 $|x'_0|$，即越来越偏离不动点，则不动点不稳定。因此有结论：

$$|\mu|\equiv|f'(x^*)|<1\quad x^*\text{稳定} \tag{10.5.9a}$$

$$|\mu|\equiv|f'(x^*)|>1\quad x^*\text{不稳定} \tag{10.5.9b}$$

上述结论实际上是由一维映射式(10.5.1)的线性方程(10.5.7)分析得到的。对于非线性的一维映射，若迭代的初始值与 x^* 相近，这样做是可行的。

一维映射式(10.5.1)也有其他周期解。例如，以 x_n 代入映射式(10.5.1)得到 $x_{n+1}[x_{n+1}=f(x_n)]$，若 $x_{n+1}\neq x_n[f(x_n)\neq x_n]$，再以 x_{n+1} 代入映射得到 $x_{n+2}[x_{n+2}=f(x_{n+1})=f^2(x_n)]$，若 $x_{n+2}=x_n[f^2(x_n)=x_n]$，则称是一维映射式(10.5.1)的周期2解。因此周期2解满足

$$x_{n+1}=f(x_n) \tag{10.5.10a}$$

$$x_{n+2}=f(x_{n+1}) \tag{10.5.10b}$$

$$x_{n+2}=x_n \tag{10.5.10c}$$

即周期2解是映射

$$f^2(x_n)\equiv f(f(x_n))=x_n\quad f(x_n)\neq x_n \tag{10.5.11}$$

的不动点。

设 x_0 迭代出 x_1，x_1 又迭代出 x_0，则周期2解的稳定性由 Floquet 乘子

$$\mu=\left(\frac{\mathrm{d}^2f(x_n)}{\mathrm{d}x_n^2}\right)_{x_0}=\left[\frac{\mathrm{d}f(f(x_n))}{\mathrm{d}f(x_n)}\cdot\frac{\mathrm{d}f(x_n)}{\mathrm{d}x_n}\right]_{x_0}=f'(x_0)f'(x_1) \tag{10.5.12}$$

决定，即 $|\mu|<1$，稳定；$|\mu|>1$，不稳定。

对一维映射式(10.5.1)的周期 n 解，它满足

$$f^n(x_n)=x_n\quad f^k(x_n)\neq x_n,k<n \tag{10.5.13}$$

它的稳定性由 Floquet 乘子

$$\mu=f'(x_0)f'(x_1)\cdots f'(x_{n-1}) \tag{10.5.14}$$

决定，即 $|\mu|<1$，稳定；$|\mu|>1$，不稳定。

10.5.2 离散-时间系统的双曲不动点

现在考虑离散-时间动力系统

$$x\mapsto f(x)\quad x\in\mathbf{R}^n \tag{10.5.15}$$

这里映射f和其逆f^{-1}都光滑(微分同胚)。假设$x_0=0$是系统的不动点[即$f(x_0)=x_0$],$\boldsymbol{A}$为在x_0的Jacobi矩阵$\frac{\mathrm{d}f}{\mathrm{d}x}$。$\boldsymbol{A}$的特征值$\mu_1,\mu_2,\cdots,\mu_n$称为不动点的**乘子**。注意,由于$f$具有可逆性而没有零乘子。设$n_-$、$n_0$和$n_+$分别是$x_0$位于单位圆$\{\mu\in\mathbf{C}^1:|\mu|=1\}$内、上、外的乘子个数。

定义10.5.1(不动点的双曲性) 不动点称为双曲的,如果$n_0=0$,也就是说,没有乘子在单位圆上。若$n_-n_+\neq0$,则称双曲不动点为双曲鞍点。

注意,双曲性也是离散-时间动力系统的典型性质。如同连续-时间情形,可以对不动点x_0(不必是双曲的)引入稳定和不稳定不变集:

$$W^s(x_0)=\{x:f^k(x)\mapsto x_0,k\to+\infty\} \tag{10.5.16a}$$

$$W^u(x_0)=\{x:f^k(x)\mapsto x_0,k\to-\infty\} \tag{10.5.16b}$$

其中,k是整数"时间",$f^k(x)$表示x经f的k次迭代。类似于定理5.3.1,我们有如下定理:

定理10.5.1(局部稳定流形) 设x_0是双曲平衡点,即$n_0=0,n_-+n_+=n$。则$W^s(x_0)$和$W^u(x_0)$与x_0的充分小邻域的交分别含有n_-维和n_+维光滑子流形$W^s_{\text{loc}}(x_0)$和$W^u_{\text{loc}}(x_0)$。

此外,$W^s_{\text{loc}}(x_0)$[$W^u_{\text{loc}}(x_0)$]在x_0切于$T^s(T^u)$,其中$T^s(T^u)$是$\boldsymbol{A}$满足$|\mu|<1(|\mu|>1)$的所有乘子并集的广义特征空间。

证明:请读者完成。

双曲不动点的拓扑分类可由类似于连续-时间系统平衡点的定理5.3.2和定理10.5.2得知。

定理10.5.2 系统式(10.5.15)在双曲不动点x_0和y_0附近的相图是**局部拓扑等价**的,当且仅当这两个不动点分别具有相同n_-个$|\mu|<1$的乘子和相同n_+个$|\mu|>1$的乘子,且所有$|\mu|<1$乘子和$|\mu|>1$乘子的积的符号对于这两个不动点也是相同的。

证明:请读者完成。

例题10.5.1($\mathbf{R}^1$中的稳定不动点) 假设$x_0=0$是一维离散-时间系统($n=1$)的不动点。设$n_-=1$,意味着唯一乘子μ满足$|\mu|<1$。在这种情形,按照定理10.5.1,所有从$x_0=0$某个邻域出发的轨道都收敛于x_0。依乘子的符号,有图10.5.1所示的两种可能性。如果$0<\mu<1$,迭代单调收敛于x_0[图10.5.1a)]。若$-1<\mu<0$,则收敛性是非单调,相点围绕x_0"跳跃"地收敛于x_0[图10.5.2b)]。第一种情形映射在$\mathbf{R}^1$中保持方向,第二种情形则是变向的。

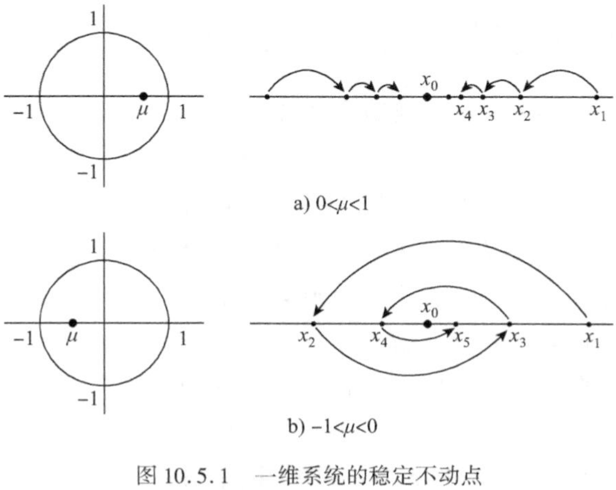

图10.5.1 一维系统的稳定不动点

10.6 离散-时间系统最简单的分岔条件

考虑依次赖于参数的离散-时间动力系统

$$x \mapsto f(x,\alpha) \quad x \in \mathbf{R}^n, \alpha \in \mathbf{R}^1 \tag{10.6.1}$$

这里映射 f 关于 x 和 α 都光滑。有时将这个系统写为

$$\tilde{x} = f(x,\alpha) \quad x, \tilde{x} \in \mathbf{R}^n, \alpha \in \mathbf{R}^1 \tag{10.6.2}$$

这里 $\tilde{x}$ 表示 x 在这个映射作用下的象。设 $x = x_0$ 是这个系统在 $\alpha = \alpha_0$ 时的双曲不动点，当参数变化时监控这个不动点以及它的乘子。显然，在一般情况下，只有三种方法才能破坏双曲性条件：对某个参数值，要么单个正乘子趋于单位圆，有 $\mu_1 = 1$[图 10.6.1a)]，要么单个负乘子趋于单位圆，这时有 $\mu_1 = -1$[图 10.6.1b)]，还有就是一对单复乘子到达单位圆，这时有 $\mu_{1,2} = \mathrm{e}^{\pm \mathrm{i}\theta_0}, 0 < \theta_0 < \pi$[图 10.6.1c)]。显然，需要更多参数才能分配额外的乘子在单位圆上。

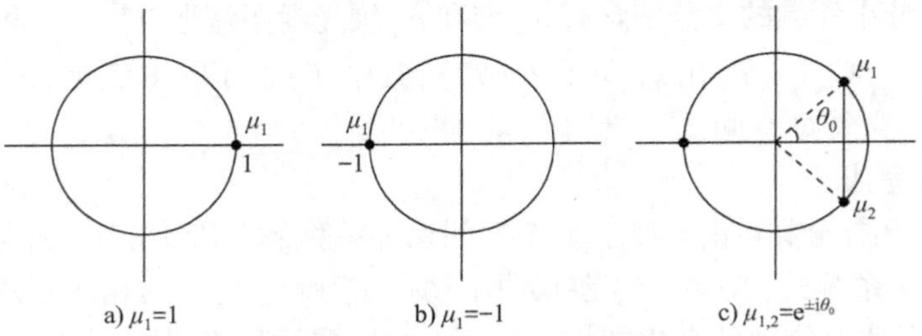

图 10.6.1　余维数为 1 的临界情形

满足上面条件之一的非双曲不动点是**结构不稳定的**。

定义 10.6.1　对应于 $\mu_1 = 1$ 的分岔称为**折(或切)分岔**。

注意：这个分岔也称为极限点分岔、鞍-结点分岔，以及转向点分岔。

定义 10.6.2　对应于 $\mu_1 = -1$ 的分岔称为**翻转(或倍周期)分岔**。

定义 10.6.3　对应于 $\mu_{1,2} = \mathrm{e}^{\pm \mathrm{i}\theta_0}, 0 < \theta_0 < \pi$ 的分岔称为 **Neimark-Sacker(或环面)分岔**。

注意，折分岔和翻转分岔只有当 $n \geqslant 1$ 时才有可能，而对 Neimark-Sacker 分岔，则需要 $n \geqslant 2$。

10.7 离散-时间系统的折分岔的规范形

考虑下面的依赖于一个参数的一维动力系统

$$x \mapsto \alpha + x + x^2 \equiv f_\alpha(x,\alpha) \equiv f_\alpha(x)。 \tag{10.7.1}$$

映射 f_α 对小 $|\alpha|$ 在原点邻域内可逆。系统式(10.7.1)在 $\alpha = 0$ 有具乘子 $\mu = f_x(0,0) = 1$ 的非双曲不动点 $x_0 = 0$。这个系统在 $x = 0$ 附近对小的 $|\alpha|$ 的性态如图 10.7.1 所示。对 $\alpha < 0$，系统有两个不动点，即 $x_{1,2}(\alpha) = \pm\sqrt{-\alpha}$，左边一个 $x_2 = -\sqrt{-a}$ 稳定，右边一个 $x_1 = \sqrt{-a}$ 不稳定。当 $\alpha > 0$ 时，这个系统没有不动点。当 α 从负值到正值穿过零时，两个不动点(稳定的和不稳定的)"相碰"，在 $\alpha = 0$ 形成一个 $\mu = 1$ 的不动点，然后就消失，这是一个离散-时间动力系统的折(切)分岔。

通常，还有另外的方法叙述这种分岔——在相空间和参数空间的积空间，即在 (x,α) 平面内画出分岔图。不动点流形 $x - f(x,\alpha) = 0$ 是一条简单的抛物线 $\alpha = -x^2$(图 10.7.2)。

固定某个 α,容易确定这个系统在这个参数值的不动点个数。映射将不动点流形投影到 α 轴上时在 $(x,\alpha)=(0,0)$ 有折形奇异性。

注意: 对系统 $x\mapsto\alpha+x-x^2$ 可用同样方法考虑。分析揭示当 $\alpha>0$ 系统出现两个不动点。

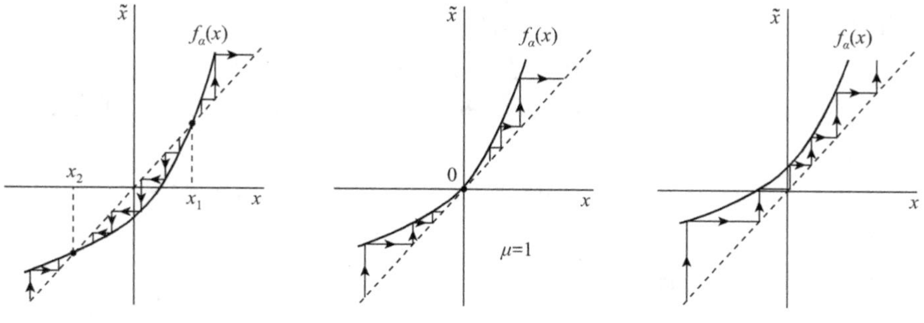

图 10.7.1 折分岔

$$x\mapsto\alpha+x+x^2+O(x^3)=\psi(x,\alpha)\equiv F_\alpha(x) \tag{10.7.2}$$

现在,在式(10.7.1)中加入高阶项,即考虑系统其中,$\psi=\psi(x,\alpha)$光滑依赖于(x,α)。容易验证,在 $x=0$ 的充分小的邻域内,只要 $|\alpha|$足够小,在对应的参数值,系统式(10.7.2)的不动点个数与稳定性与系统式(10.7.1)是相同的。进一步,对每一个小$|\alpha|$,可以构造出原点邻域内映射式(10.7.1)的轨道为式(10.7.2)对应轨道的同胚 h_α。这个性质称为依赖于参数系统的**局部拓扑等价性**。应该指出,h_α 的构造没有连续-时间情形(参看引理 5.8.1)那么简单。在现在的情形,同胚映射式(10.7.1)的不动点为式(10.7.2)对应的不动点,而不必将式(10.7.1)的其他轨道映射为式(10.7.2)的轨道。尽管如此,对在(0,0)的邻域内所有(x,α)满足条件

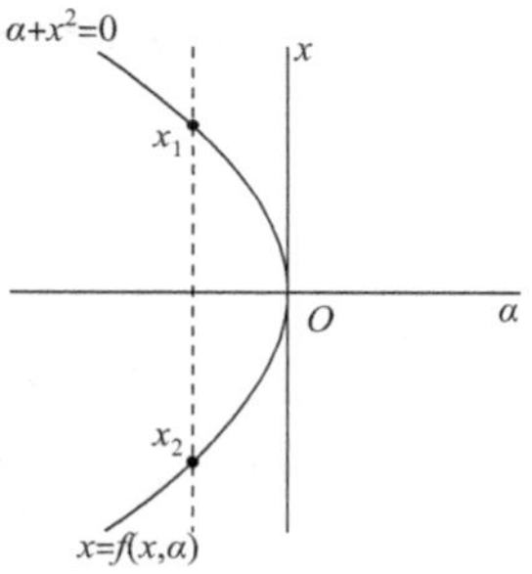

图 10.7.2 不动点流形

$$f_\alpha(x)=h_\alpha^{-1}(F_\alpha(h_\alpha(x))) \tag{10.7.3}$$

的同胚是存在的。由此,引理 10.4 成立。

引理 10.7.1 系统

$$x\mapsto\alpha+x+x^2+O(x^3) \tag{10.7.4}$$

在原点附近局部拓扑等价于系统

$$x\mapsto\alpha+x+x^2 \tag{10.7.5}$$

10.8 离散-时间系统的一般折分岔

我们将证明系统式(10.7.1)(有可能 x^2 项的符号有变化)是具折分岔的一般一维离散-时间系统的拓扑规范形。在某些强意义下它刻画了一般 n 维系统的折分岔。

定理 10.8.1 假设一维光滑系统

$$x\mapsto f(x,\alpha)\quad x\in\mathbf{R}^1,\alpha\in\mathbf{R}^1 \tag{10.8.1}$$

在 $\alpha=0$ 有不动点 $x_0=0$,令 $\mu=f_x(0,0)=1$。假定条件(A.1)和(A.2)满足,即

$$\text{(A.1)}\quad f_{xx}(0,0)\neq0 \tag{10.8.2a}$$

$$(\text{A.2})\quad f_\alpha(0,0)\neq 0 \tag{10.8.2b}$$

则存在光滑可逆的坐标与参数变换将系统化为系统

$$\eta \mapsto \beta+\eta\pm\eta^2+O(\eta^3) \tag{10.8.3}$$

证明:将$f(x,\alpha)$在$x=0$关于x进行Taylor展开

$$f(x,\alpha)=f_0(\alpha)+f_1(\alpha)x+f_2(\alpha)x^2+O(x^3) \tag{10.8.4}$$

满足两个条件:$f_0(0)=f(0,0)=0$(**不动点条件**)以及$f_1(0)=f_x(0,0)=1$(**折分岔条件**)。

由于$f_1(0)=1$,可以写为

$$f(x,\alpha)=f_0(\alpha)+[1+g(\alpha)]x+f_2(\alpha)x^2+O(x^3) \tag{10.8.5}$$

其中,$g(\alpha)$光滑,且$g(0)=0$。

引入新变量ξ,作坐标平移:

$$\xi=x+\delta \tag{10.8.6}$$

这里$\delta=\delta(\alpha)$将适当定义。由式(10.8.6)得

$$\tilde{\xi}=\tilde{x}+\delta=f(x,\alpha)+\delta=f(\xi-\delta,\alpha)+\delta \tag{10.8.7}$$

因此

$$\begin{aligned}\tilde{\xi}=&[f_0(\alpha)-g(\alpha)\delta+f_2(\alpha)\delta^2+O(\delta^3)]+\\&\xi+[g(\alpha)-2f_2(\alpha)\delta+O(\delta^2)]\xi+[f_2(\alpha)+O(\delta)]\xi^2+O(\xi^3)\end{aligned} \tag{10.8.8}$$

假定

$$(\text{A.1})\quad f_2(0)=\frac{1}{2}f_{xx}(0,0)\neq 0 \tag{10.8.9}$$

成立,于是存在光滑函数$\delta(\alpha)$,使得对所有充分小的$|\alpha|$,上面映射中依赖于参数的线性项被消去,事实上,使得这项消失的条件可以写为

$$F(\alpha,\delta)\equiv g(\alpha)-2f_2(\alpha)\delta+\delta^2\varphi(\alpha,\delta)=0 \tag{10.8.10}$$

对某个光滑函数φ有

$$F(0,0)=0,\left.\frac{\partial F}{\partial\delta}\right|_{(0,0)}=-2f_2(0)\neq 0,\left.\frac{\partial F}{\partial\alpha}\right|_{(0,0)}\neq g'(0) \tag{10.8.11}$$

由此得知满足$\delta(0)=0$,以及$F(\alpha,\delta(\alpha))\equiv 0$的光滑函数$\delta=\delta(\alpha)$存在性(局部)和唯一性。得到

$$\delta(\alpha)=\frac{g'(0)}{2f_2(0)}\alpha+O(\alpha^2) \tag{10.8.12}$$

$$\tilde{\xi}=[f'_0(0)\alpha+\alpha^2\psi(\alpha)]+\xi+[f_2(0)+O(\alpha)]\xi^2+O(\xi^3) \tag{10.8.13}$$

其中ψ为某光滑函数。

把式(10.8.13)中常数项(与ξ无关项)考虑为新参数$\mu=\mu(\alpha)$:

$$\mu=f'_0(0)\alpha+\alpha^2\psi(\alpha) \tag{10.8.14}$$

有

$$\mu(0)=0 \tag{10.8.15a}$$

$$\mu'(0)=f'_0(0)=f_\alpha(0,0) \tag{10.8.15b}$$

假设条件

$$(\text{A.2})\quad f_\alpha(0,0)\neq 0 \tag{10.8.16}$$

成立,则由反函数定理可知,满足$\alpha(0)=0$的光滑反函数$\alpha=\alpha(\mu)$存在且唯一。由此,式

(10.8.13)化为

$$\tilde{\xi}=\mu+\xi+b(\mu)\xi^2+O(\xi^3) \tag{10.8.17}$$

由第一个假设条件(A.1)可知,这里$b(\mu)$是满足$b(0)=f_2(0)\neq0$的光滑函数。

令$\eta=|b(\mu)|\xi$且$\beta=|b(\mu)|\mu$,则得到

$$\tilde{\eta}=\beta+\eta+s\eta^2+O(\eta^3) \tag{10.8.18}$$

其中,$s=\text{sgn}(b(0))=\pm1$。

应用引理10.7.1可以消去项$O(\eta)^3$,最后得到下面的一般结果。

定理10.8.2(折分岔的拓扑规范形) 任何一个一般的单参数纯量系统

$$x\mapsto f(x,\alpha) \tag{10.8.19}$$

假设它在$\alpha=0$有不动点$x_0=0$满足$\mu=f_x(0,0)=1$,则它在原点附近局部拓扑等价于下面的规范形

$$\eta\mapsto\beta+\eta\pm\eta^2 \tag{10.8.20}$$

注意:定理10.8.2中的一般性条件就是定理10.8.1中的非退化条件(A.1)与横截性条件(A.2)。

10.9 n周期点和混沌

10.9.1 倍周期分岔产生混沌

夏日的蝉是年年有的,但其品种繁多,有一种17年蝉,成虫只活几个星期,它们产下大量的蝉蛹,蝉蛹孵化为幼虫后钻入地下,附在小根上吸取营养,就在那里度过17年。因此,17年蝉每隔17年大量出现一次,13年蝉也是每隔13年大量出现一次。这两种蝉都是单一世代,两代间没有重叠,至于7年蝉、4年蝉和3年蝉则是每年都有的,并非单一世代。

描写昆虫种群,可以通过迭代方程来描述,如以x_n表示第n年的虫口数,则可用一函数$f(x)$推算出$x_{n+1}=f(x_n)$,数学上较易处理的是由函数$\alpha x(1-x)$作成的迭代:

$$x_{n+1}=\alpha x_n(1-x_n)\quad n=0,1,2,\cdots \tag{10.9.1}$$

其中,参数α满足关系式$0\leqslant\alpha\leqslant4$。

在蝉的迭代关系$x_{n+1}=f(x_n)$中,若x_0为17年蝉大量出现的虫口数,则经过17次迭代后$x_{17}=f(x_{16})=f(f(x_{15}))=\underbrace{f\cdots f}_{17}(x_0)=x_0$,将$f$的$n$次复合简记为$f^n$,于是$x_0$是$f^{17}$的不动点,即$f^{17}(x_0)=x_0$,也把$x_0$称为$f$的17周期点。

一般地,有如下定义:

定义10.9.1 设有函数$y=f(x)$,用f^n表示f的n次复合,即$f^n(x_0)$是x_0经n次迭代后的数值,如$f^n(x_0)=x_0$,即x_0是f^n的不动点,但不是$f^m(m<n)$的不动点,则称x_0为f的n周期点。f的不动点即1周期点。设f是可微函数,x_0是n周期点,则当$\left|\frac{\mathrm{d}}{\mathrm{d}x}(f^n)\right|<1$时,称$n$周期点是稳定的。

注意:所谓x_0稳定,是指在x_0附近的任何值,经迭代后仍趋向于x_0,即具有“吸引”周期点的特征。$\left|\frac{\mathrm{d}}{\mathrm{d}x}(f^n)\right|<1$是具有这一特征的一个判定准则。由复合函数求导法可知

$$\frac{\mathrm{d}}{\mathrm{d}x}(f^{n})(x_{0})=f'(x_{0})f'(x_{1})\cdots f'(x_{n-1})\quad n=1,2,\cdots \tag{10.9.2}$$

特别地,若 n 周期点 x_0 还能使 $f'(x_0)=0$,则也使 $\frac{\mathrm{d}}{\mathrm{d}x}(f^n)(x_0)=0$,即 x_0 是稳定的。

随着 α 的增长,f 的周期点个数不断增加,这种 1 分为 2、2 分为 4 的过程,称为**分岔过程**。参数 $\alpha=3$ 是 1 分为 2 的分岔值,$\alpha=1+\sqrt{6}$ 是 2 分为 4 的分岔值,可以算出,$\alpha=3.544$ 和 $\alpha=3.564$ 分别为 4 分为 8、8 分为 16 的分岔值,这种分岔没完没了,当 $\alpha=3.569945672\cdots\cdots$ 时,出现周期为 ∞ 的解,即非周期解,此时即进入混沌状态。任何初值的迭代都不收敛于有限的吸引子,x_n 可以在整个 $[0,1]$ 上游荡,好像布朗运动那样可以随机地出现在任何位置上。$f(x)$ 虽然连续,但相隔很近的两个初值 x_{01}、x_{02} 经若干次迭代后可以相差很远,但也可能相差不远,似乎无规律可循。这种由一个很普通的确定性的函数 $y=\alpha x(1-x)$,$0\leqslant x\leqslant 1$,$0<\alpha<4$,可以导出某种随机现象,自然是一个很深刻的发现。确定性数学和随机现象的数学之间存在着内在的有机联系,一个确定的非线性系统可以没有任何随机因素的条件,却有一个随机的输出,我们不禁慨叹大自然规律的神奇。

事情尚未到此完结,20 世纪 70 年代末期,美国康奈尔大学的费根鲍姆从上述的迭代过程中发现了常数 4.669201629……称为**费根鲍姆常数**,见表 10.9.1。现在世界上有成千上万名学者热衷于混沌理论,期望这一现象的研究会揭示宇宙的奥秘。

倍周期分岔间距比值变化情况 $\tilde{x}=\alpha x(1-x)$ 表 10.9.1

m	分岔情况	分岔值	间距比值 $\frac{\alpha_m-\alpha_{m-1}}{\alpha_{m+1}-\alpha_m}$
0	0 产生 1	1	
1	1 分为 2	3	
2	2 分为 4	3.449489743	4.751466
3	4 分为 8	3.544090359	4.656251
4	8 分为 16	3.561407266	4.668242
5	16 分为 32	3.568759420	4.66874
6	32 分为 64	3.569691610	4.6691
……	……	……	……
∞	混沌	3.5699454572	4.669201629

定理 10.9.1(倍周期分岔) 如果映射函数 $\tilde{x}=f(\alpha,x)$ 满足以下条件:

(1)在 (α,x) 平面内存在一个不动点

$$x^{*}=f(\alpha^{*},x^{*}) \tag{10.9.3}$$

(2)映象 f 在此不动点处达到稳定性边界 -1,即

$$\left.\frac{\partial}{\partial x}f(\alpha,x)\right|_{*}=-1 \tag{10.9.4}$$

(以后把 $f(\alpha,x)|_{x=x^{*},\alpha=\alpha^{*}}$ 简记为 $f(\alpha,x)|_{*}$)。

(3)在此不动点处,混合二阶偏导数不为零:

$$\frac{\partial^2}{\partial x \partial \alpha} f^{(2)}(\alpha, x)\bigg|_{*} \neq 0 \tag{10.9.5}$$

(4)在此不动点处,函数 f 的施瓦茨导数取负值:

$$S(f,x) < 0 \tag{10.9.6}$$

其中

$$S(f,x) = \frac{f'''(x)}{f'(x)} - \frac{3}{2}\left(\frac{f''(x)}{f'(x)}\right)^2 \tag{10.9.7}$$

则在 (α^*, x^*) 附近的一个小长方形区域

$$(\alpha^* - \eta < \alpha < \alpha^* + \eta, x^* - \varepsilon < x < x^* + \varepsilon) \tag{10.9.8}$$

内,在 α^* 的一侧[由条件式(10.9.5)中混合导数的正、负决定哪一侧],存在着 $x = f(\alpha, x)$ 的唯一的稳定解,它当然也是 $x = f^{(2)}(\alpha, x)$ 的一个平庸解;而在另一侧,则存在着 $x = f^{(2)}(\alpha, x)$ 的三个解,其中两个是非平庸的稳定解,一个是平庸的不稳定解。

证明:请读者完成。

10.9.2 周期3则乱七八糟

1974年,美国马里兰大学的博士研究生李天岩和他的导师——约克教授证明了如下结果:

定理10.9.2(李-约克定理) 若 $f(x)$ 是区间 $[a,b]$ 上的连续自映射,且有一个3周期点,则对任何正整数 $n>3$,都有了 n 周期点。

证明:请读者完成。

这一定理看上去很简单,于1975年在《美国数学月刊》刊登,题目是 *Period Three Implies Chaos*,按李天岩本人的译法就是《周期3则乱七八糟》,这篇不起眼的小文章,由于通俗易懂,读者很多,物理学家也接受了,随之而来的便是Chaos热(Chaos现在通译为混沌)。现在,它已发展为研究混沌现象(湍流、分形)的基础理论了。

这一定理的结论很简单,但并不直观。试看图10.9.1中的函数,它显然有一个3周期点:$f(0) = \frac{1}{2}, f\left(\frac{1}{2}\right) = 1, f(1) = 0$,但你能看出来它会有4周期点、5周期点或任意 n 的 n 周期点?显然这不是靠直观能办到的事,必须用数学方法严格证明。

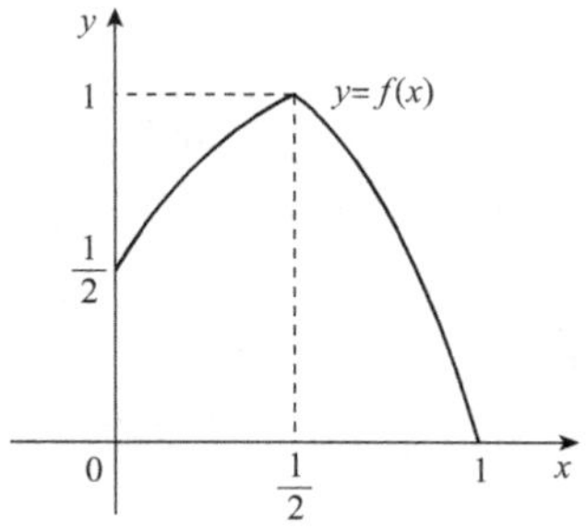

图10.9.1 周期3不动点

有了这条定理,我们就知道图10.9.1这样简单的函数通过迭代竟可存在任意的周期点,这在直观上难以置信,却又是不可辩驳的事实。

李天岩和约克的文章发表后,人们发现这个结果只是苏联学者沙可夫斯基一个定理的特例。早在20世纪60年代中期,沙可夫斯基在《乌克兰数学杂志》16卷(1964)上发表了一个深刻的结果:

定理10.9.3(沙可夫斯基定理) 若 $f(x)$ 是线段I上的连续自映射,且 f 有 m 周期点。如果 n 按沙可夫斯基序大于 m,则 f 有 n 周期点。

其中自然数的沙可夫斯基序是指如下的先后排列:

$$3, 5, 7, \cdots, 2n+1, 2n+3, \cdots$$

$$2\cdot3,2\cdot5,2\cdot7,\cdots,2(2n+1),2(2n+3),\cdots$$
$$2^2\cdot3,2^2\cdot5,2^2\cdot7,\cdots,2^2(2n+1),2^2(2n+3),\cdots$$
$$\vdots$$
$$2^l\cdot3,2^l\cdot5,2^l\cdot7,\cdots,2^l(2n+1),2^l(2n+3),\cdots$$
$$\vdots$$
$$\cdots,2^l,2^{l-1},\cdots,16,8,4,2,1$$

这个次序是说,先排从3开始的所有奇数,然后这些奇数的2倍,2^2倍,…,2^l倍,最后一行是$2^l(l=0,1,2,\cdots)$,按降幂排列。

这样,3是沙可夫斯基序列的第一个数,任何正整数n都会在沙可夫斯基序列中出现。这正说明,李-约克定理是沙可夫斯基定理的特例。

证明:请读者完成。

定理10.9.4(切分岔) 如果映射函数 $\tilde{x}=f(\alpha,x)$满足以下条件:

(1)在(α,x)平面中存在一个不动点

$$f^{(n)}(\mu^*,x^*)=x^* \tag{10.9.9}$$

(2)在此不动点处,达到稳定边界+1,即

$$\frac{\partial}{\partial x}f^{(n)}(\alpha,x)\bigg|_*=+1 \tag{10.9.10}$$

这里用$f|_*$表示$f|_{x^*,\alpha^*}$。

(3)在此不动点处,$f^{(n)}$对参量α的偏导数不为零:

$$\frac{\partial}{\partial\alpha}f^{(n)}(\alpha,x)\bigg|_*\neq0 \tag{10.9.11}$$

(4)同时,二阶偏导数也不等于零:

$$\frac{\partial^2}{\partial x^2}f^{(n)}(\alpha,x)\bigg|_*\neq0 \tag{10.9.12}$$

则在(α^*,x^*)附近存在一个小长方形区域(α^*-y到α^*+y,$x^*-\varepsilon$到$x^*+\varepsilon$),在其中$\alpha>\alpha^*$或$\alpha<\alpha^*$的一半[这与上面条件(3)和条件(4)中两个非零导数的相对符号有关],$f^{(n)}(x)=x$有两个实数解,一个稳定,一个不稳定;而在另一半中,$f^{(n)}(x)=x$没有实数解。

证明:请读者完成。

10.9.3 混沌现象的数学描述

李-约克定理是沙可夫斯基定理的特例,在数学上似乎不那么重要了。但是李-约克定理的主要价值在于提出了混沌的概念,而且引起了物理学家的注意。

定义10.9.2(混沌) 闭区间I上的连续自映射$f(x)$,如果具有下列条件,称f产生混沌现象:

(1)f的周期点的周期无上界。

(2)存在I的不可数子集S,满足:

①对任意 x、$y\in S$，当 $x\neq y$ 时有

$$\lim_{x\to+\infty}\sup|f^n(x)-f^n(y)|>0 \qquad (10.9.13)$$

②对任意 x、$y\in S$ 有

$$\lim_{x\to+\infty}\inf|f^n(x)-f^n(y)|=0 \qquad (10.9.14)$$

③对任意 $x\in S$ 和 f 的任一周期点 y，有

$$\lim_{x\to+\infty}\sup|f^n(x)-f^n(y)|>0 \qquad (10.9.15)$$

从定义可以看出，S 中的两点 x、y 是经迭代后不会彼此越来越靠近（上确界大于 0），也不会越来越分离（下确界为 0），即忽分忽合，呈现一片混乱状态。李-约克的论文证明了，若 f 有 3 个周期点，则 f 一定会产生混沌现象。这个结论引发了世人的惊奇。

混沌是古人想象中世界开辟以前的无序状态，盘古开天地，清者上浮为天，浊者下沉为地，终于形成天地分明的上下有序状态。这种现象物理世界中常常会遇到。满天乌云，滚滚浓烟，江河中的紊流，冬天凝结的冰花，杂乱无章，混沌而无序。然而一切有序是从无序中产生出来的。康德的星云说揭示太阳系是由混沌弥漫的星云发展起来的。人们研究无序向有序的转化乃是一件重大的科学探索。如果说以前只是定性的描述，那么现在已能进行定量的研究。对 $f(x)$ 整体性质的研究出现数学理论，而计算机的迭代则提供了数值实验手段。在未来，混沌现象的奥秘必将进一步被揭开。无序与有序之间的辩证法将使人们在认识世界的长河中达到新的境界。

10.10 Maple 编程示例

编程题 10.10.1 绘出 Logistic 映射的分岔图。

$$x_{n+1}=\alpha x_n(1-x_n)$$

其中，$x_n\in[0,1]$，$\alpha\in[0,4]$。

解：1) 建模

(1) 定义 Logistic 映射；

(2) 求不动点；

(3) 绘分岔图。

图 10.10.1 所示为 Logistic 映射的分岔图。

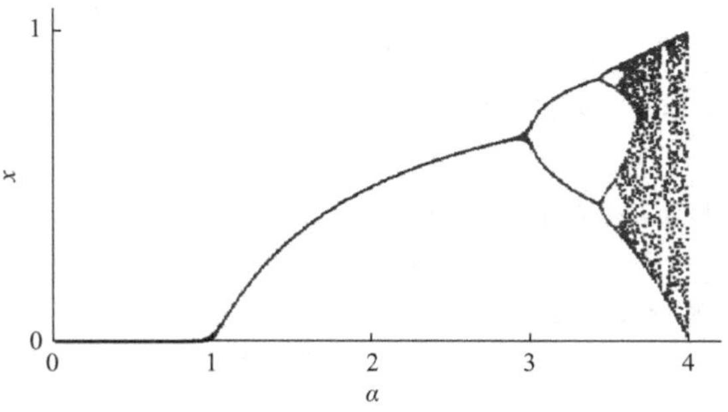

图 10.10.1 Logistic 映射分岔图

2) Maple 程序

```
##########################################################
> restart;  #Bifurcation diagram of the logistic map
> with(plots):                                    #加载绘图库
> imax: =80;                                      #求不动点循环次数
> jmax: =400;                                     #分岔参数循环次数
> step: =0.01;                                    #迭代步长
> ll: =array(0..10000);                           #定义固定参数不动点的维数
> xx: =array(0..10000,0..10000);                  #定义所有不动点的维数
> for j from 0 to jmax do                         #分岔参数循环开始
> xx[j,0]: =0.5;                                  #迭代初值
> for i from 0 to imax do                         #求不动点循环开始
> xx[j,i+1]: =(step*j)*xx[j,i]*(1-xx[j,i]);      #Logistic 映射
> end do;                                         #求不动点循环结束
> ll[j]: =[[(step*j),xx[j,n]] $ n=40..imax];     #固定参数的不动点集合
> end do;                                         #分岔参数循环结束
> LL: =[seq(ll[j],j=0..jmax)];                    #不动点数值集合
> plot(LL,x=0..4,y=-0.1..1,                       #绘 Logistic 映射分岔图
>          style=point,                           #插值类型
>          symbol=solidcircle,                    #图线上点的符号
>          symbolsize=4,                          #图线上点的大小
>          tickmarks=[2,2],                       #坐标轴刻度
>          labels=['alpha','x'],                  #对坐标轴作标记
>          font=[TIMES,ROMAN,15],                 #文本单元字体
>          color=blue);                           #颜色
##########################################################
```

10.11 思考题

思考题 10.1 简答题

1. 什么是不动点?

2. 什么是不变集?

3. 什么是不动点的乘子?

4. 什么是李雅普诺夫(Lyapunov)稳定?什么是渐近稳定?何谓轨道稳定?何谓结构稳定?试分别举例说明。

5. 什么是混沌?它有哪些特征?混沌到底是有序的还是无序的?

思考题 10.2 判断题

1. 解方程问题可以转化为求不动点问题。 ( )

2. n 周期点就是自映射 n 次迭代后的不动点。 ( )

3. 李-约克定理是沙可夫斯基定理的特例。 ( )

4. 倍周期分岔是通向混沌的唯一道路。 ( )

5. 一个自映射,如果存在周期 3,则存在混沌。 ( )

思考题 10.3　填空题

1. 离散-时间动力系统最简单的分岔条件是:有一个乘子为________;或有一个乘子为________;或有一对乘子为________。

2. 离散-时间动力系统有一个乘子为 +1 的分岔称为________。

3. 离散-时间动力系统有一个乘子为 -1 的分岔称为________。

4. 离散-时间动力系统有一对乘子为 $e^{\pm i\theta_0}$的分岔称为________。

5. Logistic 映射包含________分岔和________分岔。

思考题 10.4　选择题

1. 一维离散动力系统不动点稳定的条件是其乘子________。

A. $0<\mu<1$, $-1<\mu<0$　　B. $\mu>1$, $\mu<-1$　　C. $\mu=\pm1$

2. Logistic 映射 $\tilde{x}=\mu x(1-x)$, $x\in[0,1]$, $0<\mu<1$ 时,有________。

A. 一个不稳定的不动点　　B. 一个稳定的不动点　　C. 没有不动点

3. Logistic 映射 $\tilde{x}=\mu x(1-x)$, $x\in[0,1]$, $1<\mu<3$ 时,有________。

A. 两个不动点,其中:一个稳定,一个不稳定

B. 两个稳定的不动点

C. 一个稳定的不动点

4. Logistic 映射 $\tilde{x}=\mu x(1-x)$, $x\in[0,1]$, $3<\mu<3.4$ 时,有________。

A. 有两个稳定的 2 周期不动点

B. 有两个不稳定的 2 周期不动点

C. 四个不动点,其中有两个稳定的 2 周期不动点和两个不稳定的 1 周期不动点

5. 费根鲍姆常数是________。

A. 分岔的特征　　B. 混沌的特征　　C. 分岔的间隔之比

思考题 10.5　连线题　关于 Logisitic 映射。

1. 道生一	A. 倍周期分岔通向混沌
2. 一生二	B. 周期 3 蕴含混沌
3. 二生三	C. 切分岔:$\frac{\partial}{\partial x}f^{(3)}(\mu,x)\Big\vert_*=+1$
4. 三生万物	D. 倍周期分岔$\frac{\partial}{\partial x}f(\mu,x)\Big\vert_*=-1$
5. 是故易有太极,太极生两仪,两仪生四象,四象生八卦,八卦定吉凶,吉凶生大业	E. 折分岔$\frac{\partial}{\partial x}f(\mu,x)\Big\vert_*=+1$

10.12　习题

A 类习题

习题 10.1　求出下列方程组的所有不动点并指出它们各属于什么类型。

(1) $\dot{x}=x(1-x-y)$, $\dot{y}=\frac{1}{4}y(2-3x-y)$;

(2) $\dot{x}=9x-6y+4xy-5x^2$, $\dot{y}=6x-6y-5xy+4y^2$;

(3) $\dot{x}=y,\dot{y}=-x+\mu(y-x^2),\mu>0$;

(4) $\dot{x}=y-x,\dot{y}=y-x^2-(x-y)\left(y^2-2xy+\frac{2}{3}x^3\right)$;

(5) $\dot{x}=2x-7y+19,\dot{y}=x-2y+5$。

习题 10.2 在极坐标下的方程组 $\dot{r}=f(r),\dot{\theta}=1$ 中，$f(r)$ 是 r 的连续函数。

(1)在什么条件下方程组具有极限环解？

(2)在哪些条件下极限分别是稳定的、不稳定的和半稳定的？

习题 10.3 证明方程 $\ddot{x}+f(x)\dot{x}+\omega^2x+g(x)=0$ 不可能有极限环解，其中 $f(x)$ 是具有确定符号的函数，$g(x)$ 是任意函数。

习题 10.4 判断下列方程组有无极限环存在：

(1) $\dot{x}=y+x^3,\dot{y}=x+y+y^3$;

(2) $\dot{x}=y+x(1-x^2-y^2),\dot{y}=-x+y(1-x^2-y^2)$;

(3) $\dot{x}=2xy+x^3,\dot{y}=-x^2+y-y^2+y^3$;

(4) $\dot{x}=y,\dot{y}=-x-(1+x^2+x^4)y$;

(5) $\dot{x}=x+y+\frac{1}{3}x^3-xy^2,\dot{y}=-x+y+x^2y+\frac{2}{3}y^3$;

(6) $\dot{x}=y-x+x^3,\dot{y}=-x-y+y^3$。

习题 10.5 求下列方程组的极限环并判断其稳定性。

(1) $\dot{x}=-x+(x-y)(x^2+y^2)^{1/2}$,
$\dot{y}=-y+(x+y)(x^2+y^2)^{1/2}$;

(2) $\dot{x}=-y-x(x^2+y^2-1)^2$,
$\dot{y}=x-y(x^2+y^2-1)^2$;

(3) $\dot{x}=-y+x[(x^2+y^2)^{1/2}-1][(x^2+y^2)^{1/2}-2]$,
$\dot{y}=x+y[(x^2+y^2)^{1/2}-1][(x^2+y^2)^{1/2}-2]$;

(4) $\dot{x}=x(x^2+y^2-1)(x^2+y^2-9)-y(x^2+y^2-2x-8)$,
$\dot{y}=y(x^2+y^2-1)(x^2+y^2-9)-x(x^2+y^2-2x-8)$;

(5) $\dot{x}=-y+x[1-(x^2+y^2)^{1/2}][a+y^2(x^2+y^2)^{-1}]$,
$\dot{y}=x+y[1-(x^2+y^2)^{1/2}][a+y^2(x^2+y^2)^{-1}]$;

(6) $\dot{x}=-y+x(x^2+y^2-1)^2$,
$\dot{y}=x+y(x^2+y^2-1)^2$;

(7) $\dot{x}=x(x^2+y^2-1)(x^2+y^2-9)-y(x^2+y^2-4)$,
$\dot{y}=y(x^2+y^2-1)(x^2+y^2-9)+x(x^2+y^2-4)$。

B 类习题

习题 10.6 计算 Logistic 映象 $\tilde{x}=\mu x(1-x)$ 中一点周期和二点周期时的李雅普诺夫(Lyapunov)指数。分析 $\mu=1,2,3,1+\sqrt{5}$ 等值时的李雅普诺夫指数(与图 10.12.1 比较)，由这些值说明系统运动的性质。

习题 10.7 三角映象(或帐篷映象)的定义如下

$$x_{n+1}=f(x_n)=\begin{cases}2\mu x_n & 0\leqslant x\leqslant 1/2\\ 2\mu(1-x_n) & 1/2<x\leqslant 1\end{cases}$$

(1)求 $\mu<1/2$ 时的不动点并判断其稳定性。

(2)求$\mu>1/2$时的不动点并判断其稳定性。

(3)求$\mu>1/2$时的李雅普诺夫指数。

(4)由以上结果可进一步导出什么结论?

(5)在1和2两种情况下,信息的变化如何?

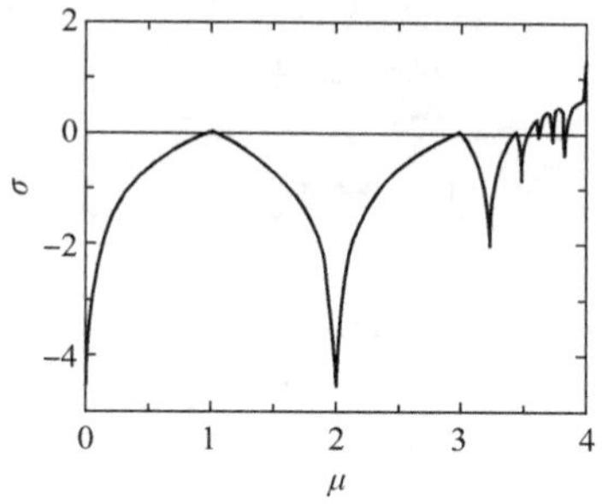

图10.12.1 Logistic映象的李雅普诺夫指数

C类习题

习题10.8 下列方程已被提出作为反馈抑制的模型:

$$\frac{\mathrm{d}x_1}{\mathrm{d}t}=\frac{\theta^m}{\theta^m+x_N^m}-x_1$$

$$\frac{\mathrm{d}x_i}{\mathrm{d}t}=x_{i-1}-x_i \quad i=2,3,\cdots,N$$

试求其定态,并确定当$\theta=1/2$时作为N和m的函数的霍普夫分岔的判据。

习题10.9 微分方程

$$\frac{\mathrm{d}x_i}{\mathrm{d}t}=\frac{\theta^{2m}}{(\theta^m+x_{i+1}^m)(\theta^m+x_{i+1}^m)}-x_i \quad i=1,2,3,4$$

已被提出作为顺序去抑制的模型,其中x_i是正的变量($x_5=x_1,x_6=x_2$)。试求出其定态并确定当$\theta=1/4$时发生霍普夫分岔的m值。

习题10.10 当$n\to\infty$时,计算延时方程

$$\frac{\mathrm{d}x}{\mathrm{d}t}=\frac{\theta^n}{\theta^n+x_\tau^n}-x$$

中振荡的振幅和周期。

习题10.11 考虑分段线性有限差分方程

$$x_{t+1}=x_t+0.4 \quad 0\leqslant x_t<0.6$$

$$x_{t+1}=x_t-0.2 \quad 0.6\leqslant x_t<0.7$$

$$x_{t+1}=x_t-0.6 \quad 0.7\leqslant x_t<1.0$$

用代数和图示两种方法确定从不同初始条件开始的动力学特性。试问:存在稳定的环吗?

习题10.12 描述有限差分方程

$$x_{t+1}=\frac{1-x_t}{3x_t+1} \quad 0\leqslant x_t\leqslant 1 \tag{1}$$

的动力学特性。试问:是否存在稳定的环?

##

华罗庚(HUA Luo-Geng,1910—1985,中国),数学家。他在解决高斯完整三角和的估计难题、华林和塔里问题改进、一维射影几何基本定理证明、近代数论方法应用研究等方面他获得出色成果。以华氏命名的数学科研成果有“华氏定理”“华氏不等式”“华-王方法”等。

主要著作:《堆垒素数论》《指数和的估价及其在数论中的应用》《多复变函数论中的典型域的调和分析》《数论导引》《典型群》《从单位圆谈起》《数论在近似分析中的应用》《二阶两个自变数两个未知函数的常系数线性偏微分方程组》《优选学》《计划经济大范围最优化数学理论》《优选法评话及其补充》《统筹法评话及补充》《华罗庚科普著作选集》等。

##

第3篇　连续系统的振动

本篇讨论连续系统(也称为分布参数系统)的振动,定性分析讨论二维连续-时间系统的奇点与分岔。连续系统的运动微分方程是偏微分方程。

第11章推导了一维波动方程(弦的横向振动、杆的剪切振动、纵向振动和扭转振动)。用分离变量法求解了一维波动方程的固有角频率和模态函数。介绍了将无限自由度连续系统简化为有限自由度离散系统的**集中质量法**。

第12章推导了梁的弯曲振动偏微分方程。求解了梁弯曲振动方程的固有角频率和模态函数。讨论了模态函数的正交性、主质量与主刚度、梁对激励的响应。讨论了轴向力、剪切变形和惯性力矩对梁弯曲自由振动的影响,介绍了求解连续系统固有角频率的**能量法**。

第13章利用能量法求解了刚架和薄膜振动的固有角频率。介绍了求解连续系统的位移法、有限单元法和能量法。

第14章推导了板振动的偏微分方程。利用分离变量法求解了矩形板和圆形板的固有角频率和模态函数,讨论了四边为简支和固支任意组合的矩形薄板振动的精确解。

第15章分类讨论了平面线性自治系统的奇点。讨论了平面非线性自治动力系统的奇点的稳定性,并介绍了动力系统的等价性。讨论了Hopf分岔的规范形,并介绍了一般Hopf分岔。

活水亭观书有感二首·其二

宋　朱熹(1130—1200)

昨夜江边春水生,艨艟巨舰一毛轻。

向来枉费推移力,此日中流自在行。

第 11 章　弦和杆的振动

本章讨论以弦和杆为代表的一类较简单连续系统的振动,介绍集中质量法将连续系统转化为离散系统。前面各章讨论的振动系统均为由有限个无弹性的质量块及无质量的弹簧和阻尼器组成的离散系统。但实际的工程结构由具有分布的质量及分布的弹性和阻尼的物体所组成。这种具有连续分布的质量和弹性的系统称为连续系统或分布参量系统。连续系统具有无限多个自由度,其动力学方程为偏微分方程,只能对一些简单情形求得精确解。对于较复杂的连续系统,必须利用各种近似方法简化成离散系统求解。同一振动系统无论是作为连续系统还是作为离散系统讨论,其所反映的物理现象相同。因此,这两类系统的基本概念和分析方法都非常类似。连续系统的动力学方程可基于微元体受力分析,也可从能量原理出发建立。分析多自由度系统的模态和模态叠加概念均可扩展应用于连续系统的自由振动和受迫振动。所讨论的连续体都假定为理想的线性弹性体,即材料为均匀的和各向同性的,且在线弹性范围内服从郑玄-胡克定律。

11.1　弦的横向振动

作为最简单的一维弹性体,柔软的弦线仅能在拉力作用下产生拉伸变形。设弦线的两端固定,被张力 F 拉紧,受初始扰动后作横向振动。以变形前弦线的中心轴方向为 x 轴,$w(x,t)$ 为沿 z 轴的横向位移,振动过程中各截面作用的内力大小等于张力 F 而保持常值,方向沿截面的法线轴方向。设变形后的弦中心轴偏离 x 轴的角度为 θ,弦线的截面面积为 A,密度为 ρ,对于图 11.1.1 中长度为 $\mathrm{d}x$ 的微元体,列出沿 z 轴的动力学方程

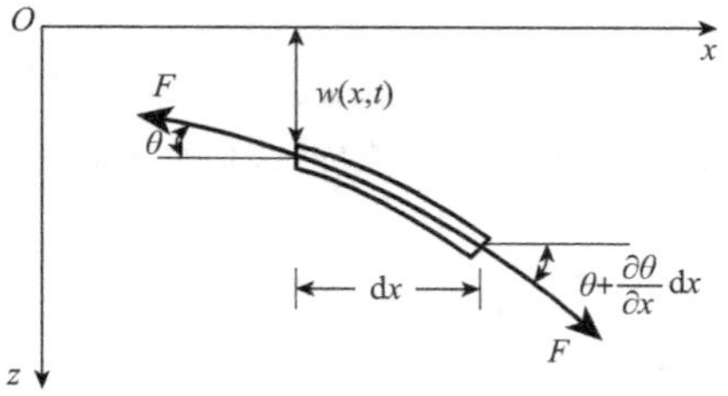

图 11.1.1　弦的振动模型

$$\rho A\mathrm{d}x\,\frac{\partial^2 w}{\partial t^2}-F\sin\left(\theta+\frac{\partial\theta}{\partial x}\right)+F\sin\theta=0 \tag{11.1.1}$$

设偏角 θ 为小量,将 $\sin\theta$ 以 $\theta=\partial w/\partial x$ 代替,化作**一维波动方程**为

$$\frac{\partial^2 w}{\partial t^2}=c^2\,\frac{\partial^2 w}{\partial x^2} \tag{11.1.2}$$

引入单位长度的质量 $\overline{m}=\rho A$,则波速参数 c 定义为

$$c=\sqrt{\frac{F}{\overline{m}}} \tag{11.1.3}$$

在实际问题中，有时需对杆件进行剪切、轴向、扭转等类型的振动计算。例如，高宽比小于3的多层建筑可简化为剪切型杆件进行计算；烟、水塔等高结构在竖向地震中会产生强烈的轴向振动，这种振动与横向振动合在一起往往会导致结构在其上部发生断裂；在机器振动中经常会遇到圆轴的扭转振动。这三种不同的振动形式具有与弦振动相似的微分方程和边界条件，4种物理背景不同的振动都归结为同一数学模型，即**一维波动方程**，它们的计算结果完全可以相互借用。下面从研究等截面杆的剪切自由振动开始。

11.2 梁的剪切振动

剪切梁是多层刚架、高梁等结构计算中采用的一种简化计算模型，这里在梁的变形中只考虑剪切这一项变形。对于短粗梁，当梁的长度接近截面尺寸时，梁的横向振动主要由剪切变形引起。在振动过程中梁的横截面始终保持平行，这种振动称为梁的**剪切振动**。如一个多层框架，当各层楼板的刚度很大时，在风载或地震载荷作用下的水平振动可近似简化为梁的剪切振动。

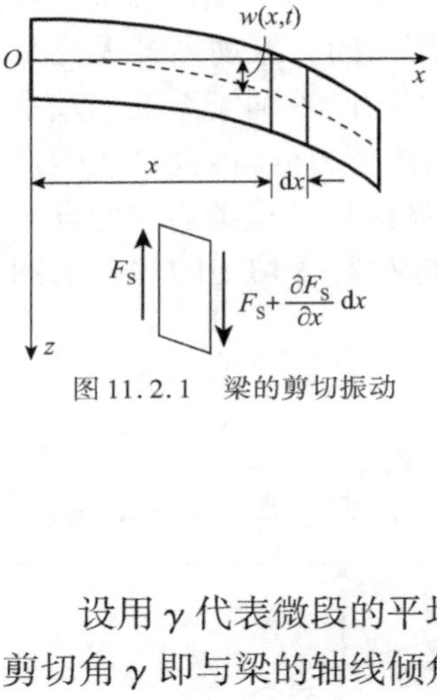

图 11.2.1　梁的剪切振动

如图11.2.1所示，设梁变形前的纵轴沿水平轴 x，横轴 z 垂直向下，坐标为 x 的截面中心沿 z 轴的位移为 $w(x,t)$，剪切梁的动力平衡方程可借助静力平衡方程

$$\frac{\mathrm{d}F_{\mathrm{S}}}{\mathrm{d}x}=-q \tag{11.2.1}$$

来推导。在自由振动的情况下，唯一的荷载就是惯性力。

$$q=-\overline{m}\frac{\partial^2 w}{\partial t^2} \tag{11.2.2}$$

因此，剪切梁的自由振动微分方程为

$$\frac{\partial F_{\mathrm{S}}}{\partial x}-\overline{m}\frac{\partial^2 w}{\partial t^2}=0 \tag{11.2.3}$$

设用 γ 代表微段的平均剪切角。由于只考虑剪切变形，因此梁各横截面的转角为零，而剪切角 γ 即与梁的轴线倾角 $\partial w/\partial x$ 相等：

$$\gamma=\frac{\partial w}{\partial x} \tag{11.2.4}$$

由材料力学可知

$$\gamma=\frac{F_{\mathrm{S}}}{\kappa GA} \tag{11.2.5}$$

式中，A、G 为梁的截面面积和切变模量；κ 为**铁摩辛柯剪切因数**。

$$\kappa=1/f_{\mathrm{S}} \tag{11.2.6}$$

式中，f_{S} 为考虑截面剪应力不均匀分布而引入的修正系数，称为**剪切刚度因数**。梁的剪切强度因数 α_{s} 和剪切刚度因数 f_{S} 如表11.2.1所示。由式(11.2.4)和式(11.2.5)得

$$F_{\mathrm{S}}=\kappa GA\frac{\partial w}{\partial x} \tag{11.2.7}$$

梁的剪切强度因数 α_s 和剪切刚度因数 f_S 表 11.2.1

形状	截面	α_s	f_S
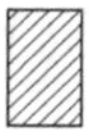	矩形	$\frac{3}{2}$	$\frac{6}{5}$
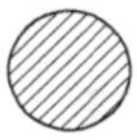	圆	$\frac{4}{3}$	$\frac{10}{9}$
	薄壁圆管	2	2
	工字形 与箱形截面	$\frac{A}{A_0}$	$\frac{A}{A_0}$

将式(11.2.7)代入式(11.2.3),得

$$\kappa GA\frac{\partial^2 w}{\partial x^2}-\overline{m}\frac{\partial^2 w}{\partial t^2}=0 \tag{11.2.8}$$

这就是等截面剪切梁自由振动的基本微分方程。引入符号

$$K=\kappa GA \tag{11.2.9}$$

式(11.2.8)变为

$$\frac{\partial^2 w}{\partial t^2}=\frac{K}{\overline{m}}\frac{\partial^2 w}{\partial x^2} \tag{11.2.10}$$

式(11.2.10)是与式(11.1.2)完全相同的一维波动方程,即

$$\frac{\partial^2 w}{\partial t^2}=c^2\frac{\partial^2 w}{\partial x^2} \tag{11.2.11}$$

参数 c 的定义改作

$$c=\sqrt{\frac{\kappa G}{\rho}} \tag{11.2.12}$$

式中,ρ 为材料的密度。

设

$$w(x,t)=Y(x)\sin(\omega t+\alpha) \tag{11.2.13}$$

代入式(11.2.8),整理后得

$$\frac{\mathrm{d}^2 Y}{\mathrm{d}x^2}+\lambda^2 Y=0 \tag{11.2.14}$$

式中

$$\lambda^2=\frac{\overline{m}\omega^2}{K} \tag{11.2.15}$$

或

$$\omega=\lambda\sqrt{\frac{K}{\overline{m}}}=\lambda\sqrt{\frac{GA}{f_S\overline{m}}}=\lambda\sqrt{\frac{G}{f_S\rho}} \tag{11.2.16}$$

式(11.2.13)表明梁在特定条件下作简谐振动,$Y(x)$为振型函数,其解为

$$Y(x) = C_1\sin\lambda x + C_2\cos\lambda x \tag{11.2.17}$$

剪切杆的每端提供一个边界条件,积分常数 C_1、C_2 由边界条件确定。为了得出非零解,方程的系数行列式应为零,这就得到确定 λ 的特征方程。λ 确定后,由式(11.2.16)可求得自振角频率 ω。相应于 ω_i,可以求得对应的主振型 $Y_i(x)$。

例题 11.2.1 试求图 11.2.2a)所示等截面悬臂剪切梁的自振角频率和主振型。

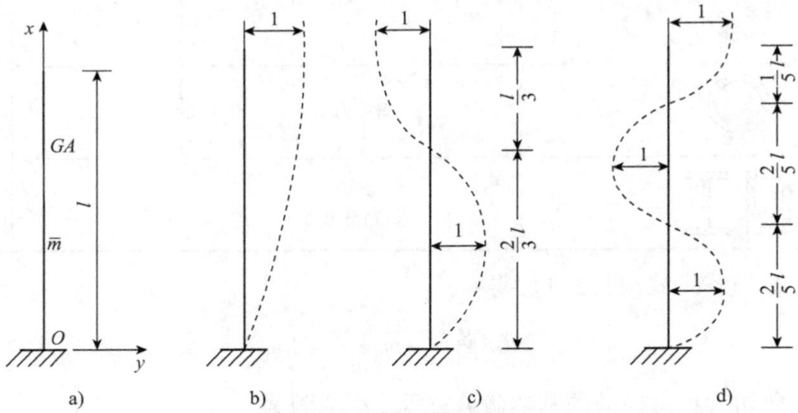

图 11.2.2 悬臂剪切梁的振动

解:取式(11.2.17)为其振幅曲线。

固定端处的边界条件为

$$Y(0) = 0, C_2 = 0$$

自由端处的边界条件为

$$F_S = 0,\text{即 } Y'(l) = 0, C_1\cos\lambda l = 0$$

这里 C_1 不能为零(否则 C_1、C_2 全为零,即为零解),故得

$$\cos\lambda l = 0$$

其根为

$$\lambda_n l = \frac{(2n-1)\pi}{2} \quad n = 1,2,3,\cdots$$

代入式(11.2.16),得

$$\omega_n = \frac{(2n-1)\pi}{2l}\sqrt{\frac{G}{f_S\rho}}$$

将角频率 ω_n 和积分常数 $C_1 = C, C_2 = 0$ 代入式(11.2.17),得相应的振型函数

$$Y_n(x) = C_1\sin\frac{(2n-1)\pi}{2l}x \quad n = 1,2,3,\cdots$$

图 11.2.2b)、c)、d)中给出了前三个主振型,图中设 $C = 1$。

11.3 杆的纵向振动

11.3.1 振动方程

讨论等截面细直杆沿杆轴方向的纵向振动。设杆长度为 l,截面面积为 A,材料的密度和弹性模量为 ρ 和 E(图 11.3.1)。假定振动过程中各横截面仍保持为平面,且忽略因纵向振动引起的横向变形。以杆的纵轴为 x 轴,设杆的坐标为 x 的任一截面处的纵向位移 $u(x,$

t)为 x 和 t 的函数,纵向弹性力 F 与正应变 $\varepsilon=\partial u/\partial x$ 成正比,即

$$F=EA\varepsilon=EA\frac{\partial u}{\partial x} \tag{11.3.1}$$

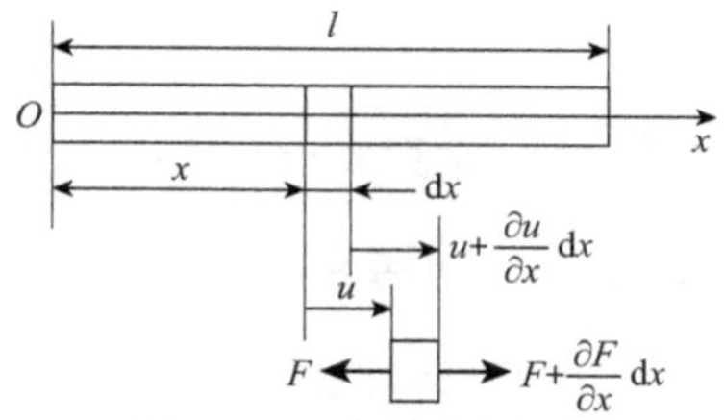

图 11.3.1 杆的纵向振动

在 x 坐标处取厚度为 dx 的微元体,列出此微元体沿 x 方向的动力学方程

$$\rho A\mathrm{d}x\frac{\partial^2 u}{\partial t^2}-\left(F+\frac{\partial F}{\partial x}\mathrm{d}x\right)+F=0 \tag{11.3.2}$$

将式(11.3.1)代入式(11.3.2),并化作一维波动方程

$$\frac{\partial^2 u}{\partial t^2}=c^2\frac{\partial^2 u}{\partial x^2} \tag{11.3.3}$$

参数 c 定义为

$$c=\sqrt{\frac{E}{\rho}} \tag{11.3.4}$$

11.3.2 固有角频率与模态函数

利用分离变量法求解波动方程。令

$$u(x,t)=\phi(x)q(t) \tag{11.3.5}$$

代入方程式(11.3.3),得到

$$\frac{\ddot{q}(t)}{q(t)}=c^2\frac{\phi''(x)}{\phi(x)} \tag{11.3.6}$$

其中,以点号表示对时间 t 的导数,以撇号表示对 x 的导数。由于式(11.3.6)的左边与 x 无关,右边与 t 无关,因此,只可能等于常数 C。设 C 为负数,记作 $C=-\omega^2$,从式(11.3.6)导出变量分离的两个线性微分方程

$$\ddot{q}(t)+\omega^2 q(t)=0 \tag{11.3.7}$$

$$\phi''(x)+\left(\frac{\omega}{c}\right)^2\phi(x)=0 \tag{11.3.8}$$

可见,仅当 C 为负数时方能使式(11.3.7)与单自由度线性振动方程式相同。其通解为

$$q(t)=\alpha\sin(\omega t+\theta) \tag{11.3.9}$$

即以 ω 为固有角频率的简谐振动。式(11.3.8)的解确定杆纵向振动的状态,称为**模态**。其一般形式为

$$\phi(x)=C_1\sin\frac{\omega x}{c}+C_2\cos\frac{\omega x}{c} \tag{11.3.10}$$

其中,积分常数 C_1 和 C_2 以及参数 ω 应满足的角频率方程,由杆的边界条件确定。与有限自由度系统不同,连续系统的模态 $\phi(x)$ 为坐标的连续函数,即**模态函数**。由于是表示各坐标振幅的相对比值,模态函数内可包含一个任意常数。由角频率方程确定的固有角频率有无穷多个,记作 ω_i $(i=1,2,\cdots)$。将第 i 个频率对应的模态函数记作 $\phi_i(x)$ $(i=1,2,\cdots)$,且将式(11.3.9)和式(11.3.10)代入式(11.3.5),即得到以 ω_i 为固有角频率、$\phi_i(x)$ 为模态函数的第 i 阶主振动

$$u^{(i)}(x,t)=\alpha_i\phi_i(x)\sin(\omega_i t+\theta_i)\quad i=1,2,\cdots \tag{11.3.11}$$

连续系统的自由振动是无穷多个主振动的叠加

$$u(x,t)=\sum_{i=1}^{\infty}\alpha_i\phi_i(x)\sin(\omega_i t+\theta_i) \tag{11.3.12}$$

其中,积分常数 α_i 和 $\theta_i(i=1,2,\cdots)$ 由系统的初始条件确定。

11.3.3 边界条件

以下讨论几种常见边界条件下的固有角频率和模态函数。

1) 两端固定

边界条件为

$$u(0,t)=0,u(l,t)=0 \tag{11.3.13}$$

因 $q(t)$ 不能为零,此条件化作

$$\phi(0)=0,\phi(l)=0 \tag{11.3.14}$$

将式(11.3.14)代入式(11.3.10),由于 $\phi(x)$ 不能恒为零,导出 $C_2=0$,以及

$$\sin\frac{\omega l}{c}=0 \tag{11.3.15}$$

此即杆纵向振动的**角频率方程**,它类似于多自由度系统的角频率方程,但所确定的固有角频率有无穷多个

$$\omega_i=\frac{i\pi c}{l}\quad i=1,2,\cdots \tag{11.3.16}$$

将式(11.3.16)代入式(11.3.10),令任意常数 $C_i=1$,导出与固有角频率 ω_i 对应的第 i 阶模态函数为

$$\phi_i(x)=\sin\frac{i\pi x}{l}\quad i=1,2,\cdots \tag{11.3.17}$$

将式(11.3.17)代入式(11.3.11),得到

$$u^{(i)}(x,t)=\alpha_i\sin\frac{i\pi x}{l}\sin(\omega_i t+\theta_i)\quad i=1,2,\cdots \tag{11.3.18}$$

式(11.3.18)表明杆的振动随空间坐标 x 和时间 t 均按正弦函数规律变化,显示为简谐振动沿 x 轴的传播过程。振动在弹性介质中的传播现象称为**弹性波**。在确定时刻,当模态函数式(11.3.17)的相角从零变至 2π 时,x 坐标的增量称为**波长**,记作 λ_i,导出

$$\lambda_i=\frac{2l}{i}\quad i=1,2,\cdots \tag{11.3.19}$$

利用式(11.3.16)确定振动的周期:

$$T_i=\frac{2\pi}{\omega_i}=\frac{2l}{ic}\quad i=1,2,\cdots \tag{11.3.20}$$

将波长 λ_i 与周期 T_i 相除,得到振动沿 x 轴的传播速度,即弹性波的波速为

$$\frac{\lambda_i}{T_i}=c \tag{11.3.21}$$

因此,参数 c 的物理意义是弹性波沿杆方向的传播速度,由弹性杆的物理性质确定,与主振动的阶数无关,也适用于其他边界条件。

2)两端自由

由于自由端的轴向力为零,边界条件为

$$EA\frac{\partial u(0,t)}{\partial x}=0, EA\frac{\partial u(l,t)}{\partial x}=0 \tag{11.3.22}$$

可化作

$$\phi'(0)=0, \phi'(l)=0 \tag{11.3.23}$$

将式(11.3.23)代入式(11.3.10)后,导出 $C_1=0$。角频率方程和固有角频率分别与式(11.3.15)和式(11.3.16)相同。令 $C_2=1$,导出模态函数

$$\phi_i(x)=\cos\frac{i\pi x}{l} \quad i=0,1,2,\cdots \tag{11.3.24}$$

3)一端固定,一端自由

边界条件为

$$\phi(0)=0, \phi'(l)=0 \tag{11.3.25}$$

导出 $C_2=0$ 及角频率方程

$$\cos\frac{\omega l}{c}=0 \tag{11.3.26}$$

解得固有角频率和相应的模态函数为

$$\omega_i=\left(\frac{2i-1}{2}\right)\frac{\pi a}{l} \quad i=1,2,\cdots \tag{11.3.27}$$

$$\phi_i(x)=\sin\frac{(2i-1)\pi x}{2l} \quad i=1,2,\cdots \tag{11.3.28}$$

例题 11.3.1 如图 11.3.2 所示,设杆的一端固定,一端自由且有附加质量 m_0。试求杆纵向振动的固有角频率和模态函数。

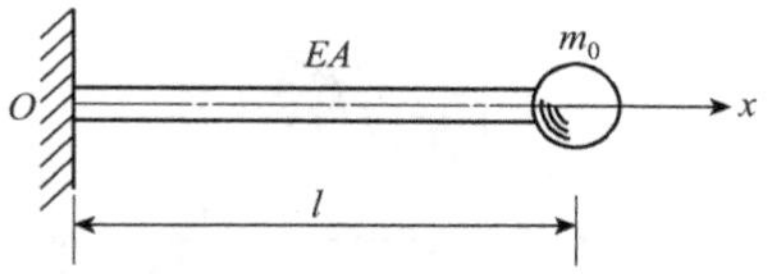

图 11.3.2 带附件质量的纵向振动

解:杆的自由端附有质点 m_0 时,轴向力应等于质量块纵向振动的惯性力。相应的边界条件为

$$u(0,t)=0, EA\frac{\partial u(l,t)}{\partial x}=-m_0\frac{\partial u^2(l,t)}{\partial t^2}$$

其中,第一式为几何边界条件,第二式为力边界条件,可化作

$$\phi(0)=0, EA\phi'(l)=m_0\omega^2\phi(l)$$

导出 $C_2=0$ 和角频率方程

$$\frac{EA}{c}\cos\frac{\omega l}{c}=m_0\omega\sin\frac{\omega l}{c}$$

利用式(11.3.4)将 E 以 ρc^2 代替,令 $m=\rho Al$ 为杆的质量,$\alpha=m_0/m$ 为质量块与杆的质量比,化作

$$\frac{\omega l}{c}\tan\frac{\omega l}{c}=\frac{1}{\alpha}$$

利用数值方法或作图法解此方程,可得到角频率 $\omega_i(i=1,2,\cdots)$。相应的模态函数为

$$\phi_i(x)=\sin\frac{\omega_i x}{c} \quad i=1,2,\cdots$$

弦线振动的频率:杆的纵向振动分析得到的所有结论完全适用于弦线的横向振动。由式(11.3.16)和式(11.1.3)可导出弦乐器发出声音的频率 f 与琴弦的密度 ρ、截面面积 A、张力 F 和长度 l 的关系

$$f=\frac{1}{2l}\sqrt{\frac{F}{\rho A}} \tag{11.3.29}$$

若按照整数比例调整琴弦的长度 l,其所发出声音的频率之间亦满足整数比例而产生和谐的效果。公元前6世纪毕达哥拉斯对此现象的认识,以及中国古代音律学中据此提出的"三分损益律"是人类最早对振动问题的理论研究。

11.4 轴的扭转振动

本节讨论圆截面轴的扭转振动。如图11.4.1所示,设材料的密度为 ρ,切变模量为 G,轴的截面二次极矩为 I_p,对轴线单位长度的转动惯量 $\overline{J}_0=\rho I_p$。以轴的纵轴为 x 轴,$\phi(x,t)$ 为坐标 x 的截面处的角位移。此截面上作用的扭矩 M_T 与角度坐标 ϕ 的变化率 $\partial\phi/\partial x$ 成正比,以抗扭刚度 GI_p 为比例系数,即

$$M_T=GI_p\frac{\partial\varphi}{\partial x} \tag{11.4.1}$$

对于 x 坐标处厚度为 dx 的微元体,列出绕 x 轴转动的动力学方程

$$\overline{J}_0 dx\frac{\partial^2\varphi}{\partial t^2}-\left(M_T+\frac{\partial M_T}{\partial x}dx\right)+M_T=0 \tag{11.4.2}$$

将式(11.4.1)代入式(11.4.2),并化作一维波动方程为

$$\frac{\partial^2\varphi}{\partial t^2}=c^2\frac{\partial^2\varphi}{\partial x^2} \tag{11.4.3}$$

其中,参数 c 定义为

$$c=\sqrt{\frac{G}{\rho}} \tag{11.4.4}$$

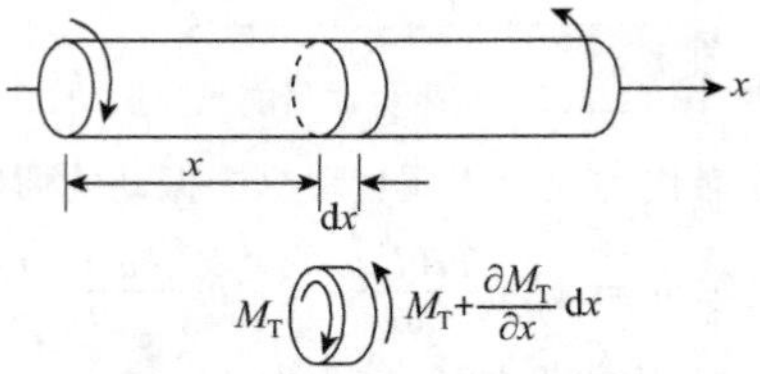

图11.4.1　轴的扭转振动模型

11.5 集中质量法

11.5.1 集中质量系统与连续系统

连续系统的特点是系统元件同时具有分布的质量和刚度。若将连续分布的质量集中在系统内的某些点上,各集中质量之间只有无质量的弹性连接,则该系统被简化为仅含有限个集中质量的多自由度系统。

为说明连续系统与简化的集中质量系统的关系，考虑图 11.5.1 所示变截面直杆的纵向振动。11.3 节中曾讨论等截面杆的特殊情形。以杆的纵轴为 x 轴，坐标为 x 的任一杆截面处的截面面积为 $A(x)$，材料的密度和弹性模量分别为 ρ 和 $E(x)$，受随时间 t 变化的轴向分布力 $f(x,t)$ 作用（图 11.5.1）。假定振动过程中各横截面仍保持为平面，且忽略因纵向振动引起的横向变形。杆的纵向位移 $u(x,t)$ 为坐标 x 和时间 t 的函数。

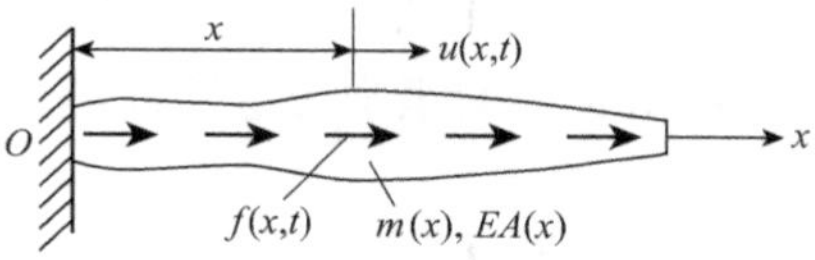

图 11.5.1　变截面直杆的纵向振动

将杆的微元段 Δx_i 的质量 $m_i \approx \rho A(x_i)\Delta x_i$ 集中到杆上坐标为 $x_i(i=1,2,\cdots,n)$ 的 n 个点上，各点的纵向位移 $u_i(t)=u(x_i,t)$。轴向力也相应地集中为 $f_i(t)=f(x_i,t)\Delta x_i$。各集中质量之间用无质量的弹性等截面杆相连。根据郑玄-胡克定律，等截面杆的刚度系数为

$$k_i = \frac{E(x_i)A(x_i)}{\Delta x_i} \tag{11.5.1}$$

列写集中质量 m_i 的动力学方程

$$m_i \ddot{u}_i = k_{i+1}(u_{i+1}-u_i) - k_i(u_i - u_{i-1}) + f_i(t) \tag{11.5.2}$$

对于图 11.5.2 所示的左端固定、右端自由的情形，边界条件为

$$u_0(t)=0,\ u_{n+1}(t)=u_n(t) \tag{11.5.3}$$

将式(11.5.1)代入式(11.5.2)，整理得到

$$\rho A(x_i)\Delta x_i \ddot{u}_i = E(x_i)A(x_i)\frac{\Delta u_i}{\Delta x_i} - E(x_{i-1})A(x_{i-1})\frac{\Delta u_{i-1}}{\Delta x_{i-1}} + f(x_i,t)\Delta x_i \tag{11.5.4}$$

式(11.5.4)两端除以 Δx_i，且令 $\Delta x_i \to 0$，导出连续系统的动力学方程

$$\rho A(x)\frac{\partial^2 u}{\partial t^2} = \frac{\partial}{\partial x}\left(E(x)A(x)\frac{\partial u}{\partial x}\right) + f(x,t) \tag{11.5.5}$$

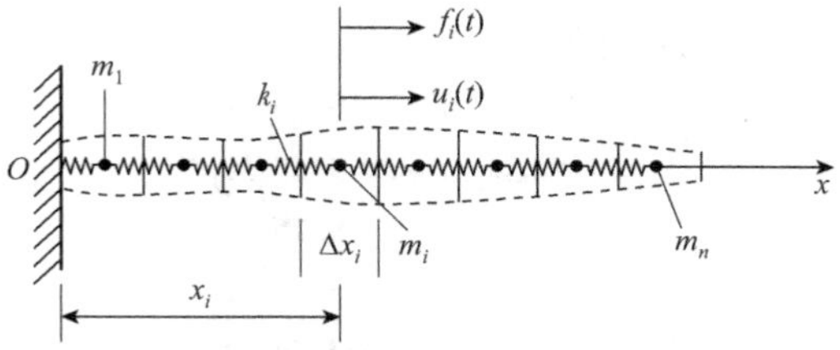

图 11.5.2　纵向受迫振动变截面直杆的集中质量模型

以上分析适用于所有的连续系统。当集中质量数目愈来愈多、间隔愈来愈小时，质量集中系统与原连续系统的差别就愈来愈小。因此，连续系统可视为集中质量系统自由度无限增加时的极限情形。

11.5.2　集中质量法的基本形式

以上讨论表明，连续系统等价于无限多个集中质量的系统。在实际问题的计算中，集中

质量只能是有限数目。而且当多自由度系统的自由度很大时就会存在计算方面的困难,因此,实际上只能取较少数目的集中质量,具体数目取决于所要求的计算精度。这种用有限自由度系统近似代替连续系统的方法称为集中质量法。集中质量法是连续系统最简单的离散化方法,尤其适用于物理参数分布不均匀的实际工程结构。其中惯性和刚性较大的部件自然被视为质量集中的质点和刚体,而惯性小、弹性强的部件则抽象为无质量的弹簧,其实际存在的质量或予以忽略或折合到集中质量上去。对于物理参数分布比较均匀的系统,也可近似地分解为有限个集中质量。离散化后的集中质量系统可直接利用讨论多自由度系统的所有方法和结论。

例题 11.5.1 设长度为 l、弹性模量为 E 的变截面直杆的截面面积的变化规律为

$$A(x)=A_0\left[1-\frac{1}{2}\left(\frac{x}{l}\right)^2\right] \tag{11.5.6}$$

其中,A_0 为常数。试用集中质量法估算该直杆的前 10 阶固有角频率。

解:将直杆等分成 n 段,各段长度 $\Delta x_i=\Delta x=l/n(i=1,2,\cdots,n)$。设每段质量集中于该段的中点 $x_i=(2i-1)l/(2n)$,该集中质量近似为

$$m_i=\rho A(x_i)\Delta x=\frac{m}{n}\left[1-\frac{1}{2}\left(\frac{2i-1}{2n}\right)^2\right] \tag{11.5.7}$$

其中,$m=\rho A_0 l$。计算各集中质量间的弹簧刚度系数时,第一段截面面积取中点值,其余各段截面面积取左端点的值,导出

$$k_1=\frac{2E}{\Delta x}A\left(\frac{l}{2n}\right)=\frac{2nEA_0}{l}\left[1-\frac{1}{2}\left(\frac{1}{2n}\right)^2\right] \tag{11.5.8a}$$

$$k_i=\frac{E}{\Delta x}A\left[\frac{(i-1)l}{n}\right]=\frac{nEA_0}{l}\left[1-\frac{1}{2}\left(\frac{i-1}{n}\right)^2\right]\quad i=2,3,\cdots,n \tag{11.5.8b}$$

要估算前 10 阶固有角频率,n 不得小于 10。取 $n=10$ 时,利用式(11.5.7)计算 $m_i(i=1,2,\cdots,10)$,构成质量矩阵

$$\begin{aligned}\boldsymbol{M}&=\mathrm{diag}(m_1,m_2,m_3,m_4,m_5,m_6,m_7,m_8,m_9,m_{10})\\&=m\cdot\mathrm{diag}(0.0999,0.0989,0.0969,0.0939,0.0899,0.0849,0.0789,0.0719,0.0639,0.0549)\end{aligned} \tag{11.5.9}$$

利用式(11.5.8)计算 $k_i(i=1,2,\cdots,10)$,得到

$$k_1=9.99EA_0/l,k_2=9.95EA_0/l \tag{11.5.10a}$$

$$k_3=9.80EA_0/l,k_4=9.55EA_0/l \tag{11.5.10b}$$

$$k_5=9.20EA_0/l,k_6=8.75EA_0/l \tag{11.5.10c}$$

$$k_7=8.20EA_0/l,k_8=7.55EA_0/l \tag{11.5.10d}$$

$$k_9=6.80EA_0/l,k_{10}=5.95EA_0/l \tag{11.5.10e}$$

构成刚度矩阵

$$\boldsymbol{K}=\begin{bmatrix}k_1+k_2 & -k_2 & 0 & \cdots & 0 & 0\\ -k_2 & k_2+k_3 & -k_3 & \cdots & 0 & 0\\ 0 & -k_3 & k_3+k_4 & \cdots & 0 & 0\\ \vdots & \vdots & \vdots & & \vdots & \vdots\\ 0 & 0 & 0 & \cdots & k_9+k_{10} & -k_{10}\\ 0 & 0 & 0 & \cdots & -k_{10} & k_{10}\end{bmatrix}$$

$$
=\frac{EA_0}{l}\begin{bmatrix}
19.94 & -9.95 & 0 & 0 & 0 & 0 & 0 & 0 & 0 & 0 \\
-9.95 & 19.75 & -9.80 & 0 & 0 & 0 & 0 & 0 & 0 & 0 \\
0 & -9.80 & 19.35 & -9.55 & 0 & 0 & 0 & 0 & 0 & 0 \\
0 & 0 & -9.55 & 18.75 & -9.20 & 0 & 0 & 0 & 0 & 0 \\
0 & 0 & 0 & -9.20 & 17.95 & -8.75 & 0 & 0 & 0 & 0 \\
0 & 0 & 0 & 0 & -8.75 & 16.95 & -8.20 & 0 & 0 & 0 \\
0 & 0 & 0 & 0 & 0 & -8.20 & 15.75 & -7.55 & 0 & 0 \\
0 & 0 & 0 & 0 & 0 & 0 & -7.55 & 14.35 & -6.80 & 0 \\
0 & 0 & 0 & 0 & 0 & 0 & 0 & -6.80 & 12.75 & -5.95 \\
0 & 0 & 0 & 0 & 0 & 0 & 0 & 0 & -5.95 & 5.95
\end{bmatrix} \tag{11.5.11}
$$

求解相应的本征值问题,得到的固有角频率依次为

$$\omega_1 = 1.77\sqrt{\frac{EA_0}{ml}},\omega_2 = 4.77\sqrt{\frac{EA_0}{ml}} \tag{11.5.12a}$$

$$\omega_3 = 7.72\sqrt{\frac{EA_0}{ml}},\omega_4 = 10.49\sqrt{\frac{EA_0}{ml}} \tag{11.5.12b}$$

$$\omega_5 = 13.02\sqrt{\frac{EA_0}{ml}},\omega_6 = 15.23\sqrt{\frac{EA_0}{ml}} \tag{11.5.12c}$$

$$\omega_7 = 17.07\sqrt{\frac{EA_0}{ml}},\omega_8 = 18.49\sqrt{\frac{EA_0}{ml}} \tag{11.5.12d}$$

$$\omega_9 = 19.45\sqrt{\frac{EA_0}{ml}},\omega_{10} = 19.94\sqrt{\frac{EA_0}{ml}} \tag{11.5.12e}$$

11.5.3 用柔度影响系数表示的集中质量法

上述的集中质量法除将连续分布的质量集中以外,连续分布的刚度也被等效为弹簧。在以下叙述另一种形式的集中质量法中,仅集中系统中的质量,而弹性元件的刚度仍保持连续分布。

将6.4节中的柔度影响系数推广到连续系统,以描述系统的刚度特征。连续系统的**柔度影响函数**$f(x,\xi)$定义为:在ξ坐标施加的单位力在x坐标产生的位移。此定义为静力学概念,与质量分布无关。不论连续系统的质量如何分布,均可确定其柔度影响函数。以变截面直杆为例。设在11.5.1节中讨论的变截面直杆的$x=\xi$处作用单位力$F(\xi)=1$,如图11.5.3所示,根据郑玄-胡克定律,有

$$E(x)A(x)\frac{\mathrm{d}u(x)}{\mathrm{d}x}=1 \quad 0\leqslant x\leqslant\xi \tag{11.5.13a}$$

$$E(x)A(x)\frac{\mathrm{d}u(x)}{\mathrm{d}x}=0 \quad \xi < x\leqslant l \tag{11.5.13b}$$

对式(11.5.13)进行积分,以σ表示积分变量,得到相应的纵向位移

$$u(x) = \int_0^x \frac{\mathrm{d}\sigma}{E(\sigma)A(\sigma)} \quad 0\leqslant x\leqslant\xi \tag{11.5.14a}$$

$$u(x) = \int_0^x \frac{\mathrm{d}\sigma}{E(\sigma)A(\sigma)} \quad \xi < x\leqslant l \tag{11.5.14b}$$

根据式(11.5.14)计算的纵向位移导出柔度影响函数

$$f(x,\xi)=u(x)\quad 0\leqslant x\leqslant\xi \tag{11.5.15a}$$

$$f(x,\xi)=u(\xi)\quad \xi<x\leqslant l \tag{11.5.15b}$$

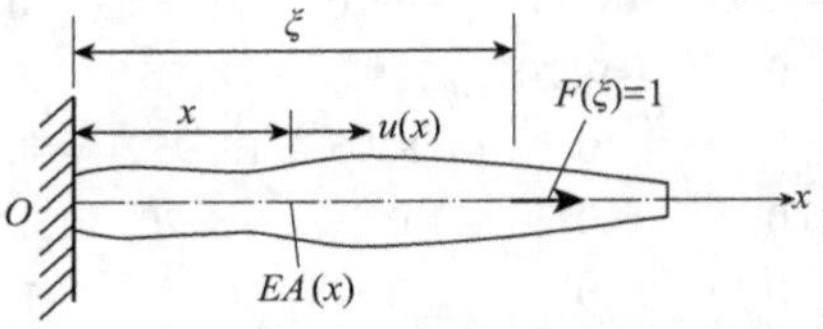

图 11.5.3　在 $x=\xi$ 处受单位力的变截面直杆

采用集中质量法计算连续系统的振动时，只要确定柔度影响函数，集中质量后的多自由度系统的柔度影响系数即可由柔度影响函数得出，即

$$f_{ij}=f(x_i,x_j) \tag{11.5.16}$$

根据位移互等定理，以柔度影响系数为元素的柔度影响矩阵 $\boldsymbol{D}=(f_{ij})_{n\times n}$ 为对称矩阵。利用柔度影响系数的集中质量法应用比较广泛，尤其适用于物理参数非均匀分布的情形。

例题 11.5.2　试用柔度影响系数表示的集中质量法计算例题 11.5.1。

解：将式(11.5.6)代入式(11.5.14)计算柔度影响函数，得到

$$f(x,\xi)=\frac{l}{\sqrt{2}EA_0}\ln\left(\frac{\sqrt{2}l+x}{\sqrt{2}l-x}\right)\quad 0\leqslant x\leqslant\xi \tag{11.5.17a}$$

$$f(x,\xi)=\frac{l}{\sqrt{2}EA_0}\ln\left(\frac{\sqrt{2}l+\xi}{\sqrt{2}l-\xi}\right)\quad \xi<x\leqslant l \tag{11.5.17b}$$

将直杆等分成 n 段，各段长度 $\Delta x_i=\Delta x=l/n(i=1,2,\cdots,n)$。设每段的质量集中于该段的中点 $x_i=(2i-1)l/(2n)$，各段集中质量由式(11.5.7)给出。由式(11.5.17)得到集中质量后系统的柔度影响系数为

$$f_{ij}=f(x_i,x_j)=\frac{l}{\sqrt{2}EA_0}\ln\left(\frac{\sqrt{2}l+x_i}{\sqrt{2}l-x_i}\right)\quad 0\leqslant x_i\leqslant x_j \tag{11.5.18a}$$

$$f_{ij}=f(x_i,x_j)=\frac{l}{\sqrt{2}EA_0}\ln\left(\frac{\sqrt{2}l+x_j}{\sqrt{2}l-x_j}\right)\quad x_j<x_i\leqslant l \tag{11.5.18b}$$

取 $n=10$ 时，质量矩阵仍为式(11.5.9)，由式(11.5.18)计算得到的柔度影响矩阵为

$$\boldsymbol{\Delta}=\begin{bmatrix}
\delta_1 & \delta_1 & \delta_1 & \delta_1 & \delta_1 & \delta_1 & \delta_1 & \delta_1 & \delta_1 & \delta_1\\
\delta_1 & \delta_1+\delta_2 & \delta_1+\delta_2 & \delta_1+\delta_2 & \delta_1+\delta_2 & \delta_1+\delta_2 & \delta_1+\delta_2 & \delta_1+\delta_2 & \delta_1+\delta_2 & \delta_1+\delta_2\\
\delta_1 & \delta_1+\delta_2 & \sum\limits_3\delta_i & \sum\limits_3\delta_i & \sum\limits_3\delta_i & \sum\limits_3\delta_i & \sum\limits_3\delta_i & \sum\limits_3\delta_i & \sum\limits_3\delta_i & \sum\limits_3\delta_i\\
\delta_1 & \delta_1+\delta_2 & \sum\limits_3\delta_i & \cdots & \cdots & \cdots & \cdots & \cdots & \cdots & \cdots\\
\delta_1 & \delta_1+\delta_2 & \sum\limits_3\delta_i & \vdots & & & & & & \vdots\\
\delta_1 & \delta_1+\delta_2 & \sum\limits_3\delta_i & \vdots & & & & & & \vdots\\
\delta_1 & \delta_1+\delta_2 & \sum\limits_3\delta_i & \vdots & & & & & & \vdots\\
\delta_1 & \delta_1+\delta_2 & \sum\limits_3\delta_i & \vdots & & & & & & \vdots\\
\delta_1 & \delta_1+\delta_2 & \sum\limits_3\delta_i & \vdots & & & & & & \vdots\\
\delta_1 & \delta_1+\delta_2 & \sum\limits_3\delta_i & \cdots & \cdots & \cdots & \cdots & \cdots & \cdots & \sum\limits_{10}\delta_i
\end{bmatrix}$$

$$=\frac{l}{EA_0}\begin{bmatrix} 0.0500 & 0.0500 & 0.0500 & 0.0500 & 0.0500 & 0.0500 & 0.0500 & 0.0500 & 0.0500 & 0.0500 \\ 0.0500 & 0.1501 & 0.1501 & 0.1501 & 0.1501 & 0.1501 & 0.1501 & 0.1501 & 0.1501 & 0.1501 \\ 0.0500 & 0.1501 & 0.2514 & 0.2514 & 0.2514 & 0.2514 & 0.2514 & 0.2514 & 0.2514 & 0.2514 \\ 0.0500 & 0.1501 & 0.2514 & 0.3546 & 0.3546 & 0.3546 & 0.3546 & 0.3546 & 0.3546 & 0.3546 \\ 0.0500 & 0.1501 & 0.2514 & 0.3546 & 0.4610 & 0.4610 & 0.4610 & 0.4610 & 0.4610 & 0.4610 \\ 0.0500 & 0.1501 & 0.2514 & 0.3546 & 0.4610 & 0.5723 & 0.5723 & 0.5723 & 0.5723 & 0.5723 \\ 0.0500 & 0.1501 & 0.2514 & 0.3546 & 0.4610 & 0.5723 & 0.6903 & 0.6903 & 0.6903 & 0.6903 \\ 0.0500 & 0.1501 & 0.2514 & 0.3546 & 0.4610 & 0.5723 & 0.6903 & 0.8171 & 0.8171 & 0.8171 \\ 0.0500 & 0.1501 & 0.2514 & 0.3546 & 0.4610 & 0.5723 & 0.6903 & 0.8171 & 0.9564 & 0.9564 \\ 0.0500 & 0.1501 & 0.2514 & 0.3546 & 0.4610 & 0.5723 & 0.6903 & 0.8171 & 0.9564 & 1.1130 \end{bmatrix} \tag{11.5.19}$$

求解相应的本征值问题,得到的固有角频率依次为

$$\omega_1 = 1.7714\sqrt{\frac{EA_0}{ml}},\omega_2 = 4.7735\sqrt{\frac{EA_0}{ml}} \tag{11.5.20a}$$

$$\omega_3 = 7.7168\sqrt{\frac{EA_0}{ml}},\omega_4 = 10.491\sqrt{\frac{EA_0}{ml}} \tag{11.5.20b}$$

$$\omega_5 = 13.017\sqrt{\frac{EA_0}{ml}},\omega_6 = 15.227\sqrt{\frac{EA_0}{ml}} \tag{11.5.20c}$$

$$\omega_7 = 17.066\sqrt{\frac{EA_0}{ml}},\omega_8 = 18.486\sqrt{\frac{EA_0}{ml}} \tag{11.5.20d}$$

$$\omega_9 = 19.451\sqrt{\frac{EA_0}{ml}},\omega_{10} = 19.937\sqrt{\frac{EA_0}{ml}} \tag{11.5.20e}$$

在适当精度范围内此结果与例题 11.5.1 一致。

集中质量法是一种物理概念清晰且简便易行的实用近似计算方法,并没有严格的理论基础,通常有比较大的误差。质量的集中方式和刚度的等效代换都存在随意性,一般很难预测用集中质量法计算的结果是大于真实值还是小于真实值。因此,集中质量法主要用于粗略估算连续系统的固有角频率。集中质量法的精度可随着集中质量数目的提高而增加,但增加可能很缓慢。

除前面例题中的杆纵向振动以外,集中质量法也可用于其他连续系统的振动,如梁的横向振动。

11.6 Maple 编程示例

编程题 11.6.1 试用 Maple 编程计算例题 11.5.2 的固有角频率。

解:1) 建模——集中质量法

为计算方便,将所有量量纲一化。

(1)分段准备 $n=10$;

(2)利用式(11.5.14)得纵向位移;

(3)计算第一点的质量、柔度和柔度影响系数;

(4)计算各点的质量、柔度和柔度影响系数;

(5)建立质量矩阵;

(6)建立柔度影响矩阵;

(7)质量矩阵与柔度影响矩阵相乘;

(8)求特征值;

(9)求固有角频率。

2)Maple 源程序——柔度法

```
###############################################################
> restart:                                                  #清零
> with(LinearAlgebra):                                      #加载线性代数库
> with(linalg):                                             #加载矩阵运算库
> n:=10:                                                    #分成 10 段,n=10
> A:=1-1/2*x^2:                                             #横截面积函数
##########################################################
> u:=int1/(A,x):                                            #积分得纵向位移
> m[1]:=evalf(1/n*(1-1/2*(1/(2*n))^2),5):                   #第一点质量
> delta[1]:=evalf(subs(x=1/(2*n),u),5):                     #第一点柔度
> b[1]:=delta[1]:                                           #第一点柔度影响系数
> ########################################################
> #循环计算各点的质量、柔度和柔度影响系数
> for i from 2 to n do
> m[i]:=evalf(1/n*(1-1/2*((2*i-1)/(2*n))^2),5):
> delta[i]:=evalf(subs(x=(i-1)*1/n,u),5):
> b[i]:=b[1]+delta[i]:
> od:
> ########################################################
> #建立质量矩阵
> M:=Matrix([[m[1],0,0,0,0,0,0,0,0,0],
>             [0,m[2],0,0,0,0,0,0,0,0],
>             [0,0,m[3],0,0,0,0,0,0,0],
>             [0,0,0,m[4],0,0,0,0,0,0],
>             [0,0,0,0,m[5],0,0,0,0,0],
>             [0,0,0,0,0,m[6],0,0,0,0],
>             [0,0,0,0,0,0,m[7],0,0,0],
>             [0,0,0,0,0,0,0,m[8],0,0],
>             [0,0,0,0,0,0,0,0,m[9],0],
>             [0,0,0,0,0,0,0,0,0,m[10]]]):
> ##############################################################
> #建立柔度影响矩阵
> Delta:=Matrix([[b[1],b[1],b[1],b[1],b[1],b[1],b[1],b[1],b[1],b[1]],
>                 [b[1],b[2],b[2],b[2],b[2],b[2],b[2],b[2],b[2],b[2]],
>                 [b[1],b[2],b[3],b[3],b[3],b[3],b[3],b[3],b[3],b[3]],
>                 [b[1],b[2],b[3],b[4],b[4],b[4],b[4],b[4],b[4],b[4]],
>                 [b[1],b[2],b[3],b[4],b[5],b[5],b[5],b[5],b[5],b[5]],
>                 [b[1],b[2],b[3],b[4],b[5],b[6],b[6],b[6],b[6],b[6]],
>                 [b[1],b[2],b[3],b[4],b[5],b[6],b[7],b[7],b[7],b[7]],
>                 [b[1],b[2],b[3],b[4],b[5],b[6],b[7],b[8],b[8],b[8]],
>                 [b[1],b[2],b[3],b[4],b[5],b[6],b[7],b[8],b[9],b[9]],
>                 [b[1],b[2],b[3],b[4],b[5],b[6],b[7],b[8],b[9],b[10]]]):
```

```
> ############################################################
> #求固有角频率
> A: = multiply(M,Delta):                    #质量矩阵与柔度影响矩阵相乘
> SOL1: = eigenvalues(A):                    #求特征值
> for i from 1 to n do                       #循环开始
> omega[i]: = evalf(sqrt(1/SOL1[i]),5):      #求固有角频率
> od;                                        #循环结束
> ######################################################################
```

11.7 思考题

思考题 11.1 简答题

1. 从运动微分方程的性质上看,连续系统与离散系统有什么不同?
2. 一个连续系统有多少个固有角频率?
3. 边界条件在离散系统中重要吗? 为什么?
4. 什么是波动方程?
5. 波的速度有什么意义?

思考题 11.2 判断题

1. 连续系统与分布参数系统是相同的。 (　　)
2. 可以认为连续系统有无限多个自由度。 (　　)
3. 连续系统的控制方程是一个常微分方程。 (　　)
4. 与弦的横向振动、杆的纵向振动以及轴的扭转振动相对应的自由振动方程,具有相同的形式。 (　　)
5. 连续系统的固有振型是正交的。 (　　)

思考题 11.3 填空题

1. 索的自由振动方程也叫作________方程。
2. 角频率方程也叫作________方程。
3. 分离变量法是将索自由振动的解表示为 x 的函数与 t 的函数的________。
4. 边界条件与________条件要同时用来求连续振动系统的解。
5. 在行波解 $w(x,t)=w_1(x-ct)+w_2(x+ct)$ 中,第 1 项表示沿 x 的________方向上传播的波。

思考题 11.4 选择题

1. 连续系统的角频率方程是________。

A. 多项式方程　　B. 超越方程　　C. 微分方程

2. 连续系统的固有角频率的数目是________。

A. 无限个　　B. 一个　　C. 有限个

3. 拉普拉斯算子的表达式为________。

A. $\frac{\partial^2}{\partial x\partial y}$　　B. $\frac{\partial^2}{\partial x^2}+\frac{\partial^2}{\partial y^2}+2\frac{\partial^2}{\partial x\partial y}$　　C. $\frac{\partial^2}{\partial x^2}+\frac{\partial^2}{\partial y^2}$

4. 杆作纵向振动时,自由端的边界条件为________。

A. $u(0,t)=0$　　B. $\frac{\partial u}{\partial x}(0,t)=0$　　C. $EA\frac{\partial u}{\partial x}(0,t)-u(0,t)=0$

5. 杆作纵向振动时,其振型函数正交性的含义为________。

A. $\int_0^l U_i(x)U_j(x)\mathrm{d}x = 0$

B. $\int_0^l (U'_iU_j - U'_jU_i)\mathrm{d}x = 0$

C. $\int_0^l (U_i(x) + U_j(x))\mathrm{d}x = 0$

思考题 11.5　连线题 $\left(波动方程\ c^2\dfrac{\partial^2 w}{\partial x^2}=\dfrac{\partial^2 w}{\partial t^2}\right)$

1. $c=(F/\bar{\rho})^{1/2}$　　A. 杆的纵向振动

2. $c=(E/\rho)^{1/2}$　　B. 轴的扭转振动

3. $c=(G/\rho)^{1/2}$　　C. 弦的横向振动

4. $c=(\kappa G/\rho)^{1/2}$　　D. 杆的剪切振动

11.8　习题

A 类习题

习题 11.1　如图 11.8.1 所示，水箱呈立方体形状，四个下角分别支撑在四根相同的弹簧上，立方体的棱长为 $2a$，在平行立方体棱的方向上，弹簧的刚度系数分别为 k_x、k_y、k_z。立方体对中心主轴的转动惯量为 J。试写出微振动方程，并求在 $k_x=k_y$ 情况下的振动角频率。水箱的质量等于 m。

习题 11.2　如图 11.8.2 所示，长、宽分别为 a、b 的矩形均质平板水平放置，以四角支撑在刚度系数都为 k 的四根相同弹簧上，板的质量为 m，求自由振动的角频率。

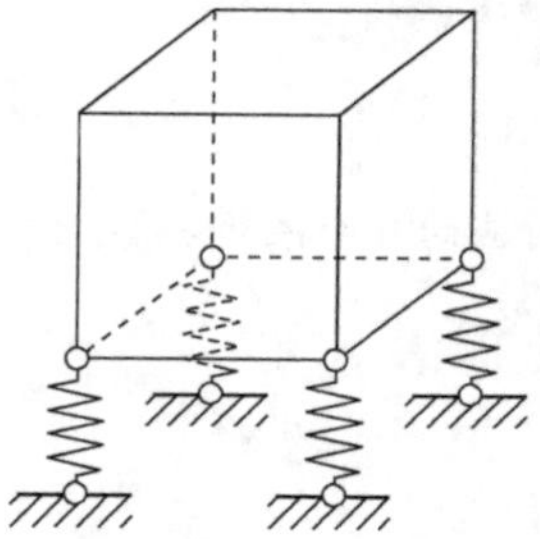

图 11.8.1　习题 11.1

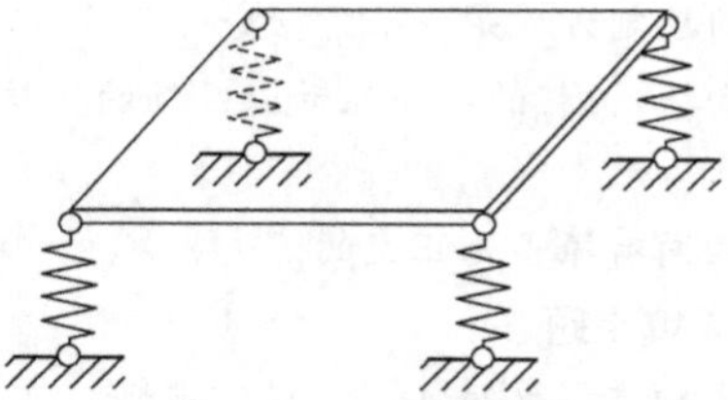

图 11.8.2　习题 11.2

习题 11.3　如图 11.8.3 所示，重量分别为 Q_1、Q_2 和 Q_3 的三辆车厢连在一起，车钩的刚度系数等于 k_1 和 k_2，求系统的主振动频率。

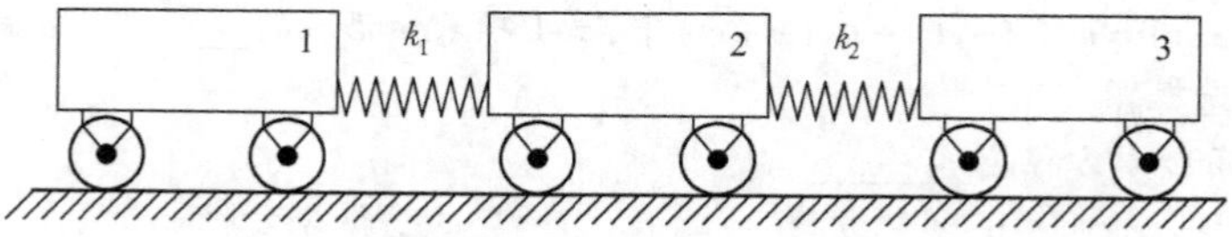

图 11.8.3　习题 11.3

习题 11.4　试在习题 11.3 的条件下，对等重车厢 $Q_1=Q_2=Q_3=Q$ 以等刚度系数 $k_1=k_2=k$ 车钩连接的情况，写出各车厢的运动方程，并画出主振型。在初始瞬时左边两个车厢处在平衡位置，最右边车厢偏离平衡位置为 x_0。

习题 11.5　三个相同质量块 m 装在梁上，各质量块相互之间以及与梁的支承间距离相等，梁可被认为自由地搁在支承上，梁长 l，横截面惯性矩为 I，弹性模量为 E，求系统的角频率和主振型。

习题 11.6　如图 11.8.4 所示，由 n 个相同质量块 m 用一些刚度系数为 k 的弹簧串接起来的系统，构成一个纵向振动滤波器，设左端质量块的运动规律为 $x=x_0\sin\Omega t$，试证明系统是一个低频滤波器，当

角频率 Ω 超过一定的界限后，各个质量块的强迫振动幅度将随着点（自左向右）编号按指数规律变化，而当 Ω 在界限以下时，各个质量块的强迫振动幅度将随着质点编号按简谐规律变化。

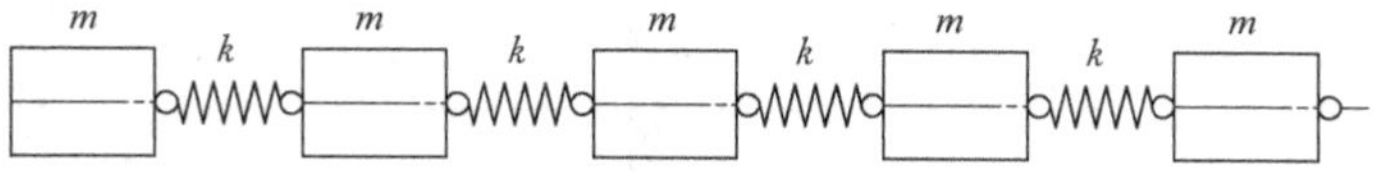

图 11.8.4　习题 11.6

习题 11.7　如图 11.8.5 所示，扭转振动器滤波器可概略地表示为一根装有许多圆盘的轴。设左端圆盘运动规律为 $\theta=\theta_0\sin\Omega t$。求系统的强迫振动，并计算各个圆盘的振幅。设圆盘的转动惯量均为 J，每对圆盘之间的轴段具有相同的刚度系数 k，分析所得结果并证明系统为低频滤波器。

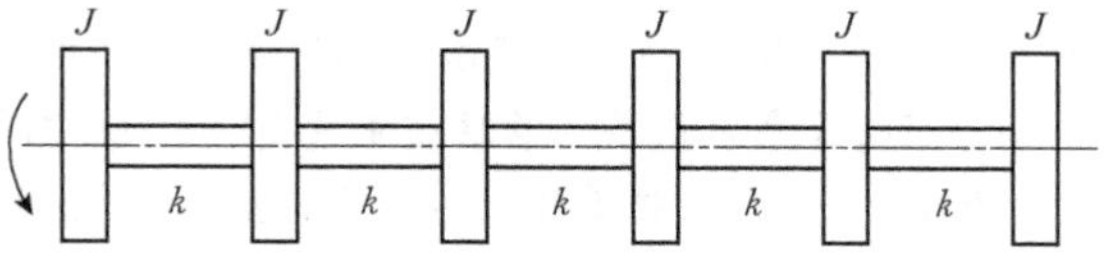

图 11.8.5　习题 11.7

习题 11.8　如图 11.8.6 所示，组成纵向振动带通滤波器的机械系统包含若干元件。每个元件的质量为 m，并用刚度系数为 k 的弹簧与下一个质量元件相连。与弹簧并联的刚度系数为 k_1 的弹簧把质量 m 系在固定点。试证明振动角频率 Ω 在一定范围内时，各个质量振动的振幅将随着距离按简谐规律变化，并求相应的界限角频率。

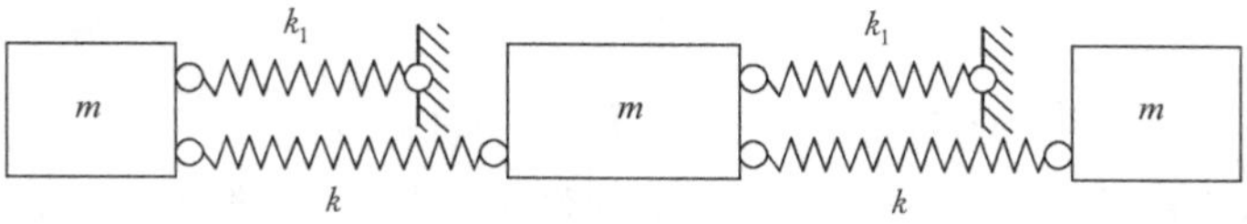

图 11.8.6　习题 11.8

习题 11.9　如图 11.8.7 所示，很多个质量块 m，以等相隔 a 系在弦 AB 上，AB 被拉力 F_T 拉紧，每个质量块又用刚度系数为 k 的弹簧支撑，这个系统组成了横向振动带通滤波器，试计算可通频带的界限。

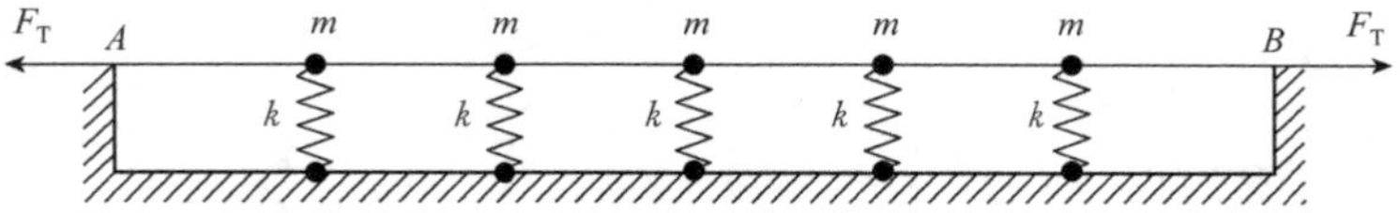

图 11.8.7　习题 11.9

习题 11.10　长度为 nl 的绳子铅垂悬挂在一端，n 个质量为 m 的质点以等距离 a 系在绳上。试写出其运动方程。请在 $n=3$ 的情况下求绳的横向振动角频率。

习题 11.11　两端固定并拉紧的绳上系有 n 个质量为 m 的质点，质点之间的距离均为 l，绳的拉力为 F_T。求绳的横向自由振动的角频率。

B 类习题

习题 11.12　变截面圆轴的切变模量为 G，横截面二次极矩为 $I_p(x)$，密度为 $\rho(x)$。试求此变截面圆轴扭振的动力学方程。

习题 11.13　图 11.8.8 所示为上端固定、下端自由的均质柔软重弦线。试建立横向微幅自由振动的动力学方程和模态函数满足的微分方程。

习题 11.14　如图 11.8.9 所示，阶梯杆系中已知 m_1、m_2、ρA_1E_1、ρA_2E_2 和 k。试求纵向振动的角频率方程。

图 11.8.8　习题 11.13

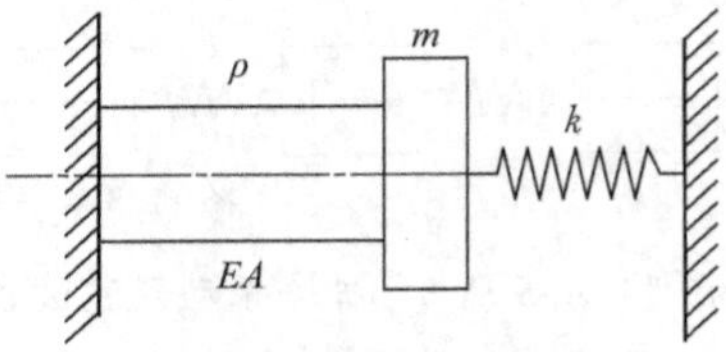

图 11.8.9　习题 11.14

习题 11.15　如图 11.8.10 所示，长度为 l、密度为 ρ、抗扭刚度为 GI_p 的等直圆轴一端有转动惯量为 J 的圆盘，另一端连接扭转刚度系数为 k 的弹簧。试求系统扭振的角频率方程。

习题 11.16　如图 11.8.11 所示，长度为 l、单位长度质量为 ρA 的弦左端固定，右端连接在一质量-弹簧系统的物块上。物块质量为 m，弹簧刚度系数为 k，静平衡位置在 $z=0$ 处。弦线微幅振动，弦内张力 F 保持不变。试求弦横向振动的角频率方程。

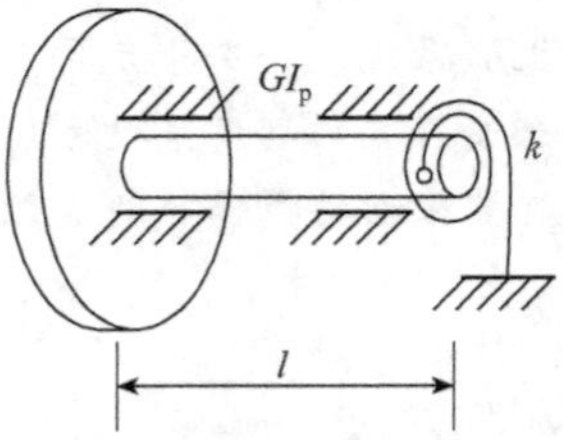

图 11.8.10　习题 11.15

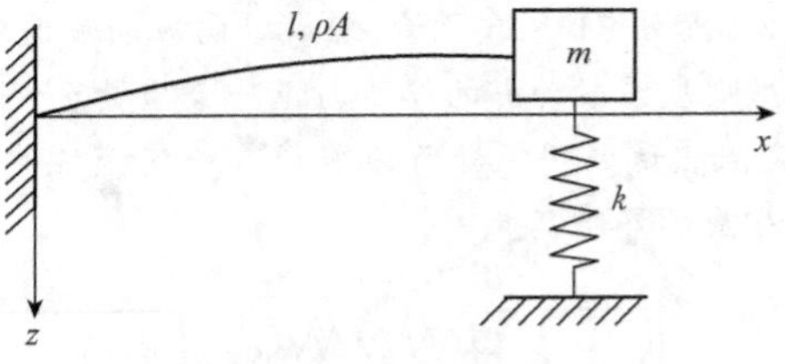

图 11.8.11　习题 11.16

习题 11.17　长度为 l、截面面积为 A、密度为 ρ 和弹性模量为 E 的等直均质杆一端固定，另一端自由。沿杆长度作用均匀激励 $(F_1/l)\sin\Omega t$。初始时突然撤去沿杆长度均匀分布的强度为 F_0/l 的载荷。试求系统的总响应。

习题 11.18　如图 11.8.12 所示，长度为 l、单位长度质量为 ρA、以不变张力 F 张紧的弦线受一以匀速 v 沿弦线运动的不变力 F 作用。试求弦线运动规律。

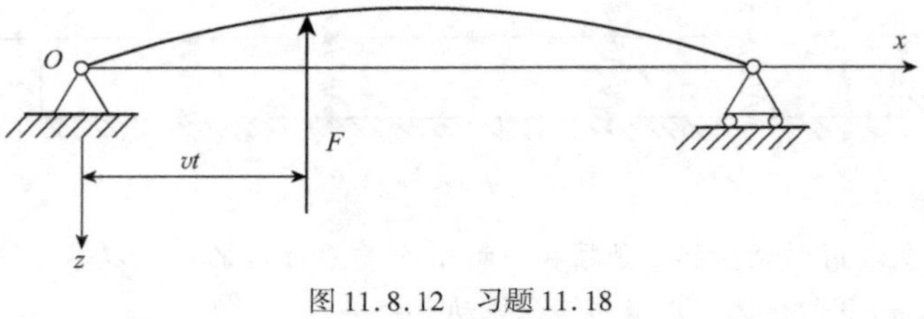

图 11.8.12　习题 11.18

习题 11.19　如图 11.8.13 所示，长度为 l、截面面积为 A、密度为 ρ 和弹性模量为 E 的变截面直杆两端各连接一质量-弹簧系统。物块的质量分别为 m_1 和 m_2，弹簧刚度系数分别为 k_1 和 k_2。试推导纵向振动的模态正交性表达式。

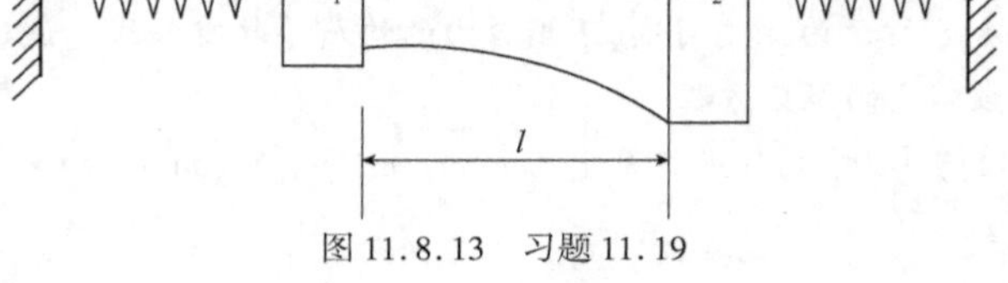

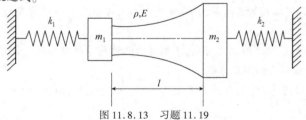

图 11.8.13　习题 11.19

习题 11.20 用能量法推导密度为ρ、切变模量为G、截面二次矩为$I_p(x)$的变截面轴的动力学微分方程和边界条件。

习题 11.21 (编程题)编写 Maple 程序对编程题 8.4.1 中的双摆问题进行计算机仿真。

习题 11.22 (编程题)黏性阻尼单自由度系统所受的力为

$$F(t)=F_0\left(1-\sin\frac{\pi t}{2t_0}\right)$$

其中$F_0=1,t_0=\pi,m=1,c=0.2,k=1$。假定初始位移和速度都为 0,利用 Maple 编程求其响应。

C 类习题

习题 11.23 (振动调整)设计正方形扭平壳的厚度t和拱度f,要求基本振动频率不大于 50Hz,$l=5$m。材料采用压制的石棉水泥。

边界条件:

当$x=0,l$时,$w=N_x=\bar{v}=\dfrac{\partial^2 w}{\partial x^2}=0$;

当$y=0,l$时,$w=N_y=\bar{u}=\dfrac{\partial^2 w}{\partial y^2}=0$。

提示:应选用扭平壳的两个不充分的几何特征:厚度t和拱度f。利用换算角频率$\bar{\omega}$与f/t比值的关系曲线如图 11.8.14 所示。

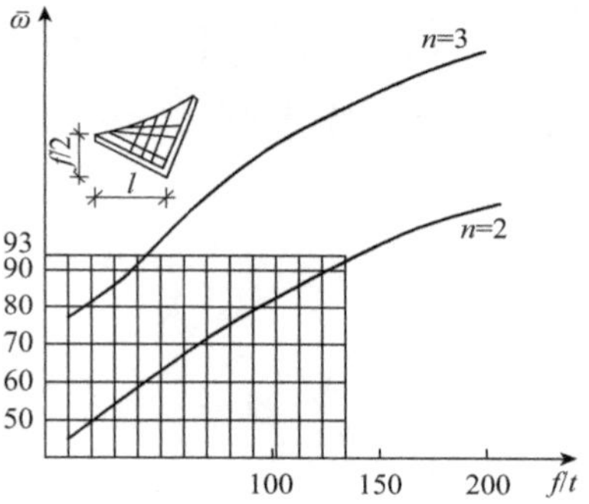

图 11.8.14 习题 11.23

此曲线由正方形平面周边铰支承的扭壳在不同的f/t比值进行多次试算而得。习题采用网格法在电子计算机上求解。壳体的边分成 8 段。

曲线旁的数字表明沿着相应振型边的半波数。

换算频率$\bar{\omega}$与频率$[\omega]$的关系式

$$[\omega]=\frac{\bar{\omega}t}{2\pi l^2}\sqrt{\frac{E_q}{12(1-\mu^2)\gamma}} \tag{1}$$

引用符号

$$\bar{t}=l^2\times 10^{-5},k=2\pi\sqrt{\frac{12(1-\mu^2)\gamma}{E_q}\times 10^5} \tag{2}$$

从式(1)得到确定厚度的公式

$$t=\frac{[\omega]}{\bar{\omega}}k\bar{t} \tag{3}$$

表 11.8.1 给出了某些材料的k值。

对某些材料的 k 值 表 11.8.1

材料	$100k$
杜拉铝	0.3728
5 号钢	0.3972
标号 200 的混凝土	0.7146
未压制的石棉水泥	0.7072
压制的石棉水泥	0.4101

频率 $\overline{\omega}$ 可按图 11.8.14 曲线，由 f/t 值选用。图中虚线的曲线把图面分成两部分。位于曲线以下各点，保证基频低于 $[\omega]$。实际从下面划分这一范围的界限，这是对不同的 f/t 采用平壳理论的极限线。

习题 11.24 （振动调整）集中质量 m 作用在半径为 R 的无重量圆板中心，要求用弹簧以减小悬挂质量的自振角频率。确定当质量自振角频率减小为 $1/n$ 时弹簧的压缩量。

##

斯塔达拉（Aurel Boreslav Stodola，1859—1942，瑞士），工程师。他的研究领域包括机械设计、自动控制、热动力学、转子动力学和汽轮机学。他在 1903 年出版了其著名的书籍之一 *Die Dampfturbin*。该书不仅讨论了汽轮机设计的热力学问题，还涉及流体流动，振动，板、壳和旋转盘的应力分析、热应力，孔和圆角处的应力集中，并被译成了多种语言。他提出的计算梁的固有角频率的近似计算方法被称为 Stodola 方法。

主要著作：《汽轮机》等。

##

移居二首·其一

晋　陶渊明(约365—427)

昔欲居南村,非为卜其宅。

闻多素心人,乐与数晨夕。

怀此颇有年,今日从兹役。

弊庐何必广,取足蔽床席。

邻曲时时来,抗言谈在昔。

奇文共欣赏,疑义相与析。

第12章　梁的振动

对梁的横向振动,总结了全部的常用边界条件,并证明了振型的正交性,利用振型叠加法讨论了梁的受迫振动以及轴向力对梁的固有角频率和振型的影响,还给出了考虑转动惯量和剪切变形影响的厚梁理论(铁摩辛柯梁理论)。

12.1　梁的弯曲振动

12.1.1　动力学方程

本节讨论细直梁的弯曲振动。将未变形时梁的中轴线,即各截面形心连成的直线取作 x 轴。设梁具有过 x 轴的对称平面,将对称平面内与 x 轴垂直向下的方向取作 z 轴。梁在对称平面内作弯曲振动时,梁的中心轴只有沿 z 轴的横向位移 $w(x,t)$,称为梁的挠度。设截面相对过形心的横轴上下对称,此对称轴称为截面的中性轴。关于梁弯曲振动的分析基于截面的平面假定,即截面在梁的弯曲变形过程中始终保持为平面。设变形后截面法线相对 x 轴偏转的角度为 θ,则截面上各点沿 x 轴的位移 u 与截面绕中性轴的转角 θ 及该点在变形前与中性轴的距离,即变形前的 z 坐标成正比

$$u = -\theta z \tag{12.1.1}$$

位移 u 相对 x 坐标的变化率等于应变 ε_x,产生沿 x 方向的应力

$$\sigma_x = E\varepsilon_x = E\frac{\partial u}{\partial x} \tag{12.1.2}$$

其中,E 为材料的弹性模量。设梁截面为宽度 b、高度 h 的矩形,将式(12.1.1)代入式(12.1.2),在截面内积分计算内应力对中性轴的合力矩,导出

$$M = b\int_{-h/2}^{h/2}\sigma_x z\mathrm{d}z = -EI\frac{\partial\theta}{\partial x} \tag{12.1.3}$$

其中,$I = bh^3/12$,为截面的二次矩。梁弯曲后中轴变为曲线,其切线偏离 x 轴的角度在小挠度条件下等于曲线的斜率$\partial w/\partial x$。若忽略梁在 xOz 平面内的剪切变形,则截面的法线轴与中

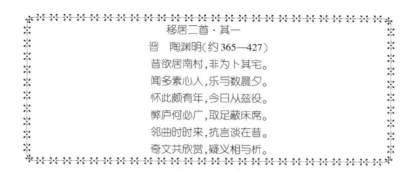

轴线的切线保持一致,其转角 θ 与中轴线切线斜率相等,即

$$\theta=\frac{\partial w}{\partial x} \tag{12.1.4}$$

将式(12.1.4)代入式(12.1.3),得到弯矩 M 与挠度的关系

$$M=-EI\frac{\partial^2 w}{\partial x^2} \tag{12.1.5}$$

即梁的弯矩与中轴线的曲率成正比,比例系数 EI 称为梁的抗弯刚度。

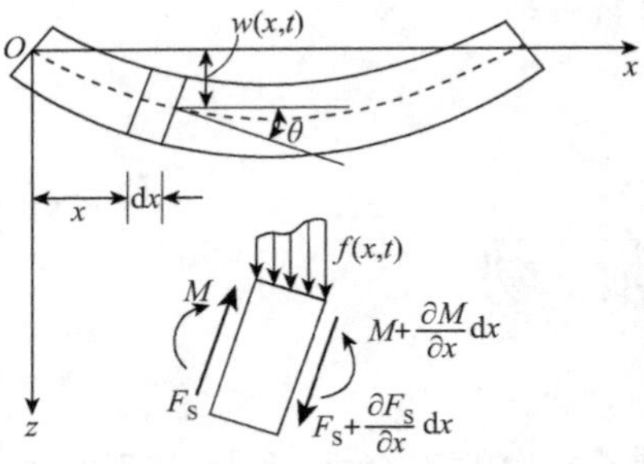

图 12.1.1　梁的微元体受力图

设梁的长度为 l,材料密度为 ρ,横截面面积为 A,作用在梁上沿 z 轴的分布载荷为 $f(x,t)$。在中轴线上任意点处取厚度为 $\mathrm{d}x$ 的微元体,其受力状况如图 12.1.1 所示。其中,以 F_S 和 M 表示的剪力和弯矩的箭头指向为正方向。由于图中梁形状所对应的中轴线曲率为负值,因此,式(12.1.5)中出现负号以保证弯矩为正值。根据达朗贝尔原理列出微元体沿 z 轴负方向的力平衡方程

$$\rho A(x)\frac{\partial^2 w}{\partial t^2}\mathrm{d}x-\left(F_S+\frac{\partial F_S}{\partial x}\mathrm{d}x\right)+F_S-f(x,t)\,\mathrm{d}x=0 \tag{12.1.6}$$

列写微元体的力矩平衡条件时,忽略截面转动产生的惯性力矩项,以右截面上任意点为矩心,得到

$$\left(M+\frac{\partial M}{\partial x}\mathrm{d}x\right)-M-F_S\mathrm{d}x+f(x,t)\frac{(\mathrm{d}x)^2}{2}=0 \tag{12.1.7}$$

略去 $\mathrm{d}x$ 的二次项,从式(12.1.7)导出

$$F_S=\frac{\partial M}{\partial x} \tag{12.1.8}$$

将式(12.1.5)和式(12.1.8)代入式(12.1.6),得到梁的弯曲振动方程

$$\rho A(x)\frac{\partial^2 w(x,t)}{\partial t^2}+\frac{\partial^2}{\partial x^2}\left[EI(x)\frac{\partial^2 w(x,t)}{\partial x^2}\right]=f(x,t) \tag{12.1.9}$$

若梁为等截面,式(12.1.9)简化为

$$\rho A\frac{\partial^2 w(x,t)}{\partial t^2}+EI\frac{\partial^4 w(x,t)}{\partial x^4}=f(x,t) \tag{12.1.10}$$

此方程含挠度 $w(x,t)$ 对空间变量 x 的四阶偏导数和对时间变量 t 的二阶偏导数,求解时必须列出 4 个边界条件和 2 个初始条件。在以上分析过程中,未考虑截面的剪切变形和截面绕中性轴转动的惯性效应,梁的这种简化模型称为**欧拉-伯努利梁**。

12.1.2　固有角频率和模态函数

讨论梁的自由振动时,令方程(12.1.9)中 $f(x,t)=0$,化作

$$\frac{\partial^2}{\partial x^2}\left[EI(x)\frac{\partial^2 w(x,t)}{\partial x^2}\right]+\rho A(x)\frac{\partial^2 w(x,t)}{\partial t^2}=0 \tag{12.1.11}$$

将方程的解分离变量,写作

$$w(x,t)=\phi(x)q(t) \tag{12.1.12}$$

代入方程(12.1.11),得到

$$\frac{\ddot{q}(t)}{q(t)}=-\frac{[EI(x)\phi''(x)]''}{\rho A(x)\phi(x)} \tag{12.1.13}$$

式(12.1.13)两边为不同自变量的函数,只可能与常数相等,记作 $-\omega^2$,导出

$$\ddot{q}(t)+\omega^2 q(t)=0 \tag{12.1.14}$$

$$[EI(x)\phi''(x)]''-\omega^2\rho A(x)\phi(x)=0 \tag{12.1.15}$$

式(12.1.14)为单自由度线性振动方程,其通解为

$$q(t)=\alpha\sin(\omega t+\theta) \tag{12.1.16}$$

一般情况下,式(12.1.15)为变系数微分方程,除少数特殊情形之外得不到解析解。对于均质等截面梁,ρA 为常数,简化为常系数微分方程

$$\phi^{(4)}(x)-\beta^4\phi(x)=0 \tag{12.1.17}$$

其中,参数 β^4 定义为

$$\beta^4=\frac{\rho A}{EI}\omega^2 \tag{12.1.18}$$

式(12.1.16)的解可确定梁弯曲振动的模态函数。利用指数形式特解

$$\phi(x)=\mathrm{e}^{\lambda x} \tag{12.1.19}$$

代入式(12.1.16)后,导出本征方程

$$\lambda^4-\beta^4=0 \tag{12.1.20}$$

其 4 个本征值为 $\pm\beta$、$\pm\mathrm{i}\beta$,对应于 4 个线性独立的解 $\mathrm{e}^{\pm\beta x}$ 和 $\mathrm{e}^{\pm\mathrm{i}\beta x}$,由于

$$\mathrm{e}^{\pm\beta x}=\cosh\beta x\pm\sinh\beta x,\ \mathrm{e}^{\pm\mathrm{i}\beta x}=\cos\beta x\pm\mathrm{i}\sin\beta x \tag{12.1.21}$$

也可将 $\cos\beta x$、$\sin\beta x$、$\cosh\beta x$、$\sinh\beta x$ 作为基本解系,将方程(12.1.17)的通解写作

$$\phi(x)=C_1\cos\beta x+C_2\sin\beta x+C_3\cosh\beta x+C_4\sinh\beta x \tag{12.1.22}$$

积分常数 $C_j(j=1,2,3,4)$ 及参数 ω 应满足的角频率方程,由梁的边界条件确定。可解出无穷多个固有角频率 $\omega_i(i=1,2,\cdots)$ 及对应的模态函数 $\phi_i(x)(i=1,2,\cdots)$,构成系统的第 i 个主振动

$$w^{(i)}(x,t)=\alpha_i\phi_i(x)\sin(\omega_i t+\theta_i)\quad i=1,2,\cdots \tag{12.1.23}$$

系统的自由振动为无限多个主振动的叠加,即

$$w(x,t)=\sum_{i=1}^{\infty}\alpha_i\phi_i(x)\sin(\omega_i t+\theta_i) \tag{12.1.24}$$

其中,积分常数 α_i 和 $\theta_i(i=1,2,\cdots)$ 由系统的初始条件确定。

常见的约束状况与边界条件有以下几种。

1)固定端

固定端处梁的挠度 w 和转角 $\partial w/\partial x$ 均等于零,即

$$\phi(x_0)=0,\phi'(x_0)=0\quad x_0=0\text{ 或 }l \tag{12.1.25}$$

2)简支端

简支端处梁的挠度 w 和弯矩 M 等于零,可利用式(12.1.5)写出

$$\phi(x_0)=0,\phi''(x_0)=0\quad x_0=0\text{ 或 }l \tag{12.1.26}$$

3) 自由端

自由端处梁的弯矩 M 和剪力 F_S,均等于零,可利用式(12.1.5)和式(12.1.8)写出

$$\phi''(x_0)=0,\phi'''(x_0)=0 \quad x_0=0\text{ 或 }l \tag{12.1.27}$$

例题 12.1.1 如图 12.1.2 所示,试求简支梁的固有角频率和模态函数。

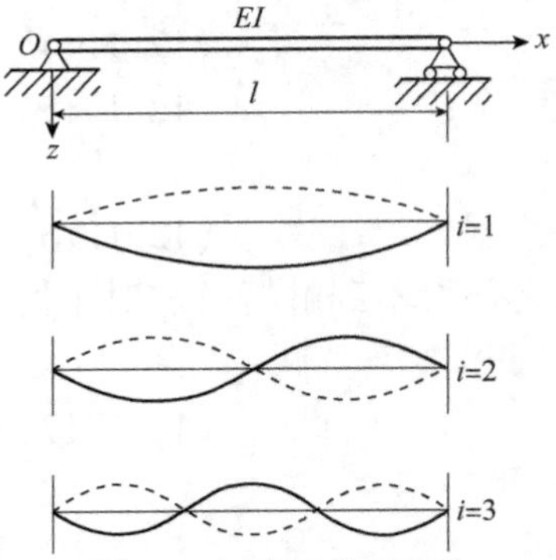

图 12.1.2 简支梁的振动

解:利用式(12.1.26)列出边界条件

$$\phi(0)=0,\phi''(0)=0 \tag{12.1.28a}$$

$$\phi(l)=0,\phi''(l)=0 \tag{12.1.28b}$$

代入式(12.1.22)后,解出

$$C_1=0,C_3=0 \tag{12.1.29}$$

以及

$$C_2\sin\beta l+C_4\sinh\beta l=0 \tag{12.1.30a}$$

$$-C_2\sin\beta l+C_4\sinh\beta l=0 \tag{12.1.30b}$$

由于 $\sinh\beta l\neq0$,解出 $C_4=0$,式(12.1.30a)和式(12.1.30b)简化为

$$\sin\beta l=0 \tag{12.1.31}$$

解出

$$\beta_i l=i\pi \quad i=1,2,\cdots \tag{12.1.32}$$

对应的固有角频率为

$$\omega_i=\left(\frac{i\pi}{l}\right)^2\sqrt{\frac{EI}{\rho A}} \quad i=1,2,\cdots \tag{12.1.33}$$

代回式(12.1.22)计算模态函数,将任意常数 C_2 取作 1,得到

$$\phi_i(x)=\sin\frac{i\pi}{l}x \quad i=1,2,\cdots \tag{12.1.34}$$

图 12.1.2 给出 $i=1,2,3$ 的各阶模态形状。

用同样方法可导出其他边界条件下的固有角频率和模态函数。表 12.1.1 综合给出等截面梁在几种简单边界条件下的角频率方程和模态函数。表中,参数 ξ_i、η_i 和 ζ_i 定义为

$$\xi_i=\frac{\cos\beta_i l+\cosh\beta_i l}{\sin\beta_i l+\cosh\beta_i l} \tag{12.1.35a}$$

$$\eta_i=\frac{\cosh\beta_i l-\cos\beta_i l}{\sin\beta_i l+\sinh\beta_i l} \tag{12.1.35b}$$

$$\zeta_i=\frac{\sinh\beta_i l}{\sin\beta_i l} \quad i=1,2,\cdots \tag{12.1.35c}$$

等截面梁的弯曲振动 表 12.1.1

边界条件		角频率方程	$\beta_i l$ 的本征值	模态函数 $\phi_i(x)$
简支-简支	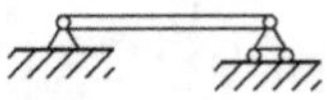	$\sin\beta l=0$	$\beta_i l=i\pi$	$\sin\beta_i x$
固定-自由	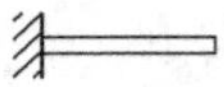	$\cos\beta l\cosh\beta l+1=0$	$\beta_i l\approx(i-1/2)\pi$ $(i\geqslant3)$	$\cos\beta_i x-\cosh\beta_i x+\xi_i(\sin\beta_i x-\sinh\beta_i x)$

续上表

边界条件		角频率方程	$\beta_i l$ 的本征值	模态函数 $\phi_i(x)$
自由-自由		$\cos\beta l\cosh\beta l - 1 = 0$	$\beta_i l \approx (i + 1/2)\pi$ $(i \geqslant 2)$	$\cos\beta_i x + \cosh\beta_i x + \eta_i(\sin\beta_i x - \sinh\beta_i x)$
固定-固定		$\cos\beta l\cosh\beta l - 1 = 0$	$\beta_i l \approx (i + 1/2)\pi$ $(i \geqslant 2)$	$\cos\beta_i x - \cosh\beta_i x + \eta_i(\sin\beta_i x - \sinh\beta_i x)$
简支-自由	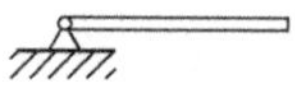	$\tan\beta l - \tanh\beta l = 0$	$\beta_i l \approx (i + 1/4)\pi$ $(i \geqslant 1)$	$\sinh\beta_i x + \xi_i \sin\beta_i x$
固定-简支	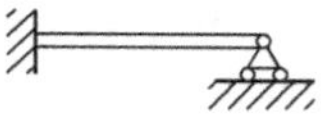	$\tan\beta l - \tanh\beta l = 0$	$\beta_i l \approx (i + 1/4)\pi$ $(i \geqslant 1)$	$\sinh\beta_i x - \xi_i \sin\beta_i x$

12.1.3 模态函数的正交性

现讨论一般的细长梁,不限于等截面情形。设两个固有角频率 ω_i 和 ω_j 所对应的模态函数分别为 $\phi_i(x)$ 和 $\phi_j(x)$。由式(12.1.15)有

$$[EI(x)\phi''_i(x)]'' = \omega_i^2 \rho A(x)\phi_i(x) \tag{12.1.36}$$

利用分部积分公式导出

$$\int_0^l \phi_j(x)[EI(x)\phi''_i(x)]''\mathrm{d}x = \phi_j(x)[EI(x)\phi''_i(x)]'\big|_0^l - [\phi'_j(x)EI(x)\phi''_i(x)]\big|_0^l + \int_0^l EI(x)\phi''_j(x)\phi''_i(x)\mathrm{d}x \tag{12.1.37}$$

当梁的端部为简支、固定或自由3种约束条件之一时,根据式(12.1.25)、式(12.1.26)和式(12.1.27)所列的边界条件,式(12.1.37)右边的边界值均等于零。令式(12.1.36)各项与 $\phi_j(x)$ 相乘后沿梁的全长积分,利用式(12.1.37)导出

$$\int_0^l EI(x)\phi''_j(x)\phi''_i(x)\mathrm{d}x = \omega_i^2\int_0^l \rho A(x)\phi_i(x)\phi_j(x)\mathrm{d}x \tag{12.1.38}$$

将下标 i 与 j 互换,化作

$$\int_0^l EI(x)\phi''_i(x)\phi''_j(x)\mathrm{d}x = \omega_j^2\int_0^l \rho A(x)\phi_j(x)\phi_i(x)\mathrm{d}x \tag{12.1.39}$$

将式(12.1.38)和式(12.1.39)相减,得到

$$(\omega_i^2 - \omega_j^2)\int_0^l \rho A(x)\phi_i(x)\phi_j(x)\mathrm{d}x = 0 \tag{12.1.40}$$

若 $i \neq j, \omega_i \neq \omega_j$,从式(12.1.40)导出

$$\int_0^l \rho A(x)\phi_i(x)\phi_j(x)\mathrm{d}x = 0 \quad i \neq j \tag{12.1.41}$$

从而证明不同固有角频率的模态函数关于质量的正交性,$\rho A(x)$ 为权函数。若为等截面梁,

ρA 为常数,式(12.1.39)即称为通常意义上的正交性,即

$$\int_0^l \phi_i(x)\phi_j(x)\,\mathrm{d}x = 0 \quad i \neq j \tag{12.1.42}$$

将式(12.1.41)代入式(12.1.38)或式(12.1.39),得到

$$\int_0^l EI(x)\phi''_i(x)\phi''_j(x)\,\mathrm{d}x = 0 \quad i \neq j \tag{12.1.43}$$

证明模态函数关于刚度的正交性,$EI(x)$ 为权函数。若 EI 为常数,也化作通常意义上的正交性。

12.1.4 主质量与主刚度

引入参数 M_{pi} 和 K_{pi},分别定义为

$$M_{pi} = \int_0^l \rho A(x)\ \phi_i^2(x)^2\,\mathrm{d}x \tag{12.1.44a}$$

$$k_{pi} = \int_0^l EI(x)\left[\phi''_i(x)\right]^2\mathrm{d}x \tag{12.1.44b}$$

M_{pi} 和 K_{pi} 分别称为第 i 阶**主质量**和第 i 阶**主刚度**。利用式(12.1.38)导出

$$\omega_i = \sqrt{\frac{K_{pi}}{M_{pi}}} \quad i = 1,2,\cdots \tag{12.1.45}$$

与多自由度系统类似,也可实现模态函数的简正化。将 $\phi_i(x)$ 乘常数 $M_{pi}^{-1/2}$,仍记作 $\phi_i(x)$,称为系统的简正模态函数,则正交条件可写作

$$\int_0^l \rho A(x)\phi_i(x)\phi_j(x)\,\mathrm{d}x = \delta_{ij} \quad i,j = 1,2,\cdots \tag{12.1.46}$$

$$\int_0^l EI(x)\phi''_i(x)\phi''_j(x)\,\mathrm{d}x = \omega_i^2\delta_{ij} \quad i,j = 1,2,\cdots \tag{12.1.47}$$

其中,δ_{ij} 为克罗尼克符号。

当梁的端部约束为简支、固定或自由以外的其他复杂情形时,以上对正交性条件的推导和结论应做相应的改变。

12.1.5 梁对激励的响应

根据模态函数的正交性,可将多自由度系统模态叠加法的思想应用于连续系统,即将弹性体的振动表示为各阶模态的线性组合,用于计算系统在激励作用下的响应。

以承受分布载荷作用的细直梁的弯曲振动方程式(12.1.9)为例,给定初始运动状态 $w(x,0)$、$\dot{w}(x,0)$。将方程的解写作模态函数的线性组合

$$w(x,t) = \sum_{j=1}^{\infty}\phi_j(x)q_j(t) \tag{12.1.48}$$

其中模态函数均已简正化。将式(12.1.48)代入方程(12.1.9),得到

$$\sum_{j=1}^{\infty}\rho A(x)\phi_j(x)\ddot{q}_j(t) + \sum_{j=1}^{\infty}\left[EI(x)\phi''_j(x)\right]''q_j(t) = f(x,t) \tag{12.1.49}$$

将式(12.1.49)各项与 $\phi_i(x)$ 相乘后沿梁的全长积分,利用正交性条件式(12.1.46)、式(12.1.47)及分部积分公式(12.1.37)导出完全解耦的方程组

$$\ddot{q}_i(t)+\omega_i^2 q_i(t)=Q_i(t) \quad i=1,2,\cdots \tag{12.1.50}$$

其中,ω_i 的定义见式(12.1.45),$Q_i(t)$是广义坐标 $q_i(t)$对应的广义力,有

$$Q_i(t) = \int_0^l f(x,t)\phi_i(x)\mathrm{d}x \quad i = 1,2,\cdots \tag{12.1.51}$$

对于角频率为 Ω 的简谐激励特殊情形,$f(x,t)$可表示为

$$f(x,t)=f(x)\mathrm{e}^{\mathrm{i}\Omega t} \tag{12.1.52}$$

代入式(12.1.51)计算 $Q_i(t)$,再代入式(12.1.50),得到

$$\ddot{q}_i(t)+\omega_i^2 q_i(t)=B_i\omega_i^2\mathrm{e}^{\mathrm{i}\Omega t} \quad i=1,2,\cdots \tag{12.1.53}$$

其中

$$B_i = \frac{1}{\omega_i^2}\int_0^l f(x)\phi_i(x)\mathrm{d}x \quad i = 1,2,\cdots \tag{12.1.54}$$

方程(12.1.53)有特解

$$q_i(t) = \left(\frac{B_i}{1-s_i^2}\right)\mathrm{e}^{\mathrm{i}\Omega t} \quad i=1,2,\cdots \tag{12.1.55}$$

代入式(12.1.48),即得到梁在简谐激励下的受迫振动规律。借助谐波分解,此过程可扩展为对任意周期激励受迫振动的分析。

对于任意非周期激励,可利用杜哈梅积分写出方程(12.1.50)的解的一般形式

$$q_i(t) = \frac{1}{\omega_i}\int_0^l Q_i(\tau)\sin\omega_i(t-\tau)\mathrm{d}\tau + q_i(0)\cos\omega_i t + \frac{\dot{q}_i(0)}{\omega_i}\sin\omega_i t \tag{12.1.56}$$

其中,$q_i(0)$和 $\dot{q}_i(0)$为广义坐标和广义速度的初值,由初始条件确定。令式(12.1.48)中 $t=0$,得到

$$w(x,0)=\sum_{j=1}^{\infty}\phi_j(x)q_j(0),\dot{w}(x,0)=\sum_{j=1}^{\infty}\phi_j(x)\dot{q}_j(0) \tag{12.1.57}$$

将式(12.1.57)各项与 $\phi_i(x)$相乘后沿梁的全长积分,利用正交性条件式(12.1.46),导出

$$q_i(0) = \int_0^l \rho A(x)w(x,0)\phi_i(x)\mathrm{d}x \quad i = 1,2,\cdots \tag{12.1.58a}$$

$$\dot{q}_i(0) = \int_0^l \rho A(x)\dot{w}(x,0)\phi_i(x)\mathrm{d}x \quad i = 1,2,\cdots \tag{12.1.58b}$$

将满足此初始条件的解式(12.1.56)代入式(12.1.48),即得到梁在初始条件和载荷激励下的弯曲振动响应。上述方法可用于计算任意规律激励下的响应,也包括周期性激励的受迫振动。

例题 12.1.2 设等截面简支梁受到初始位移

$$w(x,0)=a\left(\frac{x}{l}-\frac{2x^3}{l^3}+\frac{x^4}{l^4}\right)$$

的激励,试求其响应。

解:在例题 12.1.1 中已经求得固有角频率和模态函数。利用式(12.1.44a)计算主质量

$$M_{pi} = \int_0^l \rho A\phi_i^2(x)\mathrm{d}x = \rho A\int_0^l \sin^2\frac{i\pi x}{l}\mathrm{d}x$$

则简正化的模态函数为

$$\phi_i(x)=\sqrt{\frac{2}{m}}\sin\frac{i\pi x}{l} \tag{12.1.59}$$

其中,$m=\rho Al$,为梁的质量。固有角频率为

$$\omega_i=\left(\frac{i\pi}{l}\right)^2\sqrt{\frac{EI}{\rho A}}$$

将式(12.1.59)代入式(12.1.58),得到

$$\begin{aligned}q_i(0)&=\int_0^l\rho Aa\left(\frac{x}{l}-\frac{2x^3}{l^3}+\frac{x^4}{l^4}\right)\sqrt{\frac{2}{m}}\sin\frac{i\pi x}{l}\mathrm{d}x\\&=\begin{cases}0 & i=2,4,6\cdots\\ \dfrac{48a}{(i\pi)^5}\sqrt{2m} & i=1,3,5,\cdots\end{cases}\end{aligned}\tag{12.1.60}$$

$$\dot{q}_i(0)=0\tag{12.1.61}$$

将式(12.1.60)和式(12.1.61)代入式(12.1.56),积分得到

$$q_i(t)=\frac{48a}{(i\pi)^5}\sqrt{2m}\cos\omega_i t\quad i=1,3,5,\cdots\tag{12.1.62}$$

将式(12.1.59)和式(12.1.62)代入式(12.1.48),即得到初始位移激励的响应

$$w(x,t)=\frac{96a}{\pi^5}\sum_{i=1,3,5,\cdots}^{\infty}\frac{1}{i^5}\sin\frac{i\pi x}{l}\cos\omega_i t$$

可以看出,响应中第三阶谐波只有第一阶的1/243,更高阶谐波所占的成分就更少。这是初始位移接近第一阶模态的缘故。

例题 12.1.3 如图12.1.3所示,设车辆以匀速 v 过桥,若忽略车辆的惯性,可看作集中力 F 沿简化为简支梁的桥面匀速移动。在车辆上桥的瞬时 $t=0$,梁的初始位移和速度皆为零。试求梁的响应。

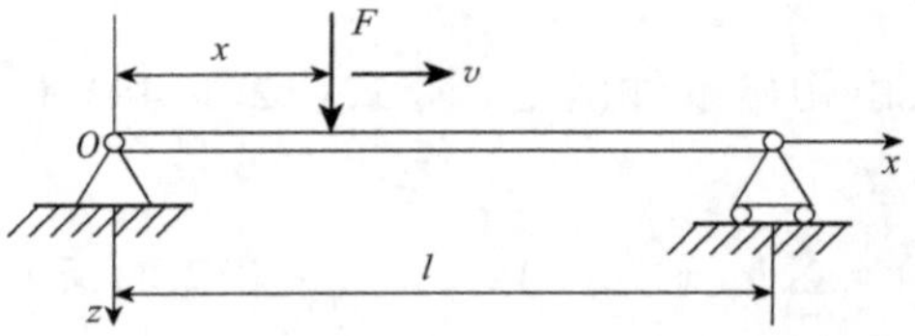

图12.1.3 车辆过桥的简化模型

解:集中力载荷可利用脉冲函数表示为

$$f(x,t)=\begin{cases}-F\delta(x-vt) & 0\leqslant t\leqslant l/v\\ 0 & t>l/v\end{cases}\tag{12.1.63}$$

利用例题12.1.1中使用的简支梁的固有角频率和简正模态函数

$$\omega_i=\left(\frac{i\pi}{l}\right)^2\sqrt{\frac{EI}{\rho A}},\phi_i(x)=\sqrt{\frac{2}{m}}\sin\frac{i\pi x}{l}\tag{12.1.64}$$

将式(12.1.63)和式(12.1.64)代入式(12.1.51),导出

$$\begin{aligned}Q_i(t)&=-\int_0^l F\delta(x-vt)\sqrt{\frac{2}{m}}\sin\frac{i\pi x}{l}\mathrm{d}x\\&=-F\sqrt{\frac{2}{m}}\sin\frac{i\pi v}{l}t\quad\left(0\leqslant t\leqslant\frac{l}{v}\right)\end{aligned}\tag{12.1.65}$$

将式(12.1.65)代入式(12.1.56),令初始条件为零,得到

$$\begin{aligned}q_i(t)&=-\frac{F}{\omega_i}\sqrt{\frac{2}{m}}\int_0^l\sin\frac{i\pi v}{l}\tau\sin\omega_i(t-\tau)\mathrm{d}\tau\\&=\frac{F}{\omega_i}\sqrt{\frac{2}{m}}\frac{1}{(i\pi v/l)^2-\omega_i^2}\left(\omega_i\sin\frac{i\pi v}{l}t-\frac{i\pi v}{l}\sin\omega_i t\right)\quad 0\leqslant t\leqslant l/v\end{aligned}\tag{12.1.66}$$

将式(12.1.64)和式(12.1.66)代入式(12.1.48),得到梁的响应

$$w(x,t)=\sum_{i=1}^{\infty}\frac{2F}{m\omega_i}\frac{1}{(i\pi v/l)^2-\omega_i^2}\left(\omega_i\sin\frac{i\pi v}{l}t-\frac{i\pi v}{l}\sin\omega_i t\right)\sin\frac{i\pi}{l}x\quad 0\leqslant t\leqslant l/v\tag{12.1.67}$$

其中,括号内第一项为车辆载荷激起的受迫振动,第二项为伴生的自由振动。当固有角频率 ω_i 与激励频率 $i\pi v/l$ 相等时将产生第 i 阶共振,对应的车速 $v=\omega_i l/(i\pi)$。此时梁的振幅将随时间增长,直至车辆离开桥

梁。当 $t > l/v$ 后梁作自由振动,以 $q_i(l/v)$ 和 $\dot{q}_i(l/v)$ 为新的初始条件。振动规律可参考例题 12.1.2 求出。

12.2 轴向力对梁弯曲振动的影响

如图 12.2.1 所示,设梁的两端作用一对常值轴向拉力 F 和 $-F$。在微元体中增加沿截面法线轴的内力 $F_N(x)$ 与之平衡,在小挠度条件下,$F_N(x)=F$。沿 z 方向的动力学方程为

$$\rho A(x)\mathrm{d}x\frac{\partial^2 w}{\partial t^2}-\left(F_S+\frac{\partial F_S}{\partial x}\mathrm{d}x\right)+F_S-F_N\left(\theta+\frac{\partial\theta}{\partial x}\mathrm{d}x\right)+F_N\theta-f(x,t)\mathrm{d}x=0 \quad (12.2.1)$$

忽略轴向力对力矩平衡条件式(12.1.7)的影响。将式(12.1.4)、式(12.1.8)代入式(12.2.1),设梁为均质等截面梁,略去高阶小量后,导出受轴向力作用梁的弯曲振动方程

$$\rho A\frac{\partial^2 w(x,t)}{\partial t^2}+EI\frac{\partial^4 w(x,t)}{\partial x^4}-F\frac{\partial^2 w(x,t)}{\partial x^2}=f(x,t) \quad (12.2.2)$$

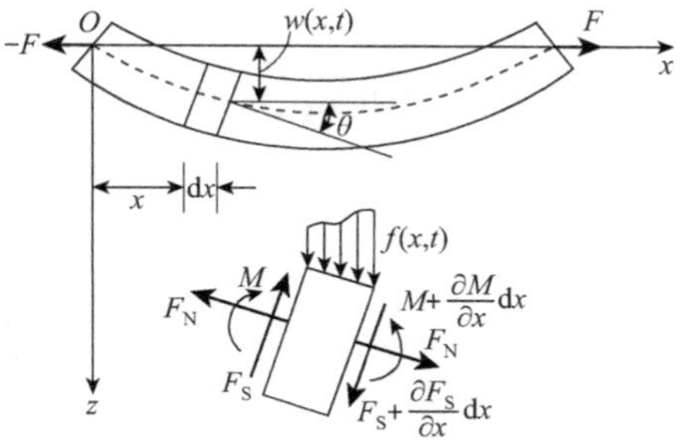

图 12.2.1 受轴向力作用的梁的弯曲振动

先讨论梁的自由振动,令 $f(x,t)=0$,将变量分离的解式(12.1.12)代入方程(12.2.2),得到

$$\frac{\ddot{q}(t)}{q(t)}=-\frac{EI\phi^{(4)}(x)-F\phi''(x)}{\rho A\phi(x)}=-\omega^2 \quad (12.2.3)$$

导出

$$\ddot{q}(t)+\omega^2 q(t)=0 \quad (12.2.4)$$

$$\phi^{(4)}(x)-\delta^2\phi''(x)-\beta^4\phi(x)=0 \quad (12.2.5)$$

其中,参数 δ^2、β^4 定义为

$$\delta^2=\frac{F}{EI},\beta^4=\frac{\rho A\omega^2}{EI} \quad (12.2.6)$$

振动方程(12.2.4)的通解为

$$q(t)=\alpha\sin(\omega t+\theta) \quad (12.2.7)$$

将式(12.1.19)形式的解代入方程(12.2.5),导出本征方程

$$\lambda^4-\delta^2\lambda^2-\beta^4=0 \quad (12.2.8)$$

解出 4 个本征值,即 $\pm\mathrm{i}\beta_1$、$\pm\beta_2$,有

$$\beta_1=\sqrt{\sqrt{\beta^4+\frac{\delta^4}{4}}-\frac{\delta^2}{2}},\beta_2=\sqrt{\sqrt{\beta^4+\frac{\delta^4}{4}}+\frac{\delta^2}{2}} \quad (12.2.9)$$

所对应的 4 个线性独立解 $\cos\beta_1 x$、$\sin\beta_1 x$、$\cosh\beta_2 x$、$\sinh\beta_2 x$ 作为基本解系,方程的通解为

$$\phi(x)=C_1\cos\beta_1 x+C_2\sin\beta_1 x+C_3\cosh\beta_2 x+C_4\cosh\beta_2 x \quad (12.2.10)$$

积分常数 $C_j(j=1,2,3,4)$ 及参数 ω 应满足的角频率方程,由梁的边界条件确定。解出的固有角频率 $\omega_i(i=1,2,\cdots)$ 及对应的模态函数 $\phi_i(x)(i=1,2,\cdots)$ 构成系统的第 i 个主振动。系统的自由振动为无限多个主振动的叠加,即

$$w(x,t)=\sum_{i=1}^{\infty}\alpha_i\phi_i(x)\sin(\omega_i t+\theta_i) \quad (12.2.11)$$

例题 12.2.1 如图 12.2.2 所示,试求受轴向力作用的简支梁的固有角频率和模态函数。

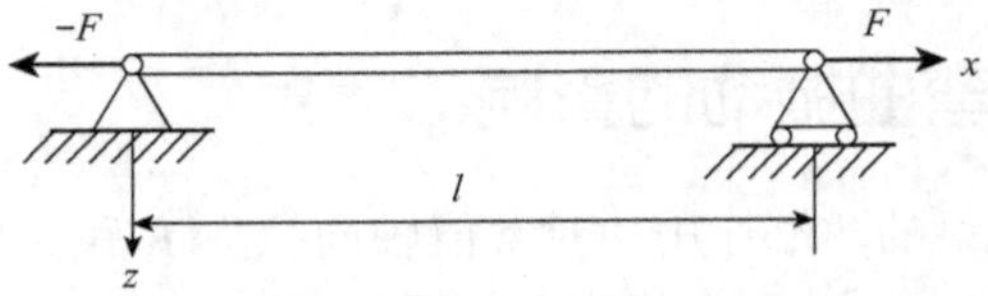

图 12.2.2 受轴向力作用的简支梁

解:利用式(12.1.26)列出简支端边界条件

$$\phi(0)=0,\phi''(0)=0$$
$$\phi(l)=0,\phi''(l)=0$$

将其代入式(12.2.10)后,解出

$$C_1=0,C_3=0$$

以及

$$C_2\sin\beta_1 l+C_4\sinh\beta_2 l=0$$
$$-C_2\beta_1^2\sin\beta_1 l+C_4\beta_2^2\sinh\beta_2 l=0$$

导出角频率方程

$$\sin\beta_i l=0$$

解出

$$\beta_i l=i\pi\quad i=1,2,\cdots$$

将上式代入式(12.2.9)的第一式,得到

$$\beta^4-\left(\frac{i\pi}{l}\right)^2\delta^2-\left(\frac{i\pi}{l}\right)=0$$

将式(12.2.6)代入上式后,解出固有角频率

$$\omega_i=\left(\frac{i\pi}{l}\right)^2\sqrt{\frac{EI}{\rho A}\left[1+\frac{F}{EI}\left(\frac{l}{i\pi}\right)^2\right]}\quad i=1,2,\cdots$$

与例题 12.1.1 的式(12.1.33)比较,轴向拉力使固有角频率升高。对于轴向受压情形,令 $F<0$,则固有角频率降低,且 $|F|$必须小于临界值 $|F_{cr}|$,方能使固有角频率有实数解

$$|F_{cr}|=\frac{(i\pi)^2EI}{l^2}$$

此临界值 $|F_{cr}|$即压杆的欧拉载荷。当轴向压力等于欧拉载荷时压杆失稳,对应的固有角频率为零。利用式(12.2.10)计算的模态函数与例题 12.1.1 计算的无轴向力情形相同

$$\phi_i(x)=\sin\frac{i\pi x}{l}\quad y=1,2,\cdots$$

12.3 铁摩辛柯梁的自由振动

以上在欧拉-伯努利梁模型基础上所作的分析只适用于细长梁,一般认为,细长梁的长度必须为截面高度 5 倍以上。若用于较短粗的梁则产生较大误差,此时梁截面的剪切变形和转动惯量的影响不可忽略。考虑截面剪切变形和转动惯量效应的更精确的梁模型称为**铁摩辛柯梁**。

如图 12.3.1 所示的截面有剪切变形,其法线轴就与中心轴的切线不再保持一致。设梁的切变模量为 G,截面在剪力 F_S 作用下产生的切应变 γ 为

$$\gamma = \frac{F_S}{\kappa GA} \tag{12.3.1}$$

其中,κ 为截面形状因数。截面的刚体转动 θ 和切应变 γ 均导致中心轴切线的偏转,由于 γ 与 θ 的正方向相同,应有

$$\frac{\partial w}{\partial x} = \theta + \gamma \tag{12.3.2}$$

设梁为等截面,根据达朗贝尔原理列出微元体沿 z 轴负向的力平衡方程

$$\rho A \frac{\partial^2 w}{\partial t^2}\mathrm{d}x - \left(F_S + \frac{\partial F_S}{\partial x}\mathrm{d}x\right) + F_S - f\mathrm{d}x = 0 \tag{12.3.3}$$

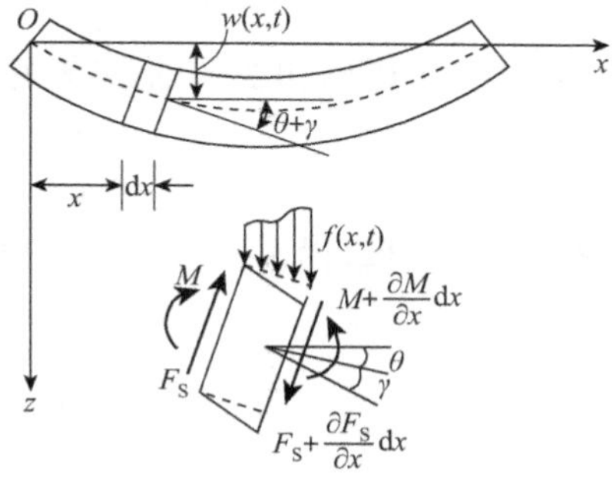

图 12.3.1　铁摩辛柯梁的微元体受力图

讨论梁的自由振动时,令 $f=0$,各项除以 $\mathrm{d}x$,将式(12.3.1)和式(12.3.2)代入式(12.3.3),化作

$$\rho A \frac{\partial^2 w}{\partial t^2} - \kappa GA \frac{\partial}{\partial x}\left(\frac{\partial w}{\partial x} - \theta\right) = 0 \tag{12.3.4}$$

列写微元体的力矩平衡条件时,考虑截面转动产生的惯性力矩。将式(12.1.7)中的力矩项 $f(x,t)(\mathrm{d}x)^2/2$ 以惯性力矩 $-J(\partial^2\theta/\partial t^2)\mathrm{d}x$ 代替,$J=\rho I$ 为截面的转动惯量,化作

$$\frac{\partial M}{\partial x} - F_S + \rho I \frac{\partial^2 \theta}{\partial t^2} = 0 \tag{12.3.5}$$

利用式(12.1.3)和式(12.3.1)、式(12.3.2),将其中的 M 和 F_S 用 w 和 θ 表示,化作

$$\rho I \frac{\partial^2 \theta}{\partial t^2} - EI \frac{\partial^2 \theta}{\partial x^2} - \kappa GA\left(\frac{\partial w}{\partial x} - \theta\right) = 0 \tag{12.3.6}$$

联立式(12.3.4)和式(12.3.6)消去 θ,导出等截面铁摩辛柯梁的自由振动方程

$$\rho A \frac{\partial^2 w}{\partial t^2} + EI \frac{\partial^4 w}{\partial x^4} - \rho I\left(1 + \frac{E}{\kappa G}\right)\frac{\partial^4 w}{\partial x^2 \partial t^2} + \frac{\rho^2 I \partial^4 w}{\kappa G \partial t^4} = 0 \tag{12.3.7}$$

若消去 w,改为以 θ 为未知变量,可导出相同的微分方程

$$\rho A \frac{\partial^2 \theta}{\partial t^2} + EI \frac{\partial^4 \theta}{\partial x^4} - \rho I\left(1 + \frac{E}{\kappa G}\right)\frac{\partial^4 \theta}{\partial x^2 \partial t^2} + \frac{\rho^2 I \partial^4 \theta}{\kappa G \partial t^4} = 0 \tag{12.3.8}$$

仅考虑截面转动惯量的影响时,忽略剪切变形,令式中 $G\to\infty$,式(12.3.7)简化为

$$\frac{\partial^2 w}{\partial t^2} + \left(\frac{EI}{\rho A}\right)\frac{\partial^4 w}{\partial x^4} - \left(\frac{I}{A}\right)\frac{\partial^4 w}{\partial x^2 \partial t^2} = 0 \tag{12.3.9}$$

将变量分离的解式(12.1.12)代入此方程,经过与式(12.1.13)类似的分析,得到

$$\frac{\ddot{q}(t)}{q(t)} = \frac{EI\phi^{(4)}(x)}{\rho[A\phi(x) - I\phi''(x)]} = -\omega^2 \tag{12.3.10}$$

导出的 $q(t)$ 的微分方程与式(12.2.4)相同,$\phi(x)$ 的微分方程与式(12.2.5)的区别仅仅是第二项的符号不同:

$$\ddot{q}(t) + \omega^2 q(t) = 0 \tag{12.3.11}$$

$$\phi^{(4)}(x) + \delta^2\phi''(x) - \beta^4\phi(x) = 0 \tag{12.3.12}$$

其中,参数 β 和 δ 定义为

$$\beta^4=\frac{\rho A\omega^2}{EI},\delta^2=\frac{\rho\omega^2}{E} \tag{12.3.13}$$

若仅考虑剪切变形的影响,略去式(12.3.6)中的惯性力矩,振动方程简化为

$$\frac{\partial^2 w}{\partial t^2}+\left(\frac{EI}{\rho A}\right)\frac{\partial^4 w}{\partial x^4}-\left(\frac{EI}{\kappa GA}\right)\frac{\partial^4 w}{\partial x^2\partial t^2}=0 \tag{12.3.14}$$

经过同样过程,仍得到式(12.3.11)和式(12.3.12)的相同结果,仅 δ^2 的定义改为

$$\delta^2=\frac{\rho\omega^2}{\kappa G} \tag{12.3.15}$$

将式(12.1.19)形式的解代入式(12.3.12),导出本征方程

$$\lambda^4+\delta^2\lambda^2-\beta^4=0 \tag{12.3.16}$$

解出 4 个本征值,即 $\pm\mathrm{i}\beta_1$、$\pm\beta_2$,有

$$\beta_1=\sqrt{\sqrt{\beta^4+\frac{\delta^4}{4}}+\frac{\delta^2}{2}},\beta_2=\sqrt{\sqrt{\beta^4+\frac{\delta^4}{4}}-\frac{\delta^2}{2}} \tag{12.3.17}$$

$\phi(x)$ 的通解和自由振动的表达式与式(12.2.10)和式(12.2.11)相同。系统的固有角频率和模态根据不同的边界条件确定。

例题 12.3.1 试计算两端简支的铁摩辛柯梁的固有角频率和模态函数。

解:由于铁摩辛柯梁的自由振动与受轴向力作用梁有相似的数学形式。对于两端简支梁的边界条件,可直接利用例题 12.1.1 给出的角频率方程的解

$$\beta_{1i}l=i\pi\quad i=1,2,\cdots \tag{12.3.18}$$

代入式(12.3.17)的第一式,导出

$$\beta^4+\left(\frac{i\pi}{l}\right)^2\delta^2-\left(\frac{i\pi}{l}\right)^4=0 \tag{12.3.19}$$

利用式(12.3.13)对 β 和 δ 的定义,仅考虑截面转动惯量的影响时,导出固有角频率

$$\omega_i=\left(\frac{i\pi}{l}\right)^2\sqrt{\frac{EI}{\rho A}}\left[1+\frac{I}{A}\left(\frac{i\pi}{l}\right)^2\right]^{-1/2}\quad i=1,2,\cdots \tag{12.3.20}$$

对于截面宽度为 h 的较细长梁,$I/(Al^2)$ 是与 $(h/l)^2$ 同阶的小量,仅保留其一次项时简化为

$$\omega_i=\left(\frac{i\pi}{l}\right)^2\sqrt{\frac{EI}{\rho A}}\left[1-\frac{I}{2A}\left(\frac{i\pi}{l}\right)^2\right]\quad i=1,2,\cdots \tag{12.3.21}$$

若仅考虑剪切变形的影响,改用式(12.3.15)定义的 δ,导出固有角频率

$$\omega_i=\left(\frac{i\pi}{l}\right)^2\sqrt{\frac{EI}{\rho A}}\left[1-\frac{EI}{2\kappa GA}\left(\frac{i\pi}{l}\right)^2\right]\quad i=1,2,\cdots \tag{12.3.22}$$

与例题 12.1.1 的式(12.1.33)比较,由于剪切变形使梁的刚度降低,考虑转动惯量使梁的惯性增大,这两个因素都使固有角频率降低。从本例题中式(12.3.21)与式(12.3.22)的对比可看出,剪切变形引起的附加项为截面惯性效应附加项的 $E/(\kappa G)$ 倍。均匀各向同性材料的弹性常数之间满足 $G=E/[2(1+\nu)]$,ν 为**泊松比**。如 $\nu=0.3$,$\kappa=0.833$,则 $E/(\kappa G)=3.12$。即剪切变形对固有角频率的影响比截面惯性效应约增大 2 倍。对于截面高度为 h 的细长梁,由于 $I/(Al^2)=(1/2)(h/l)^2$,若 $h/l=1/10$,则两种附加项之和在 $i=1$ 时也只有 0.005,显得微不足道。但若 $h/l=1/5$,附加项即增为 0.02。可见,铁摩辛柯梁仅对短粗梁有实际意义。

12.4 含结构阻尼梁的弯曲振动

材料在变形过程中存在由内摩擦引起的结构阻尼。实验结果表明,材料的动应力 σ 不

仅取决于应变 ε,而且与应变速度有关,可表示为

$$\sigma(x,t)=E\left[\varepsilon(x,t)+\eta\frac{\partial\varepsilon(x,t)}{\partial t}\right] \tag{12.4.1}$$

其中,系数 η 取决于材料性质。梁弯曲变形产生的截面应力所构成的弯矩相应地改为

$$M=EI\left(\frac{\partial^2 w}{\partial x^2}+\eta\frac{\partial^3 w}{\partial^2 x\partial t}\right) \tag{12.4.2}$$

则梁的弯曲振动方程改为

$$\rho A\frac{\partial^2 w(x,t)}{\partial t^2}+EI\frac{\partial^4 w(x,t)}{\partial x^4}+\eta EI\frac{\partial^5 w(x,t)}{\partial x^4\partial t}=f(x,t) \tag{12.4.3}$$

利用模态叠加法,将此方程的解写作模态函数的线性组合

$$w(x,t)=\sum_{j=1}^{\infty}\phi_j(x)q_j(t) \tag{12.4.4}$$

代入后讨论梁的自由振动。令 $f(x,t)=0$,设梁为等截面,分离变量后得到

$$\frac{\ddot{q}_j(t)}{q_j(t)+\eta\dot{q}_j(t)}=\frac{EI\phi_j^{(4)}(x)}{\rho A\phi_j(x)}=-\omega_j^2 \tag{12.4.5}$$

导出的模态方程与无阻尼梁的模态方程(12.1.15)相同

$$EI\phi_j^{(4)}(x)-\omega_j^2\rho A\phi_j(x)=0\quad j=1,2,\cdots \tag{12.4.6}$$

因此,有阻尼情形的弯曲振动模态与边界条件的关系和无阻尼情形完全相同。引入参数 $\zeta_j=\eta\omega_j/2$,从式(12.4.5)导出的主振动方程等同于单自由度系统的阻尼振动方程

$$\ddot{q}_j(t)+2\zeta_j\omega_j\dot{q}_j(t)+\omega_j^2q_j(t)=0\quad j=1,2,\cdots \tag{12.4.7}$$

振动规律也等同于单自由度系统。如对于欠阻尼情形,解出

$$q_j(t)=a_j\mathrm{e}^{-\zeta_j\omega_j t}\sin(\omega_{\mathrm{d}j}+\theta_j)\quad j=1,2,\cdots \tag{12.4.8}$$

其中

$$\omega_{\mathrm{d}j}=\omega_j\sqrt{1-\zeta_j^2}\quad j=1,2,\cdots \tag{12.4.9}$$

讨论梁的激励的响应时,利用式(12.1.51)计算主坐标 $q_i(t)$ 对应的广义力

$$Q_j(t)=\int_0^l f(x,t)\phi_j(x)\mathrm{d}x\quad j=1,2,\cdots \tag{12.4.10}$$

增加到主振动方程式(12.4.7)的右侧,变为

$$\ddot{q}_j(t)+2\zeta_j\omega_j\dot{q}_j(t)+\omega_j^2q_j(t)=Q_j(t)\quad j=1,2,\cdots \tag{12.4.11}$$

利用杜哈梅积分计算主振动的响应,得到

$$\begin{aligned}q_j(t)&=\frac{1}{\omega_{\mathrm{d}j}}\int_0^t Q_j(\tau)\mathrm{e}^{-\zeta_j\omega_j(t-\tau)}\sin\omega_{\mathrm{d}j}(t-\tau)\mathrm{d}\tau\\&=\frac{1}{\omega_{\mathrm{d}j}}\int_0^t Q_j(t-\tau)\mathrm{e}^{-\zeta_j\omega_j\tau}\sin\omega_{\mathrm{d}j}\tau\mathrm{d}\tau\quad j=1,2,\cdots\end{aligned} \tag{12.4.12}$$

例题 12.4.1 如图 12.4.1 所示,设有阻尼梁在 $(0,t_1)$ 时间间隔内受到突加矩形脉的分布载荷激励,试计算其响应。

$$f(x,t)=\begin{cases}f_0 & 0\leqslant t\leqslant t_1\\0 & t>t_1\end{cases}$$

解:参照例题 4.2.2 中导出的矩形脉冲激励的响应规律,可直接写出梁的主振动的响应

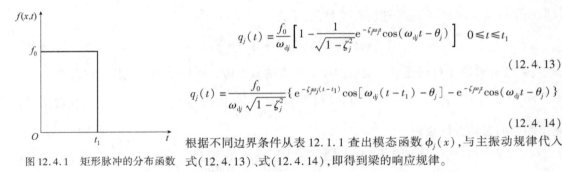

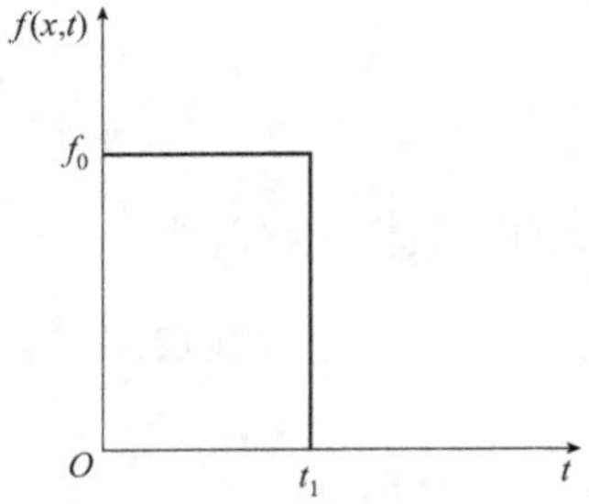

图 12.4.1　矩形脉冲的分布函数

$$q_j(t)=\frac{f_0}{\omega_{dj}}\left[1-\frac{1}{\sqrt{1-\zeta_j^2}}e^{-\zeta_j\omega_j t}\cos(\omega_{dj}t-\theta_j)\right]\quad 0\leqslant t\leqslant t_1 \tag{12.4.13}$$

$$q_j(t)=\frac{f_0}{\omega_{dj}\sqrt{1-\zeta_j^2}}\{e^{-\zeta_j\omega_j(t-t_1)}\cos[\omega_{dj}(t-t_1)-\theta_j]-e^{-\zeta_j\omega_j t}\cos(\omega_{dj}t-\theta_j)\} \tag{12.4.14}$$

根据不同边界条件从表 12.1.1 查出模态函数 $\phi_j(x)$，与主振动规律代入式(12.4.13)、式(12.4.14)，即得到梁的响应规律。

12.5　用能量法求梁自振角频率

12.5.1　用能量法求第一角频率——瑞利法

能量法主要用于求多自由度体系或无限自由度体系自振频率的近似值。瑞利法用于求第一角频率。瑞利-里兹法是其推广形式，可用于求最初几个角频率。

瑞利法的出发点是能量守恒定律：**一个无阻尼的弹性体系自由振动时，它在任一时刻的总能量(应变能与动能之和)应当保持不变**。

以梁的自由振动为例，其位移可表示为

$$y(x,t)=Y(x)\sin(\omega t+\alpha) \tag{12.5.1}$$

式中，$Y(x)$为位移幅度；ω 为自振角频率。式(12.5.1)对 t 微分，可得出如下速度表示式：

$$\dot{y}(x,t)=\omega Y(x)\cos(\omega t+\alpha) \tag{12.5.2}$$

由式(12.5.1)和式(12.5.2)可知，当位移为零时，速度为最大值。这时体系的应变能为零，动能达到其最大值 $T_{\max}$，而体系的总能量全部为动能，其值为

$$T_{\max}=\frac{1}{2}\omega^2\int_0^l \overline{m}(x)[Y(x)]^2\mathrm{d}x \tag{12.5.3}$$

当速度为零时，位移为最大值。这时体系的动能为零，应变能达到其最大值 $U_{\max}$，而体系的总能量全部为应变能，其值为

$$U_{\max}=\frac{1}{2}\int_0^l EI[Y''(x)]^2\mathrm{d}x \tag{12.5.4}$$

这里计算应变能时，只考虑了弯曲变形能。

根据能量守恒定律，可知

$$T_{\max}=U_{\max} \tag{12.5.5}$$

由此求得

$$\omega^2=\frac{\int_0^l EI[Y''(x)]^2\mathrm{d}x}{\int_0^l \overline{m}[Y(x)]^2\mathrm{d}x} \tag{12.5.6}$$

式(12.5.6)就是瑞利法求自振角频率的公式。如果梁上还有集中质量 $m_i(i=1,2,\cdots)$，则式(12.5.6)应改为

$$\omega^2=\frac{\int_0^l EI\left[Y''(x)\right]^2\mathrm{d}x}{\int_0^l \overline{m}\left[Y(x)\right]^2\mathrm{d}x+\sum_i m_iY_i^2} \tag{12.5.7}$$

式中,Y_i 是集中质量 m_i 处的位移幅度。

如果其中所设的位移形状函数 $Y(x)$ 正好与第一主振型相似,则可求得第一频率的精确值。如果正好与第二主振型相似,则可求得第二频率的精确值。但是瑞利法主要用于求频率的近似值。通常可取结构在某个静力荷载 $q(x)$(例如结构自重)作用下的弹性曲线作为 $Y(x)$ 的近似表示式,然后由式(12.5.7)即可求得第一角频率的近似值。此时,应变能可用相应荷载 $q(x)$ 所做的功来代替,即

$$U=\frac{1}{2}\int_0^l q(x)Y(x)\mathrm{d}x \tag{12.5.8}$$

而式(12.5.7)可改写为

$$\omega^2=\frac{\int_0^l q(x)Y(x)\mathrm{d}x}{\int_0^l \overline{m}\left[Y(x)\right]^2\mathrm{d}x+\sum_i m_iY_i^2} \tag{12.5.9}$$

如果取结构自重作用下的变形曲线作为 $Y(x)$ 的近似表示式(注意:如果考虑水平振动,则重力应沿水平方向作用),则由式(12.5.7)可得

$$\omega^2=\frac{\int_0^l \overline{m}gY(x)\mathrm{d}x+\sum_i m_igY_i}{\int_0^l \overline{m}Y^2(x)\mathrm{d}x+\sum_i m_iY_i^2} \tag{12.5.10}$$

例题 12.5.1 试求等截面简支梁的第一角频率。

解:瑞利法。

(1)取均布荷载 q 作用下的挠度曲线作为 $Y(x)$,则

$$Y(x)=\frac{q}{24EI}(l^3x-2lx^3+x^4)$$

代入式(12.5.9),得

$$\omega^2=\frac{\int_0^l qY(x)\mathrm{d}x}{\int_0^l \overline{m}Y^2(x)\mathrm{d}x}=\frac{\dfrac{q^2l^5}{120EI}}{\overline{m}\left(\dfrac{q}{24EI}\right)^2\times\dfrac{31}{630}l^9}$$

$$\omega=\frac{9.87}{l^2}\sqrt{\frac{EI}{\overline{m}}}$$

(2)设形状函数为正弦曲线,即

$$Y(x)=\alpha\sin\frac{\pi x}{l}$$

代入式(12.5.6),得

$$\omega^2=\frac{EI\alpha^2\dfrac{\pi^4}{l^4}\int_0^l\left(\sin\dfrac{\pi x}{l}\right)^2\mathrm{d}x}{\overline{m}\alpha^2\int_0^l\left(\sin\dfrac{\pi x}{l}\right)^2\mathrm{d}x}=\frac{\dfrac{\pi^4EI\alpha^2}{2l^3}}{\dfrac{\overline{m}\alpha^2l}{2}}=\frac{\pi^4EI}{\overline{m}l^4}$$

$$\omega = \frac{\pi^2}{l^2}\sqrt{\frac{EI}{\overline{m}}} = \frac{9.8696}{l^2}\sqrt{\frac{EI}{\overline{m}}}$$

解题思路

(1)正弦曲线是第一主振型的精确解,因此由它求得的 ω 是第一角频率的精确解;

(2)根据均布荷载作用下的挠曲线求得的 ω 具有很高的精度。

12.5.2 用能量法求最初几个角频率——瑞利-里兹法

上面介绍的瑞利法可用于求第一角频率的近似解。如果希望得出最初几个角频率的近似解,则可采用瑞利-里兹法。

瑞利-里兹法中的基本概念是瑞利比及其特性。

前已指出,结构第 i 个自振角频率 ω_i 可用下式算出:

$$\omega_i^2 = \frac{\int_0^l EI\left[Y_i''(x)\right]^2\mathrm{d}x}{\int_0^l \overline{m}\left[Y_i(x)\right]^2\mathrm{d}x} \tag{12.5.11}$$

式中,$Y_i(x)$ 是结构第 i 个主振型。

式(12.5.11)表明:角频率的平方 ω_i^2 可用两个积分的比值来表示,其中分子与主振型 $Y_i(x)$ 的应变能有关,分母与其动能有关。

仿照式(12.5.11),对任意一个满足位移边界条件的位移函数 $Y(x)$,我们定义一个比值:

$$\omega^2 = R(Y) = \frac{\int_0^l EI\left[Y''(x)\right]^2\mathrm{d}x}{\int_0^l \overline{m}\left[Y(x)\right]^2\mathrm{d}x} \tag{12.5.12}$$

这个比值 $R(Y)$ 称为**瑞利比**。在一个给定的结构中,EI 和 $\overline{m}$ 都已经给定,因此 $R(Y)$ 的值完全由函数 $Y(x)$ 确定。

瑞利比有许多重要特性。例如前已指出,如果函数 $Y(x)$ 与第 i 个主振型 $Y_i(x)$ 成比例,则相应的瑞利比即等于第 i 个频率的平方 ω_i^2。下面再补充有关瑞利比的三个特性。

特性一:设位移函数 $Y(x)$ 在第一主振型 $Y_i(x)$ 附近变化,当 $Y(x) = Y_1(x)$ 时,瑞利比 $R(Y)$ 为极小值。

特性二:设位移函数 $Y(x)$ 在任一主振型 $Y_i(x)$ 附近变化,当 $Y(x) = Y_i(x)$ 时,瑞利比 $R(Y)$ 为驻值。

特性三:在具有 n 个自由度的体系中,设位移函数 $Y(x)$ 在最高主振型 $Y_n(x)$ 附近变化,当 $Y(x) = Y_n(x)$ 时,瑞利比 $R(Y)$ 为极大值。

由特性一得知,前面用瑞利法求得的角频率值恒大于或等于第一角频率的真实值,即所得的近似值是第一角频率的一个上限。

由特性二得知,除最低和最高角频率及其相应的主振型外,在其他主振型附近,瑞利比只取驻值,而不一定取极值,更不一定取极小值。

由特性三得知,瑞利比恒小于或等于最高角频率的真实值,即所得的近似值是最高角频率的一个下限。

有的学者断言:瑞利法求得的角频率值总是真实值的一个上限。实际上,这个结论对第一角频率来讲是正确的,但是对其他角频率来讲,则不一定正确。现对上述瑞利比的三个特性加以证明。

证明:对任意一个满足位移边界条件的位移函数 $Y(x)$,我们把它展成主振型函数的级数:

$$Y(x) = \sum_{i=1}^{\infty}\eta_i Y_i(x) \tag{12.5.13}$$

其中系数 η_i 由下式得出

$$\eta_i = \frac{1}{M_i}\int_0^l \overline{m}(x)y(x)Y_i(x)\mathrm{d}x \tag{12.5.14}$$

广义质量 M_i 和广义刚度 K_i 为

$$M_i = \int_0^l \overline{m}(x)\,[Y_i(x)]^2\mathrm{d}x \tag{12.5.15a}$$

$$K_i = \int_0^l EI(x)[Y''_i(x)]\mathrm{d}x \tag{12.5.15b}$$

固有角频率

$$\omega_i = \sqrt{\frac{K_i}{M_i}} \tag{12.5.16}$$

把式(12.5.13)代入式(12.5.12),则瑞利比可表示为

$$R(Y) = \frac{\int_0^l EI[\sum_{i=1}^{\infty}\eta_i Y''_i(x)]^2\mathrm{d}x}{\int_0^l \overline{m}[\sum_{i=1}^{\infty}\eta_i Y_i(x)]^2\mathrm{d}x} \tag{12.5.17}$$

再利用正交条件式(12.1.41)和式(12.1.43)以及式(12.5.15),则式(12.5.17)可写为

$$R(Y) = \frac{\sum_{i=1}^{\infty}\eta_i^2 K_i}{\sum_{i=1}^{\infty}\eta_i^2 M_i} \tag{12.5.18}$$

由于 $K_i = \omega_i^2 M_i$,故式(12.5.18)可写为

$$R(Y) = \frac{\sum_{i=1}^{\infty}\eta_i^2 M_i\omega_i^2}{\sum_{i=1}^{\infty}\eta_i^2 M_i} \tag{12.5.19}$$

1)证明特性二

设位移函数 $Y(x)$ 与第 k 个主振型非常接近。也就是说,在展开式(12.5.13)中,与系数 η_k 相比,其余系数 $\eta_i(i\neq k)$ 都很小,即

$$\eta_i\sqrt{M_i} = \varepsilon_i\eta_k\sqrt{M_k}\quad i\neq k \tag{12.5.20}$$

其中,ε_i 是微量。将式(12.5.20)代入式(12.5.19),分子和分母各除以 $\eta_k^2 M_k$,则得

$$R(Y)=\frac{\omega_k^2+\left(\sum\limits_{i=1}^{k-1}+\sum\limits_{i=k+1}^{\infty}\right)\varepsilon_i^2\omega_i^2}{1+\left(\sum\limits_{i=1}^{k-1}+\sum\limits_{i=k+1}^{\infty}\right)\varepsilon_i^2}$$

$$\approx\omega_k^2+\left(\sum_{i=1}^{k-1}+\sum_{i=k+1}^{\infty}\right)\varepsilon_i^2(\omega_i^2-\omega_k^2)=\omega_k^2+\text{两阶微量} \tag{12.5.21}$$

式(12.5.21)表明:如果 $Y(x)$ 与主振型 $Y_k(x)$ 相差一阶微量,则 $R(Y)$ 与 ω_k^2 就相差二阶微量。这就表明,瑞利比在主振型附近为驻值。

2)证明特性一

在式(12.5.21)中令 $k=1$,得

$$R(Y)\approx\omega_1^2+\sum_{i=2}^{\infty}\varepsilon_i^2(\omega_i^2-\omega_1^2) \tag{12.5.22}$$

由于 $\omega_i>\omega_1(i=2,3,\cdots)$,故得

$$R(Y)\geqslant\omega_1^2=R(Y_1) \tag{12.5.23}$$

式(12.5.23)表明,$R(Y_1)$ 取极小值。

3)证明特性三

现在考虑体系具有 n 个自由度的情形,这时,式(12.5.13)中的无穷级数只保留前面 n 项,式(12.5.17)、式(12.5.18)、式(12.5.19)、式(12.5.21)也应作相应的修改。在修改后的式(12.5.21)中令 $k=n$,得

$$R(Y)\approx\omega_n^2+\sum_{i=1}^{\infty}\varepsilon_i^2(\omega_i^2-\omega_n^2) \tag{12.5.24}$$

由于 $\omega_n>\omega_i(i=1,2,\cdots,n-1)$,故得

$$R(Y)\leqslant\omega_n^2=R(Y_n) \tag{12.5.25}$$

式(12.5.25)表明,$R(Y_n)$ 取极大值。

在瑞利-里兹法中,我们要利用瑞利比在主振型附近为驻值的特性。但是在建立驻值条件时,我们把体系的自由度加以折减,例如把无限自由度折减为有限自由度,因此得到的只是最初几个角频率的近似解。下面说明瑞利-里兹法的具体做法。

第一,把体系的自由度折减为 n 个自由度,把位移函数表示为

$$Y(x)=\sum_{i=1}^{n}a_i\varphi_i(x) \tag{12.5.26}$$

这里 $\varphi_i(x)$ 是 n 个独立的可能位移函数,它们都满足体系的位移边界条件,a_i 是待定参数。

第二,对位移函数 $Y(x)$,写出它的瑞利比:

$$\omega^2=R(Y)=\frac{\int_0^l EI\left[\sum\limits_{i=1}^{n}a_i\varphi''_i(x)\right]^2\mathrm{d}x}{\int_0^l \overline{m}\left[\sum\limits_{i=1}^{n}a_i\varphi_i(x)\right]^2\mathrm{d}x}=\frac{A(a_1,a_2,\cdots,a_n)}{B(a_1,a_2,\cdots,a_n)} \tag{12.5.27}$$

这里 A 和 B 表示瑞利比中的分子和分母,它们都是参数 a_i 的二次式。

第三,写出瑞利比的驻值条件:

$$\frac{\partial R}{\partial a_i}=0\quad i=1,2,\cdots,n \tag{12.5.28}$$

即

$$\frac{\partial A}{\partial a_i}-\frac{A}{B}\frac{\partial B}{\partial a_i}=0 \quad i=1,2,\cdots,n \tag{12.5.29}$$

由于$\frac{A}{B}=\omega^2$,故得

$$\frac{\partial A}{\partial a_i}-\omega^2\frac{\partial B}{\partial a_i}=0 \quad i=1,2,\cdots,n \tag{12.5.30}$$

由式(12.5.27)得知

$$\frac{\partial A}{\partial a_i}=\int_0^l EI\left[2\sum_{j=1}^{n}a_j\varphi''_j\right]\varphi''_i\mathrm{d}x=2\sum_{j=1}^{n}a_j\int_0^l EI\varphi''_i\varphi''_j\mathrm{d}x \tag{12.5.31}$$

$$\frac{\partial B}{\partial a_i}=\int_0^l \overline{m}\left[2\sum_{j=1}^{n}a_j\varphi_j\right]\varphi_i\mathrm{d}x=2\sum_{j=1}^{n}a_j\int_0^l \overline{m}\varphi_i\varphi_j\mathrm{d}x \tag{12.5.32}$$

代入式(12.5.30),得

$$\sum_{j=1}^{n}a_j\int_0^l(EI\varphi''_i\varphi''_j-\omega^2\overline{m}\varphi_i\varphi_j)\mathrm{d}x=0 \quad i=1,2,\cdots,n \tag{12.5.33}$$

令

$$c_{ij}=\int_0^l(EI\varphi''_i\varphi''_j-\omega^2\overline{m}\varphi_i\varphi_j)\mathrm{d}x \tag{12.5.34}$$

则得

$$\sum_{j=1}^{n}a_jc_{ij}=0 \quad i=1,2,\cdots,n \tag{12.5.35}$$

其展开形式为

$$\begin{cases} c_{11}a_1+c_{12}a_2+\cdots+c_{1n}a_n=0 \\ c_{21}a_1+c_{22}a_2+\cdots+c_{2n}a_n=0 \\ \qquad\vdots \\ c_{n1}a_1+c_{n2}a_2+\cdots+c_{nn}a_n=0 \end{cases} \tag{12.5.36}$$

由于参数 a_i 不全为零,故系数行列式应为零,即

$$\begin{vmatrix} c_{11} & c_{12} & \cdots & c_{1n} \\ c_{21} & c_{22} & \cdots & c_{2n} \\ \vdots & \vdots & & \vdots \\ c_{n1} & c_{n2} & \cdots & c_{nn} \end{vmatrix}=0 \tag{12.5.37}$$

其展开式是关于 ω^2 的 n 次代数方程,由此可求出 n 个根 $\omega_i^2(i=1,2,\cdots,n)$,这就是由瑞利-里兹法求得的体系最初几个角频率平方值的近似解。

例题 12.5.2 如图 12.5.1 所示,试求楔形悬臂梁的自振角频率。设梁的截面宽度 $b=1$,截面高度为直线变化。

$$h(x)=\frac{h_0x}{l}$$

解:设位移函数为

$$Y(x)=a_1\left(1-\frac{x}{l}\right)^2+a_2\frac{x}{l}\left(1-\frac{x}{l}\right)^2$$

这里有两个参数 a_1 和 a_2，相当于把原体系简化为具有两个自由度的体系。上式满足悬臂梁在固定端的位移边界条件。

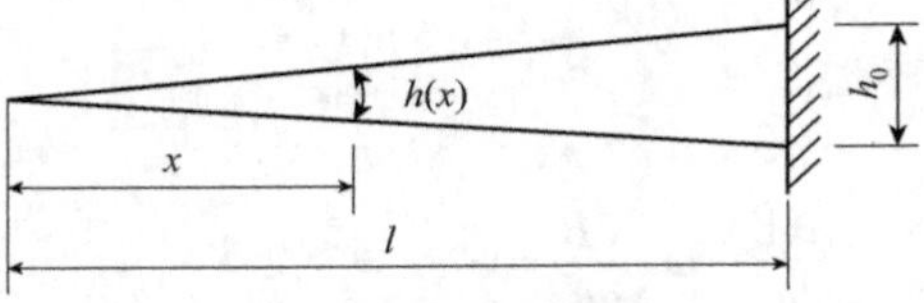

图 12.5.1　楔形悬臂梁

求瑞利比中的分子和分母：

$$A=\int_0^l EI[Y''(x)]^2\mathrm{d}x=\frac{Eh_0^3}{12l^3}\left[(a_1-2a_2)^2+\frac{24}{5}(a_1-2a_2)a_2+6a_2^2\right] \quad (12.5.38a)$$

$$B=\int_0^l \overline{m}[Y(x)]^2\mathrm{d}x=\rho h_0 l\left(\frac{a_1^2}{30}+\frac{2a_1a_2}{105}+\frac{a_2^2}{280}\right) \quad (12.5.38b)$$

将式(12.5.38)代入式(12.5.30)，得下列两个线性齐次方程：

$$\left(\frac{Eh_0^2}{12\rho l^4}-\frac{\omega^2}{30}\right)a_1+\left(\frac{Eh_0^2}{30\rho l^4}-\frac{\omega^2}{105}\right)a_2=0$$

$$\left(\frac{Eh_0^2}{30\rho l^4}-\frac{\omega^2}{105}\right)a_1+\left(\frac{Eh_0^2}{30\rho l^4}-\frac{\omega^2}{280}\right)a_2=0$$

令系数行列式为零，得

$$\left(\frac{Eh_0^2}{12\rho l^4}-\frac{\omega^2}{30}\right)\left(\frac{Eh_0^2}{30\rho l^4}-\frac{\omega^2}{280}\right)-\left(\frac{Eh_0^2}{30\rho l^4}-\frac{\omega^2}{105}\right)^2=0$$

由此可求出两个根 ω_1^2 和 ω_2^2。由其中较小的根可获得第一角频率的近似值：

$$\omega_1=\frac{1.535h_0}{l^2}\sqrt{\frac{E}{\rho}}$$

与精确解 $\omega=\dfrac{1.534h_0}{l^2}\sqrt{\dfrac{E}{\rho}}$ 相比，误差已降到0.075%。

12.6　Maple 编程示例

编程题 12.6.1　如图 12.6.1 所示，试用 Maple 编程求简支梁在 $x=a$ 处受简谐力 $f(x,t)=f_0\sin\Omega t$ 作用时的稳态响应。取 $n=1,2,5$。

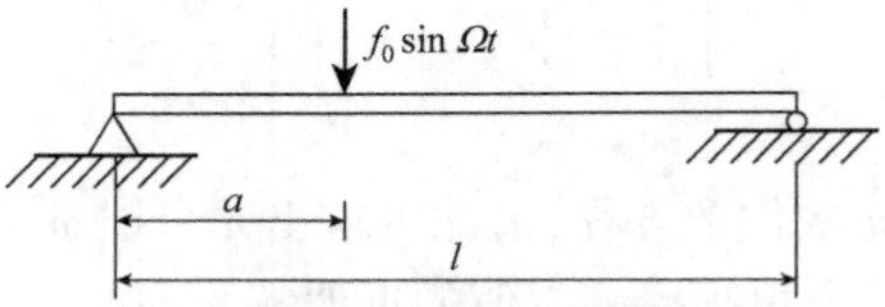

图 12.6.1　简谐力作用下的简支梁

解：采用振型叠加法。

简支梁的固有振型函数为

$$\phi_n(x)=\sin\beta_n x=\sin\frac{n\pi x}{l}$$

其中

$$\beta_n l=n\pi$$

广义力为

$$Q_n(t) = \int_0^l f(x,t)\sin\beta_n x\mathrm{d}x = f_0\sin\frac{n\pi x}{l}\sin\Omega t$$

运用杜哈梅积分确定稳态响应为

$$q_n(t) = \frac{1}{\rho Ab\omega_n}\int_0^t Q_n(\tau)\sin\omega_n(t-\tau)\mathrm{d}\tau$$

其中

$$b = \int_0^l \phi_n^2(x)\mathrm{d}x = \int_0^l \sin\beta_n x\mathrm{d}x = \frac{l}{2}$$

积分得

$$q_n(t) = \frac{2f_0\sin\frac{n\pi a}{l}}{\rho Al\omega_n^2 - \Omega^2}\sin\Omega t$$

整体梁的稳态响应为

$$w(x,t) = \frac{2f_0}{\rho Al}\sum_{n=1}^{\infty}\frac{1}{\omega_n^2 - \Omega^2}\sin\frac{n\pi a}{l}\sin\frac{n\pi x}{l}\sin\Omega t$$

$$\omega_n = \left(\frac{n\pi}{l}\right)^2\sqrt{\frac{EI}{\rho A}} \quad n = 1,2,\cdots$$

Maple 程序

```
>###############################################################
>restart:                                                #清零
>with(plots):                                            #加载绘图库
>xtcs:=x=20,f0=100,a=10,A=1,l=40,rho=0.283/386.4,Omega=100:
>                                                        #系统参数
>omega[n]:=n^2*360.393674:                               #固有角频率
>w:=2*f0/(A*l*rho)*1/(omega[n]^2-Omega^2)*sin(n*Pi*a/l)
>      *sin(n*Pi*x/l)*sin(Omega*t):                      #稳态响应函数
>w:=subs(xtcs,w):                                        #代入系统参数
>w1:=evalf(subs(n=1,w)):                                 #取 n=1 稳态响应
>w2:=evalf(add(w,n=1..2)):                               #取 n=2 稳态响应
>w5:=evalf(add(w,n=1..5)):                               #取 n=5 稳态响应
>plot(w1,t=0..3,view=[0..3,-0.04..0.04]):                #n=1 响应曲线
>plot(w2,t=0..3,view=[0..3,-0.04..0.04]):                #n=2 响应曲线
>plot(w5,t=0..3,view=[0..3,-0.04..0.04]):                #n=5 响应曲线
>###############################################################
```

12.7 思考题

思考题 12.1 简答题

1. 分别根据细长梁理论与铁摩辛柯梁理论,简述简支梁的边界条件。
2. 离散系统与连续系统在角频率方程上的主要区别是什么?
3. 拉力对梁的固有角频率有什么影响?
4. 在什么情况下,受轴向载荷作用的梁固有振动角频率等于零?

5. 考虑剪切变形与转动惯量的影响后,为什么梁的固有角频率会降低?

思考题 12.2　判断题

1. 索没有压缩抗力。　(　　)
2. 瑞利法可以视为能量守恒方法。　(　　)
3. 里兹法假定问题的解是满足其边界条件的一组函数。　(　　)
4. 对于离散系统,同样要用到边界条件。　(　　)
5. 欧拉-伯努利梁理论比铁摩辛柯梁理论更精确。　(　　)

思考题 12.3　填空题

1. EI 与 GI_p 分别称为________刚度与________刚度。
2. 细梁理论也称为________理论。
3. 细梁横向振动的控制方程是关于空间坐标的________阶偏微分方程。
4. 当受轴向力拉伸时,梁的固有角频率将________。
5. 铁摩辛柯梁理论可以视为________梁理论。

思考题 12.4　选择题

1. 当轴向载荷接近欧拉屈曲载荷时,梁的基频将是________。
   A. 无穷大　B. 张紧弦的频率　C. 零
2. 铁摩辛柯剪切因数 κ 的值取决于________。
   A. 横截面的形状　B. 横截面的尺寸　C. 梁的长度
3. 剪切强度因数 α_S 的值取决于________。
   A. 横截面的形状　B. 横截面的尺寸　C. 梁的长度
4. 剪切刚度因数 f_S 的值取决于________。
   A. 横截面的尺寸　B. 横截面的形状　C. 梁的长度
5. 哈密顿原理是________。
   A. 能量守恒原理　B. 最大能量变分原理　C. 最小作用量变分原理

思考题 12.5　连线题(关于细长梁的边界条件)

1. 自由端	A. 弯矩等于零,剪力等于弹簧力
2. 铰支端	B. 挠度等于零,转角等于零
3. 固定端	C. 挠度等于零,弯矩等于零
4. 弹性约束端	D. 弯矩等于零,剪力等于零

12.8 习题

A 类习题

习题 12.1　如图 12.8.1 所示,试求悬臂梁的固有角频率和模态函数。

习题 12.2　如图 12.8.2 所示,在悬臂梁自由端增加弹性支承,k_1 和 k_2 分别为与转角和挠度成正比的刚度系数。试列出角频率方程。

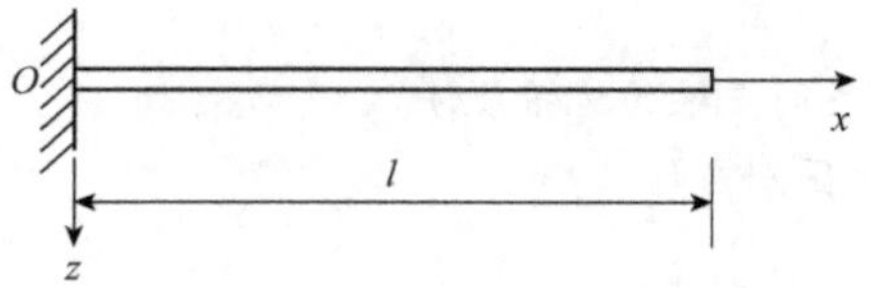

图 12.8.1　习题 12.1

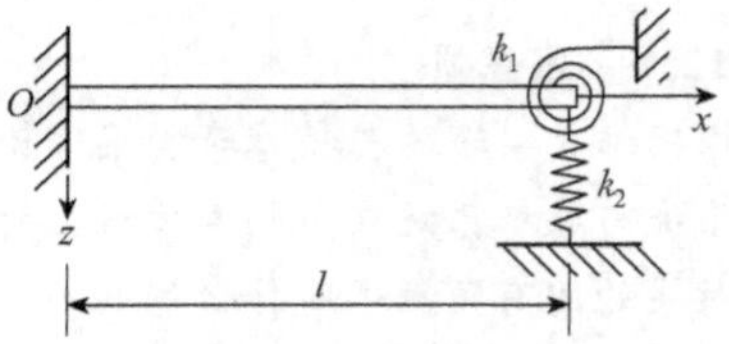

图 12.8.2　习题 12.2

习题 12.3 如图 12.8.3 所示，在悬臂梁自由端附加集中质量 m_0，试求角频率方程。

习题 12.4 如图 12.8.4 所示，长度为 l、单位长度质量为 ρA、抗弯刚度为 EI 的悬臂梁左端固定，右端连接质量-弹簧系统。物块质量为 m，弹簧刚度系数为 k。试求梁横向振动的角频率方程。

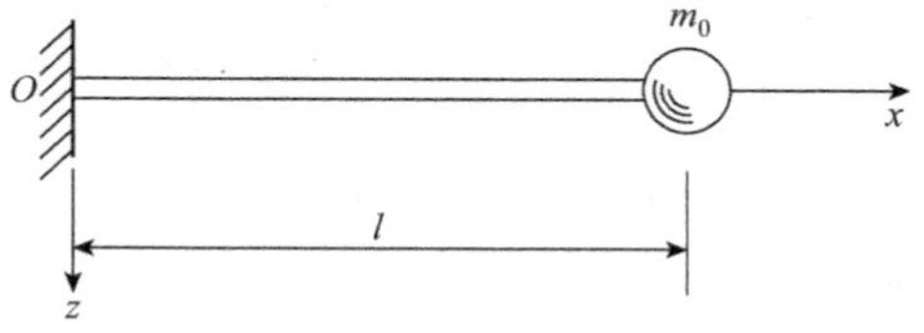

图 12.8.3 习题 12.3

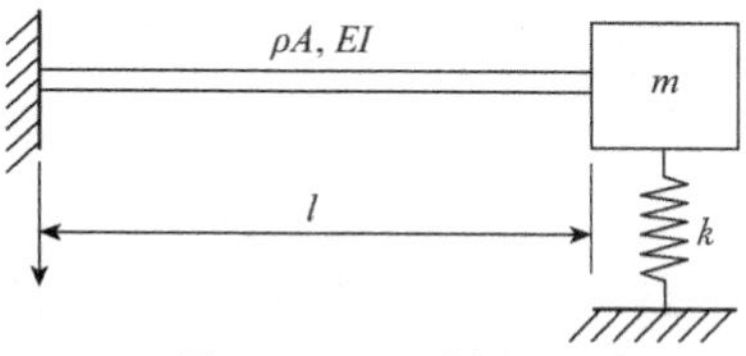

图 12.8.4 习题 12.4

习题 12.5 如图 12.8.5 所示，连续梁的两段长度分别为 l_1 和 l_2，单位长度质量均为 ρA，抗弯刚度均为 EI。试求梁横向振动的角频率方程。

习题 12.6 如图 12.8.6 所示，长度为 l、单位长度质量为 ρA、抗弯刚度为 EI 的简支梁置于连续的弹性基础上。基础刚度系数为 k，试求梁横向振动的固有角频率。

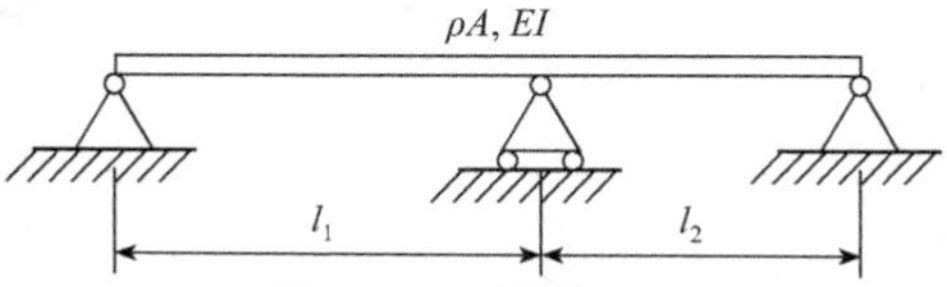

图 12.8.5 习题 12.5

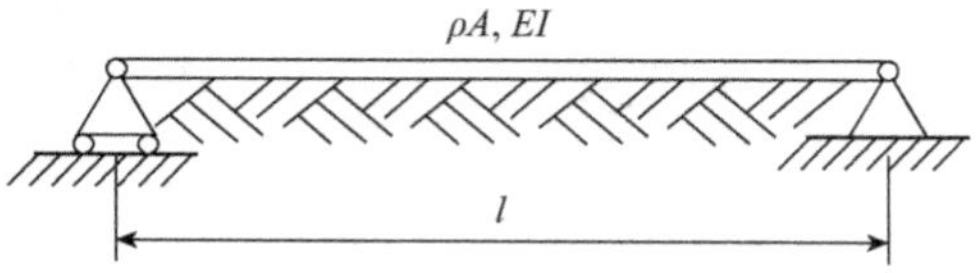

图 12.8.6 习题 12.6

习题 12.7 如图 12.8.7a) 所示，长度为 l、单位长度质量为 ρA、抗弯刚度为 EI 的简支梁在 $x = l_1$ 处作用一集中力 F_1。初始时突然撤去 F_1，并加分布载荷 $F(x,t) = cxF_0(t)$，其中力 $F_0(t)$ 如图 12.8.7b) 所示。试求系统的总响应。

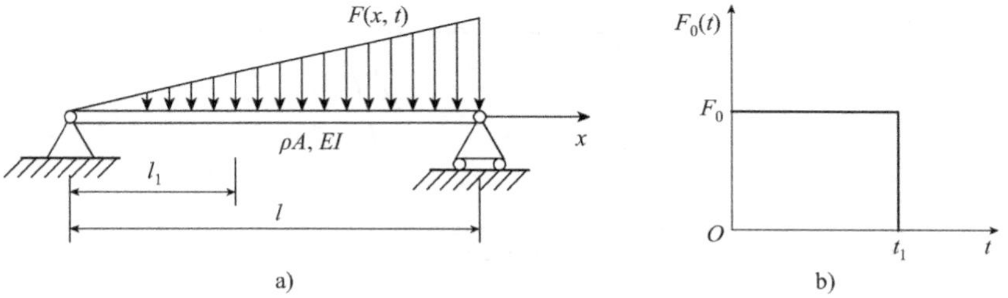

图 12.8.7 习题 12.7

习题 12.8 试推导受轴向常值载荷 F 作用的悬臂梁的角频率方程。

习题 12.9 试建立考虑截面剪切变形且受轴向常值载荷 F 作用的梁自由横向振动的动力学方程，以及对应的模态方程。

习题 12.10 等截面梁的长度为 l，密度为 ρ，截面面积为 A，抗弯刚度为 EI，在张力 F 作用下以速度 $v(t)$ 沿 x 轴在刚度系数为 k 的弹性基础上运动，横向分布载荷为 $f(x,t)$。试建立梁的动力学方程。

习题 12.11 假设位移形状函数为抛物线

$$Y(x) = \frac{4a}{l^2}x(l - x)$$

试用瑞利法求等截面简支梁的第一角频率，并讨论误差产生的原因。

习题 12.12 例题 12.5.2 中，假设位移形状函数为

$$Y(x) = \frac{a}{l^2}(l - x)^2$$

试用瑞利法求楔形悬臂梁的自振角频率。

习题 12.13 如图 12.8.8 所示,试用能量法求两端固定梁的第一角频率。

习题 12.14 如图 12.8.9 所示,试用能量法求梁的第一角频率。

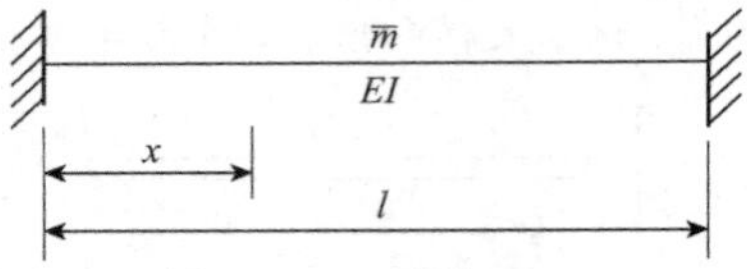

图 12.8.8 习题 12.13

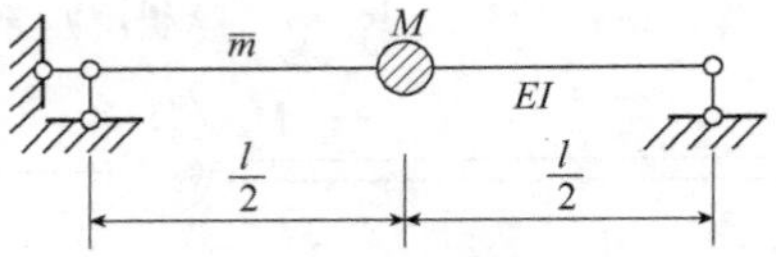

图 12.8.9 习题 12.14

习题 12.15 试用瑞利-里兹法求习题 12.13 梁的前两个自振角频率。

习题 12.16 试用瑞利-里兹法求习题 12.14 梁的前两个自振角频率。

B 类习题

习题 12.17 (编程题)利用 Maple,求一端固定、一端简支梁角频率方程

$$\tan\beta_n l - \tanh\beta_n l = 0$$

的根。初始值取 $\beta_n l = 3.0$。

习题 12.18 (编程题)利用 Maple,求解一般非线性超越方程,并用其求解方程

$$\tan\beta l - \tanh\beta l = 0$$

的根。

C 类习题

习题 12.19 (振动调整)如图 12.8.10 所示,周边铰支承的正方形板,集中质量 m 作用在无重量的正方形板中心。用桁架加固。评价质量自振角频率的变化。原始资料:$a = 1\text{m}, h = 0.01\text{m}$($h$ 为板的厚度),$E_{AB} = E_{BC}, (EA)_{AB} = \infty, \mu = 0.25, \alpha = 15°, \beta = 75°$。边界条件:$w(0,y) = 0, M_x(0,y) = 0; w(a,y) = 0, M_x(a,y) = 0; w(x,0) = 0, M_y(x,0) = 0; w(x,a) = 0, M_y(x,a) = 0$。

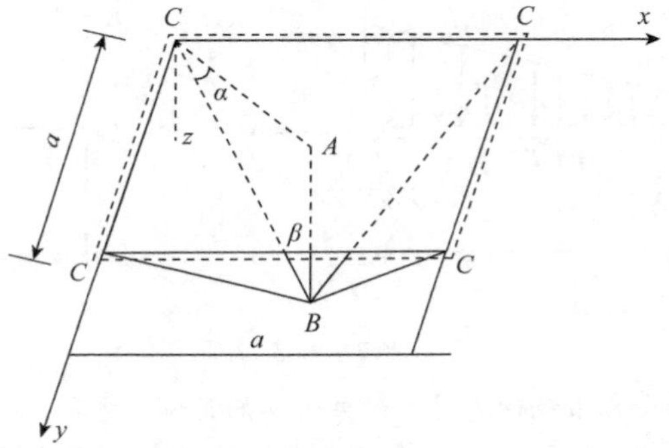

图 12.8.10 习题 12.19

##

徐秉业(XU Bing-Ye,1932—2018,中国),力学家、教育家、塑性力学专家。他创造性地建立了结构塑性极限安定性分析理论在工程中的应用体系,同时将该理论应用到机械、矿山、兵器等工程领域,取得了一系列具有国际先进水平的开创性成果。曾任《力学学报》《工程力学》常务编委,《固体力学学报》编委,《力学名词审定委员会》委员,《中国大百科全书·力学卷》编写组成员,《工程力学手册·弹塑性力学篇》副主编,《中国现代科学全书·力学卷》主编。

主要著作:《弹性与塑性力学——例题和习题》《塑性理论简明教程》《塑性理论简明教程习题解答》《弹塑性力学及其应用》《结构塑性极限分析》《塑性力学》《应用弹塑性力学》等。

##

杂诗十二首·其一

晋　陶渊明(约 365—427)

人生无根蒂,飘如陌上尘。

分散逐风转,此已非常身。

落地为兄弟,何必骨肉亲!

得欢当作乐,斗酒聚比邻。

盛年不重来,一日难再晨。

及时当勉励,岁月不待人

第 13 章　刚架和膜的振动

本章利用能量法求解了刚架和薄膜振动的固有角频率。介绍了求解连续系统振动问题的位移法、有限单元法和能量法。

13.1　位移法

本节应用位移法讨论刚架的振动问题。

振动问题的重要内容是求自振角频率和主振型。这个问题解决之后,应用主振型叠加法就可处理任意动力荷载作用下的强迫振动问题。因此,本节主要介绍刚架自由振动的计算方法。讨论时忽略阻尼的影响。

用位移法解刚架的基本环节是建立杆件的刚度方程,在静力问题中是这样,在动力问题中也是这样。

下面讨论等截面杆在简谐振动情况下的刚度方程。这里的简谐振动包括两种情况:一是自由振动,二是简谐荷载作用下强迫振动的平稳阶段。

13.1.1　简谐弯曲振动时杆件的刚度方程

图 13.1.1 所示为一等截面均质杆 AB ,以角频率 ω 作自由振动,也可以角频率 Ω 作强迫振动。

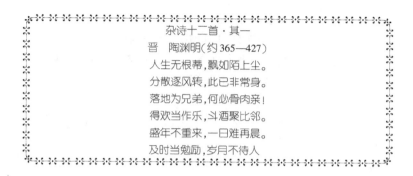

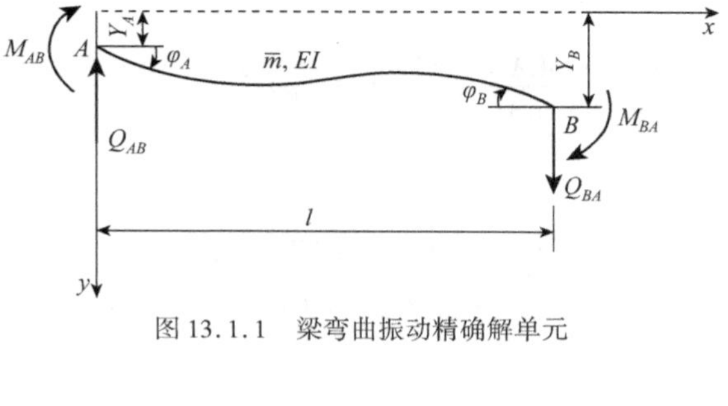

图 13.1.1　梁弯曲振动精确解单元

现在推导杆件的刚度方程，即推导杆端力幅值（M_{AB}、M_{BA}、Q_{AB}、Q_{BA}）与杆端位移幅值（φ_A、φ_B、Y_A、Y_B）二者之间的关系式。图 13.1.1 中所示均为各量的正方向。

首先，根据式(12.1.22)，B 端的四个参数 Y_B、φ_B、M_{BA}、Q_{BA} 可用 A 端四个初参数 Y_A、φ_A、M_{AB}、Q_{AB} 表示如下（这里的 M_{BA} 是以顺时针转向为正）：

$$Y_B = Y_A A_{\lambda l} + \varphi_A \frac{1}{\lambda} B_{\lambda l} - M_{AB} \frac{1}{EI\lambda^2} C_{\lambda l} - Q_{AB} \frac{1}{EI\lambda^3} D_{\lambda l} \tag{13.1.1a}$$

$$\varphi_B = Y_A A\lambda D_{\lambda l} + \varphi_A A_{\lambda l} - M_{AB}\left(\frac{1}{EI\lambda}\right) B_{\lambda l} - Q_{AB}\left(\frac{1}{EI\lambda^2}\right) C_{\lambda l} \tag{13.1.1b}$$

$$M_{BA} = Y_A (EI\lambda^2) C_{\lambda l} + \varphi_A (EI\lambda) D_{\lambda l} - M_{AB} A_{\lambda l} - Q_{AB} \frac{1}{\lambda} B_{\lambda l} \tag{13.1.1c}$$

$$Q_{BA} = Y_A(-EI\lambda^3) B_{\lambda l} + \varphi_A(-EI\lambda^2) C_{\lambda l} + M_{AB}\lambda D_{\lambda l} + Q_{AB} A_{\lambda l} \tag{13.1.1d}$$

由以上四个方程即可得出四个刚度方程如下：

$$M_{AB} = i\left(F\varphi_A + H\varphi_B + L\frac{Y_A}{l} - N\frac{Y_B}{l}\right) \tag{13.1.2a}$$

$$M_{BA} = i\left(H\varphi_A + F\varphi_B + N\frac{Y_A}{l} - L\frac{Y_B}{l}\right) \tag{13.1.2b}$$

$$Q_{AB} = -\frac{i}{l}\left(L\varphi_A + N\varphi_B + R\frac{Y_A}{l} - H\frac{Y_B}{l}\right) \tag{13.1.2c}$$

$$Q_{BA} = -\frac{i}{l}\left(N\varphi_A + L\varphi_B + H\frac{Y_A}{l} - R\frac{Y_B}{l}\right) \tag{13.1.2d}$$

式中

$$i = \frac{EI}{l} \tag{13.1.3}$$

$$F = \frac{\sin\lambda l\cosh hl - \sinh\lambda l\cos\lambda l}{1 - \cos\lambda l\cosh\lambda l}\cdot\lambda l,\ H = \frac{\sinh\lambda l - \sin\lambda l}{1 - \cos\lambda l\cosh\lambda l} \tag{13.1.4a}$$

$$L = \frac{\sinh\lambda l\sin\lambda l}{1 - \cos\lambda l\cosh\lambda l}(\lambda l)^2,\ N = \frac{\cosh\lambda l - \cos\lambda l}{1 - \cos\lambda l\cosh\lambda l}(\lambda l)^2 \tag{13.1.4b}$$

$$R = \frac{\sin\lambda l\cosh\lambda l + \sinh\lambda l\cos\lambda l}{1 - \cos\lambda l\cosh\lambda l}(\lambda l)^3,\ \Pi = \frac{\sinh\lambda l + \sin\lambda l}{1 - \cos\lambda l\cosh\lambda l}(\lambda l)^3 \tag{13.1.4c}$$

对于自由振动：

$$\lambda = \sqrt[4]{\frac{\overline{m}\omega^2}{EI}} \tag{13.1.5}$$

对于强迫振动：

$$\lambda = \sqrt[4]{\frac{\bar{m}\Omega^2}{EI}} \tag{13.1.6}$$

当 $\Omega = 0$ 或 $\omega = 0$ 时，则有 $\lambda = 0, F = 4, H = 2, L = N = 6, R = \Pi = 12$，而式(13.1.2)即转化为静力计算中常用的刚度方程。

13.1.2 用位移法求刚架的自振角频率

用位移法求刚架自振角频率的计算步骤，可以图13.1.2所示刚架为例来说明。

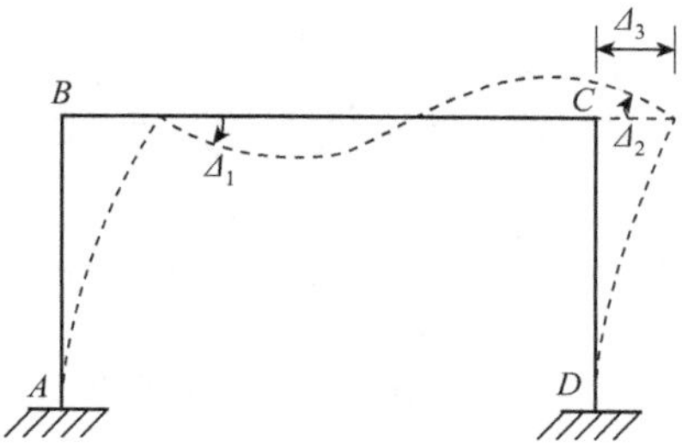

图13.1.2 刚架自由振动模型

位移法的基本未知量是结点的转角幅值 Δ_1 和 Δ_2，以及横梁的水平位移幅值 Δ_3。

位移法的基本方程如下：

$$k_{11}\Delta_1 + k_{12}\Delta_2 + k_{13}\Delta_3 = 0 \tag{13.1.7a}$$

$$k_{21}\Delta_1 + k_{22}\Delta_2 + k_{23}\Delta_3 = 0 \tag{13.1.7b}$$

$$k_{31}\Delta_1 + k_{32}\Delta_2 + k_{33}\Delta_3 = 0 \tag{13.1.7c}$$

其中，系数 k_{ij} 是由杆件刚度系数集成求得的。因为讨论的是自由振动，各自由项 Δ_i 均为零，方程为齐次方程。

要得到 Δ_1、Δ_2 和 Δ_3 不全为零的解答，位移法基本方程式(13.1.7)的系数行列式应等于零，即

$$\begin{vmatrix} k_{11} & k_{12} & k_{13} \\ k_{21} & k_{22} & k_{23} \\ k_{31} & k_{32} & k_{33} \end{vmatrix} = 0 \tag{13.1.8}$$

这就是刚架自由振动的特征方程或角频率方程，其中的系数与角频率 ω 有关，由此可求出自振角频率。

例题13.1.1 试求图13.1.3所示刚架对称振动时的最低自振角频率。

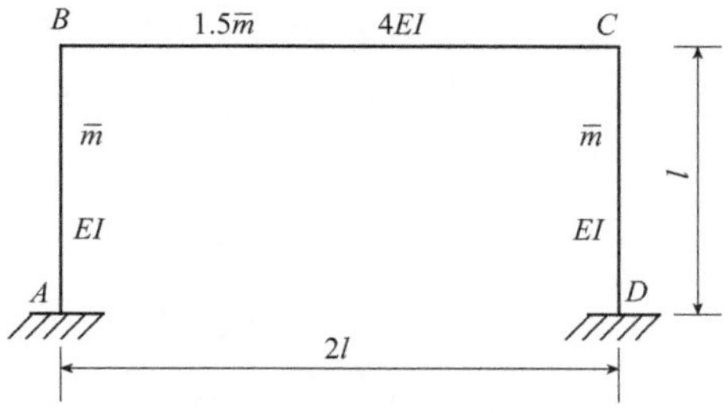

图13.1.3 刚架振动模型

解:图 13.1.3 所示为一对称刚架。如果刚架对称形式进行振动,则横梁水平位移为零,只有一个基本未知量

$$\theta_B = -\theta_C$$

位移法方程为

$$\sum M_B = 0,\ M_{BA} + M_{BC} = 0$$

柱的参数为

$$\lambda_0 = \sqrt[4]{\frac{\overline{m}\omega^2}{EI}}\ ,\ i_0 = \frac{EI}{l}$$

而梁的参数为

$$\lambda_1 = \sqrt[4]{\frac{1.5\ \overline{m}\omega^2}{4EI}} = 0.7825\lambda_0\ ,\ i_1 = \frac{4EI}{2l} = 2i_0$$

利用式(13.1.2),位移法方程为

$$i_0 F(\lambda_0 l)\theta_B + i_1[F(\lambda_1 \cdot 2l) - H(\lambda_1 \cdot 2l)]\theta_B = 0$$

角频率方程为

$$\frac{1}{2}F(\lambda_0 l) + F(1.565\lambda_0 l) = H(1.565\lambda_0 l)$$

用试算法求解,将上式写为如下形式:

$$D = \frac{1}{2}F(\lambda_0 l) + F(1.565\lambda_0 l) - H(1.565\lambda_0 l)$$

当 $\lambda_0 l = 2.2$ 时:$F(2.2) = 3.7675, F(3.443) = 2.2171, H(3.443) = 3.4368, D = 0.66405$。

当 $\lambda_0 l = 2.3$ 时:$F(2.3) = 3.7200, F(3.60) = 1.7138, H(3.60) = 3.8698\ , D = -0.296$。

当 $\lambda_0 l = 2.27$ 时:$F(2.27) = 3.7349, F(3.55) = 1.8894, H(3.55) = 3.7177, D = 0.03915$。

求得 $\lambda_0 l = 2.272, D \approx 0$ 。因此

$$\omega = \left(\frac{2.272}{l}\right)^2 \sqrt{\frac{EI}{\overline{m}}} = \frac{5.162}{l^2}\sqrt{\frac{EI}{\overline{m}}}$$

13.2 有限元法

13.2.1 简谐弯曲振动时杆件的刚度方程

13.1 节得到的杆件刚度方程式(13.1.2),是按无限自由度体系导出的精确解,其中刚度系数的表示式比较复杂。在有限元分析中,通常按有限自由度体系来推导杆件刚度方程的近似解,其中刚度系数的表示式要简单得多。下面按照有限元法的通常形式加以推导。

图 13.2.1 所示为一等截面均质杆件单元ⓔ,以 ω 为频率作简谐弯曲振动。端点位移和端点力的幅值分别如图 13.2.1a)、b)所示。在所示局部坐标系中,端点位移幅值向量 $\overline{\boldsymbol{\Delta}}^e$ 和端点力幅值向量 $\overline{\boldsymbol{F}}^e$ 分别为

$$\overline{\boldsymbol{\Delta}}^e = \begin{bmatrix} a_1 \\ a_2 \\ a_3 \\ a_4 \end{bmatrix} = \begin{bmatrix} \overline{v}_1 \\ \overline{\theta}_1 \\ \overline{v}_2 \\ \overline{\theta}_2 \end{bmatrix},\ \overline{\boldsymbol{F}}^e = \begin{bmatrix} \overline{F}_1 \\ \overline{F}_2 \\ \overline{F}_3 \\ \overline{F}_4 \end{bmatrix} = \begin{bmatrix} \overline{Y}_1 \\ \overline{M}_1 \\ \overline{Y}_2 \\ \overline{M}_2 \end{bmatrix} \tag{13.2.1}$$

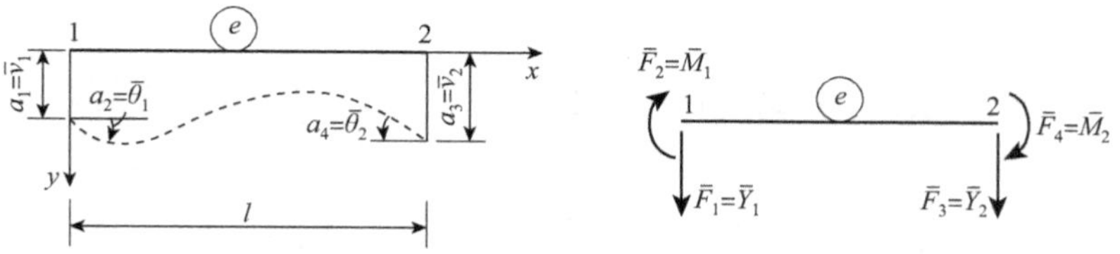

a) 单元端点位移　　　　b) 单元端点力

图 13.2.1　梁单元

首先，用端点位移幅值 a_1、a_2、a_3、a_4 来表示杆件的位移幅值函数 $Y(x)$：

$$Y(x)=a_1\varphi_1(x)+a_2\varphi_2(x)+a_3\varphi_3(x)+a_4\varphi_4(x)=\sum_{i=1}^{4}a_i\varphi_i(x) \tag{13.2.2}$$

这里四个形状函数 $\varphi_i(x)$ 可近似地采用静态问题中的形状函数，即

$$\varphi_1(x)=1-3\left(\frac{x}{l}\right)^2+2\left(\frac{x}{l}\right)^3 \tag{13.2.3a}$$

$$\varphi_2(x)=x\left[1-2\left(\frac{x}{l}\right)+\left(\frac{x}{l}\right)^2\right] \tag{13.2.3b}$$

$$\varphi_3(x)=3\left(\frac{x}{l}\right)^2-2\left(\frac{x}{l}\right)^3 \tag{13.2.3c}$$

$$\varphi_4(x)=\frac{x^2}{l}\left(1-\frac{x}{l}\right) \tag{13.2.3d}$$

其次，根据位移幅值函数 $Y(x)$ 来求端点力幅值 $\bar{F}_1$、$\bar{F}_2$、$\bar{F}_3$、$\bar{F}_4$。我们知道，在端点位移幅度为 $\bar{\boldsymbol{\Delta}}^e$ 的情况下，杆件的振动位移幅度曲线 $Y(x)$ 实际上就是在端点位移 $\bar{\boldsymbol{\Delta}}^e$ 和惯性力 $\bar{m}\omega^2Y(x)$ 作用下杆件的静力位移曲线[图 13.2.2a)]。同样，振动时的端点力幅值 $\bar{\boldsymbol{F}}$ 也就是图 13.2.2a)所示情况下的静态端点力。

为了求端点力 $\bar{\boldsymbol{F}}$，我们采用虚功法中的单位位移法。例如，为了求图 13.2.2a)中的端点力 $\bar{F}_1$，可沿 $\bar{F}_1$ 方向虚设单位位移 $a_1=1$（其余的位移 a_2、a_3、a_4 都设为零），杆件位移函数为 $\varphi_1(x)$，如图 13.2.2b)所示。然后，令图 13.2.2a)中的力系在图 13.2.2b)中的变形状态上做虚功，外虚功应与内虚功相等，即得

$$\bar{F}_1\times 1+\int_0^l\bar{m}\omega^2Y(x)\varphi_1(x)\mathrm{d}x=\int_0^l EIY''(x)\varphi_1''(x)\mathrm{d}x \tag{13.2.4}$$

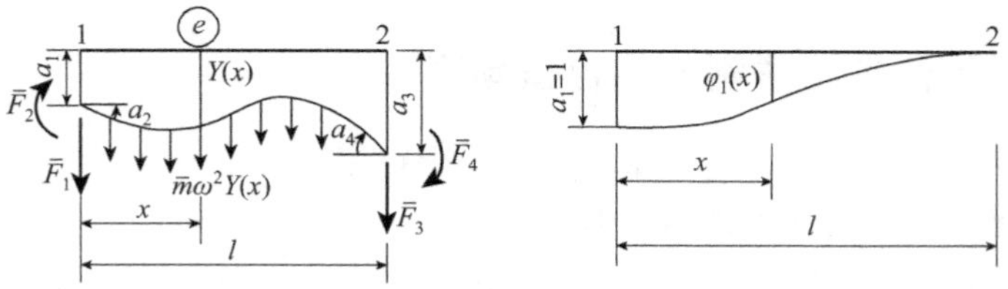

a) 单元受力　　　　b) 单位位移

图 13.2.2　单位位移法

由此得

$$\bar{F}_1=\sum_{j=1}^{4}a_j\int_0^l EI\varphi_j''(x)\varphi_1''(x)\mathrm{d}x-\omega^2\sum_{j=1}^{4}a_j\int_0^l\bar{m}\varphi_j(x)\varphi_1(x)\mathrm{d}x \tag{13.2.5}$$

同理可得

$$\overline{F}_i = \sum_{j=1}^{4} a_j \int_0^l EI\varphi_j''\varphi_i''\mathrm{d}x - \omega^2 \sum_{j=1}^{4} a_j \int_0^l \overline{m}\varphi_j\varphi_i\mathrm{d}x \quad i = 1,2,3,4 \tag{13.2.6}$$

令

$$\overline{k}_{ij} = \int_0^l EI\varphi_i''\varphi_j''\mathrm{d}x, \overline{m}_{ij} = \int_0^l \overline{m}\varphi_i\varphi_j\mathrm{d}x \quad i,j = 1,2,3,4 \tag{13.2.7}$$

则有

$$\overline{F}_i = \sum_{j=1}^{4} \overline{k}_{ij}a_j - \omega^2 \sum_{j=1}^{4} \overline{m}_{ij}a_j \quad i = 1,2,3,4 \tag{13.2.8}$$

式(13.2.8)中的四个方程可合起来,写成如下矩阵形式:

$$\overline{\boldsymbol{F}}^e = \overline{\boldsymbol{k}}^e\,\overline{\boldsymbol{\Delta}}^e - \omega^2\,\overline{\boldsymbol{m}}^e\,\overline{\boldsymbol{\Delta}}^e \tag{13.2.9}$$

这里,$\overline{\boldsymbol{k}}^e$ 是不考虑惯性力影响的静态**单元刚度矩阵**,$\overline{\boldsymbol{m}}^e$ 是考虑惯性力影响时的附加矩阵,称为**单元质量矩阵**。可将式(13.2.9)代入式(13.2.7)后求得

$$\overline{\boldsymbol{k}}^e = \begin{bmatrix} \frac{12EI}{l^3} & \frac{6EI}{l^2} & \frac{12EI}{l^3} & \frac{6EI}{l^2} \\ \frac{6EI}{l^2} & \frac{4EI}{l} & -\frac{6EI}{l^2} & \frac{2EI}{l} \\ -\frac{12EI}{l^3} & -\frac{6EI}{l^2} & \frac{12EI}{l^3} & -\frac{6EI}{l^2} \\ \frac{6EI}{l^2} & \frac{2EI}{l} & -\frac{6EI}{l^2} & \frac{4EI}{l} \end{bmatrix} \tag{13.2.10a}$$

$$\overline{\boldsymbol{m}}^e = \frac{\overline{m}l}{420}\begin{bmatrix} 156 & 22l & 54 & -13l \\ 22l & 4l^2 & 13l & -3l^2 \\ 54 & 13l & 156 & -22l \\ -13l & -3l^2 & -22l & 4l^2 \end{bmatrix} \tag{13.2.10b}$$

因为确定 $\overline{\boldsymbol{m}}^e$ 时与确定 $\overline{\boldsymbol{k}}^e$ 时所取位移函数相同,所以这样确定的 $\overline{\boldsymbol{m}}^e$ 称为一致(相容)质量矩阵。

以上得出的是等截面均质杆简谐弯曲振动时刚度方程的近似形式,即有限元刚度方程形式。

13.2.2 用有限元位移法求刚架的自振角频率

用有限元位移法求刚架自振角频率的计算步骤可说明如下。

1)建立局部坐标系中的单元刚度方程

弯曲刚度方程式(13.2.9)和式(13.2.10)就是梁的单元刚度方程,其中:

$$\overline{\boldsymbol{F}}^e = \begin{bmatrix} \overline{Y}_1 \\ \overline{M}_1 \\ \overline{Y}_2 \\ \overline{M}_2 \end{bmatrix}, \overline{\boldsymbol{\Delta}}^e = \begin{bmatrix} \overline{v}_1 \\ \overline{\theta}_1 \\ \overline{v}_2 \\ \overline{\theta}_2 \end{bmatrix} \tag{13.2.11}$$

2) 建立整体坐标系中的单元刚度方程

为此,需要进行坐标转换。

设在整体坐标系中单元的杆端力幅值向量和杆端位移幅值向量为

$$\boldsymbol{F}^e = \begin{bmatrix} Y_1 \\ M_1 \\ Y_2 \\ M_2 \end{bmatrix}, \overline{\boldsymbol{\Delta}}^e = \begin{bmatrix} v_1 \\ \theta_1 \\ v_2 \\ \theta_2 \end{bmatrix} \tag{13.2.12}$$

则它们之间的刚度方程为

$$\boldsymbol{F}^e = (\boldsymbol{k}^e - \omega^2 \boldsymbol{m}^e) \boldsymbol{\Delta}^e \tag{13.2.13}$$

其中

$$\boldsymbol{k}^e = \boldsymbol{T}^{\mathrm{T}} \overline{\boldsymbol{k}}^e \boldsymbol{T} , \boldsymbol{m}^e = \boldsymbol{T}^{\mathrm{T}} \overline{\boldsymbol{m}}^e \boldsymbol{T} \tag{13.2.14}$$

$\boldsymbol{T}$ 是单元坐标转换矩阵,即

$$\boldsymbol{T} = \begin{bmatrix} \cos\alpha & \sin\alpha & 0 & 0 \\ -\sin\alpha & \cos\alpha & 0 & 0 \\ 0 & 0 & \cos\alpha & \sin\alpha \\ 0 & 0 & -\sin\alpha & \cos\alpha \end{bmatrix} \tag{13.2.15}$$

这里, α 是由局部坐标系到整体坐标系的旋转角度。

3) 建立结构的整体刚度方程

根据单元刚度方程式(13.2.13),利用直接集成法,即根据各单元的定位向量,将单元矩阵 $\boldsymbol{k}^e$ 和 $\boldsymbol{m}^e$ 进行集成,得出整个刚架的总刚度矩阵 $\boldsymbol{K}$ 和总质量矩阵 $\boldsymbol{M}$,即可得出结构的整体刚度方程如下:

$$(\boldsymbol{K} - \omega^2\boldsymbol{M})\boldsymbol{\Delta} = \boldsymbol{F} \tag{13.2.16}$$

这里, $\boldsymbol{\Delta}$ 和 $\boldsymbol{F}$ 分别是结构整体的结点位移幅值向量和结点力幅值向量。

4) 建立角频率方程

由于讨论的是自由振动问题,故式(13.2.16)右边的结点荷载向量为零,即有限元位移法的基本方程是齐次方程

$$(\boldsymbol{K} - \omega^2\boldsymbol{M})\boldsymbol{\Delta} = \boldsymbol{0} \tag{13.2.17}$$

为了使齐次方程有非零解,其系数行列式应为零,即

$$|\boldsymbol{K} - \omega^2\boldsymbol{M}| = 0 \tag{13.2.18}$$

这就是角频率方程,由此可求出自振角频率。

例题 13.2.1 用有限元法重做例题 13.1.1。

解:单元的划分、整体坐标和局部坐标的方向均在图 13.2.3 中给出。

待定的结点位移幅值为

$$\boldsymbol{\Delta} = [\Delta_1 \quad \Delta_2 \quad \Delta_3]^{\mathrm{T}}$$

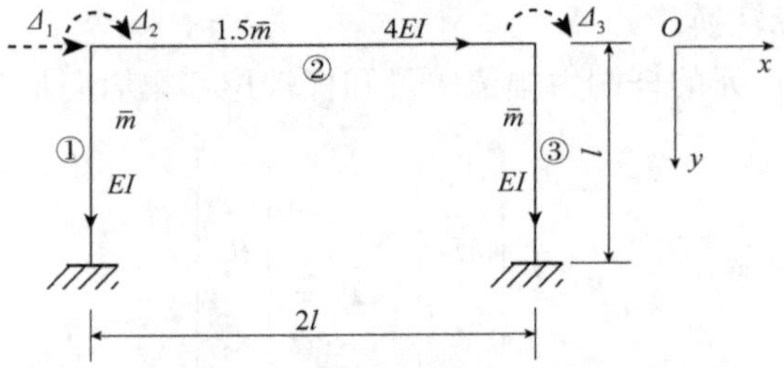

图 13.2.3 用有限元法求刚架的固有角频率

整体刚度方程为

$$(\boldsymbol{K} - \omega^2\boldsymbol{M})\boldsymbol{\Delta} = \boldsymbol{0} \tag{13.2.19}$$

其中总刚度矩阵及总质量矩阵如下：

$$\boldsymbol{K} = \frac{2EI}{l^3}\begin{bmatrix} 12 & -3l & -3l \\ -3l & 6l^2 & 2l^2 \\ -3l & 2l^2 & 6l^2 \end{bmatrix}$$

$$\boldsymbol{M} = \frac{\overline{m}l}{210}\begin{bmatrix} 786 & -11l & -11l \\ -11l & 26l^2 & -18l^2 \\ -11l & -18l^2 & 26l^2 \end{bmatrix}$$

本题是一个对称刚架,可利用对称性简化计算。

(1)对称振动时,$\Delta_1 = 0, \Delta_2 = -\Delta_3$,这时,式(13.2.19)变成一个方程

$$\left(\frac{2EI}{l^3}4l^2 - \omega^2\frac{\overline{m}l}{210}\cdot 44l^2\right)\Delta_2 = 0$$

由此,求得

$$\omega^2 = \frac{420EI}{11\overline{m}l^4}, \omega_2 = \frac{6.179}{l^2}\sqrt{\frac{EI}{\overline{m}}}$$

(2)反对称振动时,$\Delta_2 = \Delta_3$,这时式(13.2.19)变成两个方程:

$$(6 - 393\lambda^*)\Delta_1 + (-3 + 11\lambda^*)l\Delta_2 = 0$$

$$(-3 + 11\lambda^*)\Delta_1 + 8(1 - \lambda^*)l\Delta_2 = 0$$

这里

$$\lambda^* = \frac{\overline{m}l^4}{420EI}\omega^2$$

角频率方程为

$$\begin{vmatrix} 6 - 393\lambda^* & (-3 + 11\lambda^*)l \\ -3 + 11\lambda^* & 8(1 - \lambda^*)l \end{vmatrix} = 0$$

展开后得

$$3023\lambda^{*2} - 3126\lambda^* + 39 = 0$$

解得

$$\lambda_1^* = 0.01263, \lambda_2^* = 1.02144$$

相应地

$$\omega_1 = \frac{2.303}{l^2}\sqrt{\frac{EI}{\overline{m}}}, \omega_3 = \frac{20.371}{l^2}\sqrt{\frac{EI}{\overline{m}}}$$

从上面的计算结果可以看出,在本例题中对称振动最低频率的近似解 $\left(\omega_2 = \frac{6.179}{l^2}\sqrt{\frac{EI}{\overline{m}}}\right)$ 与精确解(例题 13.1.1 的结果,$\omega = \frac{5.162}{l^2}\sqrt{\frac{EI}{\overline{m}}}$)相比,误差较大,表明单元划分过粗。

有限元法是一种近似解法,与位移法精确解法相比,其具有不需要解超越方程和便于编制计算机程序以用计算机计算的优点。它的计算精度可以通过细分单元的手段得到提高。

13.3 用能量法求刚架自振角频率

例题 13.3.1 如图 13.3.1 所示,试求对称刚架的最低角频率。

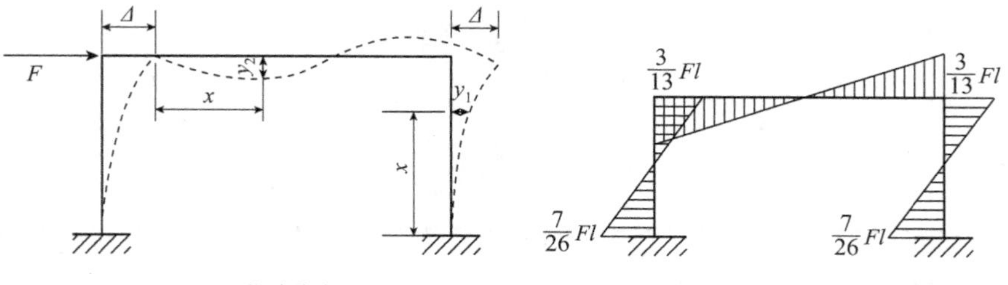

图 13.3.1 用瑞利法求刚架反对称振动的固有角频率

解:用瑞利法求解。

对称刚架的主振型有对称和反对称两种形式,可分别求出对称振型的最低频率和反对称振型的最低频率,然后从二者中取较低者即为刚架的最低频率。

与对称最低振型相比,反对称最低振型的刚度要小些,因而频率要低些。因此,刚架最低频率对应的振型是反对称的。

为了得到反对称最低振型的近似曲线,我们在横梁处施加水平力 F[图 13.3.1a)],此时弯矩图如图 13.3.1b)所示。立柱的水平位移表达式为

$$y_1(x) = \frac{F}{156EI}x^2(21l - 13x)$$

横梁的水平位移等于柱顶的水平位移,其值为

$$\Delta = \frac{2Fl^3}{39EI}$$

横梁的竖向位移表达式为

$$y_2(x) = \frac{F}{104EI}x(x^2 - 3xl + 2l^2)$$

应变能等于外力 P 所作的功,即

$$U_{\max} = \frac{1}{2}F\Delta = \frac{F^2l^3}{39EI}$$

两个立柱的动能为

$$T_{1\max} = 2\left[\frac{1}{2}\omega^2\int_0^l \overline{m}y_1^2(x)\mathrm{d}x\right] = \overline{m}\omega^2\int_0^l \frac{F^2}{(156EI)^2}x^4(21l - 13x)^2\mathrm{d}x$$

$$= \omega^2\frac{\overline{m}F^2l^7}{(156EI)^2}\times\frac{747}{35} = 0.000877\omega^2\frac{\overline{m}F^2l^7}{E^2I^2}$$

横梁的动能为水平振动与竖向振动两部分动能之和:

$$T_{2\max} = \frac{\omega^2}{2}\left[1.5\overline{m}\times 2l\cdot\Delta^2 + \int_0^{2l}1.5\overline{m}\cdot y_2^2(x)\mathrm{d}x\right]$$

$$= \frac{1.5\overline{m}\omega^2}{2}\left[2l\left(\frac{2Fl^3}{39EI}\right)^2 + 2\int_0^l \frac{F^2}{(104EI)^2}x^2(x^2 - 3xl + 2l^2)^2 \mathrm{d}x\right]$$

$$= \omega^2 \frac{1.5\overline{m}F^2 l^7}{(EI)^2}\left(\frac{4}{39^2} + \frac{1}{104^2} \times \frac{8}{105}\right)$$

$$= \omega^2 \frac{\overline{m}F^2 l^7}{(EI)^2} \times (0.0039447 + 0.0000105) = 0.0039552\omega^2 \frac{\overline{m}F^2 l^7}{E^2 I^2}$$

由此看出,横梁竖向振动的动能比水平振动的动能要小得多。

刚架的动能为

$$T_{\max} = T_{1\max} + T_{2\max} = 0.0048322\omega^2 \frac{\overline{m}F^2 l^7}{E^2 I^2}$$

令 $U_{\max} = T_{\max}$,得

$$\omega^2 = 5.306 \frac{EI}{\overline{m}l^4}$$

故得

$$\omega = \frac{2.30}{l^2}\sqrt{\frac{EI}{\overline{m}}}$$

解题思路

(1)立柱和横梁的挠度表达式可以采用连续分段独立一体化积分法快速求解,请参考文献[71]。

(2)由本例题可以看出,采用能量法计算固有角频率时,忽略横梁竖直振动可以满足工程要求,使问题简化。

13.4 薄膜的振动

13.4.1 薄膜的振动方程

柔软的弹性薄膜不能承受弯矩,仅能在张力作用下产生拉伸变形,可视为一维的弹性弦线向二维的扩展。将薄膜上、下表面之间的对称面称为**中性面**,设变形前的中性面为平面。如图13.4.1a)所示,建立 (x,y,z) 坐标系,(x,y) 坐标面与薄膜变形前的中性面重合,z 轴垂直向下。薄膜受到沿 z 轴的分布力 $f(x,y,t)$ 作用。中性面上各点只能产生沿 z 轴的横向位移,记作 $w(x,y,t)$。与弦情形类似,单位长度薄膜的弹性张力 F 保持常值[图13.4.1a)]。在薄膜上任意点处取长、宽分别为 $\mathrm{d}x$ 和 $\mathrm{d}y$ 的矩形微元体。设微元体与 x 轴正交的截面法线变形后相对于变形前位置的偏角为 θ_x,与 y 正交的截面法线偏角为 θ_y,薄膜的厚度为 h,密度为 ρ。在小偏角条件下,仅保留 θ_x 和 θ_y 的一次项,列写微元体沿 z 轴的动力学方程[图13.4.1b)]。

$$\rho h \mathrm{d}x\mathrm{d}y \frac{\partial^2 w}{\partial t^2} - F\mathrm{d}y\left[\left(\theta_x + \frac{\partial\theta_x}{\partial x}\mathrm{d}x\right) - \theta_x\right] + F\mathrm{d}x\left[\left(\theta_y + \frac{\partial\theta_y}{\partial y}\mathrm{d}y\right) - \theta_y\right] - f\mathrm{d}x\mathrm{d}y = 0 \tag{13.4.1}$$

将其中偏角 θ_x 和 θ_y 以位移 $w(x,y,t)$ 对 x 轴和 y 轴的偏导数代替

$$\theta_x = \frac{\partial w}{\partial x}, \theta_y = \frac{\partial w}{\partial y} \tag{13.4.2}$$

导出薄膜的横向振动方程

$$\rho h \frac{\partial^2 w}{\partial t^2} = F\left(\frac{\partial^2 w}{\partial x^2} + \frac{\partial^2 w}{\partial y^2}\right) + f \tag{13.4.3}$$

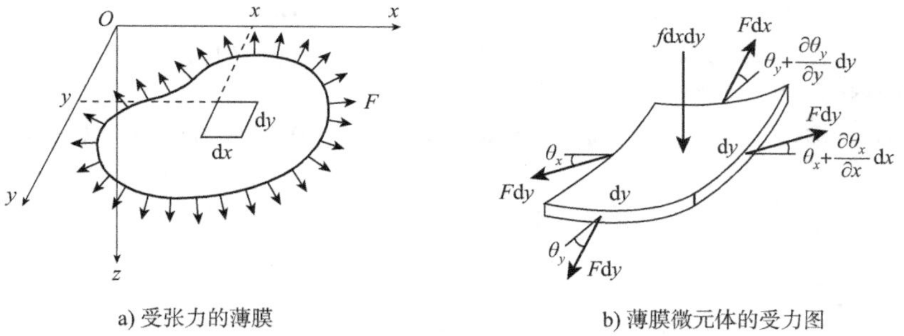

图 13.4.1 薄膜的振动模型

13.4.2 矩形薄膜的振动

讨论薄膜的自由振动时,令 $f = 0$,式(13.4.3)化作

$$\rho h \frac{\partial^2 w}{\partial t^2} - F\nabla^2 w = 0 \tag{13.4.4}$$

其中, ∇^2 为拉普拉斯算子

$$\nabla^2 = \frac{\partial^2}{\partial x^2} + \frac{\partial^2}{\partial y^2} \tag{13.4.5}$$

引入常数

$$c = \sqrt{\frac{F}{\rho h}} \tag{13.4.6}$$

式(13.4.4)简化为

$$\frac{\partial^2 w}{\partial t^2} - c^2\nabla^2 w = 0 \tag{13.4.7}$$

采用分离变量法,令

$$w(x,y,t) = \phi(x,y)q(t) \tag{13.4.8}$$

代入式(13.4.7),令不同自变量的两部分等于常数 $-\omega^2$,得到

$$\frac{\ddot{q}(t)}{q(t)} = \frac{c^2\nabla^2\phi(x,y)}{\phi(x,y)} = -\omega^2 \tag{13.4.9}$$

导出变量分离的微分方程

$$\ddot{q}(t) + \omega^2 q(t) = 0 \tag{13.4.10}$$

$$\nabla^2\phi(x,y) + \left(\frac{\omega}{c}\right)^2\phi(x,y) = 0 \tag{13.4.11}$$

式(13.4.10)的解为

$$q(t) = \alpha\sin(\omega + \theta) \tag{13.4.12}$$

式(13.4.11)的解取决于薄膜的形状和边界条件。

例题 13.4.1 如图 13.4.2 所示,设四边固定矩形薄膜的宽度为 a ,长度为 b ,试计算其固有角频率和模态。

解:四边固定矩形薄膜的边界条件为

$$w(0,y,t) = \phi(0,y)q(t) = 0 \text{ , } w(a,y,t) = \phi(a,y)q(t) = 0$$

$$w(x,0,t) = \phi(x,0)q(t) = 0 \text{ , } w(x,b,t) = \phi(x,b)q(t) = 0$$

因 $q(t)$ 不得恒等于零,此条件化作

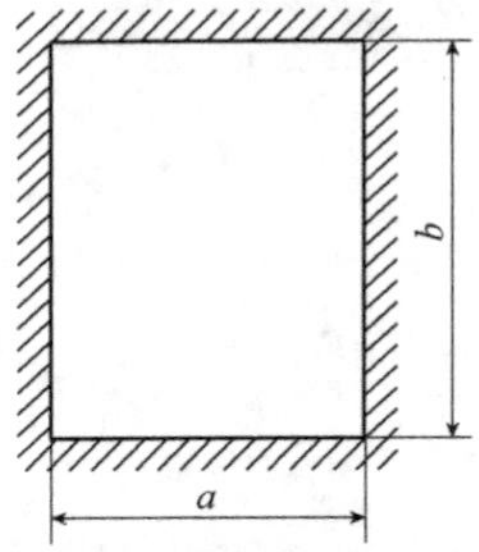

图 13.4.2 四边固定的矩形薄膜

$$\phi(0,y) = 0 \text{ , } \phi(a,y) = 0 \text{ , } \phi(x,0) = 0 \text{ , } \phi(x,b) = 0 \tag{13.4.13}$$

式(13.4.11)满足此边界条件的解为

$$\phi(x,y) = \sin\frac{\omega_1 x}{c}\sin\frac{\omega_2 y}{c}$$

代入式(13.4.11),导出

$$\omega^2 = \omega_1^2 + \omega_2^2 \tag{13.4.14}$$

代入边界条件式(13.4.13),得到角频率方程

$$\sin\frac{\omega_1 a}{c} = 0 \text{ , } \sin\frac{\omega_2 b}{c} = 0$$

要求 ω_1 、ω_2 满足

$$\omega_1 = \frac{ic\pi}{a}(i = 1,2,\cdots),\omega_2 = \frac{jc\pi}{b}(j = 1,2,\cdots) \tag{13.4.15}$$

将式(13.4.15)代入式(13.4.14),导出薄膜的固有角频率

$$\omega_{ij} = \pi\sqrt{\frac{F}{\rho h}\left(\frac{i^2}{a^2} + \frac{j^2}{b^2}\right)} \quad i,j = 1,2,\cdots$$

与固有角频率 ω_{ij} 对应的模态函数为

$$\phi_{ij}(x,y) = \sin\frac{i\pi x}{a}\sin\frac{j\pi y}{b} \quad i,j = 1,2,\cdots \tag{13.4.16}$$

将式(13.4.16)及式(13.4.12)代入式(13.4.8),即得到各阶主振动。膜的自由振动为各阶主振动的叠加。

若仅考虑一阶和二阶模态,挠度 $w(x,y,t)$ 为

$$w(x,y,t) = \sum_{i,j=1}^{2}\alpha_{ij}\phi_{ij}(x,y)q(t)$$

系数 $\alpha_{ij}(i,j = 1,2,\cdots)$ 由初始条件确定。设 $\alpha_{11} = \alpha_{22} = 0$,令

$$\phi(x,y) = \alpha_{12}\sin\frac{\pi x}{a}\sin\frac{2\pi y}{b} + \alpha_{21}\sin\frac{2\pi x}{a}\sin\frac{\pi y}{b} \tag{13.4.17}$$

讨论以下几种特殊情形:(1) $\alpha_{21} = 0$;(2) $\alpha_{12} = 0$;(3) $\alpha_{12} = \alpha_{21}$;(4) $\alpha_{12} = -\alpha_{21}$ 。

情况(1)和情况(2)分别在 $y = b/2$ [图 13.4.3a)]处和 $x = a/2$ 处[图 13.4.3b)]出现位移为零的节线。对于情况(3),式(13.4.17)化作

$$\phi(x,y) = 2\alpha_{12}\sin\frac{\pi x}{a}\sin\frac{\pi y}{b}\left(\cos\frac{\pi x}{a} + \cos\frac{\pi y}{b}\right) \tag{13.4.18}$$

令式(13.4.18)等于零,节线位置满足

$$\frac{x}{a} + \frac{y}{b} = 1$$

可见,节线为连接 $(0,b)$ 和 $(a,0)$ 的对角线[图 13.4.3c)]。与此类似,情况(4)的节线为连接 $(0,0)$ 和 (a,b) 的对角线[图 13.4.3d)]。如考虑更高阶模态,变形后的薄膜具有更复杂的几何形态。

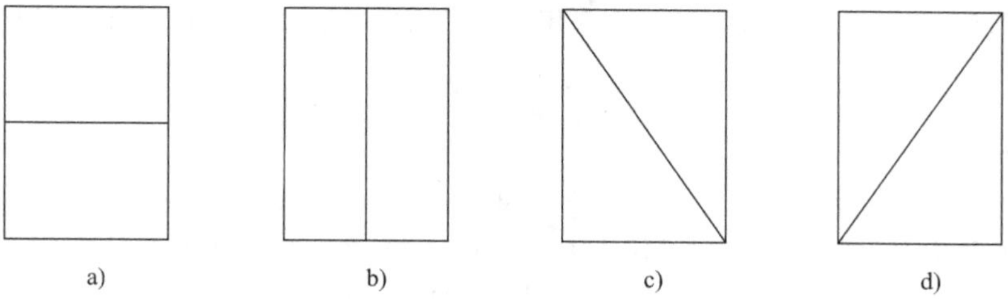

图 13.4.3　几种不同模态组合的节线位置

13.4.3　圆形薄膜的振动

如图 13.4.4 所示,对于圆形薄膜的特殊情形,宜改用极坐标 (r,φ) 代替直角坐标表示薄膜中任意点 P 的位置。方程式(13.4.7)写为

$$\frac{\partial^2 w}{\partial t^2} - c^2\left(\frac{\partial^2}{\partial r^2} + \frac{1}{r}\frac{\partial}{\partial r} + \frac{1}{r^2}\frac{\partial^2}{\partial \varphi^2}\right)w = 0 \tag{13.4.19}$$

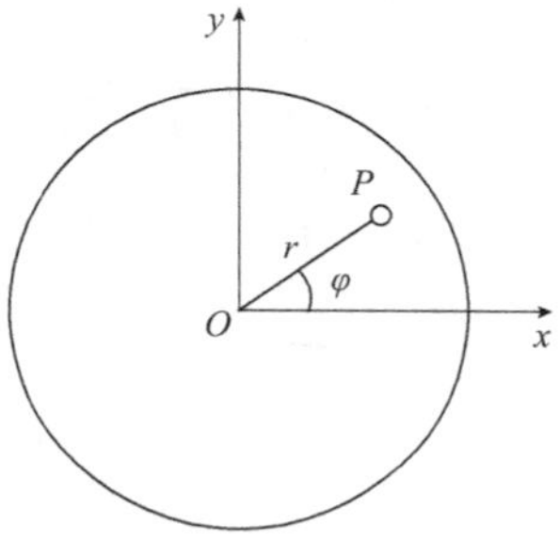

图 13.4.4　圆形薄膜

将此方程的解分离变量,写为

$$w(r,\varphi,t) = R(r)q(t)\cos n\varphi \tag{13.4.20}$$

将式(13.4.20)代入方程式(13.4.19),令不同自变量的两部分等于常数 $-\omega^2$,得到

$$\frac{\ddot{q}(t)}{q(t)} = \frac{c^2}{R(r)}\left[R''(r) + \frac{1}{r}R'(r) - \frac{n^2R(r)}{r^2}\right] = -\omega^2 \tag{13.4.21}$$

引入常数

$$\beta = \frac{\omega}{c} \tag{13.4.22}$$

得到式(13.4.10)及变量 r 的常微分方程

$$\frac{\mathrm{d}^2R}{\mathrm{d}r^2} + \frac{1}{r}\frac{\mathrm{d}R}{\mathrm{d}r} + \frac{1}{r^2}(\beta^2r^2 - n^2)R = 0 \tag{13.4.23}$$

此方程的解为 n 阶贝塞尔(Bessel)方程,写为

$$R_n(r) = C_{1n}J_n(\beta r) + C_{2n}Y_n(\beta r) \quad n = 1,2,\cdots \tag{13.4.24}$$

其中,$J_n(\beta r)$ 和 $Y_n(\beta r)$ 分别为第一类和第二类 n 阶贝塞尔函数,系数 C_{1n}、C_{2n} 由边界条件确定。函数 $R_n(r)$ 和 $\cos n\varphi$ 确定圆形薄膜的模态。

例题 13.4.2　设半径为 a 的圆膜,周边固定,试计算其固有角频率和模态。

解:为保证在 $r = 0$ 的圆膜中心处挠度为有限值,式(13.4.24)中的系数 C_{2n} 必须为零。利用边界条件

$$R_n(a) = 0 \quad n = 1,2,\cdots$$

导出角频率方程

$$J_n(\beta a) = 0 \quad n = 1,2,\cdots \tag{13.4.25}$$

从而解出贝塞尔函数的根$\beta_{nj}(n,j=1,2,\cdots)$，利用式(13.4.22)、式(13.4.6)确定圆膜的固有角频率

$$\omega_j=\beta_{nj}\sqrt{\frac{F}{\rho h}}\quad n,j=1,2,\cdots \tag{13.4.26}$$

其中，ρ为密度。

将解出的$\beta_{nj}(n,j=1,2,\cdots)$代入式(13.4.24)、式(13.4.20)，即得到圆膜的自由振动规律。圆膜的径向节线和节圆的分布状况反映其模态的几何特征。式(13.4.25)、式(13.4.26)的下标n和j即径向节线和节圆的数目。图13.4.5所示为不同下标对应的圆膜位移的节线和节圆状况。

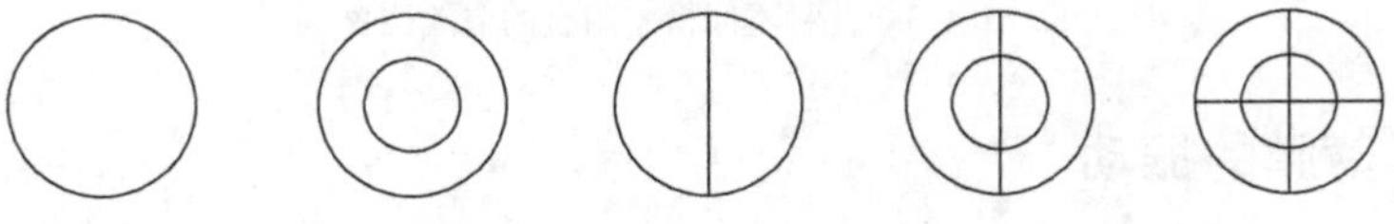

n=0，j=0　　n=0，j=1　　n=1，j=0　　n=1，j=1　　n=2，j=1

图13.4.5　圆膜节线和节圆

13.5　Maple 编程示例

编程题13.5.1　求两端固定梁的自振角频率[图13.5.1a)]。

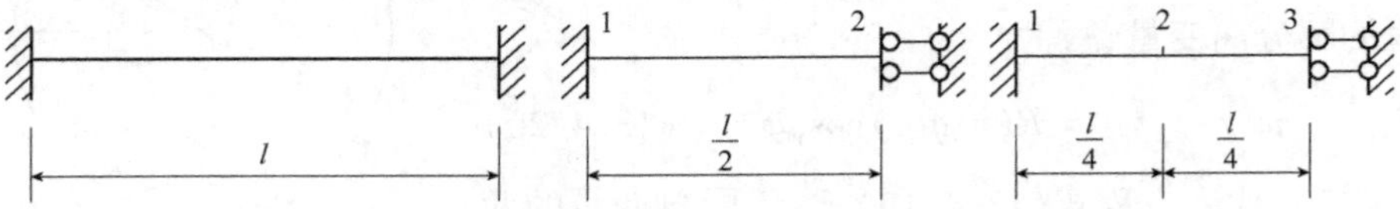

a)　　b)　　c)

图13.5.1　两端固定梁的自振角频率

解：1)建模——有限元法

(1)对称振型。

取半边结构[图13.5.1b)]作一个单元，单元长度$l_1=\frac{l}{2}$。由边界条件得知

$$v_1=\theta_1=\theta_2=0$$

因此只剩下一个待定的结点位移分量$\Delta_1=v_2$。此时$\boldsymbol{K}$和$\boldsymbol{M}$只有一个元素，即

$$k_{11}=\frac{12EI}{l_1^3},\ m_{11}=\frac{156}{420}\bar{m}l_1$$

角频率方程式(13.2.18)变为

$$\frac{12EI}{l_1^3}-\omega^2\frac{156}{420}\bar{m}l_1=0$$

由此得

$$\omega_1^2=32.31\frac{EI}{\bar{m}l_1^4}$$

$$\omega_1=22.736\frac{1}{l^2}\sqrt{\frac{EI}{\bar{m}}}$$

与精确解$\omega_1=22.373\frac{1}{l^2}\sqrt{\frac{EI}{\bar{m}}}$相比，误差为1.6%。

如果将半边结构分为两个单元，单元长度$l_2=\frac{l}{4}$[图13.5.1c)]，待定的结点位移幅值为

$$\boldsymbol{\Delta}=[\Delta_1\quad\Delta_2\quad\Delta_3]^{\mathrm{T}}=[v_2\quad\theta_2\quad v_3]^{\mathrm{T}}$$

结构的整体刚度方程为

$$\left[\frac{2EI}{l_2^3}\begin{bmatrix}12 & 0 & -6\\ 0 & 4l_2^2 & -3l_2\\ -6 & -3l_2 & 6\end{bmatrix}-\omega^2\frac{\overline{m}l_2}{420}\begin{bmatrix}312 & 0 & 54\\ 0 & 8l_2^2 & 13l_2\\ 54 & 13l_2 & 156\end{bmatrix}\right]\begin{bmatrix}v_2\\ \theta_2\\ v_3\end{bmatrix}=\begin{bmatrix}0\\0\\0\end{bmatrix}$$

由系数行列式为零,求得三个角频率及其相对误差如下:

$$\omega_1 = 22.40\frac{1}{l^2}\sqrt{\frac{EI}{\overline{m}}}\quad(0.135\%)$$

$$\omega_3 = 123.48\frac{1}{l^2}\sqrt{\frac{EI}{\overline{m}}}\quad(2\%)$$

$$\omega_5 = 386.38\frac{1}{l^2}\sqrt{\frac{EI}{\overline{m}}}\quad(29\%)$$

(2)反对称振型。

根据反对称变形选取半边结构并分成两个单元,可得另外三个角频率如下:

$$\omega_2 = 62.24\frac{1}{l^2}\sqrt{\frac{EI}{\overline{m}}}\quad(0.9\%)$$

$$\omega_4 = 233.62\frac{1}{l^2}\sqrt{\frac{EI}{\overline{m}}}\quad(17\%)$$

$$\omega_6 = 622.50\frac{1}{l^2}\sqrt{\frac{EI}{\overline{m}}}\quad(49\%)$$

上述六个角频率的下标编号是按从小到大的顺序排的。从以上计算结果可以看出,上面的单元划分,对低阶的角频率(ω_1、ω_2、ω_3),精度是可以的;对高阶的角频率(ω_4、ω_5、ω_6),精度就很差,故必须将单元再划小。当要求得较多的角频率时,须将结构划分为足够数量的单元,以使求得的低阶角频率有足够准确的精度。

(3)精确解振型。

梁的自由振动方程

$$a^2\frac{\partial^4 w}{\partial x^4}+\frac{\partial^2 w}{\partial t^2}=0$$

两端固定梁角频率方程

$$\cos\beta l\cosh\beta l = 1$$

固有角频率精确解

$$\omega_i = \beta_i^2 a = \beta_i^2\sqrt{\frac{EI}{\rho A}}$$

2)Maple 源程序——精确解法

```
> ################################################################
> restart:                                              #清零
> with(plots):                                          #加载绘图库
> y:=cos(x)*cosh(x)-1:                                  #角频率函数
> plot({y},x=0..25,view=[0..25,-0.1..0.1]):             #绘图判定角频率区间
> SOL1:=fsolve({y=0},{x},x=0..5):                       #第一特征根
> SOL2:=fsolve({y=0},{x},x=5..10):                      #第二特征根
> SOL3:=fsolve({y=0},{x},x=10..13):                     #第三特征根
> SOL4:=fsolve({y=0},{x},x=13..16):                     #第四特征根
> SOL5:=fsolve({y=0},{x},x=16..20):                     #第五特征根
> SOL6:=fsolve({y=0},{x},x=20..23):                     #第六特征根
> omega1:=subs(SOL1,x^2):                               #求第一角频率
> omega3:=subs(SOL3,x^2):                               #求第三角频率
> omega5:=subs(SOL5,x^2):                               #求第五角频率
> ################################################################
```

3) Maple 源程序——有限元法求对称振动角频率

```
> ##############################################################
> restart:                                                    #清零
> with(LinearAlgebra):                                        #加载线性代数库
> with(linalg):                                               #加载矩阵库
> L2:=L/4:                                                    #单元长度
> M:=(2*E*J/L2^3)*Matrix([[12,0,-6],
>                          [0,4*L2^2,-3*L2],
>                          [-6,-3*L2,6]]):                    #质量矩阵
> K:=(m0*L2/420.)*Matrix([[312,0,54],
>                          [0,8*L2^2,13*L2],
>                          [54,13*L2,156]]):                  #刚度矩阵
> Delta:=inverse(K):                                          #柔度矩阵
> A:=multiply(M,Delta):                                       #特征值矩阵
> A0:=subs(L=1,E=1,J=1,m0=1,evalm(A)):                        #量纲一化矩阵
> SOL1:=eigenvalues(A0):                                      #求特征值
> omega1:=sqrt(SOL1[2]):                                      #第一角频率
> omega3:=sqrt(SOL1[1]):                                      #第三角频率
> omega5:=sqrt(SOL1[3]):                                      #第五角频率
> ##############################################################
```

编程题 13.5.2 如图 13.5.2a)所示,求例题 13.3.1 刚架的挠曲线函数。

解:1) 建模——连续分段独立一体化积分法

连续分段独立一体化积分法求解步骤如下:

第一步:将刚架分为三段($n=3$),建立坐标[图 13.5.2b)],各段的挠曲线近似微分方程:

$$\frac{d^4v_1}{dx_1^4}=0 \quad 0\leqslant x_1\leqslant l \tag{13.5.1}$$

$$\frac{d^4v_2}{dx_2^4}=0 \quad 0\leqslant x_2\leqslant 2l \tag{13.5.2}$$

$$\frac{d^4v_3}{dx_3^4}=0 \quad 0\leqslant x_3\leqslant l \tag{13.5.3}$$

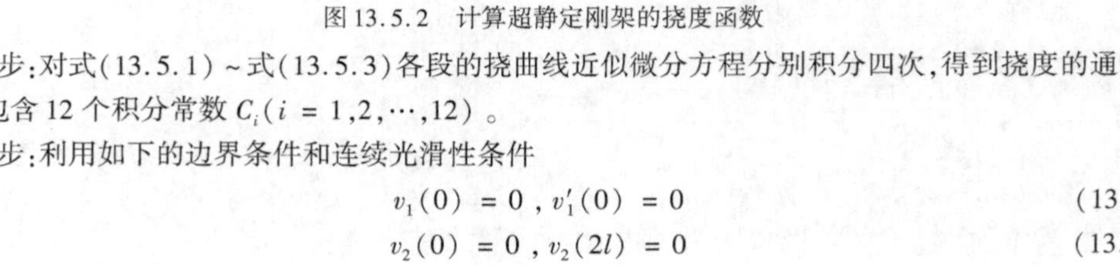

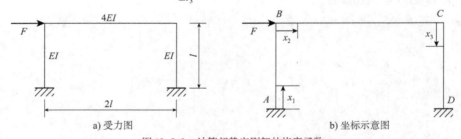

图 13.5.2 计算超静定刚架的挠度函数

第二步:对式(13.5.1)~式(13.5.3)各段的挠曲线近似微分方程分别积分四次,得到挠度的通解。在通解中,包含 12 个积分常数 $C_i(i=1,2,\cdots,12)$。

第三步:利用如下的边界条件和连续光滑性条件

$$v_1(0)=0\ ,\ v_1'(0)=0 \tag{13.5.4a}$$

$$v_2(0)=0\ ,\ v_2(2l)=0 \tag{13.5.4b}$$

$$v_1'(l) = v_2'(0) \text{ , } v_2'(l) = v_3'(0) \tag{13.5.4c}$$

$$EIv_1''(l) = 4EIv_2''(0) \text{ , } 4EIv_2''(2l) = EIv_3''(0) \tag{13.5.4d}$$

$$v_1(l) = -v_3(0) \text{ , } EIv_1'''(l) = -EIv_3'''(0) + F \tag{13.5.4e}$$

$$v_3(l) = 0 \text{ , } v_3'(l) = 0 \tag{13.5.4f}$$

联立解方程组,得出 12 个积分常数 $C_i(i=1,2,\cdots,12)$。

第四步:将积分常数 $C_i(i=1,2,\cdots,12)$代入挠度的通解,得到挠度的解析表达式。

$$v_1(x_1) = -\frac{F}{156EI}x_1^2(21l-13x_1) \quad 0 \leqslant x_1 \leqslant l \tag{13.5.5a}$$

$$v_2(x_2) = -\frac{F}{104EI}x_2(2l-x_2)(l-x_2) \quad 0 \leqslant x_2 \leqslant 2l \tag{13.5.5b}$$

$$v_3(x_3) = \frac{F}{156EI}(8l+13x_3)(l-x_3)^2 \quad 0 \leqslant x_3 \leqslant l \tag{13.5.5c}$$

2) Maple 源程序——连续分段独立一体化积分法

```
> ####################################
> restart:                                          #开始
> n:=3:                                             #分成三段
> Q[1]:=0:                                          #第一段载荷分布函数
> Q[2]:=0:                                          #第二段载荷分布函数
> Q[3]:=0:                                          #第三段载荷分布函数
> for k from 1 to n do                              #解微分方程通解循环开始
> ddddvx[k]:=Q[k]:                                  #各段挠曲线近似微分方程
> dddvx[k]:=int(ddddvx[k],x[k])+C[4*k-3]:           #积分一次得剪力方程通解
> ddvx[k]:=int(dddvx[k],x[k])+C[4*k-2]:             #积分两次得弯矩方程通解
> dvx[k]:=int(ddvx[k],x[k])+C[4*k-1]:               #积分三次得转角方程通解
> v[k]:=int(dvx[k],x[k])+C[4*k]:                    #积分四次得挠度方程通解
> od:                                               #解微分方程通解循环结束
> ####################################################################
> eq[1]:=subs(x[1]=0,v[1])=0:                       #v1(0) = 0
> eq[2]:=subs(x[1]=0,dvx[1])=0:                     #v'1(0) = 0
> eq[3]:= subs(x[2]=0,v[2])=0:                      #v2(0) = 0
> eq[4]:=subs(x[1]=L,dvx[1])
>        =subs(x[2]=0,dvx[2]):                      #v'1(l) = v'2(0) > eq[5]:=subs(x[1]=L,(E*J)*ddvx
[1])
>        =subs(x[2]=0,(4*E*J)*ddvx[2]):             #EIv''1(l) = 4EIv''2(0)
> eq[6]:=subs(x[2]=2*L,v[2])=0:                     #v2(2l) = 0
> eq[7]:=subs(x[2]=2*L,dvx[2])
>        =subs(x[3]=0,dvx[3]):                      #v'2(l) = v'3(0)
> eq[8]:=subs(x[2]=2*L,(4*E*J)*ddvx[2])
>        =subs(x[3]=0,(E*J)*ddvx[3]):               #4EIv''2(2l) = EIv''3(0)
> eq[9]:=subs(x[1]=L,v[1])
>        =-subs(x[3]=0,v[3]):                       #v1(l) = -v3(0)
> eq[10]:=subs(x[1]=L,(E*J)*dddvx[1])
>        =-subs(x[3]=0,(E*J)*dddvx[3])+F:           #EIv'''1(l) = -EIv'''3(0) + F
```

```
> eq[11]: = subs(x[3] = L,v[3]) = 0:              # v_3(l) = 0
> eq[12]: = subs(x[3] = L,dvx[3]) = 0:            # v'_3(l) = 0
> SOL1: = solve({seq(eq[k],k = 1..4 * n)},
>               {seq(C[k],k = 1..4 * n)}): #解方程组求解12个积分常数
> ##################################################################
> v1: = factor(subs(SOL1,v[1])):                          #第一段挠度函数
> v2: = factor(subs(SOL1,v[2])):                          #第二段挠度函数
> v3: = factor(subs(SOL1,v[3])):                          #第三段挠度函数
> ############################################
```

13.6 思考题

思考题 13.1　简答题

1. 给出薄膜振动的两个实例。
2. 有限单元法的基本思想是什么？
3. 什么是形状函数？
4. 有限单元法中变换矩阵的作用是什么？
5. 瑞利法与里兹法的区别是什么？

思考题 13.2　判断题

1. 薄膜没有弯曲抗力。　　(　　)
2. 单元刚度矩阵总是奇异的。　　(　　)
3. 单元质量矩阵总是奇异的。　　(　　)
4. 系统矩阵的推导包含对单元矩阵的集成。　　(　　)
5. 引入边界条件是为了避免产生系统的刚体运动。　　(　　)

思考题 13.3　填空题

1. 鼓的蒙皮可视为________。
2. 弦与梁之间的关系，和薄膜与________之间的关系是相同的。
3. 瑞利法可以用来估计连续系统的________固有角频率。
4. $EI\dfrac{\partial^2 w}{\partial x^2}$ 表示梁的________。
5. 对于离散系统而言，控制方程是________微分方程。

思考题 13.4　选择题

1. 有限单元法与________是类似的。

A. 瑞利法　　B. 瑞利-里兹法　　C. 拉格朗日法

2. 杆单元的集中质量矩阵形式为________。

A. $\rho Al\begin{bmatrix}1 & 0\\0 & 1\end{bmatrix}$

B. $\dfrac{\rho Al}{6}\begin{bmatrix}2 & 1\\1 & 2\end{bmatrix}$

C. $\dfrac{\rho Al}{2}\begin{bmatrix}1 & 0\\0 & 1\end{bmatrix}$

3. 在整体坐标系下，单元质量矩阵 $\overline{\boldsymbol{m}}$ 可以用局部坐标系下的质量矩阵 $\boldsymbol{m}$ 和变换矩阵 $\boldsymbol{\lambda}$ 表示为

________。

A. $\overline{m} = \boldsymbol{\lambda}^{\mathrm{T}}\boldsymbol{m}$

B. $\overline{m} = \boldsymbol{m\lambda}$

C. $\overline{m} = \boldsymbol{\lambda}^{\mathrm{T}}\boldsymbol{m\lambda}$

4. 在有限差分法中需要对________利用有限差分近似。

A. 仅仅控制微分方程　　B. 仅边界条件

C. 边界条件以及控制微分方程

5. 在网格点 i 处(步长为 h), $\mathrm{d}^4W/\mathrm{d}x^4 - \beta^4W = 0$ 的中心差分近似为________。

A. $W_{i+2} - 4W_{i+1} + (6 - h^4\beta^4)W_i - 4W_{i-1} + W_{i-2} = 0$

B. $W_{i+2} - 6W_{i+1} + (6 - h^4\beta^4)W_i - 6W_{i-1} + W_{i-2} = 0$

C. $W_{i+3} - 4W_{i+1} + (6 - h^4\beta^4)W_i - 4W_{i-1} + W_{i-3} = 0$

思考题 13.5　连线题(关于等截面梁)

1. $W = 0$	A. 零弯矩
2. $W' = 0$	B. 零挠度
3. $W'' = 0$	C. 零剪力
4. $W''' = 0$	D. 零转角

13.7　习题

A 类习题

习题 13.1　如图 13.7.1 所示,设刚架各杆的 $\overline{m}$、EI、l 均相同,试求:

(1)对称振动时的自振角频率;

(2)反对称振动时的自振角频率。

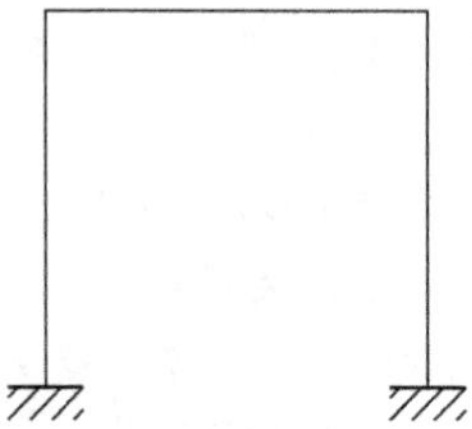

图 13.7.1　习题 13.1

习题 13.2　如图 13.7.2 所示,设刚架各杆的 $\overline{m}$、EI、l 均相同,试求角频率方程。

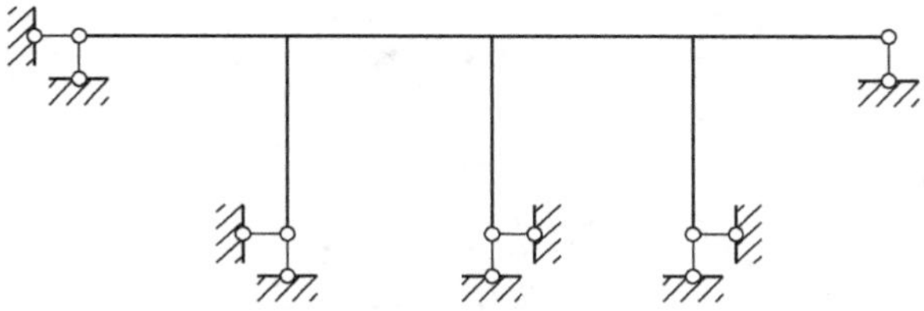

图 13.7.2　习题 13.2

习题 13.3　如图 13.7.3 所示,设刚架各杆的 $\overline{m}$、EI、l 均相同,试求自振角频率。

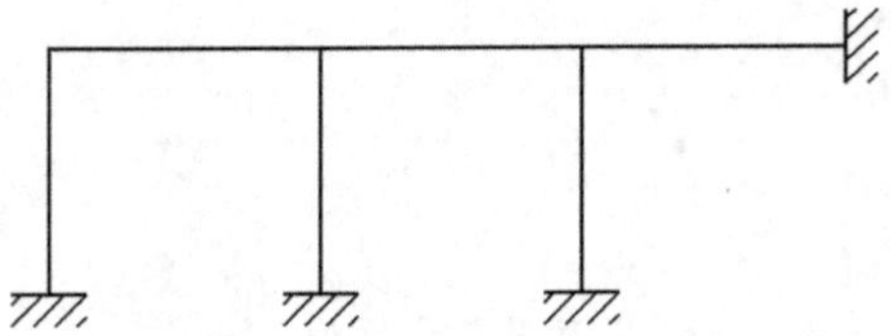

图 13.7.3 习题 13.3

习题 13.4 如图 13.7.4 所示，设刚架各杆的 $\bar{m}$、EI、l 均相同，试求反对称振动时的自振角频率。

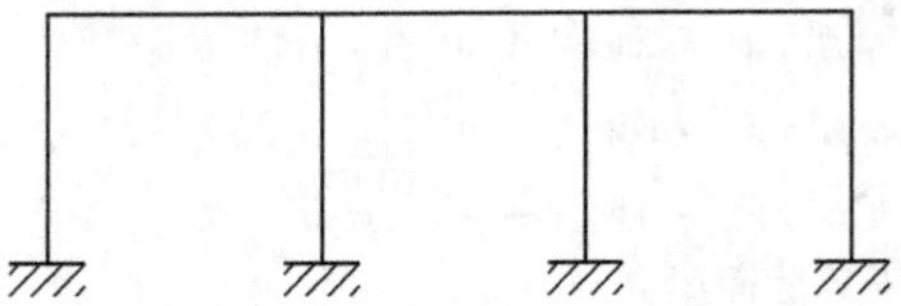

图 13.7.4 习题 13.4

习题 13.5 试用有限元法重做习题 13.1。

习题 13.6 试用有限元法重做习题 13.2。

习题 13.7 试用有限元法重做习题 13.3。

习题 13.8 试用有限元法重做习题 13.4。

习题 13.9 设边长为 a、b 的四边固定矩形薄膜的初始条件如下，试确定其基角频自由振动规律。

$$w(x,y,0) = w_0 \sin\frac{\pi x}{a}\sin\frac{\pi y}{b},\ \frac{\partial w}{\partial t}(x,y,0) = 0$$

B 类习题

习题 13.10 （编程题）计算特征值问题：试用 Maple 编程求解编程题 9.5.1 中三维弹性振子的模态质量和刚度。

习题 13.11 （编程题）运动方程的数值解：试用 Maple 编程求解习题 13.10 中三维弹性振子运动方程的数值解。

习题 13.12 （编程题）试用 Maple 编程绘制习题 13.11 中三维弹性振子各模态数值解的曲线。

C 类习题

习题 13.13 （振动调整）如图 13.7.5 所示，为了增大铰支于角点的正方形平面板的刚度，用桁架来加固。板是钢筋混凝土的，桁架是钢的。试分析板-架体系自振角频率可能变化的范围，采用不同的桁架参数。桁架的质量可忽略不计。

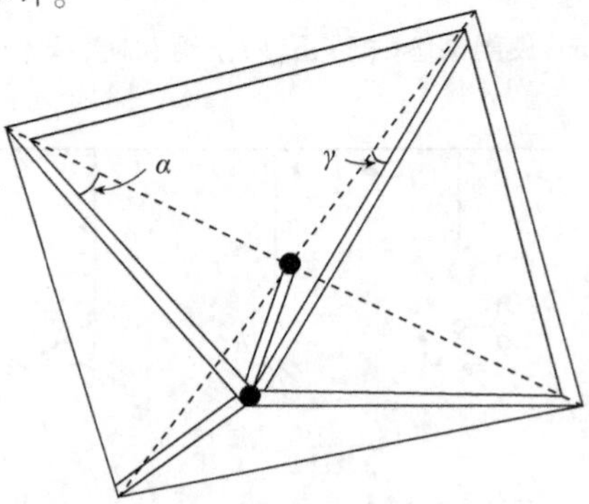

图 13.7.5 习题 13.13

##

高斯(Karl Friedrich Gauss,1777—1855,德国),数学家,天文学家,物理学家。在众多的数学家中,高斯与阿基米德、牛顿齐名。1801年,高斯出版了其最著名的著作——《算术研究》(*Arithmetical Researches*)。现在人们使用的测量电磁场强度的仪器就是以他的名字命名的,即高斯计。在概率论和随机过程理论中广泛使用的最小二乘法和正态分布率也是由他发明的。

主要著作:《算术研究》《曲面的一般研究》《地磁概念》《天体运动论》等。

##

长歌行

无名氏

青青园中葵，朝露待日晞。

阳春布德泽，万物生光辉。

常恐秋节至，焜黄华叶衰。

百川东到海，何时复西归？

少壮不努力，老大徒伤悲。

第14章 板的振动

本章推导了板振动的偏微分方程。利用分离变量法求解了矩形板和圆形板的固有角频率和模态函数。讨论了四边为简支和固支任意组合的矩形薄板振动的精确解。最后介绍了超音速下板的颤振问题。

14.1 薄板的振动

弹性薄板也是二维弹性体，但薄板可以承受弯矩，可视为一维的弹性梁向二维的扩展。设薄板的中性面在变形前为平面。建立 (x,y,z) 坐标系，(x,y) 坐标面与变形前的中性面重合，z 轴垂直向下（图14.1.1）。薄板受到沿 z 轴的分布力 $f(x,y,t)$ 作用。在中性面上任意点处取长、宽分别为 $\mathrm{d}x$ 和 $\mathrm{d}y$ 的矩形微元体。将与 x 轴和 y 轴正交的横截面分别记为 S_x 和 S_y，假设弯曲变形后截面仍保持平面。将板的中性面法线视为截面 S_x 与 S_y 的交线，则弯曲变形后必保持直线。于是梁的平面假定演变为板的直法线假定。弯曲变形后，中性面上各点产生沿 z 轴的挠度 $w(x,y,t)$，且引起 S_x 和 S_y 截面的偏转。设 S_x 截面绕 y 轴的偏角为 θ_x，S_y 截面绕 x 轴的偏角为 θ_y，截面上坐标为 z 的任意点产生的沿 x 轴的弹性位移 u 和沿 y 轴的弹性位移 v 分别为

$$u = -\theta_x z,\ v = -\theta_y z \tag{14.1.1}$$

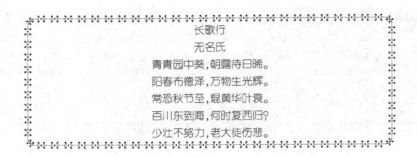

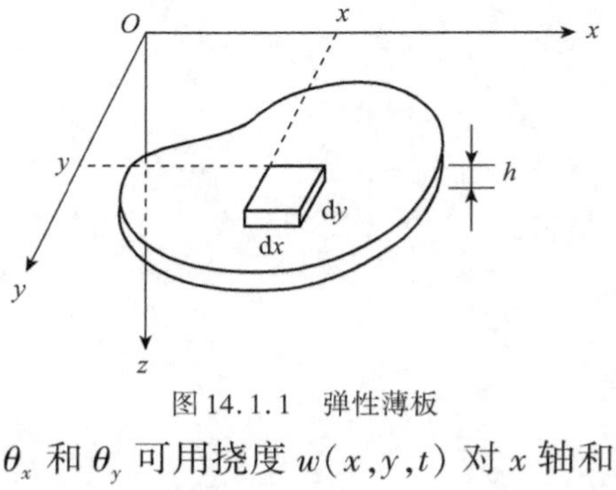

图14.1.1 弹性薄板

在小挠度前提下，偏角 θ_x 和 θ_y 可用挠度 $w(x,y,t)$ 对 x 轴和 y 轴的变化率代替，即

$$\theta_x = \frac{\partial w}{\partial x},\ \theta_y = \frac{\partial w}{\partial y} \tag{14.1.2}$$

将式(14.1.2)代入式(14.1.1),得到

$$u = -z\frac{\partial w}{\partial x}, v = -z\frac{\partial w}{\partial y} \tag{14.1.3}$$

位移 u 和 v 对 x 轴和 y 轴的变化率导致微元体沿 x 轴和 y 轴的正应变 ε_x 和 ε_y:

$$\varepsilon_x = \frac{\partial u}{\partial x} = -z\frac{\partial^2 w}{\partial x^2}, \varepsilon_y = \frac{\partial v}{\partial y} = -z\frac{\partial^2 w}{\partial y^2} \tag{14.1.4}$$

除正应变以外,位移 u 对 y 轴的变化率和位移 v 对 x 轴的变化率导致微元体在 (x,y) 平面内的切应变 γ_{xy}:

$$\gamma_{xy} = \frac{\partial u}{\partial y} + \frac{\partial v}{\partial x} = -z\frac{\partial^2 w}{\partial x \partial y} \tag{14.1.5}$$

代入广义郑玄-胡克定律计算正应力和切应力:

$$\sigma_x = \frac{E}{1-\upsilon^2}(\varepsilon_x + \upsilon\varepsilon_y), \sigma_y = \frac{E}{1-\upsilon^2}(\varepsilon_y + \upsilon\varepsilon_x), \tau_{xy} = G\gamma_{xy} \tag{14.1.6}$$

得到

$$\sigma_x = -\frac{Ez}{1-\upsilon^2}\left(\frac{\partial^2 w}{\partial x^2} + \upsilon\frac{\partial^2 w}{\partial y^2}\right) \tag{14.1.7a}$$

$$\sigma_y = -\frac{Ez}{1-\upsilon^2}\left(\frac{\partial^2 w}{\partial y^2} + \upsilon\frac{\partial^2 w}{\partial x^2}\right) \tag{14.1.7b}$$

$$\tau_{xy} = -\frac{Ez}{1+\upsilon}\frac{\partial^2 w}{\partial x \partial y} \tag{14.1.7c}$$

σ_x、σ_y、τ_{xy} 在 S_y 和 S_x 截面上的积分为零。设 F_{Sx}、F_{Sy} 分别为 S_y 和 S_x 截面上沿 z 轴单位长度的剪力,板的厚度为 h,密度为 ρ。根据达朗贝尔原理,考虑微元体的惯性力,列出微元体沿 z 方向的力平衡方程(图14.1.2):

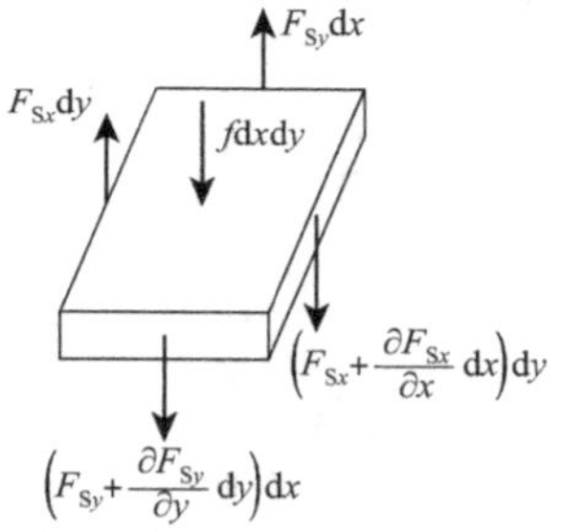

图14.1.2 微元体沿 z 方向的力平衡

$$\left[\left(F_{Sx} + \frac{\partial F_{Sx}}{\partial x}dx\right) - F_{Sx}\right]dy + \left[\left(F_{Sy} + \frac{\partial F_{Sy}}{\partial y}dy\right) - F_{Sx}\right]dx + \left[f(x,t) - \rho h\frac{\partial^2 w}{\partial t^2}\right]dxdy = 0 \tag{14.1.8}$$

计算 S_x 截面的单位长度上作用的绕 y 轴的弯矩 M_y 和绕 x 轴的扭矩 M_{yx},以及 S_x 截面的单位长度上作用的绕 x 轴的弯矩 M_x 和绕 y 轴的扭矩 M_{xy},得到

$$M_y = \int_{-h/2}^{h/2}\sigma_x z dz = -D\left(\frac{\partial^2 w}{\partial x^2} + \upsilon\frac{\partial^2 w}{\partial y^2}\right) \tag{14.1.9a}$$

$$M_x = \int_{-h/2}^{h/2}\sigma_x z dz = -D\left(\frac{\partial^2 w}{\partial y^2} + \upsilon\frac{\partial^2 w}{\partial x^2}\right) \tag{14.1.9b}$$

$$M_{xy} = M_{yx} = \int_{-h/2}^{h/2}\tau_{xy} z dz = -D(1-\upsilon)\frac{\partial^2 w}{\partial x \partial y} \tag{14.1.9c}$$

其中,D 为板的**抗弯刚度**,有

$$D = \frac{Eh^3}{12(1-\upsilon^2)} \tag{14.1.10}$$

忽略截面转动的惯性力矩,列写微元体绕 y 轴的力矩平衡条件(图14.1.3):

$$\left[\left(M_y+\frac{\partial M_y}{\partial x}\mathrm{d}x\right)-M_y\right]\mathrm{d}y+\left[\left(M_{xy}+\frac{\partial F_{xy}}{\partial y}\mathrm{d}y\right)-M_{xy}\right]\mathrm{d}x-F_{\mathrm{S}x}\mathrm{d}x\mathrm{d}y+f\mathrm{d}y\frac{(\mathrm{d}x)^2}{2}=0 \tag{14.1.11}$$

略去 $\mathrm{d}x$ 、$\mathrm{d}y$ 的三次项,得到

$$F_{\mathrm{S}x}=\frac{\partial M_y}{\partial x}+\frac{\partial N_{xy}}{\partial y} \tag{14.1.12}$$

与此类似,从微元体绕 x 轴的力矩平衡条件导出(图 14.1.4)

$$F_{\mathrm{S}y}=\frac{\partial M_x}{\partial y}+\frac{\partial N_{yx}}{\partial x} \tag{14.1.13}$$

将式(14.1.12)、式(14.1.13)代入式(14.1.8),得到

$$\frac{\partial^2 M_y}{\partial x^2}+2\frac{\partial^2 M_{yx}}{\partial x\partial y}+\frac{\partial^2 M_x}{\partial y^2}=\rho h\frac{\partial^2 w}{\partial t^2}-f \tag{14.1.14}$$

利用二重拉普拉斯算子

$$\nabla^4=\frac{\partial^4}{\partial x^4}+2\frac{\partial^4}{\partial x^2\partial y^2}+\frac{\partial^4}{\partial y^4} \tag{14.1.15}$$

导出薄板的振动方程

$$\rho h\frac{\partial^2 w}{\partial t^2}+D\nabla^4 w=f \tag{14.1.16}$$

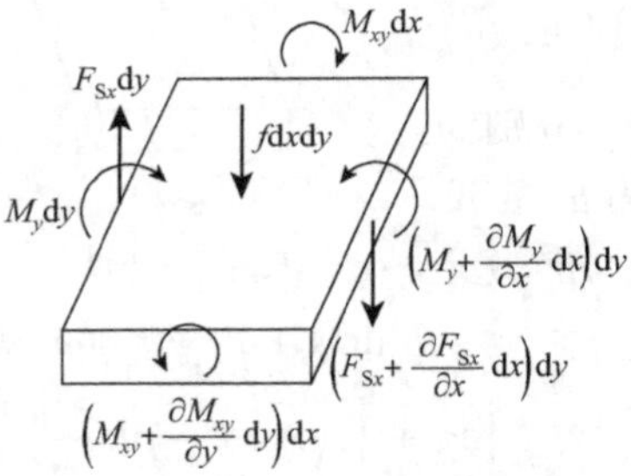

图 14.1.3 微元体绕 y 轴的力矩平衡

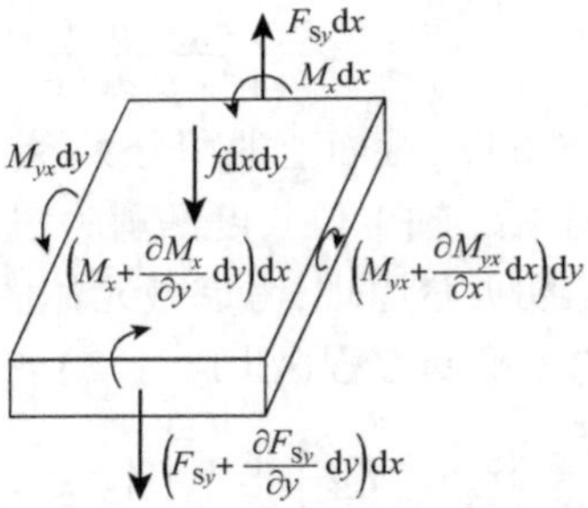

图 14.1.4 微元体绕 x 轴的力矩平衡

14.2 矩形板的横向振动

讨论薄板的自由振动时,令 $f=0$,采用分离变量法,令

$$w(x,y,t)=\Phi(x,y)q(t) \tag{14.2.1}$$

将式(14.2.1)代入式(14.1.16),得到

$$\frac{\ddot{q}(t)}{q(t)}=-\frac{D}{\rho h}\left[\frac{\nabla^2\Phi(x,y)}{\Phi(x,y)}\right]=-\omega^2 \tag{14.2.2}$$

导出

$$\ddot{q}(t)+\omega^2 q(t)=0 \tag{14.2.3}$$

$$\nabla^4\Phi(x,y)-\beta^4\Phi(x,y)=0 \tag{14.2.4}$$

参数 β 定义为

$$\beta^4=\frac{\rho h}{D}\omega^2 \tag{14.2.5}$$

式(14.2.3)的解

$$q(t) = \alpha\sin(\omega t + \theta) \tag{14.2.6}$$

式(14.2.4)的解取决于薄板的形状和边界条件。

薄板典型边界条件包括简支、固支和自由边界,它们的形式分别为

$$w = 0\ ,\ M_n = 0 \quad 简支边,用\ SS\ 表示 \tag{14.2.7a}$$

$$w = 0,\frac{\partial w}{\partial n} = 0 \quad 固支边,用\ C\ 表示 \tag{14.2.7b}$$

$$M_n = 0, Q_n + \frac{\partial M_{ns}}{\partial s} = 0 \quad 自由边,用\ F\ 表示 \tag{14.2.7c}$$

式中,n 为薄板边界的外法向方向,s 为切向方向;M_n、Q_n 和 M_{ns} 分别为单位中面宽度上的法向弯矩、法向剪力和边界面内的扭矩。

在由式(14.2.4)求解振型和角频率时,需要把边界条件式(14.2.7)用振型函数来表示。譬如,对于图 14.2.1 所示的矩形薄板,考虑分离变量形式的振型函数 $\Phi(x,y) = X(x)Y(y)$,对于 $x = 0$ 边,针对三种典型边界条件,式(14.2.7)的形式为

$$X(0)Y(y) = 0\ ,\ \frac{\partial^2 X(0)}{\partial x^2}Y(y) + \nu\frac{\partial^2 Y(y)}{\partial y^2}X(0) = 0\ (\mathrm{SS}) \tag{14.2.8a}$$

$$X(0)Y(y) = 0\ ,\ \frac{\partial X(0)}{\partial x}Y(y) = 0\ (\mathrm{C}) \tag{14.2.8b}$$

$$\frac{\partial^2 X(0)}{\partial x^2}Y(y) + \nu\frac{\partial^2 Y(y)}{\partial y^2}X(0) = 0\ (\mathrm{F}) \tag{14.2.8c}$$

$$\frac{\partial^3 X(0)}{\partial x^3}Y(y) + (2-\nu)\frac{\partial X(0)}{\partial x}\frac{\partial^2 Y(y)}{\partial y^2} = 0\ (\mathrm{F}) \tag{14.2.8d}$$

或

$$X(0) = 0\ ,\ \frac{\partial^2 X(0)}{\partial x^2} = 0\ (\mathrm{SS}) \tag{14.2.9a}$$

$$X(0) = 0,\frac{\partial X(0)}{\partial x}Y(y) = 0\ (\mathrm{C}) \tag{14.2.9b}$$

$$\frac{\partial^2 X(0)}{\partial x^2}Y(y) + \nu\frac{\partial^2 Y(y)}{\partial y^2}X(0) = 0\ (\mathrm{F}) \tag{14.2.9c}$$

$$\frac{\partial}{\partial x}\left[\frac{\partial^2 X(0)}{\partial x^2}Y(y) + (2-\nu)\frac{\partial^2 Y(y)}{\partial y^2}X(0)\right] = 0\ (\mathrm{F}) \tag{14.2.9d}$$

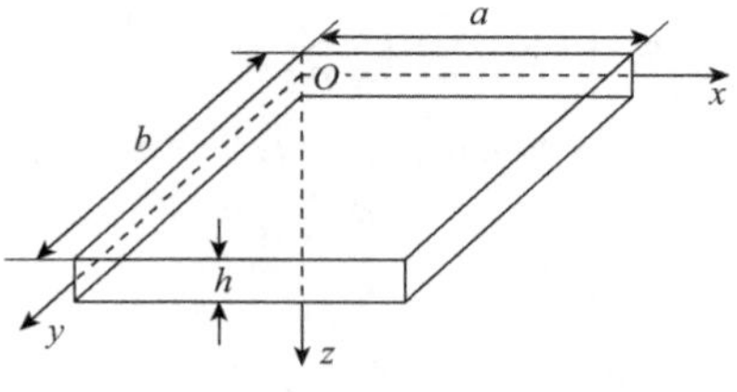

图 14.2.1　矩形薄板

例题 14.2.1　如图 14.2.2 所示,设矩形薄板厚度为 h ,沿 x 轴和 y 轴的长度分别为 a 和 b ,长度为 b 的两边简支,长度为 a 的两边自由,试计算其固有角频率和模态。

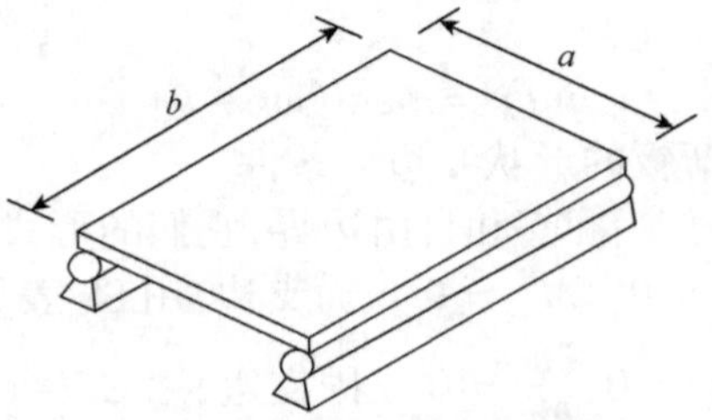

图 14.2.2　两边简支的矩形薄板

解:对于 $b \ll a$ 的特殊情形,可近似为简支梁处理。若 $b \gg a$,可近似认为板沿长边各点的变形均相同,挠度 $w(x,t)$ 与 y 坐标无关。则式(14.2.4)化为常微分方程

$$\Phi^{(4)}(x) - \beta^4 \Phi(x) = 0 \tag{14.2.10}$$

其中参数 β^4 由式(12.4.5)给出

$$\beta^4 = \frac{\rho h}{D}\omega^2 \tag{14.2.11}$$

直接利用例题 12.1.1 中简支梁的模态函数为模态方程式(14.2.4)的解,导出

$$\Phi_i(x) = \sin\beta_i x, \beta_i = \frac{i\pi}{a} \quad i = 1,2,\cdots \tag{14.2.12}$$

将式(14.2.12)中的 β_i 代入式(14.2.11),得到狭长板的固有角频率

$$\omega_i = \left(\frac{i\pi}{a}\right)^2 \sqrt{\frac{D}{\rho h}} = \left(\frac{i\pi}{a}\right)^2 \sqrt{\frac{EI}{\rho A(1 - v^2)}} \quad i = 1,2,\cdots \tag{14.2.13}$$

与例题 12.1.1 的式(12.1.33)比较,狭长板的固有角频率增大 $\sqrt{1 - v^2}$ 倍。这是截面沿 y 方向不能自由变形,附加的约束使刚度增大的结果。

例题 14.2.2　将例题 14.2.1 中的矩形薄板改为四边简支,试计算其固有角频率和模态。

解:四边铰支矩形薄板的边界条件为

$$w(0,y,t) = w''_x(0,y,t) = 0, w(a,y,t) = w''_x(a,y,t) = 0 \tag{14.2.14a}$$

$$w(x,0,t) = w''_y(x,0,t) = 0, w(x,b,t) = w''_y(x,b,t) = 0 \tag{14.2.14b}$$

其中,以下标表示对 x 或 y 的偏导数。利用模态叠加方法,将满足此边界条件的模态方程式(14.2.4)的解 $\Phi(x,y)$ 设为

$$\Phi_{ij}(x,y) = \sin\frac{i\pi x}{a}\sin\frac{j\pi y}{b} \quad i,j = 1,2,\cdots \tag{14.2.15}$$

代入式(14.2.4),导出角频率方程

$$\beta_{ij}^4 = \pi^4 \left(\frac{i^2}{a^2} + \frac{j^2}{b^2}\right)^2 \quad i,j = 1,2,\cdots \tag{14.2.16}$$

代入式(14.2.5),得到板的固有角频率

$$\omega_{ij} = \pi^2 \left(\frac{i^2}{a^2} + \frac{j^2}{b^2}\right)\sqrt{\frac{D}{\rho h}} \quad i,j = 1,2,\cdots \tag{14.2.17}$$

代入式(14.2.1),得到板的各阶主振动。板的自由振动为各阶主振动的叠加,写为

$$w(x,y,t) = \Phi(x,y)q(t) \tag{14.2.18}$$

其中,函数 $\Phi(x,y)$ 为 $\Phi_{ij}(x,y)$ 的线性组合,即

$$\Phi(x,y) = \sum_{i,j=1}^{2} \alpha_{ij}\Phi_{ij}(x,y) \tag{14.2.19}$$

这里系数 $\alpha_{ij}(i,j = 1,2,\cdots)$ 由初始条件确定。

对于 $b \gg a$ 的特殊情形,如略去式(14.2.17)括号中的第二项,即与例题 14.2.1 的狭长板固有角频率一致。这是短边约束的局部效应被忽略所导致的结果。

14.3 圆板的横向振动

对于圆形薄板的自由振动,也可以用与上面类似的方法进行分析,但需将本征微分方程换到极坐标系 (r,θ) 中,边界条件式(14.2.7)仍然适用。

14.3.1 精确解

在极坐标中,薄板自由振动本征微分方程仍然是式(14.2.4),即

$$\nabla^4\Phi - \beta^4\Phi = 0 \tag{14.3.1}$$

或

$$(\nabla^2+\beta^2)(\nabla^2-\beta^2)\Phi = 0 \tag{14.3.2a}$$

也就是

$$\left(\frac{\partial^2}{\partial r^2}+\frac{1}{r}\frac{\partial}{\partial r}+\frac{1}{r^2}\frac{\partial^2}{\partial\theta^2}+\beta^2\right)\left(\frac{\partial^2}{\partial r^2}+\frac{1}{r}\frac{\partial}{\partial r}+\frac{1}{r^2}\frac{\partial^2}{\partial\theta^2}-\beta^2\right)\Phi = 0 \tag{14.3.2b}$$

微分方程

$$\left(\frac{\partial^2}{\partial r^2}+\frac{1}{r}\frac{\partial}{\partial r}+\frac{1}{r^2}\frac{\partial^2}{\partial\theta^2}\pm\beta^2\right)\Phi = 0 \tag{14.3.3}$$

的解,都是微分方程式(14.3.2)的解,因而也是微分方程式(14.3.1)的解。

取振型函数为

$$\Phi = F(r)\cos n\theta \tag{14.3.4}$$

其中,$n=0,1,2,\cdots$。当 $n=0$ 时,振型是轴对称的。当 $n=1$ 及 $n=2$ 时,薄板的环向围线将分别具有一个和两个波,也就是,薄板的中面将分别具有一根或两根径向节线,以此类推。

将式(14.3.4)代入式(14.3.3),得常微分方程

$$\frac{\mathrm{d}^2F}{\mathrm{d}r^2}+\frac{1}{r}\frac{\mathrm{d}F}{\mathrm{d}r}+\left(\pm\beta^2-\frac{n^2}{r^2}\right)F = 0 \tag{14.3.5}$$

引用量纲为 1 的变量 $x=\beta r$ 得

$$x^2\frac{\mathrm{d}^2F}{\mathrm{d}x^2}+x\frac{\mathrm{d}F}{\mathrm{d}x}+(\pm x^2-n^2)F = 0 \quad n\text{ 阶贝塞尔方程} \tag{14.3.6}$$

该微分方程的解是

$$F = A_nJ_n(x)+B_nI_n(x)+C_nN_n(x)+D_nK_n(x) \tag{14.3.7}$$

其中,$J_n(x)$ 及 $N_n(x)$ 分别为实变量的、n 阶第一类及第二类贝塞尔函数(或 Nenmann 函数),$I_n(x)$ 及 $K_n(x)$ 分别为虚变量的、n 阶第一类及第二类贝塞尔函数。将式(14.3.7)代入式(14.3.4),即得振型函数

$$\Phi = [A_nJ_n(x)+B_nI_n(x)+C_nN_n(x)+D_nK_n(x)]\cos n\theta \tag{14.3.8}$$

如果薄板具有圆孔,则在外边界及孔边各有两个边界条件,利用这四个边界条件,可得关于 A_n、B_n、C_n、D_n 的齐次线性方程组,令其系数行列式等于零,可以得出计算角频率的方程,从而求得各阶固有振动角频率。

如果薄板无孔,则在薄板的中心 $(x=0)$ 处,$N_n(x)$ 及 $K_n(x)$ 变为无限大或奇异,为了

使 Φ 不至成为无限大，需要令式(14.3.8)中的 $C_n = D_n = 0$。于是式(14.3.8)变为

$$\Phi = [A_n J_n(x) + B_n I_n(x)]\cos n\theta \tag{14.3.9}$$

利用板边的两个边界条件，可以得到关于 A_n 及 B_n 的齐次线性方程组，令方程组的系数行列式等于零，也就得到无孔圆板固有振动的角频率方程。

14.3.2 算例

下面以实心固支圆板为例介绍其角频率方程、振型函数的推导和计算结果。设圆板的半径为 b，固支边界条件可表示为

$$W(b,\theta) = 0\ ,\ \frac{\partial W}{\partial r}(b,\theta) = 0 \tag{14.3.10}$$

把式(14.3.9)代入式(14.3.10)，得

$$A_n J_n(\beta b) + B_n I_n(\beta b) = 0 \tag{14.3.11a}$$

$$A_n \frac{\partial J_n(\beta b)}{\partial r} + B_n \frac{\partial I_n(\beta b)}{\partial r} = 0 \tag{14.3.11b}$$

从而可得角频率方程

$$J_n(\beta b) I_{n+1}(\beta b) + I_n(\beta b) J_{n+1}\beta b = 0 \tag{14.3.12}$$

相应的振型函数为

$$W(r,\theta) = \left[J_n(\beta r) - \frac{J_n(\beta b)}{I_n(\beta b)} I_n(\beta r)\right]\cos n\theta \tag{14.3.13}$$

表 14.3.1 列出了固支实心圆板的角频率参数 $\beta_{nm} b$。应该指出，固支圆板的角频率方程与泊松比无关，因此表 14.3.1 中的数值是适用于任意 ν 值的固支圆板。

固支实心圆板的角频率参数 $\beta_{nm} b$ 表 14.3.1

	$n = 0$	$n = 1$	$n = 2$
$m = 0$	3.196	4.612	9.905
$m = 1$	6.306	7.799	9.199
$m = 2$	9.138	10.96	12.41

14.4 简支和固支组合的矩形薄板振动

下面考虑四边为简支和固支任意组合情况的矩形薄板的横向自由振动问题。

14.4.1 精确解

考虑如下分离变量形式的振型函数

$$\Phi(x,y) = e^{\mu x} e^{\lambda y} \tag{14.4.1}$$

把它代入本征微分方程得

$$\lambda^4 + 2\lambda^2\mu^2 + \mu^4 = \gamma^4 \tag{14.4.2a}$$

或

$$(\lambda^2 + \mu^2)^2 = \gamma^4 \tag{14.4.2b}$$

若 $\mu = i\delta_m = i(m\pi/a)$，其中 $i^2 = -1$，则可得到对边简支时的本征值方程

$$\lambda^4 - 2\delta_m^2\lambda^2 + (\delta_m^4 - \gamma^4) = 0 \tag{14.4.3}$$

值得指出的是,在式(14.4.2)中,两个空间本征值 λ 和 μ 与频率参数 γ 都是未知的。从式(14.4.2)可以看出,λ 和 μ 可以为实数、纯虚数和共轭复数,并且任何一组空间本征值(λ,μ)都对应一个固有振动角频率 ω。

从式(14.4.2)可以求解出空间本征值,即

$$\mu_{1,2}=\pm \mathrm{i}\alpha_1,\mu_{3,4}=\pm\alpha_2 \tag{14.4.4}$$

$$\lambda_{1,2}=\pm \mathrm{i}\beta_1,\lambda_{3,4}=\pm\beta_2 \tag{14.4.5}$$

式中

$$\alpha_1=\sqrt{\gamma^2+\lambda^2},\alpha_2=\sqrt{\gamma^2-\lambda^2} \tag{14.4.6}$$

$$\beta_1=\sqrt{\gamma^2+\mu^2},\beta_2=\sqrt{\gamma^2-\mu^2} \tag{14.4.7}$$

令 $\mu=\mathrm{i}\alpha_1$ 和 $\lambda=\mathrm{i}\beta_1$,并把它们分别代入式(14.4.6)和式(14.4.7)可得

$$\alpha_1=\sqrt{\gamma^2-\beta_1^2},\alpha_2=\sqrt{\gamma^2+\beta_1^2} \tag{14.4.8}$$

$$\beta_1=\sqrt{\gamma^2-\alpha_1^2},\beta_2=\sqrt{\gamma^2+\alpha_1^2} \tag{14.4.9}$$

与之对应的两个坐标方向的本征函数分别为

$$X=A_1\cosh(\alpha_2x)+A_2\sinh(\alpha_2x)+A_3\cos(\alpha_1x)+A_4\sin(\alpha_1x) \tag{14.4.10}$$

$$Y=B_1\cosh(\beta_2y)+B_2\sinh(\beta_2y)+B_3\cos(\beta_1y)+B_4\sin(\beta_1y) \tag{14.4.11}$$

对于简支和固支任意组合边界,可由 $x=0$ 及 $x=a$ 边的四个边界条件得出关于 $A_1\sim A_4$ 的齐次线性方程组,可由 $y=0$ 和 $y=b$ 边的四个边界条件得到关于 $B_1\sim B_4$ 的齐次线性方程组。令这两个齐次线性方程组的系数行列式等于零,可以得到两个本征值超越方程。

下面给出了固支边界条件的三种组合情况的本征问题的精确解,如图 14.4.1 所示,对于这三种情况,要联合求解两个空间本征值和时间本征值。

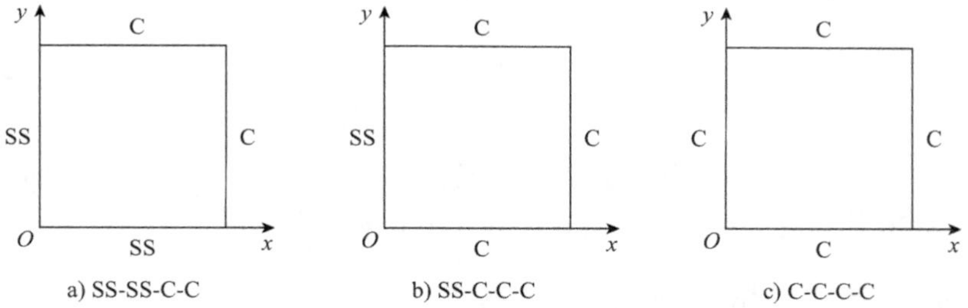

图 14.4.1　两邻边固支的三种情况

情况(1) 边界条件 SS-SS-C-C。

本征方程

$$\beta_2\tan(\beta_1b)=\beta_1\tanh(\beta_2b) \tag{14.4.12a}$$

$$\alpha_2\tan(\alpha_1a)=\alpha_1\tanh(\alpha_2a) \tag{14.4.12b}$$

振型函数

$$\Phi(x,y)=\left[\sin(\beta_1y)-\frac{\sin(\beta_1b)}{\sin(\beta_2b)}\sinh(\beta_2y)\right]\times\left[\sin(\alpha_1x)-\frac{\sin(\alpha_1a)}{\sin(\alpha_2a)}\sinh(\alpha_2x)\right] \tag{14.4.13}$$

情况(2) 边界条件 SS-C-C-C。

本征方程

$$\alpha_2 \tan(\alpha_1 a) = \alpha_1 \tanh(\alpha_2 a) \tag{14.4.14a}$$

$$\frac{1-\cos(\beta_1 b)\cosh(\beta_2 b)}{\sin(\beta_1 b)\sinh(\beta_2 b)} = \frac{\beta_1^2 - \beta_2^2}{2\beta_1\beta_2} \tag{14.4.14b}$$

振型函数

$$\Phi(x,y) = \left[\sin(\alpha_1 x) - \frac{\sin(\alpha_1 a)}{\sin(\alpha_2 a)}\sinh(\alpha_2 x)\right] \times \left[-\cos(\beta_1 y) + \frac{\beta_2}{\beta_1}k_1\sin(\beta_1 y) + \cosh(\beta_2 y) - k_1\sinh(\beta_2 y)\right] \tag{14.4.15}$$

其中

$$k_1 = \frac{\cos(\beta_1 b)\cosh(\beta_2 b)}{(\beta_2/\beta_1)\sin(\beta_1 b) - \sinh(\beta_2 b)} \tag{14.4.16}$$

情况(3) 边界条件 C-C-C-C。

本征方程

$$\frac{1-\cos(\beta_1 b)\cosh(\beta_2 b)}{\sin(\beta_1 b)\sinh(\beta_2 b)} = \frac{\beta_1^2 - \beta_2^2}{2\beta_1\beta_2} \tag{14.4.17a}$$

$$\frac{1-\cos(\alpha_1 a)\cosh(\alpha_2 a)}{\sin(\alpha_1 a)\sinh(\alpha_2 a)} = \frac{\alpha_1^2 - \alpha_2^2}{2\alpha_1\alpha_2} \tag{14.4.17b}$$

振型函数

$$\Phi(x,y) = \left[-\cosh(\alpha_1 x) + \frac{\alpha_2}{\alpha_1}k_2\sinh(\alpha_1 x) + \cos(\alpha_2 x) - k_2\sin(\alpha_2 x)\right] \times \left[-\cos(\beta_1 y) + \frac{\beta_2}{\beta_1}k_1\sin(\beta_1 y) + \cosh(\beta_2 y) - k_1\sinh(\beta_2 y)\right] \tag{14.4.18}$$

其中

$$k_2 = \frac{\cos(\alpha_1 a) - \cosh(\alpha_2 a)}{(\alpha_2/\alpha_1)\sin(\alpha_1 a) - \sinh(\alpha_2 a)} \tag{14.4.19}$$

需要指出的是,对于两邻边为自由边界情况,由于自由边界条件不能解耦,因此尚没有得到这种情况的矩形薄板自由振动的分离变量形式的精确解。

14.4.2 角频率方程的数值解法

下面以情况(1)SS-SS-C-C 为例来说明角频率方程的数值解法。对于这种情况,$x=0$ 和 $y=0$ 边为简支边,而 $x=a$ 和 $y=b$ 边为固支边,则八个边界条件分别为

$$Y|_{y=0,b} = 0,\ \left.\frac{\partial^2 Y}{\partial y^2}\right|_{y=0} = 0,\ \left.\frac{\partial Y}{\partial y}\right|_{y=b} = 0 \tag{14.4.20}$$

$$X|_{x=0,a} = 0,\ \left.\frac{\partial^2 X}{\partial x^2}\right|_{x=0} = 0,\ \left.\frac{\partial X}{\partial x}\right|_{x=a} = 0 \tag{14.4.21}$$

把式(14.4.11)和式(14.4.10)分别代入式(14.4.20)和式(14.4.21)中,分别令两个系数行列式为零,经过化简可得两个本征值方程

$$\frac{\tan(\alpha_1 a)}{\alpha_1} - \frac{\tanh(\alpha_2 a)}{\alpha_2} = 0 \tag{14.4.22}$$

$$\frac{\tan(\beta_1 b)}{\beta_1} - \frac{\tanh(\beta_2 b)}{\beta_2} = 0 \tag{14.4.23}$$

由式(14.4.8)和式(14.4.9)可以分别得到

$$\alpha_1^2 + \alpha_2^2 = 2\gamma^2 \tag{14.4.24}$$

$$\beta_1^2 + \beta_2^2 = 2\gamma^2 \tag{14.4.25}$$

把式(14.4.8)代入式(14.4.22)得

$$\frac{\tan(a\sqrt{\gamma^2 - \beta_1^2})}{\sqrt{\gamma^2 - \beta_1^2}} - \frac{\tanh(a\sqrt{\gamma^2 + \beta_1^2})}{\sqrt{\gamma^2 + \beta_1^2}} = 0 \tag{14.4.26}$$

这样,联立式(14.4.23)、式(14.4.25)和式(14.4.26),利用 Newton-Raphson 法可以求得所需要的角频率和空间本征值。

14.4.3 算例

考虑一矩形薄板,厚度 $h = 0.02\text{m}$,密度 $\rho = 2800\,\text{kg/m}^3$,杨氏模量 $E = 72\text{GPa}$,泊松比 $\nu = 0.3$,维度 $a \times b = 1\text{m} \times 1.2\text{m}$。采用 Newton-Raphson 法求解超越本征值方程组。精确角频率用无量纲参数 γa 表示,列于表 14.4.1 ~ 表 14.4.3 中。图 14.4.2 给出了 C-C-C-C 情况的三个精确振型。

SS-SS-C-C 情况的前 10 阶角频率 表 14.4.1

	1	2	3	4	5	6	7	8	9	10
$\alpha_1 a$	3.72	3.52	7.00	6.86	3.41	10.18	6.74	10.09	3.35	6.66
γa	4.78	6.76	7.55	8.87	9.11	10.55	10.72	11.51	11.59	12.86

SS-C-C-C 情况的前 10 阶角频率 表 14.4.2

	1	2	3	4	5	6	7	8	9	10
$\alpha_1 a$	3.68	3.49	6.99	6.84	3.39	10.17	6.73	10.08	3.34	9.99
γa	5.05	7.24	7.64	9.13	9.67	10.59	11.11	11.65	12.18	13.21

C-C-C-C 情况的前 10 阶角频率 表 14.4.3

	1	2	3	4	5	6	7	8	9	10
$\alpha_1 a$	3.33	3.90	7.72	7.45	3.68	10.93	7.21	10.77	3.56	7.04
γa	5.49	7.42	8.30	9.56	9.76	11.31	11.39	12.23	12.23	13.52

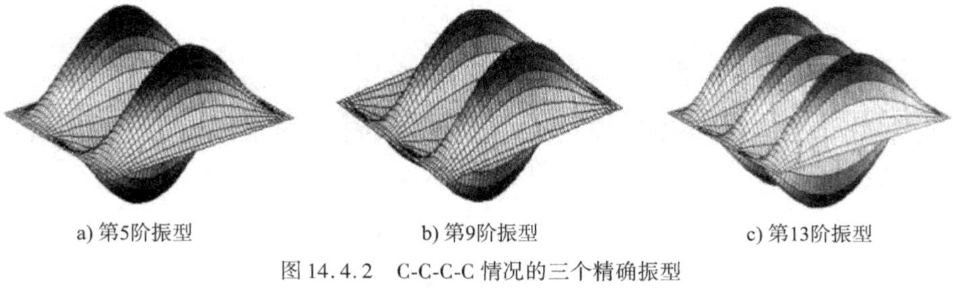

a) 第5阶振型　　b) 第9阶振型　　c) 第13阶振型

图 14.4.2 C-C-C-C 情况的三个精确振型

14.5 超音速下板的颤振

随着超音速与高超音速飞行的出现,板的颤振问题必须加以考虑,因为飞机与导弹的所有外表面都处在气流中,均遇到这种板的颤振现象。本节介绍板的颤振现象,以简支平板为例,板的一边是超音速流动,且平行于板的表面。这种超音速平板颤振的空气动力学与在亚音速弯扭颤振问题所需的非定常空气动力学比起来要简单得多。线化定常空气动力学理论,对于超过某一较低值的马赫数 M ,范围在 $M=\sqrt{2}$ 与 $M=2$ 之间的超音速流动,能够给出足够近似的结果。

14.5.1 运动方程

简支平板在其一面作用有线化定常气动力,它的运动方程为

$$D\nabla^4 W_{mn} + \rho h \ddot{W}_{mn} = -\frac{2q}{\beta}\sum \frac{\partial W_{rs}}{\partial x} \tag{14.5.1}$$

$$D\nabla^4 W_{mn} + \rho h \ddot{W}_{mn} + \frac{2q}{\beta}\sum \frac{\partial W_{rs}}{\partial x} = 0 \tag{14.5.2}$$

用傅立叶级数表示,其形式为

$$W_{mn} = C_{mn}\sin\frac{m\pi x}{a}\sin\frac{n\pi y}{b}e^{i\omega t} \tag{14.5.3}$$

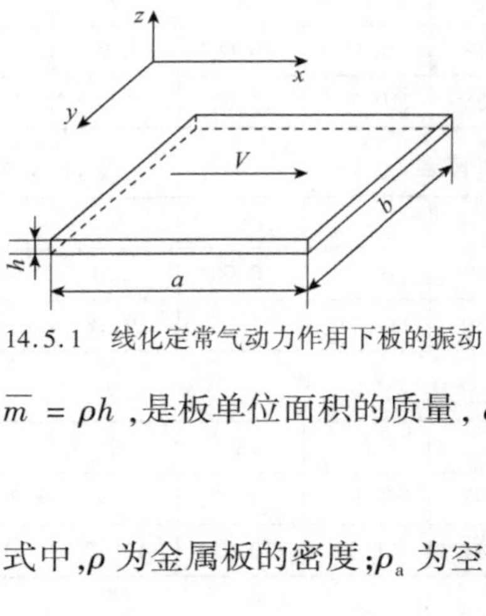

图 14.5.1 线化定常气动力作用下板的振动

如图 14.5.1 所示, a 是板在 x 方向的长度; b 是板在 y 方向的长度。气流方向平行于 x 轴, D 是板的刚度,其值为

$$D = \frac{Eh^3}{12(1-\nu^2)} \tag{14.5.4}$$

式中, E 为杨氏弹性模量; h 是板的厚度; ν 为泊松比。

$\overline{m}=\rho h$,是板单位面积的质量, q 为空气的动压:

$$q = \frac{\rho_a}{2}V^2 \tag{14.5.5}$$

式中, ρ 为金属板的密度; ρ_a 为空气密度; V 为速度。 β 表示如下:

$$\beta = \sqrt{M^2-1} \tag{14.5.6}$$

14.5.2 二自由度的近似解

为了说明式(14.5.2)的求解过程,介绍一简单的对于二自由度的伽辽金(Galerkin)解。此情况下,弯曲振型为

$$W_{11} = C_{11}\sin\frac{\pi x}{a}\sin\frac{\pi y}{b}e^{i\omega t} \tag{14.5.7}$$

$$W_{21} = C_{21}\sin\frac{2\pi x}{a}\sin\frac{\pi y}{b}e^{i\omega t} \tag{14.5.8}$$

将式(14.5.7)与式(14.5.8)应用于式(14.5.2),便能写出表示两自由度的两个联立微分方程。对于 W_{11} 的第一个方程,推导如下:

$$\nabla^4 = \frac{\partial^4}{\partial x^4} + \frac{2\partial^4}{\partial x^2\partial y^2} + \frac{\partial^4}{\partial y^4} \tag{14.5.9}$$

$$D\nabla^4 W_{11} = D\left(\frac{\pi^4}{a^4} + \frac{2\pi^4}{a^2b^2} + \frac{\pi^4}{b^4}\right)C_{11}\sin\frac{\pi x}{a}\sin\frac{\pi y}{b}e^{i\omega t} \tag{14.5.10}$$

$$\rho h\ddot{W}_{11} = -\omega^2\rho hC_{11}\sin\frac{\pi x}{a}\sin\frac{\pi y}{b}e^{i\omega t} \tag{14.5.11}$$

对于两自由度情况,式(14.5.2)的第三项由下列两项组成,即

$$\frac{2q}{\beta}\frac{\partial W_{11}}{\partial x} = \frac{2q\pi}{a\beta}C_{11}\cos\frac{\pi x}{a}\sin\frac{\pi y}{b}e^{i\omega t} \tag{14.5.12}$$

$$\frac{2q}{\beta}\frac{\partial W_{21}}{\partial x} = \frac{4q\pi}{a\beta}C_{21}\cos\frac{2\pi x}{a}\sin\frac{\pi y}{b}e^{i\omega t} \tag{14.5.13}$$

为了写出第一个方程,将式(14.5.10)~式(14.5.13)加起来,令其等于零,并除以 $\sin\frac{\pi y}{b}e^{i\omega t}$:

$$D\left(\frac{\pi^4}{a^4} + \frac{2\pi^4}{a^2b^2} + \frac{\pi^4}{b^4}\right)C_{11}\sin\frac{\pi x}{a} - \omega^2\rho hC_{11}\sin\frac{\pi x}{a} + \frac{2q\pi}{a\beta}C_{11}\cos\frac{\pi x}{a} + \frac{4q\pi}{a\beta}C_{21}\cos\frac{2\pi x}{a} = 0 \tag{14.5.14}$$

要消去正弦与余弦项,须将式(14.5.14)乘 $\sin\frac{\pi x}{a}$,并从 $x = 0$ 到 $x = a$ 积分。$\sin^2\frac{\pi x}{a}$ 从 $x = 0$ 到 $x = a$ 的积分是已知的,结果为

$$\int_0^a \sin^2\frac{\pi x}{a}dx = \frac{a}{2} \tag{14.5.15}$$

求得余弦的积分如下:

$$\sin\frac{\pi x}{a}\cos\frac{\pi x}{a} = \frac{1}{2}\sin\frac{2\pi x}{a} \tag{14.5.16}$$

$$\int_0^a \frac{1}{2}\sin\frac{2\pi x}{a}dx = 0 \tag{14.5.17}$$

$$\sin\frac{\pi x}{a}\cos\frac{2\pi x}{a} = \frac{1}{2}\sin\frac{-\pi x}{a} + \frac{1}{2}\sin\frac{3\pi x}{a} \tag{14.5.18}$$

$$\int_0^a\left(\frac{1}{2}\sin\frac{-\pi x}{a} + \frac{1}{2}\sin\frac{3\pi x}{a}\right)dx = -\frac{2a}{3\pi} \tag{14.5.19}$$

将式(14.5.15)、式(14.5.17)与式(14.5.19)的结果用于式(14.5.14),并简化为

$$\frac{aD}{2}\left(\frac{\pi^4}{a^4} + \frac{2\pi^4}{a^2b^2} + \frac{\pi^4}{b^4}\right)C_{11} - \frac{\omega^2\rho ha}{2}C_{11} - \frac{8q}{3\beta}C_{21} = 0 \tag{14.5.20}$$

运用同样的方式,可以推导出对于 W_{21} 的第二个方程:

$$D\nabla^4 W_{21}=D\left(\frac{16\pi^4}{a^4}+\frac{8\pi^4}{a^2b^2}+\frac{\pi^4}{b^4}\right)C_{21}\sin\frac{2\pi x}{a}\sin\frac{\pi y}{b}e^{i\omega t} \tag{14.5.21}$$

$$\rho h\ddot{W}_{21}=-\omega^2\rho hC_{21}\sin\frac{2\pi x}{a}\sin\frac{\pi y}{b}e^{i\omega t} \tag{14.5.22}$$

$$\frac{2q}{\beta}\frac{\partial W_{11}}{\partial x}=\frac{2q\pi}{a\beta}C_{11}\cos\frac{\pi x}{a}\sin\frac{\pi y}{b}e^{i\omega t} \tag{14.5.23}$$

$$\frac{2q}{\beta}\frac{\partial W_{21}}{\partial x}=\frac{4q\pi}{a\beta}C_{21}\cos\frac{2\pi x}{a}\sin\frac{\pi y}{b}e^{i\omega t} \tag{14.5.24}$$

现将式(14.5.21)~式(14.5.24)加起来,并令其等于零,再除以 $\sin\frac{\pi y}{b}e^{i\omega t}$:

$$D\left(\frac{16\pi^4}{a^4}+\frac{8\pi^4}{a^2b^2}+\frac{\pi^4}{b^4}\right)C_{21}\sin\frac{2\pi x}{a}-\omega^2\rho hC_{21}\sin\frac{2\pi x}{a}+$$

$$\frac{2q\pi}{a\beta}C_{11}\cos\frac{\pi x}{a}+\frac{4q\pi}{a\beta}C_{21}\cos\frac{2\pi x}{a}=0 \tag{14.5.25}$$

为消去正弦与余弦项,将式(14.5.25)乘 $\sin\frac{2\pi x}{a}$,并从 $x=0$ 到 $x=a$ 积分:

$$\int_0^a\sin^2\frac{2\pi x}{a}dx=\frac{a}{2} \tag{14.5.26}$$

$$\sin\frac{2\pi x}{a}\cos\frac{\pi x}{a}=\frac{1}{2}\sin\frac{\pi x}{a}+\frac{1}{2}\sin\frac{3\pi x}{a} \tag{14.5.27}$$

$$\int_0^a\left(\frac{1}{2}\sin\frac{\pi x}{a}+\frac{1}{2}\sin\frac{3\pi x}{a}\right)dx=\frac{4a}{3\pi} \tag{14.5.28}$$

$$\sin\frac{2\pi x}{a}\cos\frac{2\pi x}{a}=\frac{1}{2}\sin\frac{4\pi x}{a} \tag{14.5.29}$$

$$\int_0^a\frac{1}{2}\sin\frac{4\pi x}{a}dx=0 \tag{14.5.30}$$

将式(14.5.26)、式(14.5.28)与式(14.5.30)的结果用于式(14.5.25),并简化为

$$\frac{aD}{2}\left(\frac{16\pi^4}{a^4}+\frac{8\pi^4}{a^2b^2}+\frac{\pi^4}{b^4}\right)C_{21}-\frac{\omega^2\rho ha}{2}C_{21}+\frac{8q}{3\beta}C_{11}=0 \tag{14.5.31}$$

式(14.5.20)与式(14.5.31)是均等于零的联立方程。因此,如果一组联立方程等于零,则它们的系数行列式必须等于零。应用这个条件,就能解出临界颤振角频率与颤振临界速度的方程。其系数行列式的方程为

$$\begin{vmatrix}\frac{aD}{2}\left(\frac{\pi^4}{a^4}+\frac{2\pi^4}{a^2b^2}+\frac{\pi^4}{b^4}\right)-\frac{\omega^2\rho ha}{2} & -\frac{8q}{3\beta}\\ \frac{8q}{3\beta} & \frac{aD}{2}\left(\frac{16\pi^4}{a^4}+\frac{8\pi^4}{a^2b^2}+\frac{\pi^4}{b^4}\right)-\frac{\omega^2\rho ha}{2}\end{vmatrix}=0 \tag{14.5.32}$$

在展开式(14.5.32)中的行列式之前,做以下变换:

$$\bar{A} \equiv \frac{aD}{2}\left(\frac{\pi^4}{a^4} + \frac{2\pi^4}{a^2 b^2} + \frac{\pi^4}{b^4}\right) \tag{14.5.33}$$

$$\bar{B} \equiv \frac{aD}{2}\left(\frac{16\pi^4}{a^4} + \frac{8\pi^4}{a^2 b^2} + \frac{\pi^4}{b^4}\right) \tag{14.5.34}$$

$$\left|\frac{8q}{3\beta}\right| \equiv \frac{4\rho_a V^2}{3\sqrt{M^2 - 1}} \tag{14.5.35}$$

$$\begin{vmatrix} \bar{A} - \dfrac{\omega^2 \rho h a}{2} & -\dfrac{4\rho_a V^2}{3\sqrt{M^2 - 1}} \\ \dfrac{4\rho_a V^2}{3\sqrt{M^2 - 1}} & \bar{B} - \dfrac{\omega^2 \rho h a}{2} \end{vmatrix} = 0 \tag{14.5.36}$$

$$\frac{\rho^2 h^2 a^2}{4}\omega^4 - (\bar{A} + \bar{B})\frac{\rho h a}{2}\omega^2 + \bar{A}\bar{B} + \frac{16\rho_a^2 V^4}{9(M^2 - 1)} = 0 \tag{14.5.37}$$

由式(14.5.37)解出 ω^2 为

$$\omega^2 = \frac{\rho h a(\bar{A} + \bar{B}) \pm 2\sqrt{\left[(\bar{A} + \bar{B})\dfrac{\rho h a}{2}\right]^2 - \bar{A}\bar{B}\rho^2 h^2 a^2 - \dfrac{16\rho^2 \rho_a^2 h^2 a^2 V^4}{9(M^2 - 1)}}}{\rho^2 h^2 a^2} \tag{14.5.38}$$

对于一个持续的和谐运动,式(14.5.38)中的根号项必须等于零。根据这个条件, ω_c^2 与 ω_c 为以下值:

$$\omega_c^2 = \frac{\bar{A} + \bar{B}}{\rho h a} \tag{14.5.39}$$

$$\omega_c = \sqrt{\frac{\bar{A} + \bar{B}}{\rho h a}} \tag{14.5.40}$$

式(14.5.40)是临界颤振角频率的解。这一角频率将使物体产生一种持续等幅和谐运动。

令式(14.5.38)中根号项为零,可以找到相应于 ω_c 的颤振临界速度 V_c,解出 V_c 为

$$V_c^4 = \frac{9(M^2 - 1)}{16\rho^2 \rho_a^2 h^2 a^2}\left\{\left[(\bar{A} + \bar{B})\frac{\rho h a}{2}\right]^2 - \bar{A}\bar{B}\rho^2 h^2 a^2\right\} \tag{14.5.41}$$

$$V_c = \left[\frac{9(M^2 - 1)}{16\rho^2 \rho_a^2 h^2 a^2}\left\{\left[(\bar{A} + \bar{B})\frac{\rho h a}{2}\right]^2 - \bar{A}\bar{B}\rho^2 h^2 a^2\right\}\right]^{\frac{1}{4}} \tag{14.5.42}$$

当速度小于式(14.5.42)所示的 V_c 值时,式(14.5.38)有两个实根,这时和谐运动将不是持续的,如果速度为零,则式(14.5.38)的两个实根是真空状态时弯曲振型的自振角频率;然而,当速度等于 V_c 时,则存在两个等实根,为两个联立方程式(14.5.20)与式(14.5.31)提供了一个解,得到一个单一的角频率 ω_c,式(14.5.7)与式(14.5.8)所表示的通解相一致;当速度大于 V_c 时,式(14.5.38)的解变为复数,式(14.5.7)与式(14.5.8)给出了一个发散振动振型与一个收敛振动振型。因此,安全飞行速度必须小于 V_c。

应用式(14.5.40)与式(14.5.42)的结果是偏保守的。

14.5.3 四自由度的近似解

如前所指,由两自由度推导出的结果是偏保守的。所以为了得到更精确的结果,应当研究四自由度的情况。它们是

$$m = 1,2,3,4 \tag{14.5.43}$$

$$n = 1 \tag{14.5.44}$$

在式(14.5.3)中代入这些值,弯曲振型为

$$W_{11} = C_{11}\sin\frac{\pi x}{a}\sin\frac{\pi y}{b}e^{i\omega t} \tag{14.5.45}$$

$$W_{21} = C_{21}\sin\frac{2\pi x}{a}\sin\frac{\pi y}{b}e^{i\omega t} \tag{14.5.46}$$

$$W_{31} = C_{31}\sin\frac{3\pi x}{a}\sin\frac{\pi y}{b}e^{i\omega t} \tag{14.5.47}$$

$$W_{41} = C_{41}\sin\frac{4\pi x}{a}\sin\frac{\pi y}{b}e^{i\omega t} \tag{14.5.48}$$

利用式(14.5.45)~式(14.5.48),可以写出四个方程式,总的行列式可以用类似于两自由度的方式求解。对于临界颤振角频率 ω_c 与颤振临界速度 V_c,存在两个相等的实数 ω_c 值。这四个方程为

$$\left[\frac{aD}{2}\left(\frac{\pi^4}{a^4}+\frac{2\pi^4}{a^2b^2}+\frac{\pi^4}{b^4}\right)-\frac{\omega^2\rho ha}{2}\right]C_{11}-\frac{8q}{3\beta}C_{21}-\frac{8q}{15\beta}C_{41}=0 \tag{14.5.49a}$$

$$\frac{8q}{3\beta}C_{11}+\left[\frac{aD}{2}\left(\frac{16\pi^4}{a^4}+\frac{8\pi^4}{a^2b^2}+\frac{\pi^4}{b^4}\right)-\frac{\omega^2\rho ha}{2}\right]C_{21}-\frac{18q}{5\beta}C_{31}=0 \tag{14.5.49b}$$

$$\frac{24q}{5\beta}C_{21}+\left[\frac{aD}{2}\left(\frac{81\pi^4}{a^4}+\frac{18\pi^4}{a^2b^2}+\frac{\pi^4}{b^4}\right)-\frac{\omega^2\rho ha}{2}\right]C_{31}+\frac{64q}{7\beta}C_{41}=0 \tag{14.5.49c}$$

$$\frac{64q}{15\beta}C_{11}+\frac{48q}{7\beta}C_{31}+\left[\frac{aD}{2}\left(\frac{256\pi^4}{a^4}+\frac{32\pi^4}{a^2b^2}+\frac{\pi^4}{b^4}\right)-\frac{\omega^2\rho ha}{2}\right]C_{41}=0 \tag{14.5.49d}$$

对式(14.5.49)做以下变换

$$\overline{A}=\frac{aD}{2}\left(\frac{\pi^4}{a^4}+\frac{2\pi^4}{a^2b^2}+\frac{\pi^4}{b^4}\right)$$

$$\overline{B}=\frac{aD}{2}\left(\frac{16\pi^4}{a^4}+\frac{8\pi^4}{a^2b^2}+\frac{\pi^4}{b^4}\right)$$

$$\overline{C}=\frac{aD}{2}\left(\frac{81\pi^4}{a^4}+\frac{18\pi^4}{a^2b^2}+\frac{\pi^4}{b^4}\right)$$

$$\overline{D}=\frac{aD}{2}\left(\frac{256\pi^4}{a^4}+\frac{32\pi^4}{a^2b^2}+\frac{\pi^4}{b^4}\right)$$

并令系数行列式为零,即

$$\begin{vmatrix} \bar{A}-\dfrac{\omega^2\rho ha}{2} & -\dfrac{8q}{3\beta} & 0 & -\dfrac{8q}{15\beta} \\ \dfrac{8q}{3\beta} & \bar{B}-\dfrac{\omega^2\rho ha}{2} & -\dfrac{18q}{5\beta} & 0 \\ 0 & \dfrac{24q}{5\beta} & \bar{C}-\dfrac{\omega^2\rho ha}{2} & \dfrac{64q}{7\beta} \\ \dfrac{64q}{15\beta} & 0 & \dfrac{48q}{7\beta} & \bar{D}-\dfrac{\omega^2\rho ha}{2} \end{vmatrix} = 0 \tag{14.5.50}$$

如果展开式(14.5.50)所表示的行列式,且解出其临界颤振角频率 ω_c 与颤振临界速度 V_c,则将得到精确的结果。

为了找出 ω_c 与 V_c,如在解两自由度情况一样,改变 V 值,直到 ω 的两个根为相等的实数为止。而速度增大时,两个振型的 ω 解将是复数,至少会产生一个发散的振型。

14.5.4 具有平面内轴向载荷的运动方程

假设平板上具有平面内的轴向载荷,如图 14.5.2 所示。N_x 是一个平行于 x 轴的均匀轴向单位长度的载荷;N_y 是一个平行于 y 轴的均匀轴向单位长度的载荷。N_x、N_y 两者均以压缩为正方向。

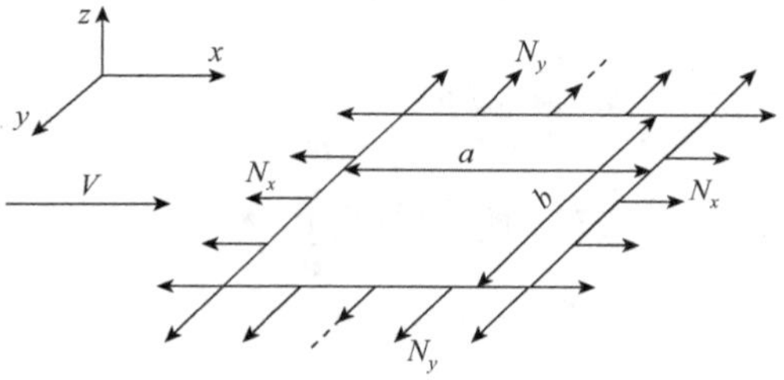

图 14.5.2 平面内轴向载荷作用下板的振动

考虑 N_x 与 N_y 对式(14.5.2)的影响,便得到如下方程:

$$D\,\nabla W_{mn} + \frac{N_x\partial^2 W_{mn}}{\partial x^2} + \frac{N_y\partial^2 W_{mn}}{\partial y^2} + \rho h\ddot{W}_{mn} + \frac{2q}{\beta}\sum\frac{\partial W_{rs}}{\partial x} = 0 \tag{14.5.51}$$

求两自由度的近似解。

式(14.5.51)的一个两自由度解可以在式(14.5.7)与式(14.5.8)所表示的振型下求得。

$$W_{11} = C_{11}\sin\frac{\pi}{a}\sin\frac{\pi y}{b}\mathrm{e}^{\mathrm{i}\omega t}$$

$$W_{21} = C_{21}\sin\frac{2\pi x}{a}\sin\frac{\pi y}{b}\mathrm{e}^{\mathrm{i}\omega t}$$

其一次弯曲振型方程等于式(14.5.20)加上 $\dfrac{N_x\partial^2 W_{mn}}{\partial x^2}$ 与 $\dfrac{N_y\partial^2 W_{mn}}{\partial y^2}$ 项。为估算这两项的大小,进行以下计算:

$$N_x\frac{\partial^2 W_{11}}{\partial x^2} = -C_{11}\frac{\pi^2}{a^2}\sin\frac{\pi x}{a}\sin\frac{\pi y}{b}\mathrm{e}^{\mathrm{i}\omega t}N_x \tag{14.5.52}$$

$$N_y \frac{\partial^2 W_{11}}{\partial y^2} = -C_{11}\frac{\pi^2}{b^2}\sin\frac{\pi x}{a}\sin\frac{\pi y}{b}e^{i\omega t}N_y \tag{14.5.53}$$

在将式(14.5.52)、式(14.5.53)与式(14.5.20)叠加之前,这两项必须先除以 $\sin\frac{\pi y}{b}e^{i\omega t}$,再乘 $\sin\frac{\pi x}{a}$,然后从 $x=0$ 到 $x=a$ 进行积分。此计算的最后结果为

$$\left[\frac{aD}{2}\left(\frac{\pi^4}{a^4}+\frac{2\pi^4}{a^2b^2}+\frac{\pi^4}{b^4}\right)-\frac{\pi^2}{2a}-\frac{\pi^2 a}{2b^2}-\frac{\omega^2\rho ha}{2}\right]C_{11}-\frac{8q}{3\beta}C_{21}=0 \tag{14.5.54}$$

二次弯曲振型方程等于式(14.5.31)加上 N_xW_{xx} 与 N_yW_{yy} 项。为估算二次弯曲振型的这两项,进行如下计算:

$$N_x \frac{\partial^2 W_{21}}{\partial x^2} = -C_{21}\frac{4\pi^2}{a^2}\sin\frac{2\pi x}{a}\sin\frac{\pi y}{b}e^{i\omega t}N_x \tag{14.5.55}$$

$$N_y \frac{\partial^2 W_{21}}{\partial y^2} = -C_{21}\frac{\pi^2}{b^2}\sin\frac{2\pi x}{a}\sin\frac{\pi y}{b}e^{i\omega t}N_y \tag{14.5.56}$$

在将式(14.5.55)、式(14.5.56)与式(14.5.31)相加之前,这两项必须先除以 $\sin\frac{\pi y}{b}e^{i\omega t}$,再乘 $\sin\frac{2\pi x}{a}$,然后从 $x=0$ 到 $x=a$ 进行积分。这些计算的最后结果为

$$\left[\frac{aD}{2}\left(\frac{16\pi^4}{a^4}+\frac{8\pi^4}{a^2b^2}+\frac{\pi^4}{b^4}\right)-\frac{2\pi^2}{a}-\frac{\pi^2 a}{2b^2}-\frac{\omega^2\rho ha}{2}\right]C_{21}+\frac{8q}{3\beta}C_{11}=0 \tag{14.5.57}$$

于是方程式(14.5.54)与式(14.5.57)的系数行列式为

$$\begin{vmatrix} \bar{A}-\frac{\pi^2}{2a}-\frac{\pi^2 a}{2b^2}-\frac{\omega^2\rho ha}{2} & -\frac{8q}{3\beta} \\ \frac{8q}{3\beta} & \bar{B}-\frac{2\pi^2}{2a}-\frac{\pi^2 a}{2b^2}-\frac{\omega^2\rho ha}{2} \end{vmatrix}=0 \tag{14.5.58}$$

为求出临界颤振角频率 ω_c 与颤振临界速度 V_c,做以下变换,并将行列式展开:

$$\bar{A}_n \equiv \frac{aD}{2}\left(\frac{\pi^4}{a^4}+\frac{2\pi^4}{a^2b^2}+\frac{\pi^4}{b^4}\right)-\frac{\pi^2}{2a}-\frac{\pi^2 a}{2b^2} \tag{14.5.59}$$

$$\bar{B}_n \equiv \frac{aD}{2}\left(\frac{16\pi^4}{a^4}+\frac{8\pi^4}{a^2b^2}+\frac{\pi^4}{b^4}\right)-\frac{2\pi^2}{a}-\frac{\pi^2 a}{2b^2} \tag{14.5.60}$$

$$\left|\frac{8q}{3\beta}\right| \equiv \frac{4\rho_a V^2}{3\sqrt{M^2-1}} \tag{14.5.61}$$

$$\frac{\rho^2h^2a^2}{4}\omega^4-(\bar{A}_n+\bar{B}_n)\frac{\rho ha}{2}\omega^2+\bar{A}_n\bar{B}_n+\frac{16\rho_a^2V^4}{9(M^2-1)}=0 \tag{14.5.62}$$

由式(14.5.62)解出 ω^2:

$$\omega^2=\frac{2}{\rho^2h^2a^2}\left\{(\bar{A}_n+\bar{B}_n)\frac{\rho ha}{2}\pm\sqrt{\left[(\bar{A}_n+\bar{B}_n)\frac{\rho ha}{2}\right]^2-\bar{A}_n\bar{B}_n\rho^2h^2a^2-\frac{16\rho^2\rho_a^2h^2a^2V^4}{9(M^2-1)}}\right\} \tag{14.5.63}$$

如同在平面内无轴向力的两自由度情况一样，在式(14.5.63)中根号项必须等于零，才能形成一个持续的等幅和谐运动。据此条件，临界颤振角频率的平方 ω_c^2 与 ω_c 值为

$$\omega_c^2 = \frac{\bar{A}_n + \bar{B}_n}{\rho h a} \tag{14.5.64}$$

$$\omega_c = \sqrt{\frac{\bar{A}_n + \bar{B}_n}{\rho h a}} \tag{14.5.65}$$

令式(14.5.63)中根号内的项等于零，即可求得相应于 ω_c 的临界速度，解出 V_c：

$$V_c^4 = \frac{9(M^2-1)}{16\rho^2\rho_a^2 h^2 a^2}\left\{\left[(\bar{A}_n + \bar{B}_n)\frac{\rho h a}{2}\right]^2 - \bar{A}_n\bar{B}_n\rho^2 h^2 a^2\right\} \tag{14.5.66}$$

$$V_c = \left(\frac{9(M^2-1)}{16\rho^2\rho_a^2 h^2 a^2}\left\{\left[(\bar{A}_n + \bar{B}_n)\frac{\rho h a}{2}\right]^2 - \bar{A}_n\bar{B}_n\rho^2 h^2 a^2\right\}\right)^{\frac{1}{4}} \tag{14.5.67}$$

这正如求解平面内无载荷的两自由度情况一样，当速度小于 V_c 时，式(14.5.63)有两个实根，这样和谐运动将不是持续的；当速度为 V_c 时，存在两个等实根，给出了两个联立方程的一个解，即产生一个持续等幅的和谐运动；当速度大于 V_c 时，根为复数，即产生至少一个发散的振型。应用此两自由度推导的结果是保守的，为取得更精确的结果，应当采用四自由度的结果，其振型的形状由式(14.5.45)~式(14.5.48)表示。

14.5.5 具有任意流动方向的运动方程

若流动方向与 x 轴夹一个任意角度 Λ，如图14.5.3所示，在没有平面力 N_x 与 N_y 的情况下，运动方程为

$$D\nabla^4 W_{mn} + \rho h\ddot{W}_{mn} + \frac{2q}{\beta}\left(\sum\frac{\partial W_{rs}}{\partial x}\cos\Lambda + \sum\frac{\partial W_{rs}}{\partial y}\sin\Lambda\right) = 0 \tag{14.5.68}$$

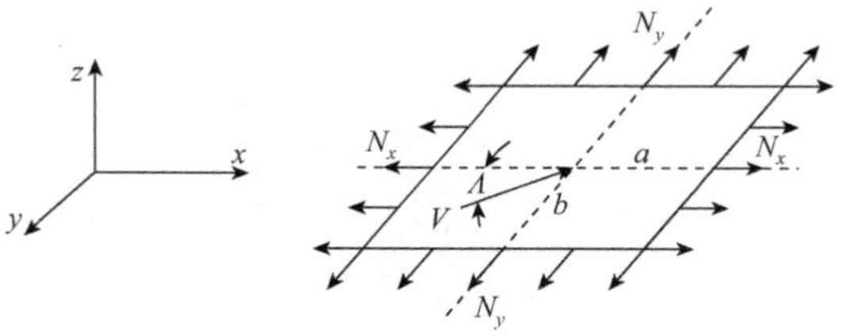

图14.5.3 流动方向与 x 轴间夹角为 Λ 板的振动

如果有平面载荷 N_x 与 N_y，运动方程为

$$D\nabla^4 W_{mn} + N_x\frac{\partial^2 W_{mn}}{\partial x^2} + N_y\frac{\partial^2 W_{mn}}{\partial y^2} + \rho h\ddot{W}_{mn} + \frac{2q}{\beta}\left(\sum\frac{\partial W_{rs}}{\partial x}\cos\Lambda + \sum\frac{\partial W_{rs}}{\partial y}\sin\Lambda\right) = 0 \tag{14.5.69}$$

式(14.5.68)与式(14.5.69)对于两自由度或四自由度的求解方法类似于本节前面所提到的两自由度与四自由度的情况。

14.5.6 小结

本书提到了平板在其一个表面承受平行于它的超音速气流的一般情况。其两自由度的解是保守的，而四自由度的解是较精确的。这种线化定常流动空气动力学理论对马赫数 M 超过某一最小值，范围在 $\sqrt{2} < M < 2$ 的超音速流动，能够给出精确的结果。

对于平板边缘固支的情况，修正上述解是比较容易的。若所有边缘固支，其振型形状为

$$W_{mn} = C_{mn}\left(1 - \cos\frac{m\pi}{a}x\right)\left(1 - \cos\frac{n\pi}{b}y\right)\mathrm{e}^{\mathrm{i}\omega t}$$

$$m = 2,4,6,\cdots$$

$$n = 2,4,6,\cdots$$

如果研究两自由度情况，两个振型形状为

$$W_{22} = C_{22}\left(1 - \cos\frac{2\pi}{a}x\right)\left(1 - \cos\frac{2\pi}{b}y\right)\mathrm{e}^{\mathrm{i}\omega t}$$

$$W_{42} = C_{42}\left(1 - \cos\frac{4\pi}{a}x\right)\left(1 - \cos\frac{2\pi}{b}y\right)\mathrm{e}^{\mathrm{i}\omega t}$$

如果边缘在 x 方向为固支，在 y 方向为简支，其一般方程与前两个弯曲振型为

$$W_{mn} = C_{mn}\left(1 - \cos\frac{m\pi}{a}x\right)\left(1 - \sin\frac{n\pi}{b}y\right)\mathrm{e}^{\mathrm{i}\omega t}$$

$$m = 2,4,6,\cdots$$

$$n = 1,3,5,\cdots$$

$$W_{21} = C_{21}\left(1 - \cos\frac{2\pi}{a}x\right)\left(\sin\frac{\pi}{b}y\right)\mathrm{e}^{\mathrm{i}\omega t}$$

$$W_{41} = C_{41}\left(1 - \cos\frac{4\pi}{a}x\right)\left(\sin\frac{\pi}{b}y\right)\mathrm{e}^{\mathrm{i}\omega t}$$

为了求解上述的或其他振型形状，可利用所要求的振型形状以及与选择的特定情况相应的自由度，按照相应简支平板求解的过程进行计算。

最后给出薄板自由振动能量法公式：

薄板变形势能的最大值：

$$U_{\max} = \frac{D}{2}\iint_A\left\{\left(\frac{\partial^2 f}{\partial x^2} + \frac{\partial^2 f}{\partial y^2}\right)^2 - 2(1-\nu)\left[\frac{\partial^2 f}{\partial x^2}\frac{\partial^2 f}{\partial y^2} - \left(\frac{\partial^2 f}{\partial x\partial y}\right)^2\right]\right\}\mathrm{d}x\mathrm{d}y \quad (14.5.70)$$

若板边固定或简支，则可以简化为

$$U_{\max} = \frac{D}{2}\iint_A\left(\frac{\partial^2 f}{\partial x^2} + \frac{\partial^2 f}{\partial y^2}\right)^2\mathrm{d}x\mathrm{d}y \quad (14.5.71)$$

薄板动能最大值

$$T_{\max} = \frac{\rho h}{2}\omega^2\iint_A f^2\mathrm{d}x\mathrm{d}y \quad (14.5.72)$$

机械能守恒

$$U_{\max} = T_{\max} \tag{14.5.73}$$

选取的振型函数

$$f = f(x,y) \tag{14.5.74}$$

采用式(14.5.73)求固有角频率的方法叫作**瑞利法**。

选取的振型函数为

$$f = \sum_{m} A_m f_m \tag{14.5.75}$$

选择系数 $A_k, k = 1,2,\cdots,m$,使 $(U_{\max} - T_{\max})$ 取最小值。

$$\frac{\partial}{A_k}(U_{\max} - T_{\max}) = 0 \tag{14.5.76}$$

采用式(14.5.76),使方程组的系数行列式必须等于零,这种求固有角频率的方法叫**瑞利-里兹法**。

14.6 Maple 编程示例

编程题 14.6.1 我们考虑一张柔软无刚性的薄膜,厚度及质量完全均匀。如果它周边用力向外拉紧并固定,即形成一个可以振动的膜,我们可以想象鼓面的情况。常见的膜周边的形状是矩形和圆形。

考虑图 14.6.1 所示矩形膜的振动,试用 Maple 编程求其特征函数和基本模态。

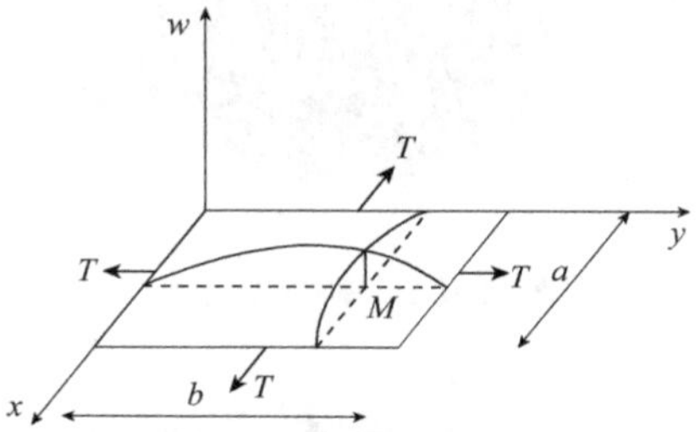

图 14.6.1 四周受张力的矩形膜

解:若膜平面为 xy 平面, M 是膜上坐标为 (x,y) 的一个点,膜振动时, M 点离开它静止时位置的位移为 w ,于是可得膜的振动方程为

$$\frac{\partial^2 w}{\partial t^2} = c^2\left(\frac{\partial^2 w}{\partial x^2} + \frac{\partial^2 w}{\partial y^2}\right) \tag{14.6.1}$$

式中, c 是波动在膜中传播的速度,表示为

$$c = \sqrt{\frac{T}{\bar{\rho}}}$$

式中, T 为膜边缘上每单位长度上的张力(N/m); $\bar{\rho}$ 为膜的面密度(kg/m^2)。

振动方程表明膜是二维的“弦”。这是一个狄利克雷问题(即第一边值问题),在此满足下列边界条件:

$$w(0,y) = 0, w(a,y) = 0$$
$$w(x,0) = 0, w(x,b) = 0$$

膜的特征振动圆频率为

$$\omega_{m,n} = c\pi\sqrt{\left(\frac{m}{a}\right)^2 + \left(\frac{n}{b}\right)^2}$$

式中，$m,n=1,2,3,\cdots$；a 和 b 是矩形膜的边长。当 $m=n=1$ 时，膜的振动频率最低，是基频。当 $m=1,n=2$ 时，膜的振动方式所显示的图形中除周边外还有一个纵向的节线（其上诸点的位移为零），节线把膜分成左、右两部分，在振动时两部分的相位相反，即在一边向上运动时，另一边向下运动。其他 m 与 n 情况也可以同样考虑，只有当 $m=n=2,3,4,\cdots$ 时，膜的振动频率才是基频的整数倍，即高次谐波。而当 $m\neq n$ 时，振动频率是基频的泛音。我们探讨薄膜振动方程不同的解答，在动画中可以清晰地看到各频率下薄膜的振动模态。

（1）特征函数。

$$w=(A_{mn}\cos\omega_{mn}t+B_{mn}\sin\omega_{mn}t)\sin\frac{n\pi x}{a}\sin\frac{m\pi y}{b} \tag{14.6.2}$$

将式（14.6.2）代入式（14.6.1）以检验它是否为方程的解。

（2）基本模态。

在特征函数中代入基本模态，$m=n=1$，并令 $a=2\pi$，$b=\pi$，$c=2$，绘制图形，如图 14.6.2 所示。为了更直观地显示模态的特征，我们制作该模态的动画。

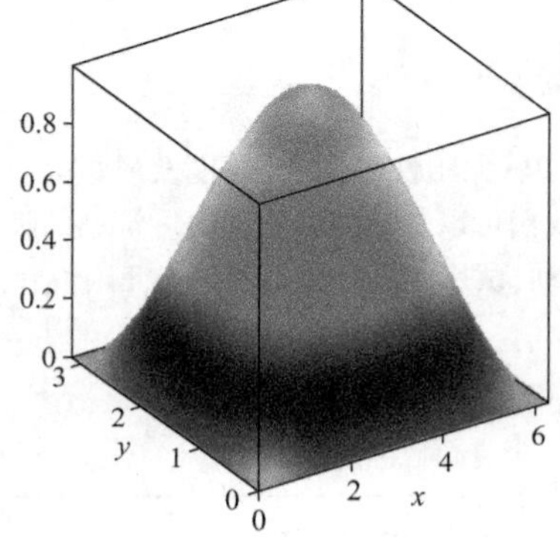

图 14.6.2　基本模态图形

Maple 程序

```
> ###################################################################
> restart;                                                    #清零
> assume(m,n,integer):                                        #假设 m、n 为整数
> with(plots):                                                #加载绘图库
> setoptions(thickness=2):                                    #设置图形中的线条宽度
> ###################################################################
> Sw:=w=(A[m,n]*cos(omega[m,n]*t)+B[m,n]*sin(omega[m,n]*t))
>           *sin(n*Pi*x/a)*sin(m*Pi*y/b);                     #特征函数
> Somega:=omega[m,n]=c*Pi*sqrt(m^2/a^2+n^2/b^2);              #圆频率
> -Diff(w,t$2)+c^2*(Diff(w,x$2)+Diff(w,y$2))=
>    eval(subs(Sw,-diff(w,t$2)+diff(w,x$2)+diff(w,y$2)));     #检验是否满足方程
> ###########################################################
> xtcs1:=m=1,n=1,a=2*Pi,b=Pi,c=2:                             #给定系统参数
> M1:=subs(xtcs1,subs(Sw,Somega,A[n]=1,w)):                   #基本模态函数
> plot3d(subs(t=0,A[1,1]=1,B[1,1]=1,M1),x=0..2.*Pi,y=0..Pi,
>         shading=zhue,orientation=[-115,20],grid=[60,60],
>         axes=boxed,style=patchnogrid,lightmodel=light2,
```

```
>          tickmarks = [4,3,5]);                              #基本模态图形
> ##########################################################
> M2: = simplify(subs(xtcs1,subs(Sw,Somega,A[m,n] = 1,B[m,n] =0,w))):
>                                                             #基本模态函数
> Per1: = evalf(2 * Pi/subs(xtcs1,subs(Somega,omega[m,n]))); #基本模态的周期
> for i from 1 to 30 do                                       #在每个周期内制作动画
> p1[i]: = plot3d(subs(t = i * Per1/30,M2),x =0..2 * Pi,y =0..Pi,
>          shading = zhue,orientation = [-115,20],grid = [40,40],
>          style = patchnogrid,lightmodel = light2):          #基本模态动态函数
> od:                                                         #循环结束
> display([seq(p1[i],i =1..30)],orientation = [52,81],
>          insequence = true,lightmodel = light2);            #基本模态动画
> ##########################################################
```

14.7 思考题

思考题 14.1 简答题

1. 简述达朗贝尔原理,并推导板的振动方程。

2. 讲述分离变量法,并求四边简支正方形板的自由振动的完整解答。

3. 在极坐标中用分离变量法导出边界夹支圆板求自然频率的方程,并求出最低自然频率。

4. 讲述差分法求自然频率,将四边简支正方形板用 2×2 的网格,求最低自然频率。

5. 讲述能量法求自然频率,求四边夹支正方形板的最低自然频率。

思考题 14.2 判断题

1. 用瑞利能量法只能求得板的最低自然角频率。　　( )

2. 用瑞利-里兹能量法不能求得板的高阶自然角频率。　　( )

3. 用有限单元法求解板的固有振动问题得到的是数值近似解。　　( )

4. 不能用广义哈密顿能量原理推导板的方程。　　( )

5. 对于两邻边为自由边界情况,由于自由边界不能解耦,因此尚没有得到这种情况的矩形薄板自由振动的分离变量形式的精确解。　　( )

思考题 14.3 填空题

1. 薄板的动能最大值为________。

2. 板边固定或简支时,薄板的弯曲变形势能最大值________。

3. 选取的振型函数 $f = f(x,y)$,采用机械能守恒 $U_{\max} = T_{\max}$,求板最低固有角频率的方法叫________。

4. 选择系数 $A_k, k = 1,2,\cdots,m$,使 $(U_{\max} - T_{\max})$ 取最小值,采用 $\frac{\partial}{A_k}(U_{\max} - T_{\max}) = 0$,使方程组的系数行列式必须等于零,求板较高阶固有角频率的方法叫________。

5. 随着超音速与高超音速飞行的出现,飞机与导弹的所有外表面都处在气流中,均遇到这种板的________现象。

思考题 14.4　选择题

1. 对于一个长度为 l 的两节点单元，对应于节点 1 的形状函数是________。

A. $1-\dfrac{x}{l}$　　B. $\dfrac{x}{l}$　　C. $1+\dfrac{x}{l}$

2. 质量矩阵的最简单形式是________。

A. 集中质量矩阵　B. 一致质量矩阵　C. 整体质量矩阵

3. 有限单元法是________。

A. 一种近似的分析方法　　B. 一种数值方法

C. 一种精确的分析方法

4. 杆单元的刚度矩阵形式为________。

A. $\dfrac{EA}{l}\begin{bmatrix}1 & 1\\ 1 & 1\end{bmatrix}$　B. $\dfrac{EA}{l}\begin{bmatrix}1 & -1\\ -1 & 1\end{bmatrix}$　C. $\dfrac{EA}{l}\begin{bmatrix}1 & 0\\ 0 & 1\end{bmatrix}$

5. 杆单元的一致质量矩阵形式为________。

A. $\dfrac{\rho Al}{6}\begin{bmatrix}2 & 1\\ 1 & 2\end{bmatrix}$　B. $\dfrac{\rho Al}{6}\begin{bmatrix}2 & -1\\ -1 & 2\end{bmatrix}$　C. $\dfrac{\rho Al}{6}\begin{bmatrix}1 & 0\\ 0 & 1\end{bmatrix}$

思考题 14.5　连线题(有限单元法)

假设一个两端固定的杆，有一个中间节点。单元矩阵如下：

$\boldsymbol{k}=\dfrac{AE}{l}\begin{bmatrix}1 & -1\\ -1 & 1\end{bmatrix}$，$\boldsymbol{m}_c=\dfrac{\rho Al}{6}\begin{bmatrix}2 & 1\\ 1 & 2\end{bmatrix}$，$\boldsymbol{m}_l=\dfrac{\rho Al}{2}\begin{bmatrix}1 & 0\\ 0 & 1\end{bmatrix}$

钢杆：$E=206.8\text{GPa}$，$\rho=7.799\times10^3\ \text{kg/m}^3$，$L=0.3048\text{m}$。

铝杆：$E=71.02\text{GPa}$，$\rho=2.710\times10^3\ \text{kg/m}^3$，$L=0.3048\text{m}$。

1. 由集中质量矩阵给出的钢杆的固有角频率　　A. 58529rad/s
2. 由一致质量矩阵给出的铝杆的固有角频率　　B. 47501rad/s
3. 由一致质量矩阵给出的钢杆的固有角频率　　C. 58177rad/s
4. 由集中质量矩阵给出的铝杆的固有角频率　　D. 47788rad/s

14.8　习题

A 类习题

习题 14.1　设边长为 a、b 的四边简支的薄板的初始条件如下，试确定其基角频率及自由振动规律。

$$w(x,y,0)=w_0\sin\frac{\pi x}{a}\sin\frac{\pi y}{b},\ \frac{\partial w}{\partial t}(x,y,0)=0$$

习题 14.2　如图 14.8.1 所示的矩形，距离为 a 的一对边简支，距离为 b 的一对边固定。板的厚度为 h，密度为 ρ，抗弯刚度为 D。试用瑞利法求薄板振动的基角频率。以

$$W(x,y)=\sin\pi x/a(1-\cos2\pi y/b)$$

为试函数。

习题 14.3　如图 14.8.2 所示，用能量法求四边固定的矩形板振动的固有角频率，板的厚度为 h，密度为 ρ，抗弯刚度为 D。

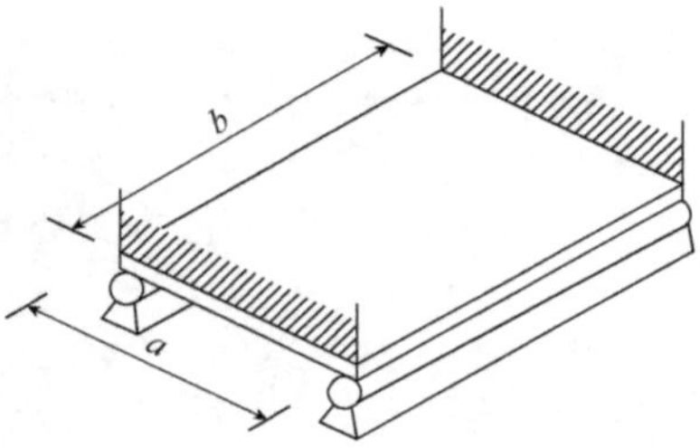

图 14.8.1　习题 14.2

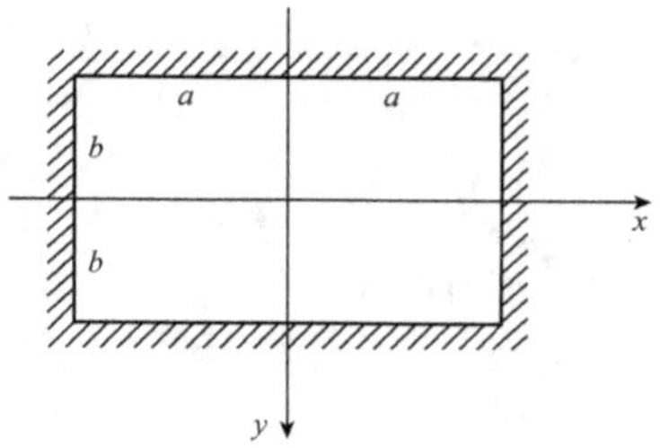

图 14.8.2　习题 14.3

习题 14.4　如图 14.8.3 所示，设有一四边形简支板，试用瑞利-里兹法求板的固有角频率。板的厚度为 h，密度为 ρ，抗弯刚度为 D。

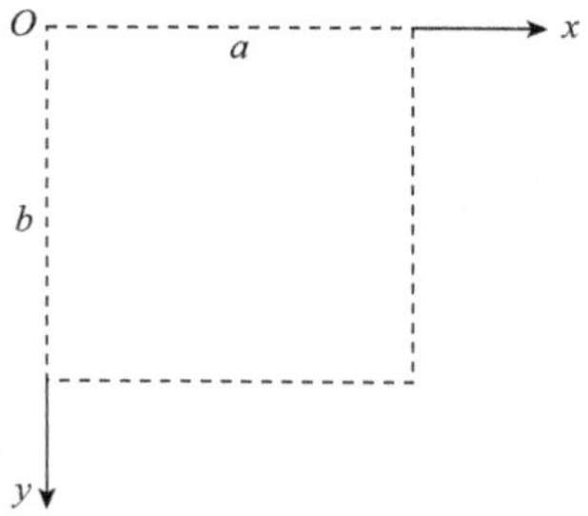

图 14.8.3　四边简支矩形板

习题 14.5　设定半径为 a 的固定边圆板，试用瑞利法求其固有角频率。板的厚度为 h，密度为 ρ，抗弯刚度为 D。

B 类习题

习题 14.6　(编程题)依编程题 14.6.1，用 Maple 编写矩形膜的振动高阶模态的程序。

习题 14.7　(编程题)依习题 14.3，用 Maple 编写矩形膜满足初始条件的程序。

C 类习题

习题 14.8　(振动调整)如图 14.8.4 所示，设计正方形沿周边铰支板，要求对板的周边用刚性肋加固。评价用肋加固板的方案，增大加固板的基本振动角频率的有效性。

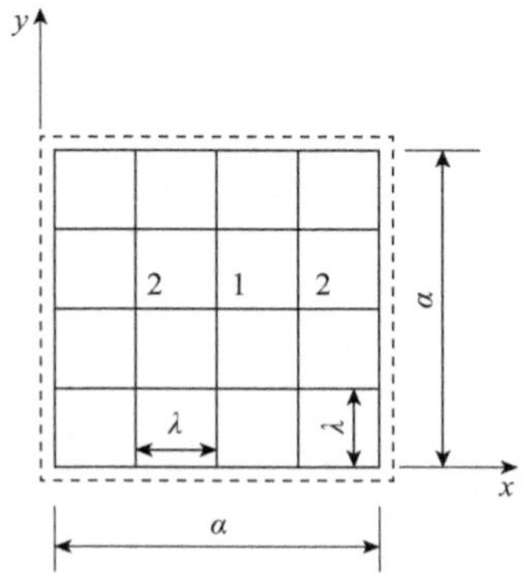

图 14.8.4　习题 14.8

##

杨桂通(YANG Gui-Tong,1931—2016,中国),力学家,教育家,塑性动力学专家,我国最早开展塑性动力学、生物力学和非线性动力学研究的著名学者之一。他在应力波的传播、结构塑性动力学响应、结构动态屈曲与失效、工程结构地震反应、非线性动力学、组织和器官力学、细胞力学以及工程材料和生物材料动态本构关系等前沿领域开展了系统的创造性研究,取得了许多开拓性的成果。

主要著作:《塑性动力学》、《弹性动力学》、《弹塑性力学》、《骨力学》、《弹性力学》、《塑性力学》、《土动力学》、《生物力学》、《弹塑性力学引论》、*Theory of Elasticity and Plasticity*、《弹性力学简明教程》、《弹塑性动力学基础》等。

##

劝学

唐　孟郊(751—814)

击石乃有火,不击元无烟。

人学始知道,不学非自然。

万事须己运,他得非我贤。

青春须早为,岂能长少年。

第 15 章　二维连续-时间系统的奇点与分岔

这一章首先对平面线性自治系统的奇点进行分类;然后讨论平面非线性自治系统奇点的个数和稳定性。引入并讨论连续动力系统的拓扑等价性。详细讨论 Hopf 分岔的规范形,并介绍一般的 Hopf 分岔。

15.1　平面线性自治系统的奇点

15.1.1　平面线性自治系统的双曲平衡点

考虑二维线性系统

$$\dot{\boldsymbol{x}} = \boldsymbol{A}\boldsymbol{x} \tag{15.1.1}$$

具有初始条件 $\boldsymbol{x}(t_0) = \boldsymbol{x}_0$,其中

$$\boldsymbol{A} = \begin{bmatrix} a_{11} & a_{12} \\ a_{21} & a_{22} \end{bmatrix} \tag{15.1.2}$$

如果 $\det\boldsymbol{A} \neq 0$, $\boldsymbol{x} = \boldsymbol{0}$ 是奇点。存在非奇异变换矩阵 $\boldsymbol{P}$, $\boldsymbol{B} = \boldsymbol{P}^{-1}\boldsymbol{A}\boldsymbol{P}$ 。通过变换 $\boldsymbol{x} = \boldsymbol{P}\boldsymbol{y}$ 得

$$\dot{\boldsymbol{y}} = \boldsymbol{B}\boldsymbol{y} \tag{15.1.3}$$

这里

$$\boldsymbol{B} = \begin{bmatrix} \lambda_1 & 0 \\ 0 & \lambda_2 \end{bmatrix} \tag{15.1.4}$$

特征值实部不为零 $[\mathrm{Re}(\lambda_k) \neq 0,\ k = 1,2]$ 的有以下三种情形。

1) $\boldsymbol{A}$ 有两个不同实特征值($\lambda_1 > \lambda_2$)

这种情况下,解的表达式是

$$\boldsymbol{B} = \begin{bmatrix} \lambda_1 & 0 \\ 0 & \lambda_2 \end{bmatrix},\boldsymbol{y}(t) = \begin{bmatrix} \mathrm{e}^{\lambda_1(t-t_0)} & 0 \\ 0 & \mathrm{e}^{\lambda_2(t-t_0)} \end{bmatrix}\boldsymbol{y}_0 \tag{15.1.5}$$

如果两个实特征值具有相同的符号,那么原点叫作线性系统的**结点**。如果两个实特征值具有不同的符号,那么原点叫作线性系统的**鞍点**。

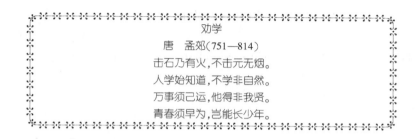

(1)如果 $\lambda_2 < \lambda_1 < 0$,这样的平衡态下 O 点称为**稳定结点**,特征值图见图 15.1.1a)。所有轨线当 $t \to +\infty$时都被吸向原点。此外,除了两条 y_2 轴上的轨线,所有趋于原点 O 的轨线都切于 y_1 轴,见图 15.1.1b)。y_1 轴和 y_2 轴分别称为主方向和非主方向。

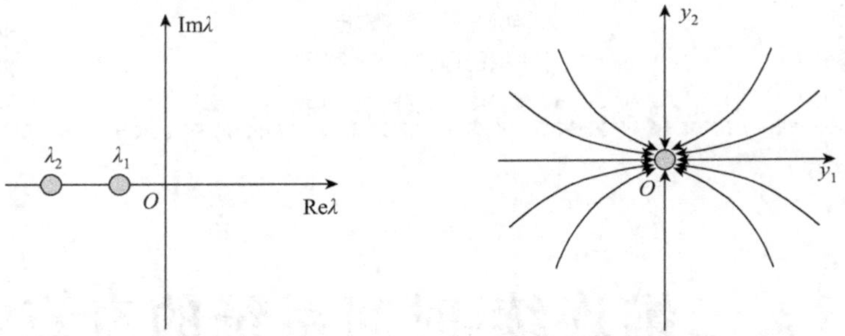

a) 特征值图　　b) $\dot{\boldsymbol{y}}=\boldsymbol{B}\boldsymbol{y}$的相图

图 15.1.1　稳定结点 $(2:\varnothing:\varnothing \mid \lambda_2 < \lambda_1 < 0)$

(2)如果 $\lambda_1 > \lambda_2 > 0$,这样的平衡态下 O 点称为**不稳定结点**, 特征值图见图 15.1.2a)。所有轨线当 $t \to +\infty$时都被原点排斥,见图 15.1.2b)。

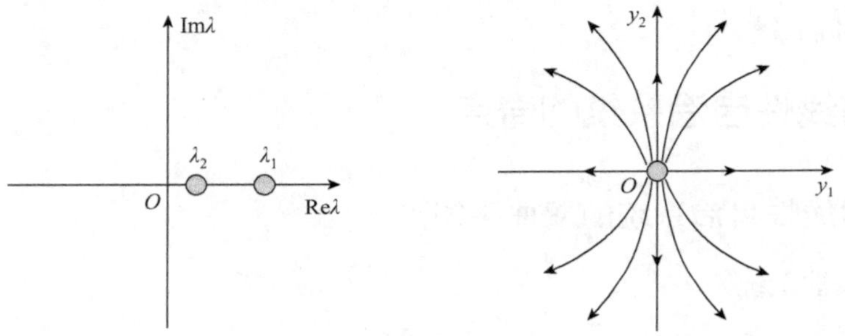

a) 特征值图　　b) $\dot{\boldsymbol{y}}=\boldsymbol{B}\boldsymbol{y}$的相图

图 15.1.2　不稳定结点 $(\varnothing;2;\varnothing \mid \lambda_1 > \lambda_2 > 0)$

(3)如果 $\lambda_1 > 0, \lambda_2 < 0$,这样的平衡态下 O 点称为**鞍点**,特征值图见图 15.1.3a)。在鞍点附近相图如图 15.1.3b)所示。存在四条称为**分界线**的例外轨线,两条**稳定**,两条**不稳定**,当 $t \to +\infty$和 $t \to -\infty$时,它们分别趋于鞍点 O 。其他所有轨线都离开鞍点。这对稳定分界线连同鞍点 O 一起组成鞍点的稳定不变子空间(y_2 轴)。不稳定分界线和鞍点 O 组成鞍点的不稳定不变子空间(y_1 轴)。

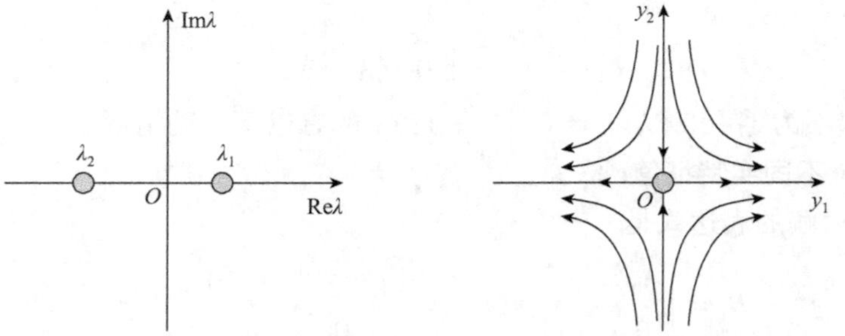

a) 特征值图　　b) $\dot{\boldsymbol{y}}=\boldsymbol{B}\boldsymbol{y}$的相图

图 15.1.3　鞍点$(1:1:\varnothing \mid \lambda_1 >0, \lambda_2 <0)$

2) A 有两个相同实特征值($\lambda_1 = \lambda_2 = \lambda$)

这种情况下,解的表达式分为两类。

情形一:初等因子是重的

$$B = \begin{bmatrix} \lambda & 1 \\ 0 & \lambda \end{bmatrix}, \boldsymbol{y}(t) = e^{\lambda(t-t_0)} \begin{bmatrix} 1 & t \\ 0 & 1 \end{bmatrix} \boldsymbol{y}_0 \tag{15.1.6a}$$

情形二:初等因子是单的

$$B = \begin{bmatrix} \lambda & 0 \\ 0 & \lambda \end{bmatrix}, \boldsymbol{y}(t) = e^{\lambda(t-t_0)} \begin{bmatrix} 1 & 0 \\ 0 & 1 \end{bmatrix} \boldsymbol{y}_0 \tag{15.1.6b}$$

如果两个实特征值相同,且初等因子是重的,那么原点叫作线性系统的**退化结点**;如果两个实特征值相同,但初等因子是单的,那么原点叫作线性系统的**临界结点**。

(1)如果 $\lambda_1 = \lambda_2 = \lambda < 0$,且初等因子是重的,这样的平衡态下 O 点称为**稳定退化结点**,特征值图见图 15.1.4a)。所有趋于 O 点的轨线切于唯一的特征向量(即 y_1 轴),如图 15.1.4b)所示。

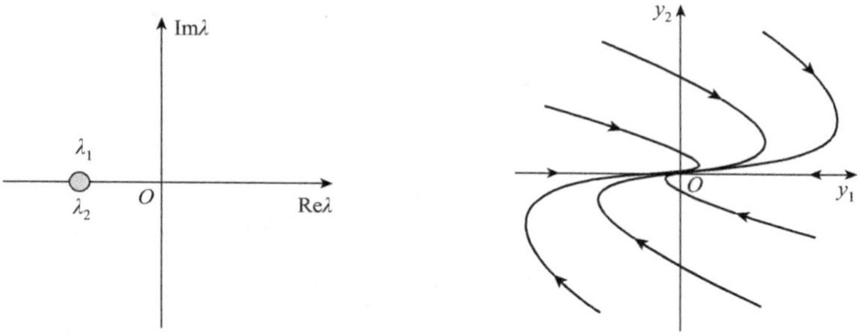

a) 特征值图　　b) $\dot{y} = By$ 的相图

图 15.1.4　稳定退化结点:初等因子是重的($2:\varnothing:\varnothing \mid \lambda_1 = \lambda_2 = \lambda < 0$)

(2)如果 $\lambda_1 = \lambda_2 = \lambda > 0$,且初等因子是重的,这样的平衡态下 O 点称为**不稳定退化结点**,特征值图见图 15.1.5a)。所有离开 O 点的轨线切于唯一的特征向量(即 y_1 轴),如图 15.1.5b)所示。

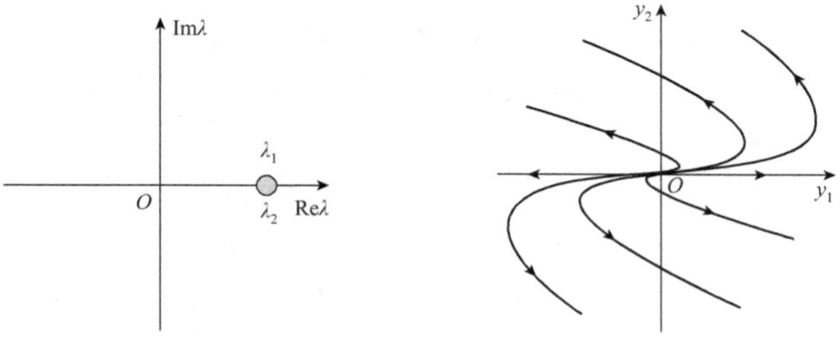

a) 特征值图　　b) $\dot{y} = By$ 的相图

图 15.1.5　不稳定退化结点:初等因子是重的($\varnothing:2:\varnothing \mid \lambda_1 = \lambda_2 = \lambda > 0$)

(3)如果 $\lambda_1 = \lambda_2 = \lambda < 0$,但初等因子是单的,这样的平衡态下 O 点称为**稳定临界结点**,特征值图见图 15.1.6a)。所有轨线都是趋于 O 点的半直线,如图 15.1.6b)所示。

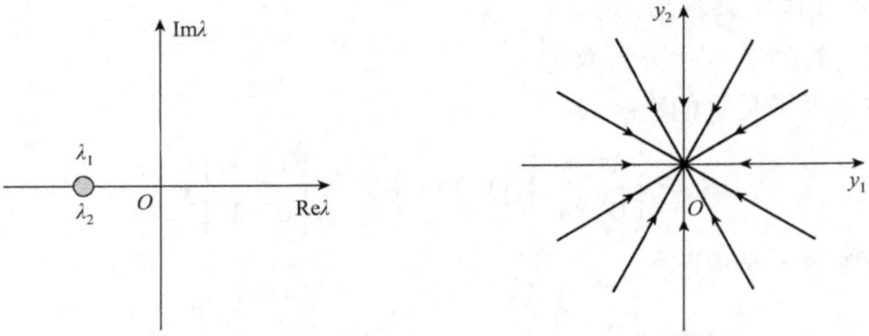

a) 特征值图　　b) $\dot{\boldsymbol{y}}=\boldsymbol{B}\boldsymbol{y}$的相图

图 15.1.6　稳定临界结点:初等因子是单的(2:∅:∅ |$\lambda_1=\lambda_2=\lambda<0$)

(4)如果 $\lambda_1=\lambda_2=\lambda>0$,但初等因子是单的,这样的平衡态下 O 点称为**不稳定临界结点**,特征值图见图 15.1.7a)。所有轨线都是离开 O 点的半直线,如图 15.1.7b)所示。

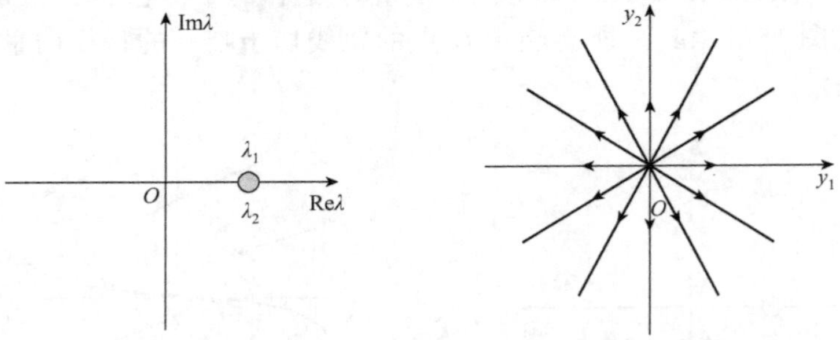

a) 特征值图　　b) $\dot{\boldsymbol{y}}=\boldsymbol{B}\boldsymbol{y}$的相图

图 15.1.7　不稳定临界结点:初等因子是单的(∅:2:∅ |$\lambda_1=\lambda_2=\lambda>0$)

3) $\boldsymbol{A}$ 有一对复特征值($\lambda_1=\alpha+\mathrm{i}\beta,\lambda_2=\alpha-\mathrm{i}\beta$)

这种情况下,解的表达式是

$$\boldsymbol{B}=\begin{bmatrix}\alpha & \beta\\ -\beta & \alpha\end{bmatrix},\boldsymbol{y}(t)=\mathrm{e}^{\alpha(t-t_0)}\begin{bmatrix}\cos\beta(t-t_0) & \sin\beta(t-t_0)\\ -\sin\beta(t-t_0) & \cos\beta(t-t_0)\end{bmatrix}\boldsymbol{y}_0 \tag{15.1.7}$$

如果一对复特征值的实部不为零,那么原点叫作线性系统的**焦点**。

(1)如果 $\mathrm{Re}\lambda_k=\alpha<0,k=1,2$,系统(15.1.1)的平衡态 O 称为**稳定焦点**,特征值图见图 15.1.8a)。方程的解曲线是绕原点旋转的螺线,如图 15.1.8b)所示。

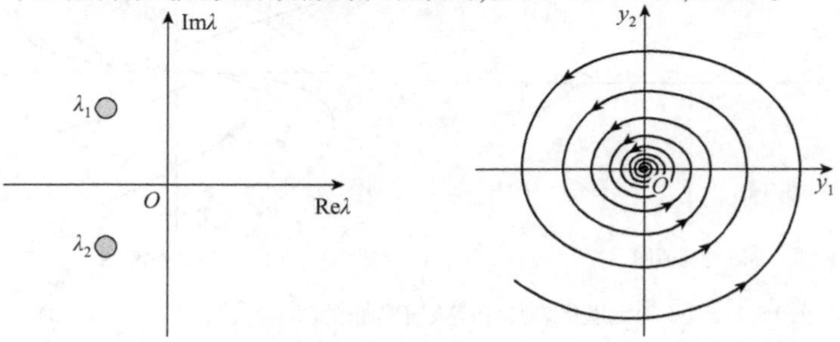

a) 特征值图　　b) $\dot{\boldsymbol{y}}=\boldsymbol{B}\boldsymbol{y}$的相图

图 15.1.8　稳定焦点(2:∅:∅ |$\mathrm{Re}\lambda_k=\alpha<0,\mathrm{Im}\lambda_k=\pm\beta\neq0,k=1,2$)

(2)如果 $\mathrm{Re}\lambda_k=\alpha>0, k=1,2$,系统(15.1.1)的平衡态 O 称为**不稳定焦点**,特征值图见图 15.1.9a)。方程的解曲线是绕原点旋转的螺线,如图 15.1.9b)所示。

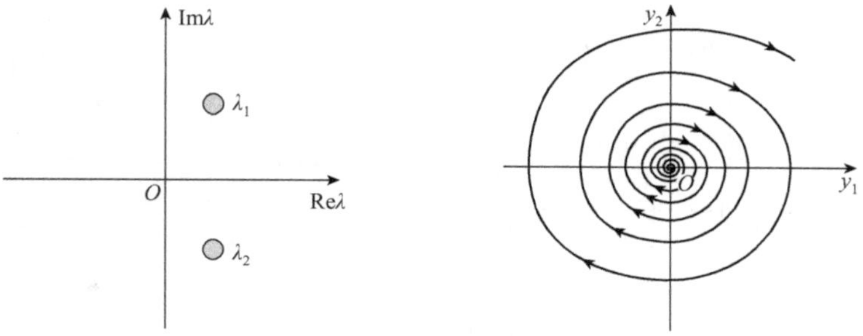

a) 特征值图　　b) $\dot{\boldsymbol{y}}=\boldsymbol{B}\boldsymbol{y}$的相图

图 15.1.9　不稳定焦点($\varnothing$:2:$\varnothing$ $|\mathrm{Re}\lambda_k=\alpha>0, \mathrm{Im}\lambda_k=\pm\beta\neq0, k=1,2$)

15.1.2　平面线性自治系统的非双曲平衡点

特征值实部为零 $[\mathrm{Re}(\lambda_k)=0, k=1,2]$ 的有以下三种情形。

1) $\boldsymbol{A}$ 有一对纯虚特征值($\lambda_1=\mathrm{i}\beta, \lambda_2=-\mathrm{i}\beta$)

这种情况下,解的表达式是

$$\boldsymbol{B}=\begin{bmatrix}0 & \beta\\ -\beta & 0\end{bmatrix}, \boldsymbol{y}(t)=\begin{bmatrix}\cos\beta(t-t_0) & \sin\beta(t-t_0)\\ -\sin\beta(t-t_0) & \cos\beta(t-t_0)\end{bmatrix}\boldsymbol{y}_0 \tag{15.1.8}$$

如果特征值是一对纯虚根,那么原点叫作线性系统的**中心**,特征值图见图 15.1.10a)。这时解有周期性,周期 $T=2\pi/\beta$,解曲线是封闭的椭圆,如图 15.1.10b)所示。

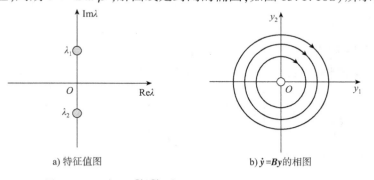

a) 特征值图　　b) $\dot{\boldsymbol{y}}=\boldsymbol{B}\boldsymbol{y}$的相图

图 15.1.10　中心($\varnothing$:$\varnothing$:2 $|\mathrm{Re}\lambda_k=0, \mathrm{Im}\lambda_k=\pm\beta\neq0, k=1,2$)

2) $\boldsymbol{A}$ 有一个零特征值和一个实特征值

这种情况下,解的表达式是

$$\boldsymbol{A}=\begin{bmatrix}a_{11} & 0\\ 0 & 0\end{bmatrix}, \boldsymbol{x}(t)=\begin{bmatrix}\mathrm{e}^{a_{11}t} & 0\\ 0 & 1\end{bmatrix}\boldsymbol{x}_0 \tag{15.1.9}$$

(1)如果 $\lambda_1 > 0, \lambda_2 = 0$,这样的平衡态下 O 点称为**一维源**,特征值图见图 15.1.11a)。所有轨线都是离开 y_2 轴的半直线,如图 15.1.11b)所示。

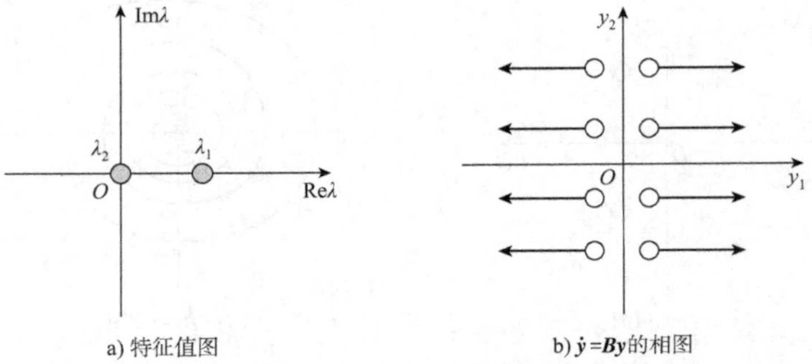

图 15.1.11　一维源(∅:1:1 $|\lambda_1 > 0, \lambda_2 = 0$)

(2)如果 $\lambda_1 = 0, \lambda_2 < 0$,这样的平衡态下 O 点称为**一维汇**,特征值图见图 15.1.12a)。所有轨线都是趋于 y_2 轴的半直线,如图 15.1.12b)所示。

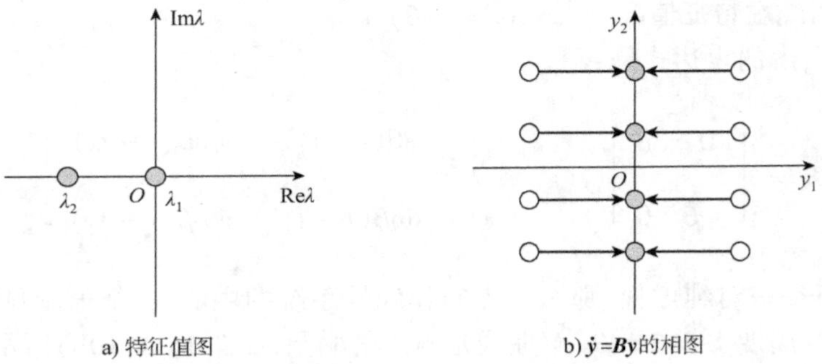

图 15.1.12　一维汇(∅:1:1 $|\lambda_1 = 0, \lambda_2 < 0$)

3) *A* 有双零特征值

解的表达式有两种类型,情形一:初等因子是重的

$$\boldsymbol{A} = \begin{bmatrix} 0 & a_{12} \\ 0 & 0 \end{bmatrix}, \boldsymbol{x}(t) = \begin{bmatrix} 1 & a_{12}t \\ 0 & 1 \end{bmatrix}\boldsymbol{x}_0 \tag{15.1.10a}$$

情形二:初等因子是单的

$$\boldsymbol{A} = \begin{bmatrix} 0 & 0 \\ 0 & 0 \end{bmatrix}, \boldsymbol{x}(t) = \begin{bmatrix} 1 & 0 \\ 0 & 1 \end{bmatrix}\boldsymbol{x}_0 \tag{15.1.10b}$$

(1) $\lambda_1 = \lambda_2 = 0$,如果初等因子是重的($a_{12} < 0$),这样的平衡态下 O 点也称为**一维源**,特征值图见图 15.1.13a)。所有轨线都是半直线,如图 15.1.13b)所示。

(2) $\lambda_1 = \lambda_2 = 0$,如果初等因子是重的($a_{12} > 0$),这样的平衡态下 O 点也称为**一维源**,特征值图见图 15.1.14a)。所有轨线都是半直线,如图 15.1.14b)所示。

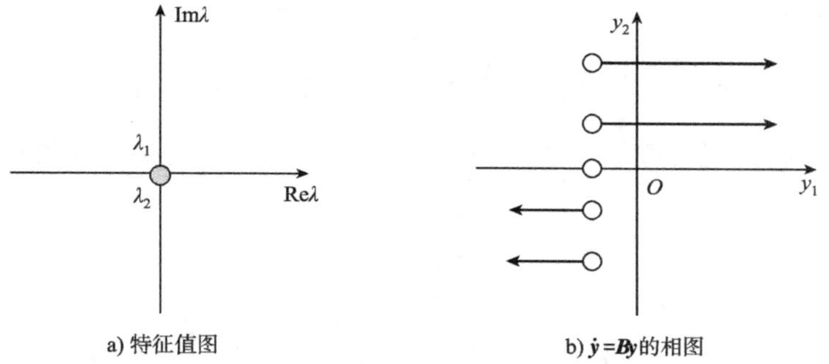

图 15.1.13 一维源:初等因子是重的($a_{12}<0$),($\varnothing$:$\varnothing$:2 $|\lambda_1=0,\lambda_2=0$)

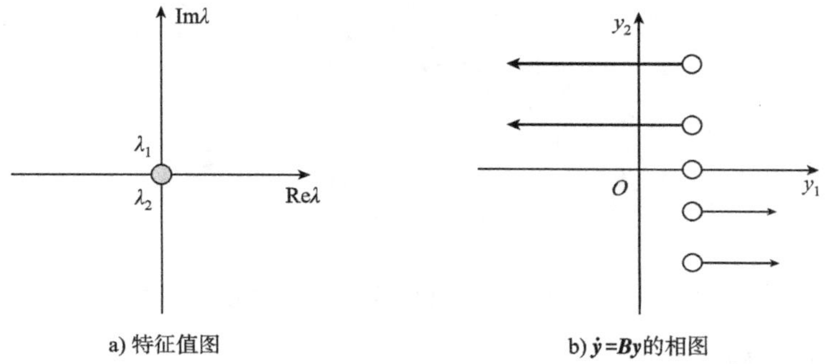

图 15.1.14 一维源:初等因子是重的($a_{12}>0$),($\varnothing$:$\varnothing$:2 $|\lambda_1=0,\lambda_2=0$)

(3)如果 $\lambda_1=\lambda_2=0$,但初等因子是单的,这时 (y_1,y_2) 平面上每点都是奇点,特征值图见图 15.1.15a)。这时物体处于随遇平衡状态,如图 15.1.15b)所示。

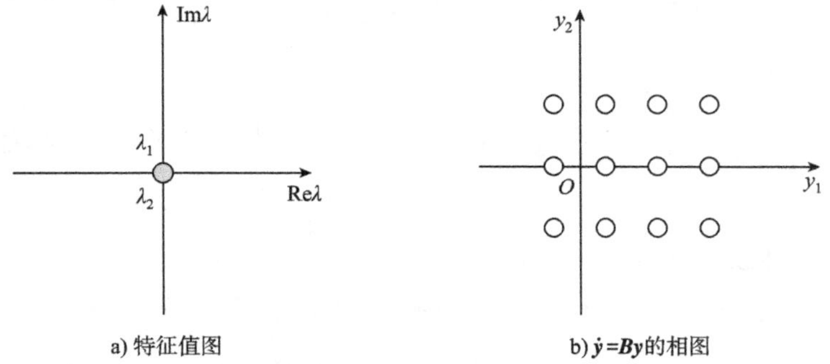

图 15.1.15 处处是奇点:初等因子是单的($\varnothing$:$\varnothing$:2 $|\lambda_1=0,\lambda_2=0$)

$\boldsymbol{A}$ 的特征值由 $\det(\boldsymbol{A}-\lambda\boldsymbol{I})=0$ 确定,即

$$\lambda^2-\mathrm{tr}(\boldsymbol{A})\lambda+\det(\boldsymbol{A})=0 \tag{15.1.11}$$

这里

$$\mathrm{tr}(\boldsymbol{A})=a_{11}+a_{22},\det(\boldsymbol{A})=\begin{vmatrix}a_{11} & a_{12}\\ a_{21} & a_{22}\end{vmatrix} \tag{15.1.12}$$

相应的特征值为

$$\lambda_{1,2} = \frac{\operatorname{tr}(\boldsymbol{A}) \pm \sqrt{\Delta}}{2}, \Delta = [\operatorname{tr}(\boldsymbol{A})]^2 - 4\det(\boldsymbol{A}) \tag{15.1.13}$$

按复平面上的特征值，线性系统式(15.1.1)分成12类，其稳定性和它的边界总图如图15.1.16所示。

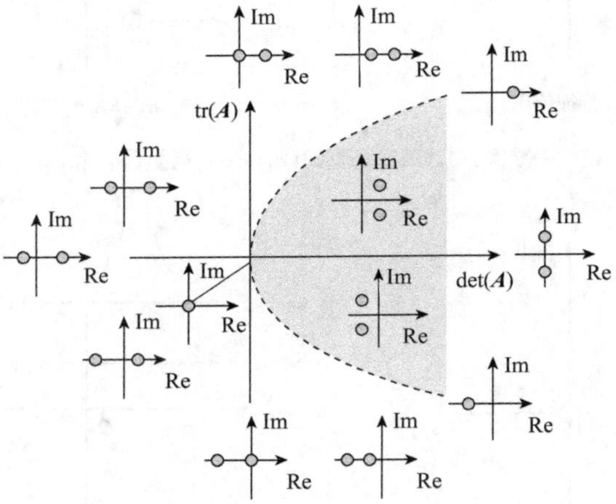

图 15.1.16　按特征值复平面分类的稳定性和它的边界图

稳定性保持性区域分5类：

(1) $\det(\boldsymbol{A}) < 0$ 时，$\lambda_1 > 0$，$\lambda_2 < 0$，平衡态下 O 点为鞍点。

(2) $\det(\boldsymbol{A}) > 0$，$\operatorname{tr}(\boldsymbol{A}) < 0$，$\Delta > 0$ 时，$\lambda_2 < \lambda_1 < 0$，平衡态下 O 点为稳定结点。

(3) $\det(\boldsymbol{A}) > 0$，$\operatorname{tr}(\boldsymbol{A}) > 0$，$\Delta > 0$ 时，$0 < \lambda_2 < \lambda_1$，平衡态下 O 点为不稳定结点。

(4) $\det(\boldsymbol{A}) > 0$，$\operatorname{tr}(\boldsymbol{A}) < 0$，$\Delta < 0$ 时，$\lambda_{1,2} = \dfrac{\operatorname{tr}(\boldsymbol{A}) \pm \mathrm{i}\sqrt{|\Delta|}}{2}$，平衡态下 O 点为稳定焦点。

(5) $\det(\boldsymbol{A}) > 0$，$\operatorname{tr}(\boldsymbol{A}) > 0$，$\Delta < 0$ 时，$\lambda_{1,2} = \dfrac{\operatorname{tr}(\boldsymbol{A}) \pm \mathrm{i}\sqrt{|\Delta|}}{2}$，平衡态下 O 点为不稳定焦点。

稳定性非保持性双曲分界线分3类：

(1) $\operatorname{tr}(\boldsymbol{A}) = 0$，$\det(\boldsymbol{A}) < 0$ 时，$\lambda_{1,2} = \pm\sqrt{|\det(\boldsymbol{A})|}$，平衡态下 O 点为鞍点。

(2) $\Delta = 0$，$\operatorname{tr}(\boldsymbol{A}) < 0$ 时，$\lambda_{1,2} = \dfrac{\operatorname{tr}(\boldsymbol{A})}{2}$，平衡态下 O 点为稳定临界结点(或稳定退化结点)。

(3) $\Delta = 0$，$\operatorname{tr}(\boldsymbol{A}) > 0$ 时，$\lambda_{1,2} = \dfrac{\operatorname{tr}(\boldsymbol{A})}{2}$，平衡态下 O 点为不稳定临界结点(或不稳定退化结点)。

稳定性非保持性非双曲分界线分4类：

(1) $\operatorname{tr}(\boldsymbol{A}) = 0$，$\det(\boldsymbol{A}) > 0$ 时，$\lambda_{1,2} = \pm\mathrm{i}\sqrt{\det(\boldsymbol{A})}$，平衡态下 O 点为中心，系统具有

一对纯虚根。

(2) $\det(\boldsymbol{A}) = 0$, $\operatorname{tr}(\boldsymbol{A}) > 0$ 时, $\lambda_1 = \operatorname{tr}(\boldsymbol{A})$, $\lambda_2 = 0$,平衡态 O 为一维的源,系统具有**单零特征值**和一个正实数特征值。

(3) $\det(\boldsymbol{A}) = 0$, $\operatorname{tr}(\boldsymbol{A}) < 0$ 时, $\lambda_1 = 0$, $\lambda_2 = \operatorname{tr}(\boldsymbol{A})$,平衡态 O 为一维的汇,系统具有**单零特征值**和一个负实数特征值。

(4) $\det(\boldsymbol{A}) = 0$, $\operatorname{tr}(\boldsymbol{A}) = 0$ 时, $\lambda_1 = \lambda_2 = 0$,平衡态 O 为平面上处处为奇点,或者为一维的源,系统具有**双零特征值**。

15.2 平面非线性自治系统的奇点

假定非线性自治系统

$$\dot{x} = P(x,y) \; , \; \dot{y} = Q(x,y) \tag{15.2.1}$$

有奇点 (u,v) ,这里 P 和 Q 是 x 和 y 的至少二次函数。在奇点处作平移变换,使 $X = x - u$,和 $Y = y - v$,那么系统式(15.2.1)变成

$$\dot{X} = P(X+u,Y+v) = P(u,v) + X\frac{\partial P}{\partial x}\bigg|_{x=u,y=v} + Y\frac{\partial P}{\partial y}\bigg|_{x=u,y=v} + R(X,Y)$$

$$\dot{Y} = Q(X+u,Y+v) = Q(u,v) + X\frac{\partial Q}{\partial x}\bigg|_{x=u,y=v} + Y\frac{\partial Q}{\partial y}\bigg|_{x=u,y=v} + S(X,Y)$$

然后按照泰勒级数展开。非线性项 R 和 S 满足条件,当 $r = \sqrt{X^2 + Y^2} \to 0$ 时, $\frac{R}{r} \to 0$ 和 $\frac{S}{r} \to 0$ 。这时 R 和 S 为与 r^2 等价的无穷小量,即 $R = O(r^2)$ 和 $S = O(r^2)$ 。由于 (u,v) 是系统式(15.2.1)的奇点,因此有 $P(u,v) = Q(u,v) = 0$ 。线性化系统为

$$\dot{X} = X\frac{\partial P}{\partial x}\bigg|_{x=u,y=v} + Y\frac{\partial P}{\partial y}\bigg|_{x=u,y=v} \tag{15.2.2a}$$

$$\dot{Y} = X\frac{\partial Q}{\partial x}\bigg|_{x=u,y=v} + Y\frac{\partial Q}{\partial y}\bigg|_{x=u,y=v} \tag{15.2.2b}$$

Jacobi 矩阵为

$$\boldsymbol{A}(u,v) = \begin{pmatrix} \frac{\partial P}{\partial x} & \frac{\partial P}{\partial y} \\ \frac{\partial Q}{\partial x} & \frac{\partial Q}{\partial y} \end{pmatrix}\Bigg|_{x=u,y=v} \tag{15.2.3}$$

根据定义 5.3.1,Jacobi 矩阵式(15.2.3)特征值的实部不为零时,奇点称为双曲的。表 15.2.1给出了平面上双曲平衡点的拓扑分类[表中 $\operatorname{disc}(\boldsymbol{A}) = \Delta$]。反之,Jacobi 矩阵式(15.2.3)特征值的实部为零时,奇点称为非双曲的。表 15.2.2 给出了平面上非双曲平衡点的拓扑分类。

平面上双曲平衡点的拓扑分类 表 15.2.1

$(n_-,n_+,n_\varnothing)$	特征值分布	参数值	平衡点类型		稳定性
(2,0,0)	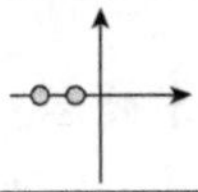	$\mathrm{tr}(\boldsymbol{A})<0$ $\det(\boldsymbol{A})>0$ $\mathrm{disc}(\boldsymbol{A})>0$	汇	结点	稳定
	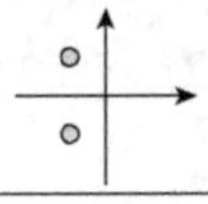	$\mathrm{tr}(\boldsymbol{A})<0$ $\det(\boldsymbol{A})>0$ $\mathrm{disc}(\boldsymbol{A})<0$		焦点	
(1,1,0)	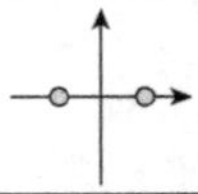	$\det(\boldsymbol{A})<0$	鞍	鞍点	不稳定
(0,2,0)	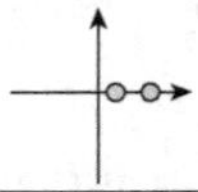	$\mathrm{tr}(\boldsymbol{A})>0$ $\det(\boldsymbol{A})>0$ $\mathrm{disc}(\boldsymbol{A})>0$	源	结点	不稳定
	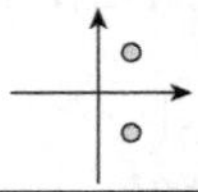	$\mathrm{tr}(\boldsymbol{A})>0$ $\det(\boldsymbol{A})>0$ $\mathrm{disc}(\boldsymbol{A})<0$		焦点	

平面上非双曲平衡点的拓扑分类 表 15.2.2

$(n_-,n_+,n_\varnothing)$	特征值	分岔类型
(0,0,2)	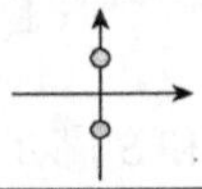	一对纯虚根
(1,0,1)	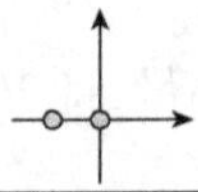	单零特征值和一个实数特征值
(0,1,1)	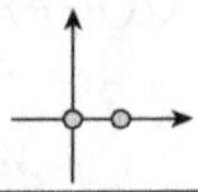	
(0,0,2)	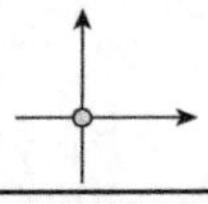	双零特征值

定理 15.2.1（线性稳定性定理） 如果非线性方程式(15.2.1)的线性方程式(15.2.2)的原点(平衡点)是渐近稳定的,则参考态 $P(u,v)=Q(u,v)=0$ 是非线性方程式(15.2.1)的渐近稳定解;如果线性化方程的原点是不稳定的,则参考态是非线性方程的不稳定解。

15.3 动力系统的等价性

任何对象的比较都基于**等价关系**,应用等价关系可以定义对象的等价类,并研究这些类之间的传递。因此,必须说明什么时候定义的两个动力系统“定性相似”或者等价。这样的定义必须适合一般的直觉准则。例如,自然希望两个等价系统具有相同个数和相同稳定性类型的平衡点和环。

定义 15.3.1 动力系统 $\{T,\mathbf{R}^n,\varphi^t\}$ 称为**拓扑等价**于动力系统 $\{T,\mathbf{R}^n,\psi^t\}$,如果存在同

胚 $h:\mathbf{R}^n \mapsto \mathbf{R}^n$,则把第一个系统的轨道映射为第二个系统的轨道,且保持时间方向。

同胚是一个可逆映射,使得映射和逆映射都连续。

定义 15.3.1 可以用在连续-时间系统和离散-时间系统上。

现在考虑两个连续-时间拓扑等价系统:

$$\dot{x} = f(x), x \in \mathbf{R}^n \tag{15.3.1}$$

和

$$\dot{y} = g(y), y \in \mathbf{R}^n \tag{15.3.2}$$

其中,右端光滑。设 φ^t 和 ψ^t 为对应的流。在这种情况下, f 和 g 之间存在式(15.3.1)和式(15.3.2)之间拓扑等价的两类特殊情形,它们可解析表达,下面给出解释。

假设 $y = h(x)$ 是一可逆映射 $h:\mathbf{R}^n \mapsto \mathbf{R}^n$,它和它的逆都光滑 ($h$ 是**微分同胚**)且对一切 $x \in \mathbf{R}^n$ 满足

$$f(x) = M^{-1}(x)g(h(x)) \tag{15.3.3}$$

其中

$$M(x) = \frac{\mathrm{d}h(x)}{\mathrm{d}x}$$

是 $h(x)$ 在点 x 的 Jacobi 矩阵,则系统式(15.3.1)拓扑等价于系统式(15.3.2)。事实上,系统式(15.3.2)是系统式(15.3.1)经过光滑坐标变换 $y = h(x)$ 得到的。因此, h 将式(15.3.1)的解映射为式(15.3.2)的解

$$h(\varphi^t x) = \psi^t h(x)$$

且它起到定义 15.3.1 中的同胚作用。

定义 15.3.2 对某微分同胚 h ,称满足式(15.3.3)的两个系统式(15.3.1)和式(15.3.2)为**光滑等价**(微分同胚)。

假设 $\mu = \mu(x) > 0$ 是一个光滑的正纯量函数,且对一切 $x \in \mathbf{R}^n$,式(15.3.1)和式(15.3.2)的右端以

$$f(x) = \mu(x)g(x) \tag{15.3.4}$$

相联系,则显然系统式(15.3.1)和式(15.3.2)拓扑等价,因为它们的轨道是相同的,轨道上的运动速度不同[在点 x 两速度之比恰好是 $\mu(x)$]。因此,定义 15.3.1 中的同胚 h 是**恒同映射** $h(x) = x$ 。换句话说,两个系统的区别仅仅在于沿轨道的时间参数化不同。

定义 15.3.3 对光滑正函数 μ ,称满足式(15.3.4)的两个系统式(15.3.1)和式(15.3.2)为**轨道等价**。

显然,两个轨道等价的系统可以不微分同胚。因为有这样的环:在相空间中看上去是相同的闭曲线,却具有不同的周期。

我们经常局部地研究动力系统。例如并不在整个状态空间 $\mathbf{R}^n$ 而是在某个区域 $U \subset \mathbf{R}^n$ 内研究。这样的区域可以是一个平衡点(不动点)或一个环的邻域。上面的拓扑等价、光滑等价和轨道等价的定义都可容易地引入适当区域以“局部化”,例如在平衡点附近的相图的拓扑分类中。下面对于定义 15.3.1 的修正是有用的。

定义 15.3.4 动力系统 $\{T,\mathbf{R}^n,\varphi^t\}$ 在平衡点 x_0 附近称为**局部等价**于在平衡点 y_0 附近的动力系统 $\{T,\mathbf{R}^n,\psi^t\}$,如果存在同胚 $h:\mathbf{R}^n \quad \mathbf{R}^n$,使得

(1)在 x_0 的小邻域 $U \subset \mathbf{R}^n$ 内有定义。

(2)满足 $y_0 = h(x_0)$ 。

(3)映上 U 中第一个系统的轨道为 $V = h(U) \subset \mathbf{R}^n$ 中第二个系统的轨道,并保持时间方向。若 U 是 x_0 的开邻域,则 V 是 y_0 的开邻域。注意,平衡点位置 x_0 和 y_0 以及 U 和 V 可能重合。

可以用下面的例子来比较上面引入的等价性。

例题 15.3.1(结点-焦点拓扑等价性) 考虑两个平面线性系统

$$\begin{cases} \dot{x}_1 = -x_1 \\ \dot{x}_2 = -x_2 \end{cases} \tag{15.3.5}$$

和

$$\begin{cases} \dot{x}_1 = -x_1 - x_2 \\ \dot{x}_2 = x_1 - x_2 \end{cases} \tag{15.3.6}$$

的等价性。

解:在极坐标 (ρ,θ) 下,这两个系统可分别写为

$$\begin{cases} \dot{\rho} = -\rho \\ \dot{\theta} = 0 \end{cases} \tag{15.3.7}$$

和

$$\begin{cases} \dot{\rho} = -\rho \\ \dot{\theta} = 1 \end{cases} \tag{15.3.8}$$

因此,第一个系统的解为

$$\rho(t) = \rho_0 e^{-t}, \theta(t) = \theta_0 \tag{15.3.9}$$

第二个系统的解为

$$\rho(t) = \rho_0 e^{-t}, \theta(t) = \theta_0 + t \tag{15.3.10}$$

显然,对这两个系统,原点是稳定平衡点,因为当 $t \to +\infty$ 时 $\rho \to 0$ 。式(15.3.5)的其他的所有轨道为直线,式(15.3.6)的其他的轨线为螺线,这两个系统的相图如图 15.3.1 所示。第一个系统的平衡点是**结点**[图 15.3.1a)]。第二个系统的平衡点是**焦点**[图 15.3.1b)]。两个系统性态的不同可以这样理解:第一种情形在原点附近是单调地扰动衰减,第二种情形是振动地衰减。

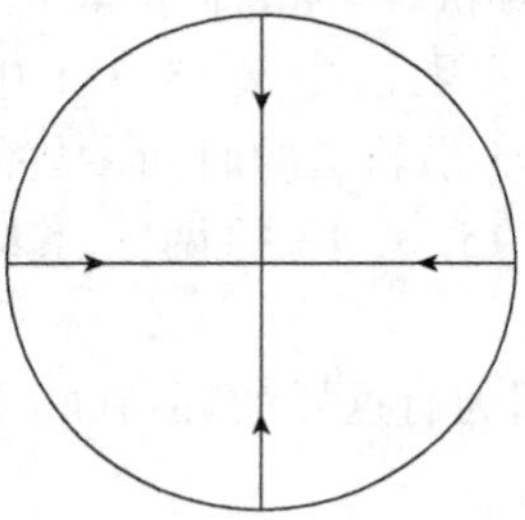

a) 结点

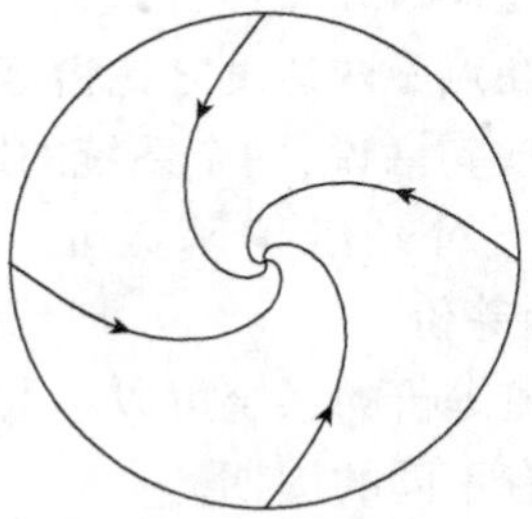

b) 焦点

图 15.3.1 结点-焦点的拓扑等价性

这两个系统既非轨道等价也非光滑等价,第一个事实是显然的,第二个事实可从第一个系统的特征值 $(\lambda_1 = \lambda_2 = -1)$ 不同于第二个系统 $(\lambda_{1,2} = -1 \pm i)$ 看出。不过,在以原点为中心的单位闭圆盘

$$U = \{(x_1,x_2); x_1^2 + x_2^2 \leqslant 1\} = \{(\rho,\theta); \rho \leqslant 1\} \tag{15.3.11}$$

内,系统式(15.3.5)与式(15.3.6)是**拓扑等价**的。

考虑连续-时间系统的拓扑等价性,即保持不变集的个数、稳定性、拓扑等价性等信息,而放弃有关瞬时特性和依赖于时间性态的信息。将光滑等价和轨道等价相结合,就得出一个经常用到的等价关系。

定义 15.3.5 两个系统式(15.3.1)和式(15.3.2)称为**光滑轨道等价**,如果式(15.3.2)光滑等价于一个系统,而这个系统又轨道等价于式(15.3.1)。

按照这个定义,两个系统(在 $\mathbf{R}^n$ 或在某区域 $U \subset \mathbf{R}^n$ 中)是等价的,如果能够用一个光滑可逆的坐标变换和一个正的光滑坐标函数的积将其中一个系统变换成另一个系统。显然,两个光滑轨道等价的系统是拓扑等价的,但其逆非真。

15.4 Hopf 分岔规范形

下面考虑依赖于一个参数的两个微分方程的系统

$$\dot{x}_1 = \alpha x_1 - x_2 - x_1(x_1^2 + x_2^2) \tag{15.4.1a}$$

$$\dot{x}_2 = x_1 + \alpha x_2 - x_2(x_1^2 + x_2^2) \tag{15.4.1b}$$

此系统对所有 α 有平衡点 $x_1 = x_2 = 0$ 。在此平衡点处的 Jacobi 矩阵

$$\boldsymbol{A} = \begin{bmatrix} \alpha & -1 \\ 1 & \alpha \end{bmatrix}$$

有特征值 $\lambda_{1,2} = \alpha \pm \mathrm{i}$ 。引入复变量 $z = x_1 + \mathrm{i}x_2$, $\bar{z} = x_1 - \mathrm{i}x_2$, $|z|^2 = z\bar{z} = x_1^2 + x_2^2$ 。这个复变量满足微分方程

$$\dot{z} = \dot{x}_1 + \mathrm{i}\dot{x}_2 = \alpha(x_1 + \mathrm{i}x_2) + \mathrm{i}(x_1 + \mathrm{i}x_2) - (x_1 + \mathrm{i}x_2)(x_1^2 + x_2^2)$$

因此,可以将系统式(15.4.1)写为下面的**复数形式**

$$\dot{z} = (\alpha + \mathrm{i})z - z|z|^2$$

最后,利用表达式 $z = \rho \mathrm{e}^{\mathrm{i}\varphi}$ 得到

$$\dot{z} = \dot{\rho}\mathrm{e}^{\mathrm{i}\varphi} + \rho \mathrm{i}\dot{\varphi}\mathrm{e}^{\mathrm{i}\varphi} \tag{15.4.2}$$

或

$$\dot{\rho}\mathrm{e}^{\mathrm{i}\varphi} + \mathrm{i}\rho\dot{\varphi}\mathrm{e}^{\mathrm{i}\varphi} = \rho \mathrm{e}^{\mathrm{i}\varphi}(\alpha + \mathrm{i} - \rho^2)$$

它给出了系统式(15.4.2)的**极坐标形式**

$$\dot{\rho} = \rho(\alpha - \rho^2) \tag{15.4.3a}$$

$$\dot{\varphi} = 1 \tag{15.4.3b}$$

用这个极坐标方程容易分析当 α 通过零时系统相图的分岔,因为式(15.4.3)中的 ρ 与 φ 的方程相互独立。第一个方程(这里,显然只需要考虑 $\rho \geqslant 0$)对所有 α 值有平衡点 $\rho = 0$ 。当 $\alpha < 0$ 时,它是线性稳定的;当 $\alpha = 0$ 时,它仍稳定但是非线性的(故解收敛于零的速度不再是指数形式);当 $\alpha > 0$ 时,平衡点变成线性不稳定的。此外,当 $\alpha > 0$ 时,存在另外一个平衡点 $\rho_0(\alpha) = \sqrt{\alpha}$ 。第二个方程描述等速旋转。因此,由式(15.4.3)的两个方程所定义的运动叠加,就得到了原来的二维系统式(15.4.1)的分岔图(图 15.4.1)。这个系统在原点永远有平衡点。当 $\alpha < 0$ 时,它是稳定焦点;当 $\alpha > 0$ 时,它是不稳定焦点。在临界参数值 $\alpha = 0$,平衡点不是线性稳定但拓扑等价于焦点,有时称它是**弱吸引焦点**。当 $\alpha > 0$ 时,此平衡点被一条孤立闭轨(**极限环**)所围,它是稳定且唯一的。这个环是以 $\rho_0(x) = \sqrt{\alpha}$ 为半径的

圆周。所有从此环的内部和外部出发的轨道除原点以外当 $t \to +\infty$ 时都趋于此环。这是一个 Antronov-Hopf 分岔。

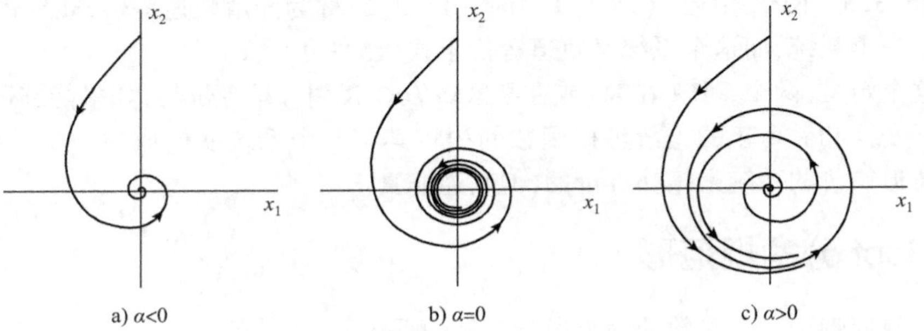

图 15.4.1　超临界 Hopf 分岔

这个分岔也可在 (x_1, x_2, α) 空间内描述(图 15.4.2)。出现的极限环的 α 族构成了一个**抛物面**。

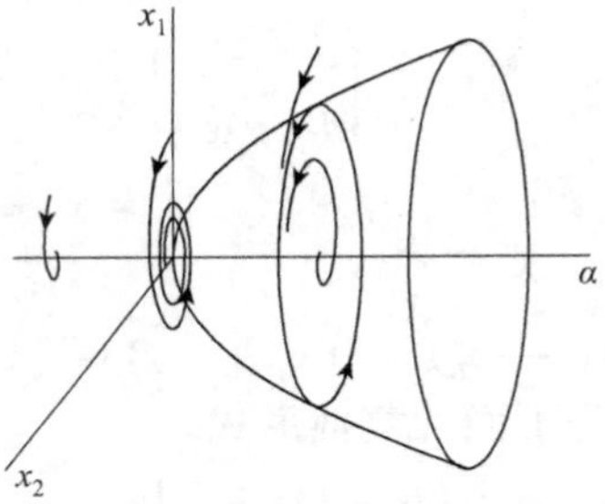

图 15.4.2　相-参数空间中的超临界 Hopf 分岔

非线性项具有相反符号的系统

$$\dot{x}_1 = \alpha x_1 - x_2 + x_1(x_1^2 + x_2^2) \tag{15.4.4a}$$

$$\dot{x}_2 = x_1 + \alpha x_2 + x_2(x_1^2 + x_2^2) \tag{15.4.4b}$$

可用同样方法分析(图 15.4.3 和图 15.4.4)。这个方程可写为下列复数形式

$$\dot{z} = (\alpha + \mathrm{i})z + z|z|^2$$

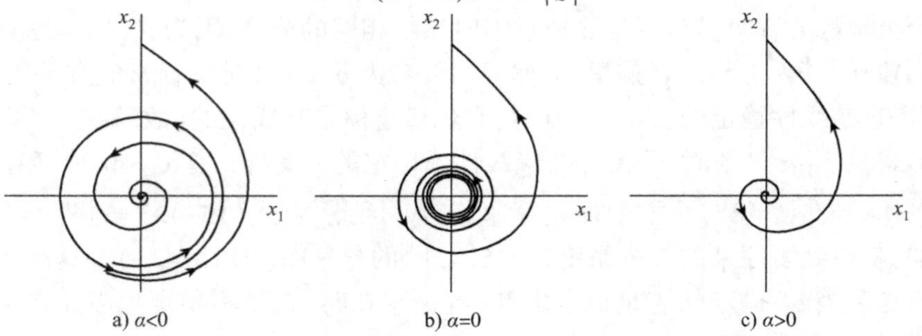

图 15.4.3　亚临界 Hopf 分岔

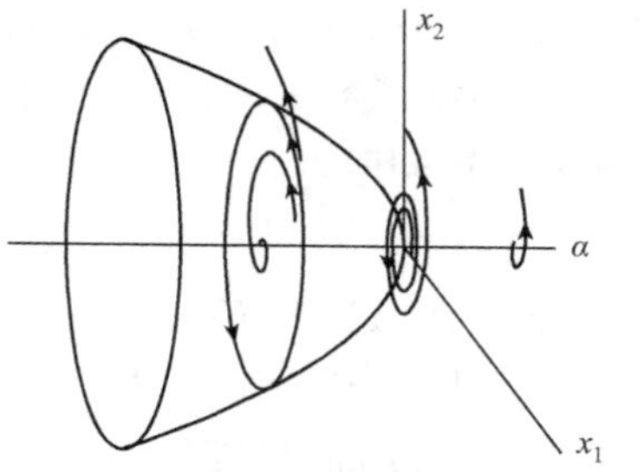

图 15.4.4 相-参数空间中的亚临界 Hopf 分岔

此系统在 $\alpha = 0$ 有 Antronov-Hopf 分岔。与式(15.4.1)相反,式(15.4.4)存在一个**不稳定极限环**,当 α 从负值到正值穿过零时,这个环消失。当 $\alpha \neq 0$ 时,原点这个平衡点与系统式(15.4.1)的平衡点有同样的稳定性,即 $\alpha < 0$ 时稳定,$\alpha > 0$ 时不稳定。在临界参数值,它的稳定性与式(15.4.1)的相反,即 $\alpha = 0$ 时它(非线性)不稳定。

考虑没有非线性项的系统

$$\dot{z} = (\alpha + \mathrm{i})z$$

这个系统也有振幅递增的周期轨道族,它们都在 $\alpha = 0$ 时出现。这时原点是这个系统的中心(图 15.4.5)。

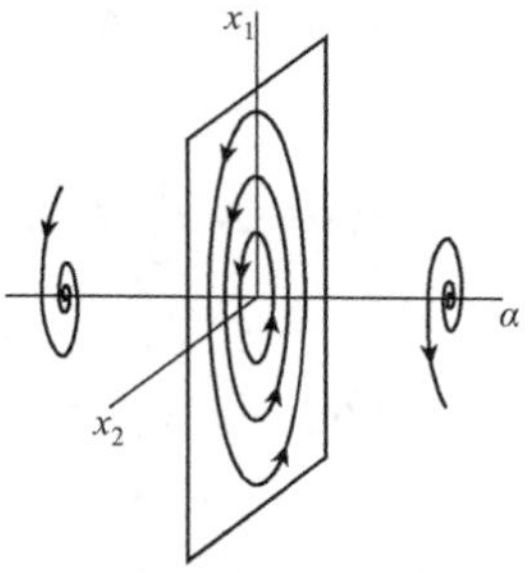

图 15.4.5 线性系统的 Hopf 分岔

现在加某些高阶项到系统式(15.4.1)中去,并将它写为向量形式

$$\begin{bmatrix} \dot{x}_1 \\ \dot{x}_2 \end{bmatrix} = \begin{bmatrix} \alpha & -1 \\ 1 & \alpha \end{bmatrix} \begin{bmatrix} x_1 \\ x_2 \end{bmatrix} - \begin{bmatrix} x_1^2 + x_2^2 \end{bmatrix} \begin{bmatrix} x_1 \\ x_2 \end{bmatrix} + O(\| \boldsymbol{x} \|^4) \qquad (15.4.5)$$

这里 $\boldsymbol{x} = [x_1, x_2]^{\mathrm{T}}$, $\| \boldsymbol{x} \|^2 = x_1^2 + x_2^2$ 和 $O(\| \boldsymbol{x} \|^4)$ 两项可光滑地依赖于 α。

引理 15.4.1 系统式(15.4.5)在原点附近局部等价于系统式(15.4.1)。

因此,高阶项并不影响系统的分岔性态。

15.5 一般 Hopf 分岔

现在证明任何一个产生 Hopf 分岔的一般二维系统都可以变换成式(15.4.5)的形式,三次项可能有符号的差别。

考虑系统

$$\dot{\boldsymbol{x}} = f(\boldsymbol{x}, \alpha), \boldsymbol{x} = (x_1, x_2)^{\mathrm{T}} \in \mathbf{R}^2, \alpha \in \mathbf{R}^1$$

其中函数 f 光滑，在 $\alpha = 0$ 有平衡点 $x = 0$，在此平衡点有特征值 $\lambda_{1,2} = \pm \mathrm{i}\omega_0$，$\omega_0 > 0$。由于 $\lambda = 0$ 不是 Jacobi 矩阵的特征值，由隐函数定理，对充分小 $|\alpha|$，在原点某邻域内，此系统有唯一平衡点 $x_0(\alpha)$。可将此平衡点移到原点。不失一般性，对于充分小 $|\alpha|$，设 $x = 0$ 是系统的平衡点，该系统可写为

$$\dot{\boldsymbol{x}} = \boldsymbol{A}(\alpha)x + \boldsymbol{F}(x,\alpha) \tag{15.5.1}$$

其中，$\boldsymbol{F}$ 是光滑向量函数，它的分量 $F_{1,2}$ 关于 x 的 Taylor 展开至少从二次项开始，$f = O(\|\boldsymbol{x}\|^2)$。以 α 的光滑函数为其元素的 Jacobi 矩阵 $\boldsymbol{A}(\alpha)$ 可写为

$$\boldsymbol{A}(\alpha) = \begin{bmatrix} a(\alpha) & b(\alpha) \\ c(\alpha) & d(\alpha) \end{bmatrix}$$

它的特征值是特征方程

$$\lambda^2 - \sigma\lambda + \Delta = 0$$

的根，其中 $\sigma = \sigma(\alpha) = a(\alpha) + d(\alpha) = \mathrm{tr}\boldsymbol{A}(\alpha)$，以及 $\Delta = \Delta(\alpha) = a(\alpha)d(\alpha) - b(\alpha)c(\alpha) = \det\boldsymbol{A}(\alpha)$。所以

$$\lambda_{1,2}(\alpha) = \frac{1}{2}\left(\sigma(\alpha) \pm \sqrt{\sigma^2(\alpha) - 4\Delta(\alpha)}\right)$$

由 Hopf 分岔条件得

$$\sigma(0) = 0, \Delta(0) = \omega_0^2 > 0$$

对小的 $|\alpha|$，可引入

$$\mu(\alpha) = \frac{1}{2}\sigma(\alpha)\ ,\ w(\alpha) = \frac{1}{2}\sqrt{4\Delta(\alpha) - \sigma^2(\alpha)}$$

因此可得特征值的表达式

$$\lambda_1(\alpha) = \lambda(\alpha), \lambda_2(\alpha) = \overline{\lambda(\alpha)}$$

其中

$$\lambda(\alpha) = \mu(\alpha) + \mathrm{i}\omega(\alpha), \mu(0) = 0, \omega(0) = \omega_0 > 0$$

引理 15.5.1 引入复变量 z，对充分小 $|\alpha|$，系统式(15.5.1)可写为单个方程

$$\dot{z} = \lambda(\alpha)z + g(z,\bar{z},\alpha) \tag{15.5.2}$$

其中，$g = O(|z|^2)$ 是 $(z,\bar{z},\alpha)$ 的光滑函数。

对任何小 α 和某复数 z，任何向量 $\boldsymbol{x} \in \mathbf{R}^2$ 可唯一表示为

$$\boldsymbol{x} = zq(\alpha) + \bar{z}\bar{q}(\alpha) \tag{15.5.3}$$

只要特征向量已指定。

作非线性(复)坐标变换来简化式(15.5.2)，首先去掉所有的二次项。

引理 15.5.2 方程

$$\dot{z} = \lambda z + \frac{g_{20}}{2}z^2 + g_{11}z\bar{z} + \frac{g_{20}}{2}\bar{z}^2 + O(|z|^3) \tag{15.5.4}$$

对充分小 $|\alpha|$，可借助依赖于参数的复坐标可逆变换

$$z = w + \frac{h_{20}}{2}w^2 + h_{11}w\bar{w} + \frac{h_{20}}{2}\bar{w}^2$$

变为一个没有二次项的方程

$$\dot{w} = \lambda w + O(|w|^3)$$

其中，$\lambda = \lambda(\alpha) = \mu(\alpha) + i\omega(\alpha), \mu(0) = 0, \omega(0) = \omega_0 > 0$ 以及 $g_{ij} = g_{ij}(\alpha)$ 。

假设已经移去了式(15.5.4)中的所有二次项，我们尝试消去三次项。这“几乎”是可能的：仅仅有一个下面引理所述的“抵触”项。

引理 15.5.3 方程

$$\dot{z} = \lambda z + \frac{g_{30}}{6}z^3 + \frac{g_{21}}{2}z^2\bar{z} + \frac{g_{12}}{2}z\bar{z}^2 + \frac{g_{03}}{6}\bar{z}^3 + O(|z|^4)$$

其中，$\lambda = \lambda(\alpha) = \mu(\alpha) + i\omega(\alpha), \mu(0) = 0, \omega(0) = \omega_0 > 0$ 以及 $g_{ij} = g_{ij}(\alpha)$ ，对所有充分小的 $|\alpha|$ ，经依赖于参数的可逆复坐标变换

$$z = w + \frac{h_{30}}{6}w^3 + \frac{h_{21}}{2}w^2\bar{w} + \frac{h_{12}}{2}w\bar{w}^2 + \frac{h_{03}}{6}\bar{w}^3$$

变成三次项只有一项的系统

$$\dot{w} = \lambda w + c_1 w^2\bar{w} + O(|w|^4)$$

其中，$c_1 = c_1(\alpha)$ 。

注意：剩下的三次 $w^2\bar{w}$ 项称为**共振项**。该项的系数与引理 15.5.3 中原来方程的三次项 $z^2\bar{z}$ 的系数相同。

现在，结合前面两个引理得以下引理

引理 15.5.4(Hopf 分岔的 Poincaré 规范形) 方程

$$\dot{z} = \lambda z + \sum_{2\leqslant k+l\leqslant 3}\frac{1}{k!l!}g_{kl}z^k\bar{z}^l + O\left(|z|^4\right) \tag{15.5.5}$$

这里 $\lambda = \lambda(\alpha) = \mu(\alpha) + i\omega(\alpha), \mu(0) = 0, \omega(0) = \omega_0 > 0$ 以及 $g_{ij} = g_{ij}(\alpha)$ ，对一切充分小的 $|\alpha|$ ，利用光滑依赖于参数的复坐标可逆变换

$$z = w + \frac{h_{20}}{2}w^2 + h_{11}w\overline{w} + \frac{h_{02}}{2}\overline{w}^2 + \frac{h_{30}}{6}w^2 + \frac{h_{12}}{2}w\overline{w}^2 + \frac{h_{03}}{6}\overline{w}^3$$

可化为只含共振三次项的方程

$$\dot{w} = \lambda w + c_1 w^2\overline{w} + O(|w|^4) \tag{15.5.6}$$

其中，$c_1 = c_1(\alpha)$ 。

用引理 15.5.3 中定义的变换

$$z = w + \frac{h_{20}}{2}w^2 + h_{11}w\overline{w} + \frac{h_{02}}{2}\overline{w}^2 \tag{15.5.7}$$

其中

$$h_{20} = \frac{g_{20}}{\lambda}, h_{11} = \frac{g_{11}}{\lambda}, h_{02} = \frac{g_{02}}{2\bar{\lambda} - \lambda}$$

这将消去方程中所有的二次项，但得改变三次项的系数。

因此，全部工作需要计算去得到系数 c_1 ，即式(15.5.5)经二次变换式(15.5.7)后 $w^2\overline{w}$ 项的新系数 $\frac{1}{2}\bar{g}_{21}$ 。可以用与引理 15.5.2 和引理 15.5.3 同样的方法来计算式(15.5.7)的逆映射。遗憾的是，现在必须知道并包括三次项的逆映射。事实上，仅仅要求逆映射的“共

振"三次项：

$$w = z - \frac{h_{20}}{2}z^2 - h_{11}z\bar{z} - \frac{h_{02}}{2}\bar{z}^2 + \frac{1}{2}\left(3h_{11}h_{20} + 2|h_{11}|^2 + |h_{02}|^2\right)z^2\bar{z} + \cdots$$

其中省略号表示所有没有出现的项。不过，可避免式(15.5.7)的逆映射的明显表达式。

事实上，用 w 和 $\bar{w}$ 表达 $\dot{z}$ 有两种方法。一种方法是将代换式(15.5.7)代入原来的系统式(15.5.5)。另一种方法是由于知道了结果式(15.5.6)是从式(15.5.5)变过来的，故可用计算式(15.5.7)的微分求得 $\dot{z}$。

$$\dot{z} = \dot{w} + h_{20}w\dot{w} + h_{11}(w\dot{\bar{w}} + \bar{w}\dot{w}) + h_{02}\bar{w}\dot{\bar{w}}$$

再用式(15.5.6)来代换 $\dot{w}$ 和它的共轭。比较所得 $\dot{z}$ 的表达式中二次项的系数，得到上面关于 h_{20}、h_{11} 和 h_{02} 的公式，使 $w|w|^2$ 项前面的系数相等，则得

$$c_1 = \frac{g_{20}g_{11}(2\lambda + \bar{\lambda})}{2|\lambda|^2} + \frac{|g_{11}|^2}{\lambda} + \frac{|g_{02}|^2}{2(2\lambda - \bar{\lambda})} + \frac{g_{21}}{2}$$

因为 λ 和 g_{ij} 是参数的光滑函数，这个公式就给出了 c_1 关于 α 的依赖性。在分岔参数值 $\alpha = 0$，上面的方程化为

$$c_1(0) = \frac{\mathrm{i}}{2\omega_0}\left(g_{20}g_{21} - 2|g_{11}|^2 - \frac{1}{3}|g_{02}|^2\right) + \frac{g_{21}}{2} \tag{15.5.8}$$

现在将 Poincaré 规范形换成上一节研究过的规范形。

引理 15.5.5 考虑方程

$$\frac{\mathrm{d}w}{\mathrm{d}t} = [\mu(\alpha) + \mathrm{i}\omega(\alpha)]w + c_1(\alpha)w|w|^2 + O(|w|^4)$$

这里，$\mu(0) = 0$，以及 $\omega(0) = \omega_0 > 0$。

假设 $\mu'(0) \neq 0$ 和 $\mathrm{Re}c_1(0) \neq 0$，则借助依赖于参数的坐标线性变换、时间重尺度化以及非线性时间重参数化，将系统化为

$$\frac{\mathrm{d}u}{\mathrm{d}\theta} = (\beta + \mathrm{i})u + su|u|^2 + O(|u|^4)$$

这里 u 是新复坐标，θ、β 分别是新时间和参数，以及 $s = \mathrm{sgn}\ \mathrm{Re}\ c_1(0) = \pm 1$。

引入新时间 $\tau = \omega(\alpha)t$，沿着轨道引入新时间 $\theta = \theta(\tau,\beta)$ 重参数化变换，得到

$$\frac{\mathrm{d}w}{\mathrm{d}\theta} = (\beta + \mathrm{i})w + l_1(\beta)w|w|^2 + O(|w|^4)$$

这里

$$l_1(\beta) = \mathrm{Re}\ d_1(\beta) - \beta e_1(\beta) \tag{15.5.9}$$

是实数，其中

$$d_1(\beta) = \frac{c_1(\alpha(\beta))}{\omega(\alpha(\beta))}, e_1(\beta) = \mathrm{Im}d_1(\beta)$$

且

$$l_1(0) = \frac{\mathrm{Re}\ c_1(0)}{\omega(0)} \tag{15.5.10}$$

定义 15.5.1 实函数 $l_1(\beta)$ 称为第一个 Lyapunov 系数。

由式(15.5.10)得知,当 $\beta=0$ 时,第一个 Lyapunov 系数可由公式

$$l_1(0)=\frac{1}{2\omega_0^2}\mathrm{Re}(\mathrm{i}g_{20}g_{11}+\omega_0 g_{21}) \tag{15.5.11}$$

计算。因此,为了计算 $l_1(0)$,只需在分岔点计算右端的某些二阶和三阶导数。$l_1(0)$ 的值依赖于特征向量 $\boldsymbol{q}$ 和 $\boldsymbol{p}$ 的标准化。它的符号(这是分岔分析唯一关心的)在 $\boldsymbol{q}$、$\boldsymbol{p}$ 尺度变换下不变,服从有关的标准化 $\langle \boldsymbol{p},\boldsymbol{q}\rangle=1$。注意,$s=-1$ 的 u 方程写成实形式与 15.4 节系统式(15.4.5)一样。现在,综合所得结果得到下面的定理。

定理 15.5.1 假设二维系统

$$\frac{\mathrm{d}x}{\mathrm{d}t}=f(x,\alpha) \quad x\in\mathbf{R}^2,\alpha\in\mathbf{R}^1 \tag{15.5.12}$$

f 光滑,对所有充分小 $|\alpha|$ 有平衡点 $x=0$,有特征值

$$\lambda_{1,2}(\alpha)=\mu(\alpha)\pm\mathrm{i}\omega(\alpha)$$

其中,$\mu(0)=0,\omega(0)=\omega_0>0$。

设下面的条件满足:

(B.1) $l_1(0)\neq 0$,其中 l_1 是第一个 Lyapunov 系数;

(B.2) $\mu'(0)\neq 0$。

则存在可逆的坐标与参数变换和时间重参数化,将式(15.5.12)变为

$$\frac{\mathrm{d}}{\mathrm{d}\tau}\begin{bmatrix}y_1\\y_2\end{bmatrix}=\begin{bmatrix}\beta & -1\\1 & \beta\end{bmatrix}\begin{bmatrix}y_1\\y_2\end{bmatrix}\pm(y_1^2+y_2^2)\begin{bmatrix}y_1\\y_2\end{bmatrix}+O(\|\boldsymbol{y}\|^4)$$

应用引理 15.4.1 可以去掉 $O(\|\boldsymbol{y}\|^4)$ 项,最后得到下面的一般结果。

定理 15.5.2(Hopf 分岔拓扑规范形) 任何一个单参数一般二维系统

$$\dot{x}=f(x,\alpha)$$

在 $\alpha=0$ 有平衡点 $x=0$,具特征值

$$\lambda_{1,2}(0)=\pm\mathrm{i}\omega_0 \quad \omega_0>0$$

它在原点附近局部拓扑等价于下列规范形之一:

$$\begin{bmatrix}\dot{y}_1\\\dot{y}_2\end{bmatrix}=\begin{bmatrix}\beta & -1\\1 & \beta\end{bmatrix}\begin{bmatrix}y_1\\y_2\end{bmatrix}\pm(y_1^2+y_2^2)\begin{bmatrix}y_1\\y_2\end{bmatrix}$$

注意:定理 15.5.2 中假设的一般性条件就是定理 15.5.1 中的非退化条件(B.1)和横截性条件(B.2)。

上面两条定理和 15.4 节的规范形分析以及关于 $l_1(0)$ 的式(15.5.11)提供了对一般二维系统 Hopf 分岔分析的所有必要的工具。

例题 15.5.1(一个捕食-被捕食模型的 Hopf 分岔) 考虑下面两个微分方程的系统

$$\dot{x}_1=rx_1(1-x_1)-\frac{cx_1x_2}{\alpha+x_1}$$

$$\dot{x}_2=-dx_2+\frac{cx_1x_2}{\alpha+x_1}$$

这个系统刻画了单个捕食-被捕食生态系统的动力学(Holling,1965)。这里 x_1 与 x_2 是(无量纲)种群数,r、c、d 与 α 是刻画孤立种群性态以及它们相互之间作用的参数。视 α 为控制参数,并假设 $c>d$。

解:为简化以后的计算,考虑多项式系统

$$\dot{x}_1 = rx_1(\alpha + x_1)(1 - x_1) - cx_1x_2 \tag{15.5.13a}$$

$$\dot{x}_2 = -\alpha d\, x_2 + (c - d)x_1x_2 \tag{15.5.13b}$$

这个系统对 $x_1 > -\alpha$ 与原来的系统有相同的轨道(或者轨道等价)[它是原来系统的两边乘 $(\alpha + x_1)$，并用 $dt = (\alpha + x_1)d\tau$ 引入新的时间变量 τ 而得到]。

系统式(15.5.13)有非平凡平衡点

$$E_0 = \left(\frac{\alpha d}{c-d}, \frac{r\alpha}{c-d}\left(1 - \frac{\alpha d}{c-d}\right)\right)$$

在此平衡点的 Jacobi 矩阵为

$$\boldsymbol{A}(\alpha) = \begin{bmatrix} \dfrac{\alpha rd(c+d)}{(c-d)^2}\left(\dfrac{c-d}{c+d} - \alpha\right) & -\dfrac{\alpha cd}{c-d} \\ \dfrac{\alpha r[c - d(1+d)]}{c-d} & 0 \end{bmatrix}$$

因此

$$\mu(\alpha) = \frac{\sigma(\alpha)}{2} = \frac{\alpha rd(c+d)}{2\,(c-d)^2}\left(\frac{c-d}{c+d} - \alpha\right)$$

对

$$\alpha_0 = \frac{c-d}{c+d}$$

有 $\mu(\alpha_0) = 0$。此外

$$\omega^2(\alpha_0) = \frac{rc^2d(c-d)}{(c+d)^3} > 0 \tag{15.5.14}$$

因此，在 $\alpha = \alpha_0$ 平衡点 E_0 有特征值 $\lambda_{1,2}(\alpha_0) = \pm i\omega(\alpha_0)$，Hopf 分岔产生。$\alpha > \alpha_0$ 时平衡点稳定，$\alpha < \alpha_0$ 时不稳定。注意，α 的临界值对应于 $\dot{x}_2 = 0$ 定义的直线通过 $\dot{x}_1 = 0$ 定义的曲线的最大值(图 15.5.1)。因此，如果直线 $\dot{x}_2 = 0$ 在最大值的右方，则平衡点是稳定的；如果直线在最大值的左方，则平衡点是不稳定的。为了应用规范形定理分析 Hopf 分岔，必须验证定理 15.5.1 中的一般性条件是否满足。横截性条件(B.2)容易验证：

$$\mu'(\alpha_0) = -\frac{\alpha_0 rd(c+d)}{2\,(c-d)^2} = -\frac{rd}{2(c-d)} < 0$$

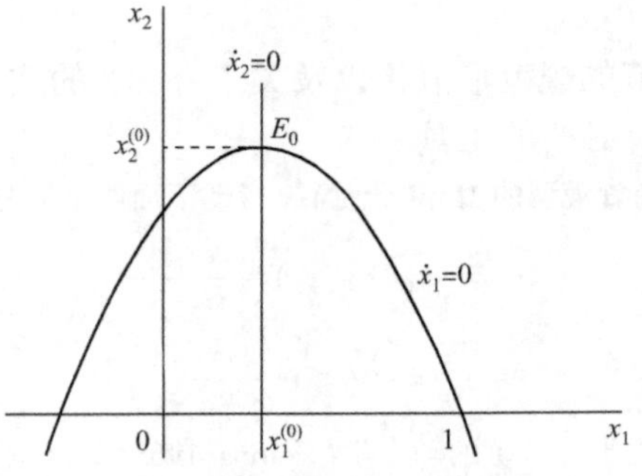

图 15.5.1　在 Hopf 分岔的零-等倾线

为了计算第一个 Lyapunov 系数,假定参数 α 在它的临界值 α_0。在 $\alpha = \alpha_0$,非平凡平衡点 E_0 的坐标是

$$x_1^{(0)} = \frac{d}{c+d}, x_2^{(0)} = \frac{rd}{(c+d)^2}$$

用变量变换

$$x_1 = x_1^{(0)} + \xi_1$$
$$x_2 = x_2^{(0)} + \xi_2$$

将坐标原点移到此平衡点,此变换将系统式(15.5.13)变为

$$\dot{\xi}_1 = -\frac{cd}{c+d}\xi_2 - \frac{rd}{c+d}\xi_1^2 - c\xi_1\xi_2 - r\xi_1^3 \equiv F_1(\xi_1,\xi_2)$$

$$\dot{\xi}_2 = -\frac{rc(c-d)}{(c+d)^2}\xi_1 + (c-d)\xi_1\xi_2 \equiv F_2(\xi_1,\xi_2)$$

此系统可表示为

$$\dot{\xi} = \boldsymbol{A\xi} + \frac{1}{2}\boldsymbol{B}(\boldsymbol{\xi},\boldsymbol{\xi}) + \frac{1}{6}\boldsymbol{C}(\boldsymbol{\xi},\boldsymbol{\xi},\boldsymbol{\xi})$$

这里 $\boldsymbol{A} = \boldsymbol{A}(\alpha_0)$,以及多重线性函数 $\boldsymbol{B}$ 和 $\boldsymbol{C}$ 对平面向量 $\boldsymbol{\xi} = [\xi_1,\xi_2]^{\mathrm{T}}$,$\boldsymbol{\eta} = [\eta_1,\eta_2]^{\mathrm{T}}$ 和 $\boldsymbol{\zeta} = [\zeta_1,\zeta_2]^{\mathrm{T}}$ 取值

$$\boldsymbol{B}(\boldsymbol{\xi},\boldsymbol{\eta}) = \begin{bmatrix} -\frac{2rd}{c+d}\xi_1\eta_1 - c(\xi_1\eta_2 + \xi_2\eta_1) \\ (c-d)(\xi_1\eta_2 + \xi_2\eta_1) \end{bmatrix}$$

和

$$\boldsymbol{C}(\boldsymbol{\xi},\boldsymbol{\eta},\boldsymbol{\zeta}) = \begin{bmatrix} -6r\xi_1\eta_1\zeta \\ 0 \end{bmatrix}$$

将矩阵 $\boldsymbol{A}(\alpha_0)$ 写为如下形式

$$\boldsymbol{A} = \begin{bmatrix} 0 & -\frac{cd}{c+d} \\ \frac{\omega^2(c+d)}{cd} & 0 \end{bmatrix}$$

这里 ω^2 由式(15.5.14)给出。现在容易验证,复向量

$$\boldsymbol{q} \sim \begin{bmatrix} cd \\ -\mathrm{i}\omega(c+d) \end{bmatrix}, \boldsymbol{p} \sim \begin{bmatrix} \omega(c+d) \\ -\mathrm{i}cd \end{bmatrix}$$

为适当的特征向量:

$$\boldsymbol{Aq} = \mathrm{i}\omega\boldsymbol{q}, \boldsymbol{A}^{\mathrm{T}}\boldsymbol{p} = -\mathrm{i}\omega\boldsymbol{p}$$

为了必要的标准化 $\langle \boldsymbol{p},\boldsymbol{q} \rangle = 1$,例如,可取

$$\boldsymbol{q} = \begin{bmatrix} cd \\ -\mathrm{i}\omega(c+d) \end{bmatrix}, \boldsymbol{p} = \frac{1}{2\omega cd(c+d)}\begin{bmatrix} \omega(c+d) \\ -\mathrm{i}cd \end{bmatrix}$$

现在可简单计算

$$g_{20} = \langle \boldsymbol{p},\boldsymbol{B}(\boldsymbol{q},\boldsymbol{q}) \rangle = \frac{cd(c^2 - d^2 - rd) + \mathrm{i}\omega c(c+d)^2}{(c+d)}$$

$$g_{11} = \langle \boldsymbol{p},\boldsymbol{B}(\boldsymbol{q},\bar{\boldsymbol{q}}) \rangle = \frac{rcd^2}{c+d}$$

$$g_{21} = \langle \boldsymbol{p},\boldsymbol{C}(\boldsymbol{q},\boldsymbol{q},\bar{\boldsymbol{q}}) \rangle = -3rc^2d^2$$

以及由式(15.5.11)计算第一个 Lyapunov 系数

$$l_1(\alpha_0) = \frac{1}{2\omega^2}\mathrm{Re}(\mathrm{i}g_{20}g_{11} + \omega g_{21}) = -\frac{rc^2d^2}{\omega} < 0$$

显然,对固定参数的所有组合,$l_1(\alpha_0) < 0$。由此,定理 15.5.1 中的非退化条件(B.1)成立。因此,由 Hopf 分岔,当 $\alpha < \alpha_0$ 时从平衡点分岔出唯一稳定极限环(图 15.5.2)。

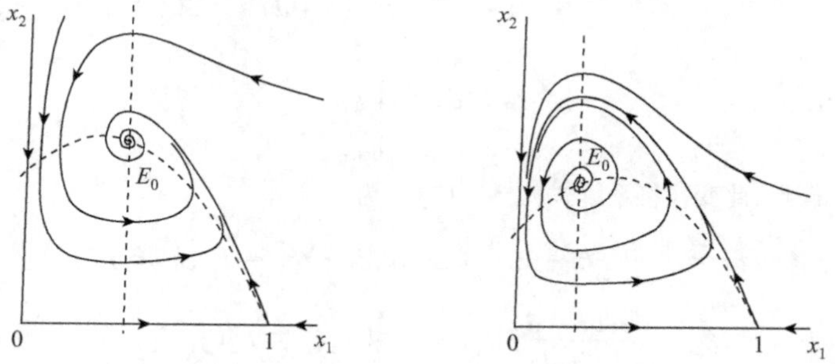

a) $\alpha<\alpha^0$　　b) $\alpha>\alpha^0$

图 15.5.2　捕食-被捕食模型中的 Hopf 分岔

大量的物理的和工程上的振荡都是非线性的,这些振荡由系统的固有性质决定而与初始条件无关。因此它们通常也都要用极限环表示,而不会是中心附近的闭曲线,范德波尔振子、多种电子振荡器、一些工程系统的振动等都是如此。因为这些振荡的周期只由系统的动力学参数决定,而与初始状态和扰动无关。在这些振荡系统中,有的具有自激性质,如机械手表和许多电子振荡电路,它们的静止状态虽然是**定态**,但是**不稳定**的,它们都能自动地进入一固定的振荡状态。这种现象称为**软激发**,其数学描述就是围绕不稳奇点的**稳定极限环**。另有一些系统,它们通常可以处于静止状态,但一旦受到超过某一定阈值的扰动,就会进入振荡状态,如摆钟和某些振荡电路。这种现象称为**硬激发**,其相应的数学描述就是围绕稳定奇点外的不稳环和稳定环,只有当系统获得足够的激发能量时,它才可能由**稳定奇点**所表示的静止状态越过**不稳环**跃迁到**稳定环**所代表的振荡状态。

15.6　Maple 编程示例

编程题 15.6.1(Brussel 振子的 Hopf 分岔)

考虑系统

$$\dot{x}_1 = A - (B+1)x_1 + x_1^2 x_2 \equiv F_1(x_1, x_2, A, B)$$
$$\dot{x}_2 = Bx_1 - x_1^2 x_2 \equiv F_2(x_1, x_2, A, B)$$

固定 $A > 0$ 并取 B 为分岔参数。利用有效的计算机代数系统之一证明在 $B = 1 + A^2$ 系统具有超临界 Hopf 分岔。

解:雅可比矩阵 $\boldsymbol{J} = \boldsymbol{F}'_x(x_1, x_2, A, B)$。

解下面的方程组

$$F_1(x_1, x_2, B) = 0$$
$$F_2(x_1, x_2, B) = 0$$
$$\mathrm{tr}(\boldsymbol{J}(x_1, x_2, B)) = 0$$

求奇点 (x_1, x_2) 和分岔参数 B。并在所求解上验证 $\det\boldsymbol{J} = A^2 > 0$,因此,在 $B = 1 + A^2$,Brussel 振子具有纯虚特征值 $\lambda_{1,2} = \pm \mathrm{i}\omega, \omega = A > 0$ 的平衡点

$$\boldsymbol{X} = \left[A, \frac{1+A^2}{A}\right]^{\mathrm{T}}$$

特征向量

$$q = \left[1, -\frac{A^2 - iA}{A^2}\right]^T, p = \left[\frac{A^2 - iA}{A^2}, 1\right]^T$$

雅可比矩阵 $J = F'_x$ 以及它的转置矩阵的临界特征向量

$$Jq = i\omega q, J^T p = i\omega p$$

将特征向量达到标准化 $\langle p, q\rangle = 1$，最后取

$$q = \left[1, -\frac{A^2 - iA}{A^2}\right]^T, p = \left[\frac{1 + iA}{2}, \frac{iA}{2}\right]^T$$

组成 $x = X + zq + \bar{z}\bar{q}$，并计算函数

$$H(z, \bar{z}) = \langle p, F(X + zq + \bar{z}\bar{q}, A, 1 + A^2)\rangle$$

在 $(z, \bar{z}) = (0,0)$，计算 $H(z, \bar{z})$ 的 Taylor 展开式

$$H(z, \bar{z}) = i\omega z + \sum_{2 \leqslant j+k \leqslant 3} \frac{1}{j!k!} g_{jk} z^j \bar{z}^k + O(|z|^4)$$

给出

$$g_{20} = -\frac{A^2 - 2iA - 1}{A}, g_{11} = -\frac{A^2 - 1}{A}, g_{21} = -\frac{3A - 1}{A}$$

最后计算 Lyapunov 系数

$$l_1(\alpha_0) = \frac{1}{2\omega^2}\text{Re}(ig_{20}g_{21} + \omega g_{21}) = -\frac{A(1 + A^2)}{2} < 0$$

Maple 程序

```
> ################################################################################
> restart:                                                          #清零
> with(linalg):                                                     #加载线性代数软件包
> readlib(mtaylor):                                                 #多变量截断 Taylor 级数
> readlib(coeftayl):                                                #提取系数
> F[1]:=A-(B+1)*X[1]+X[1]^2*X[2]:                                   #系统右端函数之一
> F[2]:=B*X[1]-X[1]^2*X[2]:                                         #系统右端函数之二
> J:=jacobian([F[1],F[2]],[X[1],X[2]]):                             #Jacobi 矩阵
> K:=transpose(J):                                                  #Jacobi 矩阵的转置
> SOL:=solve({F[1]=0,F[2]=0,trace(J)=0},{X[1],X[2],B}):
>                                                                   #解方程组求奇点和分岔系数
> J:=subs(SOL,eval(J)):                                             #奇点处的 Jacobi 矩阵
> K:=subs(SOL,eval(K)):                                             #奇点处的 Jacobi 矩阵的转置
> ev:=eigenvects(J,'radical'):                                      #Jacobi 矩阵的特征向量
> q:=ev[1][3][1]:                                                   #特征向量之一
> et:=eigenvects(K,'radical'):                                      #Jacobi 矩阵转置的特征向量
> P:=et[2][3][1]:                                                   #特征向量之二
> s1:=simplify(evalc(conjugate(p[1])*q[1]+conjugate(p[2])*q[2])):
>                                                                   #<p,q>≠1
> c:=simplify(evalc(1/conjugate(s1))):                              #归一化复数
> p[1]:=simplify(evalc(c*P[1])):                                    #标准特征向量之一
> p[2]:=simplify(evalc(c*P[2])):                                    #标准特征向量之二
> simplify(evalc(conjugate(p[1])*q[1]+conjugate(p[2])*q[2]));
>                                                                   #<p,q>=1
```

```
> ################################################################################
> F[1]:=A-(B+1)*x[1]+x[1]^2*x[2]:                                  #系统右端函数之一
> F[2]:=B*x[1]-x[1]^2*x[2]:                                        #系统右端函数之二
> x[1]:=evalc(X[1]+z*q[1]+z1*conjugate(q[1])):                     #x_1=X_1+zq_1+z̄q̄_1
> x[1]:=subs(SOL,x[1]):                                            #分岔点处的x_1
> x[2]:=evalc(X[2]+z*q[2]+z1*conjugate(q[2])):                     #x_2=X_2+zq_2+z̄q̄_2
> x[2]:=subs(SOL,x[2]):                                            #分岔点处的x_2
> H:=simplify(evalc(conjugate(p[1])*F[1]+conjugate(p[2])*F[2])):
                                                                   #计算H(z,z̄)
> g[2,0]:=simplify(2*evalc(coeftayl(H,[z,z1]=[0,0],[2,0]))):
>                                                                  #计算g_20
> g[1,1]:=normal(evalc(coeftayl(H,[z,z1]=[0,0],[1,1]))):
>                                                                  #计算g_11
> g[2,1]:=simplify(2*evalc(coeftayl(H,[z,z1]=[0,0],[2,1]))):
>                                                                  #计算g_21
> assign(SOL):                                                     #赋值
> assume(A>0):                                                     #假设A>0
> omega:=sqrt(det(J)):                                             #角频率
> l[1]:=normal((1/2*omega^2)*Re(I*g[2,0]*g[1,1]+omega*g[2,1])):
>                                                                  #计算Lyapunov系数
> ########################################################################
```

15.7 思考题

思考题 15.1 简答题

1. 常微分方程组通常有哪些形式的解?
2. 如何通过线性化方程的稳定性来判断非线性方程的稳定性?
3. 何谓分岔? 举出几种不同形式的分岔。
4. 为什么三重定态实际上往往是双稳态?
5. 何谓软激发? 何谓硬激发? 试举几个实例。

思考题 15.2 判断题

1. 中心是双曲不动点。 ( )
2. 双曲不动点包括汇、鞍和源。 ( )
3. 范德波尔方程存在一个极限环。 ( )
4. 结点和焦点是拓扑等价的。 ( )
5. 极限环是一个孤立的闭轨。 ( )

思考题 15.3 填空题

1. 如果两个实特征值具有相同的符号,那么奇点叫作线性动力系统的________。
2. 如果两个实特征值具有不同的符号,那么奇点叫作线性动力系统的________。
3. 如果一对复特征值的实部不为零,那么奇点叫作线性动力系统的________。
4. 特征值是一对纯虚根,那么奇点叫作线性动力系统的________。

5. 在分岔点处特征值为一对纯虚根称为________分岔，由不动点派生出________。

思考题 15.4 选择题

1. 二维连续自治动力系统的平衡点可能分岔出极限环的情况是________。

A. 具有一对纯虚根 B. 具有单零特征值 C. 具有双零特征值

2. 平面动力系统具有稳定极限环时，其包围的平衡点是________。

A. 不稳定焦点 B. 稳定结点 C. 鞍点

3. 单摆的周期运动是________。

A. 一个极限环 B. 多个环 C. 无穷多个环

4. 产生极限环的分岔是________。

A. Hopf 分岔 B. 折分岔 C. 极限点分岔

5. 能产生极限环的分岔是________。

A. 线性动力系统 B. 非线性动力系统 C. 两者都可以

思考题 15.5 连线题

设 λ_1 和 λ_2 是在讨论平衡状态的稳定性时平衡点对应的特征值。

1. λ_1 和 λ_2 是不同的实数，正负号相同	A. 不稳定结点
2. λ_1 和 λ_2 是不同的实数，均小于零	B. 鞍点
3. λ_1 和 λ_2 是不同的实数，均大于零	C. 结点
4. λ_1 和 λ_2 是正负号相反的实数	D. 焦点
5. λ_1 和 λ_2 是共轭复数，实部不为零	E. 稳定结点

15.8 习题

A 类习题

习题 15.1 方程组为

$$\begin{cases} \dot{x} = y + x[\mu + a(x^2 + y^2)] \\ \dot{y} = -x + y[\mu + a(x^2 + y^2)] \end{cases}$$

其中，μ 和 a 都是参数，分析：

(1) 奇点的性质；

(2) $a<0$ 时极限环的类型和分岔性质；

(3) $a>0$ 时极限环的类型和分岔性质。

习题 15.2 方程组为

$$\begin{cases} \dot{x} = y - x[\mu - (x^2 + y^2)^{1/2}]^2 \\ \dot{y} = -x + y[\mu - (x^2 + y^2)^{1/2}]^2 \end{cases}$$

(1) 它是否有无极限环解？其稳定性如何？

(2) 分析其分岔情形。

习题 15.3 证明方程

$$\ddot{x} + (x^2 + \dot{x}^2 - \mu)\dot{x} + x = 0$$

在 $\mu=0$ 处出现 Hopf 分岔。

习题 15.4 设系统的势函数为

$$V = \frac{1}{4}x^4 - \frac{\mu}{2}x^2$$

试分析此系统的分岔性质。

习题 15.5 系统的运动用下述方程描述：

$$\dot{x} = \sin x(\mu\cos x - 1) \qquad -\frac{\pi}{2} < x < \frac{\pi}{2}$$

(1)求此系统的平衡点并指出其稳定性；

(2)分析此系统分岔的性质。

B 类习题

习题 15.6 求埃农映射

$$x_{n+1} = 1 - ax_n^2 + y_n$$
$$y_{n+1} = bx_n$$

的不动点。

习题 15.7 为了形象地显示伸长(或压缩)与折叠两过程结合使系统对初始条件敏感地依赖，从而可能出现混沌，斯梅尔(Smale,1963,1967)提出了所谓马蹄映射：一个边长为 1 的正方形沿 x 方向伸长为 2 同时沿 y 方向压缩为$\frac{1}{2\alpha}(\alpha>1)$，此变换用 S 表示。然后将所得结果折叠起来装进原来大小的正方形(此变换记为 F)。这两变换合记为 f，即 $f=F\cdot S$。将所得结果依次施行同样变换 f(如图 15.8.1 所示，这类似于做面包或馒头时和面的动作)有

$$A = \cap_{n=0}^{\infty} f^n$$

最后得到的吸引子($\alpha>1$)中，原来相互靠近的两点现在就不知相距多少了。

(1)求此变换 A 的两个李雅普诺夫(Lyapunov)指数；

(2)求最后所得分形的维数。

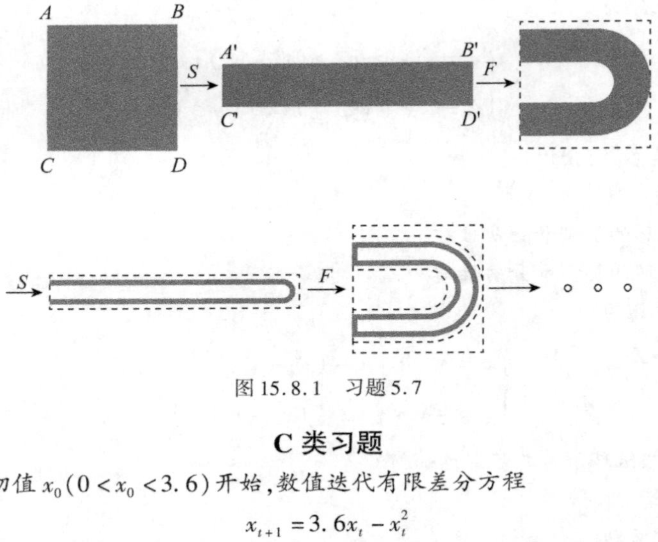

图 15.8.1 习题 5.7

C 类习题

习题 15.8 从初值 $x_0(0<x_0<3.6)$ 开始，数值迭代有限差分方程

$$x_{t+1} = 3.6x_t - x_t^2$$

会得到混沌动力学特性。经过多次迭代后，能观察到的 x_t 的最大值和最小值为多少？

习题 15.9 对于有限差分方程

$$x_{t+1}=\lambda x_t(1-x_t) \quad 0\leqslant\lambda\leqslant4,0\leqslant x_0\leqslant1$$

求存在稳定的周期2环的 λ 值。

习题 15.10 对于三次映射

$$x_{t+1}=ax_t^3+(1-a)x_t \quad 0\leqslant x_t\leqslant1,0\leqslant a\leqslant4$$

描述 $0\leqslant a\leqslant1=5^{1/2}$ 时的分岔、定态和环。

习题 15.11 考虑方程

$$\frac{\mathrm{d}r}{\mathrm{d}t}=ar(1-r),a>0$$

$$\frac{\mathrm{d}\Phi}{\mathrm{d}t}=2\pi$$

极限环振荡的简单模型。这个方程受一大小为 b 的水平平移的扰动,然后很快驰回到极限环($a\to\infty$ 时)。

$$\Phi'=g(\Phi,b)$$

$$\Phi_{i+1}=g(\Phi_i,b)+\tau(\mathrm{mod}1)$$

$$T/T_0=1+\Phi-g(\Phi)$$

(1)用解析法确定旧相与新相的函数关系(即 PTC),并作出 $b=0.8$ 和 $b=1.2$ 时的图形。

(2)计算作为 b 的函数的1:1锁相区的边界。在边界上发生的是哪类分岔?

##

泰勒(B. Taylor,1685—1731,英国),数学家,哲学家。在数学方面,他主要从事函数性质研究,1715年发表了将函数展成级数的一般公式,这一级数后来称为泰勒级数。研究了插值法的某些原理,并用这种计算方法研究弦的振动问题、光程微分方程的确定问题。在音乐和绘画方面也极有造诣。曾把几何方法应用于透视画方面。

主要著作:《增量方法及其逆》《直线透视原理》《直线透视新原理》等。

##

附录 A 拉普拉斯变换表

$F(t)=\mathscr{L}^{-1}[\Phi(s)]$	$\Phi(s)=\mathscr{L}[F(t)]$
$\delta(t)$（脉冲函数）	1
$\varepsilon(t)$（阶跃函数）	$\frac{1}{s}$
$\varepsilon(t-t_1)$（有时滞的阶跃函数）	$\frac{e^{-t_1 s}}{s}$
$t^n(n=1,2,\cdots)$	$\frac{n!}{s^{n+1}}$
$t^n e^{-\omega t}$	$\frac{n!}{(s+\omega)^{n+1}}$
$\cos\omega t$	$\frac{s}{s^2+\omega^2}$
$\sin\omega t$	$\frac{\omega}{s^2+\omega^2}$
$\cosh\omega t$	$\frac{s}{s^2-\omega^2}$
$\sinh\omega t$	$\frac{\omega}{s^2-\omega^2}$
$1-e^{-\omega t}$	$\frac{\omega}{s(s+\omega)}$
$1-\cos\omega t$	$\frac{\omega^2}{s(s^2+\omega^2)}$
$\omega t-\sin\omega t$	$\frac{\omega^3}{s^2(s^2+\omega^2)}$
$\omega t\cos\omega t$	$\frac{\omega(s^2-\omega^2)}{(s^2+\omega^2)^2}$
$\omega t\sin\omega t$	$\frac{2\omega^2 s}{(s^2+\omega^2)^2}$
$\frac{1}{\omega_d}e^{-\zeta\omega_n t}\sin\omega_d t$	$\frac{1}{s^2+2\zeta\omega_n s+\omega_n^2}$
$e^{-\zeta\omega_n t}\sin(\omega_d t+\varphi)$	$\frac{s+\zeta\omega_n}{s(s^2+2\zeta\omega_n s+\omega_n^2)}$
$\frac{\omega_n}{\omega_d}e^{-\zeta\omega_n t}\sin(\omega_d t-\varphi)$	$\frac{s}{s^2+2\zeta\omega_n s+\omega_n^2}$
$1-\frac{\omega_n}{\omega_d}e^{-\zeta\omega_n t}\sin(\omega_d t+\varphi)$	$\frac{\omega_n^2}{s(s^2+2\zeta\omega_n s+\omega_n^2)}$

注：$\omega_d=\omega_n\sqrt{1-\zeta^2}$，$\varphi=\arccos\zeta$，$\zeta<1$。

附录B　部分思考题和习题参考答案

B-1　思考题答案和提示

第1章　绪论

思考题1.1　简答题

请参考文献[1~5,20,35]。

思考题1.2　判断题

1. 非;2. 非;3. 是;4. 是;5. 是。

思考题1.3　填空题

1. 共振;2. 能量;3. 质量;4. 周期;5. 简谐运动。

思考题1.4　选择题

1. B;2. A;3. A;4. A,B;5. A。

思考题1.5　连线题

1. A;2. B;3. E;4. D;5. C。

第2章　单自由度系统的自由振动

思考题2.1　简答题

请参考文献[6~10,20,35]。

思考题2.2　判断题

1. 是;2. 是;3. 是;4. 是;5. 是。

思考题2.3　填空题

1. 动,势;2. 谐;3. 复(或物理);4. 振幅;5. 振幅的对数缩减率。

思考题2.4　选择题

1. C;2. B;3. A;4. B;5. B。

思考题2.5　连线题

1. E;2. A;3. B;4. D;5. C。

第3章　单自由度系统在简谐激励下的振动

思考题3.1　简答题

请参考文献[20~25,35]。

思考题3.2　判断题

1. 是;2. 是;3. 非;4. 是;5. 是。

思考题 3.3　填空题

1. 简谐;2. 共振;3. 不平衡质量;4. 位移传递率;5. 品质。

思考题 3.4　选择题

1. B;2. A;3. A;4. B;5. C。

思考题 3.5　连线题

1. C;2. E;3. D;4. A;5. B。

第 4 章　单自由度系统在一般激励下的振动

思考题 4.1　简答题

请参考文献[20,26~30,35]。

思考题 4.2　判断题

1. 是;2. 是;3. 非;4. 是;5. 是。

思考题 4.3　填空题

1. 杜哈美;2. 短;3. 响应;4. 稳;5. 代数。

思考题 4.4　选择题

1. B;2. B;3. A;4. A;5. C。

思考题 4.5　连线题

1. D;2. A;3. E;4. B;5. C。

第 5 章　一维连续-时间系统的奇点与分岔

思考题 5.1　简答题

请参考文献[11~15,20,35]。

思考题 5.2　判断题

1. 是;2. 是;3. 是;4. 是;5. 是。

思考题 5.3　填空题

1. 零特征值,纯虚根;2. 切分岔,霍普夫分岔;3. 极限点分岔;
4. 超临界分岔、亚超临界分岔,跨临界分岔;5. 一对稳定性不同的平衡点。

思考题 5.4　选择题

1. A;2. B;3. C;4. B;5. C。

思考题 5.5　连线题

1. C;2. D;3. E;4. A;5. B。

第 6 章　两自由度系统的振动

思考题 6.1　简答题

请参考文献[20,31~35]。

思考题 6.2　判断题

1. 非;2. 是;3. 非;4. 是;5. 是。

思考题 6.3　填空题

1. 主振型;2. 广义;3. 共振;4. 转动惯量,扭簧;5. 耦合。

思考题 6.4 选择题

1. A;2. B;3. B;4. A;5. A。

思考题 6.5 连线题

1. C;2. A;3. D;4. B。

第 7 章 多自由度系统的振动

思考题 7.1 简答题

请参考文献[20,35 ~40]。

思考题 7.2 判断题

1. 是;2. 非;3. 是;4. 非;5. 非。

思考题 7.3 填空题

1. 力;2. 点 j,点 i;3. 刚度;4. 特征向量;5. 影响。

思考题 7.4 选择题

1. C;2. A;3. C;4. B;5. B。

思考题 7.5 连线题

1. B;2. D;3. E;4. A;5. C。

第 8 章 固有振动特性的近似计算方法

思考题 8.1 简答题

请参考文献[20,35,41 ~45]。

思考题 8.2 判断题

1. 是;2. 是;3. 是;4. 是;5. 是。

思考题 8.3 填空题

1. 上;2. 柯勒斯基(Cholesky);3. 叠加;4. 大;5. 压缩。

思考题 8.4 选择题

1. A;2. A;3. C;4. A;5. A

思考题 8.5 连线题

1. D;2. E;3. A;4. B;5. C。

第 9 章 振动分析中的数值积分法

思考题 9.1 简答题

请参考文献[20,35,46 ~50]。

思考题 9.2 判断题

1. 是;2. 是;3. 是;4. 是;5. 非。

思考题 9.3 填空题

1. 封闭;2. 微分;3. 三;4. 网格;5. 泰勒。

思考题 9.4 选择题

1. C;2. A;3. A;4. C;5. B。

思考题 9.5 连线题

1. D;2. A;3. B;4. E;5. C。

第 10 章　一维离散-时间系统的不动点与分岔

思考题 10.1　简答题

请参考文献[16 ~ 20,35]。

思考题 10.2　判断题

1. 是;2. 是;3. 是;4. 非;5. 是。

思考题 10.3　填空题

1. +1, −1, $e^{\pm i\theta}$;

2. 折分岔或切分岔,也称为极限点分岔、鞍-结点分岔,以及转向点分岔;

3. 翻转分岔或倍周期分岔;

4. Neimark-Sacker 分岔或环面分岔;

5. 折(切),倍周期。

思考题 10.4　选择题

1. A;2. B;3. A;4. C;5. C。

思考题 10.5　连线题

1. E;2. D;3. C;4. B;5. A。

第 11 章　弦和杆的振动

思考题 11.1　简答题

请参考文献[4,9,20,35,51 ~ 55]。

思考题 11.2　判断题

1. 是;2. 是;3. 非;4. 是;5. 是。

思考题 11.3　填空题

1. 波动;2. 特征;3. 乘积;4. 初始;5. 负。

思考题 11.4　选择题

1. B;2. A;3. C;4. B;5. A。

思考题 11.5　连线题

1. C;2. A;3. B;4. D。

第 12 章　梁的振动

思考题 12.1　简答题

请参考文献[4,9,20,35,56 ~ 60]。

思考题 12.2　判断题

1. 是;2. 是;3. 是;4. 是;5. 非。

思考题 12.3　填空题

1. 弯曲,扭转;2. 欧拉-伯努利梁;3. 四;4. 升高;5. 短粗。

思考题 12.4　选择题

1. C;2. A;3. A;4. B;5. C。

思考题 12.5　连线题

1. D;2. C;3. B;4. A。

第 13 章　刚架和膜的振动

思考题 13.1　简答题

请参考文献[4,9,20,35,61 ~ 65]。

思考题 13.2　判断题

1. 是;2. 非;3. 非;4. 是;5. 是。

思考题 13.3　填空题

1. 薄膜的例子;2. 板;3. 基本;4. 弯矩;5. 常。

思考题 13.4　选择题

1. B;2. C;3. C;4. C;5. A。

思考题 13.5　连线题

1. B;2. D;3. A;4. C。

第 14 章　板的振动

思考题 14.1　简答题

请参考文献[4,20,35,56,66 ~ 70]。

思考题 14.2　判断题

1. 是;2. 非;3. 是;4. 非;5. 是。

思考题 14.3　填空题

1. $T_{\max} = \frac{\rho h}{2}\omega^2 \iint\limits_A f^2 \mathrm{d}x\mathrm{d}y$;2. $U_{\max} = \frac{D}{2}\iint\limits_A \left(\frac{\partial^2 f}{\partial x^2} + \frac{\partial^2 f}{\partial y^2}\right)^2 \mathrm{d}x\mathrm{d}y$;3. 瑞利法;4. 瑞利-里兹法;5. 颤振。

思考题 14.4　选择题

1. A;2. A;3. B;4. B;5. A。

思考题 14.5　连线题

1. D;2. C;3. A;4. B。

第 15 章　二维连续-时间系统的奇点与分岔

思考题 15.1　简答题

请参考文献[20,35,81 ~ 110]。

思考题 15.2　判断题

1. 非;2. 是;3. 是;4. 非;5. 是。

思考题 15.3　填空题

1. 结点;2. 鞍点;3. 焦点;4. 中心;5. 霍普夫,极限环。

思考题 15.4　选择题

1. A;2. A;3. C;4. A;5. B。

思考题 15.5　连线题

1. C;2. E;3. A;4. B;5. D。

B-2　部分习题答案

第 1 章　绪论

A 类习题答案

习题 1.1 答: $x = -0.05\cos 14t$ (x 以 m 计), $a = 5\text{cm}$, $T = 0.45\text{s}$ 。

习题 1.2 答: 466.8kN 。

习题 1.3 答：154.4kN。

习题 1.4 答：$x = -0.5\cos 44.3t + 10\sin 44.3t$（$x$ 以 cm 为单位）。

习题 1.5 答：$T = 0.45\text{s}$。

习题 1.6 答：$T = 0.089\text{s}$。

习题 1.7 答：$T = 2\pi\sqrt{\dfrac{m}{\rho g A}}$。

习题 1.8 答：$y = -\dfrac{m}{\rho A}\cos\sqrt{\dfrac{\rho g A}{m}}t$（以 m 为单位）。

习题 1.9 答：$x = l + \dfrac{P}{q} + \left(x_0 - l - \dfrac{P}{q}\right)\cos\left(\sqrt{\dfrac{qg}{P}}t\right) \quad l \leqslant x_0 \leqslant l + \dfrac{2P}{q}$。

习题 1.10 答：(1) $x = x_0\cos\left(\sqrt{\dfrac{fg}{l}}t\right)$（以 cm 为单位）。

(2) $f = \dfrac{4\pi^2 l}{gT^2} = 0.25$。

习题 1.11 答：$\dfrac{T_2}{T_1} = \sqrt{3}$，$x = -\dfrac{p}{k}\cos\left(\sqrt{\dfrac{kg}{p}}t\right)$，$x = -\dfrac{3p}{k}\cos\left(\sqrt{\dfrac{kg}{3p}}t\right)$。

习题 1.12 答：$\omega_1 = 18.26\text{rad/s}$，$T_1 = 0.344\text{s}$，$\omega_2 = 12.9\text{rad/s}$，$T_2 = 0.49\text{s}$。

习题 1.13 答：$x = 0.4\cos 6.26t$（x 以 m 为单位），$f = 1\text{Hz}$，$\omega = 2\pi\text{rad/s}$，$T = 1\text{s}$。

习题 1.14 答：$x_0 = -0.08\cos 5.916t$（x_0 以 m 为单位），$T = 1.062\text{s}$。

习题 1.15 答：$\dfrac{\omega_1}{\omega_2} = \dfrac{1}{\sqrt{2}} = 0.7071$，$\dfrac{T_1}{T_2} = \sqrt{2} = 1.414$。

习题 1.16 答：$x = \dfrac{v_0}{\omega_n}\sin\omega_n t - \dfrac{mg\cos\alpha}{k}\cos\omega_n t$，式中 $\omega_n = \sqrt{\dfrac{k}{m}}$。

习题 1.17 答：$x = 2f\cos\left(\sqrt{\dfrac{g}{f}\sin\alpha}\cdot t\right)$。

习题 1.18 答：$T_1 = T\sqrt{\dfrac{m + m_1}{m}} = 0.55\text{s}$。

习题 1.19 答：(1) $x = -5.02\cos 14t$（x 以 cm 为单位）。

(2) $x_1 = -5.027.53\cos 11.4t$（$x_1$ 以 cm 为单位），其中 x 和 x_1 都是从静平衡位置算起。

习题 1.20 答：$T = 2\pi\sqrt{\dfrac{l}{g}}$。

习题 1.21 答：$\varphi = \varphi_0\cos\sqrt{\dfrac{g}{l}}t - \dfrac{v_0}{\sqrt{gl}}\sin\sqrt{\dfrac{g}{l}}t$。

习题 1.22 答：$T = 2\pi\sqrt{\dfrac{ml}{F_0}}$。

习题 1.23 答：$x = \dfrac{Q}{k} + \left[\sqrt{\left(\dfrac{mg}{k}\right)^2 + \left(\dfrac{v_0}{\omega}\right)^2} - \dfrac{Q}{k}\right]\cos\sqrt{\dfrac{k}{m}}t$。其中 t 是从力 Q 作用的瞬时算起，$T = 2\pi\sqrt{\dfrac{m}{k}}$。

习题 1.24 答：$T = 2\pi\sqrt{\dfrac{m}{k_1 + k_2}}$，$k = k_1 + k_2$，放重物的位置应满足关系 $\dfrac{a_1}{a_2} = \dfrac{k_2}{k_1}$。

习题 1.25 答：$x = -\dfrac{mg}{k_1 + k_2}\cos\sqrt{\dfrac{k_1 + k_2}{m}}t - v_0\sqrt{\dfrac{m}{k_1 + k_2}}\sin\sqrt{\dfrac{k_1 + k_2}{m}}t$。

习题 1.26 答：$T = 2\pi\sqrt{\dfrac{m}{k_1 + k_2}}$。

习题 1.27 答：$x = v_0\sqrt{\dfrac{m}{k_1 + k_2}}\sin\sqrt{\dfrac{k_1 + k_2}{m}}t$。

B 类习题答案

习题 1.28 编程题

解：如果 $x(t)$ 的周期是 τ，$\omega = 2\pi/\tau$，则它的傅立叶级数展开如下

$$x(t) = \frac{a_0}{2} + \sum_{n=1}^{\infty}(a_n\cos n\omega t + b_n\sin n\omega t) \tag{1}$$

其中：

$$a_0 = \frac{2}{\tau}\int_0^{\tau}x(t)\,\mathrm{d}t \tag{2}$$

$$a_n = \frac{2}{\tau}\int_0^{\tau}x(t)\cos n\omega t\,\mathrm{d}t,\quad n = 1,2,3,\cdots \tag{3}$$

$$b_n = \frac{2}{\tau}\int_0^{\tau}x(t)\sin n\omega t\,\mathrm{d}t,\quad n = 1,2,3,\cdots \tag{4}$$

●**Maple 程序**

```
> ##################################################
> restart;                                          #傅立叶级数展开
> fseries: = proc(f,mg::name = range,n::posint)
>                                                   #定义 fseries( ) 函数
> local a,b,T,z,sum,k;                              #局部变量定义
> a: = lhs(rhs(mg));                                #区间下限
> b: = rhs(rhs(mg));                                #区间上限
> T: = b - a;                                       #周期
> z: = 2 * Pi/T * t;                                #积分变量
> sum: = int(f,mg)/T;                               #求和
> for k from 1 to n do                              #循环开始
> sum: = sum + 2/T * int(f * cos(k * z),mg) * cos(k * z)
>  + 2/T * int(f * sin(k * z),mg) * sin(k * z);     #积分函数
> od;                                               #循环结束
> sum;                                              #求和
> end;                                              #傅立叶级数展开完成
> ######################################################
> fs1: = fseries(t,t = 0..1,3);                     #问题 1 展开
> plot([t - floor(t),fs1],t = 0..3);                #绘图比较
> ######################################################
```

习题 1.29 编程题

解：因为流体压力每 0.12s 重复一次，所以周期 $\tau = 0.12$s，一阶谐波的圆频率为 $\omega = 2\pi/\tau = 52.36$rad/s。因为每个周期内有 $N = 0.12$ 个观察值，从而由梯形法得傅立叶展开系数

$$a_0 = \frac{2}{N}\sum_{i=1}^{N} p_i \tag{1}$$

$$a_n = \frac{2}{N}\sum_{i=1}^{N} p_i \cos\frac{2\pi n t_i}{\tau} \tag{2}$$

$$b_n = \frac{2}{N}\sum_{i=1}^{N} p_i \sin\frac{2\pi n t_i}{\tau} \tag{3}$$

通过计算，流体压力的傅立叶展开式为

$$p \approx \frac{a_0}{2} + \sum_{n=1}^{m}(a_n \cos n\omega t + b_n \cos n\omega t) \tag{4}$$

●**Maple 程序**

```
> ##############################################
> restart:                                                  #离散形式的傅立叶级数展开
> with(LinearAlgebra):                                      #加载线性代数库
> with(plots):                                              #加载绘图库
> N: =12:                                                   #管道压力采样点数
> tau: =0.12:                                               #流体压力循环周期
> m: =5:                                                    #傅立叶展开的项数
> omega: =2 * Pi/tau:                                       #圆频率
> t: =vector([0,0.01,0.02,0.03,0.04,0.05,0.06,0.07,
>              0.08,0.09,0.10,0.11,0.12]):                  #时间序列
> p: =vector([0,20000.,34000,42000,49000,53000,70000,60000
>              36000,22000,16000,7000,0]):                  #压力值
> a0: =2/N * sum(p[i],i=1..N):                              #傅立叶展开系数 a0
> for n from 1 to m do                                      #循环求解傅立叶展开系数
> a[n]: =2/N * sum(p[i] * cos(2 * n * Pi * t[i]/tau),i=1..N):  #傅立叶展开系数 an
> b[n]: =2/N * sum(p[i] * sin(2 * n * Pi * t[i]/tau),i=1..N):  #傅立叶展开系数 bn
> od:                                                       #循环结束
> Tu1: =plot({[t[i],p[i],i=1..12]}):                        #管道压力测量数据曲线
> P: =a0/2 + sum(a[k] * cos(k * omega * T) + b[k] * sin(k * omega * T),k=1..m):
>                                                           #管道压力傅立叶展开表达式
> Tu2: =plot({P},T=0..tau):                                 #管道压力的傅立叶展开曲线
> display({Tu1,Tu2}):                                       #合并图形进行对比
> ##############################################
```

C 类习题答案

习题 1.30（振动调整）请参考文献[4,45]。

答案：当 $l_1 = l_2$ 时，两种情况的横向自振角频率 ω 是最大值，这一结果由下式求得

$$\omega = \frac{\alpha}{l^2}\sqrt{\frac{EI}{m}}$$

如图 B.1.1 和图 B.1.2 所示，当取不同 $z = l_1/L$ 比值时给出了系数 α 曲线。

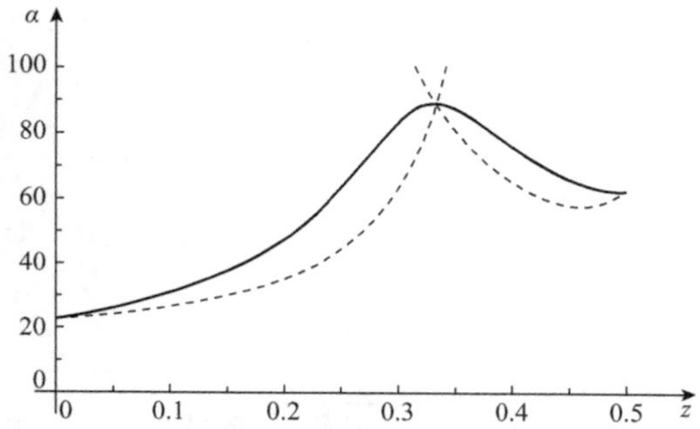

图 B.1.1 有两个可调支座简支梁固有角频率
按能量法:同步失效准则与最优化准则比较
(----同步失效准则;—最优化准则)

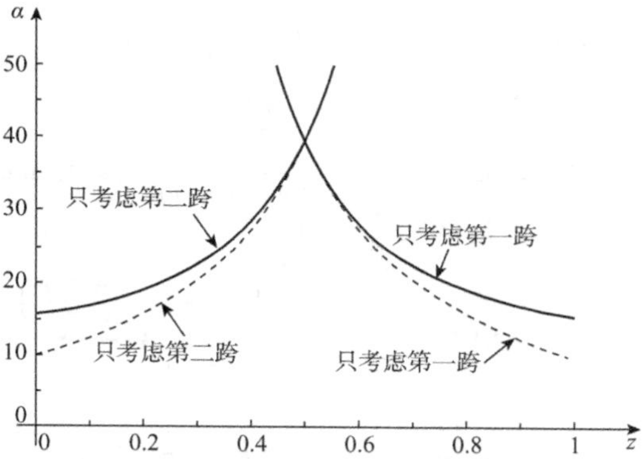

图 B.1.2 有一个可调支座简支梁固有角频率
按同步失效准则:定性判断法与能量法比较
(----定性判断法;—能量法)

这样,系杆位于对应简支梁最低自振振型的节点处,即结构体系没有附加的系杆。

振动设计准则一(同步失效准则):整体结构的最低自振角频率最大值等于各部分结构的最低自振角频率最大值。

振动设计准则二(最优化准则):整体结构的最低自振角频率最大值等于整体结构最低自振角频率对各设计参数函数取最大值。

第 2 章 单自由度系统的自由振动

A 类习题答案

习题 2.1 答:$k = \dfrac{k_1 k_2}{k_1 + k_2}$, $T = 2\pi \sqrt{\dfrac{m(k_1 + k_2)}{k_1 k_2}}$。

习题 2.2 答:$x = x_0 \cos \sqrt{\dfrac{k_1 k_2}{(k_1 + k_2) m}} t - v_0 \sqrt{\dfrac{(k_1 + k_2) m}{k_1 k_2}} \sin \sqrt{\dfrac{k_1 k_2}{(k_1 + k_2)}} t$。

习题 2.3 答:$k = \dfrac{k_1 k_2}{k_1 + k_2} = 7.35\mathrm{N/cm}$, $T = 0.517\mathrm{s}$, $a = 6.43\mathrm{cm}$, $x = 5\cos 12.13t + 4.04\sin 12.13t$($x$ 以 cm 为单位)。

习题 2.4 答:$\omega_n = \sqrt{\dfrac{k}{m}} \cos\alpha_0$, $T = \dfrac{2\pi}{\cos\alpha_0} \sqrt{\dfrac{m}{k}}$。

习题 2.5 答:$k = k_1 \cos^2\alpha_1 + (k_2 + k_3)\cos^2\alpha_2 + \dfrac{k_4 k_5}{(k_4 + k_5)} \cos^2\alpha_3$, $\omega_n = \sqrt{\dfrac{k}{m}}$。

习题 2.6 答:$k_x = k_1 \cos^2\alpha_1 + k_2 \cos^2\alpha_2$, $k_y = k_1 \sin^2\alpha_1 + k_2 \sin^2\alpha_2 + k_3$, $\omega_x = \sqrt{\dfrac{k_x}{m}}$, $\omega_y = \sqrt{\dfrac{k_y}{m}}$。

习题 2.7 答:$k = \dfrac{k_1 a_1^2 + k_2 a_2^2 + k_3 a_3^2}{b^2}$, $\omega_n = \sqrt{\dfrac{k}{m}}$。

习题 2.8 答:$k = \dfrac{1}{\sum\limits_{i=1}^{n} \dfrac{1}{k_i}}$, $T = \dfrac{2\pi}{\omega_n}$,其中 $\omega_n = \sqrt{\dfrac{k}{m}}$。

习题 2.9 答:$x = 4\cos 19.8t$(x 以 cm 为单位),$T = 0.317\mathrm{s}$, $\dot{x}_{max} = 7.92\mathrm{cm/s}$。

习题 2.10 答:$k = \dfrac{k_1(k_2 + k_3)}{k_1 + k_2 + k_3}$, $T = 2\pi \sqrt{\dfrac{m(k_1 + k_2 + k_3)}{k_1(k_2 + k_3)}}$。

习题 2.11 答：$\omega_n = \sqrt{\dfrac{3kEI}{m(3EI + kl^3)}}$。

习题 2.12 答：$v_0 = 28.3\text{cm/s}$。

习题 2.13 答：$\omega_n = \sqrt{\dfrac{F_T l}{ma(l-a)}}$（$\omega_n$ 以 rad/s 为单位）。

习题 2.14 答：$l = 15.9\text{m}$。

习题 2.15 答：$l = \sqrt[3]{\dfrac{48EI\left(k_1 + k_2 - \dfrac{4\pi^2 m}{T^2}\right)}{k_2\left(\dfrac{4\pi^2 m}{T^2} - k_1\right)}}$。

习题 2.16 答：$x = v_0\sqrt{\dfrac{m(kl^3 + 48EI)}{48kEI}}\sin\sqrt{\dfrac{48kEI}{(kl^3 + 48EI)m}}t, T = 2\pi\sqrt{\dfrac{m(kl^3 + 48EI)}{48kEI}}$。

习题 2.17 答：$l = \sqrt[3]{\dfrac{3EI\left(k_1 + k_2 - \dfrac{4\pi^2}{T^2}\cdot\dfrac{Q}{g}\right)}{k_2\left(\dfrac{4\pi^2}{T^2}\cdot\dfrac{Q}{g} - k_1\right)}}$，

$$x = -\frac{Q(k_2 l^3 + 3EI)}{k_1 k_2 l^3 + 3EI(k_1 + k_2)}\cos\sqrt{\frac{[k_1 k_2 l^3 + 3EI(k_1 + k_2)]g}{(k_2 l^3 + 3EI)Q}}t。$$

习题 2.18 答：$\omega_n = \dfrac{a}{l}\sqrt{\dfrac{k}{m}}$（$\omega_n$ 以 rad/s 计）。

习题 2.19 答：$\omega_n = \sqrt{\dfrac{k_1 k_2}{m[k_2 + (l/b)^2 k_1]}}$（$\omega_n$ 以 rad/s 计）。

习题 2.20 答：$g = \dfrac{4\pi^2(l_1 - l_2)}{T_1^2 - T_2^2}$。

习题 2.21 答：$x = 34.6\cos 7t$（x 以 cm 为单位），$\dot{x} = \pm 242\text{cm/s}$。

习题 2.22 答：$\omega_n = \sqrt{\dfrac{4k_1 k_2 k_3}{m(4k_1 k_2 + k_2 k_3 + k_3 k_1)}}$（$\omega_n$ 以 rad/s 为单位）。

习题 2.23 答：(1) $E = \dfrac{1}{2}m\dot{x}^2 + \dfrac{1}{2}kx^2 = 5\dot{x}^2 + 980x^2$（以 J 为单位）。

(2)设 x 的单位为 m，$\dot{x}$ 的单位为 m/s，图 B.2.1 所示阴影部分的面积等于弹簧的势能。

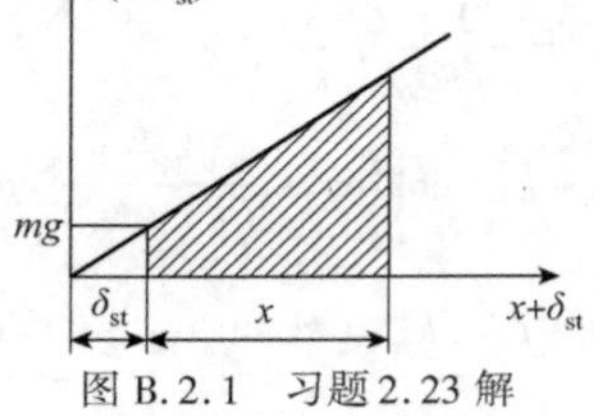

图 B.2.1　习题 2.23 解

习题 2.24 答：$T = 2\pi\sqrt{\dfrac{m}{k}}$。经过时间间隔 T 后，点的速度等于它的初始值。

习题 2.25 答：不能找出所有三个坐标一起回到原始值的时间。在这三个振动合成过程中，质点不会回到原始位置。

习题 2.26 答：$x = -e^{-2.5t}(0.05\cos 13.77t + 0.00907\sin 13.77t)$（$x$ 以 m 为单位），其中，x 轴的原点为薄板重心的静平衡位置，方向指向下方。

习题 2.27 答：$x = -0.05e^{-2t} + 0.001e^{-98t}$。

习题 2.28 答：$x = \frac{1}{6}h\cos\omega_n t$，其中，$\omega_n^2 = \frac{g}{P}(k + \pi r^2\gamma)$。

习题 2.29 答：如

$$\left(\frac{k}{m} + \frac{\pi r^2}{m}\gamma\right) - \left(\frac{\alpha}{2m}\right)^2 > 0$$

则圆柱体作振动，此时

$$x = \frac{h}{6}\sqrt{\frac{\omega_n^2}{\omega_n^2 - n^2}}e^{-nt}\sin\left(\sqrt{\omega_n^2 - n^2}t + \beta\right)$$

其中 $\omega_n^2 = \frac{k}{m} + \frac{\pi r^2}{m}\gamma, n = \frac{\alpha}{2m}, \tan\beta = \frac{\sqrt{\omega_n^2 - n^2}}{n}, m = \frac{P}{g}$。

习题 2.30 答：(1)4 个行程(往、返各 2 个)；(2)5.2cm，3.6cm，2cm，0.4cm；(3)$T=0.14\text{s}$。

习题 2.31 答：(1)$T=0.628\text{s}$；(2)7 次偏移；(3)7.55cm，6.45cm，5.35cm，4.25cm，3.15cm，2.05cm，0.95cm。

习题 2.32 答：(1) $-0.5\text{cm} < x < 0.5\text{cm}$；(2)4 个行程；(3)5.2cm，3.6cm，2cm，0.4cm。(4)$T=0.141\text{s}$；(5)$x=-0.2\text{cm}$。

习题 2.33 答：$T=1.005T_0$。

习题 2.34 答：经过 8 次振动。

习题 2.35 答：$F_R=0.42\text{N}$。

习题 2.36 答：$x=e^{-0.21t}(4\cos6.28t+0.134\sin6.28t)$($x$ 以 cm 为单位)。

习题 2.37 答：$c=\frac{\pi m}{AT_1T_2}\sqrt{T_2^2-T_1^2}$。

习题 2.38 答：$T=0.316\text{s}, \Lambda=\frac{nT}{2}=0.3106$。

习题 2.39 答：$x=e^{-1.97t}(-2.45\cos19.9t-0.242\sin19.9t)$($x$ 以 cm 为单位)。

习题 2.40 答：$\alpha=36\text{N}\cdot\text{s/m}, x=5e^{-3t}\sin\left(4t+\arctan\frac{4}{3}\right)$($x$ 以 cm 为单位)。

B 类习题答案

习题 2.41 答：$T = 2\pi\sqrt{\frac{hl}{ag}}$。

习题 2.42 答：$T = \frac{2\pi}{\sqrt{\frac{2k}{m} - \frac{g}{l}}}$。

习题 2.43 答：$T = \frac{2\pi}{\sqrt{\frac{2ka^2}{ml^2} + \frac{g}{l}}}$。

习题 2.44 答：$a^2 > \frac{mgl}{2k}, T = \frac{2\pi}{\sqrt{\frac{2ka^2}{ml^2} - \frac{g}{l}}}$。

习题 2.45 答：$T = \frac{\sqrt{3}\pi d}{d + 2a}\sqrt{\frac{m}{k}}$。

习题 2.46 答：$T = 2\pi\sqrt{\dfrac{J_0 + ms^2}{(Ms_0 - ms)g}}$。

习题 2.47 答：$T = \dfrac{2\pi\rho}{a}\sqrt{\dfrac{l}{g}}$。

习题 2.48 答：$T = 2\pi\sqrt{\dfrac{l}{g}}$。

习题 2.49 答：$T = 2\pi\sqrt{\dfrac{ml(a^2 + 4l^2)}{16kl^3 + mga^2}}$。

习题 2.50 答：$T = 2\pi\dfrac{\sqrt{6}}{\sqrt[4]{17}}\sqrt{\dfrac{l}{g}} = 7.53\sqrt{\dfrac{l}{g}}$。

习题 2.51 编程题

解：固有角频率 ω_n 和周期 T_n 为

$$\omega_n = \sqrt{\frac{g}{\delta_{st}}}, T_n = 2\pi\sqrt{\frac{\delta_{st}}{g}}$$

取 $g = 9.81\text{m/s}^2$。可以利用 Maple 程序画出 δ_{st} 在 0 ~ 0.5m 范围内 ω_n 和 T_n 的变化曲线。

●Maple 程序

```
> ##########################################################
> restart;                                        #清零
> with(plots):                                    #加载绘图库
> omega[n]:=sqrt(g/delta[st]):                    #固有角频率 ωn
> T[n]:=2*Pi*sqrt(delta[st]/g):                   #周期 Tn
> g:=9.81:                                        #重力加速度
> plot({omega[n]},delta[st]=0..0.5):              #绘 ωn 的变化曲线
> plot({T[n]},delta[st]=0..0.5):                  绘 Tn 的变化曲线
> ##########################################################
```

C 类习题答案

习题 2.52（振动调整）请参考文献[4,45]。

解：从保证具有一个自由度的质量达到所要求的振动角频率的条件出发，问题归结为确定弹性支座[图 B.2.2a)]的压缩量 $\hat{c}$。

$$\omega^* = \sqrt{\frac{1}{m\delta_{11}}} \text{ 或 } \delta_{11} = \frac{1}{m\omega^{*2}} \tag{1}$$

为了通过弹性支座的压缩量 $\hat{c}$ 表达 δ_{11}，采用力法求解，建立单位力图[图 B.2.2b)]。按维列沙金原理进行图形自乘，得到

$$\delta_{11} = \frac{L}{3EI}(4k^2 + 2k + 2) \tag{2}$$

式中：

$$k = \frac{\varphi + 0.5}{\varphi - 2}; \varphi = \frac{6EI}{l^3}\hat{c} \tag{3}$$

当 $\hat{c} = \infty$ 时，$\varphi = \infty, k = 1, \delta_{11} = 8L^3/(3EI)$。

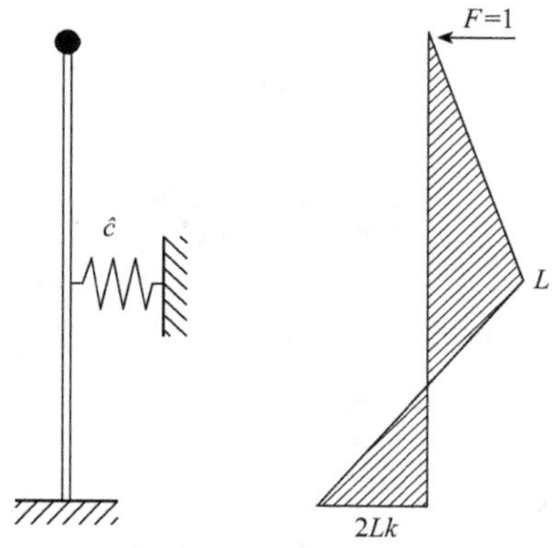

a) 振动结构图　　b) 弯矩图

图 B.2.2　习题2.52 解

由式(1)得 $\omega^{*2} = 0.375EI/(mL^3)$。

当 $\hat{c} = 0$ 时,$\varphi = 0, k = -0.25, \delta_{11} = 0.58L^3/(EI)$。

由式(1)得 $\omega^{*2} = 1.7EI/(mL^3)$。

这样,柱角频率可能变化的区域位于下列范围内

$$\omega \leqslant \omega^* \leqslant 2.13\omega \tag{4}$$

式中,ω 为下部没有绳索固定体系的振动角频率,$\omega^2 = 0.375EI/(mL^3)$。

按照条件,要求

$$\omega^* = n\omega \quad (1 \leqslant n \leqslant 2.13) \tag{5}$$

将式(1)代入式(2)中,并考虑式(5),得到

$$4k^2 + 2k + 2 - 3/n^2 = 0 \tag{6}$$

由式(6)确定 k,按式(3)求出弹性支座的压缩量 $\hat{c}$。

改变下部固定点的位置(接近质量),可能更有效地改变质量的振动角频率。

习题 2.53(振动调整)请参考文献[4,45]。

解:如图 B.2.3 所示,对一个自由度体系

$$\omega^2 = 1/(m\delta_{11}) \tag{1}$$

当支座在任意位置时

$$\delta_{11} = x^2L/(3EI)$$
$$\omega_x^2 = 3EI/(mx^2L) \tag{2}$$

当 $x = L/3$ 时得到:

$$\delta_{11} = L^3/(27EI)$$
$$\omega_{L/3}^2 = 27EI/(mL^3) \tag{3}$$

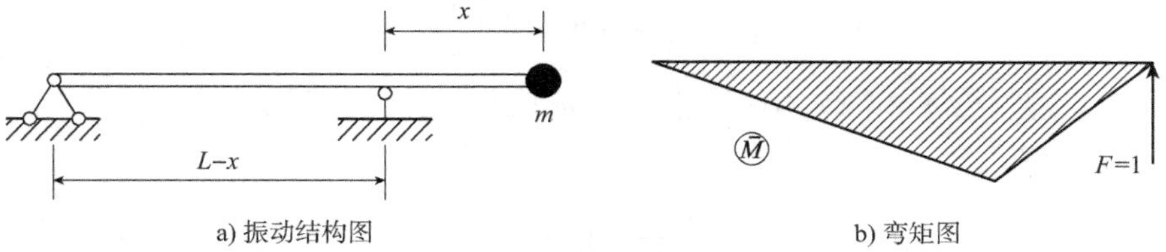

a) 振动结构图　　b) 弯矩图

图 B.2.3　习题2.53 解

当支座在新的位置时

$$\omega_x^2 = (2\omega_{L/3})^2 \tag{4}$$

即

$$\frac{3EI}{mx^2L} = \frac{4 \times 27EI}{mL^3} \tag{5}$$

$$x = L/6$$

结果是：把右支座向右移动到跨度的 $L/6$ 处，质量振动角频率提高到原来的 2 倍。

习题 2.54（综合题目） 请参考文献[53,54]。

解：分析力学方法。

粗糙时：自由度 $f = 1$，取广义坐标 θ。

光滑时：自由度 $f = 2$，取广义坐标 θ，x_C。光滑时，显然有 $\ddot{x}_C = 0$。

(1) $J_C = J_O - me^2 = \left(\frac{1}{2} - \frac{16}{9\pi}\right)mr^2$。

粗糙时：如图 B.2.4a) 所示，速度瞬心为 P_1。

$$J_{P1} = J_C + m\,\overline{CP_1}^2 = \left(\frac{3}{2} - \frac{8}{3\pi}\cos\theta\right)mr^2$$

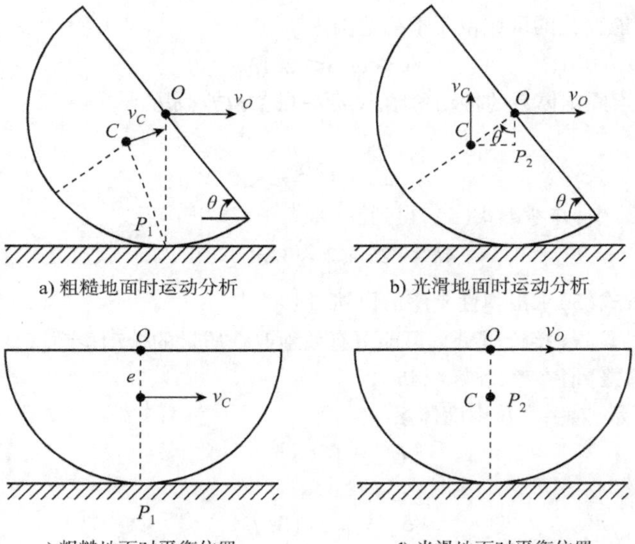

图 B.2.4　半圆柱体的滚动

动能
$$T = \frac{1}{2}J_{P1}\dot{\theta}^2 = \frac{1}{2}\left(\frac{3}{2} - \frac{8}{3\pi}\cos\theta\right)mr^2\dot{\theta}^2$$

势能
$$V = mgr\left(1 - \frac{4}{3\pi}\cos\theta\right)\text{（以地面为零势面）}$$

$$L = T - V = \frac{1}{2}mr^2\left(\frac{3}{2} - \frac{8}{3\pi}\cos\theta\right)\dot{\theta}^2 - mgr\left(1 - \frac{4}{3\pi}\cos\theta\right)$$

由 Lagrange 方程

$$\frac{\mathrm{d}}{\mathrm{d}t}\left(\frac{\partial L}{\partial\dot{\theta}}\right) - \frac{\partial L}{\partial\theta} = 0$$

可得半圆柱在粗糙水平面上的运动微分方程为

$$\left(\frac{3}{2}-\frac{8}{3\pi}\cos\theta\right)\ddot{\theta}+\frac{4}{3\pi}\left(\frac{g}{r}+\dot{\theta}^2\right)\sin\theta=0 \tag{1}$$

光滑时:如图 B.2.4b)所示,速度瞬心为 P_2。

$$J_{P2}=J_C+m\,\overline{CP_2}^2=\left(\frac{1}{2}-\frac{16}{9\pi^2}\cos^2\theta\right)mr^2\theta^2$$

动能:

$$T=\frac{1}{2}J_{P2}\dot{\theta}^2=\frac{1}{2}\left(\frac{1}{2}-\frac{16}{9\pi}\cos^2\theta\right)mr^2\theta^2$$

势能:同粗糙时

$$L=\frac{1}{2}mr^2\left(\frac{1}{2}-\frac{16}{9\pi^2}\cos^2\theta\right)\dot{\theta}^2-mgr\left(1-\frac{4}{3\pi}\cos\theta\right)$$

由 Lagrange 方程

$$\frac{\mathrm{d}}{\mathrm{d}t}\left(\frac{\partial L}{\partial\dot{\theta}}\right)-\frac{\partial L}{\partial\theta}=0$$

可得半圆柱在光滑水平面上的运动微分方程为

$$\left(\frac{1}{2}-\frac{16}{9\pi^2}\cos^2\theta\right)\ddot{\theta}+\frac{4}{3\pi}\left(\frac{g}{r}+\frac{4}{3\pi}\dot{\theta}^2\cos\theta\right)\sin\theta=0 \tag{2a}$$

$$\dot{x}_C=0 \tag{2b}$$

(2)在平衡位置微摆动时,由式(1)和式(2a)略去二阶无穷小。

$$\sin\theta\approx\theta,\cos\theta\approx1,\dot{\theta}^2\approx0,\theta^2\approx0$$

粗糙时:

$$\left(\frac{3}{2}-\frac{8}{3\pi}\right)\ddot{\theta}+\frac{4}{3\pi}\frac{g}{r}\theta=0 \tag{3}$$

$$\tau_1=2\pi\sqrt{\frac{9\pi-16}{8}\frac{r}{g}}$$

光滑时:

$$\left(\frac{1}{2}-\frac{16}{9\pi^2}\right)\ddot{\theta}+\frac{4}{3\pi}\frac{g}{r}\theta=0 \tag{4}$$

$$\tau_2=2\pi\sqrt{\frac{9\pi^2-32}{24\pi}\frac{r}{g}}$$

$$\tau_2:\tau_1=\sqrt{\frac{9\pi^2-32}{27\pi^2-48\pi}}=0.7009$$

(3)$t=0,\dot{\theta}=0,\theta=90°$,由式(1)和式(2)知:

粗糙时:

$$\ddot{\theta}=-\frac{8}{9\pi}\frac{g}{r},\alpha_1=\frac{8}{9\pi}\frac{g}{r}\text{(逆时针方向)}$$

光滑时:

$$\ddot{\theta}=-\frac{8}{3\pi}\frac{g}{r},\alpha_2=\frac{8}{3\pi}\frac{g}{r}\text{(逆时针方向)}$$

$$\alpha_2:\alpha_1=3$$

(4)L 中不显含时间 t,因此存在能量积分 $T+V=C$(C 由 $t=0$ 时确定)。

粗糙时:

$$\frac{1}{2}\left(\frac{3}{2}-\frac{8}{3\pi}\cos\theta\right)mr^2\dot{\theta}^2+mgr\left(1-\frac{4}{3\pi}\cos\theta\right)=mgr \tag{5}$$

如图 B.2.4c)所示平衡位置 $\theta=0$ 时

$$\dot{\theta}=-\sqrt{\frac{16g}{(9\pi-16)r}},\omega_1=4\sqrt{\frac{g}{(9\pi-16)r}}\text{(逆时针方向)}$$

光滑时：

$$\frac{1}{2}mr^2\left(\frac{1}{2}-\frac{16}{9\pi^2}\cos^2\theta\right)\dot{\theta}^2+mgr\left(1-\frac{4}{3\pi}\cos\theta\right)=mgr \tag{6}$$

如图 B. 2. 4d) 所示平衡位置 $\theta=0$ 时

$$\dot{\theta}=-\sqrt{\frac{48\pi}{9\pi^2-32}\frac{g}{r}},\omega_2=4\sqrt{\frac{3\pi g}{(9\pi^2-32)r}}\text{（逆时针方向）}$$

$$\omega_2:\omega_1=\sqrt{\frac{27\pi^2-48\pi}{9\pi^2-32}}=1.4268$$

(5) 地面为粗糙和光滑两种情况下，半圆柱有相同的势能。

$$V=mgr\left(1-\frac{4}{3\pi}\cos\theta\right)$$

$\frac{\partial V}{\partial\theta}=\frac{4}{3\pi}mgr\sin\theta=0$，得平衡位置，$\theta=0$，$\left.\frac{\partial^2 V}{\partial\theta^2}\right|_{\theta=0}=\frac{4}{3\pi}mgr>0$，故为稳定平衡。

第 3 章　单自由度系统在简谐激励下的振动

A 类习题答案

习题 3.1 答：$x=5e^{-5t}(5t+1)$（x 以 cm 为单位）。

习题 3.2 答：$x=8.32e^{-4.4t}-0.82e^{-44.6t}$（$x$ 以 cm 为单位）。

习题 3.3 答：$\alpha=\frac{2P}{\sqrt{gf}}$。当 $\alpha<\frac{2P}{\sqrt{gf}}$ 时，运动成为周期 $T=2\pi/\sqrt{\frac{g}{f}-\frac{\alpha^2}{4m^2}}$ 的振动。

习题 3.4 答：$x=1.32e^{-7t}-0.33e^{-28t}$（$x$ 以 cm 为单位）。

习题 3.5 答：$x=-e^{-7t}+2e^{-28t}$（x 以 cm 为单位）。位移与时间的关系曲线如图 B. 3. 1 所示。

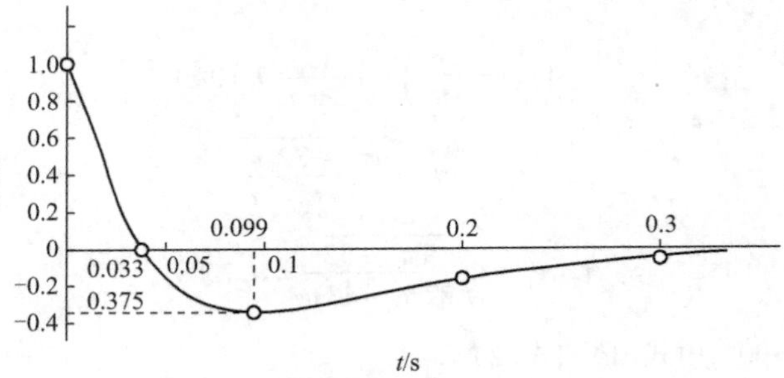

图 B. 3. 1　习题 3. 5 解

习题 3.6 答：$x=11e^{-7t}-6.4e^{-28t}$（x 以 cm 为单位）。位移与时间的关系曲线如图 B. 3. 2 所示。

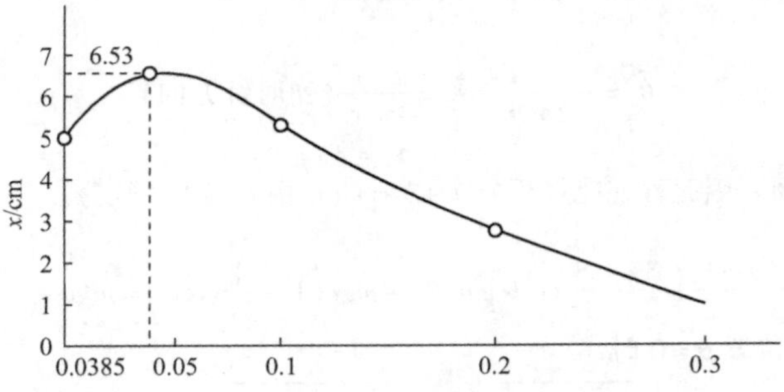

图 B. 3. 2　习题 3. 6 解

习题 3.7 答： $\frac{P}{g}\ddot{y}+\alpha\frac{b^2}{l^2}\dot{y}+k\frac{b^2}{l^2}y=0$。$\omega_d=\frac{b}{l}\sqrt{\frac{kg}{P}-\left(\frac{\alpha bg}{2Pl}\right)^2}$　$\alpha\geqslant\frac{2l}{b}\sqrt{\frac{kP}{g}}$（$\omega_d$ 以 rad/s 为单位）。

习题 3.8 答： $\alpha=3.08\text{N}\cdot\text{s/m}$，$k=974.8\text{N/m}$。

习题 3.9 答： $\frac{P}{g}\ddot{y}+a\dot{y}+\frac{kl^2}{b^2}y=0$。$\omega_d=\sqrt{\frac{kgl^2}{Pb^2}-\frac{\alpha^2g^2}{4P^2}}$　$\alpha\geqslant\frac{2l}{b}\sqrt{\frac{kP}{g}}$（$\omega_d$ 以 rad/s 为单位）。

习题 3.10 答： $c=19\text{N}\cdot\text{s/m}$，$\Lambda=nT/2=9.5$，$T=3.14\text{s}$。

习题 3.11 答： $x=\frac{F_0}{k}(1-\cos\omega_n t)$，其中 $\omega_n=\sqrt{\frac{k}{m}}$，$T=\frac{2\pi}{\omega_n}$。

习题 3.12 答： $x=\frac{\alpha}{m\omega_n^3}(\omega_n t-\sin\omega_n t)$，其中 $\omega_n=\sqrt{\frac{k}{m}}$。

习题 3.13 答： $x=\frac{F_0}{m(\omega_n^2+\alpha^2)}\left(e^{-\alpha t}-\cos\omega_n t+\frac{\alpha}{\omega_n}\sin\omega_n t\right)$，其中 $\omega_n=\sqrt{\frac{k}{m}}$。

习题 3.14 答： $x=-2.3\sin8\pi t$（以 cm 为单位）。

习题 3.15 答： $x=-5\cos14t+4.13\sin14t-2.3\sin8\pi t$（$x$ 以 cm 为单位）。

习题 3.16 答： $x=4.486\sin14t-2.3\sin8\pi t$（$x$ 以 cm 为单位）。

习题 3.17 答： $x=4\sin7t$（x 以 cm 为单位）。

习题 3.18 答： 当 $\Omega\neq\sqrt{\frac{g}{\delta_{st}}}$ 时，$x=\frac{ag}{\Omega^2\delta_{st}-g}\left(\Omega\sqrt{\frac{\delta_{st}}{g}}\sin\sqrt{\frac{g}{\delta_{st}}}t-\sin\Omega t\right)$；

当 $\Omega=\sqrt{\frac{g}{\delta_{st}}}$ 时，$x=\frac{a}{2}\left(\sin\sqrt{\frac{g}{\delta_{st}}}t-\sqrt{\frac{g}{\delta_{st}}}t\sin\Omega t\right)$。

习题 3.19 答： $v=96\text{km/h}$。

习题 3.20 答： $a=4.64\text{cm}$。

习题 3.21 答： $x=-1.61\sin54.22t+4.64\sin6\pi t$（$x$ 以 cm 为单位）。

习题 3.22 答： $x=2\cos70t-2.83\sin70t+4.17\sin50t$（$x$ 以 cm 为单位）。

习题 3.23 答： $x=2\cos70t+1.16\sin70t-71.4t\cos70t$（$x$ 以 cm 为单位）。

习题 3.24 答： $x=0.2\sin4t-0.8t\cos4t$（x 以 m 为单位）。

习题 3.25 答： $x=16\sin t\sin5t$（x 以 cm 为单位），振动带有拍频的特性。

习题 3.26 答： $x=\frac{47m\Omega^2-7k}{(k-m\Omega^2)(k-9m\Omega^2)}\cos\sqrt{\frac{k}{m}}t+\frac{5}{k-m\Omega^2}\cos\Omega t+\frac{2}{k-9m\Omega^2}\cos3\Omega t$。

在两种情况下将发生共振：$\Omega_1=\frac{1}{3}\sqrt{\frac{k}{m}}$ 和 $\Omega_2=\sqrt{\frac{k}{m}}$。

习题 3.27 答： $x=0.022\sin(8\pi t-0.91\pi)$（$x$ 以 m 为单位）。

习题 3.28 答： $x=e^{-2.5t}(-4.39\cos13.77t+3.42\sin13.77t)+2.2\sin(8\pi t-0.91\pi)$（$x$ 以 cm 为单位）。

习题 3.29 答： $A_{max}=6.2\text{cm}$，$\Omega=41.83\text{rad/s}$。

习题 3.30 答： $x=e^{-11.18t}(4.422\cos43.3t-1.547\sin43.3t)+4.66\sin(30t-0.147\pi)$（$x$ 以 cm 为单位）。

习题 3.31 答： 强迫振动的振幅减为原来的三分之一。

习题 3.32 答： $x=e^{-7.35t}(0.228\cos49.46t-0.72\sin49.46t)+3.74\sin(10t-3°30')$（$x$ 以 cm 为单位），$T=0.127\text{s}$，$T_1=0.628\text{s}$，$\varepsilon=3°30'$。

习题 3.33 答：（1）$x=0.647e^{-31.25t}\sin(95t-46°55')+1.23\sin(50t-22°36')$（$x$ 以 cm 为单位）；（2）当 $\Omega=89.7\text{rad/s}$ 时，强迫振动的振幅达到极大值，等于 1.684cm。

B 类习题答案

习题 3.34 答： $T=2\pi\sqrt{\frac{J}{mg\cos\beta}}$。

习题 3.35 答：$T = 2\pi\sqrt{\dfrac{J + ma^2}{k_1a^2 + k_2b^2}}$。

习题 3.36 答：$\omega_n = \sqrt{\dfrac{nk}{2m}\dfrac{2b - a}{b}}$。

习题 3.37 答：$\omega_n = \sqrt{\dfrac{nk(b - a)}{mb}}$。

习题 3.38 答：$\omega_n = \sqrt{\dfrac{4}{m\left(\dfrac{1}{4k_1} + \dfrac{1}{4k_2} + \dfrac{1}{k_3} + \dfrac{1}{k_4}\right)}}$。

习题 3.39 答：$\omega_n = \sqrt{\dfrac{g(\cos^2\beta\sin\beta + \cos^2\alpha\sin\alpha)}{a\cos\beta\cos\alpha\sin(\beta - \alpha)\cos(\beta - \alpha)}}$，且 $2m = \dfrac{M\sin(\beta - \alpha)}{\sin\alpha\cos\beta}$。

习题 3.40 答：$\omega_n = \sqrt{\dfrac{ka^2 - F_0b(1 - b/L)}{J}}$，其中 $F_0 = \dfrac{Ql}{a}$ 为平衡时弹簧的拉力，L 为平衡时弹簧的长度。

习题 3.41 答：$T = 2\pi\sqrt{\dfrac{J}{Qs\sin\alpha + k}}$。

习题 3.42 答：$T = 0.364\text{s}$。

习题 3.43 答：$k > Pa$，$T = 2\pi\sqrt{\dfrac{J_0}{k - Pa}}$。

习题 3.44 答：平衡位置 $\varphi = 0$ 不稳定，平衡位置 $\varphi = \varphi_0 > 0$ 或 $\varphi = \varphi_0 < 0$ 是稳定的，其中 φ_0 是方程 $\sin\varphi = \dfrac{k}{Pa}\varphi$ 的根。

$$T = 2\pi\sqrt{\frac{J_0\varphi_0}{Pa\cos\varphi_0(\tan\varphi_0 - \varphi_0)}}。$$

习题 3.45 编程题

解：系统的运动微分方程为

$$m\ddot{x} + \mu mg\,\text{sgn}(\dot{x}) + kx = F_0\sin\Omega t \tag{1}$$

令 $x_1 = x, x_2 = \dot{x}$，式(1)可以写成如下一阶微分方程组的形式：

$$\dot{x}_1 = x_2 \tag{2a}$$

$$\dot{x}_2 = -\mu g\,\text{sgn}(x_2) - \frac{k}{m}x_1 + \frac{F_0}{m}\sin\Omega t \tag{2b}$$

响应时程曲线如图 B.3.3 所示。

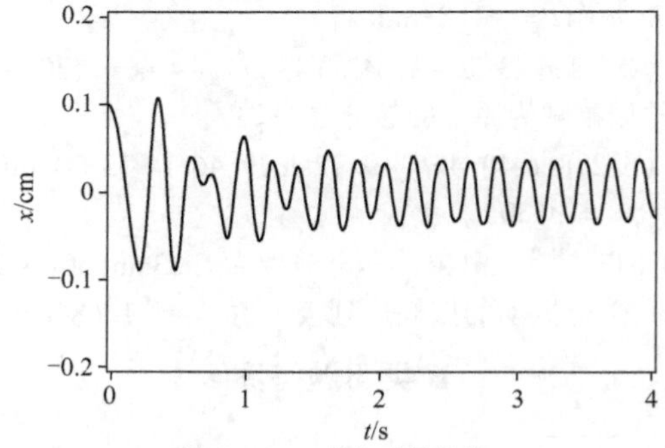

图 B.3.3　响应时程曲线

●**Maple 程序**

```
> ##########################################################
> restart:                                              #清零
> with(plots):                                          #加载绘图库
> cstj:=x1(0)=0.1,x2(0)=0.1:                            #初始条件
> m:=10:k:=200:mu:=0.5:                                 #已知参数
> g:=9.8:F[0]:=100:Omega:=30:                           #已知参数
> sys:=diff(x1(t),t)=x2(t),
>       diff(x2(t),t)=-mu*g*signum(x2(t))-k/m*x1(t)
>             +F[0]/m*sin(Omega*t):                     #系统微分方程
> fcns:=x1(t),x2(t):                                    #位移与速度
> SOL:=dsolve({sys,cstj},{fcns},type=numeric):
>                                                       #求解微分方程
> plots[odeplot](SOL,[t,x1(t)],0..4,view=[0..4,-0.2..0.2],
>                 tickmarks=[6,6],thickness=2):
>                                                       #绘时程曲线
> ##########################################################
```

C 类习题答案

习题 3.46(振动调整)请参考文献[4,45]。

解:为了确定带有集中质点的自重分布梁的振动频率,著名的公式是

$$n = \frac{60}{2\pi}\beta\sqrt{\frac{EI}{mL^4}} \tag{1}$$

式中,n 为每分钟的振动次数;m 为梁的质量;EI 为梁的刚度;β 为与 a/L 比值有关的系数(图 B.3.4);α 为重的质点与梁的质量的比值。

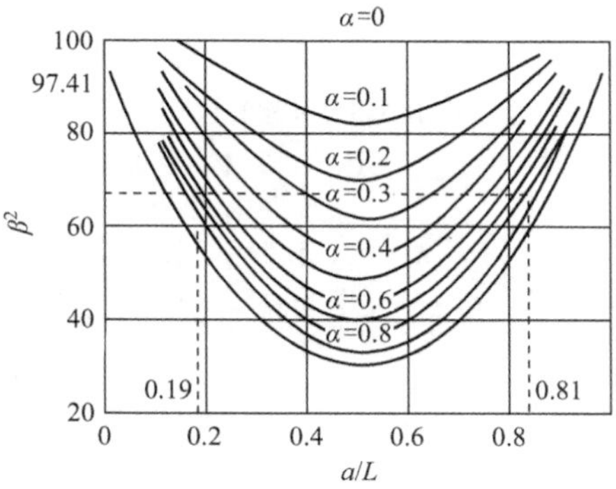

图 B.3.4　习题 3.46 解

按题意,根据图 B.3.4 中曲线,对 $\alpha = 0.5$, $a = 0.5L$, $\beta^2 = 49$, $\beta = 7$,求得

$$n = 7\,\frac{60}{2\pi}\sqrt{\frac{EI}{mL^4}} \tag{2}$$

增大频率到 1.2 倍,得到

$$n' = 8.4\,\frac{60}{2\pi}\sqrt{\frac{EI}{mL^4}} \tag{3}$$

这时，对 $\beta = 8.4, \beta^2 = 70.56$，按曲线图 B.3.4，对 $\alpha = 0.5$ 求得两个值：$(a/L)_1 = 0.19, (a/L)_2 = 0.81$。

如果质量向右或向左移动 0.31L，带有质量梁的振动频率就增加到 1.2 倍；如果梁是无质量的，则要求质量移动 0.38L。

习题 3.47（振动调整）请参考文献[4,45]。

解：只考虑框架质量 m 的横向弯曲振动时具有两个自由度，振动方程为

$$\begin{vmatrix} \delta_{11}m - \dfrac{1}{\omega^{*2}} & \delta_{12}m \\ \delta_{21}m & \delta_{22}m - \dfrac{1}{\omega^{*2}} \end{vmatrix} = 0 \tag{1}$$

单位力见图 B.3.5。从这些图分析得

$$\delta_{11} = \frac{L^3}{6EI_2}; \delta_{12} = \delta_{21} = \frac{L^3}{4EI_2}; \delta_{22} = \frac{L^3}{3EI_2}\frac{1+2k}{k} \tag{2}$$

式中 $k = I_1/I_2$。

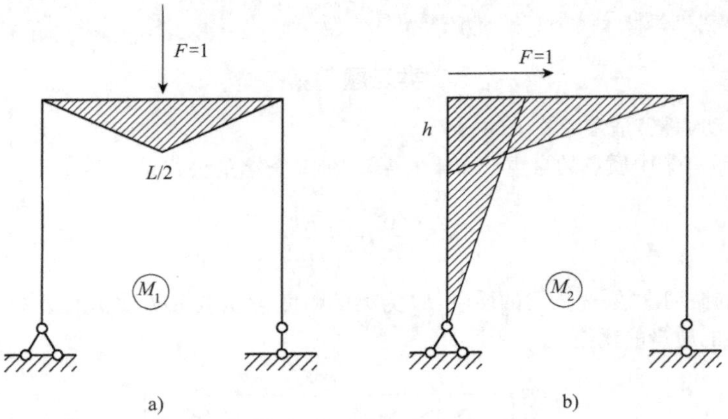

图 B.3.5　习题 3.47 解

把式(1)写成

$$\begin{vmatrix} 1-\lambda & 1.5 \\ 1.5 & 2\dfrac{1+2k}{k} - \lambda \end{vmatrix} = 0 \tag{3}$$

式中

$$\lambda = \frac{6EI_2}{L^3 m\omega^{*2}} \tag{4}$$

当

$$k = \frac{2(\lambda - 1)}{\lambda^2 - 5\lambda + 1.75} \tag{5}$$

时，方程式(3)可以满足。

这样，按已知 ω^* 和 EI_2 求 λ，然后按式(5)求得 k 和 $I_1 = kI_2$。当 $\lambda_1 = 0.38, \lambda_2 = 4.62$ 时，式(5)的分母为零。这时 $k = \infty$，即柱的刚度变为无穷大。

第 4 章 单自由度系统在一般激励下的振动

A 类习题答案

习题 4.1 答：$x = \dfrac{h\Omega e^{-nt}}{(\omega_n^2 - \Omega^2)^2 + 4(n\Omega)^2}\left(2n\cos\sqrt{\omega_n^2 - n^2}\,t + \dfrac{2n^2 + \Omega^2 - \omega_n^2}{\sqrt{\omega_n^2 - n^2}}\sin\sqrt{\omega_n^2 - n^2}\,t\right) +$

$$\frac{h}{(\omega_n^2 - \Omega^2)^2 + 4(n\Omega)^2}\left[(\omega_n^2 - \Omega^2)\sin\sqrt{\omega_n^2 - n^2}\,t - 2n\Omega\cos\Omega t\right]$$

其中 $h = \dfrac{H}{m}, \omega_n^2 = \dfrac{k}{m}, n = \dfrac{\alpha}{2m}$。

习题 4.2 答：$\alpha = 110\text{N}\cdot\text{s/m}, s = 0.97, \varphi = 80°7'$。

习题 4.3 答：$x_2 = 0.98\sin 100t - 1.22\cos 100t$（以 cm 为单位），因为 $n > \dfrac{\omega_n}{\sqrt{2}}$，所以不存在极大振幅值。

习题 4.4 答：$\varphi = \arctan 1.25 = 51°20'$。

习题 4.5 答：$\varphi = 91°38'$。

习题 4.6 答：$k_1 = 39.2\text{N/m}$。

习题 4.7 答：$F_N = F_0\sqrt{\dfrac{\omega_n^4 + 4(n\Omega)^2}{(\omega_n^2 - \Omega^2)^2 + 4(n\Omega)^2}}$，其中 $\omega_n^2 = \dfrac{k}{m}$，$n = \dfrac{\alpha}{2m}$。

习题 4.8 答：$x(t) = \dfrac{8F_0}{\pi^2 k}\sum\limits_{n=1,3,5}^{\infty}\dfrac{(-1)^{\frac{n-1}{2}}\sin n\Omega t}{n^2(1 - sn^2)}$。

习题 4.9 答：$x = \dfrac{F_0}{k}\left(1 - \cos\omega_n t - \dfrac{t}{t_1} + \dfrac{\sin\omega_n t}{\omega_n t}\right) \quad 0 \leqslant t \leqslant t_1$，

$$x = \frac{F_0}{k}\left[-\cos\omega_n t + \frac{\sin\omega_n t - \sin\omega_n(t - t_1)}{\omega_n t_1}\right] \quad t > t_1。$$

习题 4.10 答：$x = \dfrac{F_0}{k}(1 - \cos\omega_n t) \quad 0 \leqslant t \leqslant t_1$，

$$x = \frac{F_0}{k}[2\cos\omega_n(t - t_1) - \cos\omega_n t - 1] \quad t_1 < t \leqslant t_2,$$

$$x = \frac{F_0}{k}[2\cos\omega_n(t - t_1)\cos\omega_n t - \cos\omega_n(t - t_2)] \quad t > t_2。$$

B 类习题答案

习题 4.11 答：$Ql - 2aF_0 = 12a^2k$，$T = 2\pi\sqrt{\dfrac{l}{g}}\dfrac{1}{\sqrt{1 - \dfrac{2aF_0}{Ql}}}$。

习题 4.12 答：在摆的运动方程中保留 φ^5 的项，可得到周期

$$T = 2\pi\sqrt{\frac{l}{g}}\frac{1}{\sqrt{1 - 2aF_0/(Ql)}}\left(1 + \frac{\varphi_0^4}{96}\right)$$

对于单摆，当偏角达到45°时，周期的变化为0.4%。

习题 4.13 答：$T = \dfrac{4l}{a\varphi_0}\sqrt{\dfrac{Q}{kg}}\int_0^1\dfrac{\mathrm{d}x}{\sqrt{1 - x^4}} = 5.24\dfrac{l}{a\varphi_0}\sqrt{\dfrac{Q}{kg}}$。

习题 4.14 答：$h-r<\sqrt{rl}, T=2\pi(h-r+l)\sqrt{\dfrac{r}{[rl-(h-r)^2]g}}$。

习题 4.15 答：$T=2\pi\dfrac{s+a}{\sqrt{g(s-a)}}$。

习题 4.16 答：$T=2\pi\sqrt{\dfrac{m+m_0/3}{k}}$。

习题 4.17 答：$T=2\pi\sqrt{\dfrac{J+J_0/3}{k}}$。

习题 4.18 答：$n=2080\sqrt{\dfrac{EJ}{Ql^3}}$，长度单位取 cm。

习题 4.19 答：$T=0.238\text{s}$。

习题 4.20 答：$E=\dfrac{4\pi^2 Ql^3}{3JgT^2}$。

习题 4.21 编程题

解：响应的表达式为

$$x(t)=0.488695\mathrm{e}^{-t}\cos(19.975t-1.529683)+ \\ 0.001333\cos(5t-0.02666)+0.053314\cos(5t-0.02666) \tag{1}$$

响应曲线如图 B.4.1 所示。

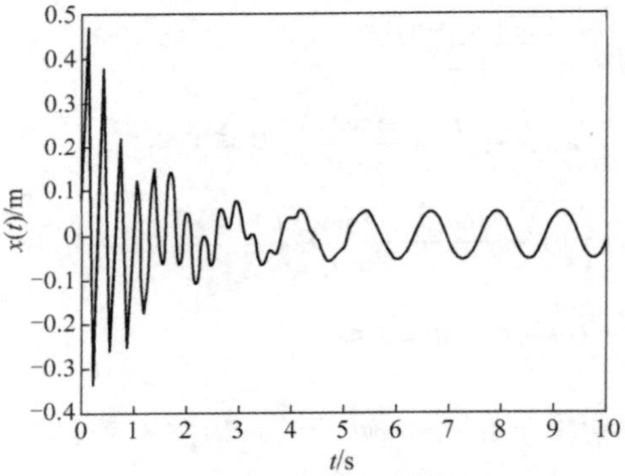

图 B.4.1　习题 4.21 解图

●**Maple 程序**

```
> ###################################################
> restart:                                                    #清零
> with(plots):                                                #加载绘图库
> x: = x1 + x2 + x3:                                          #总响应
> x1: = 0.488695 * exp( - t) * cos(19.975 * t - 1.529683):    #响应第一项
> x2: = 0.001333 * cos(5 * t - 0.02666):                      #响应第二项
> x3: = 0.053314 * sin(5 * t - 0.02666):                      #响应第三项
> plot({x}, t = 0..10, thickness = 2);                        #响应曲线
> ###################################################
```

C 类习题答案

习题 4.22（振动调整）请参考文献[4,45]。

解:问题归结为一个自由度体系的振动。当

$$\delta_A = \delta_B = \delta \tag{1}$$

时,

$$\omega^{*2} = 1/(m\delta) \text{ 或 } \delta = 1/(m\omega^{*2}) \tag{2}$$

式中,ω^* 为已知角频率;δ、δ_A、δ_B 为梁 AB 在单位力作用下各点的垂直位移。

$$\delta_A = \delta_{11}R_1 + \delta_{12}R_2 + \hat{c}_1R_1 = 1/(m\omega^{*2}) \tag{3}$$

$$\delta_B = \delta_{21}R_1 + \delta_{22}R_2 + \hat{c}_2R_2 = 1/(m\omega^{*2}) \tag{4}$$

式中,δ_{11}、δ_{12}、δ_{21}、δ_{22}为在单位力作用下,弹簧与横梁连接点的位移;R_1、R_2 为当单位力作用在梁 AB 上的质点时,弹簧中的反力。

从式(3)和式(4)得到

$$\hat{c}_1 = 1.5/(m\omega^{*2}) - \delta_{11} - 0.5\delta_{12} \tag{5}$$

$$\hat{c}_2 = 3/(m\omega^{*2}) - \delta_{22} - 2\delta_{21} \tag{6}$$

习题 4.23(振动调整)请参考文献[4,45]。

解:考虑纵向力和分布惯性荷载杆的弯曲微分方程为

$$\frac{m}{EI}\frac{\partial^2 y(x,t)}{\partial t^2} + \frac{\partial^4 y(x,t)}{\partial x^4} - k^2\frac{\partial^2 y(x,t)}{\partial x^2} = 0 \tag{1}$$

归结为解:

$$y(x) = A\mathrm{ch}s_1x + B\mathrm{sh}s_1x + C\cos s_2x + D\sin s_2x \tag{2}$$

式中

$$s_1^2 = (\sqrt{k^4 + 4\lambda} + k^2)/2;s_2^2 = \sqrt{k^4 + 4\lambda} - k^2)/2 \tag{3a}$$

$$\lambda = \omega^2 m/(EI);k^2 = \pm F/(EI) \tag{3b}$$

这里正号对应拉力,负号对应压力。任意常数 A、B、C、D 由边界条件确定。角频率参数 j 与 F/F_{cr} 比值的关系曲线示于图 B.4.2 中。

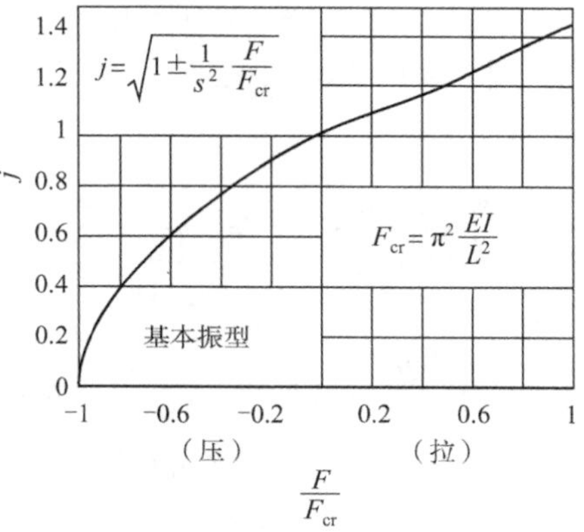

图 B.4.2 习题 4.23 解

$$\omega^* = \omega j \tag{4}$$

$$j = \sqrt{1 \pm \frac{1}{s^2}\frac{F}{F_{cr}}} \tag{5}$$

$$F_{cr} = \frac{\pi^2 EI}{L^2} \tag{6}$$

式中,ω 为当 $F=0$ 时,有质量梁的振动角频率。

当 $F/F_{cr}=0.25$ 时,由图 B.4.2 中曲线得到

当为压力时,

$$j \approx 0.9, \omega^* = 0.9\omega \tag{7}$$

当为拉力时,

$$j = 1.1, \omega^* = 1.1\omega \tag{8}$$

结果,当 F 改变符号时,梁的自振角频率增大为 1.22 倍。

F 愈接近 F_{cr} 时,振动角频率的改变越显著。在极限状态, $F = F_{cr}$,当受压时, $j = 0$;当受拉时, $j=1.5$。

第 5 章　一维连续-时间系统的奇点与分岔

A 类习题答案

习题 5.1 答:500 条。

习题 5.2 答:(1)不稳定。(2)渐近稳定。(3)渐近稳定。(4)不稳定。(5) $a<0$ 时,渐近稳定; $a=0$ 时,稳定; $a>0$ 时,不稳定。(6)不稳定。(7)不稳定。(8)渐近稳定。(9)渐近稳定。(10) $a<0$ 时,渐近稳定; $a=0$ 时,稳定; $a>0$ 时,不稳定。

习题 5.3 答:(1) $V=x^2+y^2$,稳定。(2) $V=x^2+y^2$,不稳定。(3) $V=2x^2+y^2$,渐近稳定。(4) $V=x^2+2y^2$,不稳定。(5) $V=\frac{1}{4}x^2+\frac{1}{2}y^2$,不稳定。(6) $V=x^2+y^2$,稳定。(7) $V=(x-y)^2+4x^2+2y^2$,稳定。(8) $V=x^4+y^2$, $a\leqslant 0$ 时,稳定; $a>0$ 时,不稳定。(9) $V=2x^2+y^2+z^2$,稳定。

习题 5.4 答:(1)用下标 r 和 h 分别表示兔和猎狗,则

$$\begin{cases} \dot{x}_r = R \\ \dot{y}_r = 0 \\ y_r = 0 \end{cases}, \begin{cases} \dot{x}_h = -k(x_h - x_r) \\ \dot{y}_h = -k(y_h - y_r) \\ \dot{x}_h^2 + \dot{y}_h^2 = H \end{cases}$$

于是得

$$\dot{x}_h = \frac{-(x_h - x_r)H}{[(x_h - x_r)^2 + y_h^2]^{1/2}}, \dot{y}_h = \frac{-y_h H}{[(x_h - x_r)^2 + y_h^2]^{1/2}}$$

(2)令 $x = x_h - x_r, y = y_h$,则

$$\dot{x} = \frac{-xH}{(x_h - x_r)^{1/2}} - R, \dot{y} = \frac{-yH}{(x_h - x_r)^{1/2}}。$$

(3)能抓住的条件:在任意初始条件下,上述相对运动方程都有稳定的零解。取李雅普诺夫函数为

$$V = x^2 + y^2$$

注意:$x\leqslant 0$,可知当 $H>R$ 时,$\dot{V}<0$,即只要猎狗速度大于兔的速度,它总可以追上兔。

习题 5.5 答:(1)鞍点;(2)鞍点;(3)不稳定结点;(4)中心;(5)不稳定结点;(6)不稳定焦点;(7)稳定焦点;(8)中心;(9)稳定退化结点;(10)鞍点。

习题 5.6 答:可用罗斯-霍维兹判据。

(1)不稳定;(2)$\alpha>3/2$ 时渐近稳定;(3)不稳定;(4)渐近稳定;(5)$\alpha>1/2$ 时渐近稳定;(6)不稳定。

习题 5.7 答:(1)渐近稳定;(2)不稳定;(3)不稳定;(4)渐近稳定;(5)不稳定;(6)渐近稳定;(7)渐近稳定。

习题 5.8 答:(1) $-2<a<-1$;(2) $a<-1$;(3) $ab<-3$;(4) $a<b<-1$;(5) $0<a<2$。

B 类习题答案

习题 5.9 请参考文献[13]。

习题 5.10 答:庞加莱映像为

$$P(x)=\frac{x}{x-(x-1)\mathrm{e}^{-2\pi\mu}}$$

所以截面上的不动点是 $x=1$。当 $\mu<1$ 时,不动点不稳定(对应不稳定极限环);当 $\mu>1$ 时,不动点稳定(对应稳定极限环)。

习题 5.11 请参考文献[13]。

C 类习题答案

习题 5.12 ~ 习题 5.16 请参考文献[12,81 ~90]。

第 6 章　两自由度系统的振动

A 类习题答案

习题 6.1 答: $T=2\pi\sqrt{\dfrac{3Mr^2+2ml^2}{2mg(r+l)}}$。

习题 6.2 答: $T=2\pi\sqrt{\dfrac{Ma^2+J_0}{Mg(R-a)+2kl^2}}$。

习题 6.3 答:幅频曲线的"半宽度"为

$$\Delta=s_2-s_1=\sqrt{1-2\zeta^2+2\zeta\sqrt{3+\zeta^2}}-\sqrt{1-2\zeta^2-2\zeta\sqrt{3+\zeta^2}}$$

若 $\zeta\ll1$,则有 $\Delta\approx2\zeta\sqrt{3}$。

习题 6.4 答: $\varphi=0.0051\sin25t$(式中 φ 以 rad 为单位,t 以 s 为单位)。

习题 6.5 答: $x=a\varphi=\dfrac{Qahp^2}{g(Jp^2+k)}\sin(pt-\varepsilon)$,$\tan\varepsilon=\dfrac{2p\sqrt{Jk}}{k-Jp^2}$。

习题 6.6 答:底座的质心偏离平衡位置的位移为

$$\xi=\frac{M_2r\Omega^2}{(M_1+M_3)(\omega_{\mathrm{n}}^2-\Omega^2)}\cos\Omega t+\frac{r}{l}\frac{M_2r\Omega^2}{(M_1+M_3)(\omega_{\mathrm{n}}^2-4\Omega^2)}\cos2\Omega t$$

其中 $\omega_{\mathrm{n}}=\sqrt{\dfrac{\lambda S}{M_1+M_2}}$。

习题 6.7 答: $G=3593\mathrm{kg}$。

习题 6.8 答: $J=8740\mathrm{cm}^4$ 或 $J=8780\mathrm{cm}^4$。

习题 6.9 答:当 $0\leqslant t\leqslant\dfrac{2\pi}{\Omega}$ 时,$x=\dfrac{k_1a}{m(\omega_{\mathrm{n}}^2-\Omega^2)}(\cos\omega_{\mathrm{n}}t-\cos\Omega t)+\dfrac{k_1a}{m\omega_{\mathrm{n}}^2}(1-\cos\omega_{\mathrm{n}}t)$,

其中 $\omega_n = \sqrt{\dfrac{k+k_1}{m}}$。当 $t > \dfrac{2\pi}{\Omega}$ 时，质量 m 作自由振动，$x = \left(\dfrac{k_1 a}{m(\omega_n^2 - \Omega^2)} - \dfrac{k_1 a}{m\omega_n^2}\right) + \left[\cos\omega_n t - \cos\omega_n\left(t - \dfrac{2\pi}{\Omega}\right)\right]$。

B 类习题答案

习题 6.10 答：$a = 50\text{mm}, T = 0.09\text{s}$ 。

习题 6.11 答：$\omega_1 = 0.62\sqrt{\dfrac{k}{J}}, \omega_2 = 1.62\sqrt{\dfrac{k}{J}}$。

习题 6.12 答：$\omega_1 = \sqrt{\dfrac{k}{J}}, \omega_2 = \sqrt{\dfrac{3k}{J}}$ 。

习题 6.13 答：$\varphi_1 = \alpha\cos\dfrac{\omega_1+\omega_2}{2}t\cos\dfrac{\omega_2-\omega_1}{2}t, \varphi_2 = \alpha\sin\dfrac{\omega_1+\omega_2}{2}t\sin\dfrac{\omega_2-\omega_1}{2}t$，其中 φ_1 和 φ_2 分别为两摆与铅垂线的夹角，$\omega_1 = \sqrt{\dfrac{g}{l}}, \omega_2 = \sqrt{\dfrac{g}{l} + \dfrac{2kh^2}{ml^2}}$ 。

习题 6.14 答：$T = 2\pi\sqrt{\dfrac{3Ml}{(3M+2m)g}}$ 。

习题 6.15 答：主振动的角频率为下列方程的根：

$$\frac{3M}{3M+2m}\omega^4 - \left[\frac{2(M+m)g}{(3M+2m)(R-r)} + \frac{g}{l}\right]\omega^2 + \frac{2(M+m)g^2}{(3M+2m)(R-r)l} = 0$$

习题 6.16 答：所求角频率为下列方程的根：

$$\omega^4 - \left[\frac{k}{M} + \frac{(M+m)g}{Ml}\right]\omega^2 + \frac{gk}{Ml} = 0$$

习题 6.17 答：$\omega_1^2 = \dfrac{gl}{\rho^2 + l^2}, \omega_2^2 = \dfrac{(Pl + 2kh^2)g}{P(\rho^2 + l^2)}, \dfrac{A_1^{(1)}}{A_2^{(1)}} = 1, \dfrac{A_1^{(2)}}{A_2^{(2)}} = -1$ 。

习题 6.8 答：$\omega_1 = 0.677\sqrt{\dfrac{g}{l}}, \omega_2 = 2.558\sqrt{\dfrac{g}{l}}$ 。在第一主振动中，$\varphi_1 = 0.847\varphi_2$，在第二主振动中，$\varphi_1 = -1.180\varphi_2$，其中 φ_1 和 φ_2 分别为杆和绳偏离铅垂线的角度。

习题 6.19 答：$1 - \dfrac{1}{4}\dfrac{L}{l}$。

习题 6.20 答：$1 - \dfrac{9}{16}\dfrac{l}{L}$。

习题 6.21 编程题

已知：$m_1 = m_2 = 1, k_1 = k_{12} = k_2 = k, x_1(0) = 0, x_2(0) = 0, v_1(0) = 0, v_2(0) = v$。

求：ω_1, ω_2。γ_1, γ_2。$x_1 = x_1(t), x_2 = x_2(t)$。

解：●**建模**

①首先给出方程。

②由于系统是线性的，我们可以令振动方程解的形式为：$x_1(t) = a\mathrm{e}^{\mathrm{i}(\omega t+\varphi)}, x_2(t) = b\mathrm{e}^{\mathrm{i}(\omega t+\varphi)}$。

③将所假设的解代入方程组得到特征方程。

④求解特征方程得到固有频率和振幅比。

⑤第一主振动与第二主振动叠加得到微分方程的全解。

⑥正则模态的动画。当去掉质量块间不同频率的耦合效应时,我们会得到有趣的现象。调用程序 oscillator 作这两个正则模态的动画,得到同步运动的质量块和运动方向相反的质量块的现象,如图 B.6.1和 B.6.2 所示。

答:$x_1 = -\dfrac{\sqrt{3}v}{6\sqrt{k}}\sin\ \sqrt{3kt} + \dfrac{v}{2\sqrt{k}}\sin\sqrt{kt}$;$x_2 = \dfrac{\sqrt{3}v}{6\sqrt{k}}\sin\ \sqrt{3k}t + \dfrac{v}{2\sqrt{k}}\sin\sqrt{k}t$。

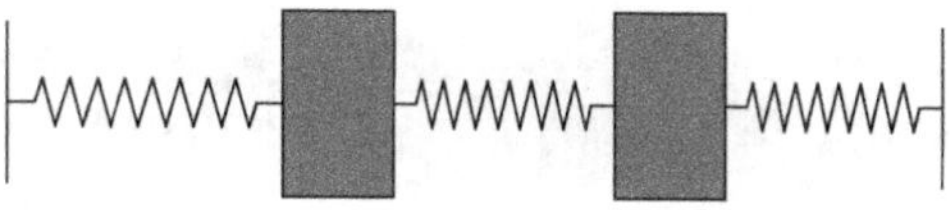

图 B.6.1　同步运动的质量块

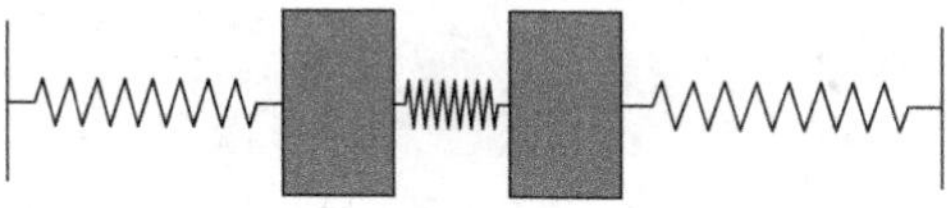

图 B.6.2　异步运动的质量块

●**Maple 程序**

```
##############################################################
> restart:                                                          #清零
> assume(k,positive):                                               #假设 k 为正数
> assume(m,positive):                                               #假设 m 为正数
> eq1:=m1*diff(x1(t),t$2)+(k1+k12)*x1(t)-k12*x2(t)=0:
>                                                                   #质量块 1 的运动方程
> eq2:=m2*diff(x2(t),t$2)-k12*x1(t)+(k12+k2)*x2(t)=0:
>                                                                   #质量块 2 的运动方程
> eq3:=subs([m1=1,m2=1,k1=k,k12=k,k2=k],eq1):
>                                                                   #代入参数
> eq4:=subs([m1=1,m2=1,k1=k,k12=k,k2=k],eq2):
>                                                                   #代入参数
> eq5:=x1(t)=a*exp(I*(omega*t+phi)):                                #假设解的形式 1
> eq6:=x2(t)=b*exp(I*(omega*t+phi)):                                #假设解的形式 2
> eq7:=simplify(subs([eq5,eq6],eq3)):                               #将假设解 1 代入并化简
> eq8:=simplify(subs([eq5,eq6],eq4)):                               #将假设解 2 代入并化简
> eq9:=simplify(eq7/exp(I*(omega*t+phi))):
>                                                                   #消去 e^{I(ωt+φ)}
> eq10:=simplify(eq8/exp(I*(omega*t+phi))):
>                                                                   #消去 e^{I(ωt+φ)}
> eq9:=collect(eq9,[a,b]):                                          #多项式排序
> eq10:=collect(eq10,[a,b]):                                        #多项式排序
```

```
> A: =matrix([[coeff(lhs(eq9),a),coeff(lhs(eq9),b)],
>            [coeff(lhs(eq10),a),coeff(lhs(eq10),b)]]):
>                                                        #特征矩阵
> with(linalg):                                          #加载矩阵运算库
> detA: =factor(det(A)):                                 #对特征矩阵行列式因式分解
> omegasquared: =solve(detA=0,omega^2):                  #求解关于频率ω² 的两个特征根
> omega1: =omega^2=omegasquared[1]:                      #关于ω² 的特征根一
> omega2: =omega^2=omegasquared[2]:                      #关于ω² 的特征根二
> eq9: =subs(omega1,a=gamma1*b,eq9):                     #代入振幅比
> eq9: =normal(eq9/(k*b)):                               #有理式的标准化
> eq10: =subs(omega2,a=gamma2*b,eq10):                   #代入振幅比
> eq10: =normal(eq10/(k*b)):                             #有理式的标准化
> solve({eq9,eq10},{gamma1,gamma2}):                     #求解主振动的振幅比
> gamma1: =1: gamma2: =-1:                               #第一、二主振动的振幅比
> eq11: =convert(subs([a=a1,omega=sqrt(3*k)],eq5),trig):
>                                                        #代入主振动参数,并以三角函数写出
> eq12: =convert(subs([b=gamma2*a1,omega=sqrt(3*k)],eq6),trig):
>                                                        #代入主振动参数,并以三角函数写出
> eq13: =convert(subs([a=a2,omega=sqrt(k)],eq5),trig):
>                                                        #代入主振动参数,并以三角函数写出
> eq14: =convert(subs([b=gamma1*a2,omega=sqrt(k)],eq6),trig):
>                                                        #代入主振动参数,并以三角函数写出
> eq15: =x1(t)=evalc(Re(rhs(eq11))+Re(rhs(eq13))):
>                                                        #提取实部,得到位移表达式
> eq16: =x2(t)=evalc(Re(rhs(eq12))+Re(rhs(eq14))):
>                                                        #提取实部,得到位移表达式
> eq17: =v1(t)=diff(rhs(eq15),t):
>                                                        #包含系数a1,a2和φ的速度表达式
> eq18: =v2(t)=diff(rhs(eq16),t):
>                                                        #包含系数a1,a2和φ的速度表达式
> parms: =solve({subs(t=0,rhs(eq15))=0,subs(t=0,rhs(eq17))=0,
> subs(t=0,rhs(eq16))=0,subs(t=0,rhs(eq18))=v},{a1,a2,phi}):
>                                                        #求解系数a1,a2和φ
> simplify(subs(parms[1],eq15)):                         #质量块1的全解
> simplify(subs(parms[1],eq16)):                         #质量块2的全解
> simplify(subs(parms[2],eq15)):                         #质量块1的全解
> simplify(subs(parms[2],eq16)):                         #质量块2的全解
> p3: =unapply(subs([a1=0,a2=1,k=1,phi=0],rhs(eq15)),t):
>                                                        #模态2引起质量块1的运动
> p4: =unapply(subs([a1=0,a2=1,k=1,phi=0],rhs(eq16)),t):
>                                                        #模态2引起质量块2的运动
> p5: =unapply(subs([a1=1,a2=0,k=1,phi=0],rhs(eq15)),t):
>                                                        #模态1引起质量块1的运动
> p6: =unapply(subs([a1=1,a2=0,k=1,phi=0],rhs(eq16)),t):
>                                                        #模态1引起质量块2的运动
> ############################################################
> springplot: =proc(a,b,n)                               #模拟弹簧子程序
> local l,i,p:                                           #局部变量
```

```
> l: = (b - a)/n:                                                     #弹簧线段长度
> p[0]: = plot([[a,0],[a+l,0]],color = black,thickness = 2):
> for i from 1 to n - 2 do                                            #循环开始
> p[i]: = plot([[a+i*l,0],[a+i*l+l/3,l/2],[a+i*l+2*l/3, -l/2],
>              [a+i*l+l,0]],color = black,thickness = 2):
>                                                                     #绘弹簧
> od:                                                                 #循环结束
> p[n-1]: = plot([[a+(n-1)*l,0],[a+(n-1)*l+l,0]],color = black,
>                  thickness = 2);                                    #绘弹簧
> p: = plots[display](seq(p[i],i = 0..n-1));                          #合并图形
> end:                                                                #子程序结束
> ###############################################################
> with(plots):                                                        #载入 plots 软件包
> ###############################################################
> oscillator: = proc(p1,p2,n::posint,f)                               #振子动画子程序
> local end1,end2,a,b,c1,c2,spring1,spring2,spring3,masses,I:
>                                                                     #局部变量
> end1: = plot([[0, -1],[0,1]],color = black,thickness = 2):
>                                                                     #质量块 1
> end2: = plot([[17, -1],[17,1]],color = black,thickness = 2):
>                                                                     #质量块 2
> for i from 0 to n - 1 do                                            #动画循环开始
> a: = p1(i*f) +5:                                                    #质量块 1 位置
> b: = p2(i*f) +11:                                                   #质量块 2 位置
> c1[i]: = polygonplot([[a-1, -1],[a-1,1],[a+1,1],[a+1, -1]],
>                     color = red):                                   #质量块 1 运动过程
> c2[i]: = polygonplot([[b-1, -1],[b-1,1],[b+1,1],[b+1, -1]],
>                     color = blue):                                  #质量块 2 运动过程
> spring1[i]: = springplot(0,a-1,10):                                 #弹簧 1 运动过程
> spring2[i]: = springplot(a+1,b-1,10):                               #弹簧 1 运动过程
> spring3[i]: = springplot(b+1,17,10):                                #弹簧 2 运动过程
> masses[i]: = display({c1[i],c2[i],spring1[i],spring2[i],
>              spring3[i],end1,end2}):                                #系统运动过程
> od:                                                                 #循环结束
> display([seq(masses[i],i = 0..n-1)],insequence = true,
>          scaling = constrained,axes = none,
>          title = "Spring Oscillating System");                      #合并图形
> end:                                                                #子程序结束
###############################################################
> oscillator(p3,p4,10,2 * Pi/10);                                     #同步运动动画模拟
> oscillator(p5,p6,10,2 * Pi/10);                                     #异步运动动画模拟
###############################################################
```

习题 6.22 编程题

已知：$m_1 = m_2 = 1, k_1 = k_{12} = k_2 = k, x_1(0) = 0, x_2(0) = 0, v_1(0) = 0, v_2(0) = v$。

求：$x_1 = x_1(t), x_2 = x_2(t)$。

解：●**建模**

①首先给出方程。

②考虑将广义位移作以下的变量变换：$\eta_1(t) = x_2(t) + x_1(t), \eta_2(t) = x_2(t) - x_1(t)$。

③其逆变换为 $x_1(t)=\frac{1}{2}[\eta_1(t)-\eta_2(t)]$,$x_2(t)=\frac{1}{2}[\eta_1(t)+\eta_2(t)]$。

④将变换应用于正则坐标,代入原振动方程组。

⑤通过加减,将微分方程的耦合方程组转化为非耦合的情况(解耦过程)。

⑥求解非耦合的方程组。

⑦执行正则逆变换我们可以得到与前面计算相同的解答。

答:$x_1=-\frac{\sqrt{3}v}{6\sqrt{k}}\sin\sqrt{3k}t+\frac{v}{2\sqrt{k}}\sin\sqrt{k}t$;$x_2=\frac{\sqrt{3}v}{6\sqrt{k}}\sin\sqrt{3k}t+\frac{v}{2\sqrt{k}}\sin\sqrt{k}t$。

●**Maple 程序**

```
##################################################################
> restart:                                                      #清零
> eq1:=m1*diff(x1(t),t$2)+(k1+k12)*x1(t)-k12*x2(t)=0:
>                                                               #质量块 1 的运动方程
> eq2:=m2*diff(x2(t),t$2)-k12*x1(t)+(k12+k2)*x2(t)=0:
>                                                               #质量块 2 的运动方程
> eq3:=subs([m1=1,m2=1,k1=k,k12=k,k2=k],eq1):
>                                                               #代入参数
> eq4:=subs([m1=1,m2=1,k1=k,k12=k,k2=k],eq2):
>                                                               #代入参数
> eq19:=eta1(t)=x2(t)+x1(t):                                    #正则变换 η1(t)=x2(t)+x1(t)
> eq20:=eta2(t)=x2(t)-x1(t):                                    #正则变换 η2(t)=x2(t)-x1(t)
> solve({eq19,eq20},{x1(t),x2(t)}):                             #求解方程组
> eq21:=%[1]:                                                   #正则逆变换为 x1(t)=1/2[η1(t)-η2(t)]
> eq22:=%%[2]:                                                  #正则逆变换为 x2(t)=1/2[η1(t)+η2(t)]
> eq23:=simplify(subs([eq21,eq22],eq3)):
>                                                               #用正则坐标,表示原振动方程组
> eq24:=simplify(subs([eq21,eq22],eq4)):
>                                                               #用正则坐标,表示原振动方程组
> eq25:=eq24+eq23:                                              #通过加,将原方程组转化为非耦合情况
> eq26:=eq24-eq23:                                              #通过减,将原方程组转化为非耦合情况
> eq27:=dsolve({eq25,eta1(0)=0,D(eta1)(0)=v},{eta1(t)}):
>                                                               #求解非耦合的方程组
> eq28:=dsolve({eq26,eta2(0)=0,D(eta2)(0)=v},{eta2(t)}):
>                                                               #求解非耦合的方程组
> simplify(subs([eq27,eq28],eq21));                             #正则逆变换,得到原方程的解一
> simplify(subs([eq27,eq28],eq22));                             #正则逆变换,得到原方程的解二
##################################################################
```

C 类习题答案

习题 6.23(振动调整)请参考文献[4,45]。

解:所提的条件只有动力 $F(t)$ 与质量惯性力 $\Phi_1(t)$ 和 $\Phi_2(t)$ 平衡时才能达到:

$$(2\Phi_1+\Phi_2+F)\sin\theta t=0 \tag{1}$$

式中，Φ_1、Φ_2、F 分别为质量 m 和 M 惯性力和动力 $F(t)$ 的幅值。

为了确定 Φ_1 和 Φ_2，我们建立准则方程组，它表明质量连接点的位移加上动力的质点惯性力的振幅值作用而产生的位移。

$$\left(\delta_{11} - \frac{2}{m\theta^2}\right)\Phi_1 + \delta_{12}\Phi_2 + \Delta_{1F} = 0 \tag{2a}$$

$$\delta_{21}\Phi_1 + \left(\delta_{22} - \frac{1}{M\theta^2}\right)\Phi_2 + \Delta_{2F} = 0 \tag{2b}$$

由图 B.6.3 计算出单位力和质量的系数：

$$\delta_{11} = \frac{L^3}{3EI}, \delta_{22} = \frac{L^3}{48EI} \tag{3a}$$

$$\delta_{12} = \delta_{21} = -\frac{L^3}{16EI} \tag{3b}$$

$$\Delta_{1F} = -\frac{FL^3}{16EI}, \Delta_{2F} = \frac{FL^3}{48EI} \tag{3c}$$

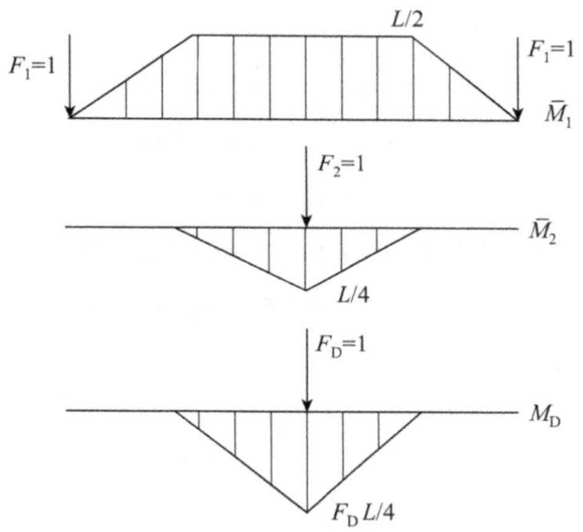

图 B.6.3　习题 6.23 解

将式(3)代入式(2)得

$$a_{11}\Phi_1 - 3\Phi_2 = 3F \tag{4a}$$

$$-3\Phi_1 + a_{22}\Phi_2 = -F \tag{4b}$$

式中：

$$a_{11} = 16 - \frac{96EI}{L^3 m\theta^2}, a_{22} = 1 - \frac{48EI}{L^3 M\theta^2} \tag{5}$$

当条件 $a_{11}a_{22} - 9 \neq 0$ 时，求解式(4)得

$$\Phi_1 = 3F\frac{a_{22} - 1}{a_{11}a_{22} - 9}, \Phi_2 = -F\frac{a_{11} - 9}{a_{11}a_{22} - 9} \tag{6}$$

将式(6)代入式(1)，当 $F\sin\theta t \neq 0$ 时，得到

$$(a_{22} - 1)(6 + a_{11}) = 0 \tag{7}$$

解得 $a_{22} = 1$，$a_{11} = -6$。

对应于 $a_{11} = -6$。问题的物理意义是 $m = \dfrac{4.36EI}{\theta^2 L^3}$。应该指出，$m$ 可以给出这样的值，使结构体系

陷入共振之中。这些质量 m 值,可以由式(6)中的分母为零的条件确定:

$$m = \frac{2\varphi(M-\varphi)}{7M-16\varphi}, \varphi = \frac{48EI}{\theta^2 L^3} \tag{8}$$

习题 6.24(振动调整) 请参考文献[4,45]。

解: 质量的振幅由方程组确定

$$(\delta_{11}m\theta^2 - 2)A_1 + \delta_{12}M\theta^2 A_2 + \Delta_{1F} = 0 \tag{1a}$$

$$\delta_{21}m\theta^2 A_1 + (\delta_{22}M\theta^2 - 1)A_2 + \Delta_{2F} = 0 \tag{1b}$$

δ_{ik} 值在习题 6.23 中引用过。

由此

$$A_1 = \frac{D_1}{D}, A_2 = \frac{D_2}{D} \tag{2}$$

式中

$$\begin{aligned} D_1 &= -F\delta_{22}(\delta_{12}M\theta^2 - 1) + F\delta_{12}\delta_{22}M\theta^2 \\ &= F\delta_{12} \end{aligned} \tag{3}$$

$$\begin{aligned} D_2 &= -F\delta_{22}(\delta_{11}\theta^2 m - 2) + F\delta_{12}^2 m\theta^2 \\ &= F\theta^2(\delta_{12}^2 - \delta_{22}\delta_{11})m + 2F\delta_{22} \end{aligned} \tag{4}$$

$$\begin{aligned} D &= (\delta_{11}\theta^2 m - 2)(\delta_{22}M\theta^2 - 1) - \delta_{12}^2 M\theta^4 m \\ &= [M\theta^4(\delta_{11}\delta_{22} - \delta_{12}^2) - \delta_{11}\theta^2]m + 2(1 - \delta_{22}M\theta^2)] \end{aligned} \tag{5}$$

根据下列资料:$EI = 1.5\times10^7\text{N}\cdot\text{m}^2$,$L = 6\text{m}$,$M = 500\text{kg}$,$\theta = 40\pi\text{rad/s}$,$F = 10000\text{N}$。$A_2$ 与 m 的关系曲线示于图 B.6.4 中。

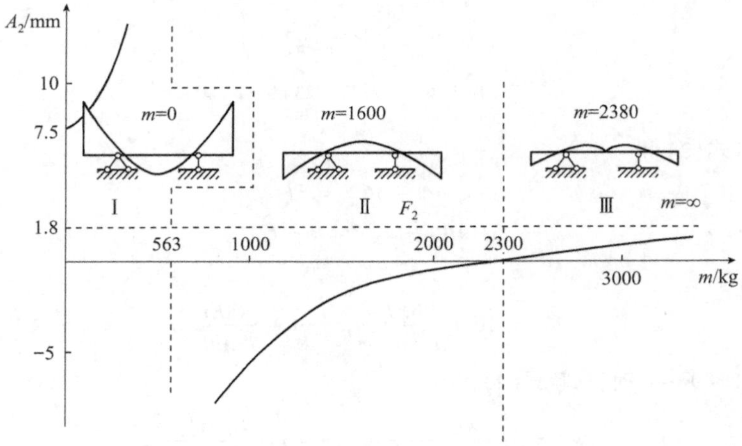

图 B.6.4 习题 6.24 解

曲线图可以分成三个区域以表示不同的振型(图 B.6.4)。在第Ⅰ区域,m 增大时,A_2 增大。随着 m 的增大,梁的自振角频率趋向于强迫振动角频率 θ。当 $m = 563\text{kg}$ 时发生共振。在第Ⅱ和第Ⅲ区域中,有些部分可以用选择质量 m 的办法来减小幅值 A_2。A_2 的减小关系到振型的改变(图 B.6.4)。

应该指出,这里的分析只是对称的振型,未考虑阻尼。

第7章 多自由度系统的振动

A类习题答案

习题7.1答：飞轮的相对转角为$\psi = \dfrac{\varphi_0 \Omega^2}{k/J - \Omega^2}\sin\Omega t$。

习题7.2答：$\omega_n = \Omega\sqrt{l/r}$。

习题7.3答：当$0 \leqslant t \leqslant \tau$时，$x = \dfrac{F}{k}\left(1 - \cos\sqrt{\dfrac{kg}{P}}t\right)$；

当$t > \tau$时，$x = \dfrac{F}{k}\left[\cos\sqrt{\dfrac{kg}{P}}(t-\tau) - \cos\sqrt{\dfrac{kg}{P}}t\right]$。

习题7.4答：(1)$x_{\max} = \sqrt{\dfrac{g}{kP}}S$；(2)$x_{\max} = \sqrt{2}\dfrac{F}{k} = \sqrt{2}x_{st}$；(3)$x_{\max} = 2\dfrac{F}{k} = 2x_{st}$。其中$x_{st}$是静位移。

习题7.5答：摆与铅垂线的夹角φ按下列规律变化。

$$\varphi = c_1\sin\omega_n t + c_2\cos\omega_n t - \frac{\xi(t)}{l} + \frac{k}{l}\int_0^t \xi(\tau)\sin\omega_n(t-\tau)\mathrm{d}\tau,$$

其中$\omega_n = \sqrt{g/l}$。

习题7.6答：$x = \dfrac{F_0}{k}\left[1 - \dfrac{2}{\omega_0\tau}\sin\omega_0\left(t - \dfrac{\tau}{2}\right)\sin\dfrac{\omega_0 t}{2}\right]$，$\omega_n = \sqrt{\dfrac{k}{m}}$，$A = \dfrac{2F_0}{\omega_n k\tau}\sin\dfrac{\omega_n t}{2}$。

习题7.7答：$\omega_n = \sqrt{\dfrac{k}{m}}$，当$0 \leqslant t \leqslant \pi/\Omega$时，$x = \dfrac{F\Omega}{m\omega_n(\Omega^2 - \omega_n^2)}\left(\sin\omega_n t + \cos\dfrac{\pi\omega_n}{2\Omega}\cos\omega_n t\right) + \dfrac{F}{m(\Omega^2 - \omega_n^2)}\sin\Omega t$。

习题7.8答：(1)$\omega_{cr} = \sqrt{\dfrac{192EIg}{Pl^3}}$；(2)$\omega_{cr} = \sqrt{\dfrac{768EIg}{7Pl^3}}$。

习题7.9答：$\omega_{cr} = \sqrt{\dfrac{3EIg}{Pla^2}}$。

习题7.10答：$\omega_{cr} = 15.4\sqrt{\dfrac{EIg}{ql^4}}$。

B类习题答案

习题7.11答：$\omega_{1,2}^2 = \dfrac{n_1^2 + n_2^2 \mp \sqrt{(n_1^2 - n_2^2)^2 + 4n_1^2n_2^2\gamma_{12}^2}}{2(1-\gamma_{12}^2)}$，其中$n_1^2 = \dfrac{(m_1+m_2)g + kl_1}{(m_1+m_2)l_1}$，$n_2^2 = \dfrac{g}{l_2}$，$\gamma_{12}^2 = \dfrac{m_2}{m_1+m_2}$。

习题7.12答：$\varphi = \varphi_0\cos\sqrt{\dfrac{3(P_1+2P_2)g}{4(P_1+3P_2)a}}t$，$\psi = \omega_0 t$，其中$\psi$为杆$AB$偏离铅垂线的角度。

习题7.13答：$\omega_{1,2}^2 = \dfrac{n_1^2 + n_2^2 \mp \sqrt{(n_1^2 - n_2^2)^2 + 4n_1^2n_2^2\gamma_{12}^2}}{2(1-\gamma_{12}^2)}$，其中$n_1^2 = \dfrac{g}{a}$，$n_2^2 = \dfrac{g}{b}$，$\gamma_{12}^2 = \dfrac{Q}{P+Q}$。

习题 7.14 答： $x = A\sin(\omega_1 t + \alpha)$，$\psi = B\sin(\omega_2 t + \beta)$，其中 x 为车厢质心的铅垂位移，ψ 为车厢地板与水平面的夹角，A、B、α、β 都为积分常数。$\omega_1 = \sqrt{\frac{2kg}{Q}}$，$\omega_2 = \sqrt{\frac{2kgl^2}{Q\rho^2}}$。

习题 7.15 答： $y = \frac{v_0}{1 - \frac{\alpha_1}{\alpha_2}}\left(\frac{1}{\omega_1}\sin\omega_1 t - \frac{\alpha_1}{\alpha_2\omega_2}\sin\omega_2 t\right)$，

$$\varphi = \frac{v_0\alpha_1}{1 - \frac{\alpha_1}{\alpha_2}}\left(\frac{1}{\omega_1}\sin\omega_1 t - \frac{1}{\omega_2}\sin\omega_2 t\right),$$

$$\omega_{1,2}^2 = \frac{6kg}{P}\left(1 \mp \sqrt{1 - 0.278\frac{(a+b)^2}{a^2+b^2}}\right),\ \alpha_1 = \frac{2k - \frac{P}{g}\omega_1^2}{k(b-a)},\ \alpha_2 = \frac{2k - \frac{P}{g}\omega_2^2}{k(b-a)}。$$

习题 7.16 答： 设 z 为底板质心的铅垂位移，φ 为底板的转角（这两个坐标都由底板质心的平衡位置开始测量）。则

$$z = \sqrt{\frac{g}{kQ}}S\left(0.738\sin 1.330\sqrt{\frac{kg}{Q}}t + 0.00496\sin 3.758\sqrt{\frac{kg}{Q}}t\right)$$

$$l\varphi = \sqrt{\frac{g}{kQ}}S\left(0.509\sin 1.330\sqrt{\frac{kg}{Q}}t - 0.180\sin 3.758\sqrt{\frac{kg}{Q}}t\right)$$

习题 7.17 答： $\omega_1 = \sqrt{\frac{F}{ma}}$，$\omega_2 = \sqrt{\frac{F}{m}\left(\frac{1}{a} + \frac{1}{b}\right)}$。主坐标为：$\theta_1 = \frac{1}{2}(x_1 + x_2)$，$\theta_2 = \frac{1}{2}(x_2 - x_1)$

。

习题 7.18 答： $\omega_1 = \sqrt{\frac{g}{\rho_1}}$，$\omega_2 = \sqrt{\frac{g}{\rho_2}}$。

习题 7.19 答： 微振动角频率为下列方程的根：

$$\omega^4 - \left(2\Omega^2 + \frac{g}{\rho_1} + \frac{g}{\rho_2}\right)\omega^2 + \left(\Omega^2 - \frac{g}{\rho_1}\right)\left(\Omega^2 - \frac{g}{\rho_2}\right) = 0$$

习题 7.20 答： 自由振动的角频率为下列方程的根：

$$\omega^4 - \frac{M+m}{M+3m}\left(1 + 2\frac{m}{M}\frac{r+l}{r}\right)\frac{g}{l}\omega^2 + \frac{2m(M+m)}{M(M+3m)}\frac{g^2}{lr} = 0$$

习题 7.21 编程题

答： 一般形式方程：$f(x) = a_1x^4 + a_2x^3 + a_3x^2 + a_4x + a_5 = 0$。

●Maple 程序

```
> ####################################################################
> restart;                                                  #清零
> with(student):                                            #加载学生库
> eq1:=f=0:                                                 #一般形式的四次方程
> f:=a[1]*x^4+a[2]*x^3+a[3]*x^2+a[4]*x+a[5]:                #四次多项式函数
> yztj1:=a[1]=1,a[2]=0,a[3]=0,a[4]=-8,a[5]=12:              #已知条件
> eq1:=subs(yztj1,eq1):                                     #代入已知条件写出具体方程
> SOL1:=fsolve({eq1},{x},complex);                          #解方程
> ##################################################################
```

C 类习题答案

习题 7.22(振动调整)请参考文献[4,45]。

解:所讨论的框架为两个自由度。基本体系和单位力图示于图 B.7.1。

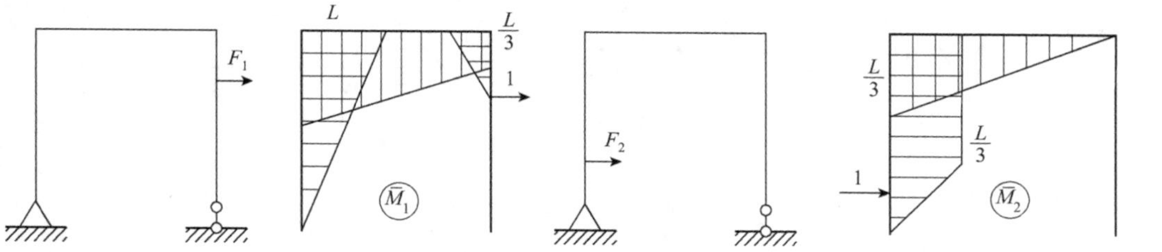

a) 单位载荷图1　b) 弯矩图2　c) 单位载荷图1　d) 弯矩图2

图 B.7.1　习题 7.22 解

振动方程组:

$$\left(\delta_{11}m - \frac{1}{\omega^2}\right)F_1 + \delta_{12}MF_2 = 0 \tag{1a}$$

$$\delta_{21}mF_1 + \left(\delta_{22}M - \frac{1}{\omega^2}\right)F_2 = 0 \tag{1b}$$

式中

$$\delta_{11} = \frac{67L^3}{81EJ},\ \delta_{22} = \frac{10L^3}{81EJ} \tag{2a}$$

$$\delta_{12} = \delta_{21} = \frac{23.5L^3}{81EJ} \tag{2b}$$

考虑式(2),使方程组的行列式等于零,得到:

$$\begin{vmatrix} 6.7k-\lambda & 2.35 \\ 2.35k & 1-\lambda \end{vmatrix} = 0 \tag{3}$$

式中

$$k = \frac{m}{M},\ \lambda = \frac{81EI}{10L^3M\omega^2} \tag{4}$$

展开行列式,求得:

$$\lambda^2 - (1 + 6.7k)\lambda + 1.18k = 0 \tag{5}$$

由此

$$\lambda_{1,2} = (0.5 + 3.35k) \pm \sqrt{11.22k^2 + 2.17k + 0.25} \tag{6}$$

当 $k = 0, \lambda = 1$ 时,这对应于原来无质量 m 的体系,自振角频率

$$\omega_{k=0} = \frac{2.85}{L}\sqrt{\frac{EI}{LM}} \tag{7}$$

当 $k = 1$,即 $m = M$ 时,自振角频率 ω 减小到原来的 1/2.75,等于

$$\omega_{k=1} = \frac{1.04}{L}\sqrt{\frac{EI}{LM}} \tag{8}$$

习题 7.23(振动调整)请参考文献[4,45]。

解:考虑对称和分组的未知力,基本体系如图 B.7.2 所示。

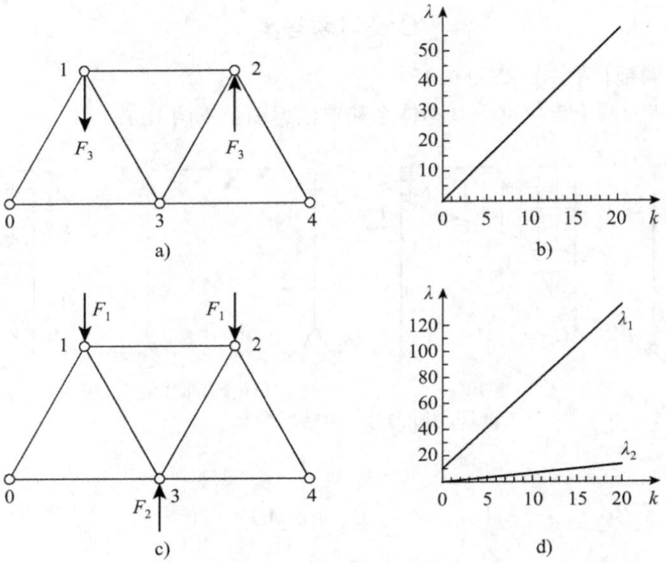

图 B.7.2　习题 7.23 解

由已知的方法,用单位作用力计算桁架,得到:

$$\delta_{11} = \frac{6L}{EA_1} + \frac{4.16L}{EA_2} \tag{1a}$$

$$\delta_{22} = \frac{3L}{EA_1} + \frac{2.82L}{EA_2} \tag{1b}$$

$$\delta_{33} = \frac{L^4}{EA_1} + \frac{2.82L}{EA_2} \tag{1c}$$

$$\delta_{12} = \delta_{21} = \frac{4L}{EA_1} + \frac{2.81L}{EA_2} \tag{1d}$$

$$\delta_{23} = \delta_{32} = \delta_{13} = \delta_{31} = 0 \tag{1e}$$

令 $A_1/A_2 = k$,求得:

(1)对称的振动

$$\left[\frac{mL}{2E}(1 + 2.82k) - \frac{A_1}{\omega^{*2}}\right]F_3 = 0 \tag{2}$$

$$k = \frac{\lambda - 1}{2.82}, \lambda = \frac{2EA_1}{mL\omega^{*2}} \tag{3}$$

(2)反对称的振动

$$[6(1 + 0.69k) - \lambda]F_1 + 4(1 + 0.7k)F_2 = 0 \tag{4a}$$

$$4(1 + 0.7k)F_1 + [3(1 + 0.94k) - \lambda]F_2 = 0 \tag{4b}$$

由方程组行列式等于零,得到两个根:

$$\lambda_1 = (4.5 + 3.49k) + \sqrt{8.29k^2 + 24.42k + 18.25} \tag{5a}$$

$$\lambda_2 = (4.5 + 3.49k) - \sqrt{8.29k^2 + 24.42k + 18.25} \tag{5b}$$

在图 B.7.2d)给出 λ_1 和 λ_2 与 k 的关系曲线。

设:

$$E = 2.1 \times 10^5 \mathrm{N/cm^2}, L = 200\mathrm{cm} \tag{6a}$$

$$\omega^* = 20\mathrm{rad/s}, A_1 = 400\mathrm{cm^2}, m = 75.0\mathrm{kg} \tag{6b}$$

把式(6)代入式(3),得到

$$\lambda = \frac{2 \times 2.1 \times 10^5 \times 400}{75.0 \times 200 \times 400} = 28 \tag{7}$$

当 $\lambda = 28$ 时,由图 B.7.2d)中曲线查出 $k = 3$:

$$A_2 = \frac{A_1}{k} = \frac{400}{3} = 133.3(\mathrm{cm^2}) \tag{8}$$

应当指出,不考虑水平振动,在计算中的误差约为20%。

第8章　固有振动特性的近似计算方法

A 类习题答案

习题 8.1 答: $\varphi_1 = \beta(1 - \cos\omega t), \varphi_2 = 2\alpha + \beta(1 + \cos\omega t), \alpha = \arcsin\frac{l_0}{2R}, \omega = \sqrt{\frac{2k}{m}}\cos\alpha$。

习题 8.2 答:(1) $x = A_1 e^{-ht}\sin(\sqrt{\omega_1^2 - h^2}t + \varepsilon_1), \varphi = A_2\sin(\omega_2 t + \varepsilon_2)$,其中 $A_1, A_2, \varepsilon_1, \varepsilon_2$ 都为积分常数, $h = \frac{bg}{2(P_1 + P_2)}, \omega_1 = \sqrt{\frac{kg}{P_1 + P_2}}, \omega_2 = \sqrt{\frac{g}{l}}$。

(2)若 $b = 0$,则当 $k = \frac{P_1 + P_2}{l}$ 时两个主频率相等。

习题 8.3 答: $\omega_1 = \sqrt{\frac{g}{R}\cos\alpha}$, $\omega_2 = \sqrt{\frac{2k}{m}\cos^2\alpha + \frac{g}{R}\cos\alpha}$,其中 $\alpha = \arcsin\frac{l}{2R}$。

习题 8.4 答: $m_1\ddot{x}_1 + \beta\dot{x}_1 - \beta\dot{x}_2 + (k_1 + k_2)x_1 - k_2x_2 = k_1\xi(t)$,

$m_2\ddot{x}_2 - \beta\dot{x}_1 + \beta\dot{x}_2 - k_2x_1 + k_2x_2 = 0$。

习题 8.5 答: $k > \frac{(m_1 l + 2m_2 a)g}{2l^2}, (a_{11}a_{12} - a_{12}^2)\omega^4 - (a_{11}a_{22} + a_{22}a_{11})\omega^2 + c_{11}c_{22} = 0$,其中 $a_{11} = \frac{m_1 l^2 + 3m_2 a^2}{3}, a_{12} = m_2 ar, a_{22} = m_2 r^2, c_{11} = cl^2 - \frac{(m_1 l + 2m_2 a)}{2}g, c_{22} = m_2 gr$。

习题 8.6 答: $\varphi = a_1\sin(\omega_1 t + \varepsilon_1), \psi = a_2\sin(\omega_2 t + \varepsilon_2)$,其中 $\omega_1 = \sqrt{\frac{3kl^2}{m_1 l^2 + 3m_2 a^2}}$, $\omega_2 = \sqrt{\frac{g}{l}}$,且 $a_1, a_2, \varepsilon_1, \varepsilon_2$ 都为积分常数。

习题 8.7 答: $\omega_1 = 54.8\mathrm{rad/s}, \omega_2 = 2.88 \times 10^3\mathrm{rad/s}$。

习题 8.8 答: $\omega = 58.7\mathrm{rad/s}$。

习题 8.9 答: $\omega_1 = 5.69\sqrt{\frac{EJg}{Ql^3}}$, $\omega_2 = 22.04\sqrt{\frac{EJg}{Ql^3}}, \frac{A_1^{(1)}}{A_2^{(1)}} = 1$, $\frac{A_1^{(2)}}{A_2^{(2)}} = -1$,主振型如图 B.8.1 所示。

习题 8.10 答: $\omega_1 = 6.55\sqrt{\frac{EJg}{Ql^3}}$, $\omega_2 = 27.2\sqrt{\frac{EJg}{Ql^3}}$, $\frac{A_2^{(1)}}{A_1^{(1)}} = 0.95$, $\frac{A_2^{(2)}}{A_1^{(2)}} = -2.09$,主振型如图 B.8.2 所示。

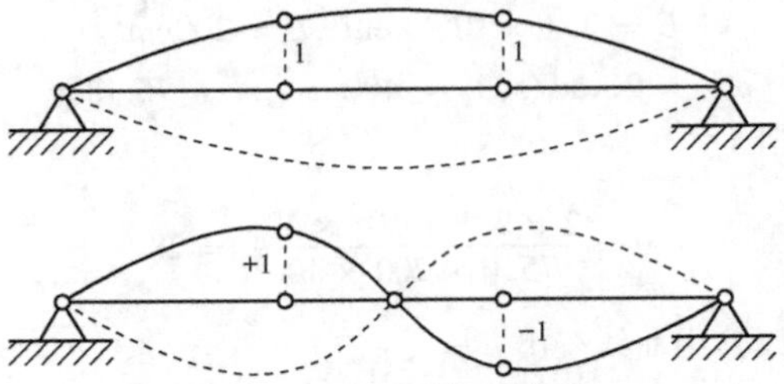

图 B.8.1　习题 8.9 解

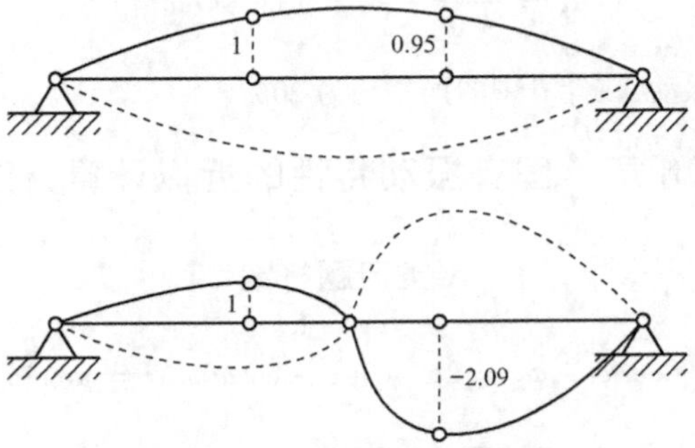

图 B.8.2　习题 8.10 解

习题 8.11 答：$\omega_1 = 0.5579\sqrt{\dfrac{EI}{ma^3}}, \boldsymbol{Y}_1^{\mathrm{T}} = [1 \quad 3.05]$；

$\omega_2 = 2.8286\sqrt{\dfrac{EI}{ma^3}}, \boldsymbol{Y}_2^{\mathrm{T}} = [1 \quad -0.6817]$。

习题 8.12 答：$\omega_1 = 1.7009\sqrt{\dfrac{EI}{mh^3}}, \boldsymbol{Y}_1^{\mathrm{T}} = [0.34738 \quad 0.65280 \quad 0.87943 \quad 1]$；

$\omega_2 = 4.9769\sqrt{\dfrac{EI}{mh^3}}, \boldsymbol{Y}_2^{\mathrm{T}} = [0.95436 \quad 0.97887 \quad 0.03204 \quad -1]$。

B 类习题答案

习题 8.13 编程题

答：所绘图形如图 B.8.3 所示。

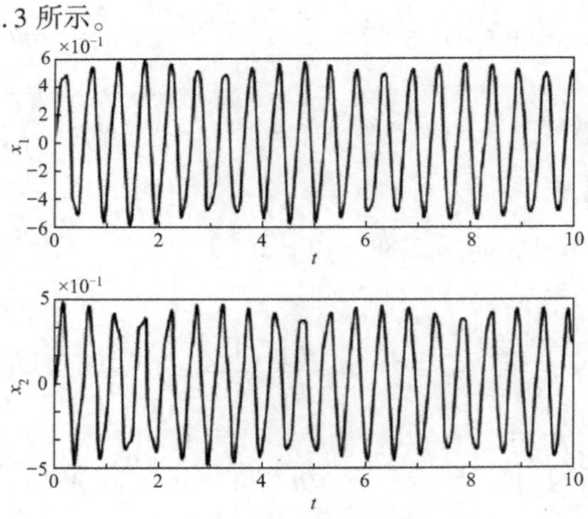

图 B.8.13　习题 8.13 解

C 类习题答案

习题 8.14(振动调整)请参考文献[4,45]。

解:对所组成的两自由度体系,写出振动方程组

$$(\delta_{11}m-\lambda)F_1+\delta_{12}m_0F_2=0 \tag{1a}$$

$$\delta_{21}mF_1+(\delta_{22}m_0-\lambda)F_2=0 \tag{1b}$$

基本体系和单位力如图 B.8.4 所示。令 $k=\dfrac{h}{L}$,得到

$$\delta_{11}=\frac{2k^2L^3}{6EI}(k+2),\delta_{22}=\frac{L^3}{6EI} \tag{2a}$$

$$\delta_{12}=\delta_{21}=\frac{kL^3}{6EI} \tag{2b}$$

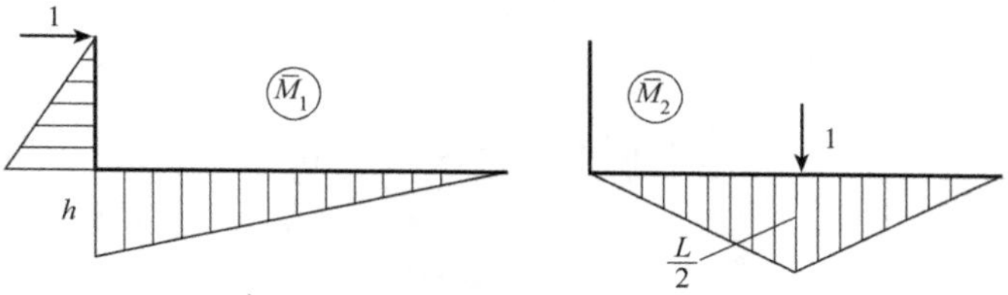

图 B.8.4 习题 8.14 解

将式(2)代入式(1),使方程组的行列式等于零:

$$\begin{vmatrix} 2k^2(k+2)m-\lambda & km_0 \\ km & m_0-\lambda \end{vmatrix}=0 \tag{3}$$

展开行列式,得到两个值:

$$\lambda_1=[\alpha k^2(k+2)+0.5]+\sqrt{[\alpha k^2(k+2)+0.5]^2-\alpha k^2(2k+3)} \tag{4a}$$

$$\lambda_2=[\alpha k^2(k+2)+0.5]-\sqrt{[\alpha k^2(k+2)+0.5]^2-\alpha k^2(2k+3)} \tag{4b}$$

式中

$$\alpha=\frac{m}{m_0},\lambda=\frac{6EI}{L^3m_0\omega^{*2}}=\frac{\omega^2}{\omega^{*2}} \tag{5}$$

且

$$k=0,\lambda=1,\omega=\sqrt{\frac{6EI}{m_0L^3}} \tag{6}$$

当 α 和 k 为各种不同数值时,建立振动角频率与质量 m 和悬臂长度 h 的关系曲线如图 B.8.5 所示。

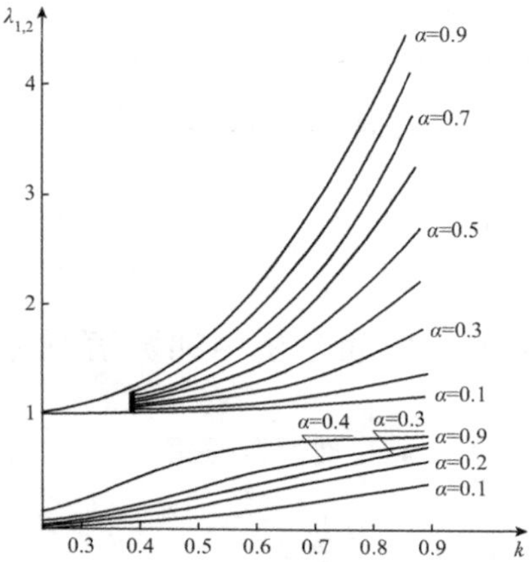

图 B.8.5 习题 8.14 解

习题 8.15(振动调整) 请参考文献[4,45]。

解:如图 B.8.6 所示,动力弯矩图与静力弯矩图叠加。

$$M = \overline{M}_1 \cdot \Phi + M_F \tag{1}$$

式中,Φ 为质量 m 惯性力的幅值。

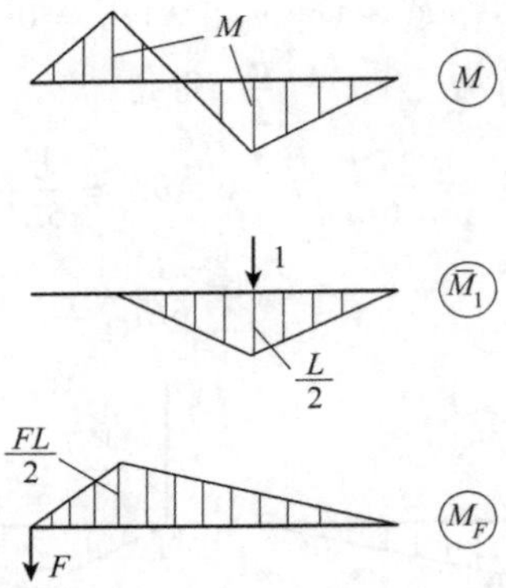

图 B.8.6　习题 8.15 解

联立求解方程式(2)和式(3),确定振幅值 Φ:

$$\frac{1}{2}\Phi - \frac{FL}{4} = \frac{FL}{2} \tag{2}$$

$$\left(\delta_{11} - \frac{1}{m\Theta^2}\right)\Phi + \Delta_{1F} = 0 \tag{3}$$

式中

$$\delta_{11} = \frac{L^3}{6EI} \tag{4a}$$

$$\Delta_{1F} = -\frac{FL^3}{8EI} \tag{4b}$$

考虑式(4),求解方程组式(2)和式(3),得到

$$\Theta^2 = \frac{12EI}{mL^3} \tag{5}$$

应该指出,当不发生共鸣条件时,问题是有意义的,从式(3)得

$$\delta_{11} m\Theta^2 = 1, \Theta^2 \neq \frac{6EI}{mL^3} \tag{6}$$

因为 $\frac{L^3}{6EI} \cdot m \cdot \frac{12EI}{mL^3} = 2$,条件是满足的。

第 9 章　振动分析中的数值积分法

A 类习题答案

习题 9.1 答: $\omega_1 = \sqrt{\frac{6}{5}\frac{EJg}{Ql^3}}, \omega_2 = \sqrt{2\frac{EJg}{Ql^3}}$。

习题 9.2 答:两个主振动角频率分别为 $0.804\sqrt{\frac{3EJ}{ml^3}}$ 和 $20.7\sqrt{\frac{3EJ}{ml^3}}$。

第一主振动是绕点 O_1 的转动,该点 O_1 处于梁轴 A 端左边,$O_1A=0.612l$;第二主振动是绕点 O_2 的转动,该点在梁轴 A 端的右边,$O_2A=0.106l$。

习题 9.3 答:$\varphi_1=\frac{M}{4J}t^2+\frac{M}{4k}\left(1-\cos\sqrt{\frac{2k}{J}}t\right),\varphi_2=\frac{M}{4J}t^2-\frac{M}{4k}\left(1-\cos\sqrt{\frac{2k}{J}}t\right)$。

习题 9.4 答:平衡是稳定的。$\omega_1=0.412\sqrt{\frac{g}{l}},\omega_2=1.673\sqrt{\frac{g}{l}},r_1=-1.455,r_2=3.495$。

习题 9.5 答:$\omega_1=0.497\sqrt{\frac{EJ}{Ma^3}},\omega_2=1.602\sqrt{\frac{EJ}{Ma^3}}$。

习题 9.6 答:$m=4.9\times10^3\text{kg},k_2=49\times10^3\text{kN/m}$。

习题 9.7 答:$\varphi_1=\frac{M_0(k-J\Omega^2)}{J^2(\Omega^2-\omega_1^2)(\Omega^2-\omega_2^2)}\sin\Omega t,\varphi_2=\frac{M_0k}{J^2(\Omega^2-\omega_1^2)(\Omega^2-\omega_2^2)}\sin\Omega t$,其中 ω_1 和 ω_2 为系统的主振动角频率。

习题 9.8 答:$y=\frac{k_1Pgr\Omega^2\sin\Omega t}{k_1k_2g^2-\left[(k_1+k_2)P+k_1\left(Q_1+\frac{1}{3}Q_2\right)\right]g\Omega^2+P\left(Q_1+\frac{1}{3}Q_2\right)\Omega^4}$,

其中 y 为定子偏离平衡位置的量。

习题 9.9 答:$b=g/\Omega^2$。

习题 9.10 答:$J_1\ddot{\varphi}_1+k_1(\varphi_1-\varphi_2)=0$,

$(J_2+ml^2)\ddot{\varphi}_2+mal\ddot{\varphi}_3\cos(\varphi_2-\varphi_3)+mal\dot{\varphi}_3^2\sin(\varphi_2-\varphi_3)+k_1(\varphi_2-\varphi_1)=M_0\sin\Omega t$,

$(J_3+ma^2)\ddot{\varphi}_3+mal\ddot{\varphi}_2\cos(\varphi_2-\varphi_3)-mal\dot{\varphi}_2^2\sin(\varphi_2-\varphi_3)=0$。

B 类习题答案

习题 9.11 编程题

答:$\omega_1^2=0.19806,\omega_2^2=1.5550,\omega_3^2=3.2470$。

$\boldsymbol{X}_1=[0.32799,-0.59101,0.73698]^{\mathrm{T}},\boldsymbol{X}_2=[-0.73698,-0.32799,0.59101]^{\mathrm{T}}$,

$\boldsymbol{X}_3=[0.59101,-0.73698,0.32799]^{\mathrm{T}}$。

C 类习题答案

习题 9.12(振动调整)请参考文献[4,45]。

解:设想的动力弯矩图示于图 B.9.1。调整条件为:

$$\frac{kL}{2}\Phi_2+\frac{L}{2}\Phi_1+\frac{FL}{2}=-Lk\cdot\Phi_2 \tag{1}$$

式中,$k=\frac{h}{L}$,而 Φ_1 和 Φ_2 由下列方程组确定。

$$\left(\delta_{11}-\frac{1}{am_0\Theta^2}\right)\Phi_1+\delta_{12}\cdot\Phi_2+\Delta_{1F}=0 \tag{2a}$$

$$\delta_{21}\cdot\Phi_1+\left(\delta_{22}-\frac{1}{m_0\Theta^2}\right)\Phi_2+\Delta_{2F}=0 \tag{2b}$$

这里 $\alpha=\dfrac{m}{m_0}$;δ_{11},δ_{12},δ_{22},Δ_{1F},Δ_{2F} 由图形相乘得到(图 B.9.2):

$$\delta_{11}=\frac{2k^2L^3}{3EI},\delta_{12}=\frac{kL^3}{4EI},\delta_{22}=\frac{L^3}{6EI} \tag{3a}$$

$$\Delta_{1F}=\frac{FkL^3}{4EI},\Delta_{2F}=\frac{FL^3}{6EI} \tag{3b}$$

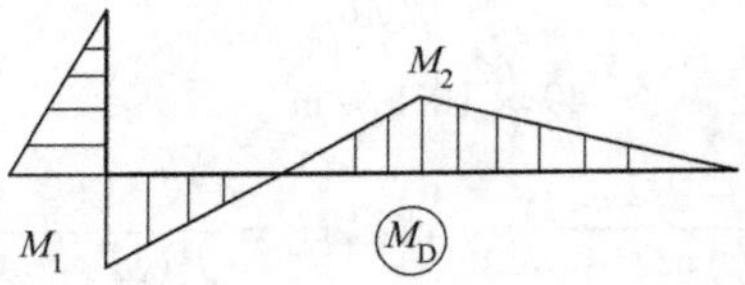

图 B.9.1　动力弯矩图

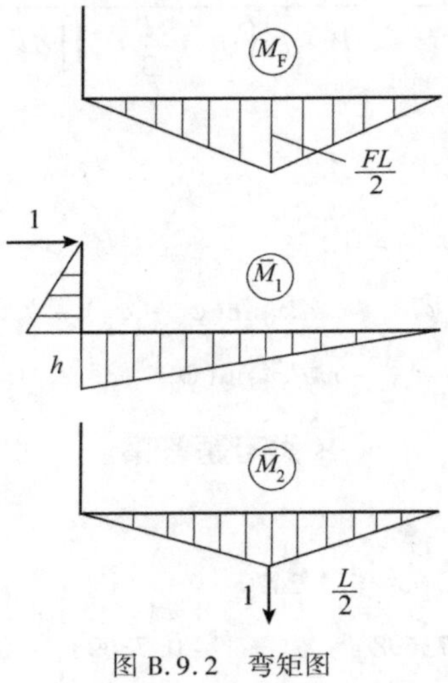

图 B.9.2　弯矩图

将式(3)代入式(2),并解之。将结果代入式(1),得到

$$\alpha(5.25k^3-5.75k^2-1.5k\lambda)+\lambda^2-\lambda(3k+1)=0 \tag{4}$$

式中

$$\lambda=\frac{6EI}{m_0\Theta^2L^3} \tag{5}$$

当 $k=1$,即 $h=L$ 时,

$$m=m_0\frac{\lambda(3k+1-\lambda)}{5.25k^3-5.75k^2-1.5k\lambda} \tag{6}$$

对截面为 I22 的 4m 长钢梁,当 $m_0=50\text{kg}$,$\Omega=20\pi\text{rad/s}$ 时,得到

$$\alpha=\frac{m}{m_0}=0.3\ ,\ m=15\text{kg}$$

习题 9.13(振动调整) 请参考文献[4,45]。

解:从下列方程组求得质量 m_0 和 m 的振幅。

$$(\delta_{11}m_0\Omega^2-1)F_1+\delta_{12}m\Omega^2F_2+\Delta_{1F}=0 \tag{1a}$$

$$\delta_{21}m_0\Omega^2F_1+(\delta_{22}m\Omega^2-1)F_2+\Delta_{2F}=0 \tag{1b}$$

F_1 和 F_2 的方向示于图 B.9.3a)。用图形相乘法算出单位力系数和荷载系数(图 B.9.4):

$$\delta_{11}=\frac{L^3}{6EI},\delta_{12}=-\frac{2L^3}{6EI},\delta_{22}=\frac{32L^3}{6EI} \tag{2a}$$

$$\Delta_{1F}=-\frac{Pl^3}{6EJ},\Delta_{2F}=\frac{13FL^3}{6EI} \tag{2b}$$

由此

$$F_1=-\frac{1}{D}[\Delta_{1F}(\delta_{22}m\Omega^2-1)-\Delta_{2F}\delta_{12}m\Omega^2] \tag{3}$$

式中,D 为方程组式(1)的行列式。从方程 $F_1=0$ 得到

$$\Omega^2=\frac{EI}{mL^3} \tag{4}$$

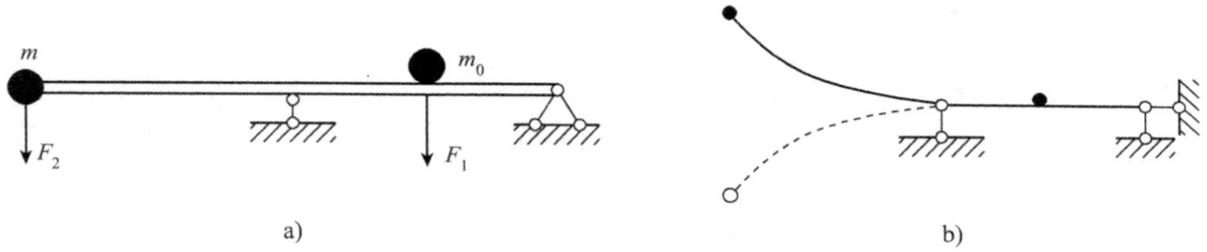

图 B.9.3 习题 9.13 解

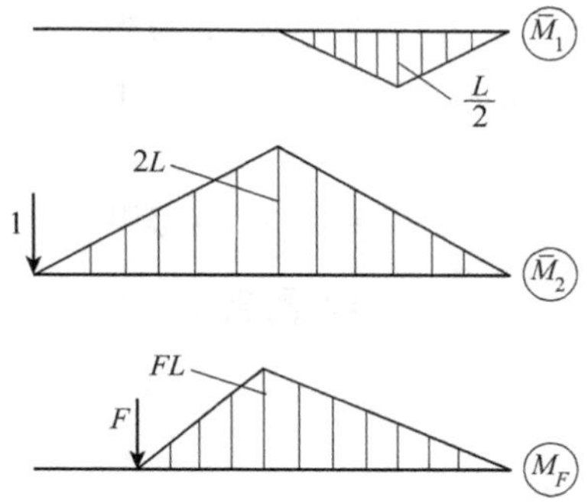

图 B.9.4 弯矩图

结果,Ω 与质量 m_0 无关,即当任一 Ω 值时,点 m_0 不振动,与在梁上存在的任何质量无关。另外,从式(4)可见,当没有质量 m 时,习题中所提的目的就不能达到。

式(4)给出的解答和问题的反馈:从方程式 $F_1=0$ 中,当已知角频率 Ω 时,就能定出质量 m 值。

图 B.9.3b)的振型与梁在荷载 $F\sin\Omega t$ 和惯性力作用下的弹性曲线(图 9.7.8)相符。

$$m\ddot{y}_2=mF_2\Omega^2\sin\Omega t=-\frac{F}{2}\sin\Theta t \tag{5a}$$

$$m_0\ddot{y}_1 = m_0F_1\Omega^2\sin\Omega t = 0 \tag{5b}$$

这样,当满足角频率式(4)时,不仅在连接质量 m_0 的点停止振动,而且在支座之间整个跨度都停止振动。

第 10 章　一维离散-时间系统的不动点与分岔

A 类习题答案

习题 10.1 答:(1)奇点(0,0)是不稳定结点;奇点(1,0)和(0,2)都是稳定结点,奇点(1/2,1/2)是鞍点。

(2)奇点(0,0)是鞍点,奇点(1,2)是不稳定结点;奇点(2,1)是稳定结点。

(3)奇点(0,0)在 $\mu>2$ 时是不稳定结点,$\mu=2$ 时是不稳定退化结点,$\mu<2$ 时是不稳定焦点;奇点 $(-\mu^{-1},0)$ 是鞍点。

(4)奇点(0,0)是鞍点;奇点(1,1)是稳定焦点。

(5)奇点(1,3)是中心。

习题 10.2 答:(1)$f(r_0)=0$ 时,$r=r_0$ 是极限环。

(2)当 r 增大经过 r_0 时,$f(r)$ 由正变为负,则环是稳定的;若 $f(r)$ 是由负变正,则环是不稳定的;若 $f(r)$ 不变符号,则环是半稳定的。

习题 10.3 答:利用班狄克生负判据。

习题 10.4 答:(1)无;(2)有稳定极限环;(3)无;(4)无;(5)无;(6)在域 $x^2+y^2=2$ 内存在不稳定极限环。

习题 10.5 答:(1) $x^2+y^2=1$ 是不稳定极限环;

(2) $x^2+y^2=1$ 是半稳定极限环;

(3) $x^2+y^2=1$ 是稳定极限环, $x^2+y^2=4$ 是不稳定极限环;

(4) $x^2+y^2=1$ 是稳定极限环, $x^2+y^2=9$ 是不稳定极限环;

(5) $x^2+y^2=1$ 当 $a<-1/2$ 时是稳定极限环,当 $a>-1/2$ 时是不稳定极限环;

(6) $x^2+y^2=1$ 是半稳定极限环;

(7) $x^2+y^2=1$ 是稳定极限环, $x^2+y^2=9$ 是不稳定极限环。

B 类习题答案

习题 10.6 答:$\sigma=\ln|2-\mu|$ 和 $\sigma=\ln|-\mu^2+2\mu+4|$ 。

$\mu=1$ 和 $\mu=3$ 均为分岔点 $\sigma=0$;

$\mu=2$ 和 $\mu=1+\sqrt{5}$ 时,$\sigma\to-\infty$,周期运动。

习题 10.7 答:(1)$x=0$ 是稳定不动点。

(2)$x=0$ 和 $x_s=2\mu/(1+2\mu)$ 都是不稳定不动点。

(3)$\sigma=\ln(2\mu)$。

(4)$\mu=1/2$ 是分岔点;$\mu>1/2$ 时,出现混沌。如果计算机画出不动点 x 和参数 μ 的关系,可得图 B.10.1结果。

(5)$\mu<1/2$ 时,人们获得信息;$\mu>1/2$ 时,人们失去信息。

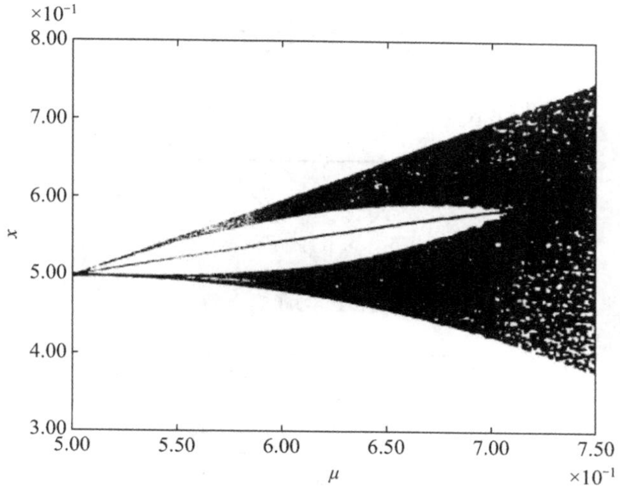

图 B.10.1　习题 10.7 解

C 类习题答案

习题 10.8 ~ 习题 10.12 请参考文献[12,91 ~100]。

第 11 章　弦和杆的振动

A 类习题答案

习题 11.1 答：$m\ddot{x}+k_x x-k_x a\varphi_2=0, m\ddot{y}+k_y y+k_y a\varphi_1=0,$

$m\ddot{z}+k_z z=0, J\ddot{\varphi}_1+k_y a y+k_y a^2\varphi_1+k_2 a^2\varphi_1=0,$

$J\ddot{\varphi}_2+k_x a^2\varphi_2-k_x a x+k_z a^2\varphi_2=0, J\ddot{\varphi}_3+k_x a^2\varphi_3+k_y a^2\varphi_3=0,$

其中 x,y,z 为水箱中心的坐标，$\varphi_1,\varphi_2,\varphi_3$ 为水箱绕各坐标轴的转角，若 $k_x=k_y$，则有

$$\omega_z=\sqrt{\frac{k_z}{m}}, \omega_{\varphi 3}=\sqrt{\frac{2k_x a^2}{J}}, \omega^4-\frac{m(k_x+k_z)a^2+k_z J}{mJ}\omega^2+k_x k_z\frac{a^2}{mJ}=0$$

习题 11.2 答：$\omega_1=\sqrt{\frac{4k}{m}}, \omega_2=\omega_3=\sqrt{\frac{12k}{m}}$。

习题 11.3 答：$\omega_1=0$，而 ω_2 和 ω_3 为下列方程的根：

$$\omega^4-g\left(\frac{k_1}{Q_1}+\frac{k_1+k_2}{Q_2}+\frac{k_2}{Q_3}\right)\omega^2+g^2\left(\frac{k_1k_2}{Q_1Q_2}+\frac{k_2k_1}{Q_2Q_3}+\frac{k_1k_2}{Q_3Q_1}\right)=0$$

习题 11.4 答：$x_1=\frac{x_0}{3}-\frac{x_0}{2}\cos\omega_2 t+\frac{x_0}{6}\cos\omega_3 t, x_2=\frac{x_0}{3}-\frac{x_0}{3}\cos\omega_3 t, x_3=\frac{x_0}{3}+\frac{x_0}{2}\cos\omega_2 t+\frac{x_0}{6}\cos\omega_3 t,$
$\omega_2=\sqrt{\frac{kg}{Q}}, \omega_3=\sqrt{\frac{3kg}{Q}}$。

主振型如图 B.11.1 所示。

习题 11.5 答：$\omega_1=4.93\sqrt{\frac{EI}{ml^3}}, \omega_2=19.6\sqrt{\frac{EI}{ml^3}}, \omega_3=41.8\sqrt{\frac{EI}{ml^3}}$。主振型如图 B.11.2 所示。

习题 11.6 答：滤波器允许角频率为 $0<\Omega<2\sqrt{k/m}$ 的振动通过。

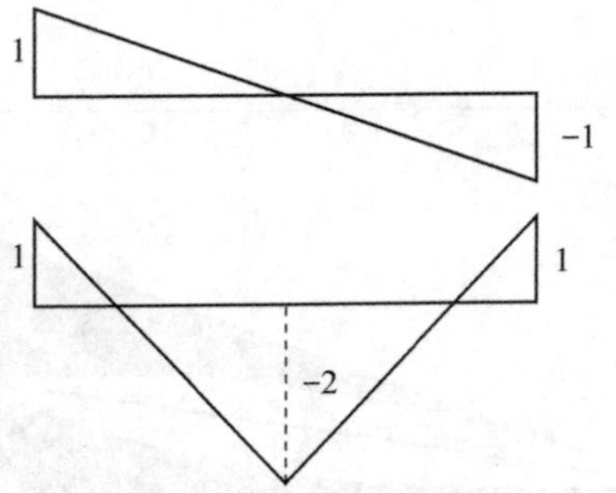

图 B.11.1　习题 11.4 解

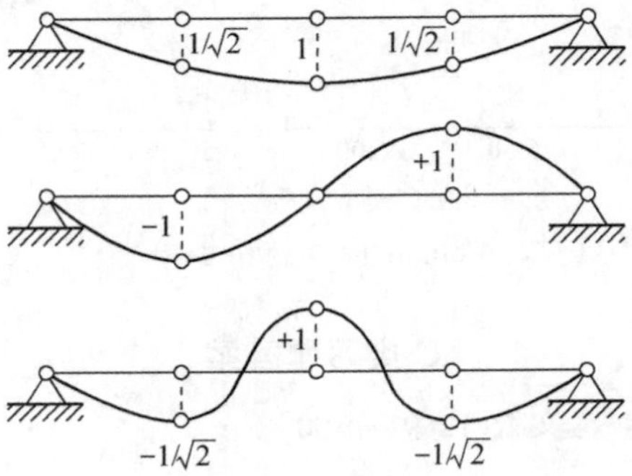

图 B.11.2　习题 11.5 解

习题 11.7 答：$\theta_i = (\theta_0 \cos\mu i + c_1 \sin\mu i)\sin\Omega t, \sin(\mu/2) = (\Omega/2)\sqrt{k/J}$，其中 θ_i 为第 i 个圆盘的转角，c_1 是由轴的右端边界条件确定的常量，左端圆盘的编号为零，系统允许通过的角频率 Ω 应在范围 $0 < \Omega < 2\sqrt{k/J}$ 内。

习题 11.8 答：可通频带为 $\sqrt{k_1/m} < \Omega < \sqrt{(k_1 + 4k)/m}$。

习题 11.9 答：可通频带由下列不等式决定：

$$\sqrt{\frac{k}{m}} < \Omega < \sqrt{\frac{k}{m} + \frac{4F_{\mathrm{T}}}{ma}}$$

习题 11.10 答：运动方程具有如下形式：

$$\ddot{x}_k = \frac{g}{l}[(n-k)x_{k-1} - (2n-2k+1)x_k + (n-k+1)x_{k+1}]$$

其中，x_k 为第 k 个质点的横向偏移（编号从上至下计算），

$$\omega_1 = 0.646\sqrt{\frac{g}{l}}, \omega_2 = 1.515\sqrt{\frac{g}{l}}, \omega_3 = 2.505\sqrt{\frac{g}{l}}$$

习题 11.11 答：$\omega = 2\sqrt{\frac{F_{\mathrm{T}}}{ml}}\sin\frac{\pi s}{2n}\quad 1 \leqslant s \leqslant n-1$。

B 类习题答案

习题 11.12 答：$\rho(x)I_{\mathrm{p}}(x)\frac{\partial^2\varphi}{\partial t^2} = G\left[\frac{\mathrm{d}I_{\mathrm{p}}(x)}{\mathrm{d}x}\frac{\partial\varphi}{\partial x} + I_{\mathrm{p}}(x)\frac{\partial^2\varphi}{\partial x^2}\right]$

习题 11.13 答：$\dfrac{\partial^2 y}{\partial t^2}=g\left(x\dfrac{\partial^2 y}{\partial x^2}+\dfrac{\partial y}{\partial x}\right)$

$$xY''+Y'+x^2Y=0$$

习题 11.14 答：$a=\dfrac{EA}{lk}$，$EA\dfrac{\omega}{a}\cos\dfrac{\omega l}{a}-\dfrac{m}{g}\omega^2\sin\dfrac{\omega l}{a}+k\sin\dfrac{\omega l}{a}=0$

习题 11.15 答：$\tan\dfrac{\omega l}{a}=\dfrac{GI_p a(k-J\omega^2)}{\omega(GI_p+a^2kJ)}$，$a=\sqrt{\dfrac{G}{\rho}}$。

习题 11.16 答：$\tan\dfrac{\omega l}{a}=\dfrac{F\omega}{a(m\omega^2-k)}$，$a=\sqrt{\dfrac{F}{\rho A}}$。

习题 11.17 答：$\omega_i=\dfrac{i\pi}{2l}\sqrt{\dfrac{E}{\rho}}(i=1,3,5,\cdots)$，

$$y(x,t)=\frac{4}{\pi}\sum_{i=1}^{\infty}\left\{\left[\frac{4lF_0}{i^3\pi^2EA}-\frac{4\Omega F_1}{i\rho Al\omega_i(\omega_i^2-\Omega^2)}\right]\sin\omega_i t+\frac{F_1\sin\Omega t}{i\pi\rho Al(\omega_i^2-\Omega^2)}\right\}\sin\frac{i\pi}{2l}x$$

习题 11.18 答：$y(x,t)=\dfrac{2Fl}{\pi^2(F_0-\rho Av^2)}\displaystyle\sum_{i=1}^{\infty}\frac{1}{i^2}\left(\sin\frac{i\pi v}{l}t-v\sqrt{\frac{\rho A}{F_0}}\sin\frac{i\pi}{l}\sqrt{\frac{F_0}{\rho A}}t\right)\sin\frac{i\pi}{l}x$

习题 11.19 答：

$$\int_0^l\rho AX_i(x)X_j(x)\mathrm{d}x+m_1X_i(0)X_j(0)+m_2X_i(l)X_j(l)=0\quad(i\neq j)$$

$$\int_0^l EA\frac{\mathrm{d}X_i(x)}{\mathrm{d}x}\frac{\mathrm{d}X_j(x)}{\mathrm{d}x}\mathrm{d}x+k_1X_i(0)X_j(0)+k_2X_i(l)X_j(l)=0\quad(i\neq j)$$

习题 11.20 答：

$$\int_0^l\left\{\frac{\partial}{\partial x}\left[GI_p(x)\frac{\partial\theta}{\partial x}\right]-\rho I_p(x)\frac{\partial^2\theta}{\partial t^2}\right\}\delta\theta\mathrm{d}x-\left[GI_p(x)\frac{\partial\theta}{\partial x}\right]\delta\theta\Big|_0^l=0$$

习题 11.21 编程题

解：双摆问题。接编程题 8.4.1。

(1)求解微分方程组，并将结果转换到真实坐标系下；

(2)求得位移 w_1 与 w_2，速度 v_1 与 v_2，并绘制位移、速度的曲线，如图 B.11.3a)和 B.11.3b)所示；

(3)质量块运动的相图曲线，如图 B.11.4a)所示；

(4)利用动画功能演示双摆的运动如图 B.11.4b)所示。在 Maple 环境下，只需要用鼠标在输出图形上单击左键，然后选择播放命令即可看到双摆的运动情况。

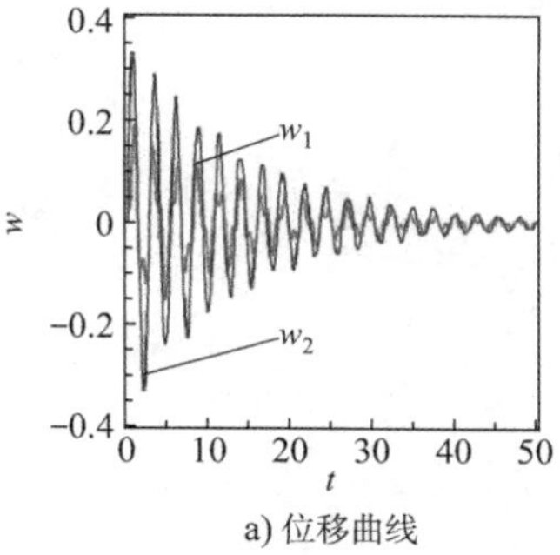

a) 位移曲线

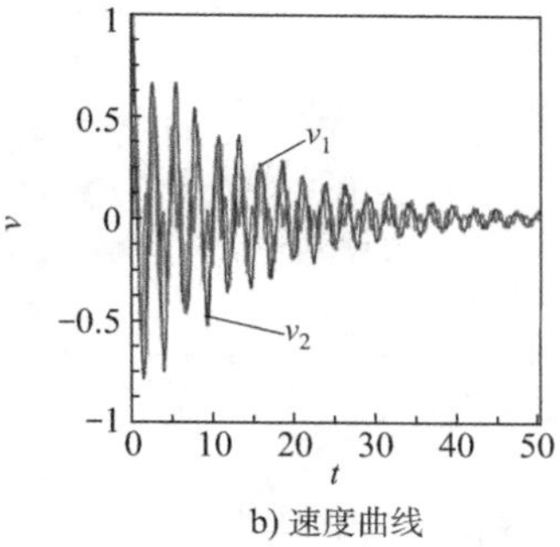

b) 速度曲线

图 B.11.3 两个质量块

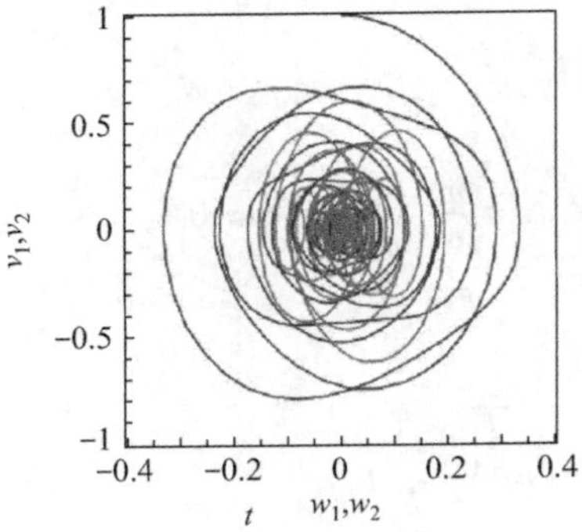

a) 相图曲线

b) 动画演示

图 B.11.4　双摆运动

●**Maple 程序**

```
> #################################################
>    #求解微分方程组,并将结果转换到真实坐标系下
> lsg: = dsolve({bgl1,bgl2,bgl3,bgl4,AB1,AB2,AB3,AB4},
>                {z1(t),z2(t),z3(t),z4(t)}):
> assign(lsg):
> ZL: = matrix(4,1,[combine(expand(evalf(z1(t)))),
>                   combine(expand(evalf(z2(t)))),
>                   combine(expand(evalf(z3(t)))),
>                   combine(expand(evalf(z4(t))))]):
> YL: = multiply(T,ZL):
> #################################################
> #求得位移 w1 与 w2 及速度 v1 与 v2
> w1(t): = simplify(expand(YL[1,1])):
> w2(t): = simplify(expand(YL[2,1])):
> v1(t): = simplify(expand(YL[3,1])):
> v2(t): = simplify(expand(YL[4,1])):
> ############################################
> #绘制位移、速度的曲线
> ndt: = 100;   dt: = 0.5:
> P1: = plot(Re(w1(t)),t = 0..ndt * dt,color = red):
> P2: = plot(Re(w2(t)),t = 0..ndt * dt,color = blue):
> display({P1,P2}):
> ############################################
> PV1: = plot(Re(v1(t)),t = 0..ndt * dt,color = red):
> PV2: = plot(Re(v2(t)),t = 0..ndt * dt,color = blue):
> display({PV1,PV2}):
> ############################################
> #绘质量块运动的相图
> PPh1: = plot([Re(w1(t)),Re(v1(t)),t = 0..ndt * dt],color = red):
> PPh2: = plot([Re(w2(t)),Re(v2(t)),t = 0..ndt * dt],color = blue):
> display({PPh1,PPh2}):
```

```
> ####################################################################
> #绘制双摆挂点
> FIX1: = curve([[ -0.2,0],[ -0.05,0]],color = black,thickness = 2):
> FIX2: = circle([0,0],0.05,color = black):
> FIX3: = curve([[0.05,0],[0.2,0]],color = black,thickness = 2):
> FIX: = display({FIX1,FIX2,FIX3}):
> ####################################################################
> #建立双摆的运动过程
> for i from 0 by 1 to ndt do
> x1: = evalf(Re(subs(t = i * dt,w1(t)))):
> x2: = evalf(Re(subs(t = i * dt,w2(t)))):
> PLI[i]: = curve([[0,0],[x1, -l1],[x2, -(l1 +l2)]]):
> MASS1[i]: = disk([x1, -l1],0.1,color = red):
> MASS2[i]: = disk([x2, -(l1 +l2)],0.1,color = blue):
> ANIM[i]: = display({PLI[i],MASS1[i],MASS2[i],FIX}):
> od:
> display([seq(ANIM[i],i = 0..ndt)],insequence = true,
>           scaling = constrained,axes = none,
>           title = "Double Pendulum"):
> ##########################################################
```

习题 11.22 编程题

解:令 $x_1 = x, x_2 = \dot{x}$,系统的运动微分方程

$$m\ddot{x} + c\dot{x} + kx = F_0\left(1 - \sin\frac{\pi t}{2t_0}\right) \tag{1}$$

可以写成

$$\dot{x} = x_2 \tag{2a}$$

$$\dot{x}_2 = \frac{1}{m}\left[-cx_2 - kx_1 + F_0\left(1 - \sin\frac{\pi t}{2t_0}\right)\right] \tag{2b}$$

初始条件:$x_1(0) = 0, x_2(0) = 0$。位移和速度曲线如图 B.11.5 所示。

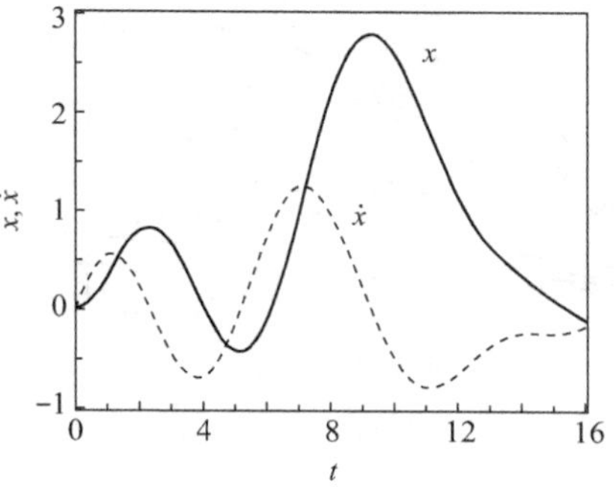

图 B.11.5　位移和速度曲线

●**Maple 程序**

```
> ##############################################
> restart:                                              #清零
> with(plots):                                          #加载绘图库
> xtcs1:=m=1,k=1,c=0.2,F0=1,t0=Pi:                      #系统参数
> cstj1:=X1(0)=0,X2(0)=0:                               #初始条件
> XX:=1/m*(F0*(1-sin(Pi*t/(2*t0)))
>          -c*X2(t)-k*X1(t)):                           #系统加速度
> XX:=subs(xtcs1,XX):                                   #代入系统参数
> sys:=diff(X1(t),t)=X2(t),
>         diff(X2(t),t)=XX:                             #系统方程
> fcns:=X1(t),X2(t):                                    #系统变量
> SOL1:=dsolve({sys,cstj1},{fcns},
>            type=numeric,method=rkf45):                #解系统微分方程
> Tu1:=plots[odeplot](SOL1,[t,X1(t)],
>          0..16,view=[0..16,-1..3],
>          thickness=2):                                #位移曲线
> Tu2:=plots[odeplot](SOL1,[t,X2(t)],
>          0..16,view=[0..16,-1..3],
>          thickness=2,linestyle=3):                    #速度曲线
> display({Tu1,Tu2});                                   #合并图形
> ##############################################
```

C 类习题答案

习题 11.23(振动调整)请参考文献[4,45]。

解:按题意$[\omega]=50\text{Hz}$,如图 B.11.6 所示,确定相应于 $l=5\text{m}$ 时在虚线上的 r 点。它的位置表明,当 $f/t\leqslant 300$ 时,取 $f/t=100$,$\bar{t}=9$。按图 11.8.1 查得$\bar{\omega}=84$。

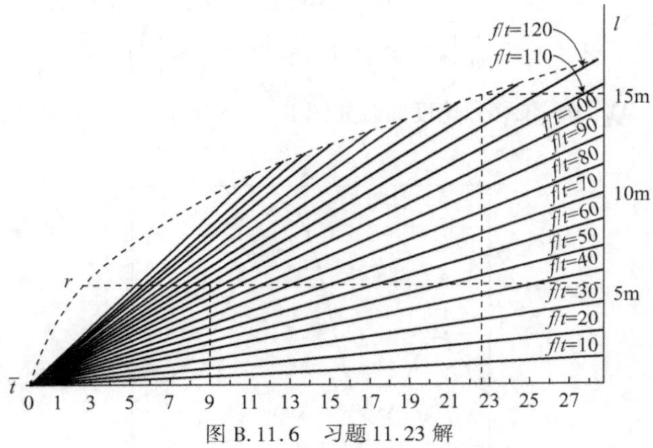

图 B.11.6 习题 11.23 解

按题中公式(3),查表 11.8.1 知 $k=0.4101\times10^{-2}$时,确定壳体厚度:

$$t=\bar{t}k\frac{[\omega]}{\bar{\omega}}=9\times0.4101\times10^{-2}\times\frac{50}{84}=0.02197(\text{m})$$

拱度:

$$f = 100 \times 0.02197 = 2.197(\mathrm{m})$$

习题 11.24(振动调整) 请参考文献[4,31,45]。

解: 自振角频率。

(1) 当质量刚性悬挂于板时,

$$\omega_1 = \sqrt{1/(m\delta_{11})} \tag{1}$$

(2) 当质量用弹簧悬挂时

$$\omega_2 = \sqrt{1/[m(c+\delta_{11})]} \tag{2}$$

式中,c 为压缩量;δ 为与边界条件有关的质量与板连接点的单位挠度。

考虑要求条件,比较式(1)和式(2)得到

$$\sqrt{1/(m\delta_{11})} = n\sqrt{1/[m(c+\delta_{11})]} \tag{3}$$

$$c = \delta_{11}(n^2-1) \tag{4}$$

例如:当沿板的边缘为刚性嵌固时

$$\delta_{11} = R^2/(16\pi D) \tag{5}$$

$$c = R^2(n^2-1)/(16\pi D) \tag{6}$$

式中,D 为薄板的弯曲刚度。

第 12 章　梁的振动

A 类习题答案

习题 12.1 答: 角频率方程

$$\cos\beta l \operatorname{ch}\beta l + 1 = 0 \tag{1}$$

前 3 个根 $\beta_i l(i=1,2,3)$ 依次为 1.875、4.694、7.855。对应的各阶固有角频率为

$$\omega_i = \beta_i^2 l^2 \sqrt{\frac{EI}{\rho A}} \quad i = 1,2,\cdots \tag{2}$$

各阶模态函数为

$$\phi_i(x) = \cos\beta_i x - \operatorname{ch}\beta_i x + \xi_i(\sin\beta_i x - \operatorname{sh}\beta_i x) \quad i = 1,2,\cdots \tag{3}$$

习题 12.2 答: 角频率方程

$$\cos\beta l \operatorname{ch}\beta l + 1 = -\frac{k_1}{EI\beta}(\cos\beta l \operatorname{sh}\beta l + \sin\beta l \operatorname{ch}\beta l) \quad k_2 = 0$$

或

$$\cos\beta l \operatorname{ch}\beta l + 1 = -\frac{k_2}{EI\beta^3}(\cos\beta l \operatorname{sh}\beta l - \sin\beta l \operatorname{ch}\beta l) \quad k_1 = 0$$

习题 12.3 答: $\cos\beta l \operatorname{ch}\beta l + 1 = \alpha\beta l(\sin\beta l \operatorname{ch}\beta l - \cos\beta l \operatorname{sh}\beta l)$。

习题 12.4 答: $\beta^4 = \dfrac{\rho A\omega^2}{EI}$,$(k + m\omega^2)(\sinh\beta l\cos\beta l - \cosh\beta l\sin\beta l) + EI\beta^3(1 + \cosh\beta l\cos\beta l) = 0$。

习题 12.5 答: $\beta^4 = \dfrac{\rho A\omega^2}{EI}$,$\cot\beta l_1 + \cot\beta l_2 - \cosh\beta l_1 - \coth\beta l_2 = 0$。

习题 12.6 答: $\omega_i = \sqrt{\left(\dfrac{i\pi}{l}\right)^4 \dfrac{EI}{\rho A} + \dfrac{k}{\rho A}}$。

习题 12.7 答：$y(x,t)=\sum_{i=1}^{\infty}(-1)^{i-1}\left(\frac{l}{i\pi}\right)\frac{2cF_0}{EI}(1-\cos\omega_i t)\sin\frac{i\pi x}{l}\quad 0\leqslant t\leqslant t_1$

$$y(x,t)=\sum_{i=1}^{\infty}(-1)^{i-1}\left(\frac{l}{i\pi}\right)\frac{2cF_0}{EI}[\cos\omega_i(t-t_1)-\cos\omega_i t]\sin\frac{i\pi x}{l}\quad 0\leqslant t\leqslant t_1$$

习题 12.8 答：$(\beta_1^2\cos\beta_1 l+\beta_2^2\cosh\beta_2 l)^2+(\beta_1\sin\beta_1 l+\beta_2\sinh\beta_2 l)(\beta_1^3\sin\beta_1 l-\beta_2^3\sinh\beta_2 l)=0$

习题 12.9 答：$\frac{\partial^2 w}{\partial t^2}+\left(\frac{EI}{\rho A}\right)\frac{\partial^4 w}{\partial x^4}-\left(\frac{EI}{\kappa GA}\right)\frac{\partial^4 w}{\partial x^2\partial t^2}-\frac{F}{\rho A}\frac{\partial^2 w}{\partial x^2}=0$

$$\Phi^{(4)}(x)-\delta^2\Phi''(x)-\beta^4\Phi(x)=0$$

$$\delta^2=\frac{F}{EI}\frac{\rho\omega^2}{\kappa G},\beta^4=\frac{\rho A\omega^2}{EI}$$

习题 12.10 答：$\rho A\frac{\partial^2 w}{\partial t^2}+2\rho Av(t)\frac{\partial^2 w}{\partial x\partial t}+EI\frac{\partial^4 w}{\partial x^4}+[\rho Av^2(t)-F]\frac{\partial^2 w}{\partial x^2}+\rho A\dot{v}(t)\frac{\partial w}{\partial x}+kw=f(x,t)$。

习题 12.11 答：瑞利法。

$$\omega=\frac{10.95}{l^2}\sqrt{\frac{EI}{m}}$$

习题 12.12 答：瑞利法。

第一角频率的近似解为：$\omega=\frac{1.581h_0}{l^2}\sqrt{\frac{E}{\rho}}$，与精确解 $\omega=\frac{1.534h_0}{l^2}\sqrt{\frac{E}{\rho}}$ 相比，误差为3%。

习题 12.13 答：能量法。

假设振型曲线为 $Y(x)=\frac{ql^4}{24EI}\left(\frac{x^4}{l^4}-2\frac{x^3}{l^3}+\frac{x^2}{l^2}\right)$时，$\omega=\frac{22.45}{l^2}\sqrt{\frac{EI}{m}}$；

假设振型曲线为 $Y(x)=A\left(1-\cos\frac{2\pi x}{l}\right)$时，$\omega=\frac{22.45}{l^2}\sqrt{\frac{EI}{m}}$。

B 类习题答案

习题 12.17 编程题

答：$\beta_1 l=3.926602312$。

●**Maple 程序**

```
> ##################################################
> restart:                                   #非线性超越方程求根
> f: =tan(x) -tanh(x):                       #角频率函数
> eq1: =f=0:                                 #角频率方程
> SOL1: =fsolve({eq1},{x},x=1..4):           #数值法解方程
> plot(f,x=0..20):                           #绘角频率曲线
> ##################################################
```

习题 12.18 编程题

答:角频率曲线如图 B.12.1 所示，$\beta_1 l = 3.9266$，$\beta_2 l = 7.0686$，$\beta_3 l = 10.210$，$\beta_4 l = 13.352$，$\beta_5 l = 16.493$。

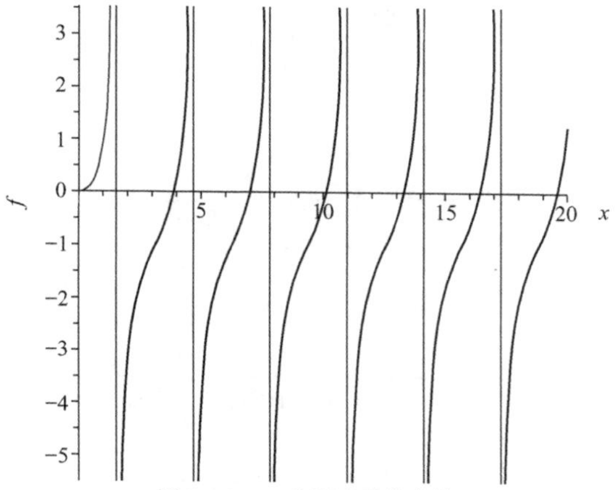

图 B.12.1　角频率函数曲线

C 类习题答案

习题 12.19(振动调整)请参考文献[4,31,45]。

答:单自由度体系的自振角频率与连接质量点的单位力产生的挠度成反比。因此,加固板上质量的振动角频率 ω 与无加固板的振动角频率 ω^* 之比等于:

$$n = \sqrt{\delta_{11}^*/\delta_{11}} \tag{1}$$

式中,δ_{11},δ_{11}^* 分别是质量与加固板连接点的单位挠度和质量与无加固板连接点的单位挠度。

用离散力法计算已知的薄板-杆件体系。基本体系如图 B.12.2 所示。考虑习题所提出的要求,导出方程:

$$(\delta_{11}^* + \delta_{11}^{**})X_1 - \delta_{11}^* = 0 \tag{2}$$

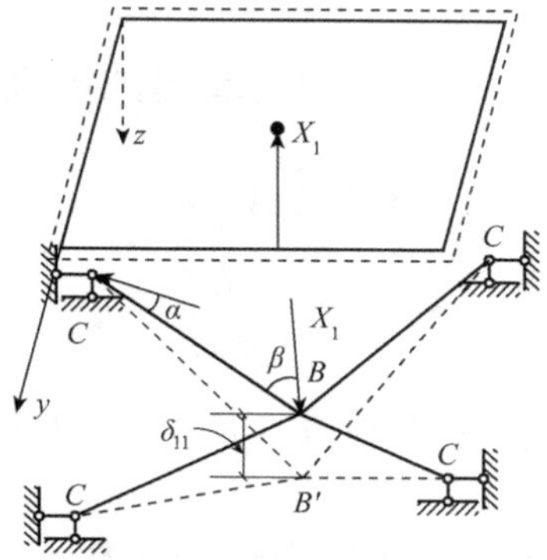

图 B.12.2　基本体系

板的计算　利用文献[45]的资料

$$\delta_{11}^* = 0.0116a^2/D \tag{3}$$

桁架的计算　在 $X_1 = 1$ 的作用下,点 B 移位于 B',即位移值为 δ_{11}^{**}:

$$\delta_{11}^{**} \approx \frac{\Delta l_{BC}}{\cos\beta} + \Delta l_{AB} \tag{4a}$$

$$\Delta l_{BC} = \frac{F_{N,BC} \cdot l_{BC}}{EA_{BC}} \tag{4b}$$

$$\Delta l_{AB} = \frac{1 \cdot l_{AB}}{EA_{AB}} \tag{4c}$$

由于结构是对称的

$$F_{N,BC} = \frac{1}{4\cos\beta}, l_{BC} = \frac{a}{\sqrt{2}\cos\alpha} \tag{5}$$

这时

$$\delta_{11}^{**} = \frac{a}{4\sqrt{2}\cos\alpha\cos^2\beta EA_{BC}} + \frac{a\tan\alpha}{\sqrt{2}EA_{AB}} \tag{6}$$

由已知 $(EA)_{AB} = \infty$,

$$\delta_{11}^{**} = \frac{a}{4\sqrt{2}\cos\alpha\cos^2\beta EA_{BC}} \tag{7}$$

$$X_1 = \frac{\delta_{11}^{*}}{\delta_{11}^{*} + \delta_{11}^{**}} \tag{8}$$

$$\delta_{11} = \frac{\delta_{11}^{*}\delta_{11}^{**}}{\delta_{11}^{*} + \delta_{11}^{**}} \tag{9}$$

$$\omega = \sqrt{\frac{1}{m\delta_{11}}}, \omega^{*} = \sqrt{\frac{1}{m\delta_{11}^{*}}} \tag{10}$$

第 13 章　刚架和膜的振动

A 类习题答案

习题 13.1 答:(1) $\omega = \frac{12.63}{l^2}\sqrt{\frac{EI}{m}}$;(2)$\omega = \frac{3.2}{l^2}\sqrt{\frac{EI}{m}}$。

习题 13.2 答:角频率方程为 $\frac{1}{H^2}(F + 2F')(2F + F')^2 = 3(F + F')$。

习题 13.3 答:角频率方程为 $F = \pm 0.527H$,自振角频率为 $\omega_1 = \frac{12.5}{l^2}\sqrt{\frac{EI}{m}}, \omega_2 = \frac{18.66}{l^2}\sqrt{\frac{EI}{m}}$。

习题 13.4 答:角频率方程为 $4R - \frac{2L^2(5F - H)}{6F^2 + 2FH - H^2} = 3(\lambda l)^2$,自振角频率为 $\omega_1 = \frac{2.89}{l^2}\sqrt{\frac{EI}{m}}$。

习题 13.5 ~ 习题 13.8 答案略。

习题 13.9 答: $w(x,y,t) = w_0 \sin\frac{\pi x}{a}\sin\frac{\pi y}{b}\cos\omega t, \omega = \pi^2\left(\frac{1}{a^2} + \frac{1}{b^2}\right)\sqrt{\frac{F}{\rho h}}$。

B 类习题答案

习题 13.10 编程题

解：计算特征值问题：

(1)求解矩阵 ***SM*** 的特征值；

(2)按照特征值进行排序；

(3)由特征值可以得到相对应的频率；

(4)通过计算特征向量得到模态矩阵；

(5)模态质量和刚度。

●**Maple 程序**

```
> ################################################
> #求解矩阵 SM 的特征值
> lambda: = evalf(Eigenvals(SM,vecs)):
> for i from 1 by 1 to 12 do
> v||i: = linalg[submatrix](vecs,1..12,i..i):
> od:
> ################################################
>#按照特征值进行排序
> lstsrt: = sort([lambda[1],lambda[2],lambda[3],
>                    lambda[4],lambda[5],lambda[6],
>                    lambda[7],lambda[8],lambda[9],
>                    lambda[10],lambda[11],lambda[12]]):
> ####################################################
> for i from 1 by 1 to 12 do
> for j from 1 by 1 to 12 do
> if(lstsrt[i] = lambda[j]) then
> num[i]: = j:
> if (i > 1 and num[i] < > num[i - 1]) then
> j: = 12:
> fi:
> fi:
> od:
> od:
> ###############################################
> for i from 1 by 1 to 12 do
> j: = num[i]:
> ev||i: = evalm(v||j):
> od:
> #################################################
> ew: = vector(12,[lstsrt[1],lstsrt[2],lstsrt[3],
>                      lstsrt[4],lstsrt[5],lstsrt[6],
>                      lstsrt[7],lstsrt[8],lstsrt[9],
>                      lstsrt[10],lstsrt[11],lstsrt[12]]):
> ####################################################
```

```
> #由特征值可以得到相对应的频率
> for i from 1 by 1 to 12 do
> omega||i: = sqrt(ew[i]);
> od:
> ################################################
> for i from 1 by 1 to 12 do
> f||i: = evalf(omega||i/2/Pi);
> od:
> ################################################
> #通过计算特征向量得到模态矩阵
> phi: = matrix(12,12);
> for i from 1 by 1 to 12 do
> for j from 1 by 1 to 12 do
> phi[j,i]: = ev||i[j,1]/max(
>            abs(ev||i[1,1]),abs(ev||i[2,1]),
>            abs(ev||i[3,1]),abs(ev||i[4,1]),
>            abs(ev||i[5,1]),abs(ev||i[6,1]),
>            abs(ev||i[7,1]),abs(ev||i[8,1]),
>            abs(ev||i[9,1]),abs(ev||i[10,1]),
>            abs(ev||i[11,1]),abs(ev||i[12,1]));
> od:
> od:
> phit: = transpose(phi);
> ################################################
> #模态质量和刚度
> Ms: = multiply(multiply(phit,M),phi);
> Ks: = multiply(multiply(phit,K),phi);
> for i from 1 by 1 to 12 do
> for j from 1 by 1 to 12 do
> if (i<>j) then Ks[i,j]: =0 fi;
> if (i<>j) then Ms[i,j]: =0 fi;
> od:
> od:
> ################################################
```

习题 13.11 编程题

解:运动方程的数值解:

(1)有关基础运动特性的数据由文件 motion 读入。文件 motion 中包含四栏数据,它们分别是时间和方向 x,y,z 的加速度,可以任意指定,这里无须列出其详细内容。

(2)定义时间步长、采样数目、最大时间等参数。

(3)用图形反映基础的运动(clax、clay、cla 为基础在 x,y,z 三个方向运动状态的曲线定义颜色,在实际运算时将得到彩色图形)。

(4)将基础的运动转换为等效载荷。

(5)将等效载荷变换到模态坐标。

(6)采用 Newmark 算法进行计算。

（7）将得到的解合并在同一个向量中。

（8）将结果转换到真实坐标系。

●**Maple 程序**

```
> ####################################################
> loaddat: = readdata("c:\\motion",4);        #读入数据文件 motion
> ####################################################
> #定义时间步长、采样数目、最大时间等参数
> dt: = loaddat[4][1] - loaddat[3][1];
> ndt: = nops(loaddat);
> maxT: = ndt * dt;
> for i from 0 by 1 to ndt do
> t||i: = i * dt;
> od;
> for i from 1 by 1 to 3 do
> a0||i[0]: =0;
> od;
> for i from 1 by 1 to ndt do
> a01[i]: = loaddat[i][2];
> a02[i]: = loaddat[i][3];
> a03[i]: = loaddat[i][4];
> od;
> ####################################################
> #用图形反映基础的运动
> clax: = red; clay: = blue; claz: = green;
> SSax: = [seq([t||j,a01[j]],j=0..ndt)];
> Pax: = curve(SSax,color = clax);
> SSay: = [seq([t||j,a02[j]],j=0..ndt)];
> Pay: = curve(SSay,color = clay);
> SSaz: = [seq([t||j,a03[j]],j=0..ndt)];
> Paz: = curve(SSaz,color = claz);
> display({Pax,Pay,Paz},title = "Ground Motion");
> ####################################################
> #将基础的运动转换为等效载荷
> for i from 1 by 1 to ndt do
> a0vec||i: = vector(12);
> a0vec||i[1]: = a01[i];
> a0vec||i[2]: = a02[i];
> a0vec||i[3]: = a03[i];
> a0vec||i[4]: =0;
> a0vec||i[5]: =0;
> a0vec||i[6]: =0;
> a0vec||i[7]: = a01[i];
> a0vec||i[8]: = a02[i];
> a0vec||i[9]: = a03[i];
> a0vec||i[10]: =0;
```

```
> a0vec||i[11]:=0;
> a0vec||i[12]:=0;
> od;
> ##########################################
> for i from 1 by 1 to ndt do
> F||i:= -multiply(M,a0vec||i);
> od;
> ##################################################
> #将等效载荷变换到模态坐标
> for i from 1 by 1 to ndt do
> Fs||i:=multiply(phit,F||i);
> od;
> ##################################################
> #采用 Newmark 算法进行计算
> alpha:=0.25;
> delta:=0.5;
> Mn:=matadd(Ms,Ks,1,alpha*dt**2);
> for j from 1 by 1 to 12 do
> Rs||j[1]:=0;
> q||j[1]:=0;
> qp||j[1]:=0;
> qpp||j[1]:=0;
> od;
> ################################################
> for i from 2 by 1 to ndt do
> for j from 1 by 1 to 12 do
> Rs||j[i]:=Fs||i[j]-Ks[j,j]*(q||j[i-1]+qp||j[i-1]*dt
              +qpp||j[i-1]*(1/2-alpha)*dt**2);
> qpp||j[i]:=Rs||j[i]/Mn[j,j];
> qp||j[i]:=qp||j[i-1]+dt*(qpp||j[i-1]*(1-delta)+qpp||j[i]*delta);
> q||j[i]:=q||j[i-1]+dt*qp||j[i-1]
>                  +dt**2*(qpp||j[i-1]*(1/2-alpha)+qpp||j[i]*alpha);
> od;
> od;
> ################################################
> #将得到的解合并在同一个向量中
> for i from 1 by 1 to ndt do
> Q||i:=matrix(12,1,[q1[i],q2[i],q3[i],
>                      q4[i],q5[i],q6[i],
>                      q7[i],q8[i],q9[i],
>                      q10[i],q11[i],q12[i]]);
> t||i:=i*dt;
> od;
> ################################################
```

```
> #将结果转换到真实坐标系
> for i from 1 by 1 to ndt do
> x||i:=multiply(phi,Q||i):
> od:
> ####################################################
```

习题 13.12 编程题

解:求解结果:

(1)获得各模态的数值;

(2)绘制两个质量块相对于基础在 x 方向的平移曲线;

(3)绘制两个质量块相对于基础在 y 方向的平移曲线;

(4)绘制两个质量块相对于基础在 z 方向的平移曲线;

(5)绘制两个质量块 u 、o 沿 x,y,z 三个方向的转动的典线。

●Maple 程序

```
> ##################################################
> #各模态的数值
> for i from 1 by 1 to 12 do
> print(i,'Eigenvalue'):
> f||i:
> print(i,'Eigenmode'):
>evalm(ev||i):
> print("########################################"):
> od:
> ##################################################
> #绘制两个质量块相对于基础在 x 方向的平移曲线
> SSXu:=[seq([t||j,(X||j[1,1])],j=1..ndt)]:
> SSXo:=[seq([t||j,(X||j[7,1])],j=1..ndt)]:
> PXu:=curve(SSXu,color=red):
> PXo:=curve(SSXo,color=blue):
> display({PXu,PXo},title="x-Translation,
>          (red:lower,blue:upper)"):
> ##################################################
> #绘制两个质量块相对于基础在 y 方向的平移曲线
> SSYu:=[seq([t||j,(X||j[2,1])],j=1..ndt)]:
> SSYo:=[seq([t||j,(X||j[8,1])],j=1..ndt)]:
> PYu:=curve(SSYu,color=red):
> PYo:=curve(SSYo,color=blue):
> display({PYu,PYo},title="y-Translation,
>          (red:lower,blue:upper)"):
> ##################################################
> #绘制两个质量块相对于基础在 z 方向的平移曲线
> SSZu:=[seq([t||j,(X||j[3,1])],j=1..ndt)]:
> SSZo:=[seq([t||j,(X||j[9,1])],j=1..ndt)]:
> PZu:=curve(SSZu,color=red):
```

```
> PZo: = curve(SSZo,color = blue):
> display({PZu,PZo},title = "z - Translation,
>            (red:lower,blue:upper)"):
> ################################################
> #绘制两个质量块 u 、o 沿 x,y,z 三个方向的转动的曲线
> SRXu: = [seq([t||j,(X||j[4,1])],j = 1..ndt)]:
> SRXo: = [seq([t||j,(X||j[10,1])],j = 1..ndt)]:
> RXu: = curve(SRXu,color = red):
> RXo: = curve(SRXo,color = blue):
> display({RXu,RXo},title = "x - Rotation,
>            (red:lower,blue:upper)"):
> ##############################################
> SRYu: = [seq([t||j,(X||j[5,1])],j = 1..ndt)]:
> SRYo: = [seq([t||j,(X||j[11,1])],j = 1..ndt)]:
> RYu: = curve(SRYu,color = red):
> RYo: = curve(SRYo,color = blue):
> display({RYu,RYo},title = "y - Rotation,
>            (red:lower,blue:upper)"):
> ##############################################
> SRZu: = [seq([t||j,(X||j[6,1])],j = 1..ndt)]:
> SRZo: = [seq([t||j,(X||j[12,1])],j = 1..ndt)]:
> RZu: = curve(SRZu,color = red):
> RZo: = curve(SRZo,color = blue):
> display({RZu,RZo},title = "z - Rotation,
>            (red:lower,blue:upper)"):
> ##############################################
```

C 类习题答案

习题 13.13(振动调整)请参考文献[4,31,45]。

解:作为第一次近似,取集中质量位于无质量板中心(在板与桁架的连接点)作为基本体系。对一个自由度体系,基本振动角频率由下式确定

$$\omega = \sqrt{\frac{1}{m\delta_{11}}} \tag{1}$$

式中,m 为板的质量;δ_{11} 为沿着质量移动方向的单位力作用下,在质量连接点产生的位移。

采用力法确定 δ_{11}。基本体系如图 B.13.1 所示。写出力法的准则方程

$$(\delta_{11}^{*} + \delta_{11}^{**})X_1 - \delta_{11}^{*} = 0 \tag{2}$$

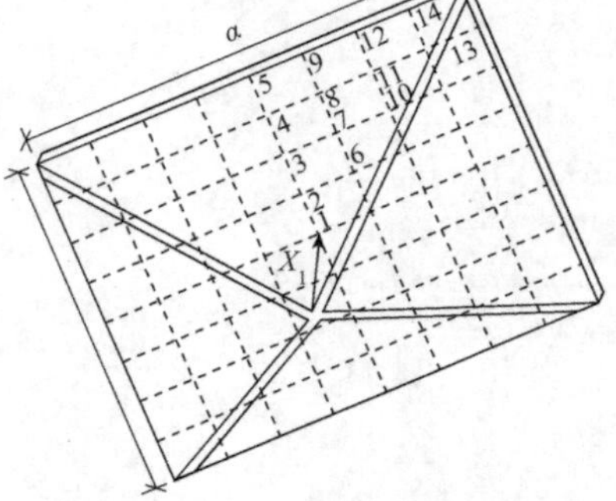

图 B.13.1　基本体系

由此，

$$X_1 = \frac{\delta_{11}^*}{\delta_{11}^* + \delta_{11}^{**}} \tag{3}$$

$$\delta_{11} = \delta_{11}^*(1 - X_1) \tag{4}$$

把式(3)代入式(4)，得到

$$\delta_{11}^{**} = \delta_{11}^*\left(1 - \frac{1}{1+\psi}\right) \tag{5}$$

式中

$$\psi = \frac{\delta_{11}^{**}}{\delta_{11}^*} \tag{6}$$

这里 δ_{11}^*，δ_{11}^{**} 分别为在基本体系中，质量与板连接点和质量与桁架节点连接点的单位位移。

在式(1)中取

$$\omega = k \cdot \omega_0 \tag{7}$$

式中，ω_0 为无加固板的基本振动角频率。

把式(4)的值代入式(1)中，并考虑式(7)，当 $X = 0$ 和 $X \neq 0$ 时得到

$$k = \sqrt{\frac{1+\psi}{\psi}} \tag{8}$$

$$\psi = \frac{1}{k^2 - 1} \tag{9}$$

借助式(8)解消极问题，评价由给定特征的桁架加固板的基本振动角频率的变化。

式(8)给出确定可能保证板的基本振动角频率，在给定范围内的桁架刚度特征值。

图 B.13.2 所示为式(8)的关系曲线。分析曲线可知，ψ 对板的基本振动角频率的有效影响区的范围为 $0.01 \leqslant \psi \leqslant 0.7$。

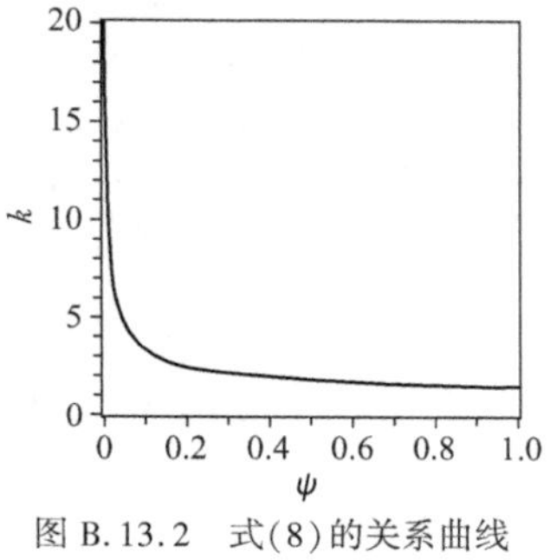

图 B.13.2 式(8)的关系曲线

板与桁架变形的量测值为 δ_{11}^* 和 δ_{11}^{**}。

假定要求选择桁架的参数，以保证铰支于角点的正方形平面板，基本振动角频率增大到两倍。有下列参数：

$$a = 2\text{m}, t = 0.01\text{s}, \mu = 0.25, E = 2 \times 10^{11}\text{N/m}^2,$$

$$D = \frac{Et^3}{12(1-\mu^2)} = 1.8 \times 10^4 \text{N} \cdot \text{m}$$

按式(9),对应于 $k=2$,确定 ψ 值:$\psi=0.333$。

按式(6)确定

$$\delta_{11}^{**} = \psi\delta_{11}^{*} = 0.333\delta_{11}^{*}$$

按文献[45]附录表24查得

$$\delta_{11}^{*} = 2.6936\frac{\lambda^2}{D}, \lambda = \frac{a}{8} = 0.25\text{m}$$

结果得到

$$\delta_{11}^{**} = 0.333 \times 2.6936 \times \frac{0.25^2}{1.8 \times 10^4} = 3.12 \times 10^{-6}(\text{m} \cdot \text{N}^{-1}) \tag{10}$$

从桁架计算

$$\delta_{11}^{**} = \frac{a}{4\sqrt{2}\,(EA)_P \cdot \sin^2\alpha \cdot \cos\alpha} + \frac{a\tan\alpha}{\sqrt{2}\,(EA)_C} \tag{11}$$

从式(11)可见,或者改变桁架高度,或者改变桁架杆件的刚度,可以得到所要求的 δ_{11}^{**} 值。

令 $h=0.15a$(对应于 $\alpha=11.98°$),$(EA)_P=(EA)_C=EA$。考虑式(10)和式(11),所求的桁架杆件刚度等于:

$$EA = \frac{a}{\delta_{11}^{**} \cdot \sqrt{2}} \cdot \left(\frac{1}{\sin^2\alpha \cdot \cos\alpha} + \tan\alpha\right) = 1.086 \times 10^4 \text{kN}$$

第14章　板的振动

A类习题答案

习题14.1答:$w(x,y,t) = w_0 \sin\frac{\pi x}{a}\sin\frac{\pi y}{b}\cos\omega t$,$\omega = \pi^2\sqrt{\left(\frac{1}{a^2}+\frac{1}{b^2}\right)\frac{D}{\rho h}}$。

习题14.2答:$\omega_1 = \pi^2\sqrt{\frac{D}{\rho h}\left(\frac{1}{a^4}+\frac{8}{3a^2b^2}+\frac{16}{3b^4}\right)}$。

习题14.3答:能量法。

取薄板振型函数

$$f = (x^2-a^2)^2(y^2-b^2)^2 \tag{1}$$

$$\omega = \frac{1}{a^2}\sqrt{\frac{63}{2}\left(1+\frac{4}{7}\frac{a^2}{b^2}+\frac{a^4}{b^4}\right)}\sqrt{\frac{D}{\rho h}} \tag{2}$$

对于方板,$b=a$,

$$\omega = \frac{9}{a^2}\sqrt{\frac{D}{\rho h}} \tag{3}$$

与精确值 $\omega = \frac{8.997}{a^2}\sqrt{\frac{D}{\rho h}}$ 的误差为0.033%。

习题14.4答:瑞利-里兹法。

取薄板振型函数

$$f = \sum_{i=1}^{m}\sum_{j=1}^{n} A_{mn}\sin\frac{m\pi x}{a}\sin\frac{n\pi y}{b}$$

$$\omega = \pi^2\left(\frac{m^2}{a^2}+\frac{n^2}{b^2}\right)\sqrt{\frac{D}{\rho h}}$$

习题 14.5 答:瑞利法。

取薄板振型函数

$$f = \left(1-\frac{r^2}{a^2}\right)^2$$

$$\omega = \frac{10.33}{a^2}\sqrt{\frac{D}{\rho h}}$$

比精确解 $\omega = \frac{10.22}{a^2}\sqrt{\frac{D}{\rho h}}$ 大 1%。

B 类习题答案

习题 14.6 编程题

解:更高阶模态。

取不同的 m 和 n 代入特征方程可以得到更高阶的振动模态,如当 $m = 1$ 和 $n = 2$ 时,如图 B.14.1a)所示;当 $m = 2$ 和 $n = 2$ 时,如图 B.14.1b)所示。

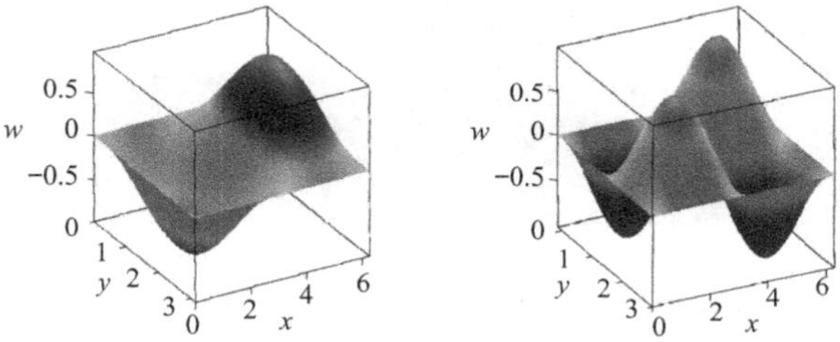

a) m=1, n=2　　b) m=2, n=2

图 B.14.1　更高阶的振动模态

●Maple 程序

```
> ##################################################################
> restart;                                                        #清零
> assume(m,integer); assume(n,integer);                           #假设 m,n 为整数
> with(plots):                                                    #加载绘图库
> setoptions(thickness=2):                                        #设置图形中的线条宽度
> ##################################################################
> Sw: = w = (A[m,n] * cos(omega[m,n] * t) + B[m,n] * sin(omega[m,n] * t))
>            * sin(n * Pi * x/a) * sin(m * Pi * y/b);             #特征函数
> Somega: = omega[m,n] = c * Pi * sqrt(m^2/a^2 + n^2/b^2);        #圆频率
> - Diff(w,t $ 2) + c^2 * (Diff(w,x $ 2) + Diff(w,y $ 2)) =
> eval(subs(Sw, - diff(w,t $ 2) + diff(w,x $ 2) + diff(w,y $ 2)));  #检验是否满足方程
> ##########################################################
> xtcs2: = m = 1,n = 2,a = 2 * Pi,b = Pi,c = 2:                   #给定系统参数
> M3: = simplify(subs(xtcs2,subs(Sw,Somega,A[m,n] = 1,B[m,n] = 1,w))):
>                                                                 #m = 1,n = 2 模态函数
> plot3d(subs(t = 0,M3),x = 0..2. * Pi,y = 0..Pi, shading = zhue,
>        orientation = [ - 115,20],grid = [60,60],axes = boxed,
```

```
>         style = patchnogrid, lightmodel = light2, tickmarks = [4,3,5]);
> :                                                          #m = 1, n = 2 模态图形
> ##########################################################
> Per2: = evalf(2 * Pi/subs(xtcs2, subs(Somega, omega[m,n]))); #m = 1, n = 2 模态的周期
> for i from 1 to 30 do                                      #在每个周期内作动画
> p2[i]: = plot3d(subs(t = i * Per2/30, M3), x = 0..2 * Pi, y = 0..Pi,
>          shading = zhue, orientation = [-115,20], grid = [40,40],
>          style = patchnogrid, lightmodel = light2):        #m = 1, n = 2 模态动态函数
> od:                                                        #循环结束
> display([seq(p2[i], i = 1..30)], orientation = [52,81],
>          insequence = true, lightmodel = light2);          #m = 1, n = 2 模态动画
> ##########################################################
> xtcs3: = m = 2, n = 2, a = 2 * Pi, b = Pi, c = 2:          #给定系统参数
> M4: = simplify(subs(xtcs3, subs(Sw, Somega, A[m,n] = 1, B[m,n] = 1, w))):
>                                                            # m = 2, n = 2 模态函数
> plot3d(subs(t = 0, M4), x = 0..2. * Pi, y = 0..Pi,
>          shading = zhue, orientation = [-97,31], grid = [60,60], axes = boxed,
>          style = patchnogrid, lightmodel = light2, tickmarks = [4,3,5]);
>                                                            # m = 2, n = 2 模态图形
> ##########################################################
```

习题 14.7 编程题

解:对初始条件满足。

振动方程的解可以由所有模态 (m,n) 的和给出:

$$w(x,y,t) = \sum_{n=0}^{\infty}\left[\sum_{n=0}^{\infty}(A_{m,n}\cos(\omega_{m,n}t) + B_{m,n}\sin(\omega_{m,n}t))\sin\left(\frac{n\pi x}{a}\right)\sin\left(\frac{m\pi y}{b}\right)\right] \tag{1}$$

这是一个双重傅立叶级数。

假设膜的初始形状为:

$$w(x,y,0) = f(x,y) \tag{2}$$

同时假设膜的初始速度为:

$$\frac{\partial}{\partial t}w(x,y,0) = g(x,y) \tag{3}$$

系数 $A_{m,n}$ 和 $B_{m,n}$ 由下式给出:

$$A_{m,n} = \frac{4\int_0^a\int_0^b f(x,y)\sin\left(\frac{n\pi x}{a}\right)\sin\left(\frac{m\pi y}{b}\right)\mathrm{d}y\mathrm{d}x}{ab} \tag{4}$$

$$B_{m,n} = \frac{4\int_0^a\int_0^b g(x,y)\sin\left(\frac{n\pi x}{a}\right)\sin\left(\frac{m\pi y}{b}\right)\mathrm{d}y\mathrm{d}x}{ab\omega_{m,n}} \tag{5}$$

此处 $m,n = 1,2,\cdots$。

令 $c = \sqrt{5}$, $a = 4$, $b = 2$,初始形状为

$$f(x,y) = xy(4-x)(2-y)/10 \tag{6}$$

从初始形状函数本身以及其图形可以看出:这是一个相对于 x , y 轴对称的情况。用图形和动画表示该初始条件下方程的解。膜的初始形状如图 B.14.2a)所示。初始条件下的动画如图 B.14.2b)所示。

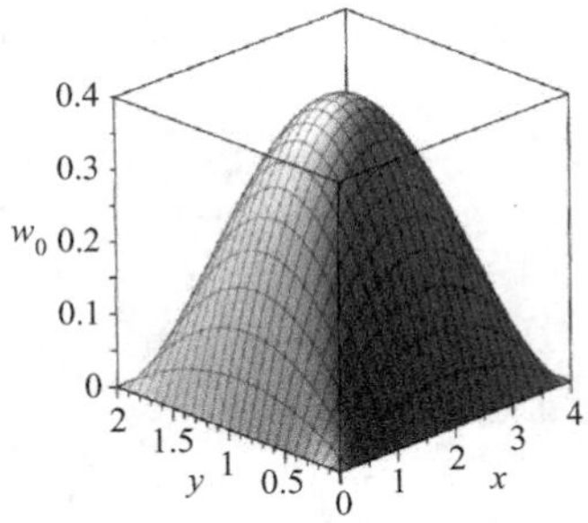

a) 初始形状

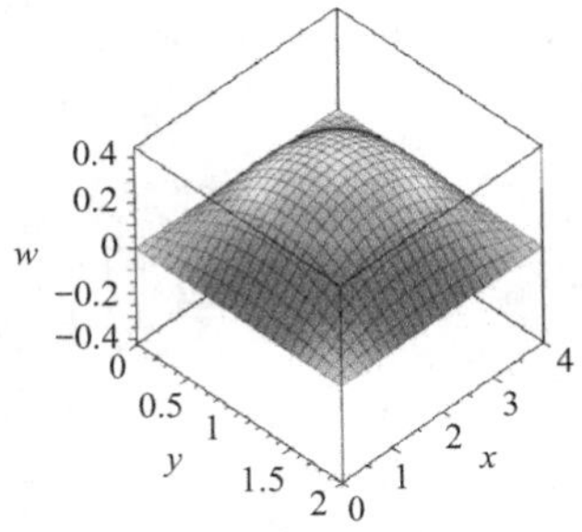

b) 对于初始条件下的动画

图 B.14.2 对于 x,y 轴对称的情况

再举一个初始形状相对于 x、y 轴不对称的情况的例子，令初始形状为

$$f(x,y) = x(64 - x^3)(-4y + 6y^2 - y^4)/10 \tag{7}$$

重新绘制图形与动画。膜的初始形状如图 B.14.3a)所示。绘制该初始条件下振动方程解的动画，如图 B.14.3b)所示。

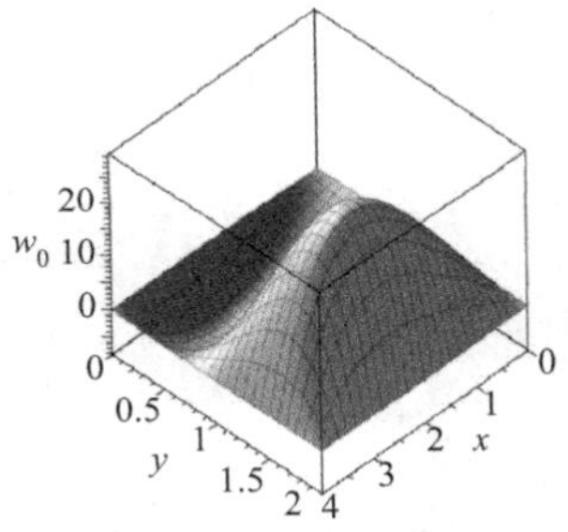

a) 初始形状

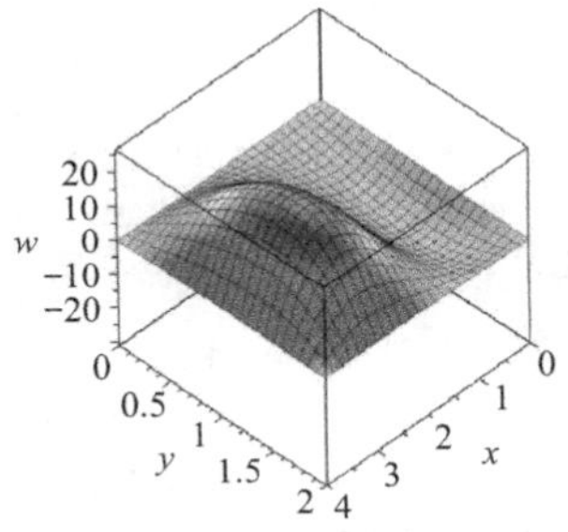

b) 对于初始条件下的动画

图 B.14.3 对于 x,y 轴不对称的情况

●**Maple 程序**

```
> ##########################################################################
> restart;                                                    #清零
> assume(n,integer):                                          #假设 m,n 为整数
> with(plots):                                                #加载绘图库
> setoptions(thickness=2):                                    #设置图形中的线条宽度
> Somega:=omega[m,n]=c*Pi*sqrt(m^2/a^2+n^2/b^2):              #圆频率
> ##########################################################################
> Sn1:={c=sqrt(5),a=4,b=2,g(x,y)=0,f(x,y)=1/10*x*y*(4-x)*(2-y)}:
>                                                             #初始条件与系统参数
> plot3d(0.1*x*y*(4-x)*(2-y),x=0..4,y=0..2):                  #膜的对称初始形状
> assume(m1,integer);                                         #假设 m1 为整数
> assume(n1,integer);                                         #假设 n1 为整数
> A1:=subs(m1=m,n1=n,simplify(eval(subs(Sn1,m=m1,n=n1,
>         4/(a*b)*int(int(f(x,y)*sin(n*Pi*x/a)*sin(m*Pi*y/b),
>         y=0..b),x=0..a))))):                                #A[m,n]
> S1:=simplify(subs(Sn1,Somega)):                             #将系统参数代入膜的特征振动圆频率
> SOL1:=sum(sum(subs(S1,A[m,n]=A1,B[m,n]=0,Sn1,
```

```
>         (A[m,n] * cos(omega[m,n] * t) + B[m,n] * sin(omega[m,n] * t))
>         * sin(n * Pi * x/a) * sin(m * Pi * y/b)), m = 1..3), n = 1..3);
>                                                     #将初始条件代入振动方程的解
> Per4: = evalf(2 * Pi/subs(m = 1, n = 1, a = 4, b = 2, c = sqrt(5),
>             subs(Somega, omega[m,n]))):             #基频的周期
> for i from 1 to 20 do                               #轴对称动画的过程
> p4[i]: = plot3d(subs(t = i * Per4/20, SOL1), x = 0..4, y = 0..2, shading = zhue,
>             orientation = [-115,20], style = patch, lightmodel = light2):
>                                                     #二维振动动态函数
> od:                                                 #循环结束
> display([seq(p4[i], i = 1..20)], orientation = [52,81], insequence = true, lightmodel = light2):
>                                                     #初始条件下的动画
> ##########################################################################
> Sn2: = {c = sqrt(5), a = 4, b = 2, g(x,y) = 0, f(x,y) = 1/10 * x * (4^3 - x^3) * (-4 * y + 6 * y^2 - y^4)}:
>                                                     #新的初始条件与系统参数
> plot3d(0.1 * x * (4^3 - x^3) * (-4 * y + 6 * y^2 - y^4), x = 0..4, y = 0..2);
>                                                     #膜的不对称初始形状
> A2: = subs(m1 = m, n1 = n, simplify(eval(subs(Sn2, m = m1, n = n1,
>       4/(a * b) * int(int(f(x,y) * sin(n * Pi * x/a) * sin(m * Pi * y/b),
>                 y = 0..b), x = 0..a))))):           # A_{m,n}
> S2: = simplify(subs(Sn2, Somega));                  #膜的振动圆频率
> SOL2: = sum(sum(subs(S2, A[m,n] = A2, B[m,n] = 0, Sn2,
>         (A[m,n] * cos(omega[m,n] * t) + B[m,n] * sin(omega[m,n] * t))
>       * sin(n * Pi * x/a) * sin(m * Pi * y/b)), m = 1..4), n = 1..4);#振动方程的解
> Per5: = evalf(2 * Pi/subs(m = 1, n = 1, a = 4, b = 2, c = sqrt(5),
>                 subs(Somega, omega[m,n]))):         #基频的周期
> for i from 1 to 20 do                               #不对称动画的过程
> p5[i]: = plot3d(subs(t = i * Per5/20, SOL2), x = 0..4, y = 0..2, shading = zhue,
>             orientation = [-115,20], style = patch, lightmodel = light2):
>                                                     #二维振动动态函数
> od:                                                 #循环结束
> display([seq(p5[i], i = 1..20)], orientation = [52,81], insequence = true, lightmodel = light2):
>                                                     #初始条件下的动画
> ##########################################################################
```

C 类习题答案

习题 14.8(振动调整)请参考文献[4,31,45]。

解:近似地把板的质量集中到中心,基本振动角频率按下式计算

$$\omega = \sqrt{\frac{1}{m\delta_{11}}} \tag{1}$$

采用离散力法确定 δ_{11},基本体系如图 B.14.4 所示。

对考虑板与肋在点 1 和点 2 接触的任何加固方案,总的形式是

$$\delta_{11} = \delta_{11}^{*} - \delta_{11}^{*} \cdot X_1 - \delta_{12}^{*} \cdot X_2 \tag{2}$$

对无加固的板,$X_1 = X_2 = 0$,

$$\delta_{11} = \delta_{11}^{*} \tag{3}$$

把式(2)和式(3)代入式(1),结果求得

$$k \cdot \omega_0 = \sqrt{\frac{1}{m(\delta_{11}^{*} - \delta_{11}^{*} X_1 - \delta_{12}^{*} X_2)}} \tag{4}$$

由于

$$\omega_0 = \sqrt{\frac{1}{m\delta_{11}^{*}}} \tag{5}$$

用式(4)除以式(5)得

$$k = \sqrt{\frac{1}{1 - X_1 - \frac{\delta_{12}^{*}}{\delta_{11}^{*}} X_2}} \tag{6}$$

这里 δ_{11}^{*},δ_{12}^{*} 为无加固板的单位位移。

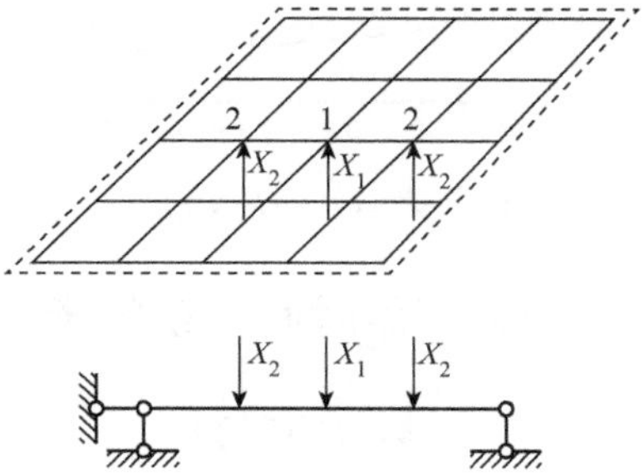

图 B.14.4 基本体系

为了确定 X_1 和 X_2,对每一方案建立方法准则方程

$$(\delta_{11}^{*} + \delta_{11}^{**})X_1 + (\delta_{12}^{*} + \delta_{12}^{**})X_2 = \delta_{11}^{*} \tag{7a}$$

$$(\delta_{21}^{*} + \delta_{21}^{**})X_1 + (\delta_{22}^{*} + \delta_{22}^{**})X_2 = \delta_{22}^{*} \tag{7b}$$

式中,δ_{ij}^{*} 为无加固板的单位位移;δ_{ij}^{**} 为肋的单位位移。

利用文献[45]附录表2确定 δ_{ij}^{*},求解梁确定 δ_{ij}^{**} 值,得到

$$(0.21875 + 1.29\gamma)X_1 + (0.25 + 1.79\gamma)X_2 = 0.21875 \tag{8a}$$

$$(0.25 + 1.29\gamma)X_1 + (0.4375 + 2.588\gamma)X_2 = 0.4375 \tag{8b}$$

$$X_1 = \frac{-0.013672 - 0.217\gamma}{0.033203 + 0.191750\gamma - 0.124380\gamma^2} \tag{9a}$$

$$X_2 = \frac{0.041015 + 9012962\gamma}{0.033203 + 0.191750\gamma - 0.124380\gamma^2} \tag{9b}$$

把式(9)代入式(6)得到:

$$k = \sqrt{\frac{\gamma^2 - 1.541646\gamma - 0.266948}{\gamma^2 - 2.100426\gamma - 0.000008}} \tag{10}$$

式中

$$\gamma = \frac{D\lambda}{EI} \tag{11}$$

借助式(10)求得已知肋刚度时,对角频率变化的评价这一消极问题。

为了解决要保证给定角频率变化,规定肋的刚度这一积极问题,由式(10):

$$k^2(\gamma^2 - 2.100426\gamma - 0.000008) = \gamma^2 - 1.541646\gamma - 0.266948 \tag{12}$$

$$\gamma_{1,2} = \mp\frac{1.050123k^2 - 0.770823}{k^2 - 1} \pm \sqrt{\left(\frac{1.050123k^2 - 0.770823}{k^2 - 1}\right)^2 + \frac{0.000008k^2 - 0.266948}{k^2 - 1}} \tag{13}$$

图 B.14.5 所示为式(10)的关系曲线。分析曲线可知,参数 γ 的变化与板和肋的刚度比有关,只是在 $0.01 \leqslant \gamma \leqslant 0.2$ 内有效。

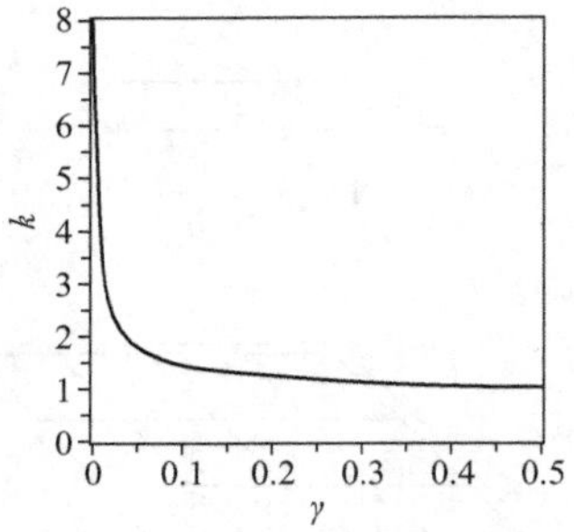

图 B.14.5　式(10)的关系曲线

第 15 章　二维连续-时间系统的奇点与分岔

A 类习题答案

习题 15.1 答:变换为极坐标再分析

$$\dot{r} = r(\mu + ar^2) \tag{1a}$$

$$\dot{\theta} = 1 \tag{1b}$$

(1)$\mu<0$ 时,奇点(0,0)为稳定焦点;$\mu>0$ 时,奇点(0,0)为不稳定焦点。

(2)$\mu>0$ 时存在稳定的极限环 $r=(-\mu/a)^{1/2}$,$\mu<0$ 时无周期解,故 $\mu=0$ 处出现超临界霍普夫分岔。

(3)$\mu<0$ 时存在不稳定的极限环 $r=(-\mu/a)^{1/2}$,$\mu>0$ 时无周期解,故 $\mu=0$ 处出现亚临界霍普夫分岔。

习题 15.2 答:(1)$\mu>0$ 时有半稳定极限环 $r=\mu$;(2)$\mu=0$ 处出现霍普夫分岔。

习题 15.3 提示:(1)利用班狄克生定理证明,$\mu<0$ 时无周期解;

(2)利用李雅普诺夫定理($V=x^2+y^2$)证明 $x=\dot{x}=0$ 是渐近稳定的;

(3)$\mu>0$ 时 $x^2+y^2=\mu$ 是极限环。

习题 15.4 答:$\dot{x} = -\dfrac{\partial V}{\partial x} = f(x,\mu) = \mu x - x^3$;音叉分岔。

习题 15.5 答:(1) $(x,\dot{x}) = (0,0)$,当 $\alpha < 1$ 时是稳定平衡点;当 $\alpha > 1$ 时是不稳定平衡点。$(x,\dot{x}) = (\arccos\alpha^{-1}, 0)$ 仅当 $\alpha > 1$ 时,而且是稳定的。

(2)$x=0,\alpha=1$ 是分岔点,属音叉分岔。

B 类习题答案

习题 15.6 答:$x_s = \dfrac{1}{2a}\left[-1+b \pm \sqrt{(1-b)^2+4a}\right]$;$y_s = bx_s$。

习题 15.7 答:(1)$\lambda_1=\ln 2$,$\lambda_2=-\ln(2\alpha)$;(2)$d=1+\ln 2/\ln(2\alpha)$。

可以用两种方法求 d。

①利用式 $d=j-\sum_{i=1}^{j}\sigma_i/\sigma_{j+1}$；

②对最后的分形纵向作一垂线，分形在此垂线上的分布类似于康托尔集合。利用式 $d=\lim_{\varepsilon\to 0}\frac{\ln M(\varepsilon)}{\ln(1/\varepsilon)}$ 可求此分布的分维。再加上横向的维数，便得全分形的维数。

C 类习题答案

习题 15.8 提示：3.6 和 0 均不是答案。

习题 15.9 ~ 习题 15.11 请参考文献[13,72 ~ 80]。

参考文献

[1] 杨桂通,张善元.弹性动力学[M].北京:中国铁道出版社,1988.
[2] 徐克晋.金属结构[M].北京:机械工业出版社,1982.
[3] 徐秉业.弹性与塑性力学:例题和习题[M].北京:机械工业出版社,1981.
[4] 菲利波夫 А П.弹性系统的振动[M].俞忽,等,译.北京:建筑工程出版社,1959.
[5] 巴巴科夫 И М.振动理论:上册[M].薛中擎,译.北京:人民教育出版社,1962.
[6] 巴巴科夫 И М.振动理论:下册[M].蔡承文,译.北京:人民教育出版社,1963.
[7] 安德罗诺夫 А А,维特 А А,哈依金 С э.振动理论:上册[M].高为炳,杨汝葳,肖宗翊,译.北京:科学出版社,1973.
[8] 安德罗诺夫 А А,维特 А А,哈依金 С э.振动理论:下册[M].高为炳,杨汝葳,肖宗翊,译.北京:科学出版社,1974.
[9] 王光远.建筑结构的振动[M].北京:科学出版社,1978.
[10] 莫尔斯 P M.振动与声[M].南京大学《振动与声》翻译组,译.北京:科学出版社,1981.
[11] 张奠宙,顾鹤荣.不动点定理[M].辽宁:辽宁教育出版社,1989.
[12] 利昂·格拉斯,迈克尔·C·麦基.从摆钟到混沌:生命的节律[M].潘涛,曾婉贞,潘泓,等,译.上海:上海远东出版社,1994.
[13] 刘秉正.非线性动力学与混沌基础[M].长春:东北师范大学出版社,1995.
[14] 刘式适,刘式达,谭本馗.非线性大气动力学[M].北京:国防工业出版社,1996.
[15] 陈予恕.非线性振动[M].北京:高等教育出版社,2002.
[16] 尤里·阿·库兹涅佐夫.应用分支理论基础[M].金成桴,译.北京:科学出版社,2010.
[17] 施尔尼科夫,等.非线性动力学定性理论方法:第1卷[M].金成桴,译.北京:高等教育出版社,2010.
[18] 罗朝俊.离散和切换动力系统[M].王跃方,黄金,李欣业,译.北京:高等教育出版社,2015.
[19] 白其峥.数学建模案例分析[M].北京:海洋出版社,1999.
[20] 李银山.非线性圆板分岔与混沌运动的实验和理论研究[D].太原:太原理工大学,1999.
[21] 郑兆昌.机械振动:上册[M].北京:机械工业出版社,1980.
[22] 庞家驹.机械振动习题集:附题解和答案[M].北京:清华大学出版社,1982.
[23] 季文美,方同,陈松淇.机械振动[M].北京:科学出版社,1985.
[24] 胡海昌.多自由度结构固有振动理论[M].北京:科学出版社,1987.
[25] 程耀东.机械振动学[M].杭州:浙江大学出版社,1988.
[26] 倪振华.振动力学[M].西安:西安交通大学出版社,1989.
[27] 刘延柱,陈文良,陈立群.振动力学[M].北京:高等教育出版社,1998.
[28] 方同,薛璞.振动理论及应用[M].西安:西北工业大学出版社,1998.

[29] 胡海岩. 机械振动与冲击[M]. 北京:航空工业出版社,1998.
[30] 刘习军,贾启芬,张文德. 工程振动与测试技术[M]. 天津:天津大学出版社,1999.
[31] 徐芝纶. 弹性力学[M]. 北京:高等教育出版社,1982.
[32] 高淑英,沈火明. 线性振动教程[M]. 北京:中国铁道出版社,2003.
[33] 胡海岩. 机械振动基础[M]. 北京:北京航空航天出版社,2005.
[34] 任兴民,秦卫阳,文立华,等. 工程振动基础[M]. 北京:机械工业出版社,2006.
[35] Singiresu S R. 机械振动:第 4 版[M]. 李欣业,张明路,编译. 北京:清华大学出版社,2009.
[36] 闻邦椿,刘树英,何勍. 振动机械的理论与动态设计方法[M]. 北京:机械工业出版社,2001.
[37] 庄表中,梁以德,张佑启. 结构随机振动[M]. 北京:国防工业出版社,1995.
[38] 庄表中,李欣业,徐铭陶. 工程动力学:振动与控制(DVD)[M]. 北京:机械工业出版社,2009.
[39] 史密斯 M S. 结构动力学[M],五〇四翻译小组,译. 北京:国防工业出版社,1976.
[40] 克拉夫 R W,彭津 J. 结构动力学[M]. 王光远,等,译. 北京:科学出版社,1981.
[41] 杨茀康. 结构动力学[M]. 北京:人民交通出版社,1987.
[42] 乔普拉 A K. 结构动力学理论及其在地震工程中的应用[M]. 谢礼立,吕大刚,等,译. 北京:高等教育出版社,2007.
[43] 徐次达. 固体力学加权残值法[M]. 上海:同济大学出版社,1987.
[44] 严宗达. 结构力学中的富里叶级数解法[M]. 天津:天津大学出版社,1989.
[45] 阿鲍夫斯基 H П. 结构力学弹性力学计算实例集:调整法综合法优化法[M]. 李德寅,李席珍,译. 北京:科学技术文献出版社,1989.
[46] 伏欣 H W. 气动弹性力学[M]. 沈克杨,译. 上海:上海科学技术文献出版社,1982.
[47] 张景绘,张希农. 工程中的振动问题习题解答[M]. 北京:中国铁道出版社,1983.
[48] 格拉德威尔 G M L. 振动中的反问题[M]. 王大钧,何北昌,译. 北京:北京大学出版社,1991.
[49] 龙驭球,包世华. 结构力学[M]. 北京:高等教育出版社,1996.
[50] 白鸿柏,张培林,郑坚,等. 滞迟振动系统及其工程应用[M]. 北京:科学出版社,2002.
[51] 李宏男,李忠献,祁皑,等. 结构振动与控制[M]. 北京:中国建筑工业出版社,2005.
[52] 刘延柱. 趣味振动力学[M]. 北京:高等教育出版社,2012.
[53] 李银山. Maple 材料力学[M]. 北京:机械工业出版社,2009.
[54] 李银山. Maple 理论力学:Ⅰ册[M]. 北京:机械工业出版社,2013.
[55] 李银山. Maple 理论力学:Ⅱ册[M]. 北京:机械工业出版社,2013.
[56] 邢誉峰,刘波. 板壳自由振动的精确解[M]. 北京:科学出版社,2015.
[57] 何琳,帅长庚. 振动理论与工程应用[M]. 北京:科学出版社,2015.
[58] 鲍文博,白泉,陆海燕. 振动力学基础与 MATLAB 应用[M]. 北京:清华大学出版社,2015.
[59] 李银山,刘世平,蔡中民,等. 框架剪力墙高层建筑结构抗震优化设计[C]//力学与工

程应用,北京:中国林业出版社,1996:380-383.

[60] 刘世平,李银山,解可新,等.剪切型多层钢框架抗震优化设计[J].天津大学学报,1997,30(4):517-522.

[61] 李银山,杨海涛,商霖.自动化车床管理的仿真及优化设计[J].计算机仿真,2001,18(5):49-51.

[62] 李银山,徐新喜.研究生力学教材改革的新尝试:介绍《非线性振动系统的分岔和混沌理论》[C]//世纪之交的力学教学:教学经验与教学改革交流会,北京:民族出版社,2001:139-142.

[63] 李彤,李银山.计算机绘制三铰拱桥结构的影响线[J].实验室研究与探索,2013,32(6):50-54.

[64] 李彤,李银山.计算机绘制无铰拱影响线的解析法[J].力学与实践,2013:35(4),72-74.

[65] 吴艳艳,李银山,魏剑伟,等.求解超静定梁的分段独立一体化积分法[J].工程力学,2013,30(S1):11-14.

[66] 李银山,徐秉业,李树杰.基于计算机求解弯曲变形问题的一种解析法(一):复杂载荷作用下的静定梁问题[J].力学与实践,2013:35(2),83-85.

[67] 李银山,李彤,郭晓欢,等.索-梁耦合超静定结构的一种快速解析法[J].工程力学,2014,31(S1):11-16,21.

[68] 李银山,官云龙,李彤,等.求解变截面梁变形的快速解析法[J].工程力学,2015,32(S1):116-121,141.

[69] 李彤,李银山,霍树浩,等.连续梁振动调整的快速解析[J].实验室研究与探索,2016,35(5):4-9,70.

[70] 李银山,韦炳威,李彤,等.复杂载荷下变刚度超静定梁快速解析求解[J].工程力学,2016,33(S1):33-38,55.

[71] 李银山,孙凯,贾佩星,等.复杂载荷下多层刚架的快速解析求解[J].工程力学,2017,34(S1):11-18.

[72] Rayleigh J W S B. The Theory of Sound[M]. London:Macmillan,1896.

[73] Love A E H. A Treaties on the Mathematical Theory of Elasticity[M]. London:Macmillan,1927.

[74] Den Hartog J P. Mechanical Vibrations[M]. New York:McGraw-Hill,1956.

[75] Bishop R E D,Johnson D C. The Mechanics of Vibration[M]. Cambridge:Cambridge University Press,1979.

[76] Meirovitch, Leonard. Elements of Vibration Analysis[M]. New York:McGraw-Hill Book Company,1986.

[77] Timoshenko S,Young S H,Weaver W. Vibration Problems in Engineering[M]. New York:John Wiley & Sons,1990.

[78] LI Yin-shan, ZHANG Nian-mei, YANG Gui-tong. 1/3 Subharmonic solution of elliptical sandwich plates[J]. Applied mathematics and mechanics,2003,24(10):1147-1157.

[79] CHEN Yu-shu, LI Yin-shan, XUE Yu-sheng, Safety margin criterion of nonlinear unbalance elastic axle system[J]. Applied mathematics and mechanics, 2003, 24(6): 621-630.
[80] Chen Suhuan. Matrix Perturbation Theory in Structural Dynamic Design[M]. Beijing: Science Press, 2007.
[81] 郝柏林. 从抛物线谈起:混沌动力学引论[M]. 上海:上海科技教育出版社,1993.
[82] 胡岗. 随机力与非线性系统[M]. 上海:上海科技教育出版社,1994.
[83] 谢惠民. 复杂性与动力系统[M]. 上海:上海科技教育出版社,1994.
[84] 郑伟谋,郝柏林. 实用符号动力学[M]. 上海:上海科技教育出版社,1994.
[85] 杨维明. 时空混沌和耦合映像格子[M]. 上海:上海科技教育出版社,1994.
[86] 刘式达,刘式适. 孤波和湍流[M]. 上海:上海科技教育出版社,1994.
[87] 刘曾荣. 混沌的微扰判据[M]. 上海:上海科技教育出版社,1994.
[88] 陆启韶. 分岔与奇异性[M]. 上海:上海科技教育出版社,1995.
[89] 郭柏灵. 非线性演化方程[M]. 上海:上海科技教育出版社,1995.
[90] 顾雁. 量子混沌[M]. 上海:上海科技教育出版社,1996.
[91] 程崇庆,孙义燧. 哈密顿系统中的有序与无序运动[M]. 上海:上海科技教育出版社,1996.
[92] 汪秉宏. 弱混沌与准规则斑图[M]. 上海:上海科技教育出版社,1996.
[93] 杨展如. 分形物理学[M]. 上海:上海科技教育出版社,1996.
[94] 黄念宁. 孤子理论和微扰方法[M]. 上海:上海科技教育出版社,1996.
[95] 杨路,张景中,侯晓荣. 非线性代数方程组与定理机器证明[M]. 上海:上海科技教育出版社,1996.
[96] 辛厚文. 分形介质反应动力学[M]. 上海:上海科技教育出版社,1997.
[97] 张洪钧. 光学混沌[M]. 上海:上海科技教育出版社,1997.
[98] 周作领. 符号动力系统[M]. 上海:上海科技教育出版社,1997.
[99] 倪皖荪,魏荣爵. 水槽中的孤波[M]. 上海:上海科技教育出版社,1997.
[100] 陈式刚. 圆映射[M]. 上海:上海科技教育出版社,1998.
[101] 陈守吉,张立明. 分形与图象压缩[M]. 上海:上海科技教育出版社,1998.
[102] 漆安慎,杜婵英. 免疫的非线性模型[M]. 上海:上海科技教育出版社,1998.
[103] 张景中,杨路,张伟年. 迭代方程与嵌入流[M]. 上海:上海科技教育出版社,1998.
[104] 葛墨林,薛康. 量子力学中的杨-巴克斯特方程[M]. 上海:上海科技教育出版社,1998.
[105] 李翊神. 孤子和可积系统[M]. 上海:上海科技教育出版社,1999.
[106] 刘有延,傅秀军. 准晶体[M]. 上海:上海科技教育出版社,1999.
[107] 欧阳颀. 反应扩散系统中的斑图动力学[M]. 上海:上海科技教育出版社,2000.
[108] 胡岗,萧井华,郑志刚. 混沌控制[M]. 上海:上海科技教育出版社,2000.
[109] 王德焴,吴德金,黄光力. 空间等离子体中的孤波[M]. 上海:上海科技教育出版社,2000.
[110] 文志英. 分形几何的数学基础[M]. 上海:上海科技教育出版社,2000.